油藏地质建模和数值模拟进阶实践

韩如冰 高 严 魏晨吉◎等著

石油工业出版社

内容提要

本书对中东地区普遍采用的标准化建模和数值模拟研究方法进行了深入阐述，涵盖动态模型和静态模型研究的主要流程，主要包括地震资料解释及地震资料在模型研究中的应用，属性模型研究中的部分重点问题，常规油气藏饱和度模型，倾斜油水界面与古油藏饱和度模型，地质储量不确定性研究，动态模型初始化研究中的部分重点问题，动态模型历史拟合研究中的部分重点问题等。

本书可供从事油气藏开发的科研人员、管理人员参考阅读。

图书在版编目（CIP）数据

油藏地质建模和数值模拟进阶实践 / 韩如冰等著.
北京：石油工业出版社，2025.3. -- ISBN 978-7
-5183-7103-7

Ⅰ. P618.130.2

中国国家版本馆 CIP 数据核字第 2024Z4Z638 号

出版发行：石油工业出版社
　　　　　（北京安定门外安华里 2 区 1 号　100011）
　　　　　网　　址：www.petropub.com
　　　　　编辑部：（010）64253017　　图书营销中心：（010）64523633
经　　销：全国新华书店
印　　刷：北京中石油彩色印刷有限责任公司

2025 年 3 月第 1 版　2025 年 3 月第 1 次印刷
787×1092 毫米　开本：1/16　印张：25.25
字数：600 千字

定价：240.00 元
（如出现印装质量问题，我社图书营销中心负责调换）
版权所有，翻印必究

《油藏地质建模和数值模拟进阶实践》

撰写人员

韩如冰	高　严	魏晨吉	赵　航	陈良雨
许家铖	韩桂芹	金宜捷	程相志	宋本彪
雷　诚	蔚　涛	郭海峰	宋世琦	楼元可立
杜　炜	李正中	熊礼晖	刘　卓	刘双双
杨　戬	王伟俊	姜均伟	吴甦伟	孙　亮
王丽娟	王瑞琪			

前 言

PREFACE

从 2009 年鲁迈拉项目开始，笔者根据与不同国际油公司的合作经历，发现国际油公司普遍重视模型和以其为基础的方案，简而言之，即严格建立模型、方案源于模型、日常相信模型、决策依靠模型。

严格建立模型体现在三个方面：(1) 详尽的质量控制标准，对模型和方案研究的每个细节提供了全面而细致的做法建议和质量控制标准，例如在中东地区某低渗碳酸盐岩油藏研究中，仅饱和度高度模型一项，首先提供了 70 余页，近四万字详尽的研究方法介绍，然后给出了五大项，总计 30 余条定量化、可执行的质量控制标准，确保模型质量；(2) 一流的指导和审查专家，专家一般长期亲自参与或主导相关研究，理论和实践经验丰富；(3) 规范化的审查流程，将模型及方案研究划分为多个审查节点，每个审查节点又细分为数个层级，审查中汇报材料审查与上机检查结合，审查结果与修改反馈并重。以阿拉伯联合酋长国某油藏为例，从开始研究一直到提交方案，一共历时 18 个月，期间经历了 6 个大型审查节点，进行了 80 余次的专家指导会、12 次审查会和 8 次审查意见修改闭关会，从研究方法选择、关键参数设置、结果的质量控制等角度全方面进行指导和审查，最大限度地保证模型和方案质量。

高质量的油藏模型是高质量开发方案的重要基础。静态地质模型是油藏描述的最终成果，体现了研究人员基于当前资料对油藏的所有静态认识，并决定了以此为基础的动态模型质量，而动态模型则体现了当前所有生产动态资料和对油藏的所有开发认识。高质量的油藏模型可以准确预测油藏生产情况，提升开发水平。以阿拉伯联合酋长国陆上油田为例，每年以模型为基础滚动编制五年开发方案，并且逐年更新，各油田实际产油量与预测产油量比率常年高于 98%。实际上，本书所介绍的静、动态模型不仅仅是模型，更重要的是在模型研究的基础上，提出最优的开发方案，对模型不断精进的要求本质上是对最优开发方案的追求，本书的最终目的就是通过地质建模和数值模拟一定程度上的标准化，实现对油田的最优开发。

高质量的模型可以为日常措施设计、新井部署等提供关键论据和支持。以中东地区某油田为例，依照方案部署新井时，通常以模型为基础，通过不同目的层、层内水平段垂向位置、水平段方向、水平段长度等指标对产油量、高峰产量、气油比和地层压力的影响进行不确定性分析，通过数值模拟确定最佳的部署位置，然后再与工程人员沟通确定设计井轨迹。实施效果通常可以达到设计要求。

高质量的模型还可以为投资决策提供重要依据。基于模型模拟的油田生产预测及经济评价结果可以为投资决策提供重要依据。以伊拉克某油田为例，中方与国际公司 bp 合作建立模型用时 2 年，通过了所有审查，以其为基础的方案模拟显示较高的经济效益。中方进入后项目连续十余年保持年度现金流为正，累计净利润超过 30 亿美元，带动中方工程技术服务单位签署合同额达数十亿美元，实现巨大的社会效益与经济效益。在另一个例子中，阿拉伯联合酋长国某油田以模型为基础编制 CO_2 开发方案，历时 21 个月，在模型模拟的油田生产预测结果及以经济评价显示内部收益率、净现值结果不佳时，果断否决当前路线，并及时改变策略。

随着中国石油海外战略不断发展，要想争取优质的海外区块资源，占据更大的国际高端油气市场，提高海外项目技术话语权，油气田开发相关专业技术人员有必要熟悉国外油气田开发理念、技术路线或建模思路，掌握与国际接轨的规范化地质建模、数值模拟和方案编制研究流程。

2023 年笔者出版了《实用油藏地质建模与数值模拟手册》一书，该书结合笔者积累的海外油田研究经验，系统总结了国际石油公司模型研究及方案编制主要流程和研究方法细节，获评"中国石油科技精品图书"。受篇幅所限，该书中部分问题尚未说清、说透，而且随着时间的推移，模型的研究方法也在不断地更新迭代。因此，笔者从地震资料在模型研究中的应用、测井岩石物理研究、古油藏评价、地质建模及数值模拟实践等角度对该书进一步锤炼、深化和完善，形成本书，专注于《实用油藏地质建模与数值模拟手册》中尚未详细描述的进阶内容，以经验性总结为主，可能内容稍显分散，建议与介绍基础内容为主的《实用油藏地质建模与数值模拟手册》搭配阅读。

本书涵盖动、静态模型研究的主要流程，共七章。第一章介绍了地震资料解释及地震资料在模型研究中的应用，第二章介绍了属性模型研究中的部分重点问题，第三章介绍了常规油气藏饱和度模型，第四章介绍了倾斜油水界面与古油藏饱和度模型，第五章介绍了地质储量不确定性研究，第六章介绍了动态模型初始化研究中的部分重点问题，第七章介绍了动态模型历史拟合研究中的部分重点问题。各章具体撰写人员如下：韩如冰负责全书的策划和技术方案；第一章和第二章由韩如冰、高严、许家铖、雷诚、蔚涛、王瑞琪撰写；第三章由韩如冰、陈良雨、韩桂芹、程相志、金宜捷、郭海峰、许家铖、宋世琦、王伟俊、姜均伟撰写；第四章由韩如冰、韩桂芹、金宜捷、郭海峰撰写；第五章由韩如冰、宋本彪、许家铖、刘卓撰写；第六章和第七章由韩如冰、魏晨吉、赵航、刘双双、杜炜、李正中、熊礼晖、楼元可立、杨戬、吴甦伟、孙亮、王丽娟撰写。楼元可立、杜炜负责全书的图片整理和核校工作。

本书撰写历时两年，期间得到了单位领导、同事及各方专家的大力支持与帮助，在此表示衷心的感谢。

此外，本项研究得到了中国石油集团重大专项"海外大型碳酸盐岩油藏高效上产关键技术研究"（2023ZZ19）的资助。

在本书撰写过程中，得到了中国石油勘探开发研究院李勇、田昌炳、李保柱、黄志佳、徐立恒、夏静、王友净、田中元、张亚军、赵常生、胡天萌，中国石油东方地球物理勘探公司肖灯意、田文元，中国石油测井公司国际公司程晓东，中国石化勘探开发研究院段太忠、张文彪、廉培庆，中国海油国际公司杨莉、何娟，中国海油天津分公司渤海石油研究院吕洪志，中国海油研究总院李楠，振华石油研究院郝成舜，中国石油大学（北京）陈小宏、程林松、刘慧卿、孙盼科，长江大学张超谟等专家教授的审阅、指导和帮助，在此表示衷心感谢！另外，在本书撰写过程中参考了许多专家学者的专著、论文及研究成果，在此一并表示衷心感谢！

最后为了便于日常检索、使用，书中公式在考虑国际单位制的基础上，大量采用了海外项目研究中经常用到的英制单位。因此给部分读者造成的不便，敬请谅解！

由于水平有限，书中难免有不足之处，敬请读者批评指正！

目 录

第一章　地震资料解释主要流程及地震资料在模型研究中的应用 …………… 1
- 第一节　地震资料解释主要流程 ……………………………………………… 1
- 第二节　地震属性及其在模型研究中的应用 ………………………………… 30
- 第三节　地震反演及其在模型研究中的应用 ………………………………… 50
- 参考文献 …………………………………………………………………………… 64

第二章　属性模型研究中的部分重点问题 …………………………………… 74
- 第一节　岩石类型模型研究中需要注意的问题 ……………………………… 74
- 第二节　孔隙度、渗透率模型研究中需要注意的问题 ……………………… 81
- 第三节　非均质性的表征研究中需要注意的问题 …………………………… 89
- 参考文献 …………………………………………………………………………… 93

第三章　常规油气藏饱和度模型 ………………………………………………… 95
- 第一节　研究思路 ………………………………………………………………… 95
- 第二节　基础资料的质量控制 …………………………………………………… 96
- 第三节　岩心饱和度高度函数的建立 ………………………………………… 112
- 第四节　自由水面的选取 ………………………………………………………… 129
- 第五节　饱和度高度函数和饱和度模型的建立 ……………………………… 134
- 第六节　油气藏气顶及气藏饱和度模型 ……………………………………… 139
- 第七节　饱和度模型质量控制 …………………………………………………… 142
- 第八节　饱和度高度函数对油藏数值模拟的意义 …………………………… 152
- 参考文献 …………………………………………………………………………… 153

第四章　倾斜油水界面与古油藏饱和度模型 ………………………………… 157
- 第一节　开展基于渗吸模型的饱和度研究的必要性 ………………………… 157

  第二节 倾斜油水界面与古油藏现象 ········ 159
  第三节 界面变化机理 ········ 174
  第四节 无残余油情况下的含水饱和度模型 ········ 175
  第五节 有残余油情况下的含水饱和度模型 ········ 177
  第六节 地质统计学方法饱和度建模 ········ 201
  第七节 二次或多次驱替过程的毛细管压力表征 ········ 202
  参考文献 ········ 206

第五章 地质储量不确定性研究 ········ 208
  第一节 研究流程 ········ 208
  第二节 不确定性来源及参数范围 ········ 211
  第三节 敏感性分析 ········ 232
  第四节 不确定性分析 ········ 233
  第五节 不确定性分析的一些思考 ········ 235
  第六节 静态模型的一些思考 ········ 237
  参考文献 ········ 242

第六章 动态模型初始化研究中的部分重点问题 ········ 244
  第一节 静态模型、动态模型一致性注意事项 ········ 244
  第二节 润湿滞后现象和扫描曲线研究中的几个要点 ········ 250
  第三节 相对渗透率曲线研究中的几个注意要点及常见错误 ········ 258
  第四节 动态模型饱和度表的赋值 ········ 262
  第五节 流体模型研究重点问题 ········ 270
  第六节 油藏润湿性确定方法 ········ 278
  第七节 基准深度和基准压力含义 ········ 281
  第八节 倾斜油水界面与古油藏初始化方法 ········ 283
  参考文献 ········ 287

第七章 动态模型历史拟合研究中的部分重点问题 ········ 290
  第一节 不确定性研究方法在历史拟合及生产预测中的应用 ········ 290
  第二节 历史拟合质量控制定量要求 ········ 292
  第三节 水气交注模拟中需要注意的部分重点问题 ········ 297

第四节　Alpha 因子方法在组分模拟中的应用 ……………………………… 303
　　第五节　动态监测补充介绍 ……………………………………………………… 307
　参考文献 ………………………………………………………………………………… 318

附录一　地震资料相关重要概念及地震反演方法简介 ……………………………… 321
　第一节　地震资料相关重要概念 ………………………………………………………… 321
　第二节　地震反演方法简介 ……………………………………………………………… 348

附录二　渗吸毛细管压力公式、扫描曲线和古自由水面的具体求取方法 … 381
　第一节　第一阶段：通过岩心数据确定方程参数 ……………………………………… 381
　第二节　第二阶段：优化法求取单井古自由水面 ……………………………………… 383

附录三　单位换算 ……………………………………………………………………… 388

第一章 地震资料解释主要流程及地震资料在模型研究中的应用

三维地震资料是油藏模型研究的重要数据，其提供的油藏构造信息，如关键层面和断层解释是构造模型基本框架的基础，其提供的沉积、储层的井间分布特征，如沉积相分布、地质体（河道、致密层）分布规律、储层反演孔隙度和波阻抗等，是模型研究中井间分布研究的重要约束参数，是对垂向上具有高分辨率但缺乏平面信息的测井资料的重要补充。

总体上，静态模型的属性建模中，地震数据约束建模主要包括三种具体实现形式：（1）在建模算法的设置中使用平面图，例如通过二维地震属性平面图或反演结果平面图进行约束；（2）直接将三维地震属性体或反演结果数据体采样至三维模型，在建模算法的设置中定义相关系数约束属性模型的建立；（3）在数据分析中以次级变量的形式参与约束，同样需要设置相关系数。

根据笔者相关经历，在项目组参加的不同区域的联合公司模型审查会上，地震资料相关的研究内容属于模型审查中十分重要的内容。地震解释部分一般放在构造模型审查中，而地震属性及反演也是属性模型的重要约束数据，一般放在属性模型审查中。由于关系到油藏格架及整体面貌，对地质储量影响较大，股东对该部分提问都很细致、专业，经常刨根问底。因此建议地质建模人员掌握一些与模型研究相关的地震知识，了解不同类型地震资料的来龙去脉及其局限性，从而在模型研究及审查中准备得更加充分。由于这一部分内容在《实用油藏地质建模与数值模拟手册》一书中没有系统介绍，所以在本书中篇幅稍长。

本章对地震资料解释的基本过程和在模型研究中的应用进行介绍，从而在模型研究中充分地利用好现有的地震数据，最大限度地为油藏模型研究服务。需要强调的是，本章仅对地震资料解释相关的知识进行简要介绍，如想深入了解，请参考相关的专业书籍。

第一节 地震资料解释主要流程

一、地震数据的质量控制

由于模型研究相关的地震数据以叠后数据居多，本节主要对叠后地震数据的质量控制进行介绍。叠后地震数据的质量控制主要围绕其主要特征，即振幅、频率、相位展开。研究中需要绘制不同属性的平面分布图件，质量较高的地震数据一般在振幅、频率、相位相关的属性分布上显示较好的一致性。通过分析可以明确平面上分辨率、信噪比较低的位置。地震解释隐含地依赖于子波横向变化较小的假设，因此观测到的地震波动可以解释为由于地质因素导致的变化，从而可以对地质特征进行反映。因此，必须对地震数据的重要属性的平面分布特征进行研究。

1. 地表情况及对应的地震剖面的质量

针对地表情况绘制地表高程图（Surface Elevation Map）等，注意陆地、过渡带、海洋等采集环境对地震剖面质量的影响。特别对于海陆过渡带地区，需要注意由于不同类型的检波器造成的地震振幅的影响（图1-1）。

图1-1　中东地区某油田地表高程图

另外，浅层的地质体，如河道等，也会对深层地震资料造成影响。

2. 不同地震数据体的质量

对比不同时期采集处理的地震数据、不同处理方法数据和不同角度叠加数据体等，观察地震剖面，判断地震数据体的质量。以图1-2为例，PSTM资料适用于大多数情况，PSDM资料适用于构造起伏大、复杂构造等情况，成像效果更好。当构造起伏小或构造形态相对简单时，二者差异不大。

3. 振幅相关

振幅相关的质量控制包括地震数据的振幅分布柱状图、不同深度或时间的均方根振幅切片、振幅谱分析和地震资料的分辨率计算等内容。

1）地震数据的振幅分布柱状图

制作目的层段的地震反射振幅分布图，一般情况下，储层段不同角度叠加数据体地震振幅均呈正态分布。随角度增大，地震振幅减小。

2）不同深度或时间的均方根振幅切片

提取不同深度或时间的均方根振幅切片，判断地震反射振幅的变化规律，一般情况下，振幅随深度增加而降低。同时需要对采集脚印进行分析（图1-3）。

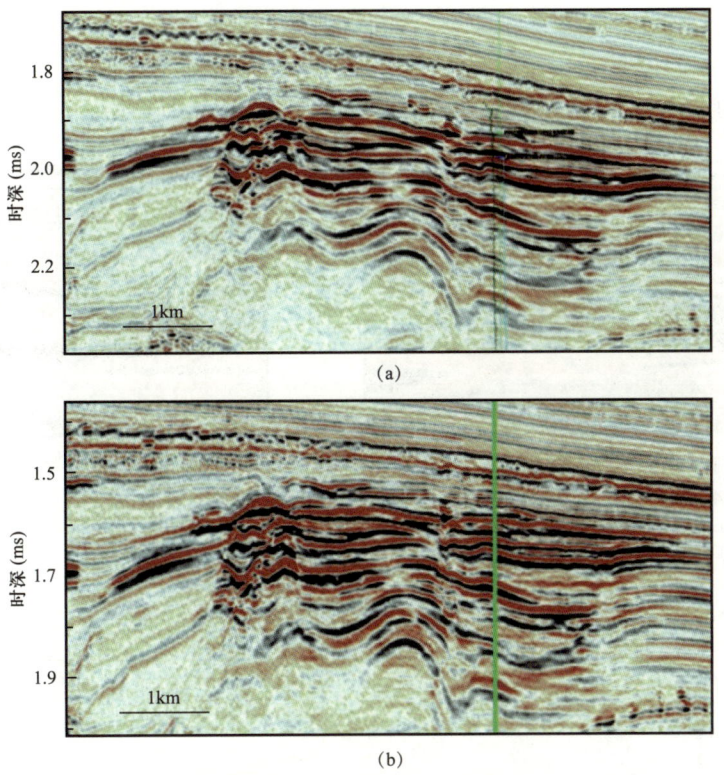

图 1-2 不同地震数据体的地震剖面（据 Nanda，2017）
（a）PSTM 剖面；（b）PSDM 剖面，可以看出在边缘区域，PSDM 的成像效果好于 PSTM

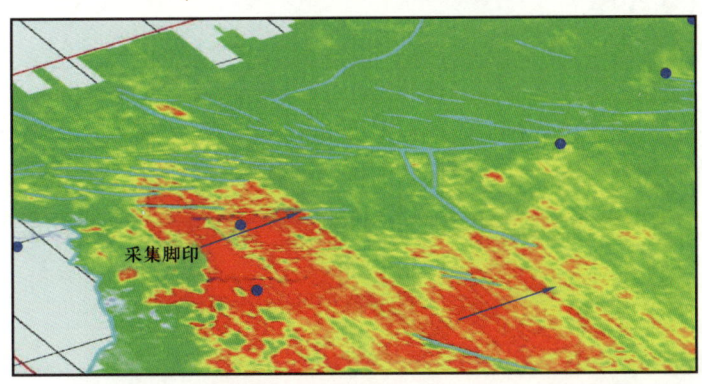

图 1-3 某区显示出严重采集脚印的时间切片图（据谢玉洪等，2010）

Kurt 等（1998）将采集脚印（Acquisition Footprint）定义为与地面上震源和检波器的几何分布密切相关的任何形式的噪声。由于地面炮点和检波点的几何分布（三维观测模板）总是离散的，因此对地下水平层的照明强度也总是不均匀的，从而导致地下 CMP 面元或 CRP 面元叠加、偏移振幅、相位不均匀性，即观测系统采集脚印。采集脚印影响地质目标的高精度、高质量地震成像，影响 AVO 属性的分析和速度分析。采集脚印一般表现在最终的叠加数据上，是一种周期性出现的振幅假象，在浅层一般表现得尤为明显。但是有时直接的平面和剖面观察并不明显，这时可以利用采集脚印深浅层一致、深层能量变弱的特点，通过提取振幅属性进行检查（麻三怀等，2008）。谢玉洪等（2010）针对某油藏海上地震勘探资料采集脚印较为明显的情况，通过选用Skyfix-XP定位系统三维地震资料的潮汐校正，采用面元中心化技术实现资料的面元规则化，减小相邻道间的差异从而压制采集脚印，地震资料在信噪比上有了大幅度的提高（图1-4）。

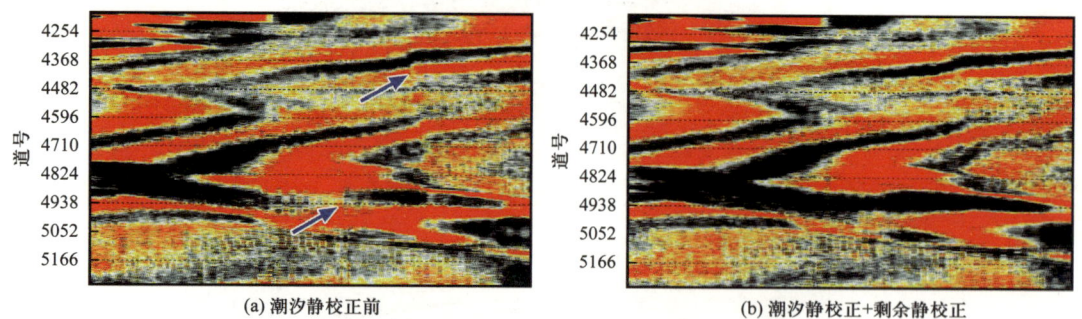

图1-4 潮汐静校正与剩余静校正串联应用前后切片对比图（据谢玉洪等，2010）

3）振幅谱

制作振幅谱，分析地震数据的主频和频宽等参数（图1-5）。

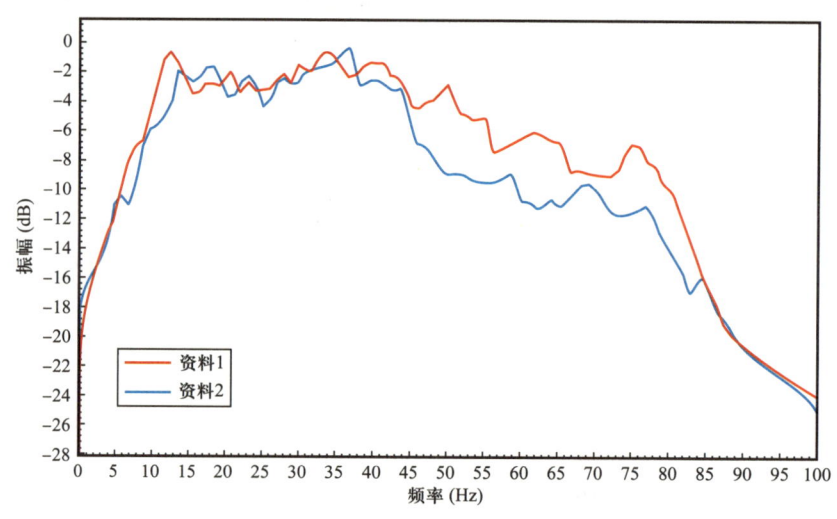

图1-5 中东地区某油田振幅谱

4）地震资料的分辨率

地震资料的分辨率可以利用垂向分辨率相关公式进行计算，也可以使用地震正演方法进行研究。可以利用褶积模型实现地震资料的正演，确定研究目的层的调谐厚度和分辨率。在地震记录上看到的波形是地震子波叠加的结果，从地下许多反射界面发生反射时形成的地震子波，振幅大小取决于反射界面反射系数的绝对值，极性的正负取决于反射系数的正负，到达时间的先后取决于界面深度和覆盖层的波速。研究中，首先建立初始模型，然后通过褶积模型合成的地震记录与实际地震资料进行对比，得到相关的信息。

如图1-6所示，是利用零偏移距楔形模型研究目的层调谐厚度的例子。首先建立楔形模型，1号层、3号层为泥岩，2号层为砂岩，在泥岩中呈楔形。然后采取合适方法，提取地震子波，确定地震子波的相关属性。利用褶积模型进行地震正演，得到模拟结果。

结果表明,当 2 号层的厚度大于一定数值 A 后,其振幅为一常数,其顶面和底面的反射没有出现互相干扰。当 2 号层的厚度小于数值 A 时,其顶面和底面的反射出现互相干扰,振幅开始增大,这一现象称为调谐现象(Tuning Effect)。直到 2 号层厚度降至一定数值 B 以后,振幅数值才开始逐渐降低,这一厚度被称为调谐厚度,其数值上约等于地震波长的四分之一。调谐分析是地震资料解释中经常进行的研究内容。综上所述,当地质体厚度大于调谐厚度时,通过地震剖面可以直接量化识别;当地质体厚度小于调谐厚度时,随厚度减小,振幅逐渐降低,可以进行半定量识别。

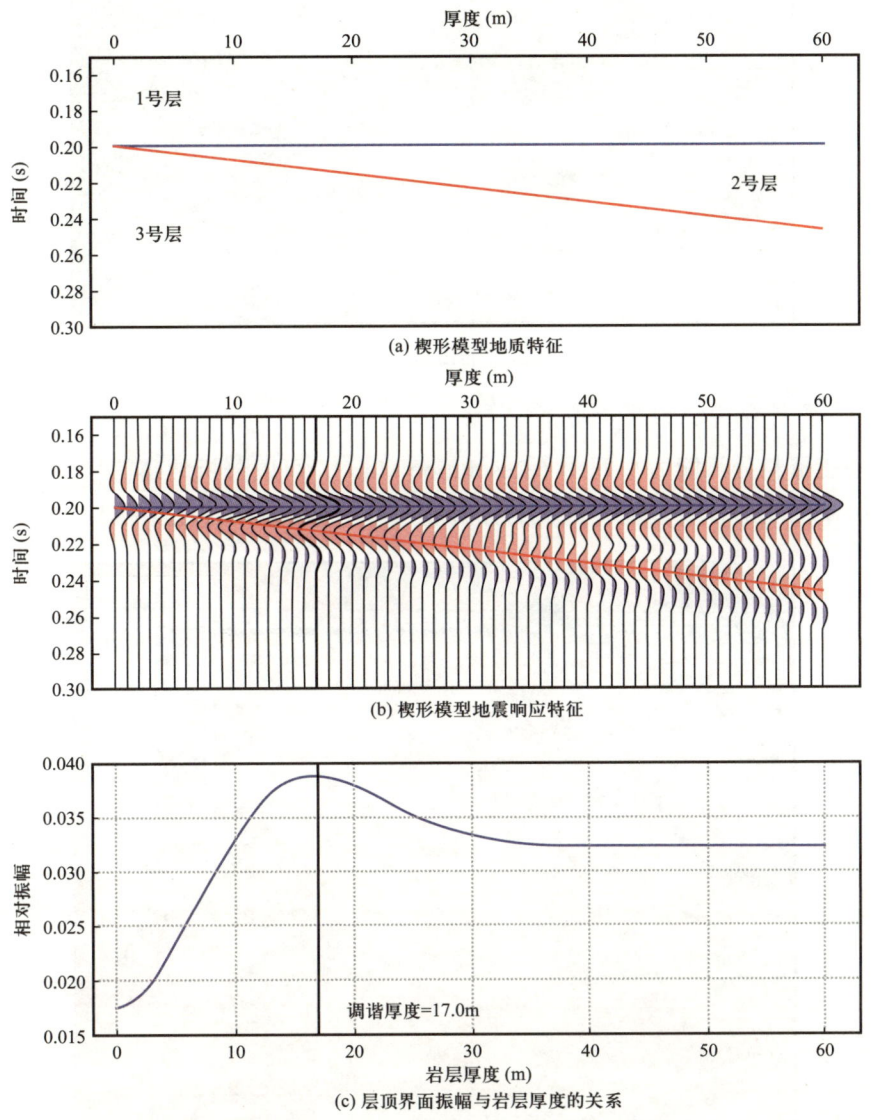

图 1-6 利用褶积模型地震正演方法研究地震资料在目的层的调谐厚度(据 Hamlyn,2014)

4. 频率相关

频率相关的质量控制内容主要包括地震资料主频的平面分布、地震资料分辨能力平面分布和地震资料信噪比平面分布等。

1）地震资料主频平面分布

绘制地震资料主频分布平面图，观察主频随平面位置的变化趋势（图1-7）。

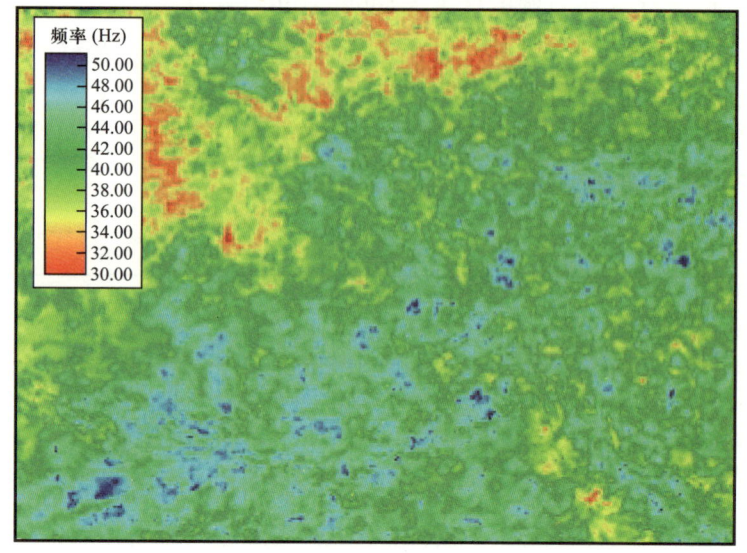

图1-7　中东地区某油田地震资料主频分布平面图

2）地震资料分辨能力平面分布

绘制地震资料分辨能力平面图（Resolution Map），可以分析地震信号的平面稳定性和地震子波的平面变形程度。地震资料的分辨能力可用 $\lambda/4$ 表示（图1-8）。

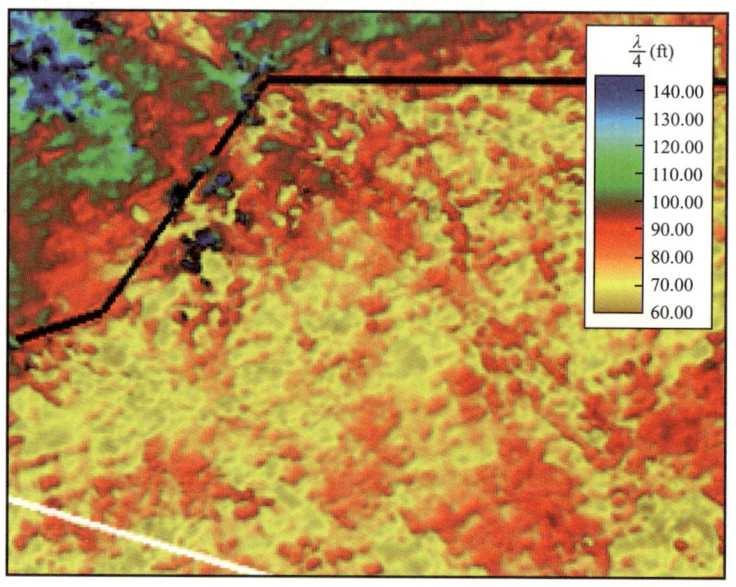

图1-8　中东地区某油田地震资料分辨能力分布平面图

3）地震资料信噪比平面分布

绘制主频下的信噪比分布平面图和信号偏心率平面分布图（图1-9、图1-10），观察数据的平面变化（图1-11）。

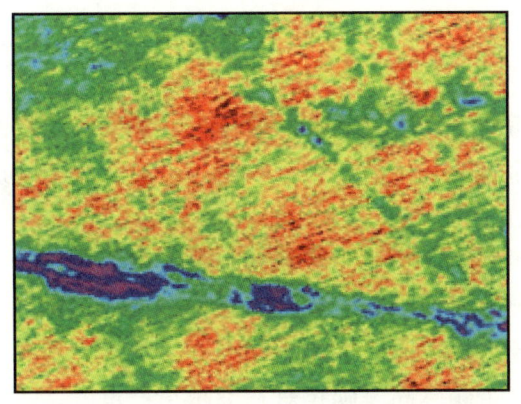 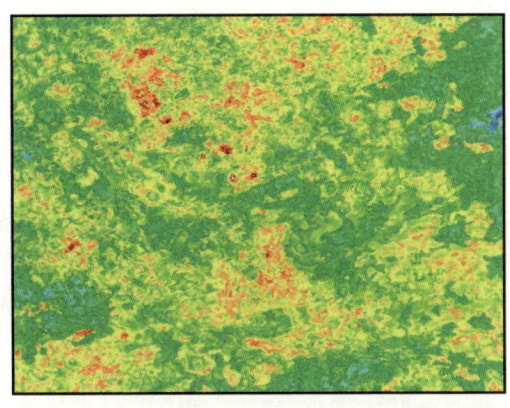

图1-9 中东地区某油田主频下的信噪比分布平面图　　图1-10 中东地区某油田信号偏心率平面分布图

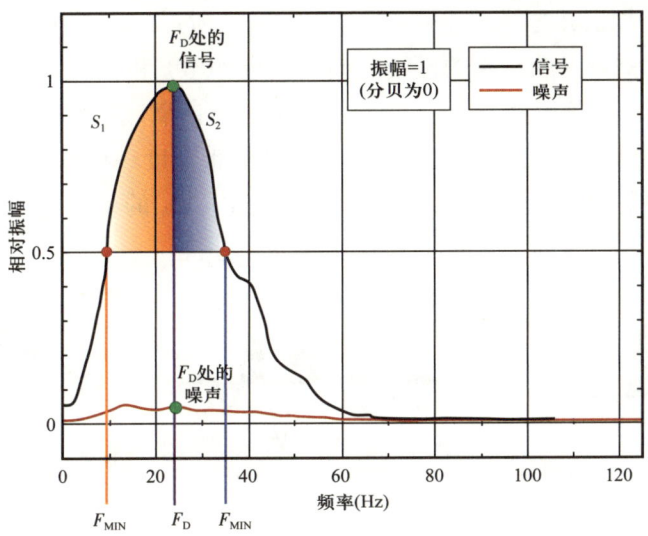

图1-11 信号偏心率计算示意图（据Grover, 2019）

信号偏心率（Spectral Eccentricity）E 可用式（1-1）表达

$$E = \frac{S_1 - S_2}{S_1 + S_2} \quad (1-1)$$

主频（Dominant Frequency）为振幅谱极大值所对应的频率，频宽（Dominant Bandwidth）为振幅谱等于最大值0.5倍处的两个频率之间（$\omega_2 - \omega_1$）的宽度（Yilmaz, 2001；图1-12）。

对于无噪声的地震信号，衡量其分辨率的一个较有效的指标是绝对带宽和相对带宽。绝对带宽定义为子波的上限频率与下限频率之差

$$B = f_2 - f_1 \quad (1-2)$$

相对带宽定义为子波的上限频率与下限频率之比

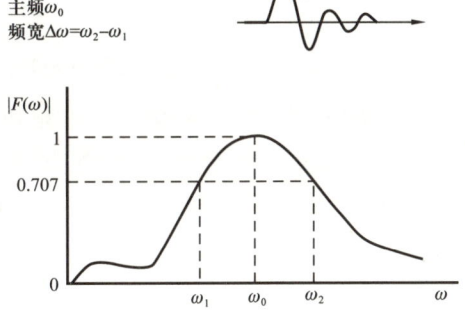

图1-12 地震频谱示意图

$$R = \frac{f_2}{f_1} \qquad (1-3)$$

绝对带宽用来衡量子波的脉冲性。绝对带宽越高子波的脉冲性越好。相对带宽用来衡量子波的相位数或旁瓣能量的强弱。相对带宽越宽子波的相位数越小，对于高频地震数据，必须有足够的低频数据才能保证子波能量集中，旁瓣少。

地震分辨率取决于地震信号的主频和频带宽度。关于频带宽度与分辨率的关系，俞寿朋（1993）研究发现，子波是零相位的情况下，振幅谱宽度与分辨率有如下关系：振幅谱绝对宽度越大，则子波越短，即分辨率越高；振幅谱绝对宽度不变，则不论子波主频如何，分辨率不变；振幅谱绝对宽度不变，主频越高，则相对宽度越小，也就是子波相位数越多，分辨率与主频无关；振幅谱相对宽度不变，则子波相位数不变，此时主频越高，绝对宽度就越大，分辨率也越高。如图1-13所示，（a）和（d）是一个宽频带的零相位子波及其频谱示意图，它的延续时间比较短。（b）和（e）是一个低频、窄频带的零相位子波，（b）的主频虽然与（a）的相同，但因频带窄，延续时间比（a）长。由（b）和（c）两个子波及其频谱可以看出，虽然二者的频带宽度一样且（c）的子波主频较高，但两者的延续时间是一样的。（c）的子波主频虽然比（a）的子波高，但因为（c）子波的频带比（a）的窄，（c）子波的延续时间比（a）的还长。

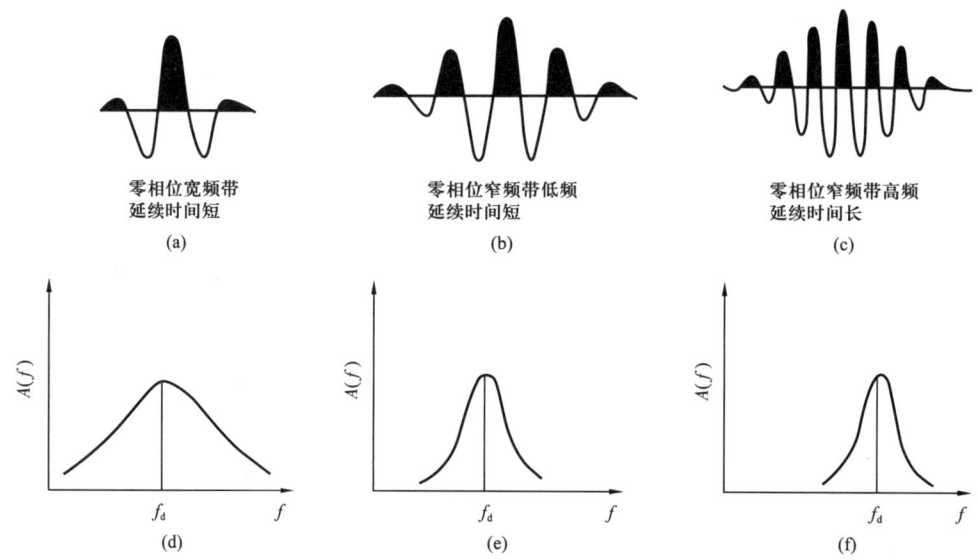

图1-13　地震分辨率与频带宽度、主频关系示意图（据陆基孟等，2011）

好的地震分辨率要综合看主频和频宽，仅有低频或高频信息并不能增加垂向分辨率，二者对分辨率均有贡献，不同的频率对应不同厚度的储层信息。例如绝对频宽40~160Hz的宽频资料不一定比10~80Hz的地震资料好（俞寿朋，1993；李庆忠，1994；Yilmaz et al.，2001）。

5. 相位相关

相位相关的质量控制内容主要包括地震资料相位稳定性分布和不同频率的RMS属性

平面分布及其相位平面分布。

1）地震资料相位稳定性分布

绘制重要界面的瞬时相位（Instantaneous Phase）分布图，观察平面上的变化特征（图 1-14）。

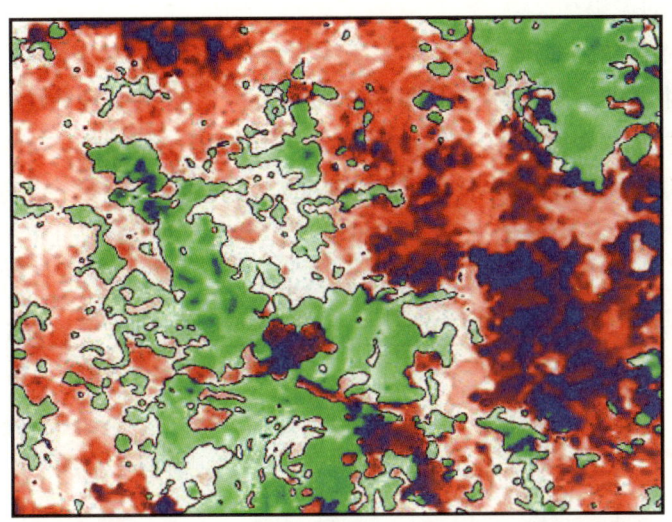

图 1-14　中东地区某油田重要界面的瞬时相位分布图

2）不同频率的 RMS 属性平面分布及其相位平面分布

绘制不同频率的 RMS 属性平面分布及其相位平面分布，观察平面上的变化特征。

子波的零相位化处理（Wavelets Dephasing）。在所有相同振幅谱、不同相位谱的子波集合里面，零相位子波具有最高的分辨率，并且其地震记录尤其适合地震资料解释工作中的层位标定和层位追踪。因此，在进行地震数据解释工作之前，在不改变振幅谱的情况下，将地震子波的相位转化为零相位，更好地适应地震资料解释工作的要求（Yilmaz et al.，2001；陈小宏等，2021）。

6. 带宽指数及平面分布

在地震数据的处理中一般尽量保证子波特征（振幅、相位、频率）的一致性，以便进行进一步的储层表征。地震数据的带宽是地震资料质量的重要参数（Araman et al.，2012，2014；图 1-15）。带宽指数（Bandwidth Index，简写为 BI）主要描述地震子波的带宽。在研究中主要计算两个参数，即时间比（Time Ratio）和振幅比（Amplitude Ratio），可用式（1-4）和式（1-5）表达

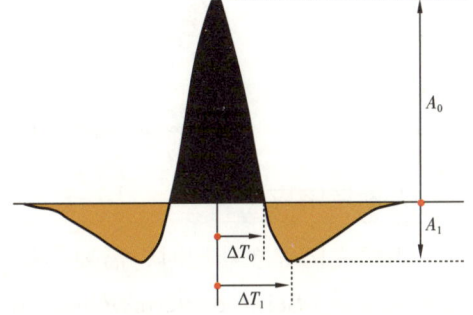

图 1-15　中东地区某油田带宽指数参数计算示意图（据 Araman et al.，2012，2014）

$$\text{Time Ratio} = \frac{\Delta T_1}{\Delta T_0} \tag{1-4}$$

$$\text{Amplitude Ratio} = \frac{A_1}{A_0} \qquad (1-5)$$

式中 ΔT_1——主波峰与相邻第一个波谷的时间距离，ms；

ΔT_0——主波峰与相邻第一个振幅零点的时间距离，ms；

A_0——波峰的振幅；

A_1——波谷的振幅。

在研究中以时间比为横坐标，以振幅比为纵坐标，绘制交会图（图1-16）。带宽指数为数据最为集中的位置（重心）与交会图右上角端点（横坐标200%，纵坐标100%，对应纯正弦波）的欧氏距离。当带宽指数为0时，其为纯正弦波。带宽指数的最大值为141.4，对应Dirac脉冲。一般情况下，宽带宽数据集中于交会图的左下方，窄带宽数据集中于交会图的右上方（Araman et al.，2012，2014）。

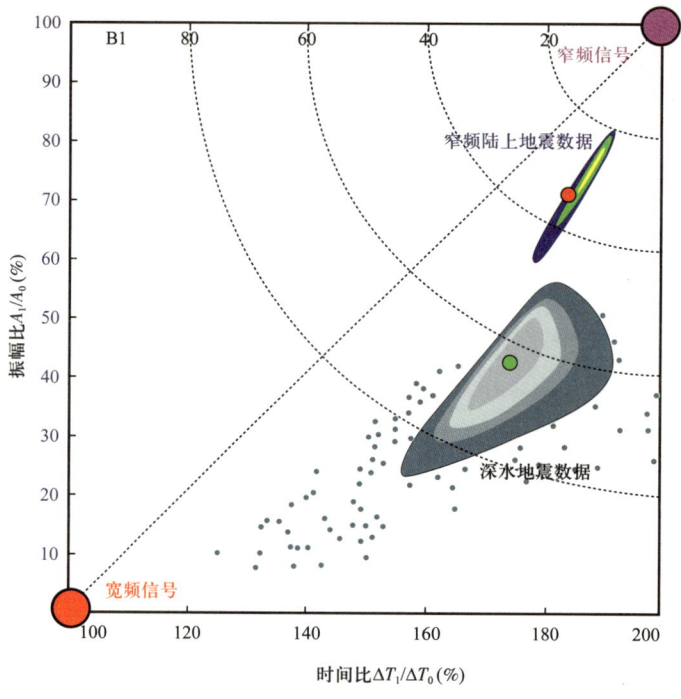

图1-16 带宽指数计算示意图（据Araman et al.，2014）

7. 断层响应

当研究区存在断层时，需要明确当前资料对断层的响应是否清晰，是否足够进行地震断层解释（Seismic Interpretability）。

二、井震标定

井震标定（Well Tie）是建立深度域单井测井曲线等资料与时间域地震资料的联系，是联系地震资料和单井资料的纽带，也是地震资料解释中首先要进行的重要工作。一般情况下，井震标定主要有合成地震记录和VSP两种方法。

1. 合成地震记录

地震记录 $x(t)$ 可以看成是地震子波 $w(t)$ 和地层反射系数 $r(t)$ 的褶积。合成地震记录（Synthetic Seismogram）研究中一般以单井资料为基础，选择合适的地震子波，合成地震记录，然后与井旁道进行比较，建立时深关系。合成地震记录的质量取决于地震子波和地层反射系数的研究质量。

1）地震子波

地震子波是一段具有确定的起始时间、能量有限且有一定延续长度的信号，它是地震记录中的基本单元。一般认为，地震震源激发时所产生的地震波仅是一个延续时间极短的尖脉冲，随着尖脉冲在黏弹性介质中传播，尖脉冲的高频成分很快衰减，波形随之增长，便形成了地震子波，一个地震子波一般有2~3个相位的延续长度，大约90ms，然后以地震子波的形式在地下传播（杨培杰等，2008）。子波提取是井震标定的关键，同时层位标定的好坏又直接影响到子波提取的结果。因此，子波提取与井震标定是相互制约、相互迭代的过程。地震处理、解释中常用子波包括理论子波、提取的子波等。

（1）理论子波。

理论子波主要包括带通子波（Sinc Wavelet）和雷克子波（Ricker Wavelet）等（图1-17）。带通子波由通带范围内各个频率谐波合成，每个谐波长度无限。带通子波可用式（1-6）表达

$$\frac{1}{\pi t}(\sin 2\pi t - \sin \pi t) \tag{1-6}$$

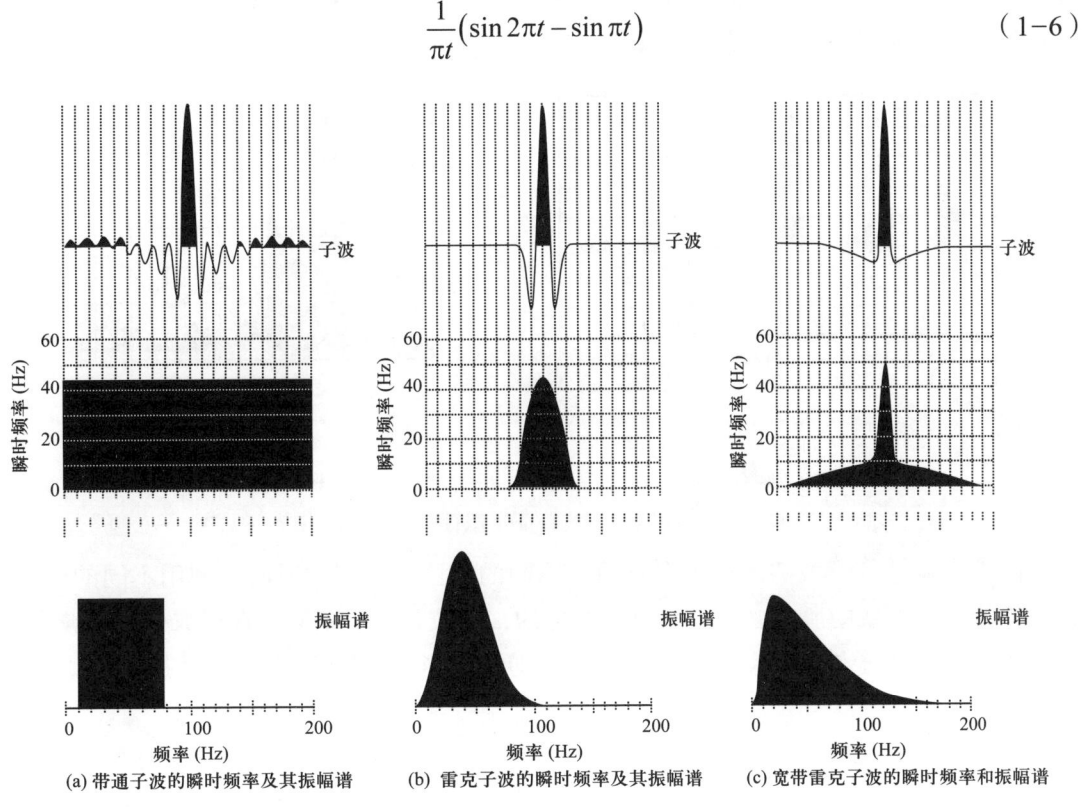

(a) 带通子波的瞬时频率及其振幅谱　(b) 雷克子波的瞬时频率及其振幅谱　(c) 宽带雷克子波的瞬时频率和振幅谱

图1-17　常见的理论子波特征（据俞寿朋，1996；蔡希玲，2000；杨培杰等，2008）

雷克子波波形简单，频带较窄，两端光滑且很快趋于零，常用于合成记录制作。雷克子波最常用的表达式为

$$R(t) = [1-2(\pi f_0 t)^2] \exp[-(\pi f_0 t)^2] \quad (1-7)$$

式中　t——时间，s；

　　　f_0——主频，Hz。

其他常用的地震子波零相位还包括高斯子波（Gaussian Wavelet）、莫莱子波（Molet Wavelet）等（图1-18）。

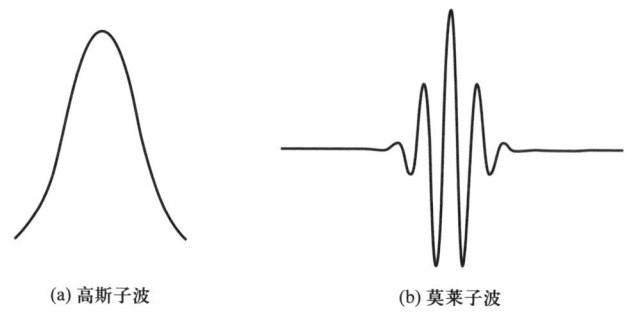

(a) 高斯子波　　　　(b) 莫莱子波

图1-18　高斯子波和莫莱子波示意图

（2）提取的子波。

提取子波根据提取方法可以分为两大类，第一类是确定性子波（Deterministic Wavelet），第二类是统计子波（Statistical Wavelet）。图1-19为孙学凯等（2010）提取的某目的层三维地震资料的确定性子波。

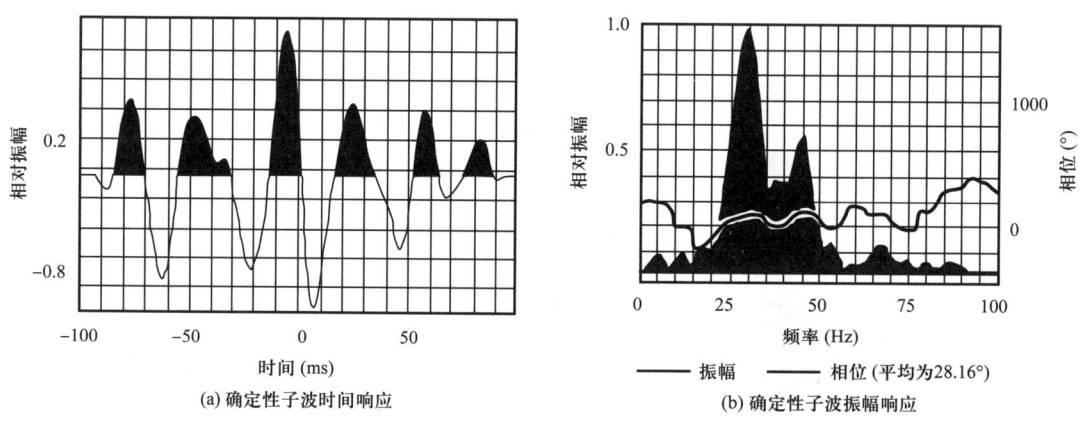

(a) 确定性子波时间响应　　　　(b) 确定性子波振幅响应

图1-19　确定性子波特征（据孙学凯等，2010）

由于影响地震子波的因素很多，因此不同的地区、不同的时间、利用不同的处理流程所得的地震记录中所包含的子波也是变化的，子波长度也不同。在提取地震子波之前，应首先估计地震子波的有效长度，而不能随便用一个长度参数进行子波提取（梁光河，1998）。

确定性子波提取方法主要为利用测井资料首先计算出反射系数序列，然后结合井旁地震道由褶积模型求出地震子波，主要方法包括维纳滤波法、谱除法、线性反演方法、

贝叶斯法和循环迭代法等。确定性子波提取方法的优点是不需要对反射系数序列的分布作任何假设，能得到较为准确的子波，方法的不足之处是很容易受各种测井误差的影响，尤其是声波测井不准而引起的速度误差会导致子波振幅畸变和相位谱扭曲。只有当地震资料信噪比较高、测井资料质量好，同时在时深转换也较为准确的情况下，才能提取出较好的子波（张广智等，2005）。对于斜井而言，特别是水平位移很大的斜井，提取的子波不仅要考虑垂向变化，还要考虑横向变化，对于此类井的子波提取，通常采用分段、分时窗提取，即将地震剖面进行分段，对每一段都确定子波提取时窗，从而提取相应的子波，最后将这些不同段的子波制作成时变子波进行标定。在实际研究中，也可以在不同的典型井中提取子波，然后取平均（Inoue et al.，2012；Biswal et al.，2019；图1-20）。

统计性子波提取方法是通过地震道自身来估计子波，具体地，对于地震资料，选定目标区域、选择时窗提取子波。统计性子波提取方法的优点是不需要测井信息，也可以得到子波的估计，但缺点是需要对地震资料和地下反射系数序列的分布进行某种假设，所得到子波精度与假设条件的满足程度有关（杨培杰等，2008）。图1-21为孙学凯等（2010）提取的某目的层三维地震资料的统计子波。图1-22为某海上油藏子波提取结果。

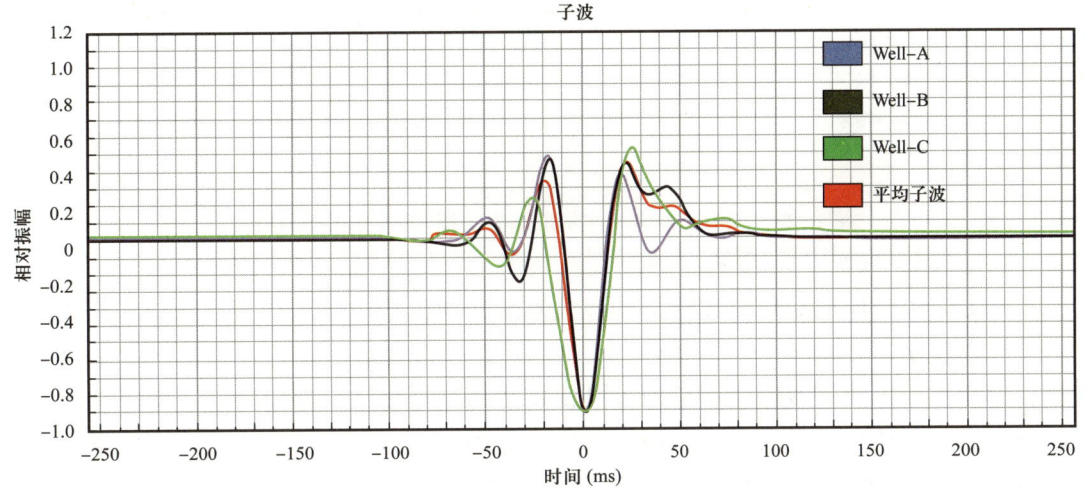

图1-20　根据不同井子波提取结果求取平均值（据Biswal et al.，2019）

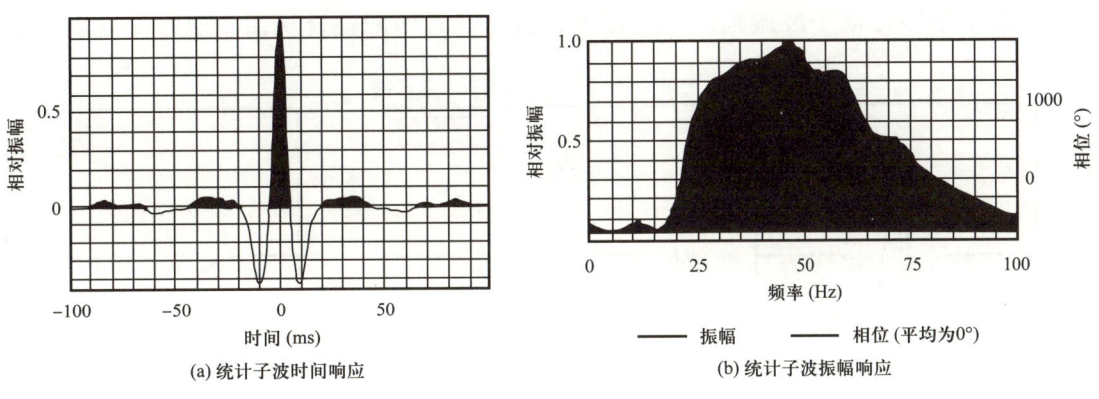

(a) 统计子波时间响应　　　　　　　　(b) 统计子波振幅响应

图1-21　统计子波特征（据孙学凯等，2010）

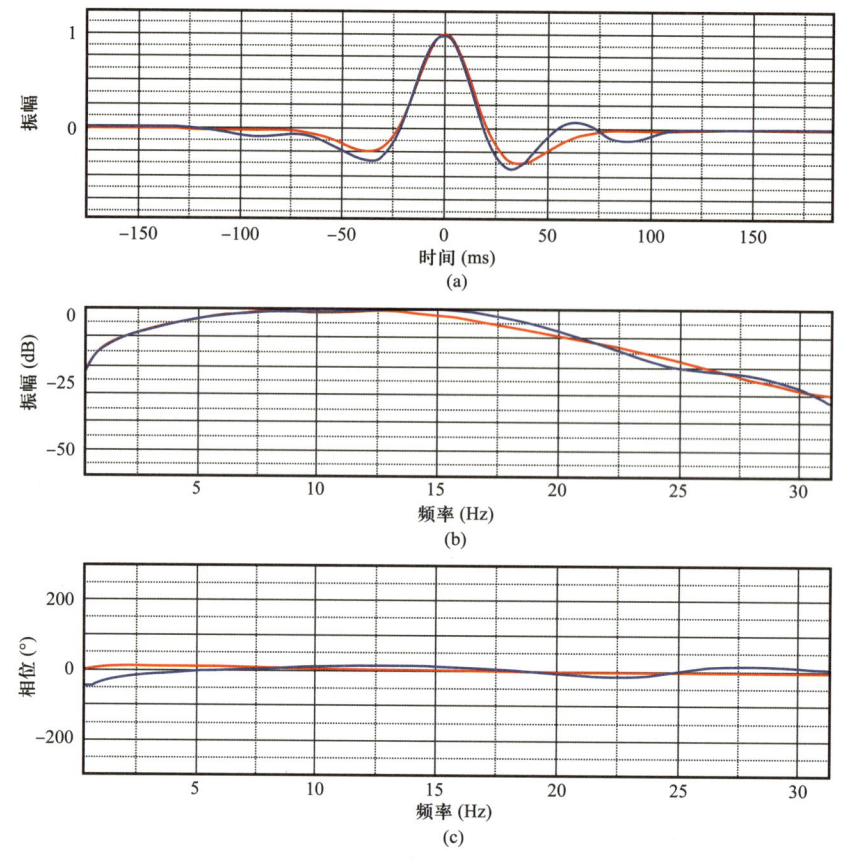

图 1-22 某海上油藏子波提取结果（据 Shen et al., 2020）
(a) 提出的统计子波（红色）和确定性子波（蓝色），(b) 和 (c) 二者的振幅谱和相位谱

实际上，由于地层对地震波能量的吸收衰减作用，造成子波高频成分缺失和相位畸变，子波表现出时变特性（图 1-23）。以往的地震子波提取方法往往基于子波不变时的假设，因此提取出的子波无法满足地震勘探所需的精度要求。使用时变子波进行地震资料的处理，可以使地震数据分辨率更高、有效频带更宽。目前从非平稳地震记录中提取时变地震子波的方法主要有两类：一类是先对非平稳地震记录进行衰减补偿或分段处理，使其整体或每段近似为平稳地震记录，然后采用常规方法提取地震子波；另一类是从非平稳地震记录中提取子波振幅谱与相位谱，再将二者匹配融合从而提取时变地震子波

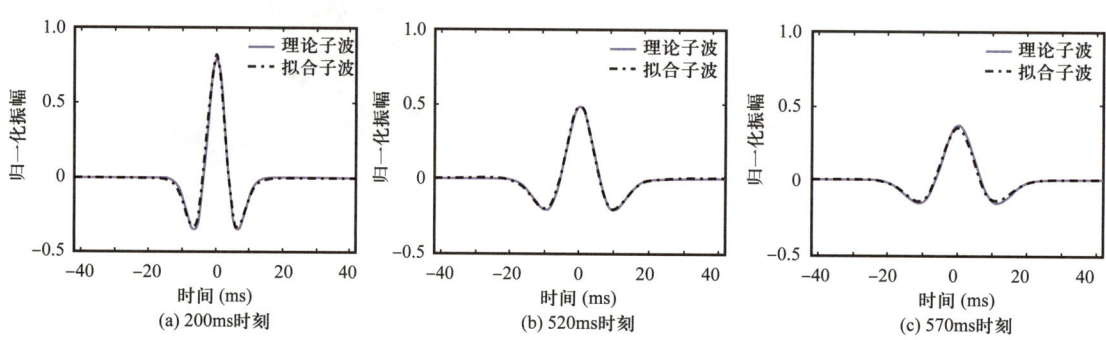

图 1-23 200ms、520ms 和 570ms 时刻的子波时域对比图（据戴永寿等，2015）

（Wang，2015；戴永寿等，2015，2020）。对于叠前地震资料，甚至可以对不同的角道集提取时变子波（Laake et al.，2019）。

（3）子波的特征。

子波可以由它的振幅谱和相位谱来定义，主要属性包括振幅、相位、主频、长度和极性等。对于子波好坏，要从子波的波形、振幅谱和相位谱等方面进行判别，好的子波要求波形稳定，单峰值，窄波峰，旁瓣小，在有效的频带内相位稳定。从剖面提取的实际子波制作的合成记录与实际地震剖面更接近，实际工作中很可能得到一个难以确定精度和可信度、形状复杂的子波。

根据相位谱，地震子波可以分为零相位、最小相位、最大相位和混合相位等类型（图1-24、图1-25）。零相位子波的能量集中在中间且对称，最小相位子波的能量主要集中在前端，最大相位子波的能量主要集中在尾部。在地震处理过程中，可以经过子波整形处理使其成为零相位子波。零相位子波在给定振幅谱时，延续长度短，分辨率高，振幅最大，且对准地震波的初至时刻，即反射振幅对应地层界面，便于地质解释，具有较高的分辨率，虽然是一种物理不可实现的子波，但在数字滤波、反褶积和反演中经常用到。

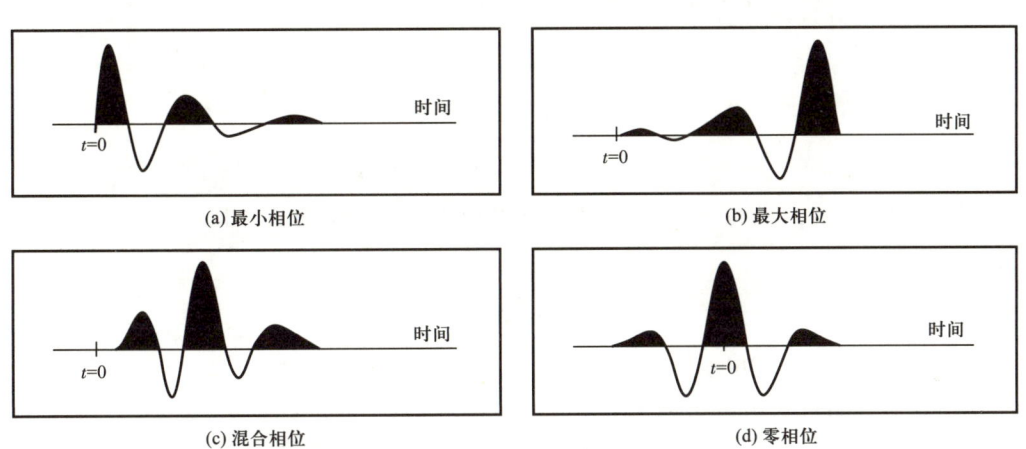

图1-24　不同相位子波特征（据Derman，2018）

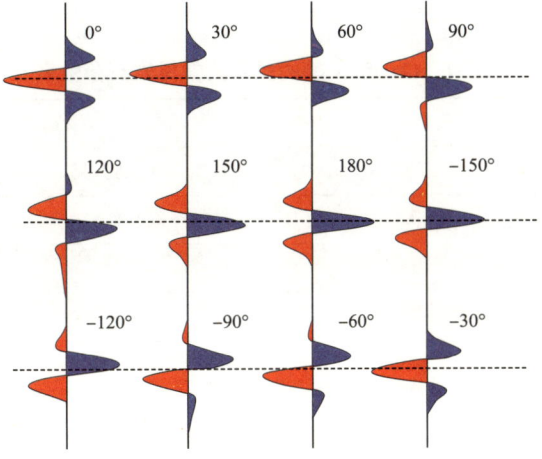

图1-25　不同相位子波的特征（据Simm et al.，2002）

地震子波振幅谱极大值所对应的频率为主频（云美厚等，2005；陆基孟等，2011）。子波的主频应与井旁地震道主频一致。对目的层段的井旁地震记录作频谱分析，确定其主频范围，将所用子波（主要指典型子波）频率设置在井旁地震记录的主频范围内即可。

地震子波的长度应该选择合适。理想的子波是越短越好，因为越短就越接近于脉冲波，分辨率就越高。但是，由于大地的滤波作用，使得子波的高频部分被吸收，造成子波延时，所以子波具有一定长度。

2）地层反射系数

对声波时差和密度测井曲线进行严格的质量控制，需要时进行曲线标准化（方法详见第二章），为合成地震记录打好基础。然后根据单井的声波纵波速度和地层密度曲线计算地层反射系数（Reflection Coefficient）序列，计算过程可用式（1-8）表达

$$R_i = \frac{\rho_{i+1}v_{i+1} - \rho_i v_i}{\rho_{i+1}v_{i+1} + \rho_i v_i} \tag{1-8}$$

式中 ρ_i，ρ_{i+1}——界面两侧介质的密度，g/cm³；

v_i，v_{i+1}——界面两侧介质的速度，m/s。

地震道可由式（1-9）和式（1-10）表达

$$地震记录 = 子波 \times 反射系数 + 噪声 \tag{1-9}$$

$$s(t) = r(t) \cdot w(t) + n(t) \tag{1-10}$$

当仅有声波曲线，没有密度曲线时，可以根据 Gardner 公式求取密度曲线，可用式（1-11）表达

$$\rho = dv_p^f \tag{1-11}$$

式中 v_p——纵波速度，km/s；

d，f——与岩性有关的可调系数。

Gardner 等的关系式仅考虑从水饱和沉积岩石的体积密度来估算纵波速度。Gardner 等根据式（1-11）处理了所有沉积岩石（作为单独一组），给出了不同岩性的独立曲线（表1-1）。

表 1-1　Gardner 等的关系式常见岩石参数表

岩性	d	f	v_p 范围（km/s）
页岩	1.75	0.265	1.5～5.0
砂岩	1.66	0.261	1.5～6.0
石灰岩	1.50	0.225	3.5～6.4
白云岩	1.74	0.252	4.5～7.1
硬石膏	2.19	0.160	4.6～7.4

3）合成地震记录标定

在开始合成地震记录标定之前还需要注意基准面和替换速度的问题。在陆上地震数

据处理过程中，通常要将地震数据校正到一个统一基准面，即地震基准面，一般为水平面。地震基准面就是一个人工拟定的虚拟的大地水准面，是一个水平面，就是为了保证工区所有数据的起算基准的一致性以及深度数据的正值。将地震数据校正到基准面需要对炮点和检波点的高程差进行校正，这里需引入替换速度。当基准面高于地表时，相当于剥去基准面以上的地层，当基准面低于地表时，相当于在地表与基准面之间填充了地层。剥去地层和填充地层的速度即为替换速度。通常，人们认为替换速度只会影响地震剖面中同相轴的构造形态的幅度；实际上，它还会影响同相轴构造形态的其他特征。地震基准面和替换速度一般由地震处理人员提供。在做井震标定时，必须充分清楚地震数据起算点与测井数据起算点是否一致，不一致时必须进行校正，否则井震标定准确性就毫无意义。因此，建立工区时，必须清楚地震数据体的基准面和表层替换速度（苏贵仕等，2009）。

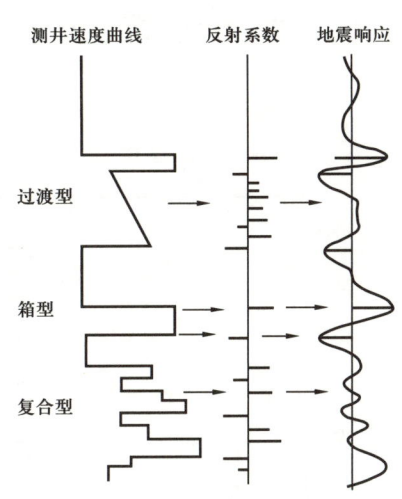

图1-26 合成地震记录示意图
（据Clement，1977）

在完成地震子波和地层反射系数的研究后，即可开始合成地震记录研究（图1-26）。将合成地震记录与井旁地震道进行比较，完成标定。由于声波时差和密度曲线均存在一定的误差，允许在一定范围内对合成地震记录进行整体漂移和拉伸，不能局部微调（图1-27）。

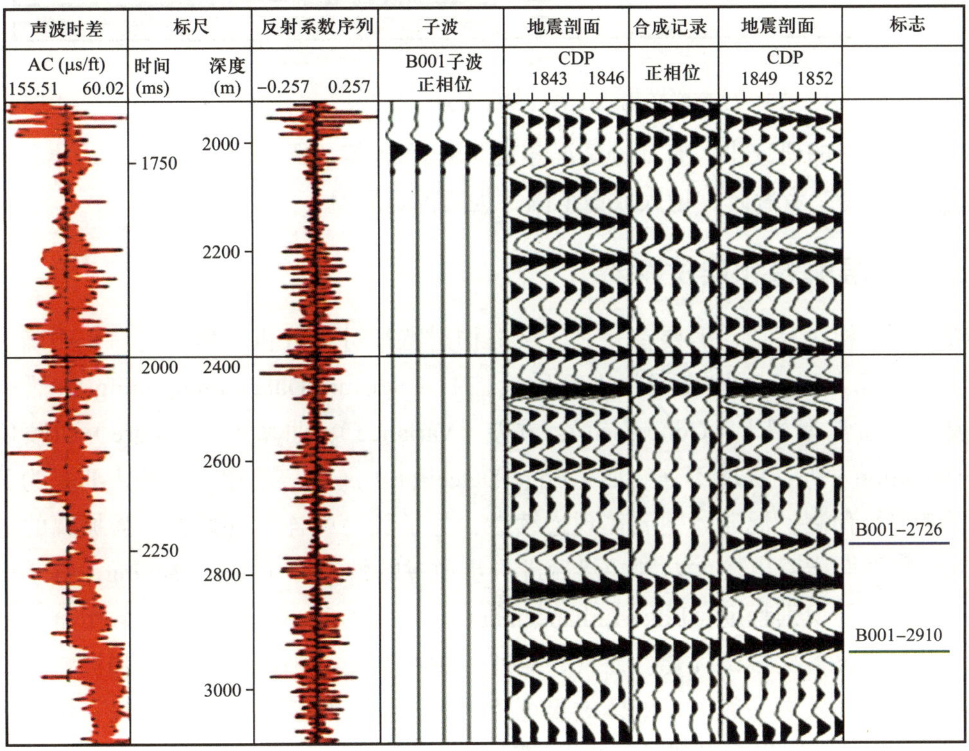

图1-27 合成地震记录井震标定结果（据栗宝鹃等，2016）

2. VSP

利用VSP走廊叠加记录标定地层层位是零偏移距VSP最为广泛的应用之一。用VSP资料来标定层位，可以直接建立深度与时间的关系，而不受速度的影响。

用VSP记录直接与钻井（井柱子）、测井资料对比，从井柱子上可知产生这些反射层的年代和岩性特征，然后将它与地面再对比，就可以确定地震剖面反射层位的地质属性（马学军等，2021；图1-28）。

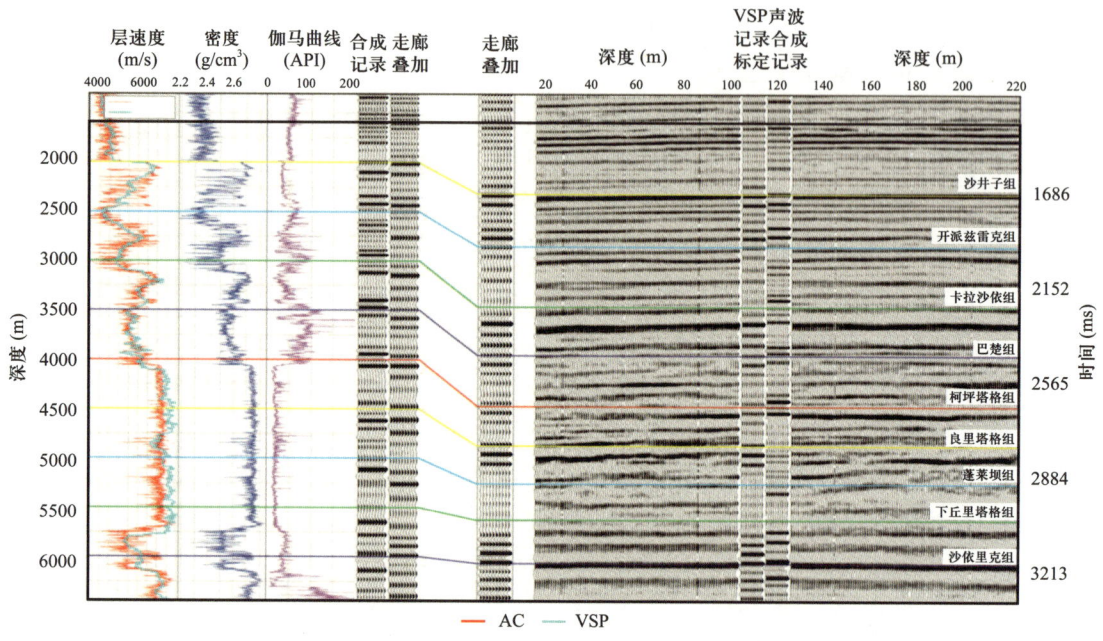

图1-28　巴楚隆起玛北1井VSP层位标定实例（据马学军等，2021）

在中东地区的研究中，有部分情况零偏VSP和有偏移距VSP资料均有采集，则在井震标定时可以将二者叠合，增大成像范围，提高标定质量。

三、断层解释和层位解释

断层解释相对复杂，需要首先对区域的构造特征进行分析，然后进一步明确油藏的构造演化特征。首先对地震资料进行质量控制（Seismic Data Conditioning），然后利用地震属性，通常为相干（Coherence）、方差（Variance）、曲率（Curvature）和倾角偏差（Dip Deviation）等，提取不连续面（Edge Detection）属性。曲率、方差主要是为了对断层和裂缝进行预测，混沌体主要体现连续性，尽量找一些连续性好的、强振幅的进行提取，剖面和平面能看出较大差别。然后进一步通过蚂蚁追踪（Ant Tracking）等手段，提高对不连续面的识别程度（Edge Enhancement）。蚂蚁追踪也有大量的参数组合，效果差别非常大，建议多次尝试优化。通常，蚂蚁体主要基于清晰的方差属性和混沌属性，如果上述两个属性效果一般，蚂蚁体效果可能大打折扣。最后综合人工解释、自动解释和断层属性体等进行解释，得到最终结果（图1-29）。

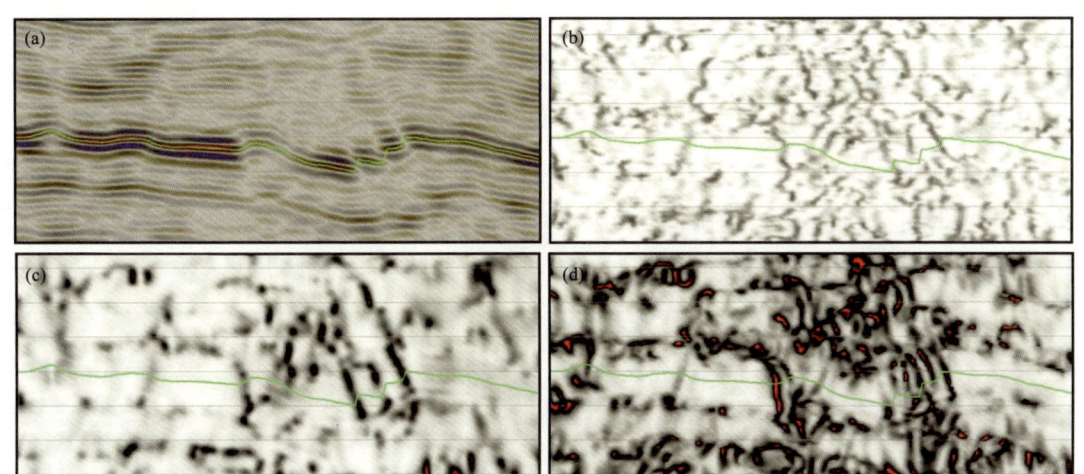

图 1-29　10°～28°叠加道集地震剖面和对应断裂识别属性（据 Wang et al.，2019）
（a）地震剖面；（b）倾角偏差属性；（c）方差属性；（d）混沌属性

在地震剖面中识别断层的标志主要基于地震反射波的特征变化，这些标志包括以下几个方面：

（1）反射层的中断或错移。在地震剖面上，断层通常表现为反射层的中断或错移。反射层在断层位置上、下发生明显位移，是识别断层的最常见标志。

（2）反射波的倾角变化。断层活动可能导致地层的倾角发生变化，表现为反射波的倾斜程度在断层两侧不同。

（3）反射波的间断性和混乱。在断层区域，地震反射波可能会变得不连续甚至紊乱，反映断层破碎带的复杂结构。

（4）反射层的拖曳现象。断层活动可能引起反射层在靠近断层的位置发生弯曲或拖曳，表现为反射层在断层附近的异常弧形。

（5）速度异常。断层可能引起岩性变化或破碎带的发育，导致波速的异常变化。速度的突然变化常与断层相关。

（6）反射波的丢失或弱化。在断层破碎带或破裂区域，地震反射波可能会变弱甚至消失，表现为能量的减弱或空白带。

（7）叠加关系的改变。断层活动可能导致地层叠加关系的改变，例如新的地层覆盖在破裂面之上。

（8）与其他构造的相关性。在地震剖面中，断层可能与褶皱、地垒、地堑等构造相伴，综合这些特征有助于识别断层。

（9）断层切割的多重特征。多组反射层被交错切割，表明可能存在多条断层或复合断层。

通过综合以上特征，可以在地震剖面中较为准确地识别断层。但具体分析时，还需要结合区域地质背景、地震数据的分辨率及实际构造特征进行综合判断。

层位解释目前采用自动追踪和人工解释相结合的方法进行。在同相轴相对连续的区域，采用自动追踪（Automatic Tracking）进行解释，而在由于断层发育等原因造成同相轴连续性较差，甚至杂乱反射的区域进行人工解释。在地震反射特征较为复杂的区域，地震反射同相轴的连续性较差，波组特征也不清晰，解释不确定性大。一般情况下，一方面可以对小角度、中角度、大角度叠加道集（Sub-angle Stack Data）分别进行分析，确定层位特征（图1-30）。另一方面也可以进行分频解释，观察地震剖面在低、中、高频率下的响应特征，确定地层分布。在完成层位解释后，可以提取沿解释层位的振幅属性或相位属性，对整体层面解释质量进行分析，确定不确定性相对大的区域。

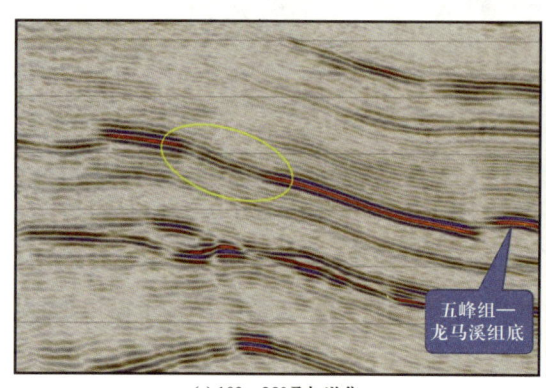 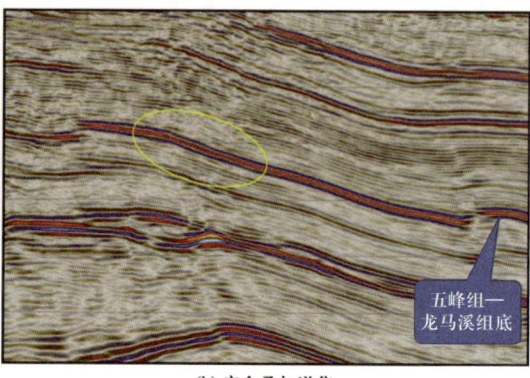

(a) 10°~28°叠加道集　　　　　　　　　　(b) 完全叠加道集

图1-30　部分叠加道集与完全叠加道集地震剖面对比（据Wang et al., 2019）

真三维解释的应用与发展方面，在三维空间内进行层位和断层的解释及闭合，也可以在三维空间中对振幅进行解释，对方差和相干体进行平面解释，整体上对断面的精细落实意义更为重大，断面的分配和闭合大部分都是在三维窗口进行的，断层间的交切和搭接关系也更为清晰。

对于断层较为发育的油藏（复杂断块油藏等），地震解释一般先看断层，然后一边解释"基干线"上的标志层，一边确定断层的基本框架。一般以人工解释为主，偶尔在信噪比较好的层段或区域适度使用自动追踪、人工智能等技术作为辅助。

小网格解释精度高于大网格解释精度。在实际应用中，应根据研究区面积和勘探开发阶段进行选择，遵循整体上"先大后小"的原则。大区域、大构造特征可选用32×32、50×50网格进行解释，精细解释开发阶段可选用10×10网格，甚至1×1网格进行解释。开发阶段，小网格精细解释无论对于沿层属性提取还是古地貌恢复、建模等方面的意义都是重大的。

需要注意的是，地震反射同相轴体现的是阻抗界面特征，而不是岩性特征。对于岩性分布特征的分析、观察，需要在道积分剖面、90°相位移动剖面或反演剖面上进行（李庆忠，1994）。

断层解释和层位解释在模型研究中直接作为输入参数进行构造建模，决定了油藏的构造格架。在解释中，最好综合沉积、储层和油藏开采特征等信息，使解释结果更加符合实际的地下情况，避免与其他类型资料产生矛盾。

需要注意的是，在研究中解释人员和处理人员需要及时沟通，确定不同资料类型的基准面深度和对应速度，不同类型资料需要校正到同一个标准下，然后再进行解释工作。

常见的基准面类型包括测井资料基准面、地面地震资料基准面、VSP 或 Checkshot 资料基准面等。常见的速度类型包括陆上地震研究中的替换速度（Replacement Velocity）、溶蚀带速度（Weathering Zone Velocity）等。

实际上，反射剖面的波形并不是追踪着砂层，而是追踪着反射系数。反射剖面上的波形胖瘦程度与子波主瓣的"胖瘦"程度是一致的。子波主瓣瘦的就反映不了厚砂层。子波主瓣胖的反映不了薄砂层。当砂层厚度与子波主瓣一样胖瘦时，振幅就猛地加强，这便是振幅的"调谐"作用。当砂层厚度大于主瓣宽度的时候，砂层的顶、底界分成为两个反射，一个反射为正，另一个反射为负（李庆忠，1994）。

四、速度模型和时深转换

速度模型和时深转换是时间域的地震数据和深度域的储层模型之间的重要桥梁，是储层模型质量和全面整合地震相关认识的重要保障。

1. 输入数据类型和质量控制

一般情况下，建立速度模型主要的输入数据包括 Checkshot、VSP、声波时差测井数据、地震速度和时间域地震解释层位等。

1）Checkshot 和 VSP

Checkshot 和 VSP 的精度较高，是建立速度模型的重要资料。在使用时需要首先进行质量控制，绘制速度与深度的交会图，确定速度异常点原因或将其删除。另外，当单井斜度较大时，也有可能出现一定的误差，需要对其进行校正（Nguyen et al.，2021）。

2）声波时差测井数据

在完成合成地震记录之后，即可生成井上的时深关系和速度数据，从而可以作为速度模型的输入数据。

由于声波曲线可能受到井眼情况等一些非地质因素的干扰而出现不能代表地下真实速度情况的速度异常，需要对此进行质量控制，找出其存在的地质原因，并对其进行识别或剔除。如果井筒中同时具备来自垂直地震的时深关系（Checkshot 和 VSP）和声波时差数据（Sonic Log），则可以用时深关系来校准声波曲线的整体趋势，识别或剔除速度异常（图 1-31）。

绘制井上平均速度、层速度的分布，观察数据质量，以及和垂向岩性变化的关系。

3）地震速度

地震速度一般指叠加速度、偏移速度等。理论上，地震速度的纵向分辨率和可信度均低于井上速度数据，但较好的横向覆盖是其显著的优点。常见的地震速度数据包括 Segy 格式的速度场（叠加速度、平均速度等）和叠加速度散点等。

将井筒速度数据（红色）与地震得到的速度数据叠合显示，从而分析不同来源的速度数据整体趋势情况，是否需要进行质控，是否可以结合在一起建立速度模型（图 1-32）。

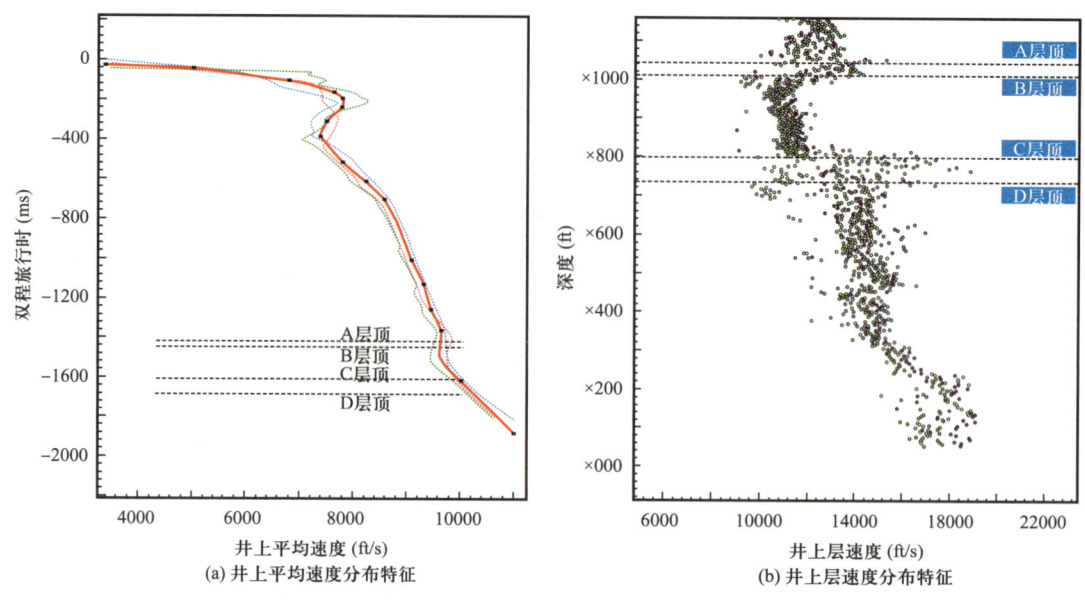

图 1-31　井上平均速度和层速度分布特征

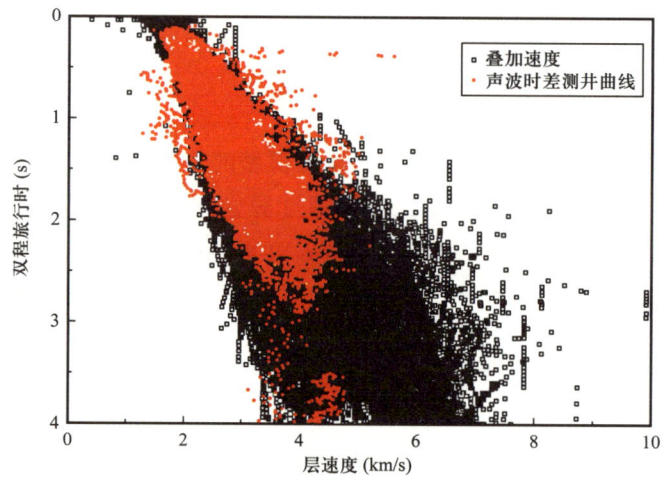

图 1-32　地震速度和井上速度对比（据 Süss et al., 2003）

当地震速度需要校正时，定义校正系数为井上速度除以地震速度，分别对地震平均速度和层速度进行校正。校正后，地震速度和井上速度应拟合较好。对比校正前后的地震速度与井上速度交会图，其相关性应有改善（图 1-33—图 1-35）。

地震速度校正也可以根据井上速度和地震速度的差值进行空间插值，求取校正差值数据体，对地震速度进行校正（Sidorovskaia et al., 1999；Adli et al., 2014）。

4）综合质量控制

在以上三者分别进行质量控制的基础上，还需要进行如下质量控制（图 1-36）：

（1）绘制单井测井曲线图，对比井速度与 VSP 和 Checkshot 速度（平均速度、层速度）的符合情况；

（2）绘制地震数据与井数据平均速度、层速度交会图，观察差异；

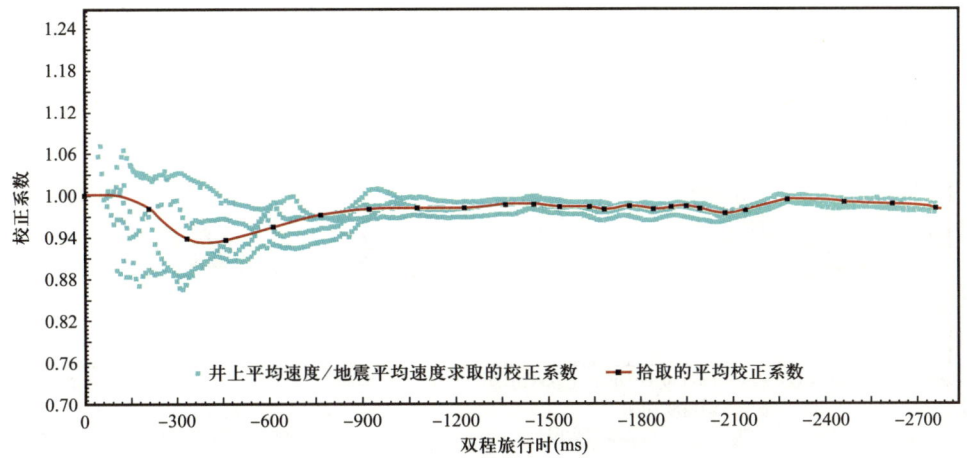

图 1-33 地震平均速度校正系数定义

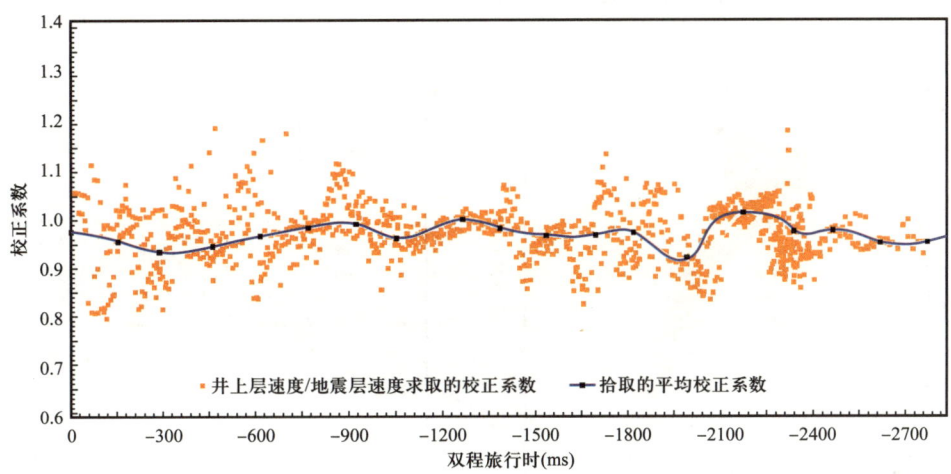

图 1-34 地震层速度校正系数定义

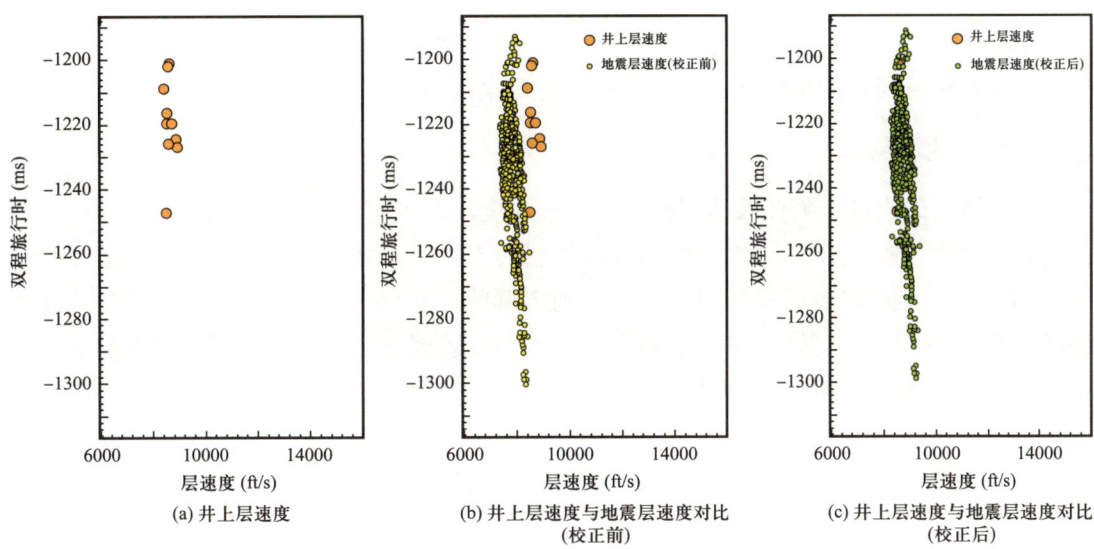

图 1-35 地震层速度校正示意图

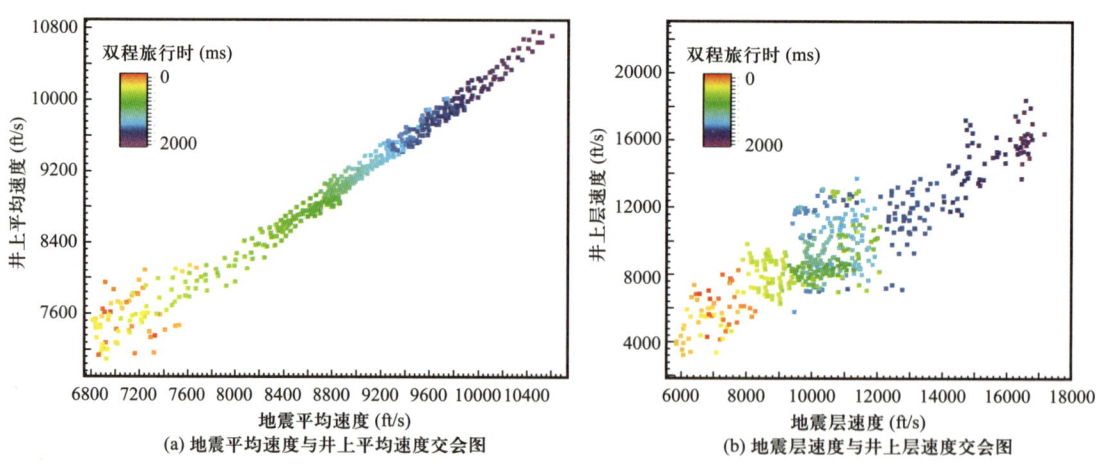

图 1-36 地震数据与井上平均速度、层速度交会图

（3）对比不同时间地震平均速度、层速度和井上速度的差异，分析数据可靠性及质量（图 1-37）；

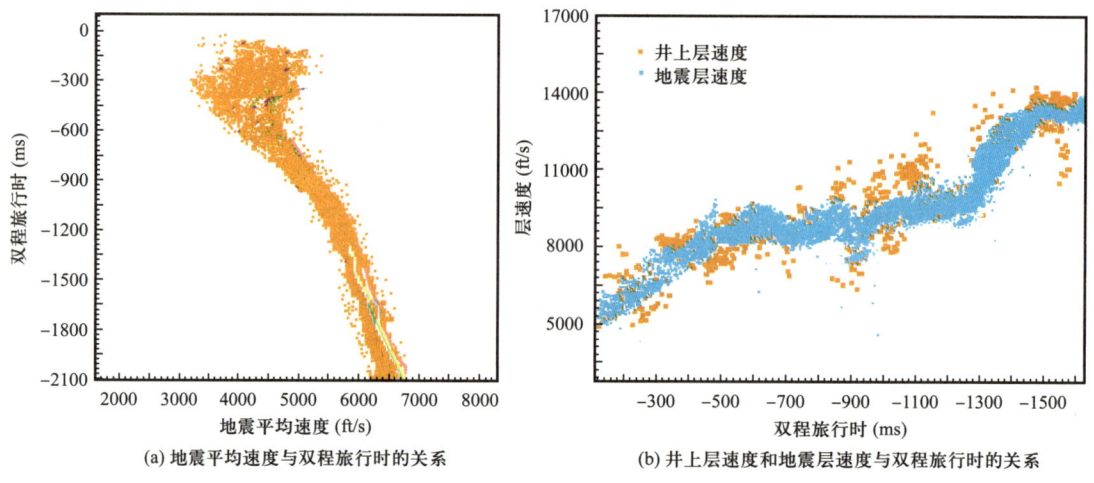

图 1-37 地震平均速度、地震层速度和井上层速度对比图

（4）对比不同目的层段地震速度校正前的变化趋势。

2. 划分速度层

根据地层的岩性、物性及速度特征，划分速度层，确定地震速度层边界。

对于速度层的选择，一般根据勘探目的层的多少以及由速度测井得到的大套的分界清楚的速度层（陆相地层和海相地层）来确定哪些反射层可以作为速度层。有三个原则是必须遵守的：（1）反射层间时差厚度不能太小，若时差太小，视觉误差带来的影响可能较大，对求准速度值不利；（2）作为速度层的反射界面其反射质量要高，对比上不能出错；（3）速度层要从实际地形面开始选取，而不是从地震资料的静校基准面起算。基准面至地形面要视作一个单独的速度控制层。速度层从地面起算主要是为了尽量使层速度的计算结果只与地层有关，而与替换速度的大小和基准面的高低无关。从地形面起算速度场，使各种基准值的资料（包括浮动基准面的资料）可以在统一的速度场中转换。

钻井资料总是极少的一种资源，为掌握各速度层在大区域上的变化趋势，建立各速度层随埋深变化的趋势曲线是非常必要的（这里的深度指地震反射时间深度），所选井的范围要更广一些，不能只局限于某个很小的三维区内（张华军等，2003）。

3. 优选速度模型建立方法

速度模型的建立方法主要包括函数方法、基于速度面的方法和基于三维模型的方法三大类，需要根据资料丰富程度和地震资料品质进行选择。

1）函数方法

函数方法主要包括拟合时深关系函数法和线性函数层速度模型法两类。

拟合时深关系函数法（Single Function Lookup）原理较为简单，主要根据多井Checkshot或VSP等较为可靠的时深关系直接建立时间和深度的函数（或者平均速度与双程旅行时的函数、层速度与双程旅行时的函数），然后利用函数进行时深转换，最后用井上分层数据进行校正（图1-38、图1-39）。由于拟合时深关系函数法没有考虑到地震速度在横向上的变换，因此可能导致结果存在一定的误差（Sidorovskaia et al., 1999; Adli et al., 2014）。

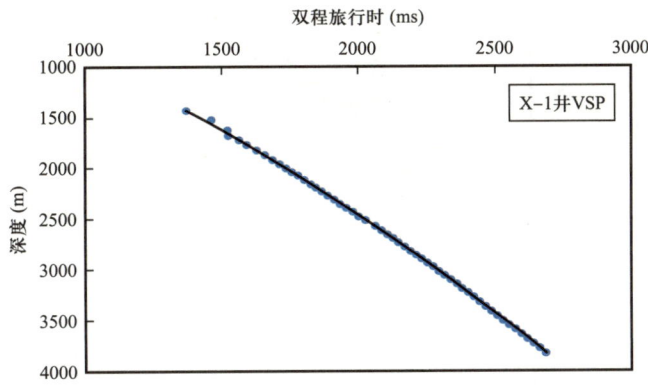

图1-38 根据Checkshot得到时间深度函数（据张璐等，2018）

线性函数层速度模型法（Linear Velocity Function）将地层分为数个速度层（Layer Cake），在每个速度层内，建立速度和深度的线性函数，不同位置函数存在差异，可以体现速度的横向变化，最终建立速度模型。一般线性公式分为两种（图1-40），对于从基准面开始建立函数的情况，可用式（1-12）表达

$$v=v_0+kz \qquad (1-12)$$

对于从某一时间层界面开始建立函数的情况，可用式（1-13）表达

$$v=v_0+k(z-z_0) \qquad (1-13)$$

实际上，线性函数关系除了时间与深度的关系外，还可以针对实际的地质情况建立特殊的关系，例如膏岩层速度与厚度的关系等。郑喻丹等（2020）选取了寒武系高台组地层为研究对象，分析了膏岩速度的"陷阱"，运用膏岩速度随厚度变化的原理，拟合速度—厚度关系函数，建立了膏岩横向速度模型，进行时深转换，结果符合地质现象。

(a) 深度与时间的关系　(b) 平均速度与时间的关系

(c) 层速度与时间的关系

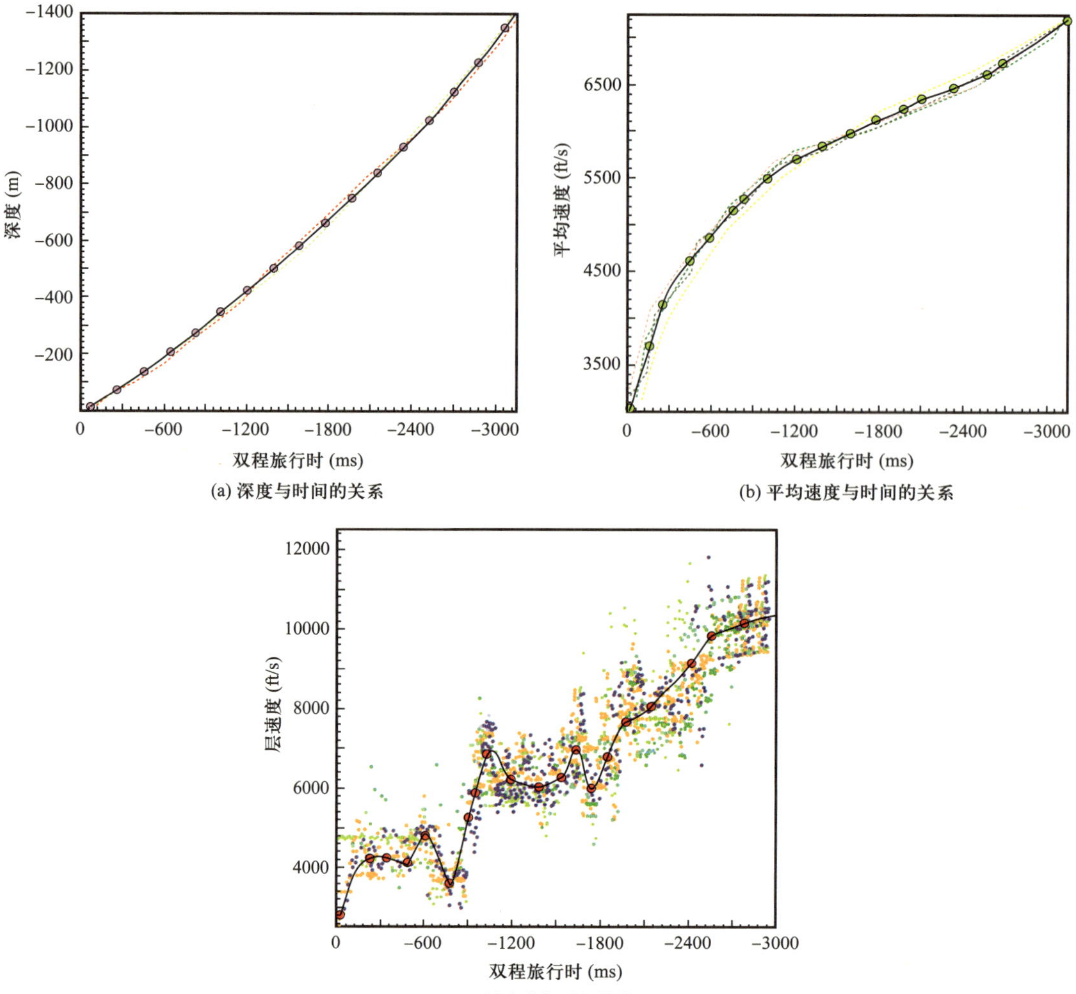

图 1-39　根据 Checkshot 得到的深度、平均速度和层速度与时间的关系

(a) 从基准面开始建立函数　(b) 从某时间层界面开始建立函数

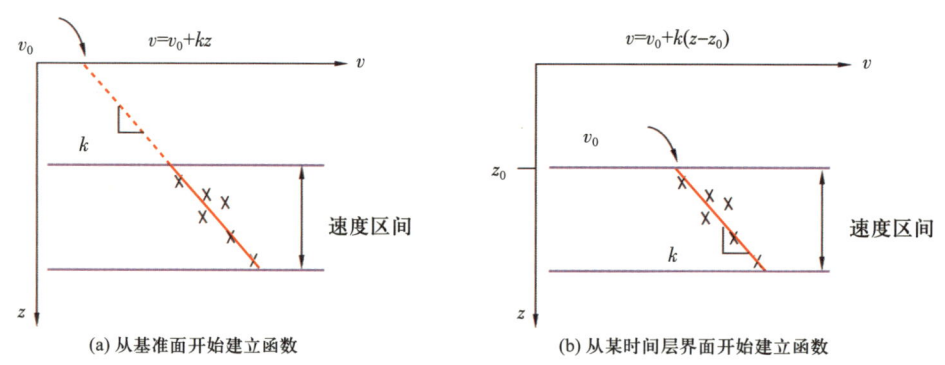

图 1-40　线性函数层速度模型法示意图（Petrel 用户手册）

2）基于速度面的方法

基于速度面的方法主要包括两种，对每个速度层：（1）以井速度为主，二维插值建立速度面；（2）以井速度为主，考虑地震速度趋势二维插值建立速度面。

速度类型采用平均速度和层速度均可。除此以外，还可以多种方法组合使用。例如在井数据较少的上部层位使用地震速度，下部层位由于井上速度数据较多，使用井上速度数据。又例如中东地区 DH 油藏，在目的层 A 之上使用平均速度，而对目的层 A、B、C 均使用层速度，本质上仍属于层速度模型（图 1-41）。

3）基于三维网格的速度模型

基于三维网格的速度模型常用的方法包括：以井数据为主，地震数据约束；以地震数据为主，井数据校正；地质构造约束层速度模型等方法。速度类型采用平均速度和层速度均可。

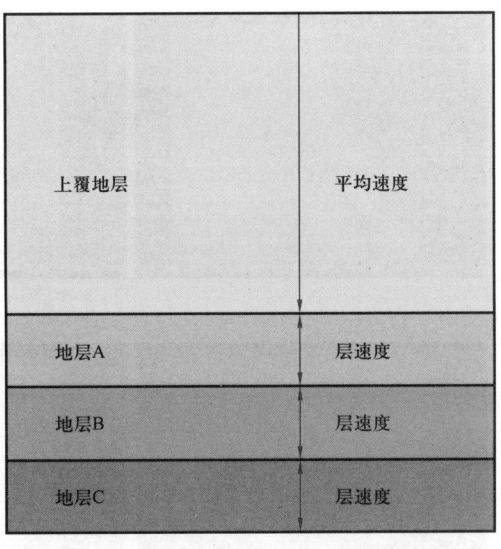

图 1-41 中东地区 DH 油藏速度模型示意图

（1）以井数据为主，地震数据约束。

首先将井数据采样至时间域三维地质模型中，然后以井数据为基础，以地震速度模型作为空间约束，优选地质统计学方法，分速度层进行空间插值，建立速度模型。在井数据足够多的时候，也可以直接采用井数据插值建立速度模型。

（2）以地震数据为主，井数据校正。

以地震速度场为基础，将其采样至时间域三维地质模型。随后，将井上速度采样至模型中，根据井上速度和地震速度的关系，对每个速度层的地震速度进行校正，得到最终的速度场。

如果除了地震速度外，地质构造对地震速度控制作用明显时，也可制作相应的趋势约束体（距走滑断层的距离等）作为建模输入参数（Sun et al., 2019）。

资料情况不同，速度模型的建立方法存在差异。当油藏数据较全，井数较多，覆盖较好时，可以使用线性函数层速度模型法、地震数据约束的速度面方法和基于三维网格的速度模型等；部分情况下甚至可直接计算单井平均速度（从基准面至油藏顶面），然后插值建立速度模型；当井数一般时，可采用拟合时深关系函数法建立模型；当油藏井数较少时（1~2 口井，甚至没有井），一般直接使用地震速度求取层速度，建立速度模型（Jomes, 2018）。

速度模型初步建立完成后，需要对比速度模型结果和井上分层结果的差异，评估模型质量。当出现较大的差异时，需要寻找存在问题，不断迭代改进，降低二者差异，直至速度模型结果和井上分层结果符合。一般主要从速度输入数据、合成地震记录、井上分层和基准面（Seismic Reference Datums，简写为 SRD）等因素进行分析（图 1-42）。

4. 速度模型的质量控制

在质量控制时，需要明确速度模型的数据来源，例如井速度、地震速度和 Checkshot 等。绘制井数据分布图，标注数据质量，为速度模型的建立提供基础。

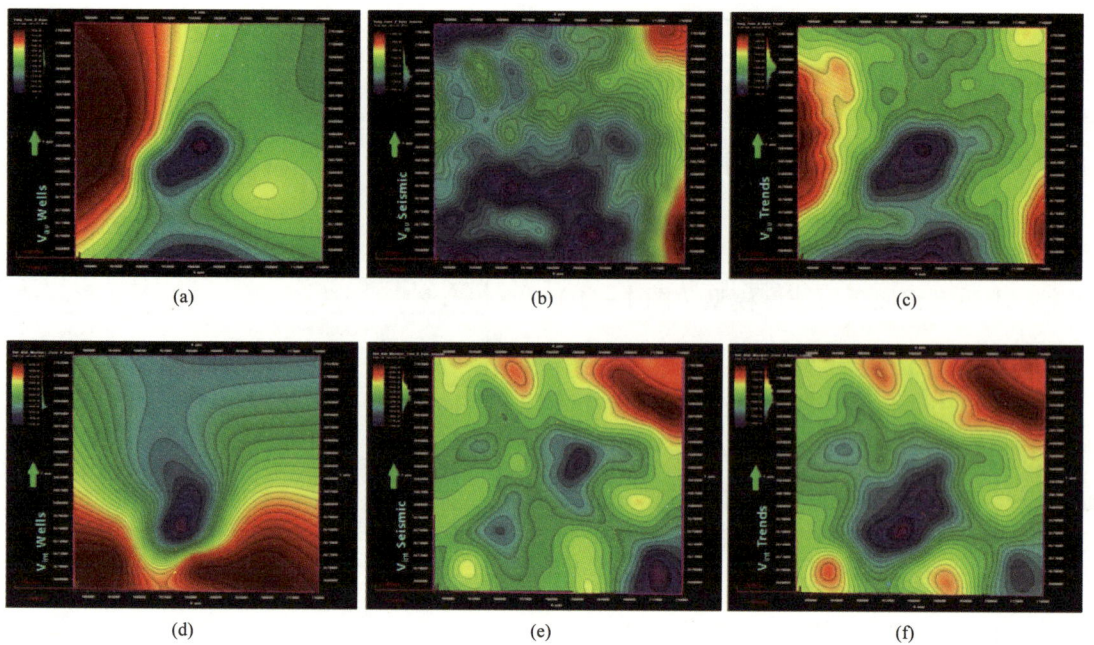

图 1-42 阿拉伯联合酋长国某碳酸盐岩油藏构造顶面不同速度模型对比（据 Grover，2017）
（a）井上平均速度直接插值速度分布图；（b）偏移速度平均速度分布图；（c）以偏移速度为约束的井上平均速度插值结果；（d）井上层速度直接插值速度分布图；（e）偏移速度层速度分布图；（f）以偏移速度为约束的井上层速度插值结果

对井上速度、地震速度和最终速度模型的分布趋势进行分析。逐井分层对比速度模型和单井井上速度，观察速度模型是否符合井上速度特征；分层绘制每个速度层的井上速度和地震速度交会图（平均值/所有值），观察分布趋势，判断地震速度是否可以作为速度模型的主要输入参数，或者作为井间速度插值的约束条件；逐层对比地震速度、井上速度和速度模型深度的平面分布图，对比差异。

通常，速度平面图与构造图的特征相似，具有随深度增加，速度增加的趋势。另外绘制时深转换后深度域构造与单井层位差异的分布直方图和平面分布图，观察其分布规律，特别注意平面分布图"牛眼"（Bull's eye）的位置，一般指示异常情况。

由于大斜度井与水平井的深度具有不确定性，因此需要注意其与井上的深度差异。可以快速分析油水界面与圈闭溢出点的关系。如果其低于溢出点，则指示当前速度可能偏低。一般选择数口井作为盲测井，对地震数据时深转换的质量进行评估（Jorge，2018）。

5. 时深转换

速度场建立后，可以对时间域数据体及层位、断层、构造面和点数据等进行时深转换，得到深度数据体和深度域的层位、断层、构造面和点数据等。

6. 随钻导向对油藏构造的约束

随钻导向数据可以通过成像测井资料显示的井眼与地层的交切关系，或者距层边界的距离对油藏构造进行约束。

由于随钻测井工具在导向时始终处于旋转条件，因此通过成像模块可以得到全井眼图像。随钻测井（LWD）技术可以在钻井过程中测量方位 GR 图像、方位密度图像、方位 PEF 图像、方位井径图像和方位电阻率图像等（图 1-43）。

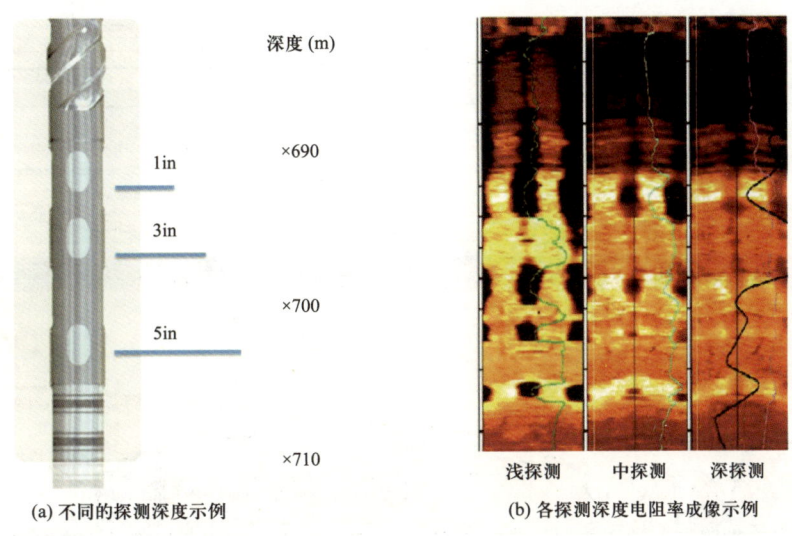

图 1-43　不同探测深度的电阻率成像示例（据 Al-Rubaiyea et al.，2015）

方位 GR 图像、方位密度图像和方位 PEF 图像的垂直分辨率约为 6in。它们可以判断井眼在地层中的位置，可以识别断层、裂缝等信息，对于地质导向期间的构造解释和地层倾角确定非常有用，也可以作为储层构造建模的重要约束条件。图 1-44 显示了使用随钻测井成像进行地质导向的概念。当成像测井图像显示"哭脸"时，指示井眼下切地层；当成像测井图像显示"笑脸"时，指示井眼上切地层（图 1-44）。

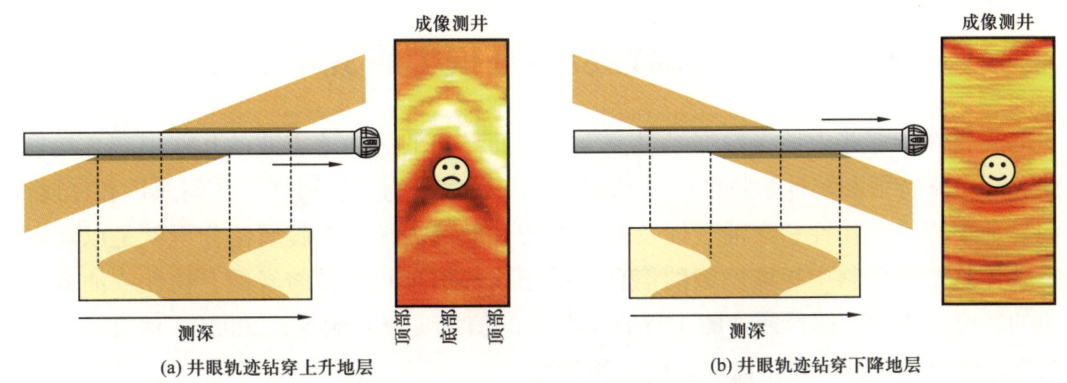

图 1-44　方位密度图像判断水平井眼与地层的相对位置（据 Al-Rubaiyea et al.，2015）

对于不同探测深度的方位电阻率图像而言，浅探测图像将更多地受到井眼崩落的影响，而深探测图像对地层特征，如层理、裂缝等更加敏感。

方位电阻率探边测井（Distance to Boundary，简写为 DTB）是 LWD 随钻导向方法的一种，测量感应电阻率，反演求解该层的电阻率，包括井眼以上地层、以下地层的电阻率，得出井眼距储层顶、底的距离，一般探测距离为 30ft，最大可达 100ft（图 1-45）。

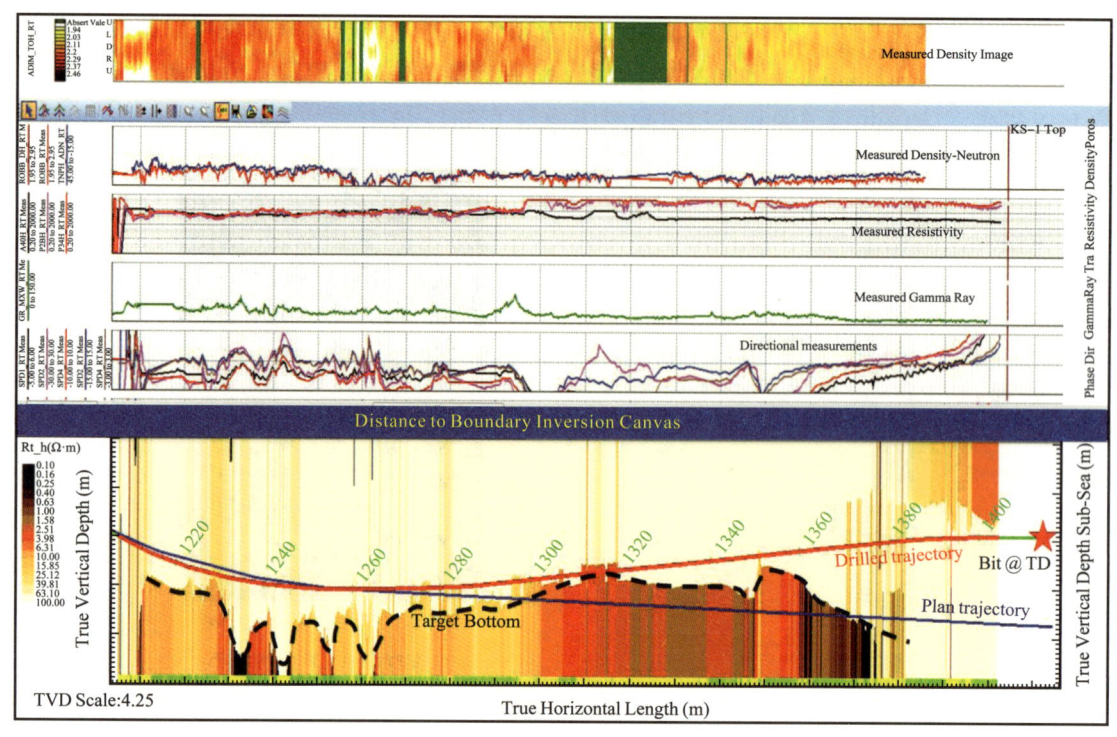

图 1-45 某井随钻测量综合解释图

其中使用 DTB 图像判断水平井眼相对位置，实现地质导向，该油藏需要使井眼接近储层底部（据 Keot et al., 2015）

除了地质导向外，随钻测井还可以测量 GR、中子、密度和电阻率等曲线，为地层评价提供数据。实际上，在中东阿拉伯联合酋长国，油公司在越来越多的情况下选择随钻测井，逐渐代替电缆测井。

第二节　地震属性及其在模型研究中的应用

地震属性指那些由地震数据经过数学变换而导出的有关地震波的几何形态、运动学特征、动力学特征和统计学特征的特殊测量值，可以分为沿层属性、剖面属性和体属性。它们是地下岩性、物性和含油气性及相关物理性质的表征。地震属性分析就是以地震属性为载体从地震资料中提取隐藏的信息，并把这些信息转换成与岩性、物性或油藏参数相关的、可以为地质解释或油藏工程直接服务的信息（邹才能等，2002）。地震属性分析的关键步骤有三个，即属性提取、优化和预测。

一、属性类型

好的属性分类有助于建立起不同属性之间的联系，分析属性之间存在的差异。目前，地震属性的分类一直没有一个统一、完整且公认的标准。这主要是由于地震属性种类繁多，提取方式多样，并且不同研究目标所需使用的地震属性也不完全相同。尽管没有一种权威且完备的分类方案，但这并不影响对地震属性的使用。随着分类方法的不断更新，对它的认知也更加深刻。以下几种分类方式得到了广泛接受与普遍认可（钟晗，2018）。

1. 叠前与叠后地震属性

叠前地震数据指在地震勘探中采集的原始地震数据，未经叠加（或部分叠加）处理，保留了不同偏移距的全方位反射信息。每道记录直接对应一次炮震和单个检波器的接收信号。叠前地震数据具有数据量大、信噪比低和处理复杂的特点。其主要优势在于支持速度建模和 AVO 分析，可用于储层预测和提取岩性、孔隙度等精细物性参数，同时适合复杂构造的高精度成像。主要用于储层精细描述、流体识别及断层、盐丘等复杂地质条件的详细研究。

叠后地震数据指在叠前地震数据的基础上，经过动态校正和叠加处理后生成的数据。叠加处理将不同偏移距的地震信号合成为单一的反射信息，代表近垂直入射的叠加反射信号。叠后地震数据具有数据量小、信噪比高、能量集中、处理简单和直接高效等特点。其优势在于快速成像和有效信号增强，适合常规构造解释和储层精细描述等研究。

叠后地震属性是目前实际生产中应用最为广泛的地震属性。叠前地震属性最具代表性的为 AVO 属性。

2. 不同的属性分类方案

按照地震属性的计算方式与实际应用，Taner 等（1994）将其分为物理属性和几何属性。前者本身可进一步划分为两类，其中，叠前地震属性包括 AVO、正常时差、波到达时、纵波及横波速度等，主要用于岩性与油藏特征的描述；叠后地震属性主要包括道包络及导数、三瞬属性、瞬时 Q 值、频带宽度、时窗统计量和频谱属性等。几何属性主要包括倾角、曲率、旅行时、方位角和不连续性等，与地震层位的几何形态密切相关，反映宏观沉积环境与特征，用于地震层序解释、断层和构造解释以及确定地震相与体系域。几何属性被越来越多地用于火山岩、碳酸盐岩、致密砂岩和页岩气储层的裂缝检测，包括倾角、相干、方差和曲率属性等。相干、方差和曲率属性计算都要消除倾角的影响，因此倾角估算是基础。由于消除了时间域中采样间隔的限制，基于频率域倾角估算可以提高倾角估算的精度，进而提高频率域相干、方差和曲率属性计算的精度（隋京坤，2015；甘利灯等，2018）。

Brown（1996）认为所有的地震属性都是由一些基础的地震信息经过数学变换得到，只是采用了不同的表现形式，这些基础的信息是时间、振幅、频率和衰减，并据此将地震属性分为四大类，总共有 60 多种。在生产实践中，地质构造解释所需要的信息主要包含于时间属性。振幅和频率属性中主要包含地层相关的信息，例如，地层中的流体变化、孔隙度变化、含油气性变化等。衰减属性主要携带地震波在传播过程中的吸收衰减信息，这与岩相、孔隙度和含油气的特征密不可分，因此，其中包含流体及渗透率等信息，可用于预测砂体分布，指示油气。基于数据体，进一步划分为两类，对于叠前地震属性，基于部分叠加或偏移等运算方式获得；对于叠后地震属性，根据不同提取方式分为沿层位的地震属性和基于时窗的地震属性。时窗种类也有不同，有的固定时间间隔，有的沿目的层位提取，有的提取两个层位之间的属性。

Chen 等（1997）将地震属性分成两类，一类基于波的动力学，共有 8 类 120 多个属性（图 1-46）；另一类是从地球物理与地质意义的角度出发分为 8 类（图 1-47）。Chen 等（1997）的分类对于实际应用更具现实意义，可以更加精确地描述储层特征，对油气勘探和开发有着重要作用。通常地震属性与地质目标不具备一一对应的关系，而是地下构造、地层、岩性与含油气等多种因素的综合反映，与此同时受地震资料品质的约束。因此，具体到应用时，必须对目标区地震属性进行反复测试，结合测井、地震资料进行综合分析与解释。

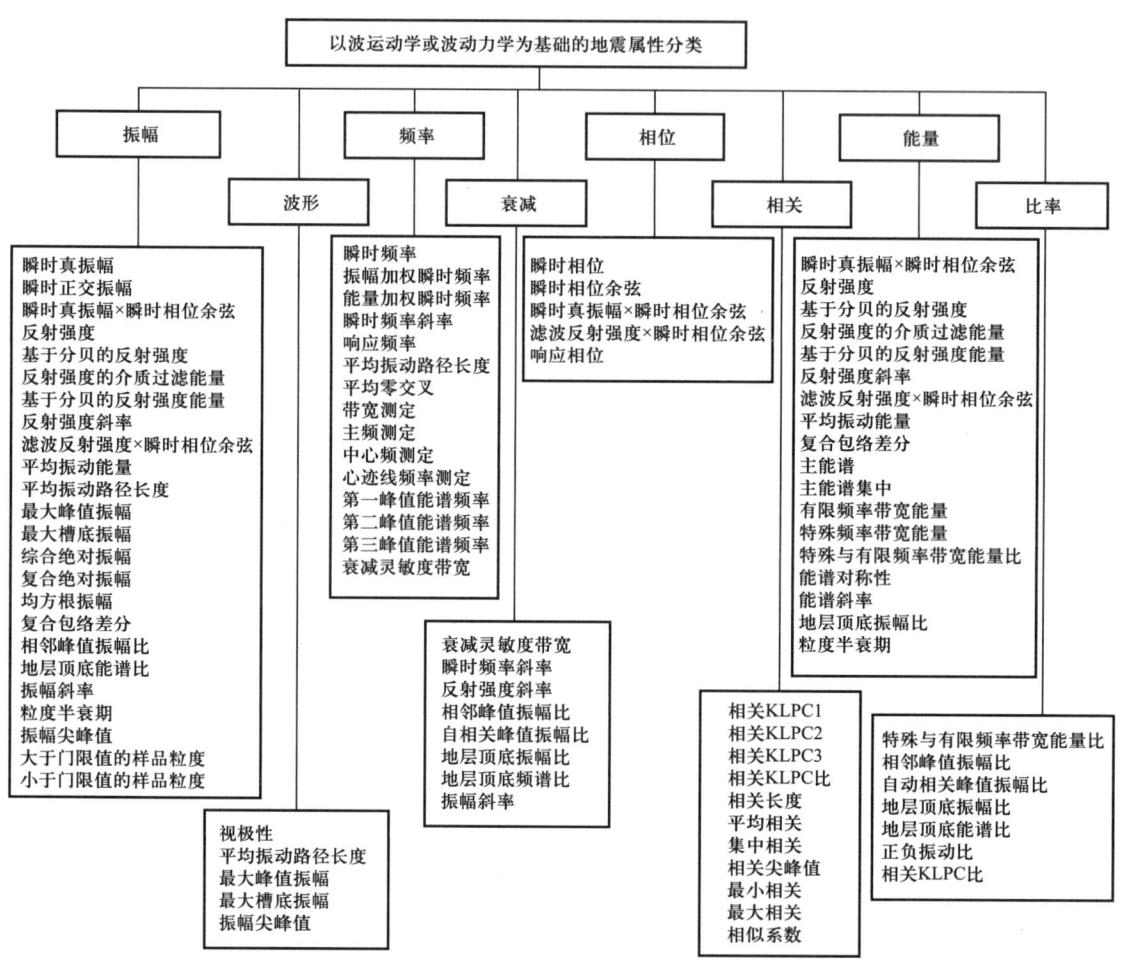

图 1-46　以波运动学或波动力学为基础的地震属性分类（据 Chen et al., 1997）

Liner 等（2004）将地震属性分为普通属性和特殊属性两类，在此基础之上，Chopra 等（2005）增加了第三类复合属性。普通属性是地震数据关于地震波的度量，主要包括反射振幅、反射时间、相关性、亮度、倾角、方位角、AVO、谱分解、复地震道、广义希尔伯特变换、边缘探测和边界保存滤波等，这些属性物理和地质意义明确且不依赖于岩性与地球物理特征，对不同勘探区普遍适用。特殊属性不具备明确的地质意义，仅适用于特定工区并与该区域内某种地质特征或储层产生良好的关联性，但这种关联性不具有广泛适用性，不能将其推广到其他地区进行应用。复合属性通过加减乘除等数学运算或地质统计学、人工智能算法（神经网络、遗传算法、支持向量机）等技术进行运算得到。复合属性包含更多信息，比单一属性的适用性更广且更加敏感。

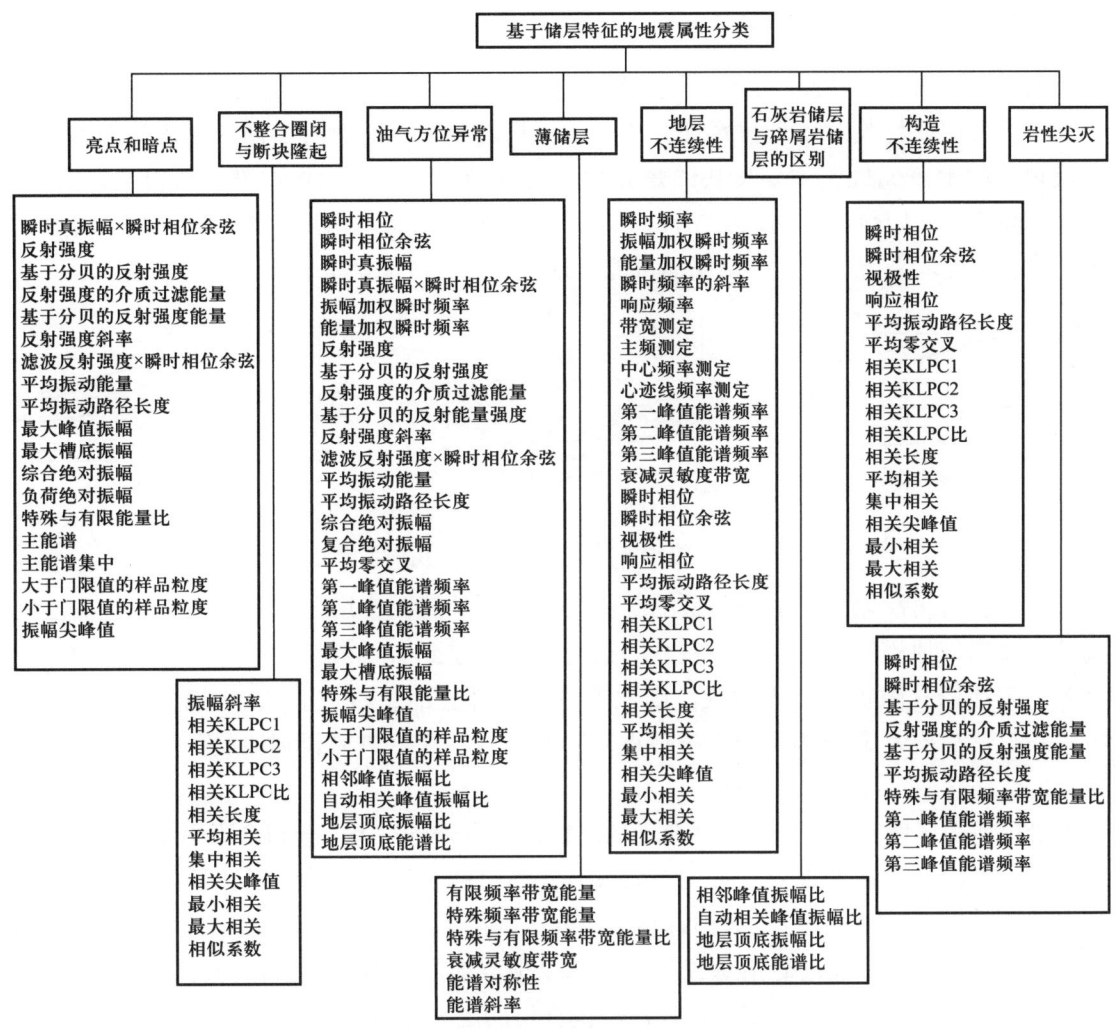

图 1-47　基于储层特征的地震属性分类（据 Chen et al.，1997）

二、属性提取

地震属性提取就是从地震数据中挖掘与储层特征参数密切相关的信息，转换为直接可以为地质解释和油藏描述利用的有用信息。针对不同的提取对象，可以将地震属性提取方法分为剖面属性、层位属性和体属性三类（钟晗，2018）。

还可以进行地震资料分频属性研究，由于单频体对不同地质体的分辨率是不一样的，大河道、小河道在不同单频体上的显示清晰度和规模也明显不同，可以进行不同规模地质体的精细刻画。

1. 剖面属性提取

基于剖面的提取通常采用道积分、时频分析、波阻抗反演等一些数学变换和转换方法，直接将地震剖面数据转换成地震属性剖面，这种方法提取的地震属性主要反映垂向上的变化特征。剖面属性的提取方式经济有效，应用广泛。

2. 层位（同相轴）属性提取

根据不同的提取对象，层位（同相轴）属性可分为沿层属性和层间属性两种。

（1）沿层属性是对单个解释层开适当的分析时窗，然后对时窗内的地震数据做数学变换得到的地震属性，主要反映的是界面变化的情况。在目的层内部，可以选定时窗，制作时间切片、层位切片和地层切片，如图1-48所示。提取沿层需要高精度的解释和成图，然后再提取沿层属性，否则断面可能出现范围宽、成像虚等情况。

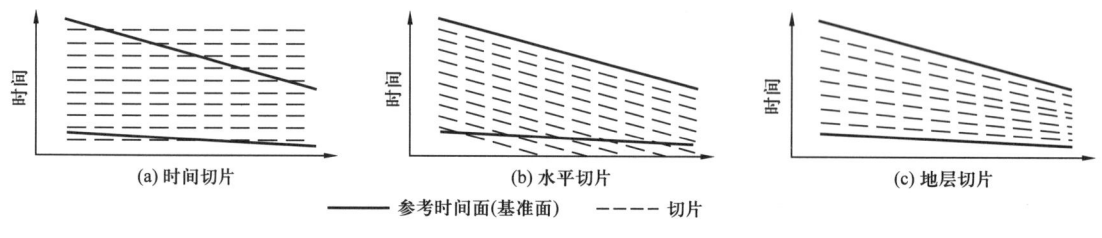

图1-48 沿层属性示意图（Petrel用户手册）

（2）层间属性以两个解释的目的层位为基础，计算两个层位之间的地震属性。层间属性主要携带地震波在层间吸收衰减的信息，主要受到岩石骨架的影响，还与孔隙性质有关。若地层孔隙被填充天然气，则地震波的大部分能量将被衰减，因此，衰减系数、吸收系数、品质因子Q等可用于描述地层吸收衰减性质，进而得到地层孔隙度、砂泥岩比、岩性和含油气性等储层特征。

沿层地震属性分析首先要选择合理的时窗，时窗开得过大，会包含不必要的信息；开得过小，则会出现截断现象，丢失有效成分。当目的层段厚度较大时，具体应遵循的准则总结如下：（1）如果能够准确追踪顶底界面，则用顶底界面限定时窗，提取层间各种地震信息；（2）如果只能准确追踪顶界面，则以顶界面限定时窗上限作为时窗的起点，以目的层时间厚度作为时窗长度，以各道均包含目的层又尽可能少包含非目的层信息为准；（3）如果只能准确追踪底界面，则以底界面限定时窗下限，以目的层时间厚度作为时窗长度，以各道均包含目的层又尽可能少包含非目的层信息为准；（4）如果不能准确追踪顶底界面，可以以某一标准层的走势为约束，在有井钻探的地区，可根据井对应的目的层顶、底时间作为时窗起点和终点，以时间厚度作为时窗长度，在没有井钻探的新区，时窗的选取凭借解释人员的经验，以尽可能少包含非目的层信息为准（张延玲等，2005）。

当目的层为薄层时，因目的层的各种地质信息基本上集中反映在目的层顶界面的地震响应中，此时，时窗的选取应以目的层顶界面限定时窗上限，时窗长度尽可能小。

在微断层解释中，主要是利用目的层顶界面地震信息，因此，应以提取目的层顶界面地震信息为主，时窗长度尽可能小，以尽可能少包含非目的层界面信息为准。

3. 体属性提取

体属性是基于三维地震数据获取的属性体，其提取过程与层位属性一致，只是将层位替换为时间切片。由于在提取过程中采用了不同的地震道组合模式，从不同的视角刻画了地层非均质性、断层类型、裂缝发育情况和含油气性等。

三、属性优化

属性优化是地震属性研究的核心，是提高储层和含油气性预测精度的基础，其目的就是优选出对预测参数最敏感（或最有效、最有代表性）的、属性个数最少的地震属性组合储层。研究中通常要经过一个"先发散、再收敛"的过程。"发散"指设计属性分析预案的初期应尽可能考虑各类与该地区储层预测相关的属性，充分利用各种信息，吸收专家经验，达到改善储层预测效果的目的。但属性过多存在以下几个方面的不利影响：（1）一些地震属性可能与目的层本身无关，属性信息中包含上覆反射界面的干扰，因此要求对输入属性仔细甄别，避免引入各类干扰；（2）无限制增加属性会占用大量的存储空间和计算时间，影响储层预测效果；（3）大量属性中包含着相关因素，存在信息重复和浪费；（4）属性数与训练样本数有关，就模式识别而言，当样本数固定时，属性数过多会造成分类效果的恶化。因此，需要从众多地震属性中优选信息重复性弱且与储层性质相关的地震属性或属性组合，即进行地震属性"收敛"优化过程。地震属性优化分析方法很多（印兴耀，2014），主要方法大致有经验法和数学法两类。经验法就是根据本地区的经验优选出最佳地震属性组合，数学法包括降维映射法（K—L 变换）、聚类和交会分析等。预测既可以是含油气性、岩性或岩相预测，也可以是油藏参数估算。前者强调地震属性的聚类与分类功能，主要通过模式识别和神经网络来实现，后者强调地震属性的估算功能，主要方法是函数与神经网络逼近（甘利灯等，2018）。

一般情况下，振幅类属性和复地震道属性相对常用。振幅类属性，如均方根振幅、最大峰值振幅等，可以指示岩性和流体性质，刻画不同类型地质体，反映地层层序变化，描绘断裂、不整合和地层调谐等地质现象。复地震道属性，如瞬时振幅、瞬时相位、瞬时频率和平均反射强度等，可以帮助分析岩性、砂体、礁体、气体及流体性质，指示断裂区、不整合界面位置，也可以反映地层序列和地层调谐效应（钟晗，2018）。

地震资料做分频属性处理，单频体对不同地质体的分辨率也是不一样的，大河道、小河道在不同单频体上的显示清晰度和规模也明显不同。

四、RGB 属性融合

地震资料中连续的频率变化本身蕴含了丰富的地质信息，不同级别的地质层序体对应地震剖面上的不同频率特征，仅采用分频解释方法还不能将这类信息充分利用起来，通过时频分析进一步提取时频属性恰好弥补了这一缺陷。采用所谓的时频三原色（RGB）技术可以沿等时地层层位或层段划分沉积相带的边界。RGB 属性融合原理为对时间地震数据进行时频分析，得到时频数据体，对于任意一个采样点来说，对应该时刻的振幅谱曲线，在振幅谱曲线上选择三个互不重叠的低频、中频、高频的通频带，并在每个频带内求取振幅的平均值，得到对应低频、中频、高频的三个能量分布特征，将它们分别对应红、绿、蓝三原色，按 RGB 颜色模型将其合成，结果每个采样点对应一种合成颜色，就得到地下介质频率权重特征分布的色彩数据体，沿等时地层界面、层段提取色彩，得到色彩展布图形，可以反映横向沉积相带分布（刘喜武等，2009；Butorin et al., 2016；图 1-49）。RGB 属性融合是三原色代表三种不同属性或特征，但是它不具备提取能力，其主要是一种增强显示功能，能更清晰地展示出断层或储层的平面分布，但是也容易被其他因素干扰。

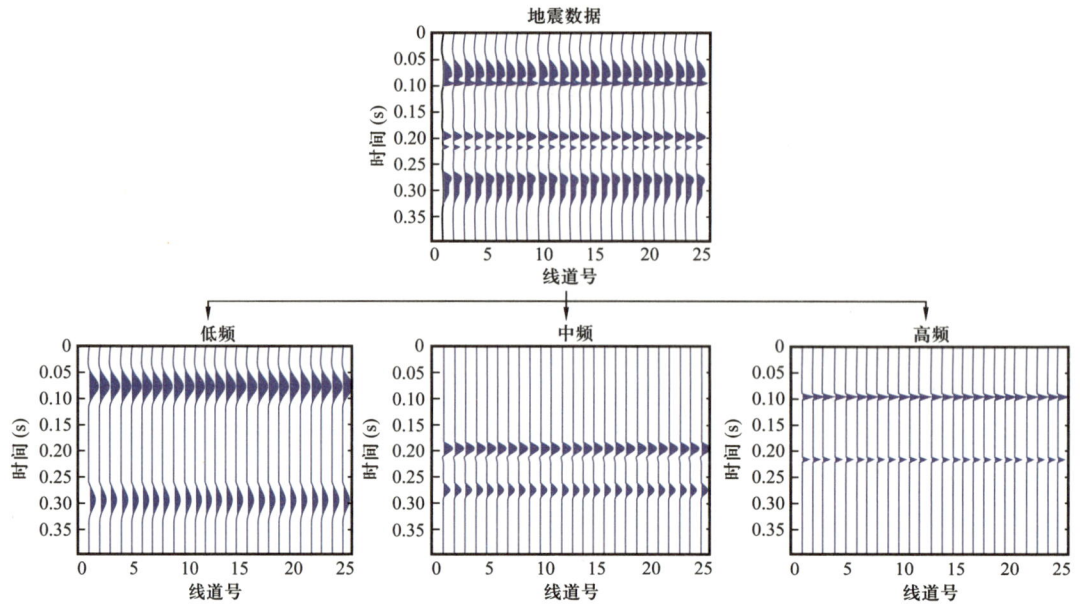

图 1-49 地震数据频谱分解示意图（据 Hamidi et al.，2019）

Du 等（2018）对马来西亚某油藏进行 RGB 属性融合研究。研究中，首先对地震数据进行 -90°相位移动，使地震数据可以用于岩性解释。然后进行频谱分析，使用 Marr 小波变换，将地震数据分为高频、中频、低频三个数据体。将三个地震数据体的振幅信息转换为 RGB 颜色，高频、中频、低频数据体的振幅分别转换为蓝色、绿色和红色。最后将三个地震数据体融合，然后即可进行融合属性体的分析，对河道砂体进行了预测（图 1-50—图 1-52）。

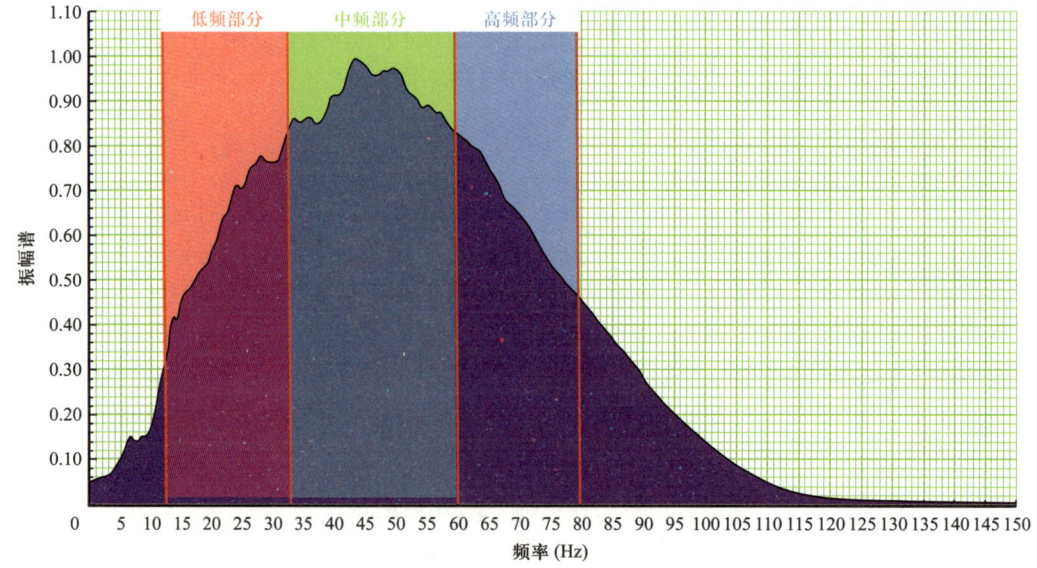

图 1-50 根据频谱分析结果将地震数据分为高频、中频、低频三个数据体（据 Du et al.，2018）

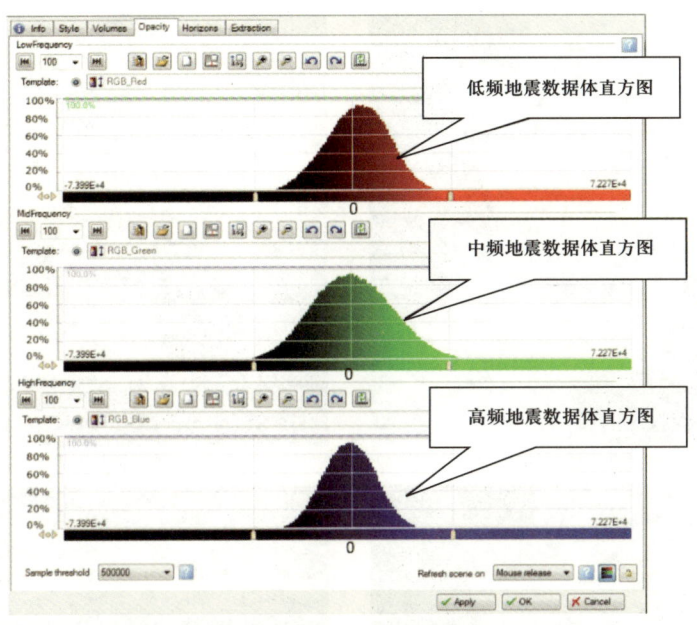

图 1-51 三个地震数据体的振幅信息转换为 RGB 颜色（据 Du et al., 2018）

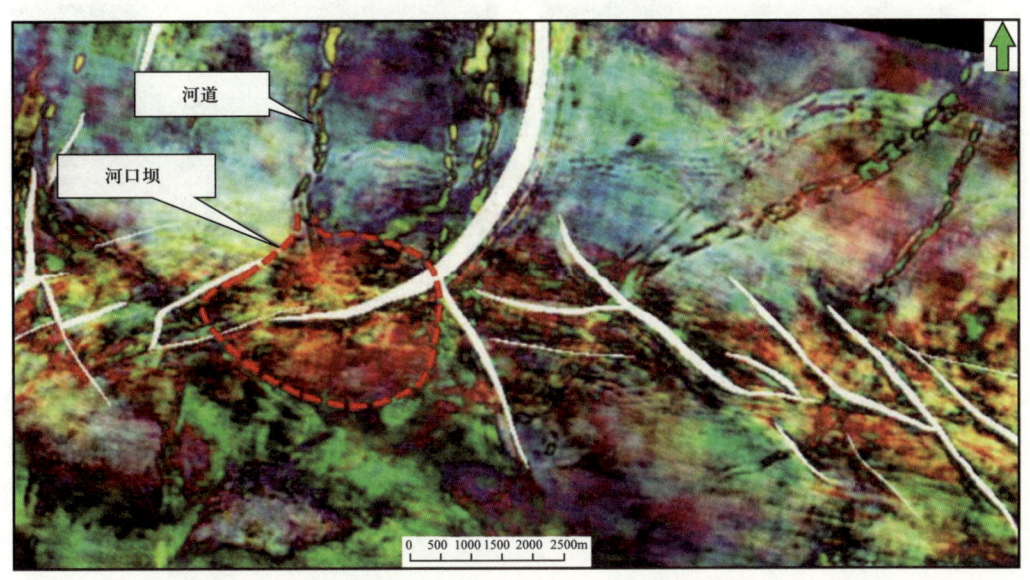

图 1-52 RGB 融合属性体的地层切片（据 Du et al., 2018）

在实际应用中，也可将多个地震属性通过主成分分析（PCA）技术进行降维，并将主分量按特征值由大到小排序，取前三个进行 RGB 属性分析，依据颜色的区域性和突变异常等视觉特征，进行地质目标解释。

Eloribi 等（2021）利用 RGB 属性融合和 AVO 技术对某油藏沉积体系和气层分布进行了研究，首先对小角度道集（Near Angle Stack）进行叠加，绘制振幅分布图，然后进行 RGB 属性融合研究，三个数据体主频分别为 8Hz、20Hz 和 30Hz。然后对大角度道集（Far Angle Stack）进行相同研究。利用 RGB 融合属性对油藏沉积体系进行研究，利用 AVO 特征，对储层含气性进行研究，得到最终的含气储层分布（图 1-53）。

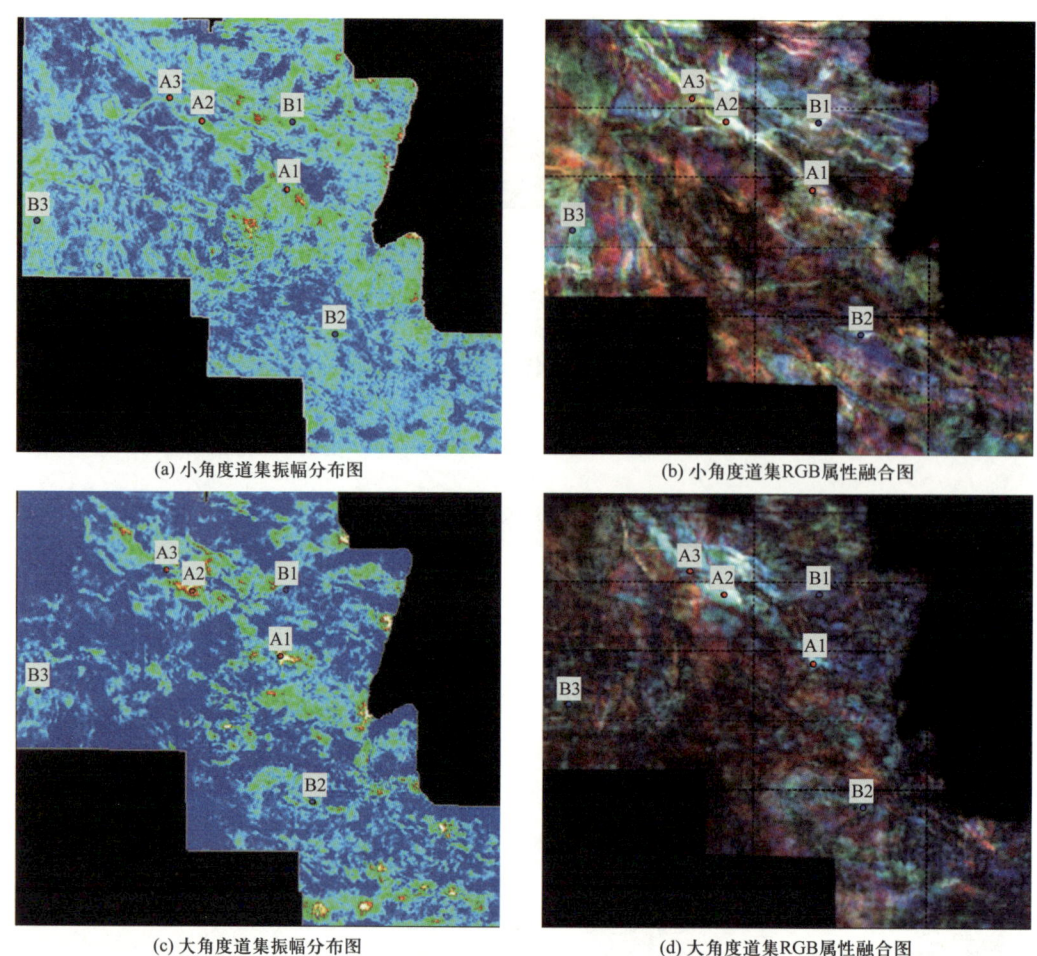

图 1-53 小角度和大角度道集振幅分布图及 RGB 属性融合图（据 Eloribi et al., 2021）

除了 RGB 属性融合外，神经网络融合也是属性应用中的重要内容。神经网络融合，例如振幅、频率、混沌三种属性融合，可以很好地反映同时具备强振幅、高连续、低频率三种特征的反射波组，同时形成一个新的属性体，进而用于后期的地质体和属性体雕刻，不局限于平面展布，而是重在空间雕刻。另外，机器学习等技术也是一项很好的技术，可以减少人为干扰，利于地质体刻画。

五、模型研究中的应用

地震属性在模型研究中应用较为广泛，主要包括沉积环境分析、储层参数预测、断层和裂缝的分布刻画以及储层油气检测等方面。

1. 沉积环境分析

地震属性是地震沉积学的重要研究手段，沉积环境分析是地震属性研究的主要内容之一。例如，曾洪流等（2015）采用地震沉积学方法，以属性分析为重要手段，对饶阳凹陷肃宁地区的浅水曲流河三角洲沉积进行了研究。首先，利用测井资料研究岩性—波阻抗关系，确定研究区砂岩波阻抗比泥岩波阻抗高。研究区地震数据的主频约为 26Hz，地层平均纵波速度为3500～3700m/s，据此估算研究区地震资料分辨率约为35m。在90°相位化地震数据体上标定低于地震分辨率的薄层砂岩（厚度一般小于15m）为正极性强振幅反射。然后，沿等时沉积界面（最大洪泛面和层序界面）制作振幅地层切片，显示沉积体地震地貌特征。最后，结合岩心、测井资料对地层切片进行刻度解释，可显示4～6级层序内的沉积相分布，明确研究区的沉积特征和垂向演化过程（图1-54、图1-55）。

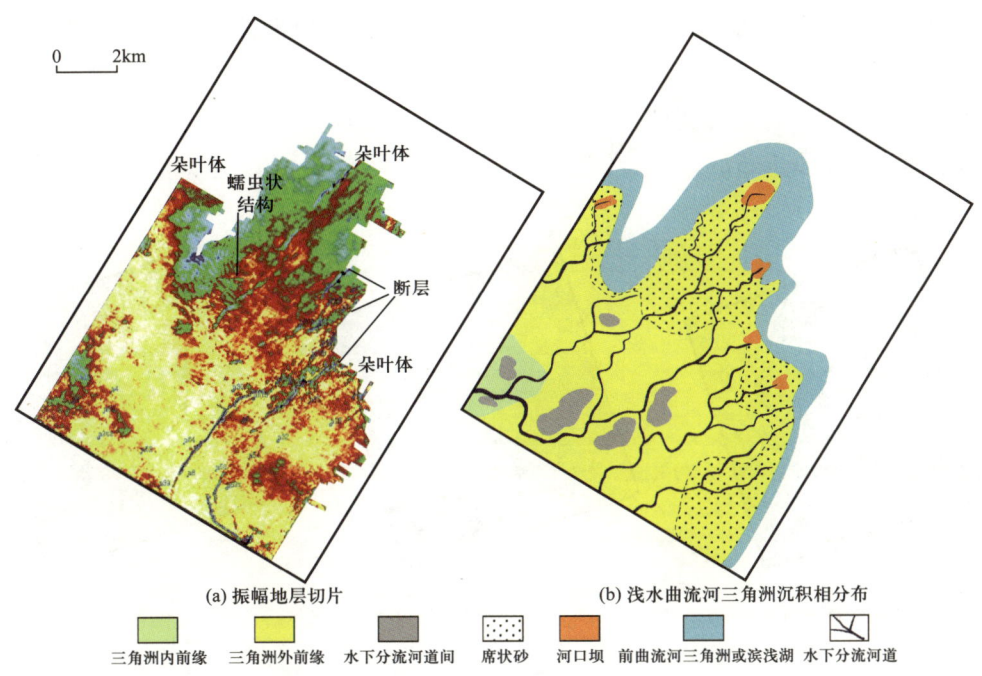

图1-54 饶阳凹陷肃宁地区 $Es_1^{上}$ Ⅳ砂层组（SQⅤ3）叠瓦状前积浅水曲流河三角洲地震沉积学解释
（据曾洪流等，2015）

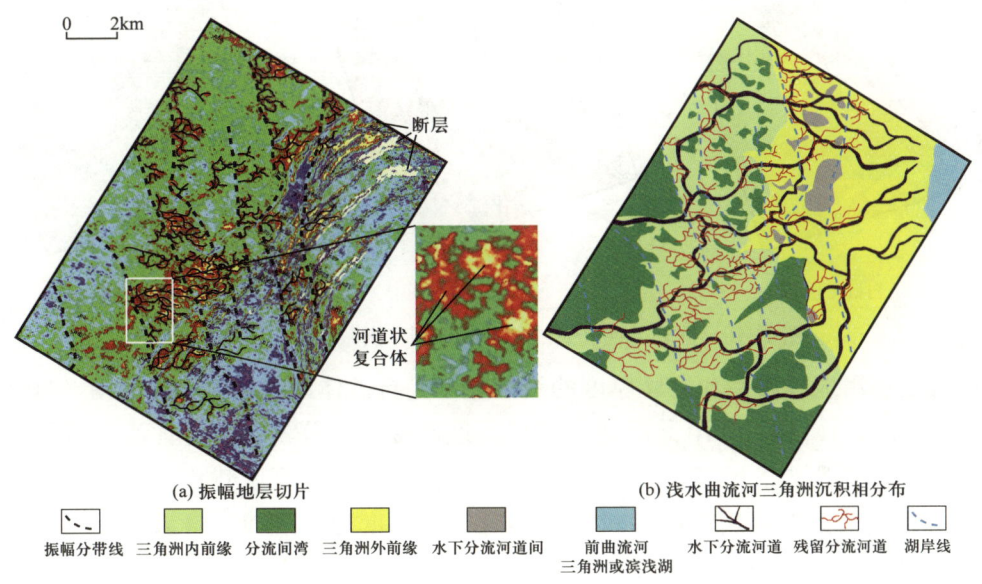

图1-55 饶阳凹陷肃宁地区 $Es_1^{上}$ Ⅰ砂层组（SQⅤ6）隐性前积浅水曲流河三角洲地震沉积学解释
（据曾洪流等，2015）

2. 预测储层参数

通过提取多种地震属性，研究地震属性与储层参数的相关性，然后优选地震属性，最后利用线性及非线性算法（BP 神经网络等）对储层参数，如孔隙度、砂体厚度、净毛比（NTG）、TOC、泥质含量、含水饱和度和储层分类等进行预测（Oliveira et al., 2005）。

例如，蔡义峰等（2017）通过提取多种地震属性，并根据地震属性与薄层砂体厚度的相关性进行优选，确定自相关主瓣宽度、平滑频率、目标层峰值宽度、振幅峰态、视极性和振幅斜率等六种地震属性（图 1-56），然后利用 BP 神经网络分析定量预测了薄层砂体的平面分布（图 1-57）。

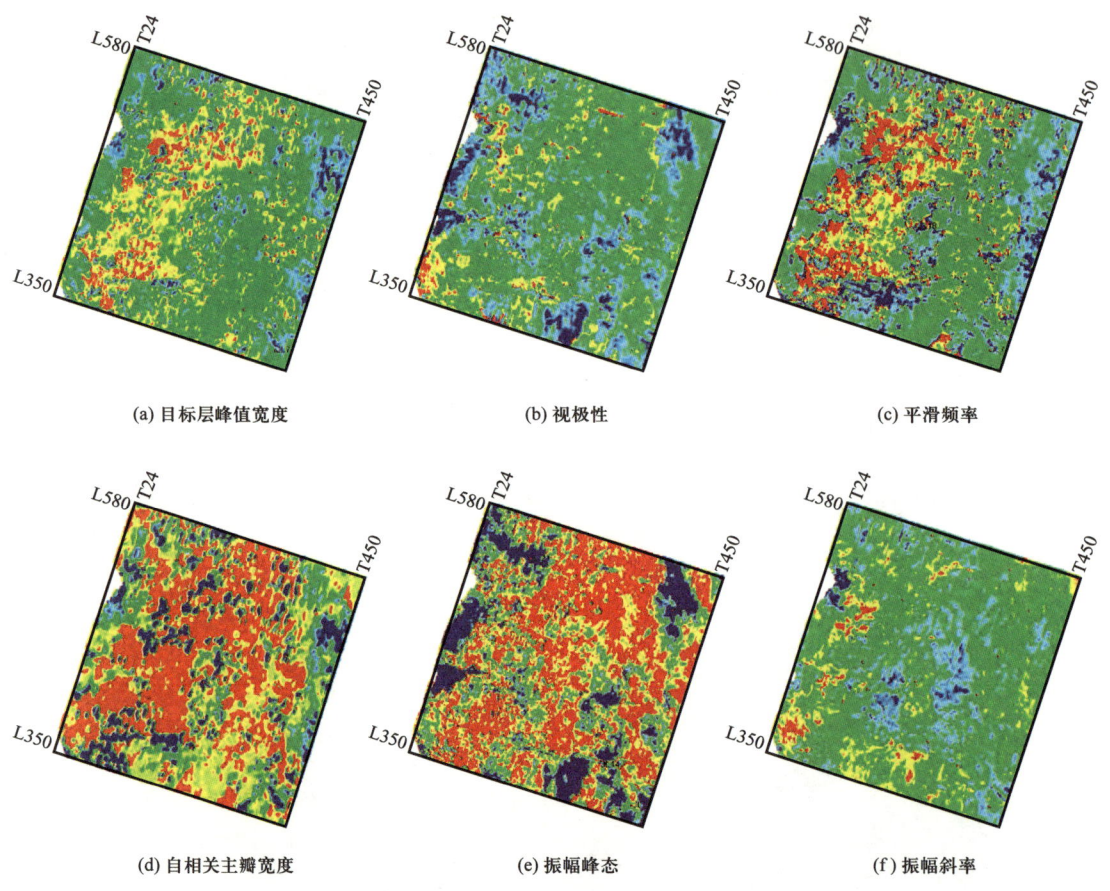

(a) 目标层峰值宽度　　(b) 视极性　　(c) 平滑频率

(d) 自相关主瓣宽度　　(e) 振幅峰态　　(f) 振幅斜率

图 1-56　据相关性优选的地震属性图（据蔡义峰等，2017）

还可以利用地震属性和砂体厚度的线性关系进行砂体厚度研究。严皓等（2019）以渤海 A 油田为例，首先利用谱反演技术提高地震资料的分辨率，并详细地分析不同厚度对最大振幅的影响。然后提取不同地震属性，与开发井厚度建立拟合关系，通过优选属性认识到最大振幅属性能够较好刻画薄油层厚度分布规律。最后利用钻井验证研究结果，吻合较好，证明了地震属性定量预测中深层薄砂体厚度的可行性（图 1-58、图 1-59）。

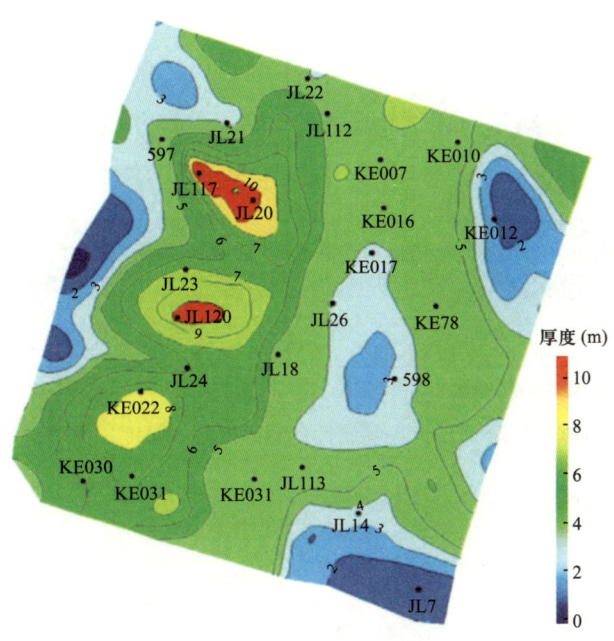

图 1-57 BP 神经网络分析上乌尔禾组三段储层厚度图（据蔡义峰等，2017）

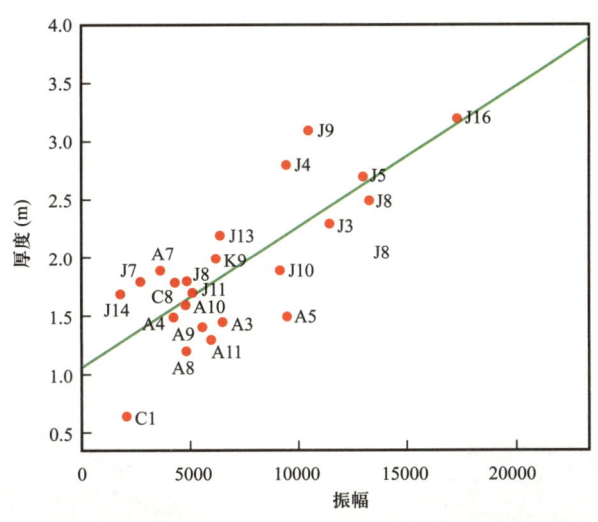

图 1-58 最大振幅与砂体厚度拟合关系（据严皓等，2019）

李伟等（2017）以秦皇岛 32-6 油田新近系明化镇组下段为研究对象，综合测井与地震资料，针对薄层砂体与厚层砂体不同的地震属性响应特征，采用了"先优选地震资料频段，再提取并优选地震属性"的方法进行砂体预测。采用 Mallat 算法，将地震数据分别按照 10～110Hz（间距为 10Hz）11 个中心频率进行小波分解。在分析各个分频地震数据调谐厚度的基础上，针对 NmⅠ-1 小层薄层砂体，选取 40Hz、80Hz、100Hz 的分频数据融合重构得到地震数据体。重构地震数据体中，提取了频率、相位和振幅类共 16 种地震属性，并分析各地震属性与单井解释的砂体厚度之间的相关关系，最终优选出相关性最高的均方根振幅属性，其相关系数 R 可达 0.853。然后以此为基础对砂体厚度进行预测，并研究得出储层的沉积微相平面分布特征（图 1-60—图 1-62）。

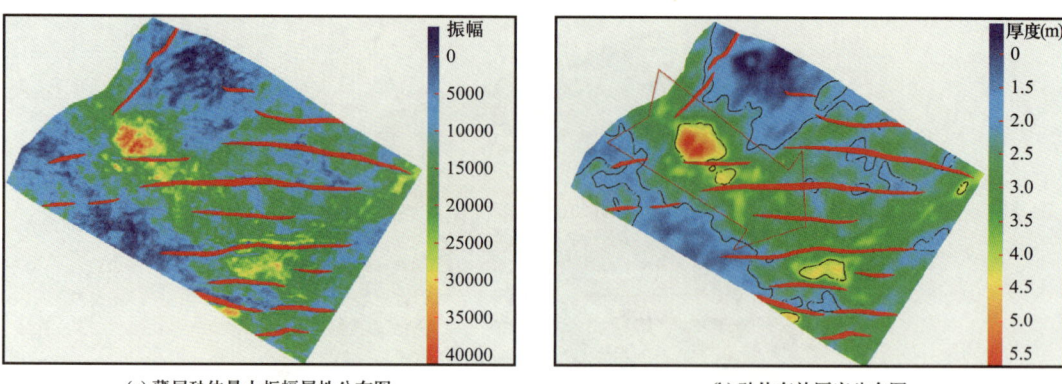

(a) 薄层砂体最大振幅属性分布图　　　　　　　(b) 砂体有效厚度分布图

图 1-59　根据薄层砂体最大振幅属性预测砂体有效厚度（据严皓等，2019）

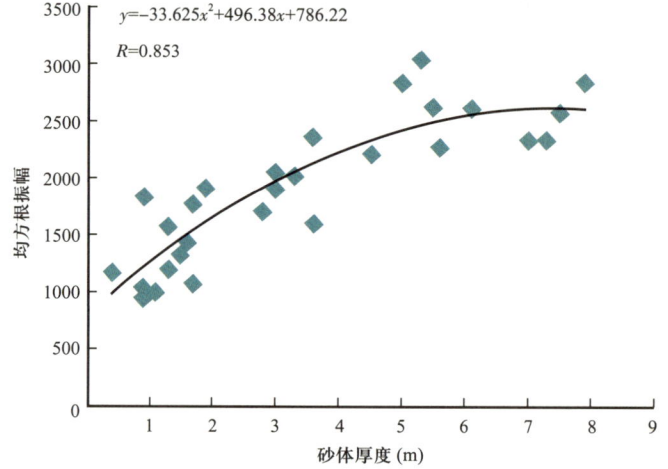

$y=-33.625x^2+496.38x+786.22$
$R=0.853$

图 1-60　均方根振幅与砂体厚度相关关系（据李伟等，2017）

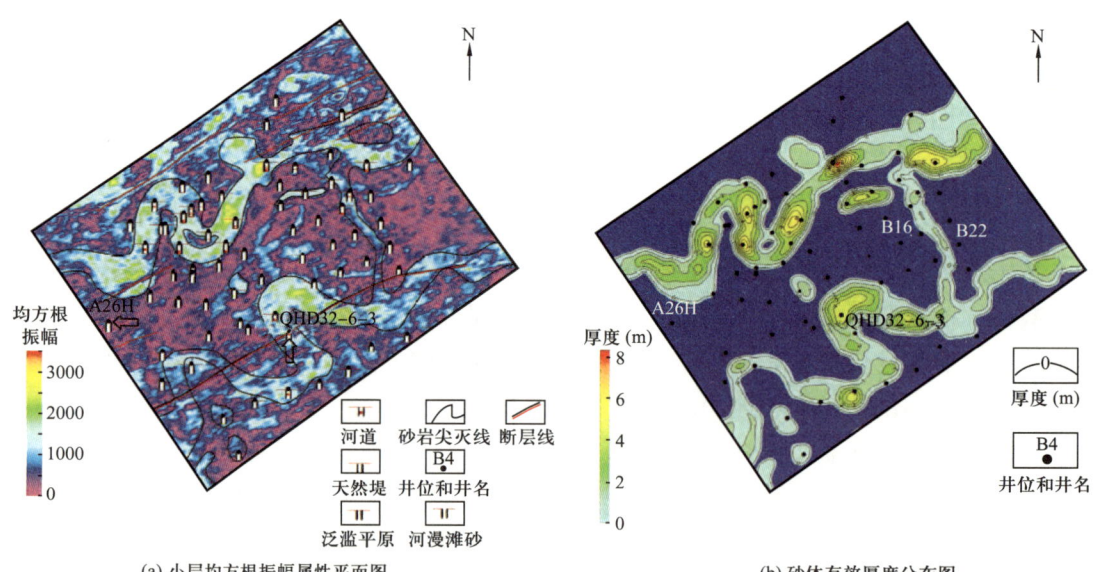

(a) 小层均方根振幅属性平面图　　　　　　　(b) 砂体有效厚度分布图

图 1-61　根据薄层砂体均方根振幅属性预测砂体有效厚度（据李伟等，2017）

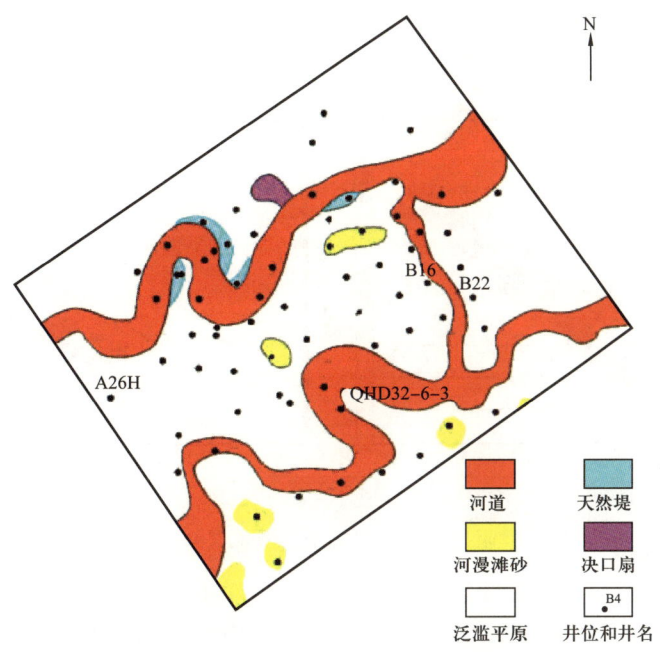

图 1-62 北区沉积微相平面图（据李伟等，2017）

Pandey 等（2015）以叠后数据为基础，提取地震属性，在单井上建立利用神经网络方法预测中子孔隙度的模型，在单井上取得较好的效果后，在整个数据体上进行推广，得到了中子孔隙度预测数据体。Zhang 等（2010）对阿布扎比海上某大型油藏，利用地震属性进行回归分析，进行孔隙度预测，取得了较好的效果，预测孔隙度和测井解释孔隙度相关系数为 0.85（图 1-63）。

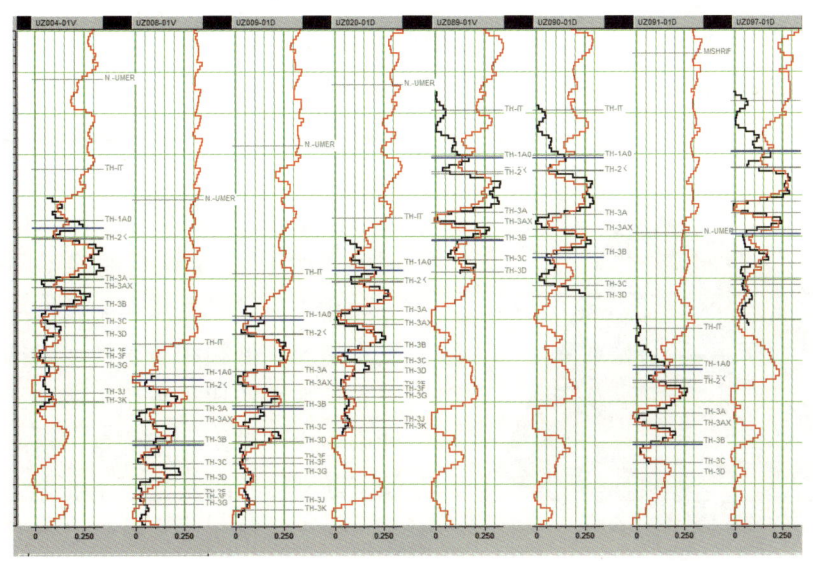

图 1-63 反演孔隙度与测井孔隙度结果对比（据 Zhang et al.，2010）
红色曲线为反演孔隙度结果，黑色的线为测井孔隙度解释结果

Osayande 等（2020）根据 AVO 反演得到纵波阻抗和横波阻抗数据，建立了岩石物理模型，对储层净毛比（NTG）和砂体含量进行预测。绘制纵波阻抗和横波阻抗交会图，

发现泥岩（$V_{shale}=1$）和砂岩（$V_{shale} \leq 0.15$）区分明显。然后利用数据与纯泥岩线和纯砂岩线的距离，对净毛比进行研究，结果与单井盲测结果符合较好（图1-64）。

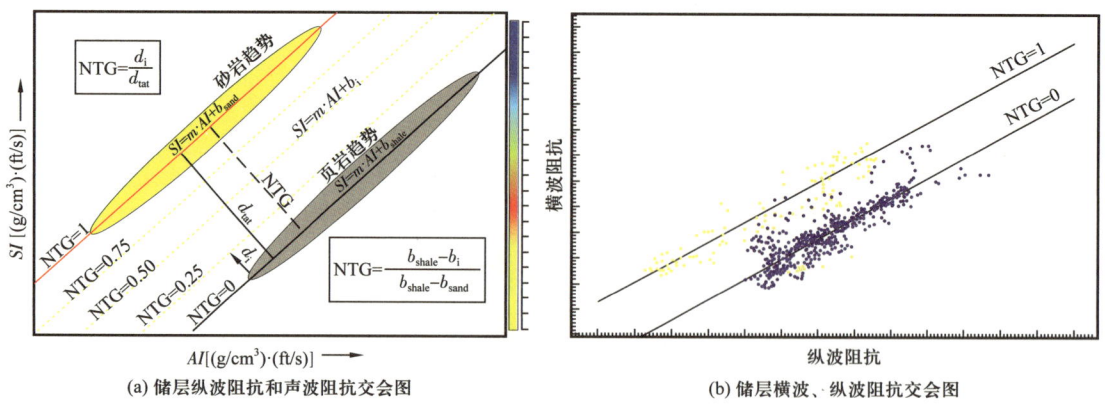

图1-64 储层纵波阻抗和横波阻抗交会图（据Osayande et al., 2020）

如果研究中发现地震属性与孔隙度、渗透率、净毛比等具有较好的相关关系，也可以直接将地震属性采样至地质模型中，以软约束的形式直接参与属性建模（Costa et al., 2007）。

3. 刻画断层

常用几何地震属性分析（相干、方差、曲率和倾角偏差等）、蚂蚁追踪等手段刻画断层。断裂识别应用属性最多的是相干，相干数据体是利用地震道间的波形相似性进行分析，来确定地下储层的横向岩性变化，其假设条件是地层连续、横向上地质与地球物理参数变化不大、道与道之间的波形相似。当存在断层或裂缝（孔、洞）发育时，地震剖面上波形特征会发生变化，用多道相似性准则去衡量它，找出波形特征的变化与相似系数的关系，根据已知区相似系数的变化规律，可预测目标区是否有断层或裂缝（孔、洞）分布（Roberts et al., 2013；钟晗，2018）。

图1-65为某裂缝发育区目的层的相干属性，图1-66为该目的层不同频率成分的分频相干属性。高频相干属性主要反映裂缝发育情况，低频相干属性主要携带大断层的分布信息。相比传统相干属性，分频相干属性中包含了更多有用信息，从多角度精细描绘了断裂体系的发育、分布情况。

在上述例子中，也可以考虑直接使用几个分频体做相干分析，然后显示等时切片进行断层刻画。沿层切片毕竟受到解释和成图精度巨大的影响，在部分情况下反而降低了相干属性本身的精细度。

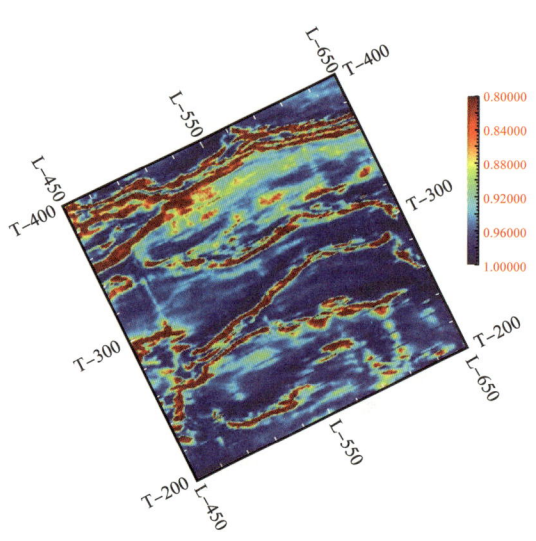

图1-65 相干属性（据钟晗，2018）

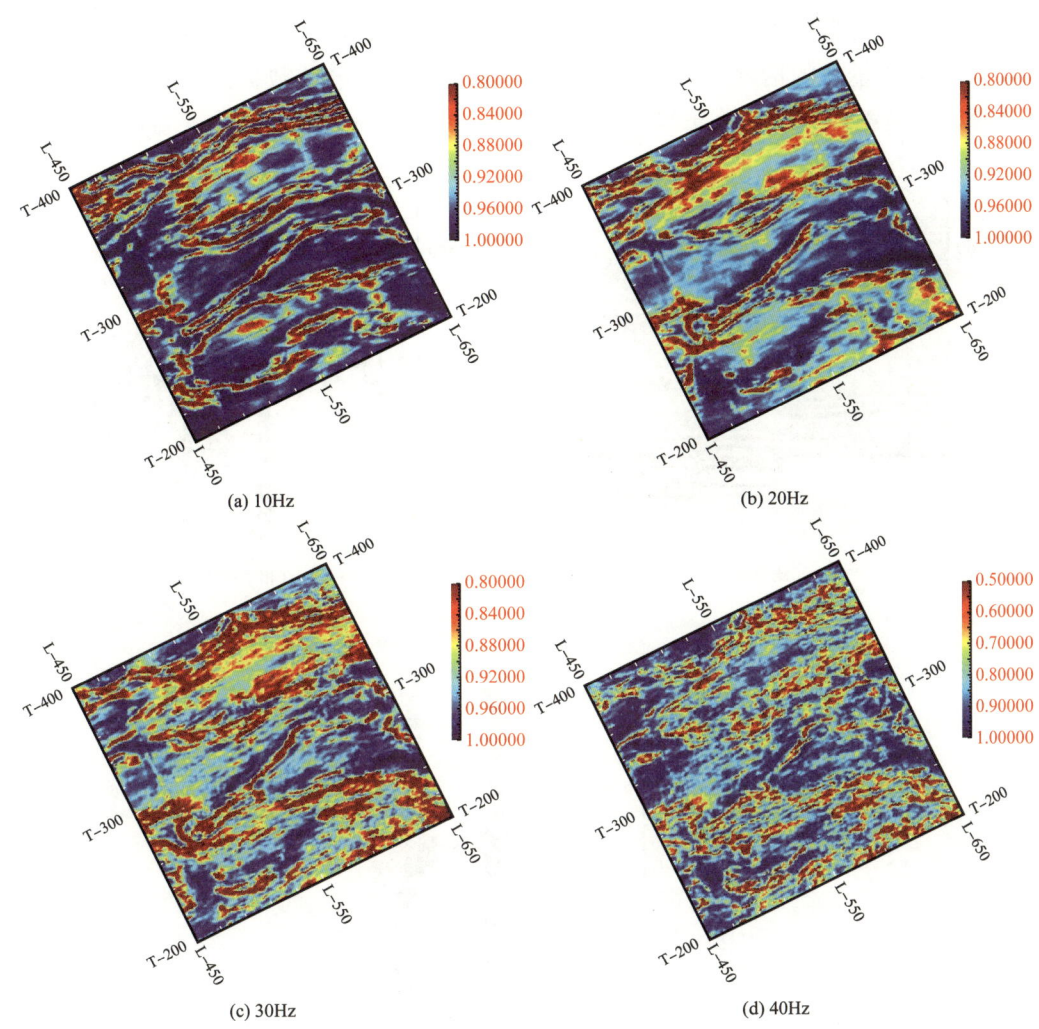

图 1-66 目的层的分频相干属性（据钟晗，2018）

凌东明等（2019）通过振幅差异属性对轮南油田的低级序断层进行研究，取得了较好的效果，正演模型表明振幅差异属性弱化非断裂效应、提高相干结果质量，可用于辅助识别低序级断层（图 1-67）。

4. 刻画裂缝分布

一般情况下叠后地震资料和叠前地震资料均可以用于储层裂缝发育研究。叠后地震资料一般利用地震属性，如振幅、曲率等进行研究，而叠前地震资料一般使用 AVAZ 方法进行研究，通过分析旅行时、振幅或其他属性的各向异性刻画裂缝。

叠前地震资料适用于裂缝密度较低、具有各向异性特征的储层研究，因其保留了偏移距和方位信息，可通过 AVO 分析和各向异性特征提取裂缝的方位、密度和力学参数。叠前地震资料特别适合需要高精度描述裂缝的地质背景，如复杂构造区、断裂发育区或裂缝控制储层渗透性的区域。此外，叠前地震反演对裂缝充填物、规模和连接性等参数的敏感性，使其成为裂缝储层精细表征的关键工具。在裂缝尺寸较大、规模较显著的储层中，叠前地震资料的属性分析能够更好地表征裂缝的尺度、方向和性质。特别是在储层力学参数需要量化的情况下，如裂缝孔隙度和饱和度，叠前数据提供了必要的精细化信息支撑，是裂缝控制油气分布规律研究的首选。

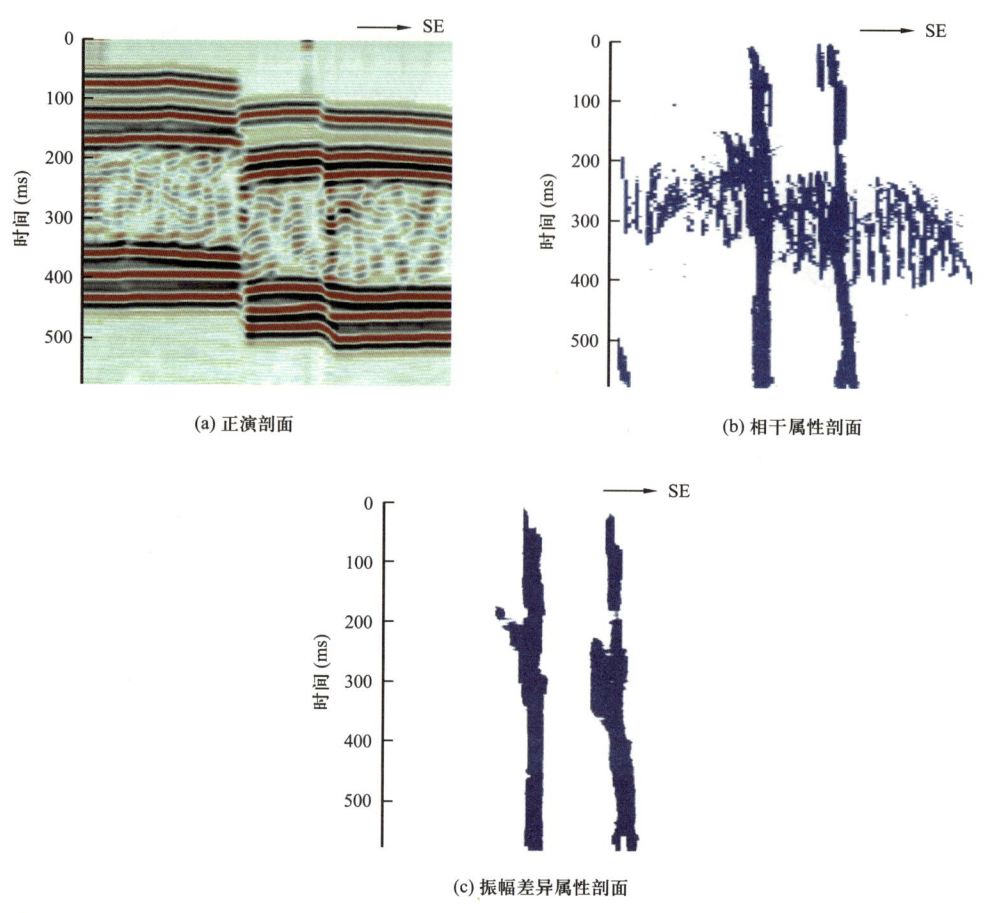

图1-67　振幅差异属性在断层模型上的试算结果（据凌东明等，2019）

叠后地震资料适用于裂缝密度较高、表现为有效介质特征的储层，其高信噪比和便捷性使其能够快速提供裂缝分布的宏观趋势信息。对于需要初步评价裂缝发育背景或区域筛选裂缝发育带的研究，叠后资料能够以较低的处理复杂度提供有效结果。这种资料适合宏观裂缝分布的定性研究，尤其在经济性和时间效率优先的项目中具有明显优势。当裂缝的方向性不明显或裂缝系统较为均匀时，叠后资料可以通过振幅、相位等反射特征揭示裂缝分布的总体特征。

汪勇等（2014）采用叠后多属性分析技术对准噶尔盆地哈山西地区的石炭系火山岩裂缝密度进行了定量预测，在储层特征分析的基础上，首先提取了对裂缝发育反映较好的多种地震属性，包括相干体、倾角、方位角、曲率、蚂蚁体、弧长、瞬时频率、均方根振幅、反射强度、道微分和吸收衰减属性，并对提取的属性进行了敏感性分析．在此基础上，利用BP神经网络方法，对裂缝密度进行了定量预测，预测结果与工区钻井资料吻合（图1-68）。

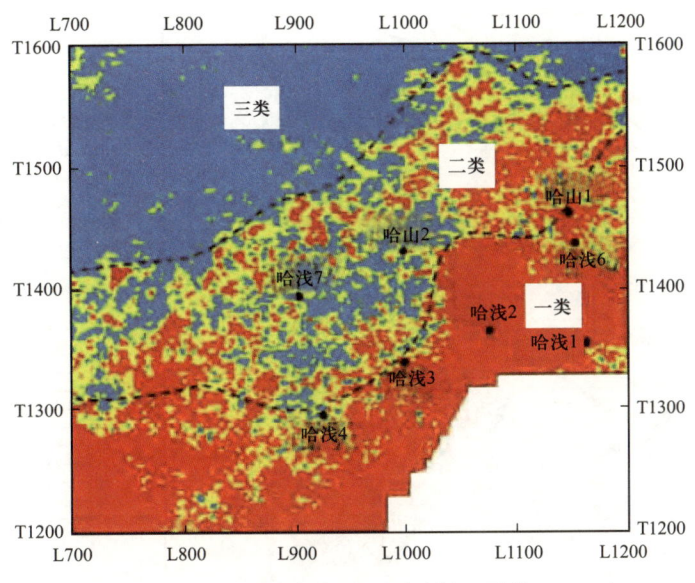

图 1-68 预测裂缝密度平面图（据汪勇等，2014）

Wang 等（2019）对叠后属性进行蚂蚁追踪研究裂缝分布特征。首先对地震资料进行分析，发现 10°～28°叠加道集的分辨率高于完全叠加道集。然后选择在 10°～28°叠加道集基础上开展研究。在对地震资料进行质量控制后，再优选地震属性，如混沌属性、方差和倾角偏差。研究最终选择方差体，进行蚂蚁追踪边界加强研究，得到断层和裂缝的展布特征（图 1-69—图 1-71）。

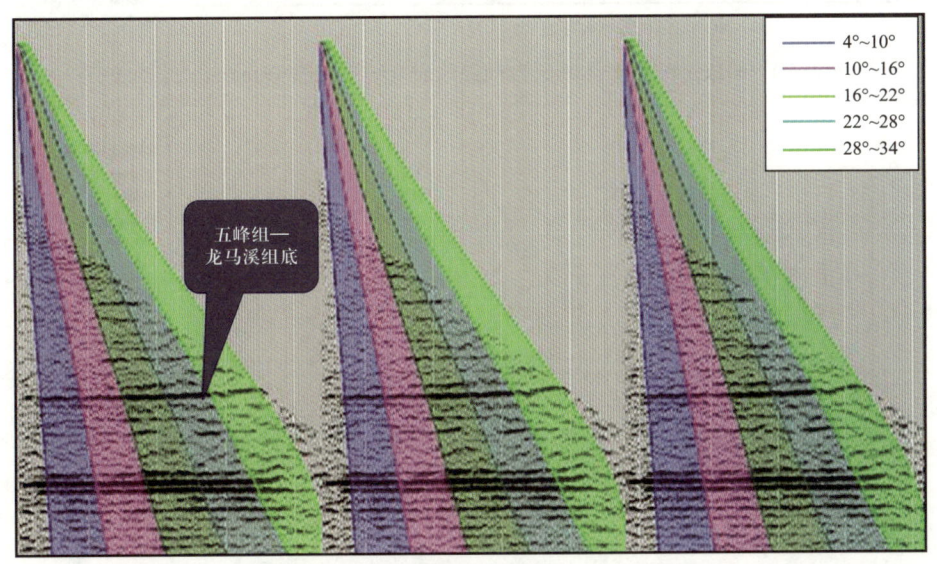

图 1-69 叠前道集（据 Wang et al.，2019）

Hou 等（2017）综合利用多种资料对阿布扎比海上某油藏进行裂缝分布研究。首先利用蚂蚁追踪技术，得到初步的断层及裂缝分布特征。由于蚂蚁追踪技术受资料信噪比影响较大，特别容易受到噪声的影响，Hou 等（2017）利用成像测井、钻井液漏失等，对研究结果进行验证，可以为离散裂缝建模提供较好的输入参数（图 1-72、图 1-73）。

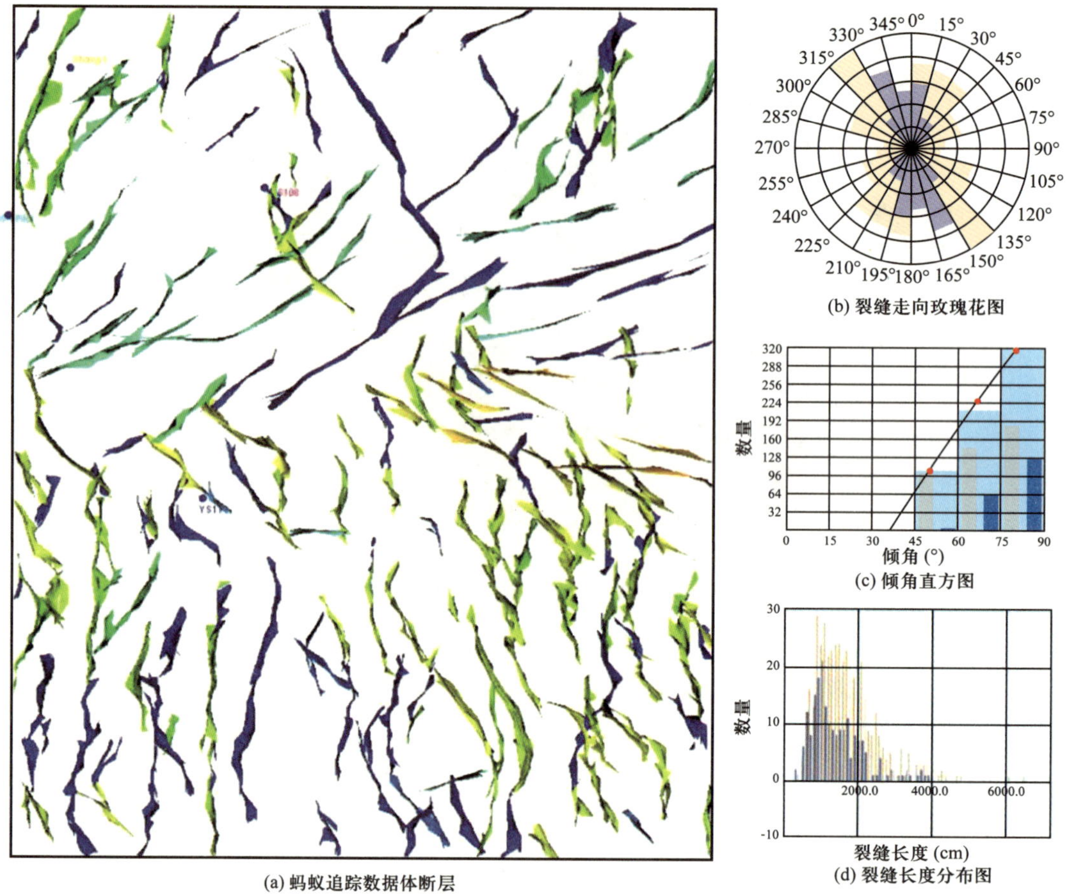

图 1-70 蚂蚁追踪数据体断层自动提取研究结果（据 Wang et al., 2019）

图 1-71 蚂蚁追踪属性体与微地震监测研究结果叠合（据 Wang et al., 2019）

5. 储层油气检测

王洪求等（2018）利用多波地震资料，提取多波振幅属性进行碳酸盐岩气层识别，取得了较好的效果。针对川中地区下二叠统栖霞组产气特征差异大、含气性检测难的问题，以栖霞组白云岩气藏为研究目标，进行多波处理系统处理，得到了高品质的多波地震资料，在纵横波精细匹配的基础上，对比分析高产气井、低产气井及差气层井的纵波与转换横波反射振幅的差异，并开展多波正演及分析。在气层中，横波不受影响，而纵波影响大，衰减显著，导致纵波减弱、转换波不变、纵横波速度比减小。进一步提取纵横波振幅比属性预测含气性，通过与已钻井产气特征对比，该属性含气性检测效果较好（图1-74）。

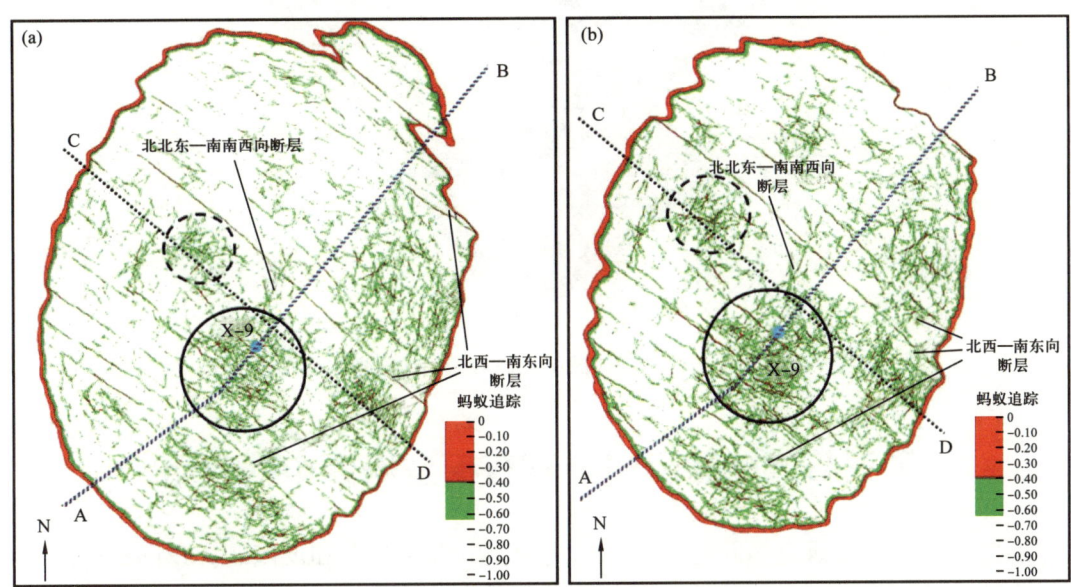

图1-72 阿布扎比海上某油藏重要层面蚂蚁追踪研究结果平面图（据Hou et al.，2017）

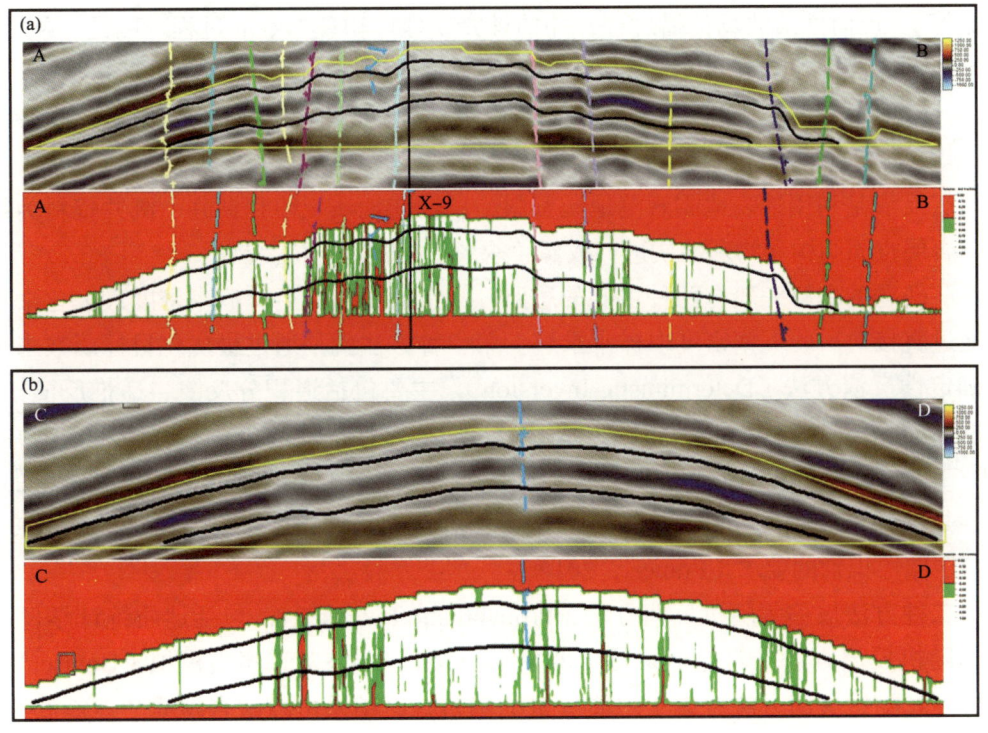

图1-73 阿布扎比海上某油藏重要层面蚂蚁追踪研究结果剖面图（据Hou et al.，2017）

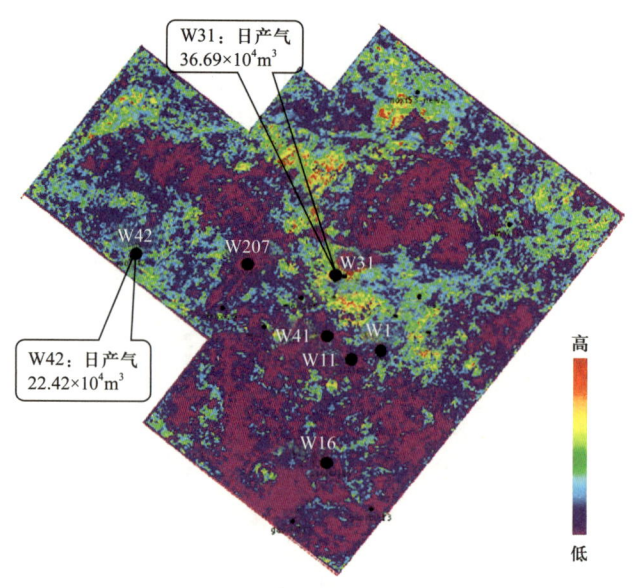

图 1-74　川中 L 区块栖霞组纵波与转换横波平均波峰振幅比属性平面图（据王洪求等，2018）

第三节　地震反演及其在模型研究中的应用

勘探地球物理中研究的问题可以归结为两类，即正问题和反问题。正问题研究地球介质中地震波场传播现象，归纳不同介质中地震波场传播的规律。而反问题是根据人工能够观测得到的地震数据（包括地表观测数据、海底观测数据、井中观测数据和井间观测数据等），反向推演波场传播过程，并估计介质地球物理参数的过程。因此，从地震数据反推地下地球物理参数的过程都可以称为地震反演（胡光辉等，2014）。

一、地震反演的概念

地震反演是利用地表地震观测地震资料，以已知地质规律和钻井、测井资料为约束，对地下岩层空间结构和物理性质进行成像（求解）的过程。

反演问题的求解一般有两种主要的思路：（1）通过使得后验概率密度最大化来求解；（2）通过直接对后验概率密度取样来求解。第一种方法就是通过最优化目标函数来求解，属于确定性反演方法（Deterministic Inversion），主要包括道积分反演、递推反演、基于模型的反演、波动方程反演和弹性阻抗反演等。确定性反演的分辨率一般小于测井数据（图 1-75）。另外，确定性反演受地震带宽限制，井间缺少空间采样，所以其结果的最大局限性是既缺乏低频成分，也缺乏高频成分，难以满足油田深度开发阶段对空间变化复杂的薄层储层识别的要求（Francis，2010）。

第二种方法被称为随机反演方法（Probabilistic Inversion），包括地质统计学反演等，采用的随机反演方法主要包括蒙特卡罗（Tarantola，2005）和序贯模拟（Deutsch et al.，1998）等。随机反演方法考虑了地质变量的随机性，结果可以融合地质、地震和测井等资料，既能够较清晰地反映出地震反射资料特征，又受地质构造框架模型和井点已知资料的三维空间统计模拟控制，进而更好地反映储层的非均匀性与空间不确定性，即使在钻井较多的地区也能实现与钻井资料很好地吻合。

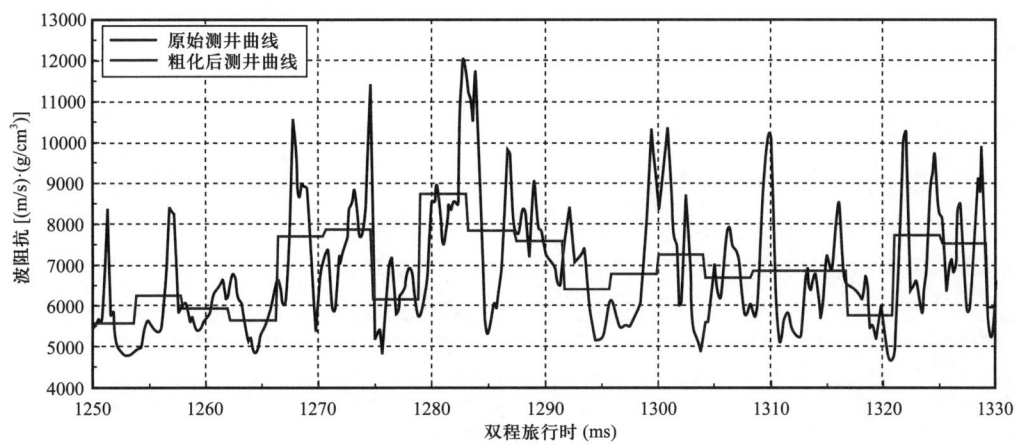

图 1-75　原始测井曲线与粗化至地震分辨率（频率 60Hz）的测井曲线（据 Francis，2010）

根据地震资料的类型，地震反演通常分为叠前反演和叠后反演两大类。叠后反演数据计算量相对小，使用较为广泛，已形成了多种成熟的技术和工业化软件。但是叠前反演逐渐引起人们的重视。叠前地震资料有很多叠后地震资料所不具备的优点。首先，由于叠加剖面无法反映野外采集所记录的振幅随炮检距变化的特性（AVO），并损失了与炮检距关系密切的大量横波信息。其次是叠后波阻抗反演是不随入射角发生变化，仅与纵波速度、密度有关，而叠前反演的弹性阻抗与入射角密切相关并与纵波速度、横波速度、密度等参数有关。由于同时利用了纵横波速度，其计算产生的弹性参数远较叠后反演丰富，可区别岩性与含油气性，为钻探提供更丰富、更准确的依据。Aamir 等（2017）对中东地区阿拉伯联合酋长国上侏罗统油藏进行叠前反演，比较了叠前确定性反演和叠前随机反演的研究结果，发现随机反演具有更高的分辨率，同时可以对储层的不确定性进行全面评价（图 1-76）。

在研究中一般需要综合研究程度、资料情况和岩石物理响应等，优选反演方法。通常，当储层中一种岩性占主导地位时，叠后反演可以满足孔隙度估计和定量解释的目的。当储层含有数种岩性时，叠前反演较为适合，可以对岩性和孔隙度等进行预测（Yin et al.，2019）。

二、叠后反演资料在模型研究中的应用

叠后反演是利用地层资料反演地层波阻抗（或速度）的地震特殊处理解释技术。地震资料中包含着丰富的岩性、物性信息，经过地震反演，可以把界面型的地震资料转换成岩层型的测井资料，使其能与钻井、测井直接对比，以岩层为单元进行地质解释，充分发挥地震在横向上资料密集的优势，研究储层特征的空间变化（姚逢昌等，2000）。

叠后确定性反演具有明确的物理意义，是储层岩性预测、油藏特征描述的确定性方法，在实际应用中取得了显著的地质效果。李庆忠院士指出："波阻抗反演是高分辨率地

震资料处理的最终表达方式",说明了波阻抗反演在地震技术中的特殊地位(姚逢昌和甘利灯,2000)。

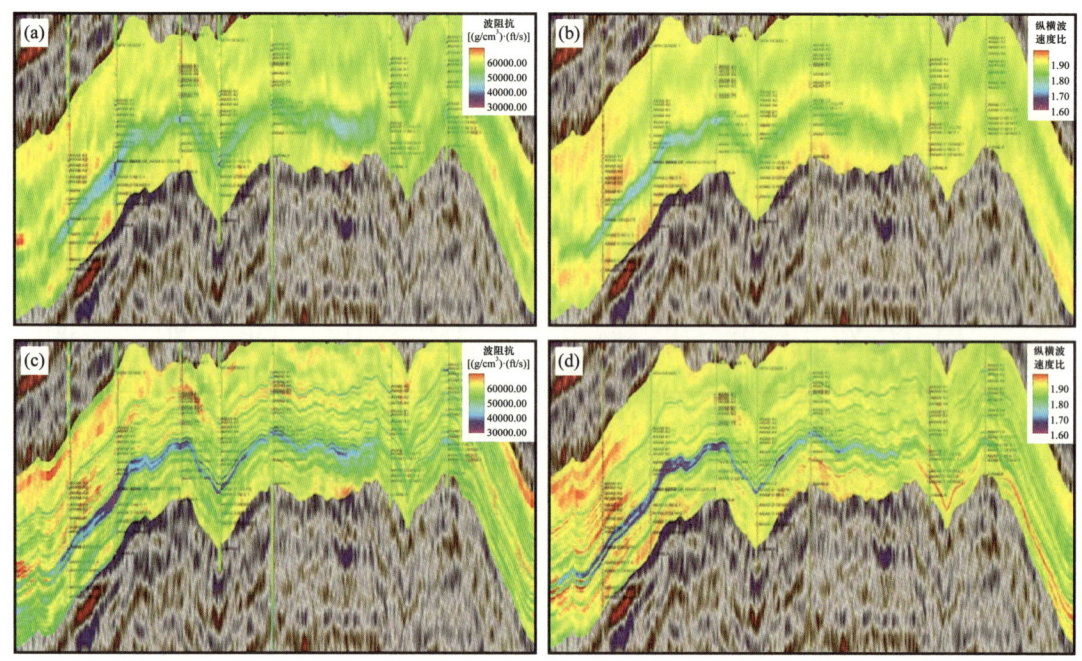

图 1-76　叠前确定性反演和随机反演结果对比(据 Aamir et al.,2017)
(a)叠前确定性反演得出的波阻抗剖面;(b)叠前确定性反演得出的剖面;(c)叠前随机反演得出的波阻抗剖面(P50);(d)叠前随机反演得出的剖面(P50)

叠后反演可以在井信息和初始模型的约束下获得更精确的反射系数(高频波阻抗)真值信息,然后通过低频波阻抗、速度,以及高频波阻抗、反射系数,获得波阻抗真值,从波阻抗(岩石物理)角度更深层次地认识地震数据中的地质现象和地质问题。地震属性则可以基于地震属性的空间相对变化信息,更直接地解释地震数据中的地质现象和地质问题(凌云等,2008)。

叠后反演资料在模型研究中的应用主要包括约束地质建模和不确定性分析等方面。

1. 约束地质建模

叠后反演数据可以用于约束地质建模,主要体现在横向变差函数的获取、约束相建模和约束孔隙度建模等方面。

陈恭洋等(2012)对某海上油田进行地质建模研究,目的层属于沉积比较稳定的海相碎屑岩,砂体横向连续性较好,但井点分布丛聚,井网分布的区域范围不能控制砂体的分布。因此,通过井点数据统计的平面变差函数很难反映砂体分布的横向变异性。对横向变差函数的计算采用了两种方法:一是根据井网范围内的 62 口钻井资料所划分的岩相结果,在二维平面上计算主、次方向的变差函数;二是根据 25m×25m 网格的平面波阻抗数据,应用砂、泥岩的波阻抗界限(门槛),将平面上的波阻抗分布转换为岩相的分布,然后计算岩相的平面变差函数。通过两种方法所计算出来的变差函数的对比分析,在主变程方向和主变程大小上存在很大的差异:(1)由于受数据空间分布构型的影响,由井点数据统计的主变程方向一般与井点分布长轴相一致，为北东向，而根据波阻抗数据统计得到的主变程方向则为北西向，显然后者更符合地质认识；（2）根据井点数据统计得到的主变程最大不会超过井点的分布范围，实际统计出的主变程为817m，次变程为320m，而通过对波阻抗属性进行变差函数分析得到的主变程为5025m，次变程为2720m。由此可见，通过井上统计得到的参数与本区的实际情况差别很大。因此，采用波阻抗数据计算的平面变差函数明显较用井点数据计算得更为可靠（图1-77）。

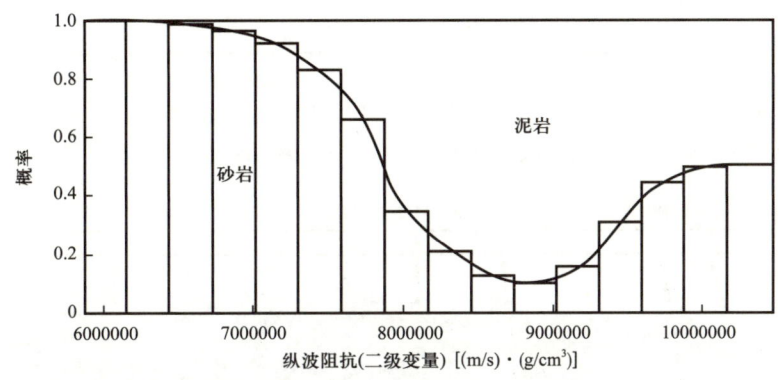

图1-77 岩相类型与波阻抗概率统计（据陈恭洋等，2012）

然后利用波阻抗岩性概率体进行相建模，对井点处波阻抗数据与岩相类型进行统计分析，确定不同波阻抗值所对应不同岩相的百分比，以此作为局部先验概率，然后通过合适的插值方法（克里格法）外推至井间，得到阻抗岩性概率体；最后，使用贝叶斯顺序指示条件模拟法联合这些软信息（地震属性）。这样模拟的结果既忠实于硬数据（井数据），同时又在三维空间受地震软数据的约束，可极大地提高所建立模型的精度。

Latief等（2018）通过建立岩石类型与阻抗概率关系，对储层岩石类型建模进行约束，取得了较好的效果（图1-78）。

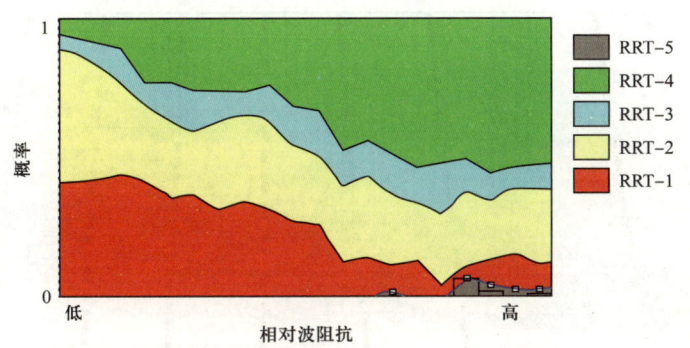

图1-78 岩石类型与波阻抗概率统计（据Latief et al.，2018）

当地震资料品质较高时，可以利用纵波阻抗与岩石孔隙度之间的岩石物理关系求取孔隙度场，然后约束孔隙度模型的建立，或者可以直接使用波阻抗数据约束孔隙度建模。张海翔等（2021）以渤海湾盆地SZ36-1油田为例，在波阻抗数据与孔隙度相关性较好的前提下（图1-79），基于相控"硬约束"和地震反演"软约束"建立了孔隙度模型，取得了较好的效果（图1-80、图1-81）。

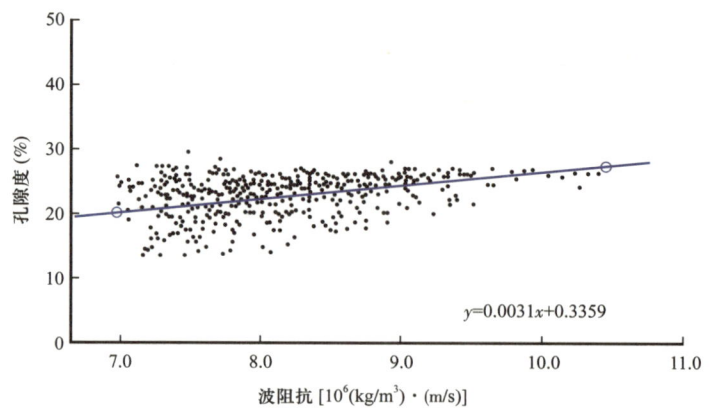

图 1-79　孔隙度与地震反演数据相关分析（据张海翔等，2021，修改）

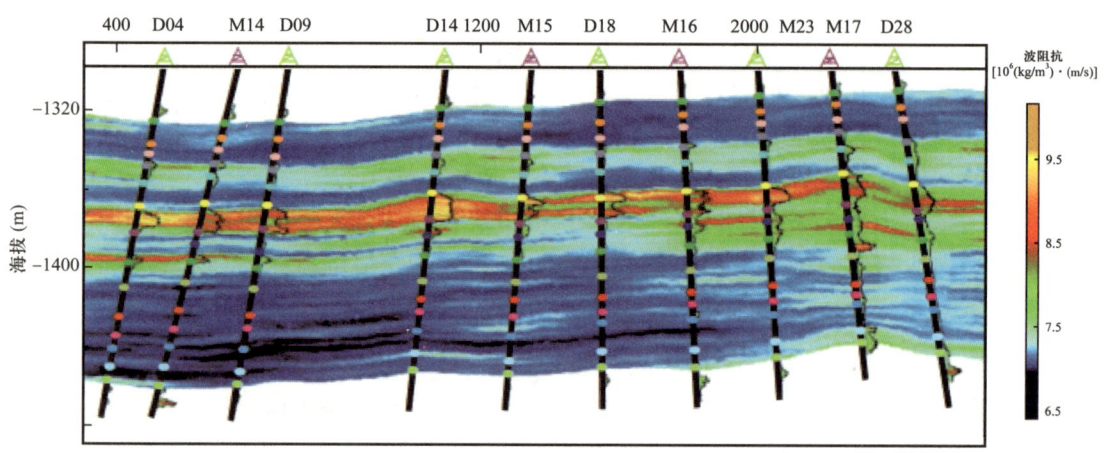

图 1-80　叠后反演波阻抗剖面（据张海翔等，2021）

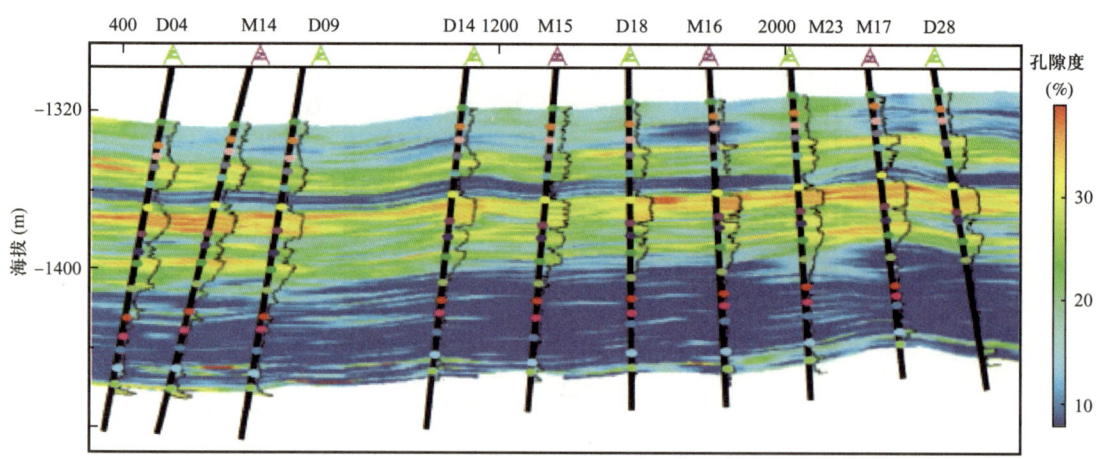

图 1-81　波阻抗约束孔隙度剖面（据张海翔等，2021）

当储层具有两方面或多方面的趋势时，需要进行整合处理，根据式（1-14）进行整合

$$T=aT_1+bT_2+\cdots \tag{1-14}$$

式中 T_i——储层属性分布的趋势；

a，b，…——各分布趋势的加权值，需要保证 $a+b+\cdots=1$。

在整合前，如果各种趋势体的数值区间存在较大差异，是无法直接计算总体趋势的。一般需要先进行尺度转换，使各种趋势具有相同的平均值，然后再进行整合。实际上，油藏模型可能有多种权重数值组合，一般根据对油藏的认识或油藏动态模型响应，确定相对合理的权重数值。

例如，中东地区 USK 碳酸盐岩油藏，通过研究发现，油藏孔隙度分布具有随深度增加逐渐变小的趋势及地震反演孔隙度显示的平面非均质性等两种分布趋势。在研究中，首先根据井数据，确定孔隙度随深度变化趋势 T_1（图 1-82、图 1-83）。然后根据地震反演数据确定孔隙度变化趋势 T_2（图 1-84）。在整合前，通过尺度转换，使 T_1、T_2 具有相同的均值。然后通过参数优选，令 $a=0.6$，$b=0.4$，计算新的分布趋势 T（图 1-85）。

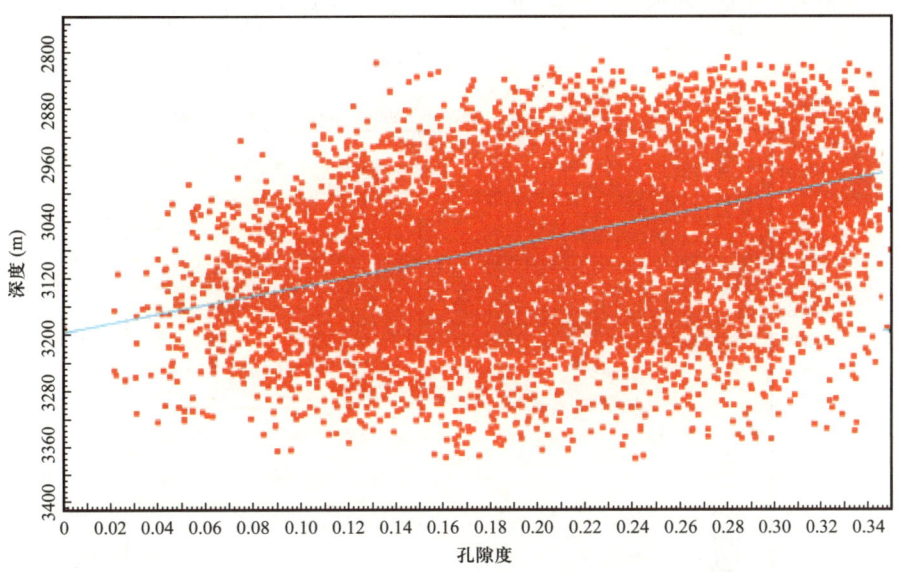

图 1-82 中东地区 USK 碳酸盐岩油藏孔隙度随深度变化趋势

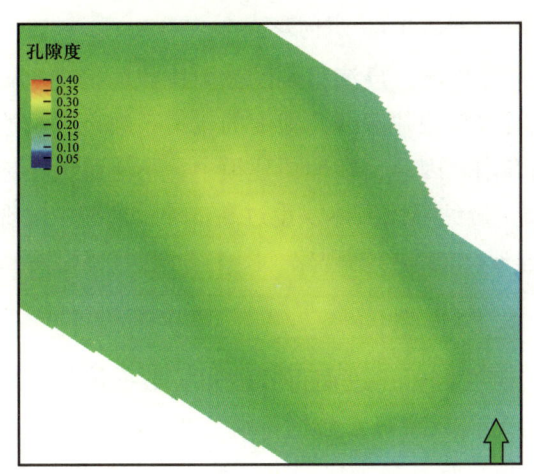

图 1-83 孔隙度随深度变化趋势

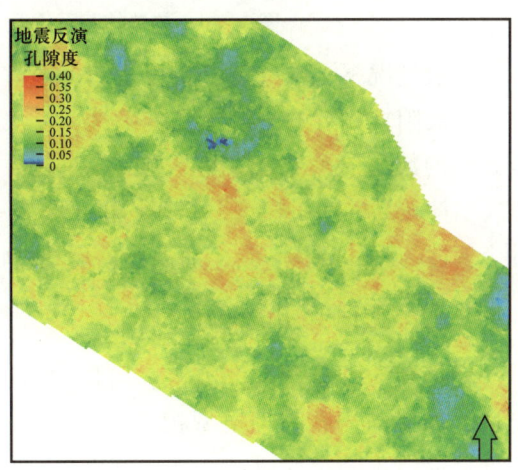

图 1-84 地震反演孔隙度变化趋势

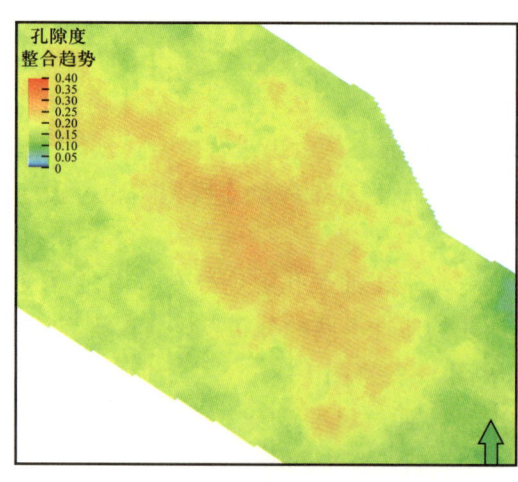

图 1-85　孔隙度随深度变化与地震反演结果的整合趋势

受储层非均质性、资料分辨率等因素的影响，以上制作的趋势体一般作为软约束参数参与属性建模，趋势体的相关系数取值一般不高。取值过高的趋势体相关系数可能导致模型仅在单井位置符合井上硬数据特征，而距离井附近 1～2 个网格之外，模型属性出现突变，符合趋势体特征，从而降低模型质量。如图 1-86 所示，为中东地区 USK 碳酸盐岩油藏，在以上步骤建立趋势体模型后，令趋势的相关系数为 0.8。结果表明，模型井上参数与井间参数存在较大的差异，井间预测插值过多地受到趋势体的控制，而没有反映出井上硬数据体现的该区域应有储层特征。

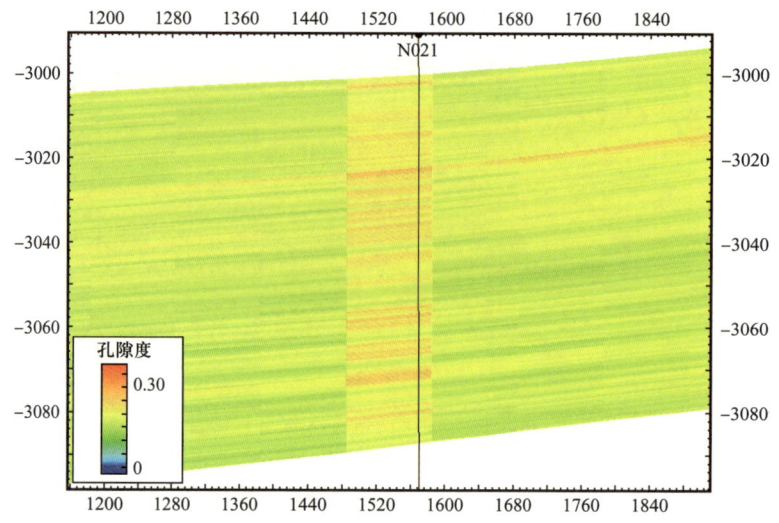

图 1-86　趋势体相关系数设置较大导致井上、井间差异

一般情况下，受地震资料分辨率、地震噪声等影响，反演得到的波阻抗数据很难达到与测井波阻抗相近的分辨率和准确性。反演波阻抗与测井解释孔隙度的相关系数也很难达到较高的数值，大部分情况下在 30%～70% 范围内。因此，在地质建模中，不建议给予地震反演体较高的约束权重，一般均小于 0.3～0.5，避免因反演体权重过高，导致模型中出现井上属性与测井解释一致，而离开井后属性快速变化的不合理现象（图 1-86）。

2. 在模型研究中的应用

利用地质统计学反演方法，可以进行不确定性分析，进而得到波阻抗数据体的不确定性，如果与岩石物理模型相结合，还可以得到孔隙度等参数的不确定性分布，从而作为地质储量不确定性研究、智能辅助历史拟合和开发方案优化的重要输入参数。例如 De Figueiredo 等（2019）对反演中变差函数的设置的不确定性对储层连通孔隙体积的反演结果造成的影响进行研究，结果如图1-87所示，不同的变差函数模型和变程数值均会对储层连通孔隙体积造成影响（图1-87）。

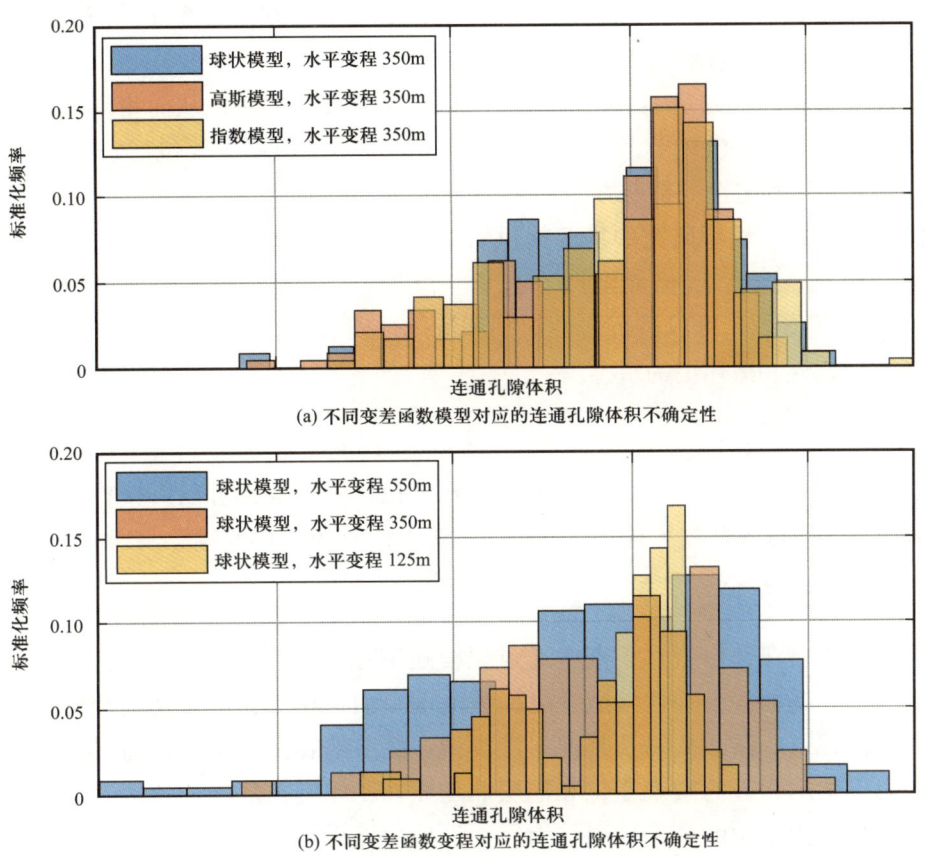

图1-87　不同储层参数下的连通孔隙体积不确定性分析结果（据De Figueiredo et al.，2019）

另外，反演结果可以进行变差函数分析，在井资料的基础上，大量补充平面属性分布特征信息，为相模型和属性模型的建立提供关键参数。

三、叠前地震反演资料在模型研究中的应用

用多次覆盖方法采集的地震数据对地下的同一反射点都观测了多次，同一反射点地震数据中包含了不同入射角的反射数据，不同的入射角对应不同的偏移距。利用这一基础可以进行叠前地震反演。据采用的正演算子不同，叠前地震反演可分为确定性反演和地质统计学反演。

利用叠前反演得到的横波速度、纵波速度及密度信息，通过建立岩石物理关系，可以进一步地得到孔隙度、泥质含量、饱和度、流体类型和岩石模量等信息（印兴耀等，2014；Aleardi et al.，2017）。另外，可以根据油藏的地质认识，建立三维分布概率体，形成三维约束，将其与叠前反演结合，可以使反演结果更加符合地质认识（Guo，2017；Khitrenko et al.，2021）。

波动方程反演可综合考虑振幅和旅行时信息，因而可获得更加理想的反演结果，这

也是当前反演领域的研究热点之一。基于波动方程的叠前地震反演正演化算子包括有限差分法、有限元法和积分法及反射率法，前三种方法主要用于速度建模，而反射率法则广泛应用于储层预测和流体识别。但直到目前，基于波动方程的叠前反演方法在实际资料处理中的应用还极为有限（印兴耀等，2014；杨午阳等，2015）。

叠前反演资料通过建立 v_P、v_S 等与岩性和物性参数的关系，从而将反演体信息转化为孔隙度、泥质含量、流体类型等信息。在模型研究中的应用主要包括岩性和流体识别、求取弹性参数和不确定性分析等方面。

叠前地震资料在模型研究中主要提供岩性和流体的相关信息。叠前同时反演主要的成果为纵波阻抗（速度）、横波阻抗（速度）和密度，进而获得孔隙度、泊松比、v_P/v_S、$\lambda\rho$、$\mu\rho$ 和 λ/μ 等参数，可以进行岩性识别和流体性质研究。弹性阻抗反演的主要成果为 λ、μ 和 ρ，对岩性和流体更为敏感。

1. 求取弹性参数

叠前反演得到的各项弹性参数，如泊松比、拉梅常数等，可以直接作为岩石力学模型、压裂设计等的输入参数（Trudeng et al.，2014），这里不再赘述。

2. 岩性和流体识别

叠前地震资料在储层岩性识别中通过振幅随偏移距变化（AVO）分析、叠前反演和各向异性分析，提取关键弹性参数（纵横波速度、泊松比和密度）及地震属性特征，精准区分砂岩与泥岩、碳酸盐岩及其他岩性类型。叠前地震资料还可以通过完整的偏移距和方位信息，揭示岩性的微观变化和储层非均质性，尤其在复杂构造区、薄储层及裂缝发育储层中表现出卓越的精细预测能力，为储层岩性界面识别与储层评价提供高分辨率的技术支持。

叠前地震资料在储层流体识别中具有重要应用，通过振幅随偏移距变化（AVO）分析、叠前反演及各向异性分析，可提取与流体相关的弹性参数（泊松比、纵横波速度比等）及流体指示特征，帮助识别油、气、水等流体类型。振幅随偏移距变化特征可有效区分气藏、油藏和含水层，而叠前反演提取的参数则能量化孔隙流体性质。同时，结合各向异性分析，可以刻画裂缝中流体的分布及流动特性，尤其适用于复杂储层中流体的精细预测，为油气勘探提供高精度依据。

3. 不确定性分析

可以采用随机地震反演方法，以叠前地震资料为基础，研究得到反演结果或其他储层参数的不确定性分布，如油层厚度、净毛比、孔隙度等的 P10、P50 和 P90 数值，为进一步研究提供基础（Bosch et al.，2012；Aamir et al.，2017；Khitrenko et al.，2021）。Khitrenko 等（2021）对西西伯利亚某河流相储层进行叠前地震随机反演，在地震数据、测井数据质量控制的基础上，采用地质认识作为约束条件，进行反演，得到了多个反演实现。经过不确定性分析，得到了油砂体厚度的 P10、P50 和 P90 数值，为油藏进一步开发提供了基础（图 1-88）。

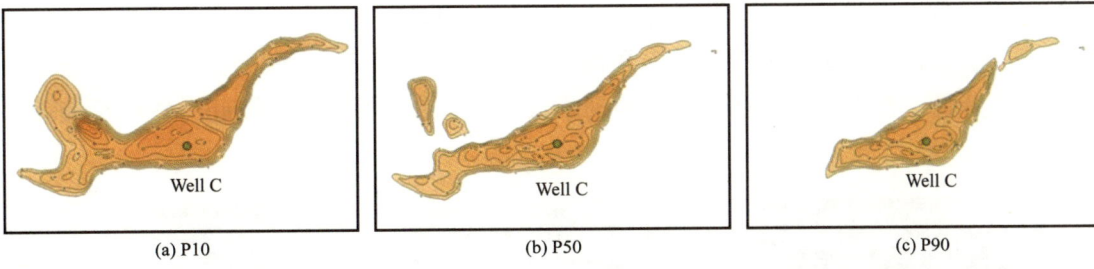

(a) P10　　　　　　　　　(b) P50　　　　　　　　　(c) P90

图 1-88　油砂体厚度的 P10、P50 和 P90 数值（据 Khitrenko et al., 2021）

此外，反演方法的选择也会对反演结果带来不确定性。例如，Carmo 等（2015）以河流相储层理论模型为例，首先采用正演，得到地震数据体，然后采用不同方法，即基于模型的反演、稀疏脉冲反演、弹性阻抗反演和地质统计学 AVO 反演等，给定相近的参数进行研究，分析反演结果的差异（图 1-89、图 1-90）。结果表明，在该区块各种

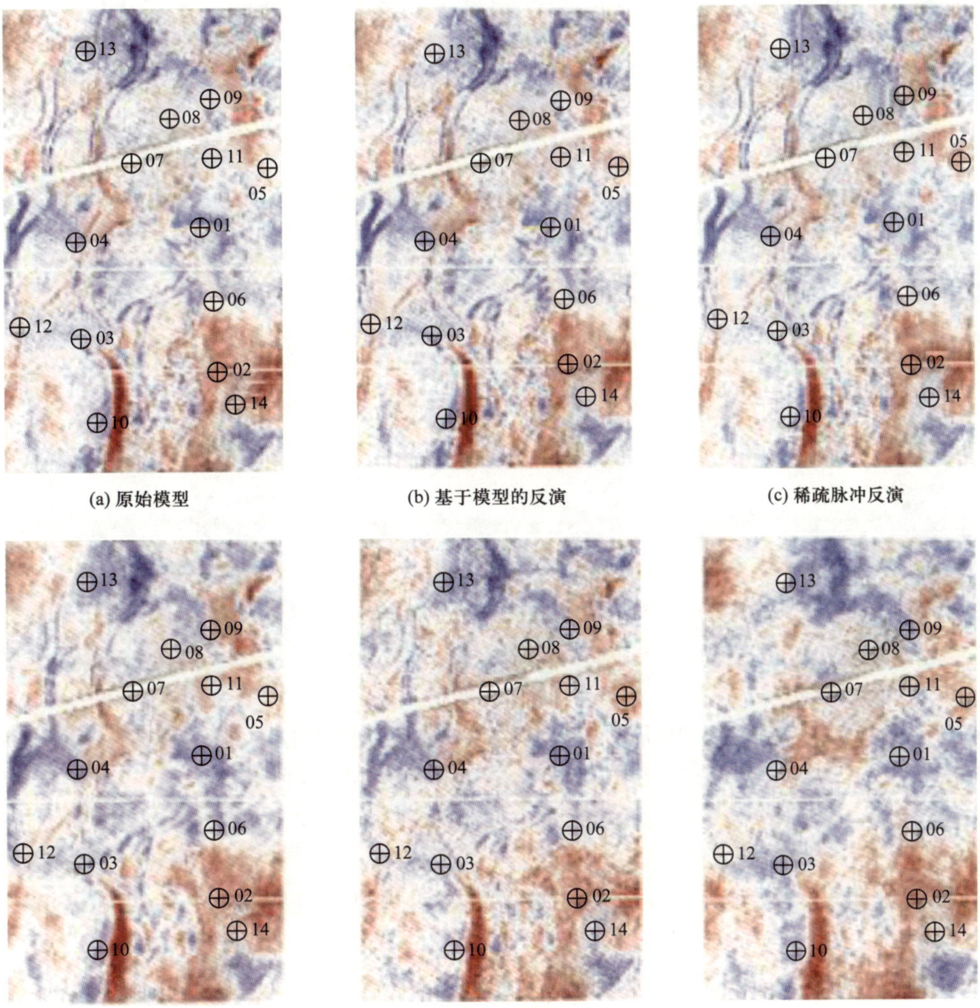

(a) 原始模型　　　　　　　(b) 基于模型的反演　　　　　　　(c) 稀疏脉冲反演

(d) GSI反演　　　　　　　(e) 弹性阻抗反演　　　　　　　(f) AVO反演

图 1-89　不同反演方法得到的叠加数据体在同一位置的水平时间切片（据 Carmo et al., 2015）
（a）原始模型；（b）—（f）不同反演方法的反演结果

反演方法一致性较强，均可以收敛至参考数据体。但是对反演的结果进行分析，结果则大有不同。总体上，基于模型的反演和稀疏脉冲反演可以反映大致的储层变化，但是分辨率明显降低。弹性阻抗反演对储层的刻画较好，与参考模型较为接近，AVO 反演效果最差。

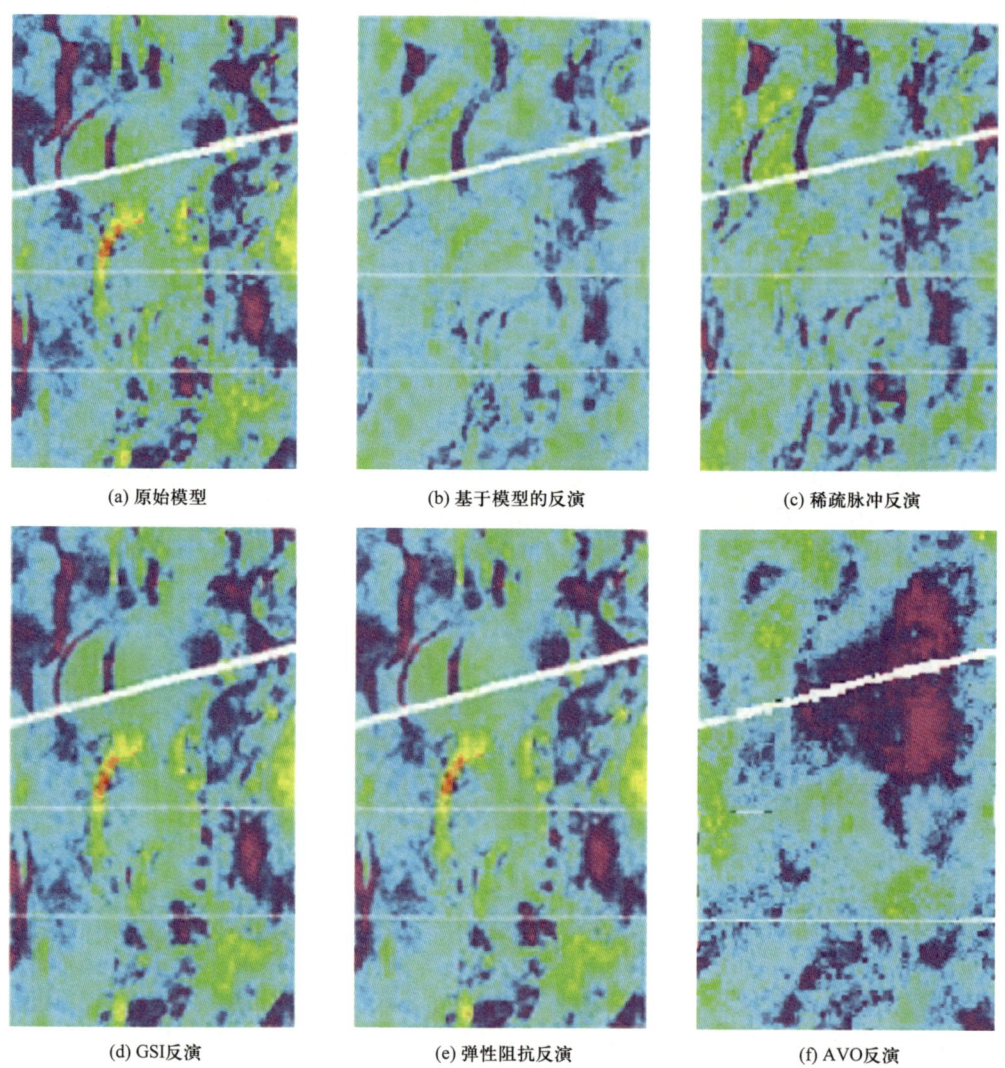

图 1-90　不同反演方法得到的反演结果在同一位置的水平时间切片（据 Carmo et al., 2015）
（a）原始模型；（b）—（f）不同反演方法的反演结果

4. 刻画裂缝分布

理论研究表明，裂缝的存在，尤其是高角度或垂直裂缝的存在，会使地震波产生各向异性的传播，导致多种地震波属性的变化。能够反映裂缝非均质方向各向异性的地震属性有振幅、层速度、旅行时差、方位 AVO 梯度和方位层频率等。裂缝介质中地震波的各向异性传播性质是应用叠前地震数据进行裂缝检测的理论基础（毕研斌等，2009）。利用叠前地震资料进行裂缝研究主要基于 AVAZ 现象。

1）AVAZ 的基本原理

在小入射角时，各向异性介质中 P 波的反射波系数公式可用式（1-15）简化表达

$$R(\theta, \varphi_{obs}) = P + U(\varphi_{obs})\sin^2\theta \quad (1\text{-}15)$$

$$R(\theta, \varphi_{obs}) = P + [U_{iso} + U_{ani}\cos^2\theta(\varphi_{obs} - \varphi_{sym})]\sin^2\theta \quad (1\text{-}16)$$

式中　P——P 波在垂直入射时的反射波振幅；

　　　$U(\varphi_{obs})$——方位角为 φ_{obs} 时振幅的总变化率；

　　　U_{iso}——各向同性振幅随炮检距的变化率；

　　　U_{ani}——各向异性振幅随方位角的变化率；

　　　φ_{obs}——激发点到接收点的方位角，（°）；

　　　φ_{sym}——裂缝走向方位角，（°）。

当入射角固定时，式（1-15）可继续简化为

$$R(\theta, \varphi_{obs}) = A + B(\varphi_{obs})\sin^2\theta \quad (1\text{-}17)$$

式中　A——与炮检距有关的振幅变化；

　　　$B(\varphi_{obs})$——振幅随炮检距方位的变化，$B(\varphi_{obs}) = U_{iso} + U_{ani}\cos^2\theta(\varphi_{obs} - \varphi_{sym})$。

通过式（1-17）可以反演出振幅椭圆的相关参数 A、B 和 φ_{sym}。B/A 即椭圆长轴与短轴之比，是一种表示裂缝密度的参数（图 1-91）。

2）AVAZ 分析的基本流程

首先需要分析地震资料的适用性。然后进行叠前地震资料方位角的划分、叠加及偏移处理，得到方位角道集数据体。对方位角道集数据体消除剩余时差后（王震等，2018），统计振幅值和入射角，可以得到一系列满足式（1-17）的正弦曲线，进而可以根据式（1-17）反演计算出各个位置点的不同方位角的梯度和截距属性，最终可以根据梯度和截距进行振幅椭圆拟合，定义椭圆的扁率为长轴与短轴之比，该值的大小反映了地震反射波穿过裂缝介质储层后地震属性的各向异性强度。各向异性强度与裂缝密度有关，裂缝密度越大，振幅的各向异性强度就越大，通过各向异性强度分析，可定量地检测储层裂缝的相对发育程度（密度）。以岩石物理模型正演模拟结果为依据，分析每个 CDP 点的拟合椭圆方位，则可以检测储层裂缝的发育方向。从而得到工区的裂缝密度预测图、剖面及裂缝方位玫瑰花图，以达到对裂缝密度和方位定量预测的目的（毕研斌等，2009）。

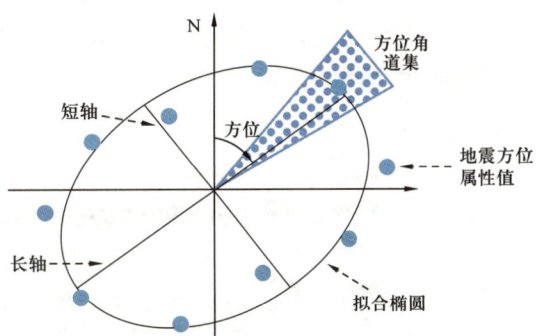

图 1-91　裂缝介质分方位属性椭圆拟合示意图
（据王洪求等，2014）

方位角处理的时候需充分考虑到各面元覆盖次数以及炮检距之间的平衡，需要对方位角区间的数目进行优选。Mallick 等（2000）建议储层裂缝检测选择的方位角数量尽量不少于六个，对于覆盖次数较低的地震资料，可采用超面元进行方位角数据体的部分叠加，以提高地震数据对储层裂缝的识别分辨率。但方位角区间同样不能划分过多，否则

会使预测的准确性降低（毕研斌等，2009；熊晓军等，2017）。

方位纵波裂缝检测方法是对某一给定位置点的若干炮检方位角的道集进行分析，识别不同方位角上的振幅、速度和频率等地震属性的变化特征。用于储层裂缝检测的地震数据要求包含足够大的方位角和炮检距，每个CMP面元内大小炮检距分布尽量均匀，采集系统的排列片横纵比不小于或接近0.5，纵、横向覆盖次数基本相当或差别不大（毕研斌等，2009）。

于晓东等（2019）采用叠前AVAZ裂缝预测技术对车排子凸起进行研究。研究区排66井的成像测井数据显示，在1326~1400m深度范围内，裂缝发育明显，裂缝的纵向分布也比较广泛。利用排66井的测井资料得到岩石物理参数，根据公式计算不同方位角的反射系数，与地震子波褶积可以得到图1-92的过排66井石炭系层段理论上不同方位角的振幅随炮检距变化的叠前地震响应剖面。根据图1-92可以分析本工区不同方位角道集的AVO响应特征，同时可以在理论上得到拟合振幅椭圆，建立判断本区裂缝发育方向的依据。从图1-92中可以看出：（1）当确定一个方位角时，裂缝发育区域的反射波振幅将随入射角的增大而减小；（2）当入射角小于12°时，不同方位角得到的反射波振幅基本一致，随着入射角的不断增大，不同方位上的反射波也产生了差异，这种差异随着入射角的不断增大而增大，因此，实际裂缝预测中可以选择去除一部分小炮检距数据，尽量保留大炮检距数据；（3）通过图1-92（c）的AVAZ振幅椭圆拟合图可以确定本区裂缝方向预测原则，即椭圆长轴方向平行于裂缝的走向，椭圆短轴垂直于裂缝走向，然后进行叠前地震分方位角处理。在此基础上进行各向异性裂缝检测，得到叠前裂缝密度预测结果，结果表明与成像测井研究结果符合程度较好（图1-93、图1-94）。

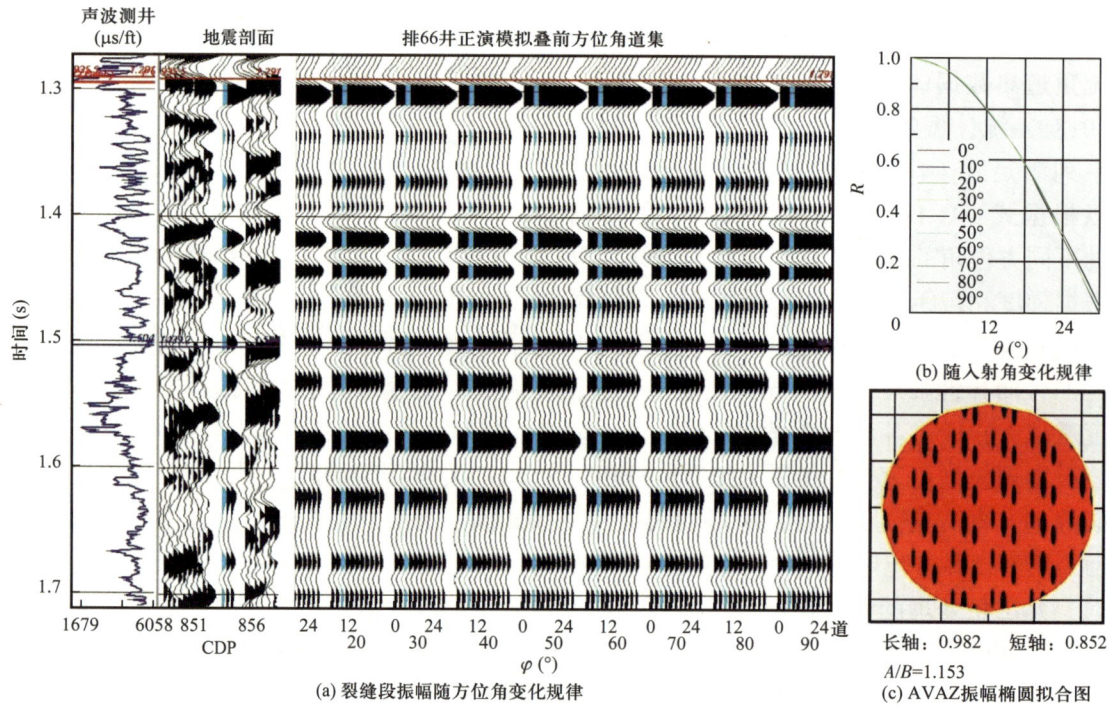

图1-92 排66井裂缝段振幅随方位角和入射角变化规律正演模拟结果（据于晓东等，2019）

除了振幅外，其他属性的各向异性特征也可用于裂缝预测。例如，王洪求等（2014）对塔里木盆地热瓦普区块宽方位地震资料进行叠前地震资料裂缝检测研究，首先进行方位划分，然后分方位叠前时间偏移，并对每一个分方位数据体进行层位解释，然后根据不同方位的旅行时差信息反演各向异性参数。通过分析，不同属性预测的裂缝特征与区域断裂的吻合程度高低依次为旅行时差、振幅和 AVO 梯度，而与井点处（串珠状强反射）的裂缝吻合程度则以 AVO 梯度吻合程度最高。对旅行时差、振幅和 AVO 梯度的各向异性结果进行融合（图 1-95、图 1-96），充分利用不同属性的优势来提高小尺度裂缝识别精度。从融合结果来看，裂缝发育特征与解释的断层（图 1-95 中的黑线）及相干预测的断裂分布一致性较好，且井点处裂缝也比较发育，与缝洞体地质特征吻合较好。

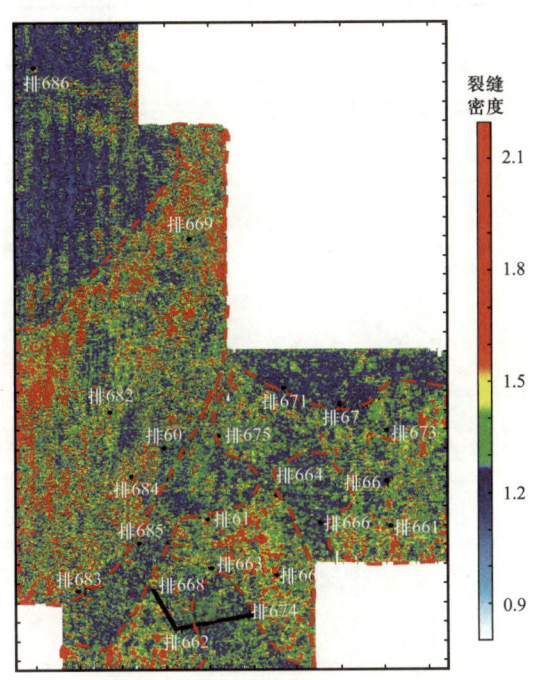

图 1-93　叠前裂缝密度预测连井平面图（据于晓东等，2019）

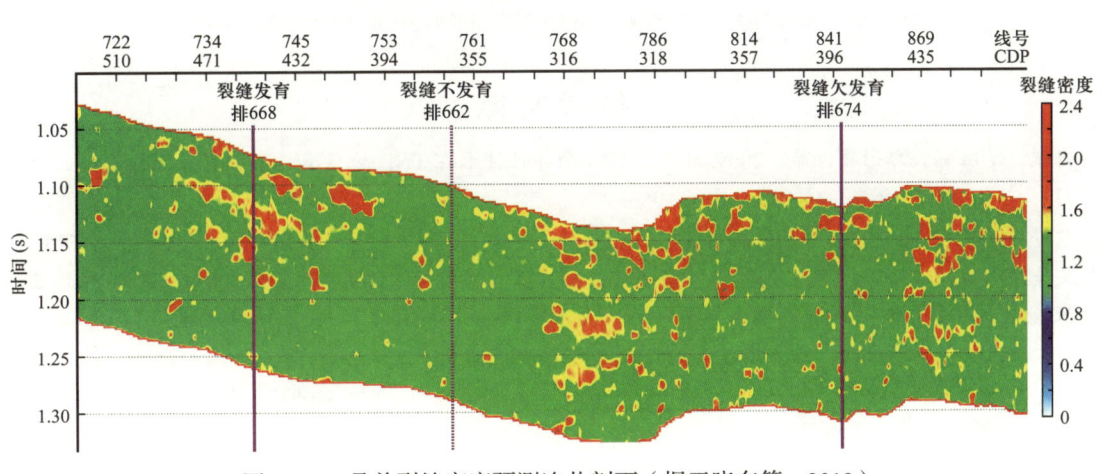

图 1-94　叠前裂缝密度预测连井剖面（据于晓东等，2019）

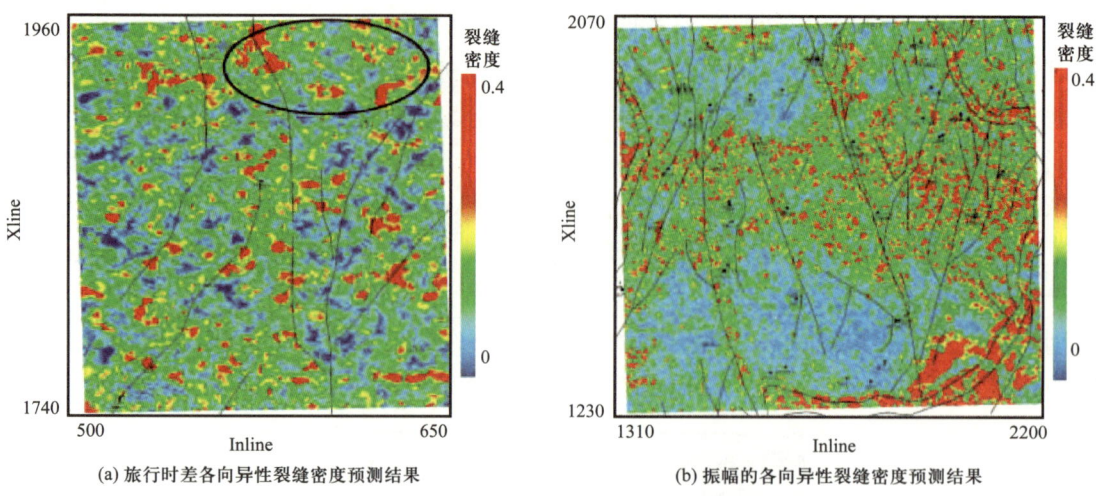

图 1-95 不同属性各向异性的裂缝密度预测结果（据王洪求等，2014）

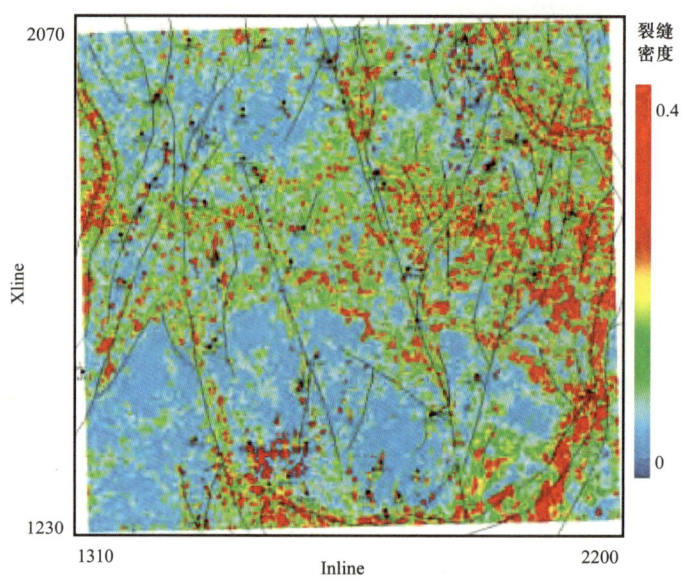

图 1-96 多属性各向异性融合裂缝密度预测结果（据王洪求等，2014）

参 考 文 献

毕研斌，龙胜祥，郭彤楼，等，2009.地震方位各向异性技术在 TNB 地区嘉二段储层裂缝检测中的应用［J］.石油地球物勘探，44（2）：190-195.

蔡希玲，2000.俞氏子波在地震数据处理中的应用研究［J］.石油地球物理勘探，（4）：497-507+544.

蔡义峰，熊婷，姚卫江，等，2017.地震多属性分析技术在薄层砂体预测中的应用［J］.石油地球物理勘探，52（S2）：140-145+7.

蔡志东，王世成，韦永祥，等，2021.VSP 波场研究与应用现状［J］.石油物探，60（1）：81-91.

曹孟起，王九拴，邵林海，2006.叠前弹性波阻抗反演技术及应用［J］.石油地球物理勘探，（3）：323-326+362+18.

陈恭洋，胡勇，周艳丽，等，2012.地震波阻抗约束下的储层地质建模方法与实践［J］.地学前缘，19（2）：67-73.

陈小宏，李国发，刘洋，等，2021. 地震数据处理方法［M］. 北京：石油工业出版社.

陈学华，贺振华，赵岩，等，2012. 叠前分角度道集的瞬时谱差异信息提取及应用［J］. 石油地球物理勘探，47（1）：89-94+188+195-196.

陈彦虎，毕建军，邱小斌，等，2020. 地震波形指示反演方法及其应用［J］. 石油勘探与开发，47（6）：1149-1158.

陈祖庆，2014. 海相页岩 TOC 地震定量预测技术及其应用：以四川盆地焦石坝地区为例［J］. 天然气工业，34（6）：24-29.

戴永寿，张漫漫，张亚南，等，2015. 基于时频谱模拟的时变混合相位子波提取［J］. 石油地球物理勘探，50（5）：830-838.

戴永寿，张彧豪，张鹏，等，2020. 时变地震子波提取研究方法综述［J］. 石油物探，59（2）：169-176.

杜伟维，金兆军，邱永香，2017. 地震波形指示反演及特征参数模拟在薄储层预测中的应用［J］. 工程地球物理学报，14（1）：56-61.

段南，2019. 叠前地震波形指示反演在薄互储层预测中的应用［J］. 地球物理学进展，34（2）：523-528.

方磊，2008. 地震波阻抗反演及其在储层预测中的应用研究［D］. 成都：成都理工大学.

甘利灯，张昕，王峣钧，等，2018. 从勘探领域变化看地震储层预测技术现状和发展趋势［J］. 石油地球物理勘探，53（1）：214-225.

高君，毕建军，赵海山，等，2017. 地震波形指示反演薄储层预测技术及其应用［J］. 地球物理学进展，32（1）：142-145.

高云，朱应科，赵华，等，2013. 叠前同时反演技术在砂砾岩体有效储层预测中的应用［J］. 石油物探，52（2）：223-228+114.

郭雯，2017. 东部老区三维地震观测系统评价设计方法研究［D］. 北京：中国地质大学.

韩文功，1994. 地震剖面的极性问题［J］. 石油地球物理勘探，29（6）：769-772.

侯华星，欧阳永林，曾庆才，等，2016. 四川长宁页岩总有机碳地震定量预测方法［J］. 东北石油大学学报，40（5）：18-27.

胡光辉，王立歆，方伍宝，2014. 全波形反演方法及应用［M］. 北京：石油工业出版社.

李玉新，刘春园，陈冬，等，2010. 分频反演方法及其在塔河 A 区储层预测中的应用［J］. 石油与天然气地质，31（1）：38-42.

姜秀娣，魏修成，黄捍东，等，2009. 部分叠加资料纵横波速度测井约束反演［J］. 地球物理学进展，24（1）：254-262.

郎晓玲，彭仕宓，康洪全，等，2010. 叠前同时反演方法在流体识别中的应用［J］. 石油物探，49（2）：164-169+16-17.

黎殿来，2012. 波动方程时域有限差分地震正演建模方法研究［D］. 成都：电子科技大学.

李蒙，刘震，刘敏珠，等，2018. 小入射角叠加地震数据波阻抗反演方法［J］. 石油地球物理勘探，53（6）：1291-1297+1116.

李明生，李雅楠，董文波，2017. 辽河青龙台地区高密度全数字三维地震采集技术及效果［J］. 中国石油勘探，22（1）：106-112.

李庆忠，1994. 走向精确勘探的道路：高分辨率地震勘探系统工程剖析［M］. 北京：石油工业出版社，12-153.

李伟，岳大力，胡光义，等，2017. 分频段地震属性优选及砂体预测方法：秦皇岛 32-6 油田北区实例［J］. 石油地球物理勘探，52（1）：121-130.

栗宝鹃，董春梅，林承焰，等，2016. 砂泥岩薄互层层位精细标定方法及应用：以东营凹陷滨东地区沙四上亚段为例［J］. 石油地球物理勘探，51（1）：173-182.

梁光河，1998. 地震子波提取方法研究［J］. 石油物探，（1）：31-39.

凌东明，姚仙洲，田军，等，2019. 地震振幅差异属性在低序级断层定向识别中的应用：以塔里木盆地轮南油田为例［J］. 断块油气田，26（1）：33-36.

凌云，惠晓宇，孙德胜，2008. 薄储层叠后反演影响因素分析与地震属性解释研究［J］. 石油物探，4（6）：531-559.

凌云研究小组，2003. 宽方位角地震勘探应用研究［J］. 石油地球物理勘探，（4）：350-357.

刘百红，李学云，李建华，等，2012. 弹性阻抗反演在储层含气性预测中的应用［J］. 石油地球物理勘探，47（S1）：72-77+167+162.

刘传奇，明君，马奎前，等，2013. 地震资料极性判别与道积分技术在渤中M油田的应用［J］. 石油物探，52（3）：329-334.

刘喜武，宁俊瑞，刘培体，等，2009. 地震时频分析与分频解释及频谱分解技术在地震沉积学与储层成像中的应用［J］. 地球物理学进展，24（5）：1679-1688.

刘兴业，李景叶，陈小宏，等，2018. 联合多点地质统计学与序贯高斯模拟的随机反演方法［J］. 地球物理学报，61（7）：2998-3007.

陆基孟，王永刚，2011. 地震勘探原理［M］. 青岛：中国石油大学出版社.

罗琛，2012. 辽河东部地区速度场分析及应用［D］. 荆州：长江大学.

罗伟平，李洪奇，朱丽萍，等，2014. 地震与测井资料自动匹配的研究［J］. 石油地球物理勘探，49（1）：205-212.

麻三怀，杨长春，韩晓丽，等，2008. 采集脚印分析和处理方法综述［J］. 地球物理学进展，（2）：500-507.

马海珍，雍学善，杨午阳，等，2002. 地震速度场建立与变速构造成图的一种方法［J］. 石油地球物理勘探，（1）：53-59+98.

马学军，张雪莹，李海英，等，2021. 塔里木盆地巴楚隆起玛北1井基于垂直地震剖面的地震层位综合标定［J］. 科学技术与工程，21（24）：10181-10190.

马在田，2005. 反射地震成像分辨率的理论分析［J］. 同济大学学报，33（9）：1144-1153.

潘宏勋，方伍宝，2006. 地震速度分析方法综述［J］. 勘探地球物理进展，（5）：305-311+332+11.

钱荣钧，2010. 地震波分辨率的分类研究及偏移对分辨率的影响［J］. 石油地球物理勘探，45（2）：306-313.

沈财余，崔汝国，2003. 影响测井约束地震反演地质效果因素的分析［J］. 物探与化探，（2）：123-127+138.

宋鹏，宋瑞有，钱双柱，等，2021. 地震资料极性判断方法在琼东南盆地的应用［J］. 地球物理学进展，36（2）：792-798.

宋瑞有，于俊峰，晁彩霞，等，2020. 裂隙识别技术及其在油气和水合物勘探中的应用［J］. 热带海洋学报，39（1）：120-129.

宋瑞有，于俊峰，韩光明，等，2016. 莺歌海盆地底辟流体动态平衡体系及气藏模式［J］. 新疆石油地质，37（5）：530-536.

苏贵仕，丁成震，2009. 替换速度和叠加速度对地震数据处理效果的影响［J］. 石油地球物理勘探，44（S1）：63-66+167+5.

苏心华，2005. 复杂地区细分面元采集方法不利因素分析［J］. 小型油气藏，10（3）：13-17.

隋京坤，2015. 地震不连续特征监测方法研究［D］. 北京：中国石油勘探开发研究院.

孙成禹，姚振岸，伍敦仕，等，2019. 基于波动方程的叠前地震反演［J］. 地球物理学报，62（2）：604-618.

孙家振，李兰斌，1997. 多信息储层预测和油气判别［M］. 武汉：中国地质大学出版社，44-51.

孙学凯，冯世民，2010. 地震反演系统中的子波提取方法［J］. 物探化探计算技术，32（2）：120-125+107.

汪勇，陈学国，王月蕾，等，2014. 叠后多属性分析在哈山西石炭系火山岩裂缝预测中的应用研究［J］. 地球物理学进展，29（4）：1772-1779.

王保丽，印兴耀，张繁昌，2005. 弹性阻抗反演及应用研究［J］. 地球物理学进展，（1）：89-92.

王红丽，丁在宇，桂德军，等，2013. 震源子波反褶积在海洋地震资料处理中的应用［J］. 石油物探，52（1）：49-54.

王洪求，高建虎，陈康，等，2018. 多波振幅属性在碳酸盐岩储层含气性检测中的应用［J］. 石油地球物理勘探，53（增刊1）：234-241.

王洪求，杨午阳，谢春辉，等，2014. 不同地震属性的方位各向异性分析及裂缝预测［J］. 石油地球物理勘探，49（5）：925-931.

王家映，2007. 地球物理反演问题概述［J］. 工程地球物理学报，4（1）：1-3.

王金铎，路慎强，于建国，等，2001. 地震资料解释中的极性判别技术［J］. 石油物探，40（2）：77-83.

王小刚，杨玉卿，2019. 高分辨率Walkaway VSP技术在渤海A油田的应用与效果［J］. 工程地球物理学报，16（1）：25-30.

王玉梅，2013. 叠前地震反演精度影响因素［J］. 油气地质与采收率，20（1）：55-58+114-115.

王震，邓光校，文欢，等，2018. 塔河油田碳酸盐岩叠前裂缝预测技术应用分析［J］. 工程地球物理学报，15（1）：65-72.

吴俊刚，吴奎，孙书滨，等，2011. 地震资料极性判别技术在储层预测中的应用［J］. 海洋石油，31（4）：15-19.

谢明道，1991. 垂直地震剖面法应用技术［M］. 北京：石油工业出版社.

谢玉洪，陈志宏，朱江梅，等，2010. 海上地震数据处理中采集脚印分析与衰减处理［J］. 天然气工业，30（9）：28-31.

熊晓军，简世凯，李翔，等，2017. 基于标准差统计的窄方位角叠前裂缝预测方法［J］. 石油地球物理勘探，52（1）：114-120.

严皓，李宾，李久，2019. 基于地震属性的中深层薄砂层厚度定量预测：以渤海A油田为例［J］. 地球物理学进展，34（1）：401-405.

杨培杰，2014. 地质统计学反演：从两点到多点［J］. 地球物理学进展，29（5）：2293-2300.

杨培杰，穆星，印兴耀，2009. 叠前三参数同步反演方法及其应用［J］. 石油学报，30（2）：232-236.

杨培杰，印兴耀，2008. 地震子波提取方法综述［J］. 石油地球物理勘探，（1）：123-128+2.

杨午阳，姚逢昌，印兴耀，等，2015. 地震反演技术回顾与展望［J］. 石油地球物理勘探，50（1）：184-202.

姚逢昌，甘利灯，2000. 地震反演的应用与限制［J］. 石油勘探与开发，（2）：53-56.

尹楠鑫，徐怀民，谭吕，等，2014. 渤海湾盆地歧口18-1沙河街组浊积扇高分辨地震储层预测［J］. 天然气地球科学，25（2）：266-272.

印兴耀，曹丹平，王保丽，等，2014. 基于叠前地震反演的流体识别方法研究进展［J］. 石油地球物理勘探，49（1）：22-34+46.

印兴耀，张繁昌，孙成禹，2010. 叠前地震反演［M］. 青岛：中国石油大学出版社.

于建国，韩文功，刘力辉，等，2006. 分频反演方法及应用［J］. 石油地球物理勘探，41（2）：193-197.

于景强，于正军，毛振强，等，2020. 陆相页岩油烃源岩总有机碳含量叠前地震反演预测方法与应用［J］. 石油物探，59（5）：8-23.

于晓东，桂志先，汪勇，等，2019.叠前AVAZ裂缝预测技术在车排子凸起的应用［J］.石油地球物理勘探，54（3）：624-633+488.

俞寿朋，1993.高分辨率地震勘探阅［M］.北京：石油工业出版社.

俞寿朋，1996.宽带Ricker子波［J］.石油地球物理勘探，31（5）：605-616.

苑书金，于常青，2005.地震弹性属性的解释和应用［J］.勘探地球物理进展，28（4）：234-238.

云美厚，丁伟，2005.地震子波频率浅析［J］.石油物探，（6）：58-61+16.

曾洪流，赵贤正，朱筱敏，等，2015.隐性前积浅水曲流河三角洲地震沉积学特征：以渤海湾盆地冀中坳陷饶阳凹陷肃宁地区为例［J］.石油勘探与开发，42（5）：566-576.

张广智，刘洪，印兴耀，2005.井旁道地震子波精细提取方法［J］.石油地球物理勘探，（2）：158-162+120-252.

张海翔，李占东，李阳，等，2021."双控"地质建模技术的实践与认识：以渤海湾盆地绥中36-1油田为例［J］.石油地球物理勘探，56（3）：603-611.

张华军，肖富森，刘定锦，等，2003.地质构造约束层速度模型在时深转换中的应用［J］.石油物探，（4）：521-525.

张璐，李辉，支玲，等，2018.全地质构造格架模型约束下的速度建模技术研究及应用［J］.地球物理学进展，33（4）：1637-1644.

张秀丽，姜岩，郝兰英，等，2014.密井网条件下随机地震反演及其在河道砂体预测中的应用［J］.石油地球物理勘探，49（5）：954-963+822.

张延玲，杨长春，贾曙光，2005.地震属性技术的研究和应用［J］.地球物理学进展，（4）：1129-1133.

张义，尹艳树，秦志勇，2015.地质统计学反演在薄砂体储层预测中的应用［J］.断块油气田，22（5）：565-569.

赵海英，齐聪伟，陈沅忠，等，2016.基于VSP的地震层位综合标定方法［J］.石油地球物理勘探，51（增刊）：84-92.

赵会欣，晋志刚，张宇生，等，2007.高密度空间采样地震采集覆盖次数的选择［J］.天然气工业，（S1）：68-69.

郑喻丹，孙甫，龚富华，等，2020.四川盆地高盐岩地层发育区速度建模技术研究：以蜀南地区寒武系膏盐岩为例［C］.南京：SPG/SEG南京2020年国际地球物理会议.

钟晗，2018.地震属性在储层预测中的应用研究［D］.北京：中国石油大学.

周晗，2014.叠前三参数同步反演方法研究及软件模块研制［D］.成都：电子科技大学.

朱光明，1988.垂直地震剖面方法［M］.北京：石油工业出版社.

邹才能，张颖，2002.油气勘探开发实用地震新技术［M］.北京：石油工业出版社.

Aamir Muhammad, Figuera Luis Gerardo, Hosani Khaled Al, et al., 2017. Deterministic and Stochastic Seismic Inversion, a Comparison Study Applied to Capture Major Heterogeneities and its Associated Uncertainties during Early Characterization Stage in Upper Jurassic Reservoirs in the UAE［C］. Abu Dhabi, UAE: Abu Dhabi International Petroleum Exhibition & Conference.

Abdulfadeel Ahmed H, 2019. AVO Seismic Inversion in Hydrocarbon Detection and Characterization at Simian Field Offshore Nile Delta［C］. Ravenna, Italy: Offshore Mediterranean Conference and Exhibition.

Adli Saiful, Hairul Hafez, 2014. Carbonate Pinnacle-Reef Velocity Modeling for Depth Conversion: Pitfalls and Best Practices［C］. Kuala Lumpur, Malaysia: Offshore Technology Conference-Asia.

Afia M, Mukherjee A, Glushchenko A, et al., 2021. A Novel Workflow to Invert Broadband Seismic Data: A Case Study from Onshore Fields in Abu Dhabi［C］. Abu Dhabi, UAE: Abu Dhabi International Petroleum Exhibition & Conference.

Al-Busaidi Ahmed, Qureshi Tahira, Al-Naamani Ali, et al., 2018. Optimizing Stringers Development Using Latest Probabilistic Seismic Inversion Technique [C]. Abu Dhabi, UAE: Abu Dhabi International Petroleum Exhibition & Conference.

Al-Rubaiyea Jamal, Al-Houli Meshari, Al-Ajmi Fahad, et al., 2015. Establishing Mobility Profile in a Carbonate Reservoir Using LWD Imaging Technology: A Case Study From Partitioned Zone Between Kuwait and Saudi Arabia [C]. Mishref, Kuwait: SPE Kuwait Oil and Gas Show and Conference.

Aleardi M, Calabrò R A, Ciabarri F, et al., 2017. Bayesian Petrophysical-Seismic Inversion Techniques for Key Reservoir Parameter Estimation: A Case Study From the Offshore Abu Qir Field [C]. Ravenna, Italy: Offshore Mediterranean Conference and Exhibition.

Alsadi Hamid N, 2017. Seismic Hydrocarbon Exploration [M]. Berlin: Springer International Publishing.

Andreas C, Galbraith M, Peirce J, 2000. Planning land 3-D seismic surveys [M]. Tulsa, Oklahoma: Society of Exploration Geophysicists, 2000.

Araman A, Paternoster B, 2014. Seismic quality monitoring during processing [J]. First Break, 32 (9): 69-78.

Araman Alexandre, Paternoster Benoit, Isakov Dmitry, et al., 2012. Seismic Quality Monitoring during Processing: What Should We Measure? [C]. Las Vegas, Nevada: 2012 SEG Annual Meeting.

Barens Leon, Henrik Juhl Hansen, 2006. Pre-stack Seismic Inversion of Offset Stacked Data: Diagnostics and Remedies for Overestimated Angles of Incidence, A Case Study [C]. New Orleans, Louisiana: 2006 SEG Annual Meeting.

Barnola Anne-Sophie, Andrieux Benoit, Tonellot Thierry, et al., 2003. Pre-stack Stratigraphic Inversion and Attribute Analysis for Optimal Reservoir Characterisation [C]. Dallas, Texas: 2003 SEG Annual Meeting.

Biswal Debakanta, Nedeer Nasimudeen, Banerjee Subrata, et al., 2019. Structural Imaging of Daman Pay in the Presence of Overlying Carbonate Build-Up: A Case Study from B9 Area of Mumbai Offshore Basin [C]. Mumbai, India: SPE Oil and Gas India Conference and Exhibition.

Bosch Miguel, Bertorelli Gustavo, Alvarez Gabriel, et al., 2012. Deterministic and Stochastic Seismic Inversion Methods for Gas Discrimination at La Creciente Field, Colombia [C]. Las Vegas, Nevada: 2012 SEG Annual Meeting.

Brown A R, 1996. Seismic attribute and their classification [J]. The Leading Edge, 15 (10): 1090-1098.

Buland A, Omre H, 2003. Bayesian linearized AVO inversion [J]. Geophysics, 68 (1): 185-198.

Butorin A V, Krasnov F V, 2016. Approaches to the Analysis of Spectral Decomposition for the Purpose of Detailed Geological Interpretation [C]. Moscow, Russia: SPE Russian Petroleum Technology Conference and Exhibition.

Carmo Sergio, Azevedo Leonardo, Amílcar Soares, 2015. Seismic Inversion for Non-Stationarity Environments: A Methodology Benchmark [C]. New Orleans, Louisiana: 2015 SEG Annual Meeting.

Chen Q, Steve S, 1997. Seismic attribute technology for reservoir forecasting and monitoring [J]. The Leading Edge, 16 (5): 445-446.

Chen Yuqing, Saygin Erdinc, Schuster Gerard, 2020. Seismic inversion by multi-dimensional Newtonian machine learning [C]. Online: SEG International Exposition and Annual Meeting.

Chopra S, Marfurt K J, 2005. Seismic attributes: A historical perspective [J]. Geophysics, 70 (5): 3-28.

Clement W A, 1977. A Case History of Geoseismic Modeling of Basal Morrow Springer Sandstones, Watonga-Chickasha Trend: Geary, Oklahoma—T13N, R10W [M]. Tulsa Oklahoma: American

Association of Petroleum Geologists Memoir 26, 451-476.

Connolly P, 1999. Elastic impedance [J]. The Leading Edge, 18 (4): 438-452.

Contreras Arturo, Gerhardt Andre, Spaans Paul, et al., 2019. AVA deterministic, stochastic and wave-equation based seismic inversion for the characterization of fluvio-deltaic gas reservoirs of Western Australia [C]. San Antonio, Texas: SEG International Exposition and Annual Meeting.

Costa Flaviana Almeida, Suarez Carlos Rodriguez, Sarzenski Darci Jose, et al., 2007. Using Seismic Attributes in Petrophysical Reservoir Characterization [C]. Buenos Aires, Argentina: Latin American & Caribbean Petroleum Engineering Conference.

De Figueiredo Leandro Passos, Bordignon Fernando Luis, Grana Dario, et al., 2018. Impact of seismic-inversion parameters on reservoir pore volume and connectivity [C]. Anaheim, California, USA: 2018 SEG International Exposition and Annual Meeting.

Dempster A P, Laird N M, Rubin D B, 1997. Maximum likelihood from incomplete data via the EM algorithm [J]. Journal of the Royal Statistical Society: Series B (Methodological), 39 (1): 1-22.

Deutsch C V, Journel A G, 1998. GSLIB: Geostatistical Software Library and User's Guide [M]. 2nd ed. Oxford: Oxford University Press.

Du Jianpo, Ghulam Shabeer, Tan Seng Wah, et al., 2018. An Effective Imaging Method which Combines Amplitude & Frequency Information in Seismic Sedimentology: RGB Blending [C]. Kuala Lumpur, Malaysia: Offshore Technology Conference Asia.

Eloribi Mahmoud, Yehia Islam, Gas Dana, et al., 2021. Integrated Geological and Geophysical Analysis Using Spectral Decomposition and AVO Attributes [C]. Ravenna, Italy: OMC Med Energy Conference and Exhibition.

Francis Ashley, 2010. Limitations of Deterministic Seismic Inversion Data as Input for Reservoir Model Conditioning [C]. Denver, Colorado: 2010 SEG Annual Meeting.

Galárraga M F, Pazos J C, Izurieta A J, 2015. Elastic Seismic Inversion for Sandstone Prediction: Lower U Sandstone Reservoir, Limoncocha Oilfield-Ecuador Case Study [C]. Quito, Ecuador: SPE Latin American and Caribbean Petroleum Engineering Conference.

Gardner G H F, Gardner L W, Gregory A R, 1974. Formation velocity and density: The diagnostic basics for stratigraphic traps [J]. Geophysics, 39 (6): 770-780.

Ghafri Thuraya Al, Neves Fernando, Assia Lakhlifi, 2016. Optimizing Well Location in Clastic Reservoir Using Seismic Inversion for Onshore Field Located South-West Abu Dhabi [C]. Abu Dhabi, UAE: Abu Dhabi International Petroleum Exhibition & Conference.

Gonzalez Hansel J, Doulgeris Panos, Haffinger Peter, et al., 2020. Seismic porosity characterization in a Cretaceous carbonate reservoir through wave-equation-based AVO seismic inversion [C]. Online: SEG International Exposition and Annual Meeting.

González E F, Mukerji T, Mavko G, 2008. Seismic inversion combining rock physics and multiple-point geostatistics [J]. Geophysics, 73 (1): R11-R21.

Goodway B, Chen Taiwen, Downton J, 1997. Improved AVO fluid detection and lithology discrimination using Lamé petrophysical parameters: "$\lambda\rho$", "$\mu\rho$", & "λ/μ fluid stack", from P and S inversions [C]. 68th Annual International SEG Meeting.

Goraya Yassar, Bale Sean, Waters Kester, et al., 2017. Joint Inversion Facies Seismic Inversion to Delineate Thin Multi Layered Heterogeneous Reservoirs Offshore Abu Dhabi [C]. Abu Dhabi, UAE: Abu Dhabi International Petroleum Exhibition & Conference.

Grover Anurag, Al Mesmari Abrar, Al Shamsi Saif, et al., 2017. Structural Uncertainty Analysis using 3D Seismic and Well Data to Estimate Gross Rock Volume GRV Ranges in Reservoir : A Case Study in Carbonate Reservoir, UAE [C]. Abu Dhabi, UAE : Abu Dhabi International Petroleum Exhibition & Conference.

Guo Tongcui, Xia Zhaohui, Wang Hongjun, et al., 2017. High-Resolution Seismic Inversion Pinpoints Ultra-Thin Shale Interbeds and Sweet Spots [C]. Abu Dhabi, UAE : Abu Dhabi International Petroleum Exhibition & Conference.

Hamidi Rosita, Deva Ghosh, 2019. Seismic Attribute Feasibility Study for Fault and Fracture Analysis and Integration with Spectral Decomposition : Application in Sarawak Basin [C]. Beijing, China : International Petroleum Technology Conference.

Hamlyn Wes, 2014. Thin beds, tuning, and AVO [J]. The Leading Edge, 33 (12): 1314–1424.

Hardage B A, 1997. A Practical Use of Vertical Seismic Profiles : Stratigraphic Calibration of 3-D Seismic Data [M]. Texas : The University of Texas at Austin, Bureau of Economic Geology.

Hou Lian, Lavenu Arthur P, Xi Guifen, et al., 2017. Delineation of Fracture Clusters by Integrating Tectonic Events, Seismic Attributes, BHI Interpretation, Mud Losses during Drilling and Well Test Data : A Case Study in a Carbonate Reservoir, Offshore Abu Dhabi [C]. Abu Dhabi, UAE : Abu Dhabi International Petroleum Exhibition & Conference.

Inoue Hiroyuki, Kojima Haruo, Al Shehhi Jamila, et al., 2012. Identification of Top Bitumen Surface in an Upper Jurassic Carbonate Reservoir Using a Seismic AI Inversion with Geostatistical Technique [C]. Abu Dhabi, UAE : Abu Dhabi International Petroleum Conference & Exhibition.

Inoue Hiroyuki, Shimoju Ryo, Kleef Franciscus Van, et al., 2020. Application of Seismic Inversion of PSTM and PSDM Data to Capture the Regional Geological Trend : An Offshore Abu Dhabi Case Study [C]. Abu Dhabi, UAE : Abu Dhabi International Petroleum Exhibition & Conference.

Jorge Gomes, Humberto Parra, Dipankar Ghosh, 2018. Quality Control of 3D GeoCellular Models : Examples from UAE Carbonate Reservoirs [C]. Abu Dhabi, UAE : Abu Dhabi International Petroleum Exhibition & Conference.

Kane Jonathan, Rodi William, Herrmann Felix, et al., 1999. Geostatistical Seismic Inversion Using Well Log Constraints [C]. Houston, Texas : 1999 SEG Annual Meeting.

Keot C J, Datta H S, Dubey P K, et al., 2014. Innovative Field Development Strategy Tackles Complexities of Flue Gas Buildup in Reservoir-LWD and "Distance to Boundary" Technology Comes to Aid [C]. Bangkok, Thailand : IADC/SPE Asia Pacific Drilling Technology Conference.

Khawaja A M, Al-Mussawi F H, Cao S, et al., 2010. VSP Planning, Acquisition and Processing : Evolution from Zero Offset to Multi Azimuth Walkaway VSP Surveys in the Arabian Gulf [C]. Abu Dhabi, UAE : Abu Dhabi International Petroleum Exhibition & Conference.

Khitrenko Anton, Fedotkin Sergey, Nazaryan Ayk, et al., 2021. Risk Reduction on the Western Siberia Prospect Using Stochastic Seismic Inversion and Geological Constraints [C]. Dubai, UAE : SPE Annual Technical Conference and Exhibition.

Laake Andreas, Zhang Rui, Deng Zhiwen, 2019. Depth domain pre-stack seismic inversion with depth and angle variant wavelets [C]. San Antonio Texas : SEG International Exposition and Annual Meeting.

Latief Agus Izudin, Syofyan Syofvas, Grover Anurag, et al., 2018. Seismic Inversion and Tectonostratigraphy Integration in the Reservoir Model : A Case Study of Giant Carbonate Reservoir Characterization and Modeling, Onshore Abu Dhabi [C]. Abu Dhabi, UAE : Abu Dhabi International

Petroleum Exhibition & Conference.

Li Xiang, Aravkin A Y, van Leeuwen T, et al., 2012. Fast randomized full-waveform inversion with compressive sensing [J]. Geophysics, 77 (3): A13-A17.

Liner C, Li Chunfeng, Gersztenkorn A, et al., 2004. SPICE: A New General Seismic Attribute [C]. USA: 2004 SEG Annual Meeting.

Mallick S, Huang X, Lauve J, et al., 2000. Hybrid seismic inversion: A reconnaissance tool for deepwater exploration [J]. The Leading Edge, 19 (11): 1230-1237.

Marfurt K J, Scheet R M, Sharp J A, et al., 1998. Suppression of the acquisition footprint for seismic sequence attribute mapping [J]. Geophysics, 63 (3): 1024-1035.

Moncayo Edward, Hernández Orlando, Luis Montes, 2010. Seismic Inversion of Pre Stack Data by a Genetic Algorithm [C]. Denver, Colorado: 2010 SEG Annual Meeting.

Nanda N C, 2017. Qualitative analysis of seismic amplitudes for characterization of Pliocene hydrocarbon sands, Eastern Offshore India [J]. First Break, 35 (9): 39-45.

Oliveira Marcio Rildo, Ribeiro Nier, Johann Paulo, et al., 2005. Using Seismic Attributes to Estimate Porosity Thickness in "Pinch-Out" Areas [C]. Rio do Janeiro, Brazil: SPE Latin American and Caribbean Petroleum Engineering Conference.

Osayande Francesca, Oguntola Somime, Sonde Adenike, et al., 2020. Seismic AVO Inversion and Net Sand Estimation in Deep Water Turbidite Sands, Kangaroo Field, Offshore Nigeria [C]. Online: SPE Nigeria Annual International Conference and Exhibition.

Pandey Ajeet Kumar, Negi Anil, Bisht B S, et al., 2015. An Integrated Approach to Delineate Reservoir Facies through Multi Attribute Analysis in Complex Lithological Environment. Mumbai, India: SPE Oil & Gas India Conference and Exhibition.

Perico Edimar, Bedle Heather, Andrea Damasceno, 2021. Combining azimuthal volumes, energy-ratio attribute, and machine learning to investigate faults in the Jubarte Field, Campos Basin [C]. Denver, Colorado, USA: SEG/AAPG/SEPM First International Meeting for Applied Geoscience & Energy.

Roberts Emily D, Gao Dengliang, 2013. Along-Strike Structure Segmentation and Cross-Strike Transfer Faults in the Middle Devonian Marcellus Shale, Pennsylvania, Central Appalachian Basin: Implications for Gas Recovery Efficiency and Risk Assessment Using 3D Seismic Attribute Analysis [C]. Houston, Texas: 2013 SEG Annual Meeting.

Roy Prasenjit, Zhu Xinfa, Fei Weihong, 2020. Machine learning assisted seismic inversion [C]. Online: SEG International Exposition and Annual Meeting.

Sanchez Emilio, Pianelli Luis, Saavedra Carlos, et al., 2003. Seismic Reservoir Description of the Barrosa Norte-El Triángulo Field, Argentina, Using Hybrid Seismic Inversion [C]. Dallas, Texas: 2003 SEG Annual Meeting.

Shen Yi, Bao Kui, Vissinga Marianne, et al., 2020. A novel wavelet extraction method from seismic data without well information [C]. Online: SEG International Exposition and Annual Meeting.

Shuey R T, 1985. A simplification of the Zoeppritz equations [J]. Geophysics, 1985, 50 (4): 609-614.

Sidorovskaia Natalia A, Lockard Emmitt S, Rod Stafford, 1999. Some Aspects of Time-to-Depth Conversion for Depth Imaging [C]. Houston, Texas: Offshore Technology Conference.

Sun Jialin, Zheng Jiangfeng, Zhang Shengqiang, et al., 2019. A high precision time-depth conversion method with structure constraints in the complex structure areas: A case study from Bohai Bay, China [C]. San Antonio, Texas, USA: SEG International Exposition and Annual Meeting.

Süss M P, Shaw J H, 2003. P wave seismic velocity structure derived from sonic logs and industry reflection data in the Los Angeles basin, California [J]. Journal of Geophysical Research Solid Earth, 108: 2170.

Tan Huihuang, Zhou Donghong, Peng Gang, et al., 2014. The New Application of Spectral Inversion in Study of Complicated Reservoir in Sand-Rich Extreme Shallow Water Delta [C]. Denver, Colorado, USA: 2014 SEG Annual Meeting.

Taner M, Schuelke J S, Doherty R, et al., 1994. Seismic attributes revisited [C]. USA: SEG Technical Program Expanded Abstracts.

Tarantola A, 2005. Inverse Problem Theory and Methods for Model Parameter Estimation [M]. Philadelphia: Society for Industrial and Applied Mathematics.

Trudeng Tone, Garcia-Teijeiro Xavier, Rodriguez-Herrera Adrian, et al., 2014. Using Stochastic Seismic Inversion as Input for 3D Geomechanical Models [C]. Doha, Qatar: International Petroleum Technology Conference.

Wang Gaocheng, Zhao Chunduan, Liang Xing, et al., 2019. Integrating Qualitative and Quantitative Drilling Risk Prediction Methods for Shale Gas Field in Sichuan Basin [C]. Beijing, China: International Petroleum Technology Conference.

Wang Rongrong, 2015. Time-Varying Wavelet Extraction and Evaluation Method [C]. New Orleans, Louisiana: 2015 SEG Annual Meeting.

Waters Kester, Somoza Ana, Byerley Grant, et al., 2016. Detecting bypassed pay from 3D seismic data using a facies-based Bayesian seismic inversion, Forties Field, UKCS [C]. Dallas, Texas: 2016 SEG International Exposition and Annual Meeting.

Whitcomble D N, Connolly P A, Reagan R L, et al., 2002. Extended elastic impedance for fluid and litho logyprediction [J]. Geophysics, 67 (1): 63-67.

White R E, Barnola A S, 2003. Optimised Detection and Unbiased Inversion of AVO Anomalies [C]. Dallas, Texas: 2003 SEG Annual Meeting.

Xie Anni, Popa Desdemona, Amogh Chitrao, 2020. Complex Lithofacies Discrimination and Porosity Prediction of Carbonate Reservoirs Through Simultaneous Pre-Stack Seismic Inversion and Bayesian Classification: A Field Case Study of Onshore Abu Dhabi [C]. Abu Dhabi, UAE: Abu Dhabi International Petroleum Exhibition & Conference.

Yilmaz Ö, Doherty S M, 2001. Seismic data analysis: Processing, inversion, and interpretation of seismic data [M]. Tulsa, Oklahoma: Society of Exploration Geophysicists.

Yin Yahui, Prasetyo Hendro, Soto Luis Pernia, et al., 2019. Integration of seismic inversion results in the development and production of carbonate fields: Lessons learned, best practices [C]. San Antonio, Texas: SEG International Exposition and Annual Meeting.

Zhang Jie, El-Awawdeh Raed, Shevchek Zyg J, et al., 2010. Seismic Attribute Analysis Role in Reservoir Characterization: A Successful Application to a Giant Offshore Carbonate Field Abu Dhabi, UAE [C]. Abu Dhabi, UAE: Abu Dhabi International Petroleum Exhibition & Conference.

第二章 属性模型研究中的部分重点问题

在《实用油藏地质建模与数值模拟手册》的基础上，本章主要论述了近年来研究实践中取得的一些认识及研究中需要注意的问题，包括岩石类型模型、孔隙度和渗透率模型和非均质性表征等方面内容。

第一节 岩石类型模型研究中需要注意的问题

一、整体研究流程

岩石类型是目前海外油田使用最为广泛的相模型元素，基于岩石类型的相模型研究流程主要包括以下步骤。

首先综合应用区域地质背景、岩心及岩心分析、薄片等地质资料，进行沉积环境、成岩作用分析，综合沉积成岩特征，建立地质分类（Geological Facies，简写为 GF），现在也有学者将其称为 CRT（Candidate Rock Type）。成岩作用一般划分为强、中、弱等级别，不同地区的定量标准建议根据储层特征灵活设置，并不相同。例如，溶蚀作用划分为强溶蚀（大于15%孔隙）、中等溶蚀（5%～15%孔隙）和弱溶蚀（小于5%孔隙），胶结作用划分为强胶结（大于50%孔隙）、中等胶结（20%～50%孔隙）和弱胶结（小于20%孔隙），白云岩化作用分为强白云岩化（大于30%储层）、中等白云岩化（10%～30%储层）和弱白云岩化（小于10%储层；Tonietto et al.，2014）。

然后以毛细管压力数据为基础，开展岩石物理分类研究（Petrophysical Group，简写为 PG）。以压汞法毛细管压力数据为例，对岩石物理分类研究方法进行介绍，主要包括如下步骤：第一步，对压汞样品进行质量控制，去掉含裂缝样品、测试不满足要求的样品和不具代表性的样品（Nabil et al.，2019）；第二步，提取每个样品的岩石物理分类特征参数，采用主成分分析方法，明确主要特征参数；第三步，建立分类标准，根据所选参数，对压汞样品进行聚类分析，建立岩石物理分类。岩石物理分类单纯根据毛细管压力曲线特征和对应物性特征建立，对应每种类型特定的毛细管压力曲线特征、孔渗特征、孔喉分布和颗粒密度特征（Gomes et al.，2008）。在岩石物理分类研究时放上油气界面的位置或油藏顶部的位置，如果油藏内部毛细管压力曲线特征相近，则可以考虑将这几个岩石物理分类合并。在岩石物理分类划分时，要充分考虑储层的孔渗分布，例如在高孔高渗的地层中，不需要对低孔渗段进行过细的划分。对于储层物性较差的储层，例如渗透率小于 5mD 的储层，储层类型划分过多会造成不同岩石类型储层物性差异较小，可能造成模型误差。根据油藏地质特征，建议划分 5～6 个储层岩石物理分类和 1～2 个非储层岩石物理分类，最终的岩石类型总数不应超过8~10个，如果储层渗透率较低，应减少岩石类型划分数目，而非执意增加分类数目和研究复杂性。

在完成储层地质分类和岩石物理分类的基础上，对二者进行相关性分析，并结合沉积、成岩特征，建立最终的岩石类型，每种岩石类型具有一定的沉积、成岩特征，孔隙度、渗透率特征，以及毛细管压力曲线特征和孔喉分布特征。通常，每种岩石类型的孔隙度 σ/μ 数值最好小于 0.25，渗透率 σ/μ 数值最好小于 1（σ 为数据标准差，μ 为数据平均值）。

在岩心样品基础上建立岩石分类后，根据其孔渗特征及对应的岩心薄片特征，将岩心样品定义的岩石类型推广至具有更多样品的常规岩心分析样品中。对比常规岩心分析和压汞法毛细管压力样品的孔渗关系，判断压汞法毛细管压力样品是否可以覆盖储层全部物性范围，特别注意常规岩心分析上有样品分布，但是压汞法毛细管压力样品没有的情况，需要补充毛细管压力测量实验。

随后对岩石分类进行非取心井推广，目前主要包括两种方法：（1）根据自然伽马、中子、密度等测井曲线，通过优化建立能有效识别岩石分类的测井曲线组合，采用有监督的神经网络方法（Techlog 中的 IPSOM，Geolog 中的 MRGC 等）进行岩石分类非取心井推广，一般准确率应大于 70%，需要根据地质认识和岩心孔渗关系进行逐井优化；（2）根据常规岩心分析孔渗关系和测井孔渗关系进行岩石类型推广，二者每种岩石类型的孔渗分布特征一致。统计岩心数据和预测数据的相关性，应符合较好。

最后，综合油藏沉积、成岩、岩石类型的平面分布趋势，以岩石类型的模型元素建立相模型，为油藏开发调整、油藏描述等提供基础（图 2-1）。

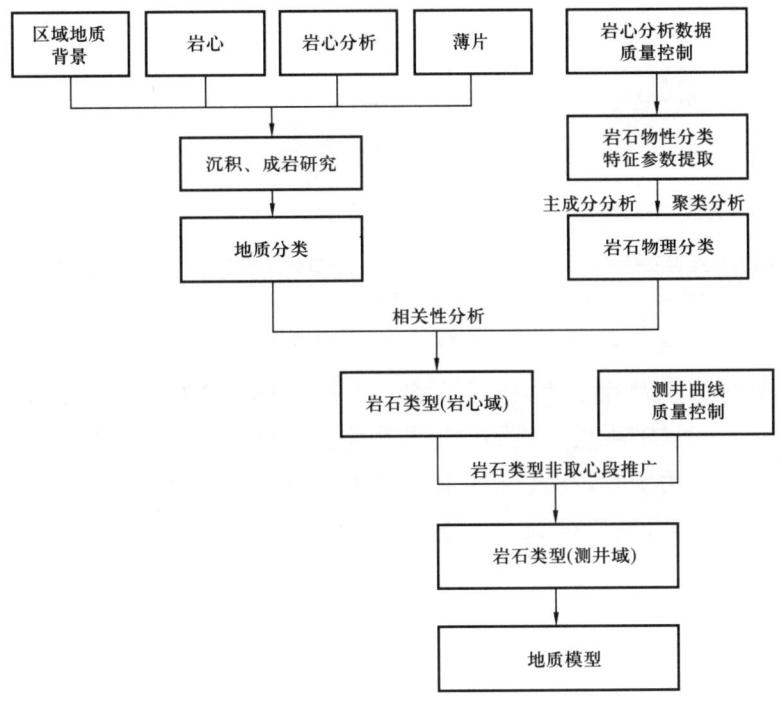

图 2-1　基于储层岩石类型的相建模研究路线图

以中东地区 BB 碳酸盐岩油藏为例，首先结合沉积、成岩特征进行地质相分类，划分为 6 种备选岩石类型（地质相）（图 2-2）。然后进行岩石物理分类（图 2-3），根据毛细管压力特征和储层物性，划分为 6 种岩石物理分类（图 2-4b）。将 MICP 域岩石物理分类推广（图 2-4b）至 RCA 域，获得更多的岩石物理样品数据（图 2-4c）。然后对地质相分类（图 2-4a）和岩石物理分类（图 2-4c）进行相关性分析，确定了二者的对应关系，结果表明二者较为符合（图 2-5），建立了 RCA 域岩石类型。最后进行岩石类型的非取心井推广，得到测井曲线域的岩石类型（图 2-4d），整体上与岩心岩石类型特征一致。

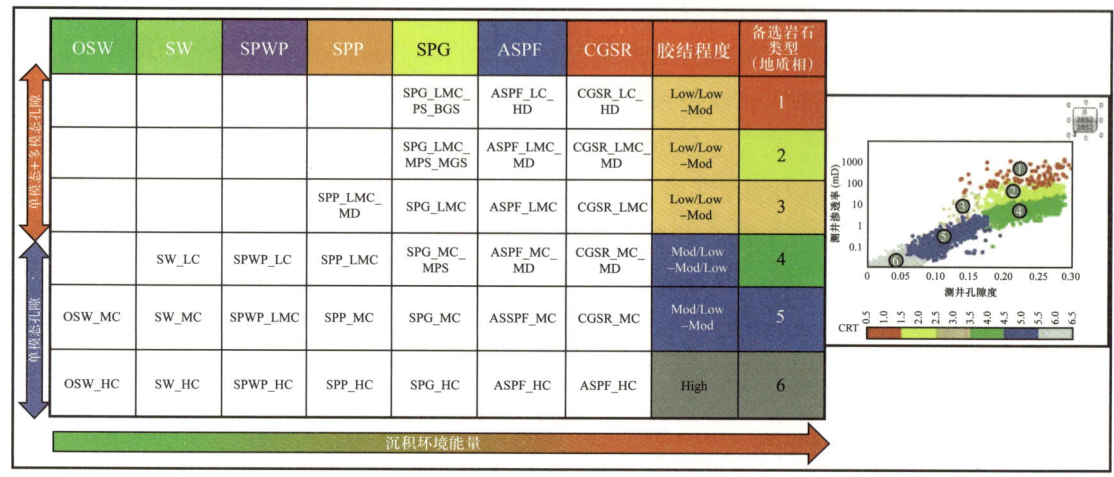

图 2-2　综合岩相特征和成岩作用特征定义地质相类型（据 Singh et al., 2023）
将 7 种岩相类型总结为 6 种备选岩石类型（地质相）

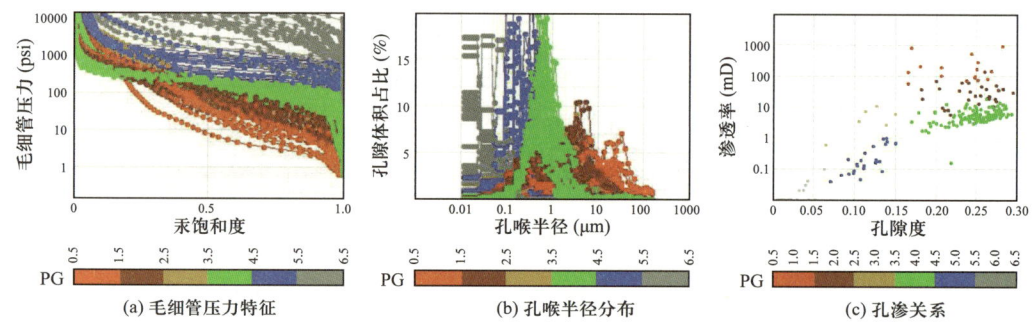

图 2-3　综合毛细管压力曲线调整定义岩石物理分类（据 Singh et al., 2023）

岩石类型划分技术融合了储层的沉积成岩特征、储层物性、毛细管压力特征和孔隙结构特征，实现了储层宏观地质成因认识与微观孔隙结构认识的有机结合。同时每种岩石类型定义所涵盖的毛细管压力、相对渗透率曲线等信息与动态模型各岩石类型输入参数保持一致，真正实现了静态研究和动态研究的有机结合。

二、岩石类型的定义

1. 岩石类型的数目

需要注意的是，在岩石类型的定义中应该根据物性范围决定合适的岩石类型的数目。

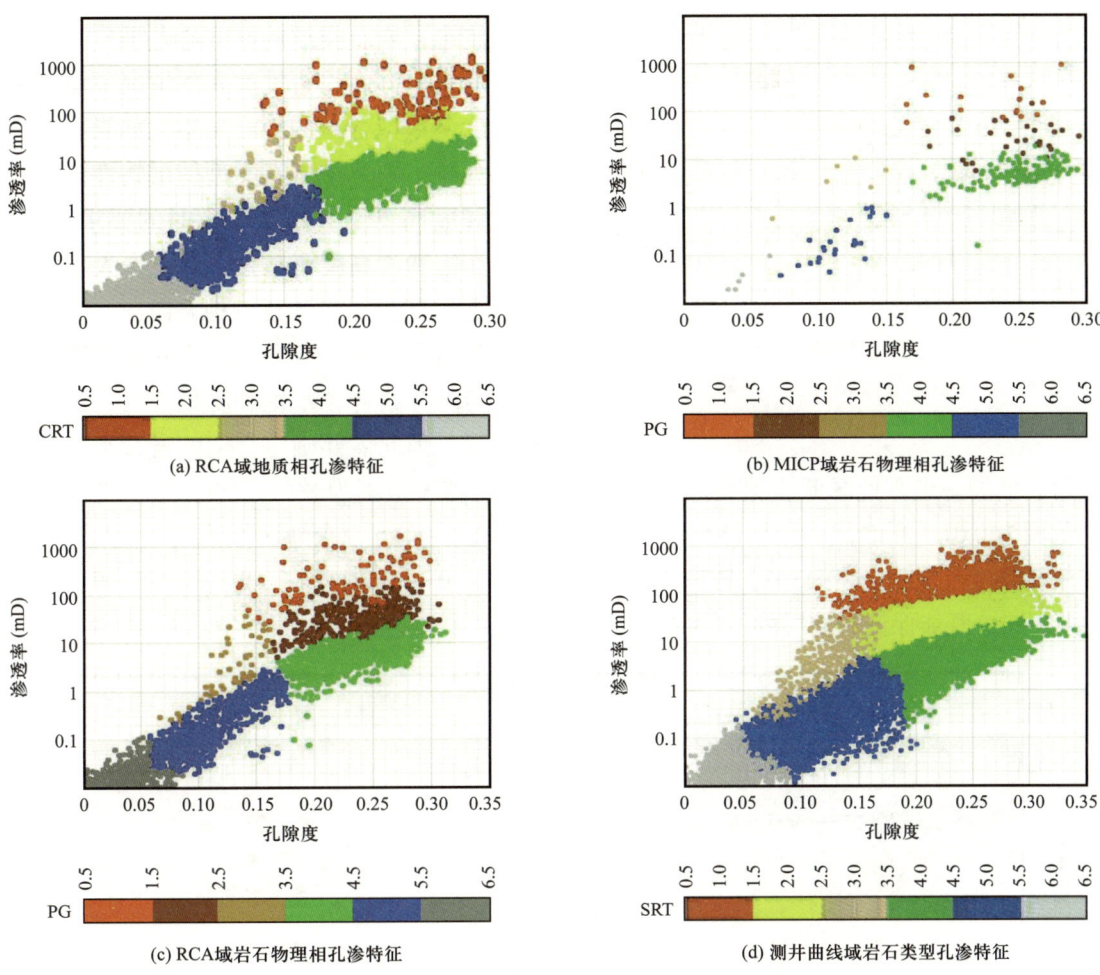

图 2-4 中东地区高渗碳酸盐岩油藏岩石类型划分实例（据 Singh et al., 2023）

图 2-5 地质相分类和岩石物理分类相关性分析（据 Singh et al., 2023）

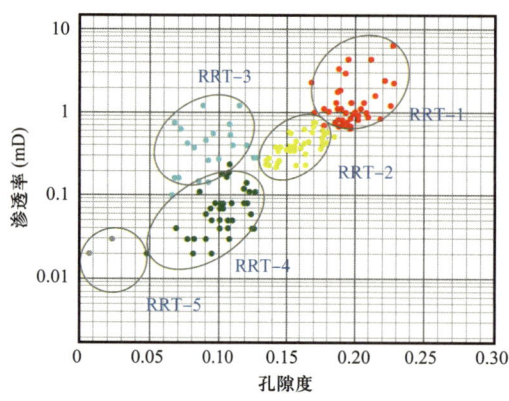

图 2-6 中东地区低渗碳酸盐岩油藏岩石类型划分实例（据 Latief et al., 2019）

如果岩石类型划分太多，则单个岩石类型储层物性范围窄，岩石类型的非取心井推广不确定性大。但另一方面岩石类型多的情况下便于饱和度高度函数拟合时的拟合调整。如果岩石类型划分太少，则单个岩石类型储层物性范围较宽，饱和度高度函数拟合调整时的要求更高。例如，在饱和度高度函数拟合时，在大部分井（70%）拟合较好，进入逐井拟合阶段，需要调整岩石类型和渗透率解释优化饱和度高度函数结果，与测井解释含水饱和度拟合时，其调整余地有限。因此需要确定合适的岩石类型划分数目。例如，中东地区低渗碳酸盐岩 HS-1，覆压孔隙度范围为 8%～25%，覆压克氏渗透率范围为 0.01～3mD，一共划分出 5 种岩石类型（图 2-6）。中东地区低渗碳酸盐岩 HAB，覆压孔隙度范围为 2%～15%，覆压克氏渗透率范围为 0～50mD，一共划分出 3 种岩石类型（图 2-7）。既能保证对储层的较好描述；又可为后面饱和度高度函数优化预留了调整空间。

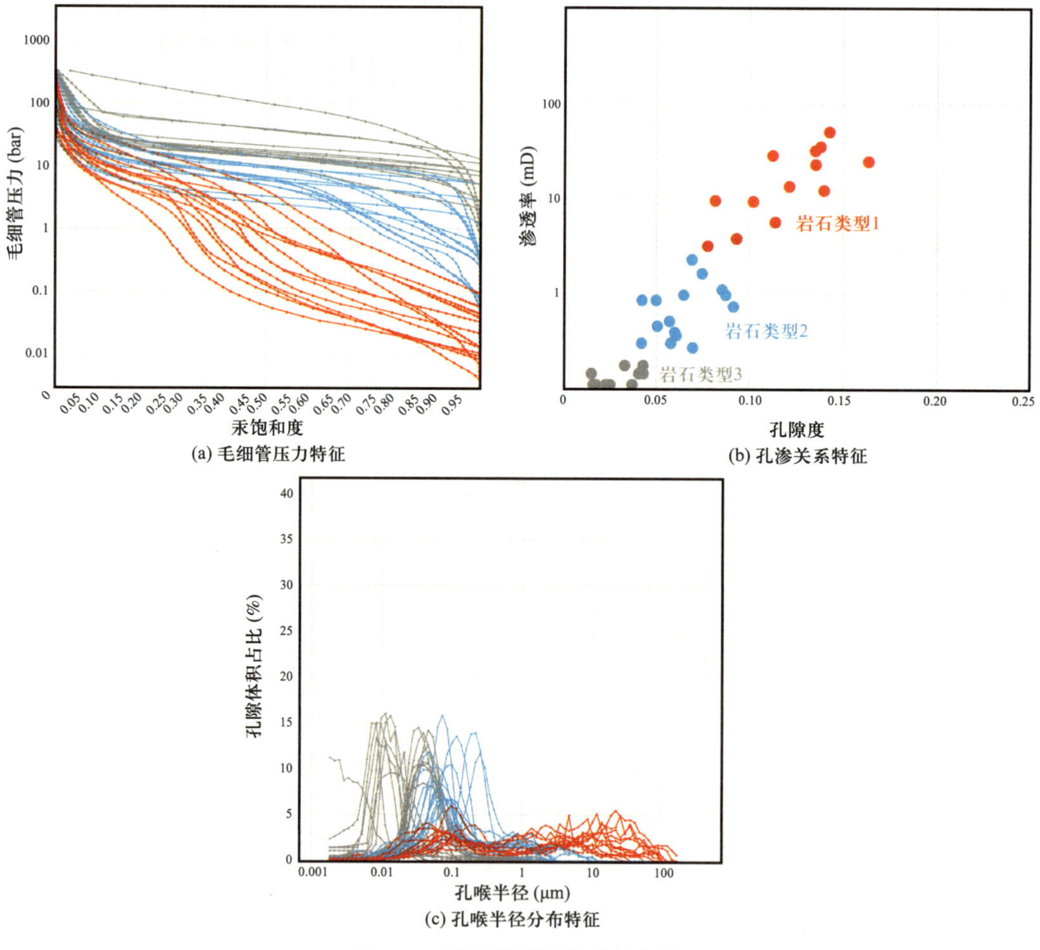

(a) 毛细管压力特征

(b) 孔渗关系特征

(c) 孔喉半径分布特征

图 2-7 岩石类型划分较好实例

中东某巨型高渗礁滩相碳酸盐岩，覆压孔隙度范围为4%～35%，覆压克氏渗透率范围为0.01～2000mD，一共划分出9种岩石类型（图2-8）。部分情况下，在高孔高渗储层中也会降低岩石类型数目，降低研究的不确定性，例如中东地区BB碳酸盐岩油藏，其孔隙度为3%～30%，渗透率为0.01～2000mD，共划分出6种岩石类型（图2-4）。

2.岩石类型的特征差异性

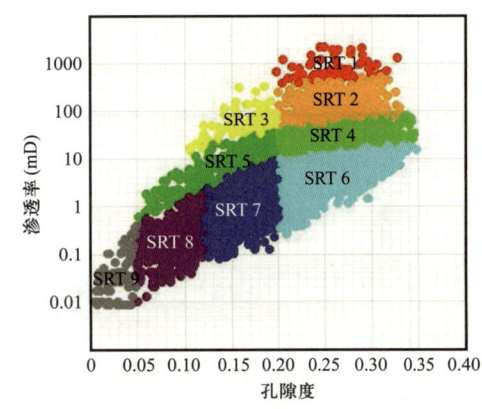

图2-8　中东地区高渗碳酸盐岩油藏岩石类型划分实例（据Khan et al., 2021）

在定义岩石类型时，一定保证每个岩石类型具有一定的毛细管压力特征，不能彼此接近、混淆，否则在构建饱和度高度函数时会存在一定问题。图2-7实例中的岩石类型划分较好，每个岩石类型具有一定的毛细管压力、孔隙度、渗透率和孔喉半径分布特征，彼此存在显著差异。图2-9实例中的岩石类型划分一般，岩石类型2和岩石类型3的毛细管压力特征较为接近，没有体现物性对流体饱和度的影响，虽然在岩石类型定义的质量控制中可能通过审查，但在饱和度高度函数研究中可能存在拟合难度大的问题。

三、岩石类型建模中的几个注意事项

首先，在岩石类型解释结果数据分析时，如果在直井上没出现的相类型在水平井上出现了，则以直井为主的数据分析有误，注意调整垂向概率曲线，符合整体的趋势，必要时配合去丛聚。

然后，在相建模中，当设置三维趋势模型（Trend Model）约束建立相模型时，可能存在相元素随机分布，甚至杂乱分布，不符合地质认识的情况，其一般包括以下几种原因。

（1）建模算法中某种相的"比例"数值设置过高，高于三维趋势模型中该相的比例，概率位置填满后仍然达不到设置的相比例要求，只能在其余位置分布（图2-10）。

（2）建模算法中某种相的"比例"数值设置过低，低于井上实际情况下该相的比例，低于三维趋势模型中该相的比例，三维趋势模型中该相应该出现的位置还没填满就不够了，造成储层连通性低估等现象，而且为了达到三维趋势模型中要求，该相也可能在别的地方上继续展布，造成储层发育位置的错误认识。

（3）变差函数变程设置不合理，一般根据储层的认识进行设置，背景相变差函数变程可以大一些，各向异性不会很大，各向异性的方向应与邻近油藏一致，储层相变差函数变程小一些。各向异性比1～2说明具有较弱的方向性，超过2则方向性明显。

最后，当设置三维趋势模型（或者存在其他类型的约束时）约束建立相模型时，模型、测井曲线和粗化网格的相比例及孔隙度、渗透率分布特征（直方图）可能不一致，统计研究目标区或自由水面之上的对应情况即可。

(a) 毛细管压力分布特征

(b) 孔隙度分布特征

(c) 孔喉半径分布特征

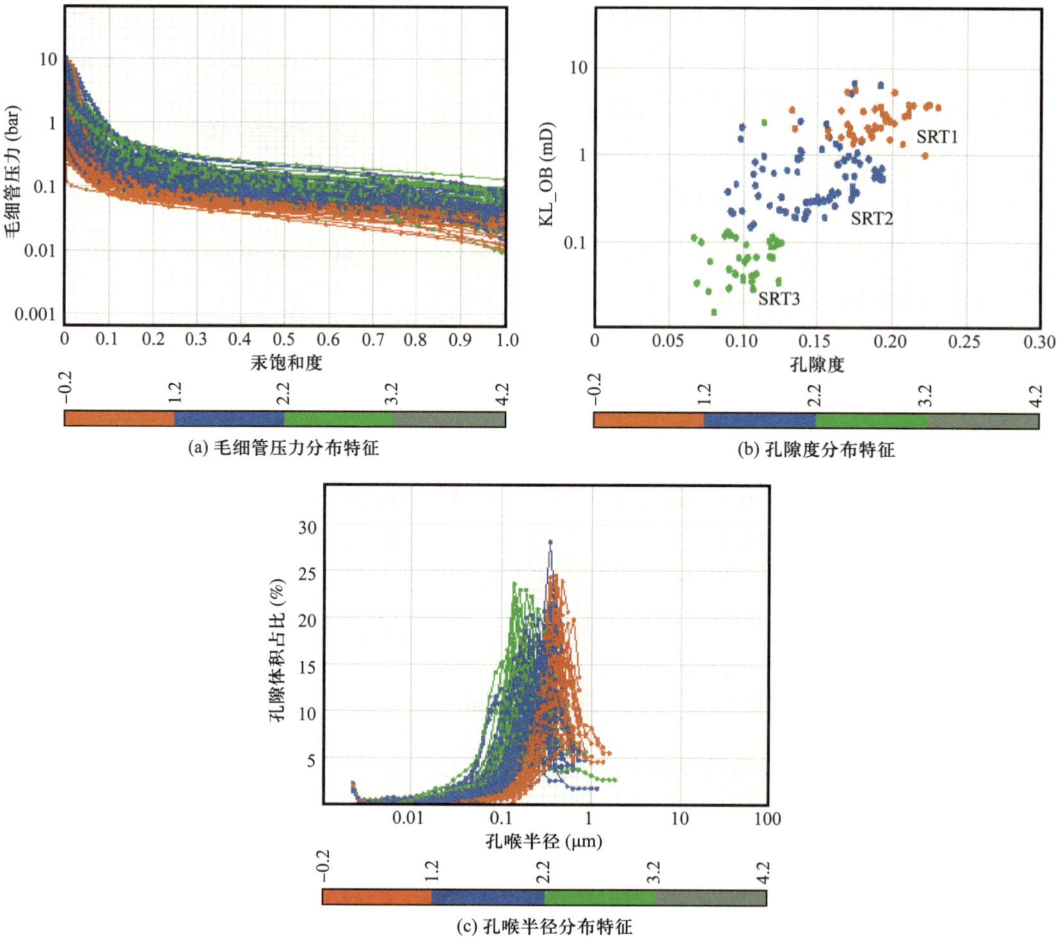

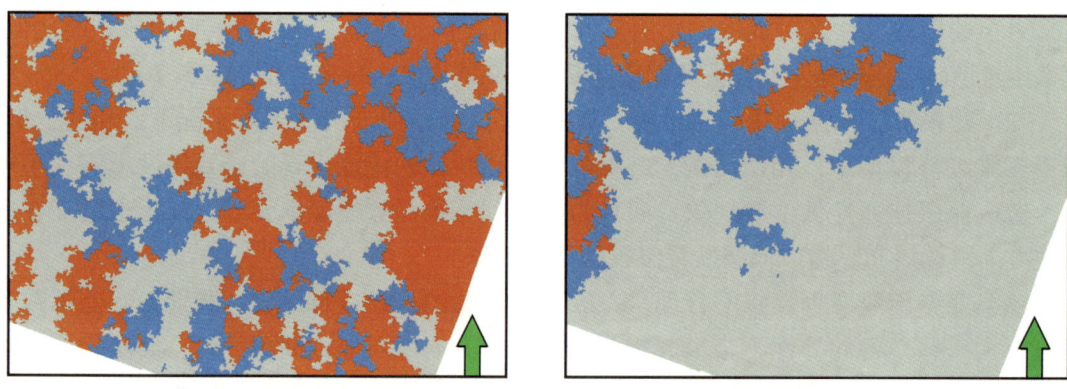

图 2-9　中东地区碳酸盐岩油藏岩石类型划分一般实例

(a) 相比例设置不当导致模型元素混杂分布

(b) 优化相比例设置后模型元素分布符合地质认识

图 2-10　优化相比例设置使岩石类型模型符合地质认识

第二节　孔隙度、渗透率模型研究中需要注意的问题

本节主要介绍孔隙度、渗透率解释及粗化至模型后的数据分析等内容，其余建模流程在《实用油藏地质建模与数值模拟手册》一书中已经详细介绍，这里不再赘述。

一、孔隙度和渗透率解释

1. 数据准备

数据准备主要包括测井曲线的预处理和岩心数据的校正等内容。

1）测井曲线预处理

测井处理解释前的各种测井资料校正都称为测井资料"预处理"（Pre-processing），包括深度校正、曲线标准化、含烃校正等内容。一般建议先标准化再进行含烃校正，但标准化和含烃校正的顺序可以改变，根据曲线的情况具体分析。

（1）曲线深度偏移。

当不同曲线具有深度偏移现象时，需要以本井无推靠测井系列的自然伽马测井曲线深度为基准对其他测井曲线进行深度校正。

（2）曲线标准化。

测井曲线标准化，常用两种方法：一点法，以标准井直方图为依据对其他井的曲线直方图进行平移，使之与标准井直方图匹配；两点法，在标准井直方图上选定两个百分位点处数值，如5％、95％处数值，通过拉伸或压缩和平移使其他井的曲线直方图在两个选定点处匹配。需要对标准化结果进行分析，从而确定最终使用的方法。例如对于石灰岩油藏，主要是中子、密度测井资料点要落在中子—密度交会图的石灰岩线上，中子、密度测井曲线特征应符合井剖面特征。例如中东地区碳酸盐岩A，一点法标准化的效果好于两点法。

通常，标准化需要选取稳定泥岩或致密层作为标准层，选取标准井进行研究。绘制直方图时一般选取直井或定向井绘制即可（图2-11）。

对测井曲线标准化时需注意沉积微相、储层展布等地质信息，避免去除原本储层性质变化信息。特别地，对于中子、密度测井曲线而言，在研究中仅对存在异常的曲线进行标准化，而不需要对全区的所有井曲线进行标准化（图2-11）。

（3）中子、密度测井曲线含烃校正。

含烃校正主要针对储层中由于存在烃类，特别是天然气时，出现的中子、密度的数值偏差进行校正（气体挖掘效应等），以便进行常规测井解释，如孔隙度解释和基于神经网络的测井解释，如岩石类型的推广、渗透率预测等。在校正时，首先划分含烃层段，然后分层（气层、油层）选取不同参数进行校正。烃类密度由PVT试验和状态方程确定。

含烃校正是一个迭代过程，大致流程如下：（1）计算地层水电阻率R_w和钻井液滤液电阻率R_{mf}；（2）计算孔隙度（ϕ）；（3）计算冲洗带含水饱和度（S_{xo}）和原状地层水饱和度（S_w）；（4）校正密度和中子测井读数；（5）用新的密度和中子数值重新计算孔

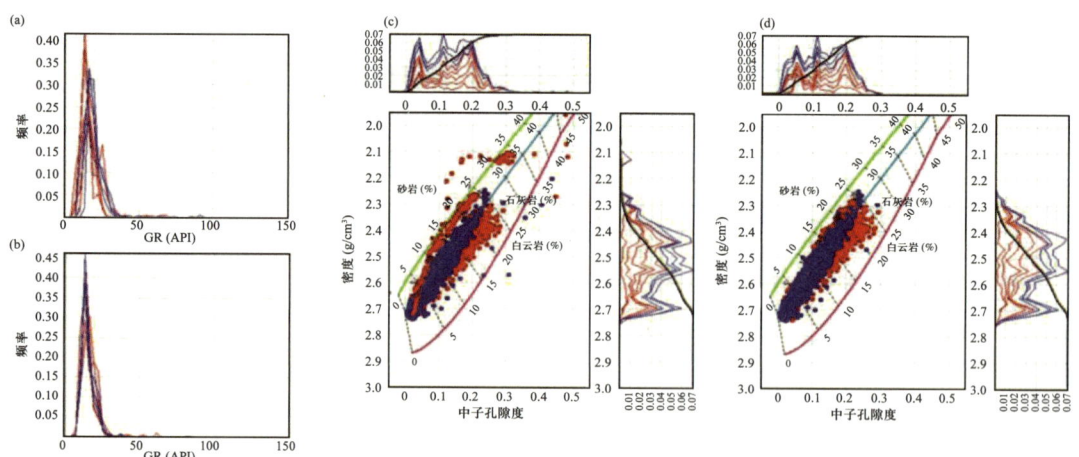

图 2-11 中东地区某石灰岩油田测井曲线标准化前后对比（据 Singh et al., 2023）
（a）标准化前目的层 GR 曲线分布；（b）标准化后目的层 GR 曲线分布；（c）标准化前目的层中子—密度交会图；
（d）标准化后目的层中子—密度交会图

隙度；（6）重新进行上面的流程，当前孔隙度和重新计算的孔隙度之间的差值小于 0.001 时，该过程停止。

目前，常用的商业软件均可以进行含烃校正，大致流程为：（1）计算地层温度；（2）计算地层压力；（3）采用总孔隙度和含水饱和度计算方法或者有效孔隙度和含水饱和度计算方法进行迭代计算和含烃校正。

含烃校正的质量控制一般绘制校正前后的中子—密度交会图，观察数据点与石灰岩线的关系，及其变化特征（图 2-12、图 2-13）。

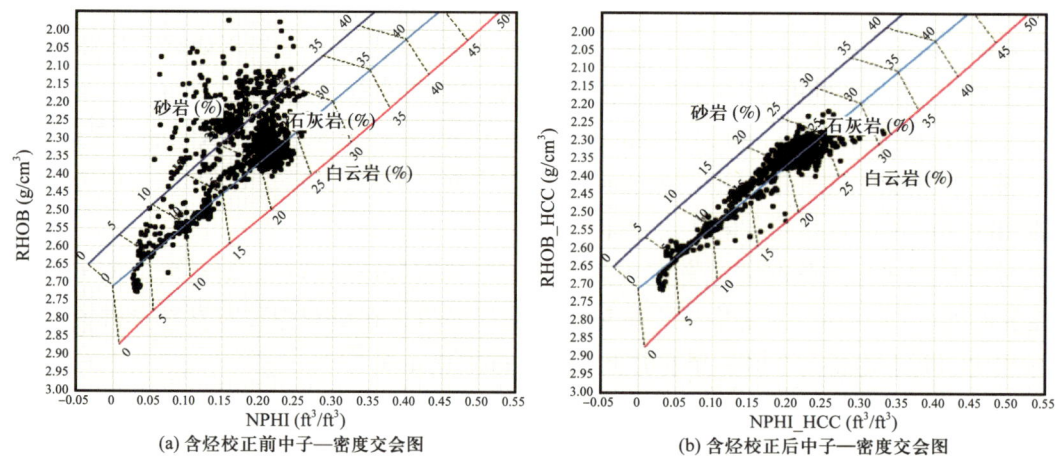

（a）含烃校正前中子—密度交会图　　　　　（b）含烃校正后中子—密度交会图

图 2-12　中东地区某石灰岩油田 A 井含气层含烃校正前后对比

2）岩心数据的覆压或克氏校正

岩心数据校正主要包括常温常压气测孔隙度的覆压校正以及常温常压气测渗透率的覆压、克氏校正。国内一般以公式回归为主，带有截距，斜率可能大于 1（表 2-1）。中东地区一般直接将覆压结果和常温常压气测结果相除，求取斜率，斜率一般小于 1，截距为零（图 2-14）。

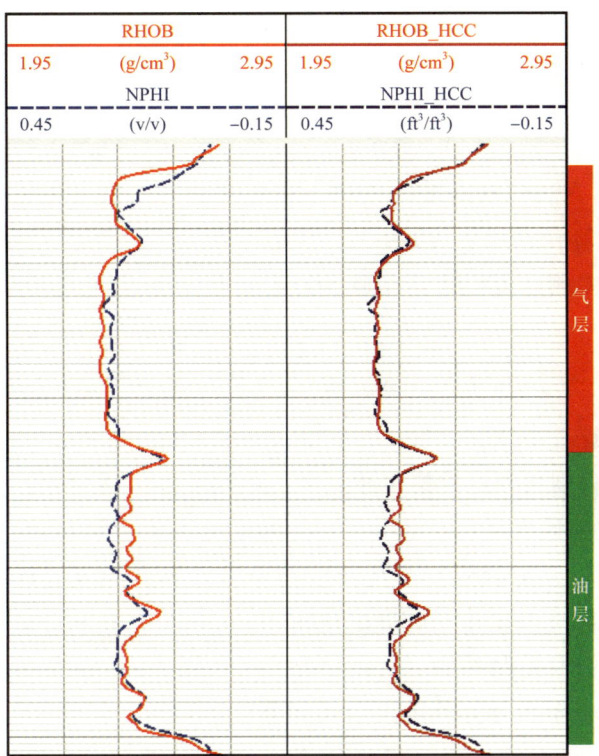

图 2-13 中东地区某油田 A 井含气层含烃校正前后对比（左道为校正前，右道为校正后）

表 2-1 中东地区某油田 A 油藏常规岩心分析不同方法校正公式对比

校正项目	中东地区公式	国内常见公式
孔隙度覆压校正	Por_OB=0.9775Por_air	Por_OB=0.954Por_air−0.045
渗透率克氏校正	Kl_AMB=0.8967K_air	lg（Kl_AMB）=1.055lg（K_air）−0.125
渗透率覆压克氏校正	Kl_OB=0.8754Kl_AMB	lg（Kl_OB）=1.045lg（Kl_AMB）−0.145

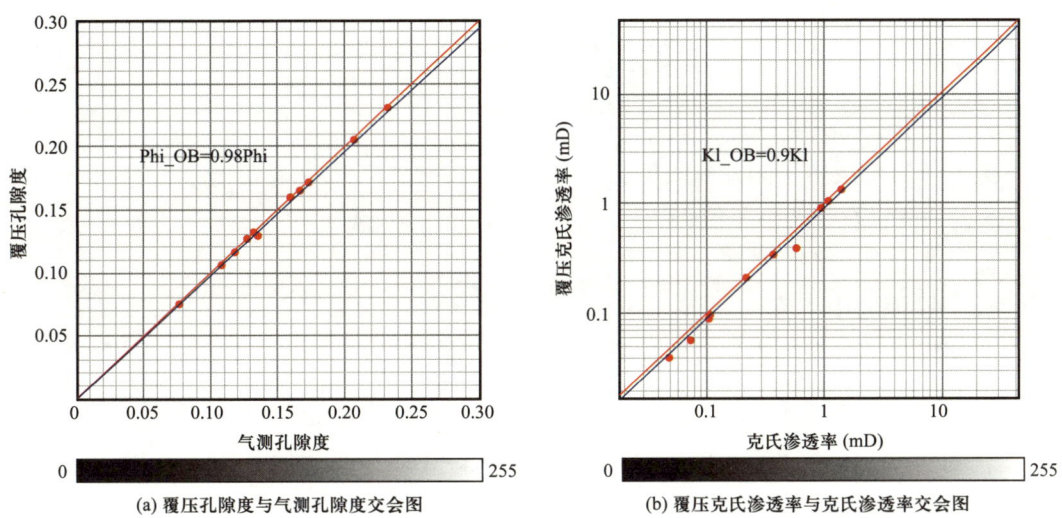

(a) 覆压孔隙度与气测孔隙度交会图　　　　(b) 覆压克氏渗透率与克氏渗透率交会图

图 2-14 中东地区某油田孔隙度和渗透率覆压校正交会图（据 Singh et al., 2023）

- 83 -

岩心数据的完整质量控制内容及克氏校正内容详见《实用油藏地质建模与数值模拟手册》一书，这里不再赘述。

2. 孔隙度解释

孔隙度解释常用方法包括声波时差法、密度法、中子法、中子—密度法等，以下简要介绍。单矿物法计算孔隙度公式如下。

（1）利用声波时差测井资料计算孔隙度公式如下

$$\phi_e = \left(\frac{\Delta t - \Delta t_{ma}}{\Delta t_f - \Delta t_{ma}}\right) \cdot \frac{1}{C_P} - V_{sh} \cdot \left(\frac{\Delta t_{sh} - \Delta t_{ma}}{\Delta t_f - \Delta t_{ma}}\right) \tag{2-1}$$

式中　ϕ_e——声波计算孔隙度；

Δt_{ma}，Δt_f——分别为岩石骨架声波时差、地层流体声波时差；

V_{sh}——目的层泥质含量；

C_P——压缩因子，可利用岩心孔隙度与声波计算孔隙度统计求出，也可利用声波计算孔隙度与密度孔隙度之比求出；

Δt——地层声波时差测井值。

（2）利用密度测井资料计算孔隙度公式如下

$$\phi_e = \frac{\rho_b - \rho_{ma}}{\rho_f - \rho_{ma}} - V_{sh} \cdot \left(\frac{\rho_{sh} - \rho_{ma}}{\rho_f - \rho_{ma}}\right) \tag{2-2}$$

式中　ϕ_e——密度孔隙度；

ρ_{ma}，ρ_f——分别为岩石骨架密度值、地层流体密度值，g/cm³；

ρ_b——目的层密度测井值，g/cm³；

ρ_{sh}——泥岩密度值，g/cm³；

V_{sh}——目的层泥质含量。

（3）利用中子测井资料计算孔隙度公式如下

$$\phi_e = \frac{\varphi_N - \varphi_{Nma}}{\varphi_{Nf} - \varphi_{Nma}} - V_{sh} \cdot \left(\frac{\varphi_{Nsh} - \varphi_{Nma}}{\varphi_{Nf} - \varphi_{Nma}}\right) \tag{2-3}$$

式中　ϕ_e——中子孔隙度；

φ_N——目的层中子测井曲线值；

φ_{Nma}——岩石骨架中子值；

V_{sh}——目的层泥质含量；

φ_{Nf}——泥岩中子值。

（4）利用中子—密度测井资料计算孔隙度公式如下

$$\begin{cases} \rho_b = \rho_{ma} + (\rho_{sh} - \rho_{ma})V_{sh} + (\rho_f - \rho_{ma})\phi_e \\ \varphi_N = \varphi_{Nma} + (\varphi_{Nsh} - \varphi_{Nma})V_{sh} + (\varphi_{Nf} - \varphi_{Nma})\phi_e \end{cases} \tag{2-4}$$

双矿物法计算孔隙度公式如下，首先是泥质校正

$$\begin{cases} \rho_{bc} = (\rho_b - V_{sh} \cdot \rho_{sh})/(1-V_{sh}) \\ \Delta t_c = (\Delta t - V_{sh} \cdot \Delta t_{sh})/(1-V_{sh}) \\ \varphi_{Nc} = (\varphi_N - V_{sh} \cdot \varphi_{Nsh})/(1-V_{sh}) \end{cases} \quad (2-5)$$

利用中子—密度计算孔隙度公式如下

$$\begin{cases} 1 = \varphi_t + V_{ma1} + V_{ma2} \\ \rho_b = \varphi_t \rho_f + V_{ma1} \rho_{ma1} + V_{ma2} \rho_{ma2} \\ \varphi_N = \varphi_t \varphi_{Nf} + V_{ma1} \varphi_{ma1} + V_{ma2} \varphi_{ma2} \end{cases} \quad (2-6)$$

多矿物储层孔隙度计算需要结合 XRD 分析结果进行研究，一般成熟商业软件均有该模块。

在高矿化度地层水中，中子测井结果往往偏大，而密度测井结果影响较小，导致出现中子、密度曲线不重合现象（Separation），并非真正存在白云岩。该情况属于现场测井时，仪器井场刻度问题，在中东地区较为常见（一般地层水矿化度较大，一般大于 20×10^4 mg/L；图 2-13 中油层）。

除上述简单方法外，也可用成熟的商业软件计算地层孔隙度。

3. 渗透率解释

碎屑岩储层和部分碳酸盐岩储层孔渗关系相对好，一般使用孔隙度曲线进行回归计算，也可以分相类型、分层、分区建立解释模型，进一步提高解释精度。但回归法主要可能存在以下三个方面的问题，在使用时需要注意：（1）用孔渗关系"一条线"拟合孔渗关系"一个区域"，丢失了岩心数据显示的相对复杂的孔渗关系；（2）不同岩石类型之间的孔隙度、渗透率关系上，由岩心数据显示的数值渐变（图 2-15）改为回归法结果中不同岩石类型之间的突变（图 2-16），丢失了中间区域的非均质性信息；（3）在基于饱和度高度函数的饱和度模型研究中，由于回归法求取渗透率丢失了不同岩石类型之间的非均质性信息，同时也造成了不同岩石类型之间流体饱和度信息的丢失。

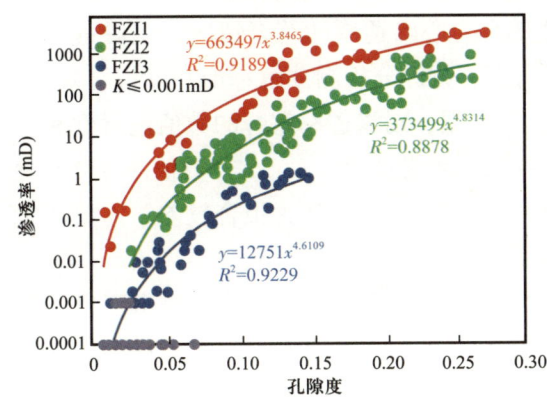

图 2-15 基于 FZI 方法划分岩石类型及孔隙度—渗透率回归结果（据段太忠等，2019）

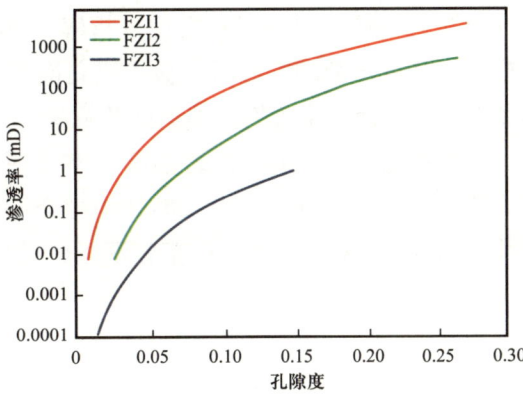

图 2-16 基于 FZI 分类渗透率回归预测结果的模型孔渗交会图（据段太忠等，2019）

大部分碳酸盐岩储层孔渗关系复杂，渗透率解释一般以岩心测试渗透率为基准，使用神经网络方法，主要方法在《实用油藏地质建模与数值模拟手册》一书中已有介绍，这里不再赘述。主要的学习曲线包括自然伽马、密度、中子孔隙度、中子密度差、PEF、声波时差和深度等，也可以 S_w 和 HAFWL 同时作为学习参数（不可以单独使用），电阻率一般不作为输入参数。需要注意对基础数据进行充分的质量控制，以保证学习样本中每种岩石类型的渗透率样品学习数据有代表性，并且不存在异常点，从而造成对神经网络学习过程的干扰。以下仅介绍两种相对经典的碳酸盐岩储层渗透率计算方法。

Timur（1968）根据孔隙度和束缚水饱和度计算渗透率，可用式（2-7）表达

$$K = 8581.02 \frac{\phi^{4.4}}{S_{wc}^2} \quad (2-7)$$

式中 K——绝对渗透率，mD；
　　ϕ——孔隙度；
　　S_{wc}——束缚水饱和度。

Morris—Biggs 渗透率公式对油藏和气藏分别给出计算方法，对于油藏可用式（2-8）计算

$$K = 62500 \left(\frac{\phi^3}{S_{wc}} \right)^2 \quad (2-8)$$

对于气藏可用式（2-9）计算

$$K = 2500 \left(\frac{\phi^3}{S_{wc}} \right)^2 \quad (2-9)$$

式中 K——绝对渗透率，mD；
　　ϕ——孔隙度；
　　S_{wc}——束缚水饱和度。

渗透率解释的质量控制方面，除了《实用油藏地质建模与数值模拟手册》一书中介绍的方法外，还可以分岩石类型分析解释渗透率和岩心渗透率的符合情况；当渗透率作为饱和度高度函数的参数时，初步建立饱和度高度函数，分析测井解释饱和度拟合效果，判断渗透率解释的合理性；根据试井解释、PLT 等数据，对渗透率解释的数值进行判断。

以中东地区 HS 碳酸盐岩油藏为例（图 2-17），通常认为，K_{Test}/K_{log} 数值小于 1.5 时认为符合较好；数值为 1.5~2 时认为拟合一般；数值为 2~4 时认为拟合较差，需要核实测井解释或试井解释结果；一般情况下，数值不可能大于 4。

一般情况下，受碳酸盐岩储层复杂孔隙结构的影响，不同尺度下的渗透率测量结果可能存在差异，例如岩心柱塞测试渗透率＜全直径岩心测试渗透率＜试井解释渗透率＜历史拟合渗透率。碳酸盐岩油藏静动态渗透率差异的原因在《实用油藏地质建模与数值模拟手册》一书中已详细介绍，这里不再赘述。

完成测井解释后，即可粗化至模型网格，孔隙度和渗透率的粗化效果都需要考虑。

一般常见的有曲线作为线数据（邻近网格）和曲线作为点数据（所有穿过网格）两种方法，当网格厚度和高渗层厚度差不多时，可以考虑使用后者。

二、数据分析

孔隙度和渗透率曲线的数据分析主要包括数据变换和变差函数研究等。

1. 数据变换

大多数地质统计学算法要求数据分布具有平稳性，另外，标准正态分布也是很多模拟算法的前提条件。因此在进行模拟运算之前，需要对原始数据进行数据变换

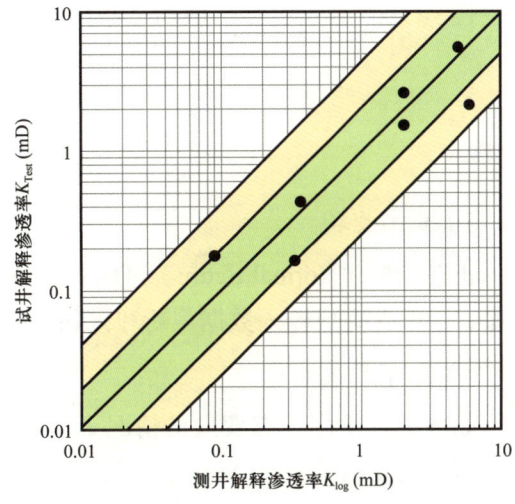

图 2-17　中东地区 HS 碳酸盐岩油藏测井解释渗透率与试井解释渗透率交会图

（Transformation）。常用的数据变换类型包括数据截断、空间趋势、对数变换、正态变换和分布尺度变换等。

1）数据截断

数据截断（Truncation）一般包括输入数据截断（Input Truncation）和输出数据截断（Output Truncation）。输入数据截断可以将明显不在合理范围内的属性数值截断，确保模型输入数据的可靠性。输出数据截断一般是数据变换的最后一步，确保算法输出的属性模型在合理数值范围之内。如果采用相控建模，还需要根据各个相类型的统计结果进行截断。

2）空间趋势

如果储层属性存在空间趋势（Trend），则需要对其进行明确。储层空间趋势一般包括方向性趋势（Directional Trend）、二维（2D Trend）和三维趋势（3D Trend）。方向性趋势是指属性在 X、Y、Z 方向上具有的变化趋势。例如，垂向上随深度增加孔隙度减小，或者平面上渗透率向某个方向有增大的趋势等。一般要求一定的相关系数，才能形成有效的控制。二维趋势通常需要给定一个二维面，如孔隙度属性确定二维趋势时，使用平均孔隙度分布图研究二维分布趋势。三维趋势可以通过三维属性体确定空间的分布趋势。一般可以选择另一种属性，如地震属性或地震反演数据体等，确定属性的三维趋势。数据分析时，一般只有当相关系数大于 0.3 时才使用。

3）对数变换

在数据分析时，需要对渗透率或其他符合对数正态分布的属性进行对数变换（Logarithmic Transformation）以满足随机算法的要求。

4）Cox—Box 变换

Cox—Box 变换是 Box 和 Cox 在 1964 年提出的一种广义幂变换方法，是统计建模中常用的一种数据变换，主要用于处理具有偏态的数据。可以手动或自动估计 λ 参数，进

行变换。Cox—Box 变换一般与分布尺度变换配合使用。Cox—Box 变换的算法如下

$$x(\lambda) = \frac{x^\lambda - 1}{\lambda}, \quad \lambda \neq 0 \tag{2-10}$$

$$x(\lambda) = \ln(x), \quad \lambda = 0 \tag{2-11}$$

5）正态变换

正态变换（Normal Score）可以将任意分布的数据转换为标准正态分布数据。数据分析中，一般在完成输入数据截断和去除空间趋势后进行正态变换。

6）分布尺度变换

如果没有使用正态变换的情况下，在进行数据的对数变换或其他变换后，还需要进行分布尺度变换（Scale Shift），即将原分布转换为平均数为 0、标准差为 1 的分布。分布尺度变换只对数据的平均值和标准差进行变换，不会改变数据分布的原始形态。

7）偏度减小变换

偏度减小变换的主要目的是转换数据的分布模式，使其逐步减偏，最终符合算法要求标准正态分布统计模型。常用的变换方式是先用其他预变换将数据变换为适正态分布，最后使用标准正态变换达到最终目的（段太忠等，2019）。

8）去丛聚（Declustering）

对于非均质性较强的油藏，井位可能仅仅部署于储层较为发育的部位，从而出现数据丛聚现象，可能导致仅根据井数据进行的数据分析偏向乐观，不具有代表性。这种情况下，无论相建模还是属性建模均需要进行去丛聚处理，然后再进行变差函数等数据分析。去丛聚指对于空间分布不均的数据体，通过结构分析，将密集分布的数据通过赋以不同的权值降低其对未知数据点估计所产生的影响而进行的数据处理方法。丛聚数据进行去丛聚研究以后，不会因为这些数据聚在一起而过分地增大了某些相类型或数值的权重（吴胜和，2010）。目前商业软件中主要的去丛聚方法包括网格去丛聚方法（Cell Declustering）和核密度去丛聚法（Kernel Declustering），需要结合具体的储层特征进行优选。一般情况下数据集中于某一层，用网格去丛聚方法。如果数据不集中于某一层，用核密度去丛聚法。

在静态模型研究中，这些变换都不是孤立使用的。例如，中东地区某油田孔隙度建模的数据变换包括输入数据截断（Input Truncation）、输出数据截断（Output Truncation）、空间趋势的确定（方向性趋势、二维和三维趋势）、正态变换（Normal Score）和去丛聚（Kernel Declustering）等。当数据存在明显偏态时，再使用对数变换、Cox—Box 变换等。

2. 变差函数

孔隙度、渗透率等属性数据的变差函数分析中，可以首先制作变差函数图，观察数据的总体分布特征，判断与地质背景的关系，然后在此基础上进行变差函数分析。

首先进行储层发育特征分析，确定储层或沉积体（河道、冲积扇等）方位信息，其次用多边形的形式进行表征，绘制储层分布方位分布图，最后在属性建模中即可用于指导属性的分布方向特征。相比单一的变差函数，更能体现储层的地质概念。

渗透率模型的变差函数一般可以与孔隙度模型一致，或者单独进行分析。

当储层非均质性较强，存在不同级别的非均质性时，特别是垂向或平面变差函数存在孔洞效应时，可以使用多重变差函数（Nested Variogram）进行描述。例如中东地区 ZKT 碳酸盐岩油藏，利用多重变差函数描述储层岩石类型分布的平面非均质性。研究中分别用 400~500m 变程描述局部平面非均质性，用 2000~3000m 变程描述全局平面非均质性，变差函数拟合效果较好，模型实现与地质概念基本一致（图 2-18）。

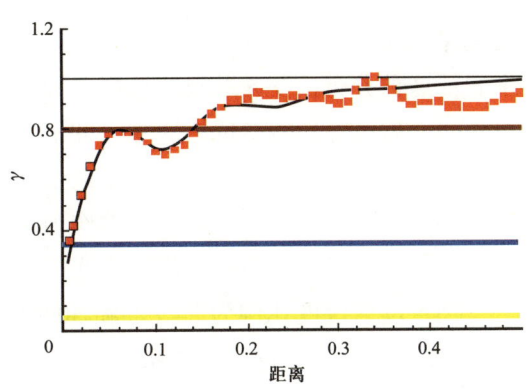

图 2-18 利用多重变差函数描述储层垂向非均质性（据 Gringarten et al., 1999）

三、孔隙度、渗透率模型质量控制指标补充

孔隙度模型相关的质量控制方面，岩心孔隙度测试结果与孔隙度测井解释曲线以及孔隙度测井解释曲线与粗化结果差异平均值应小于 2%，标准差小于 3%，但最好差异平均值小于 1%，标准差小于 2%；三维模型的孔隙体积基础方案数值和 P50 数值之间差异的平均值和中位值应小于 2%，最好小于 1%。

渗透率相关的质量控制方面，岩心渗透率测试结果（或者试井解释渗透率结果）与渗透率测井解释曲线交会图斜率最好在 2/3~4/3 之间，数值差异的标准差最好在 1 个数量级之内。渗透率解释结果与渗透率粗化结果之间的差异平均值应小于 0.1，差异的标准差在一个数量级以内。

渗透率建模常用孔隙度数据进行约束，一般包括两种方法，即云变换方法和协克里金方法。云变换方法在《实用油藏地质建模与数值模拟手册》一书中已详细介绍，这里不再赘述。对于协克里金方法，当孔隙度相同、渗透率变化较大时，即孔渗关系较为复杂时可能结果一般。

关于岩石类型、孔隙度和渗透率模型的质量控制，详见《实用油藏地质建模与数值模拟手册》一书。

第三节 非均质性的表征研究中需要注意的问题

采用 Dykstra 和 Parsons 渗透率变异系数、Lorenz 系数等方法，以测井解释或岩心分析为基础，研究垂向上的非均质性，或者以地质模型为基础，研究属性模型非均质性及粗化前后储层非均质性的变化等。

一、Dykstra 和 Parsons 渗透率变异系数

Dykstra 和 Parsons（1950）引入了渗透率变异系数（V）的概念，它是对一组数据不均匀性的统计度量，一般用于描述渗透率属性，但也可以推广到处理其他岩石性质。一般认为渗透率数据是对数正态分布的。也就是说，漫长的地质过程似乎使渗透率分布在几何平均值附近。Dykstra 和 Parsons 认识到了这一特征，并引入渗透率变异系数的概念来表征这种分布。变异系数的计算步骤如下。

（1）岩心样品按渗透率递减，即下降顺序排列。

（2）对每个样品，统计渗透率大于该样品渗透率的厚度百分比。

（3）绘制对数概率图，渗透率作为对数轴，厚度百分比作为概率轴。

（4）画出穿过这些点的最佳直线。

（5）读取厚度比例为 84.1% 和 50% 时对应的渗透率值，这两个值被记为 $K_{84.1}$ 和 K_{50}。Dykstra—Parsons 渗透率变异系数定义如下

$$V = \frac{K_{50} - K_{84.1}}{K_{50}} \tag{2-12}$$

Dykstra–Parsons 渗透率变异系数越接近 0，储层非均质性越弱（图 2-19）。

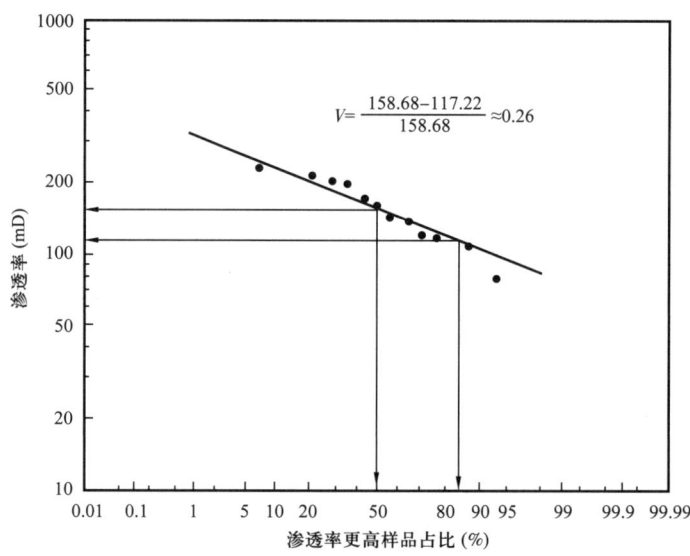

图 2-19　Dykstra—Parsons 渗透率变异系数计算示意图（据 Djebbar et al.，2016）

二、Lorenz 系数

Schmalz 和 Rahme（1950）引入了一个描述储层非均质程度的参数，称为 Lorenz 系数（Lorenz Curve，简写为 Lc），也称基尼系数（Gini Coefficient），其值介于 0～1，完全均质系统数值为 0，完全非均质系统数值为 1。具体计算步骤如下：

（1）将所有可用的渗透率值按降序排列；

（2）计算累计地层系数 $\sum Kh$ 和对应的累计体积系数 $\sum \phi h$；

(3) 将两个累计系数进行归一化，使其取值范围为 0~1；

(4) 绘制归一化累计地层系数与归一化累计体积系数的直角坐标图。

累计地层系数 $\sum Kh$ 与储层的渗流能力有关，一般用字母 F 表示，累计体积系数 $\sum \phi h$ 与储层的储存能力有关，一般用字母 C 表示，绘制二者关系图，确定流动特征。

图 2-20 显示了储层流动能力分布的示意图。完全均质系统（Perfect Equality）的渗透率各处都相等，因此归一化后的累计地层系数和对应的累计体积系数关系曲线呈一条完美直线，Lorenz 系数为 0。Lorenz 系数越接近 0，储层非均质性越弱。Lorenz 系数数值越大，曲线向左上角的凸出越明显，渗透率数值差异越大，非均质性更强。

图 2-20 不同 Lorenz 系数对应的渗流曲线特征

在实际应用中，还可以对其他参数进行类似研究，例如直接按上述方法研究渗透率与孔隙度的关系，或者单一参数与储层厚度的关系。但一般情况下 Y 轴为描述储层渗流能力（Cumulative Flow Capacity）的参数，例如渗透率等，X 轴为描述储层储存能力的参数（Cumulative Storage Capacity），例如孔隙度、储层厚度等（Fitch et al.，2013）。

例如，中东地区某油藏小层细分方案研究中，对不同方案进行对比，分别计算 Lorenz 系数，结果如图 2-21 所示。虽然 34 层方案与 17 层方案相比，Lorenz 系数更高，更能体现储层的非均质性，但是整体差异不大。而 17 层方案却能显著降低网格数目，提高研究效率。因此，模型细网格选用 34 层方案，而粗化模型选用 17 层方案。

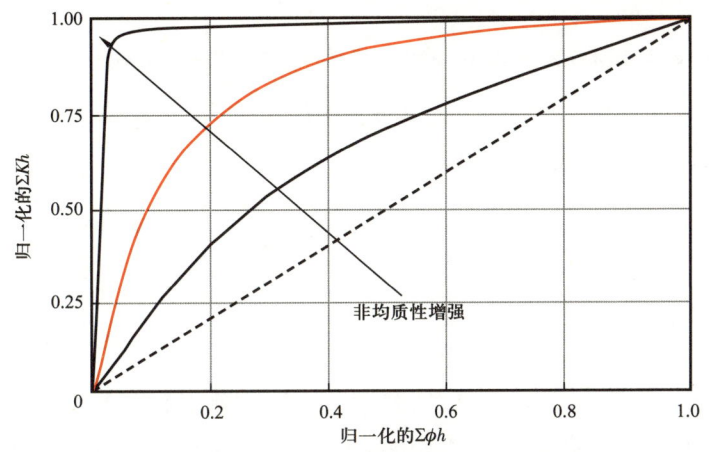

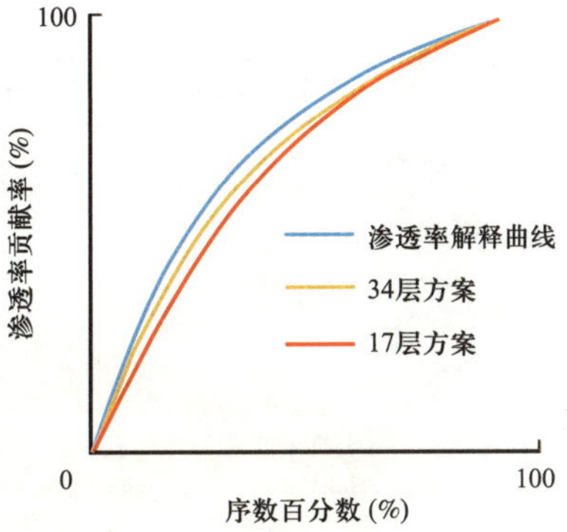

图 2-21 不同 Lorenz 系数对应的渗透率模型

需要注意的是，Lorenz 系数与 Dykstra—Parsons 渗透率变异系数存在数学关系，因此在储层非均质性研究中选用其中一种方法进行研究即可（图 2-22）。Lorenz 系数与 Dykstra—Parsons 渗透率变异系数的关系如下（Warren et al.，1961；Tareq，2019）

$$Lc = 0.0116356 + 0.339794V + 1.066405V^2 - 0.3852407V^3 \qquad (2-13)$$

$$V=-5.05971(10^{-4})+1.747525Lc-1.468855Lc^2+0.701023Lc^3 \quad (2-14)$$

以上二式要求 $0<Lc<1$ 且 $0<V<1$。

三、Koval 非均质系数

Koval（1963）为了研究混相驱替过程中的非均匀驱替问题（指进现象），提出 Buckley—Leverett 公式中的分流动方程可用式（2-15）替换

$$F=\frac{1}{1+\dfrac{1-C}{K_g \cdot C}} \quad (2-15)$$

式中 F 和 C 的定义与 Lorenz 系数中一致，K_g 可用式（2-16）表达

$$K_g=H_k E \quad (2-16)$$

式中 E 为有效黏度比，可用式（2-17）表达

$$E=\frac{\mu_o}{\mu_s} \quad (2-17)$$

式中 μ_o——原油黏度，mPa·s；

μ_s——溶剂或注入介质黏度，mPa·s。

H_k 为 Koval 非均质系数，在实际研究中，一般首先进行多次试验，确定有效黏度比 E，然后根据 Koval 分流动方程反算 Koval 非均质系数 H_k。完全均质系统 H_k 数值为 1，储层非均质性越强，H_k 数值越大。

另外，Koval 非均质系数与 Dykstra—Parson 渗透率变异系数 V 存在定量关系，可用式（2-18）表达（Farajzadeh et al.，2011）

$$\lg H_k=\frac{V}{(1-V)^{0.2}} \quad (2-18)$$

四、基于非均质性系数的不确定性分析

在应用中，可以将 Lorenz 系数作为不确定性参数，进行不确定性研究（图 2-22），其具体步骤如下：

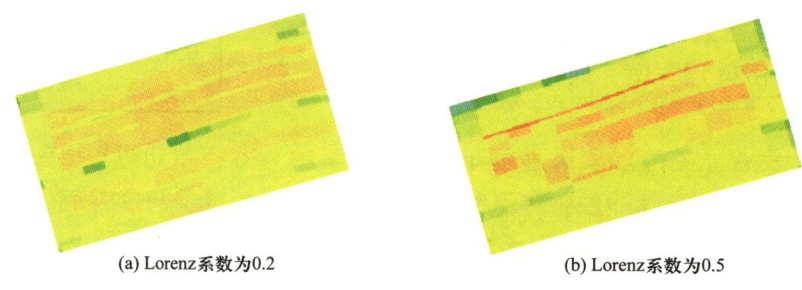

(a) Lorenz 系数为 0.2　　　(b) Lorenz 系数为 0.5

图 2-22　不同 Lorenz 系数对应的渗透率模型

（1）针对具体模型计算 Lorenz 系数；

（2）定义新模型 Lorenz 系数为 Lc_new，不确定性变量为 multi：

$$Lc\_new = Lc \cdot multi \tag{2-19}$$

（3）根据 Lc_new 计算 Koval 系数 H_k，Lc 与 H_k 的关系可用式（2-20）表达

$$Lc = 2\left\{ H_k \left[\frac{1}{H_k - 1} - \frac{\ln H_k}{(H_k - 1)^2} \right] - 0.5 \right\} \tag{2-20}$$

（4）根据 Koval 公式，计算新累计地层系数 F_{new}；

（5）计算新的渗透率场，可用式（2-21）和式（2-22）

$$K_{new,1} = \frac{F_{new,1} \sum_1^n K_{old,i} H_i}{H_1} \tag{2-21}$$

$$K_{new,j} = \frac{(F_{new,j} - F_{new,j-1}) \sum_1^n K_{old,i} H_i}{H_j} \tag{2-22}$$

（6）以新的渗透率场为基础进行数值模拟，确定模型响应。

参 考 文 献

吴胜和，2010. 储层表征与建模[M]. 北京：石油工业出版社.

Djebbar Tiab, Erle C Donaldson, 2016. Petrophysics: Theory and practice of measuring reservoir[M]. 4th ed. UK: Elsevier.

Farajzadeh R, Meulenbroek B, Bruining J, 2011. An Analytical Method for Predicting the Performance of Gravitationally-Unstable Flow in Porous Media[C]. Vienna, Auseria: SPE EUROPEC/EAGE Annual Conference and Exhibition.

Fitch Peter, Davies Sarah, Lovell Mike, et al., 2013. Reservoir Quality and Reservoir Heterogeneity: Petrophysical Application of the Lorenz Coefficient[J]. Petrophysics, 54(5): 465-474.

Gomes J, Ribeiro M T, Strohmenger C, Negahban, et al, 2008. Carbonate Reservoir Rock Typing: The Link between Geology and SCAL[C]. Abu Dhabi, UAE: Abu Dhabi International Petroleum Exhibition & Conference.

Gringarten E, Deutsch C V, 1999. Methodology for Variogram Interpretation and Modeling for Improved Reservoir Characterization[C]. Houston, Texas: SPE Annual Technical Conference and Exhibition.

Khan Sara Hasrat, Nasir Wardah Arina, El Sahn Hany, et al., 2021. Innovative High Permeability Streak Characterization and Modeling Utilizing Static and Dynamic Data in a Complex Giant Mature Oil Field in the Middle East[C]. Abu Dhabi, UAE: Abu Dhabi International Petroleum Exhibition & Conference.

Koval E J, 1963. A Method for Predicting the Performance of Unstable Miscible Displacement in Heterogeneous Media[J]. SPE, 3(2): 145-154.

Latief Agus Izudin, Syofyan Syofvas, Tengku Ab Hamid, et al., 2019. Unlocking Tight Carbonate Reservoir Potential: Geological Characterization to Execution[C]. Manama, Bahrain: SPE Middle East Oil and Gas Show and Conference.

Nabil Al-Bulushi, Ghazi Kraishan, Gabor Hursan, 2019. Capillary Pressure Corrections, Quality Control and Curve Fitting Workflow[C]. Beijing, China: International Petroleum Technology Conference.

Singh M, Voleti D, Reddy R, et al., 2023. Carbonate Rock Typing: Challenges, Mitigations and Pragmatic Workflows [C]. Abu Dhabi, UAE: Abu Dhabi International Petroleum Exhibition & Conference.

Tareq Ahmed, 2019. Reservoir Engineering Handbook [M]. 5th ed. Amsterdam: Elsevier Science.

Tonietto S N, Smoot M Z, Pope M C, 2014. Pore Type Characterization and Classification in Carbonate Reservoirs [C]. Houston, Texas, USA: AAPG Annual Convention and Exhibition.

Warren J E, Price H S, 1961. Flow in heterogeneous porous media [J]. Society of Petroleum Engineers Journal, 1(3): 153-169.

第三章　常规油气藏饱和度模型

含水饱和度模型是油藏地质模型的重要组成部分，决定了油气藏的流体分布，是地质储量研究的重要基础，对油藏动态模型、开发特征等也有较大的影响。一般不建议直接根据测井解释含水饱和度进行地质统计学插值，得出含水饱和度模型，最好采用饱和度高度函数（Saturation Height Function，简写为 SHF）方法进行研究。本章将对常规油气藏饱和度高度函数及模型的建立方法进行系统介绍，然后在此基础上对储量估算相关质量控制内容进行介绍。

岩心毛细管压力测量的样品尺度相比于整个油藏范围而言，是微不足道的。例如，在中东地区的整装油藏，含油面积可达 200~500km^2，甚至更大。即使是中国东部的断块油藏，其含油面积也常常可达数平方千米。相比之下岩心柱塞的尺度则十分有限，经常直径约为 2.5cm，长度为 5~7cm，即使对一个油藏获取了几十、几百个毛细管压力测试结果，与整个油藏的范围相比，依然是杯水车薪。以有限的毛细管压力数据描述油藏饱和度分布特征的难度和挑战都是很大的。经过实践发现，基于岩石类型的饱和度高度函数是相对有效的方法，目前应用已经较为成熟。

《实用油藏地质建模与数值模拟手册》一书对该部分内容的介绍较为精简，但笔者发现该部分内容相对琐碎，需要注意的内容较多，对研究经验要求高，而且应用较广，因此本章对研究过程中的具体细节、操作方法及质量控制方法等内容进行系统梳理，对每一个步骤进行了详细介绍。为了内容的完整性及连贯性，这里对全部内容进行了更新、重述。

第一节　研究思路

饱和度高度函数研究主要内容包括岩心饱和度高度函数、自由水面的确定、饱和度高度函数饱和度结果与测井解释饱和度的对比及修正、饱和度高度函数的建立、模型的质量控制等内容（图 3-1）。

一般情况下，饱和度高度函数最常使用的是驱替过程的毛细管压力测试结果（Primary Drainage），其测量的是 p_c—S_w 的关系。由于 p_c 与油柱高度或距自由水界面高度（Height Above Free Water Level，简写为 HAFWL）相关，因此 p_c—S_w 的关系等同于 S_w—HAFWL 的关系，即为待拟合饱和度高度函数的原始曲线，本质上测量的是饱和度高度函数的雏形。通过将毛细管压力样品的 S_w—HAFWL 的关系与 Archie 饱和度解释（或者其他测井解释模型）和岩心分析、饱和度测井等硬数据拟合，修正 S_w—HAFWL 的关系，形成最终的饱和度高度函数，用于静态模型计算储量和动态模型初始化。

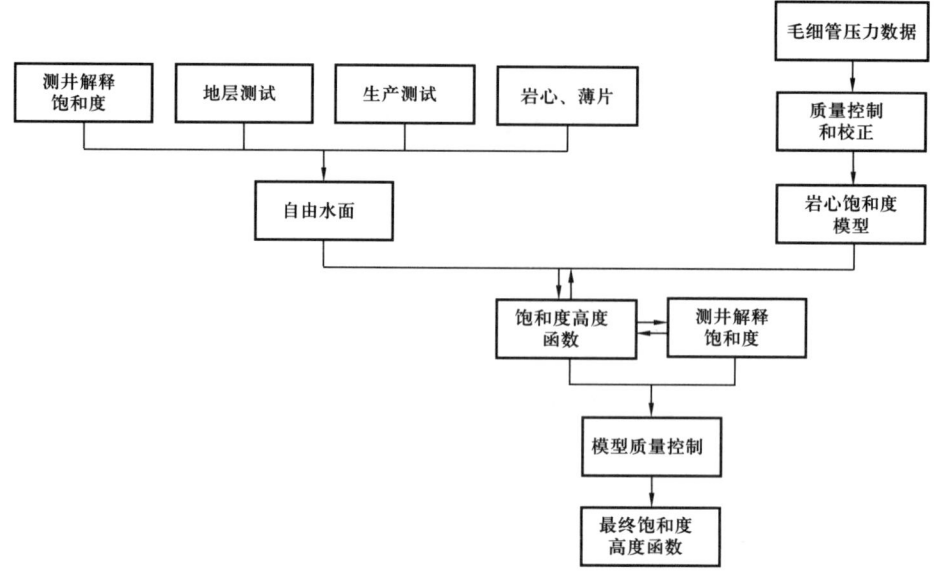

图 3-1 饱和度高度函数研究路线图

岩心饱和度高度函数的研究流程包括：（1）对毛细管压力数据进行质量控制，本章以压汞法毛细管压力（Mercury Injection Capillary Pressure，简写为 MICP）资料为例，剔除存在测量问题和不具有代表性的样品；（2）进行数据校正，包括油藏条件校正、尾部校正和覆压校正，将实验室条件下测得的毛细管压力转换为油藏条件下的毛细管压力；（3）选择合适的饱和度公式，建立岩心饱和度模型。

自由水面的研究方法包括压力梯度法、最佳拟合法和油水界面法等，需要结合油藏的资料情况进行选择，也可以采用多种方法研究，进行相互印证。

饱和度高度函数的建立过程为饱和度高度函数饱和度结果与测井解释饱和度进行比较，如果差异较大，则需要重新修正岩心饱和度函数或自由水面；当二者符合较好，且岩心分析、饱和度测井等硬数据一致时，则可根据相关参数建立最终的饱和度高度函数，并建立饱和度模型。下一步即可综合油藏动、静态资料，开展模型的质量控制研究。

少数情况下，如缺乏岩心数据情况下的快速评估、存在残余油的古油藏等，也可通过三维地质统计学插值进行饱和度模型研究，除了常规操作外，还需要寻找含水饱和度与岩石类型（或其他类型模型元素）、层位、孔隙度、渗透率、垂深（油柱高度）等的关系，从而更合理地约束模型，具体内容将在第四章第六节中进行介绍。

第二节 基础资料的质量控制

毛细管压力数据是饱和度高度函数最为重要的基础数据，其质量决定了模型质量，研究中对其进行质量控制和相关校正，主要包括毛细管压力资料的质量控制和含水饱和度测井解释的质量控制两方面内容。

一、毛细管压力资料的质量控制

毛细管压力资料的质量控制包括岩心样品的质量控制和毛细管压力的校正等内容。

1. 岩心样品的质量控制

以压汞法毛细管压力资料为例，对岩心样品的质量控制进行介绍。目前，一般取岩心塞（End Trim）的一部分作为岩样进行压汞实验，其余部分可以用于其他岩心分析和薄片观察等，从而获取岩心的多方面资料，进行全方面综合分析（图3-2）。

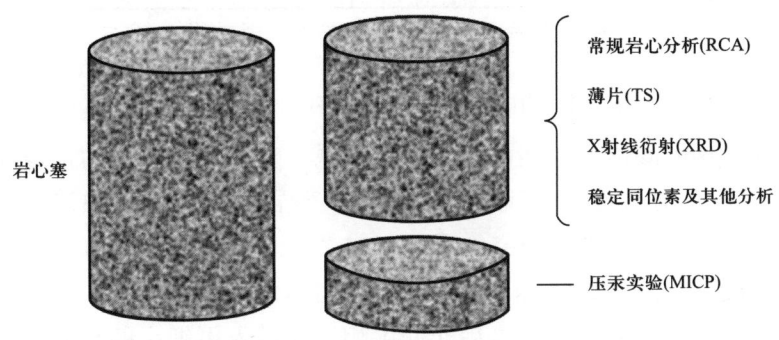

图3-2　MICP岩心分析示意图

压汞法毛细管压力数据质量控制包含以下4个步骤（Al-Bulushi et al.，2019）。

（1）对岩样的压汞数据进行质量控制，去除数据中的畸形点。

（2）对岩样进行质量控制。对孔隙体积与进汞体积进行研究，岩样的进汞体积需要达到孔隙体积的90%以上，方能充分体现储层的真实微观孔喉特征，从而通过质量控制。图3-3中部分岩样（红色）进汞体积未达到要求，因此未通过质量控制。

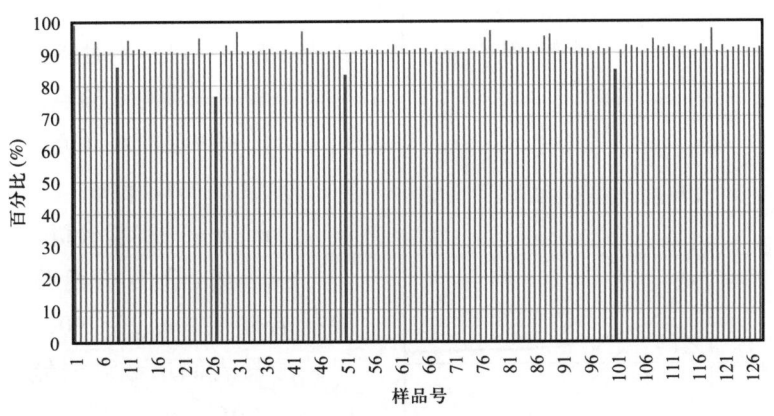

图3-3　测试样品进汞体积质量控制

（3）对岩样（岩心塞切样）的代表性进行质量控制。实验样品的孔隙度与岩心塞整体的气测孔隙度之间的差异需要小于3%，方认为其具有代表性，并通过了质量控制（图3-2）。图3-4中部分岩样（红色）与岩心塞孔隙度差异较大，认为其不能代表岩心塞整体的储层特征，因此未通过质量控制。

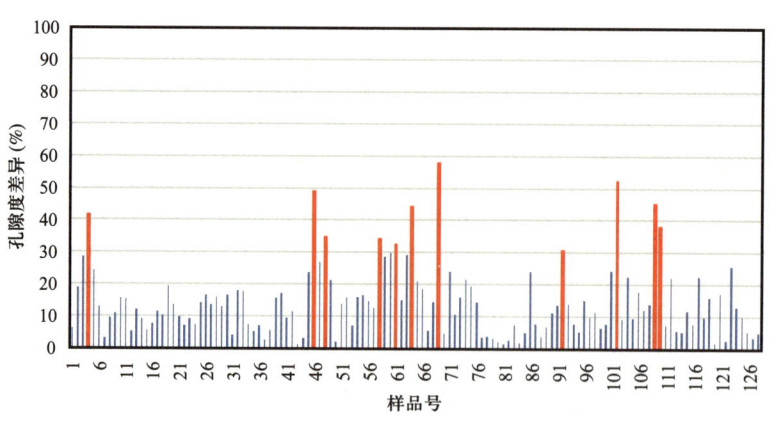

图 3-4　测试样品孔隙度属性代表性质量控制

（4）根据 Swanson 渗透率与实测渗透率的关系，对孔隙型岩样的代表性进行质量控制。Swanson（1981）对来自 41 套地层中的 203 块砂岩样品和来自 33 套地层中的 116 块碳酸盐岩样品岩心分析结果进行研究（图 3-5），发现不同类型的岩样中观测到的有效连通孔喉的汞饱和度都与双对数坐标下的毛细管压力曲线的顶点对应。顶点之前，非润湿相流体占据了连通孔隙空间，顶点之后非润湿相流体进入更细小的孔喉空间，流动能力明显下降。因此，顶点处的饱和度代表了储层连通孔喉的体积，对应的毛细管压力反映了连通孔喉半径的大小，顶点的位置与流动能力相关。Swanson 将顶点处进汞饱和度 S_b 与毛管压力 p_c 的比值定义为 Swanson 参数。同时 Swanson 还发现顶点对应的进汞饱和度、毛细管压力与岩心的绝对渗透率之间存在如下关系

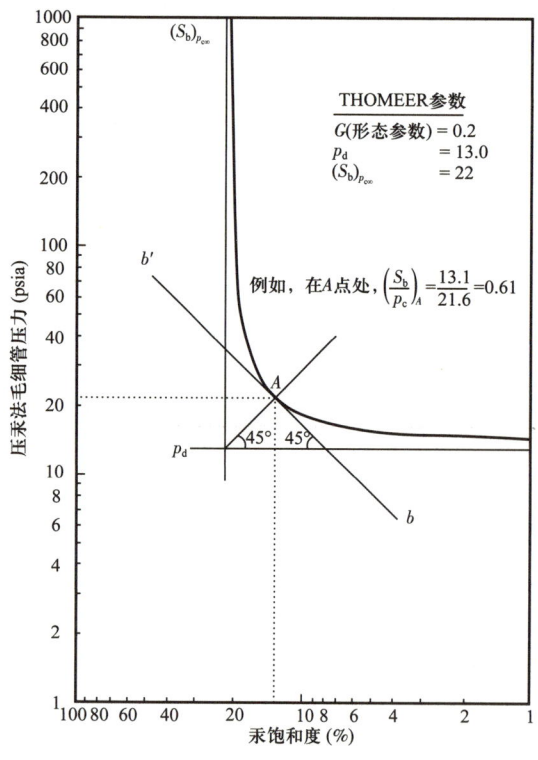

$$K = m\left(\frac{S_b}{p_c}\right)^n_{\text{Apex}} \quad (3-1)$$

式中　K——岩石绝对渗透率，mD；

S_b——双曲线顶点的进汞饱和度；

p_c——双曲线顶点对应的毛细管压力，psia；

m，n——实验分析得到的公式系数。

Swanson 给出了经验系数，对于碳酸盐岩储层，$m_{\text{brine}}=290$，$n_{\text{brine}}=1.901$；对于碳酸盐岩储层或砂岩储层，$m_{\text{brine}}=355$，$n_{\text{brine}}=2.005$，$m_{\text{air}}=399$，$n_{\text{air}}=1.691$。K_{brine} 一般和覆压克氏渗透率进行比较，K_{air} 一般直接和气测渗透率进行比较。

在实践中，较为简单的 Swanson 参数求取方式为在汞饱和度和毛细管压力双对数坐标下移动 45°线，选择与毛细管压力曲线相切的位置，即可得到参数

图 3-5　Swanson 渗透率示意图（据 Swanson，1981）

(Swanson，1981）。在实践中，也可以直接求取 $100\phi(1-S_w)/p_c$ 的最大值所在位置，得到 Swanson 参数。

需要注意的是，Swanson 渗透率的物理意义有限，其主要基于 MICP 测试毛细管压力的孔喉半径，并未考虑孔隙结构的迂曲度（Tortuosity）、粗糙度（Roughness）及孔隙连通性（Connectivity）。实际上，不同岩石类型的 Swanson 公式经验系数可能存在差异，因此实验室提供的 Swanson 渗透率结果很可能是错误的，特别是对于致密储层或高渗层。因此，Swanson 渗透率仅用于质量控制，不建议用于饱和度高度函数研究。

一般情况下，试验样品的 Swanson 渗透率应该与岩心塞实测渗透率差异不大。将 Swanson 渗透率与实测渗透率之间差异在 5 倍（或 3 倍）之内的样品认定为代表性岩样，可以通过质量控制。

图 3-6 中部分岩样（红色）的 Swanson 渗透率与气测渗透率差异较大，代表压汞曲线形态与对应的孔隙度、渗透率不匹配，因此不能通过质量控制。

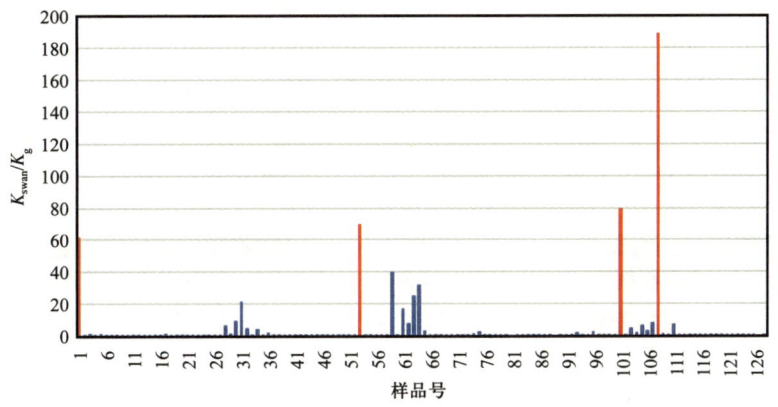

图 3-6　测试样品渗透率属性代表性质量控制

在研究中，需要根据实际情况确定质量控制条件，当符合条件的样本数较少时，可适当放松要求。例如当岩心塞样品孔隙度和岩心塞孔隙度之间的差异小于 2% 的样品数较少时，可放宽至 3%。近年来，岩心塞样品的代表性逐渐引起重视，也有部分研究直接选择整个岩心塞进行压汞实验。

图 3-7 为根据 Swanson 液态渗透率与克氏渗透率之间倍数小于 3，岩心塞孔隙度与压汞样品孔隙度之间差异小于 3% 为标准进行样品质量控制的结果（Singh et al.，2023）。

2. 毛细管压力曲线的校正

通过质量控制实验得到的岩样压汞曲线在建立岩心饱和度高度函数之前，需要分别进行油藏条件校正、尾部校正和覆压校正，以模拟油藏条件下油—水系统的毛细管压力。

1）油藏条件校正

首先进行油藏条件校正，以压汞法毛细管压力为例，将实验条件下空气—汞系统中测量的毛细管压力，转换为油藏条件下油—水系统的毛细管压力，如果研究的是气藏，

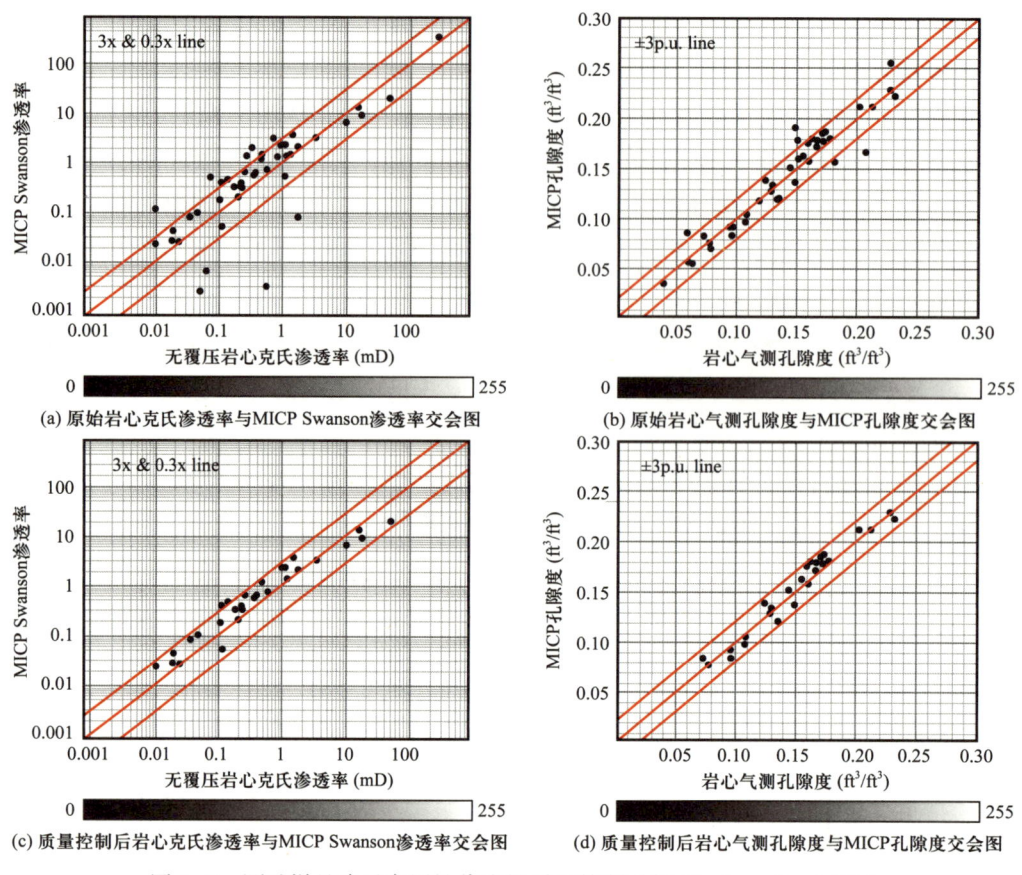

图 3-7　测试样品渗透率属性代表性质量控制（据 Singh et al., 2023）

需要根据对应参数转换为气藏条件下气—水系统的毛细管压力，主要利用 Washburn 公式

$$p_{c_{res}} = p_{c_{lab}} \cdot \frac{\sigma_{res}\cos\theta_{res}}{\sigma_{lab}\cos\theta_{lab}} \quad (3-2)$$

式中　$p_{c_{res}}$——油藏条件下油—水系统的毛细管压力，bar；

$p_{c_{lab}}$——实验室条件下空气—汞系统的毛细管压力，bar；

σ——界面张力，mN/m；

θ——接触角，$\sigma_{res}\cos\theta_{res}$ 和 $\sigma_{lab}\cos\theta_{lab}$ 均需要实验测量获得，(°)。

界面张力和接触角是饱和度高度函数的主要参数，决定了实验室测量毛细管压力转换为油藏条件毛细管压力的数值，而后者最终作为岩心饱和度高度函数的拟合目标，因此数值确定需谨慎，最好有实验数据支撑。如果后期发现实验室条件或油藏条件的界面张力和接触角取值不合理，则油藏条件毛细管压力不合理，岩心饱和度高度函数需要全部重新拟合。例如中东地区某油藏，其实验室条件下界面张力和接触角误读，造成取值不合理，$\sigma_{lab}\cos\theta_{lab}$ 数值过大，相同含水饱和度数值对应的油藏条件毛细管压力过低，偏乐观，导致岩心饱和度高度模型整体偏乐观，同时最佳拟合法计算的自由水面偏高，对油藏流体分布认识及地质储量估算等均有较大影响。

为了使不同测量方法得到的毛细管压力可以进行比较，同时参与研究，需要对毛细管压力数据进行标准化（不同来源毛细管压力数据校正至界面张力为 1mN/m 条件下的标准数值 $p_{c_{IFT1}}$）和重采样（一般采样为 91 个点，对应毛细管压力计算的孔喉半径对数区间从 0.001μm 到 1000μm，共 6 个数量级，每个数量级 15 个采样点，保证对曲线的完整表征；图 3-8）。

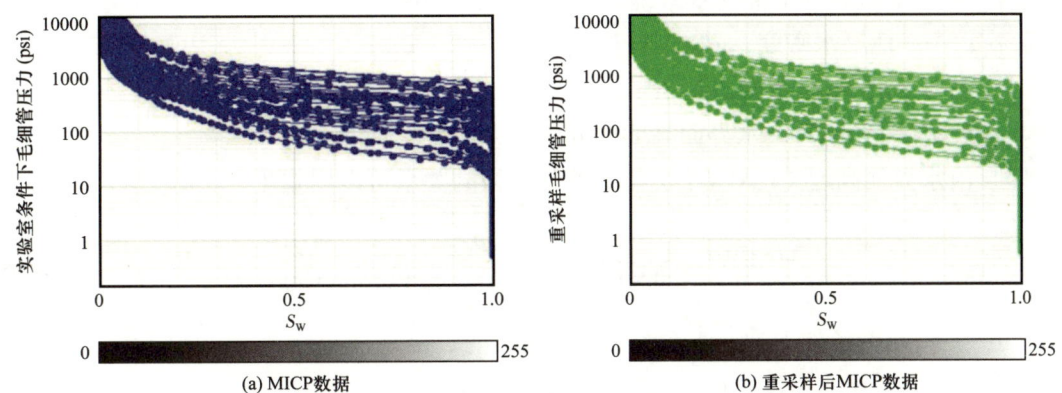

图 3-8 毛细管压力数据重采样前后对比（据 Singh et al., 2023）

$p_{c_{IFT1}}$ 可用式（3-3）表达

$$p_{c_{IFT1}} = \frac{p_{c_{lab}}}{\sigma_{lab} \cos \theta_{lab}} \tag{3-3}$$

式中　$p_{c_{lab}}$——实验室条件下空气—汞系统的毛细管压力，bar；
　　　σ——界面张力，mN/m；
　　　θ——接触角，（°）。

则 $p_{c_{res}}$ 可写为

$$p_{c_{res}} = p_{c_{lab}} \cdot \frac{\sigma_{res} \cos \theta_{res}}{\sigma_{lab} \cos \theta_{lab}} = p_{c_{IFT1}} \sigma_{res} \cos \theta_{res} \tag{3-4}$$

式中　$p_{c_{res}}$——油藏条件下油—水系统的毛细管压力，bar；
　　　$p_{c_{lab}}$——实验室条件下空气—汞系统的毛细管压力，bar；
　　　σ——界面张力，mN/m；
　　　θ——接触角，（°）

$p_{c_{res}}$ 也可用式（3-5）计算

$$p_{c_{res}} = (\rho_{brine} - \rho_{HC}) g \text{HAFWL} \tag{3-5}$$

具体地，中东地区常用式（3-6）计算

$$p_{c_{res}} = (\rho_{brine} - \rho_{HC}) \times 0.0980665 \times 0.3048 \text{HAFWL} \tag{3-6}$$

式中　$p_{c_{res}}$——油藏条件下油—水系统的毛细管压力，bar；
　　　ρ_{brine}——地层水密度，g/cm³；

ρ_{HC}——地层原油密度，g/cm³；

HAFWL——距自由水界面高度，ft。

具体地，其他地区常用式（3-7）计算

$$p_{c_{res}} = (\rho_{brine} - \rho_{HC}) \times 9.80665 \times HAFWL \times 145/1000 \quad (3-7)$$

式中　$p_{c_{res}}$——油藏条件下油—水系统的毛细管压力，psi；

ρ_{brine}——地层水密度，g/cm³；

ρ_{HC}——地层原油密度，g/cm³；

HAFWL——距自由水界面高度，m。

距自由水界面高度（HAFWL）与毛细管压力的关系可以用式（3-8）表达

$$HAFWL = \frac{p_{c_{res}}}{9.80665 \times (\rho_{brine} - \rho_{HC}) \times 145/1000} \quad (3-8)$$

式中　$p_{c_{res}}$——油藏条件下油—水系统的毛细管压力，psi；

ρ_{brine}——地层水密度，g/cm³；

ρ_{HC}——地层原油密度，g/cm³；

HAFWL——距自由水界面高度，m。

在商业建模软件中，确保同时输入实验室条件下界面张力、接触角参数和油藏条件下界面张力、接触角参数。避免因未输入某些参数，软件自动取值缺省值造成的压力换算错误。一般情况下，用表3-1中参数进行油藏条件校正。需要注意的是，不同地区实验室条件不同，界面张力和接触角数值可能轻微变化，这些数值需要与实验室沟通，确定真实数值。例如表3-2为H油藏压汞法毛细管压力曲线油藏条件校正参数表，其与表3-1有轻微不同。表3-2中H油藏实验室的汞—空气的接触角为130°，界面张力为485mN/m，而常规实验室条件下的汞—空气的接触角为140°，界面张力为480mN/m。油—水系统的缺省值一般为界面张力30mN/m，接触角30°，但表3-2中H油藏界面张力为30mN/m，接触角为32°。例如表3-3，M油藏的校正参数与一般常用参数也存在一定差异。

表3-1　常用毛细管压力曲线实验室条件与油藏条件校正参数表

流体系统		接触角θ（°）	$\cos\theta$	界面张力σ（mN/m）	$\sigma\cos\theta$
实验室	空气—地层水	0	1	72	72
	油—地层水	30	0.866	48	41.57
	汞—空气	140	0.766	480	367.70
	气—油	0	1	24	24
油藏	油—地层水	30	0.866	30	25.98
	气—油	0	1	4	4
	气—地层水	0	1	50	50

表3-2 针对H油藏压汞法毛细管压力曲线实验室条件与油藏条件校正参数表

校正参数	汞—空气	地层水—空气	气—油	油—地层水
界面张力σ（mN/m）	485	72	24	32
接触角θ（°）	130	0	0	30
$\sigma\cos\theta$	311.75	72	24	27.71

表3-3 针对M油藏压汞法毛细管压力曲线实验室条件与油藏条件校正参数表

校正参数	汞—空气 （实验室条件）	地层水—空气 （实验室条件）	气—油 （油藏条件）	油—地层水 （油藏条件）
界面张力σ（mN/m）	485	70	24	25
接触角θ（°）	140	0	0	30
$\sigma\cos\theta$	372	70	24	22

为了更加精准地模拟，建议进行界面张力和接触角测量，其成本低，测量速度快，可降低研究的不确定性。

在部分情况下，研究区可能没有进行上述实验，需要参数类比。参数类比中需要注意，随油藏埋深增加，油层温度升高，液相中的分子间作用力增大，表面张力减小，润湿性增强，接触角减小。

由于压汞法常常末端压力很大，无法获得可靠的束缚水饱和度信息，且一般束缚水饱和度偏低，近年来，不少研究开始使用油—水系统的半渗透隔板法（Porous Plate）、离心机（Centrifuge）法资料确定每种岩石类型的束缚水饱和度，建立饱和度高度模型。如果毛细管压力测试主要数据来自压汞法，则最好有半渗透隔板法数据等对MICP数据进行校正。在不同类型数据进行比较时，应注意实验室流体类型，转换为可对比的条件下再进行校正。例如，岩样的半渗透隔板法毛细管压力测量有气—水系统和油—水系统两类，中东地区一般直接进行油—水系统的测量。

2）尾部校正

一般情况下，岩样表面较为粗糙。当样品放入仪器中时，随着进汞压力的增加，汞流体优先填充岩样的粗糙表面，而不是进入岩石孔隙中，而该部分并不能代表岩石的孔喉特征，因此需要对其进行尾部校正，消除这一部分的影响（图3-9）。

尾部校正对饱和度高度函数有较大影响，例如当校正不当时，可能出现尾部尾端向下掉的毛细管压力曲线，造成Brooks—Corey等公式难以拟合，整体效果差。尾部校正有数种不同方法（图3-9）。

（1）直接删除法：直接删除校正点和含水饱和度最大值之间的数据点；

（2）同斜率外推法：校正点和含水饱和度最大值之间的压力记录由使用校正点处相同斜率的外推值代替；

（3）标准化法：删除校正点和含水饱和度最大值之间的数据点，含水饱和度零值和

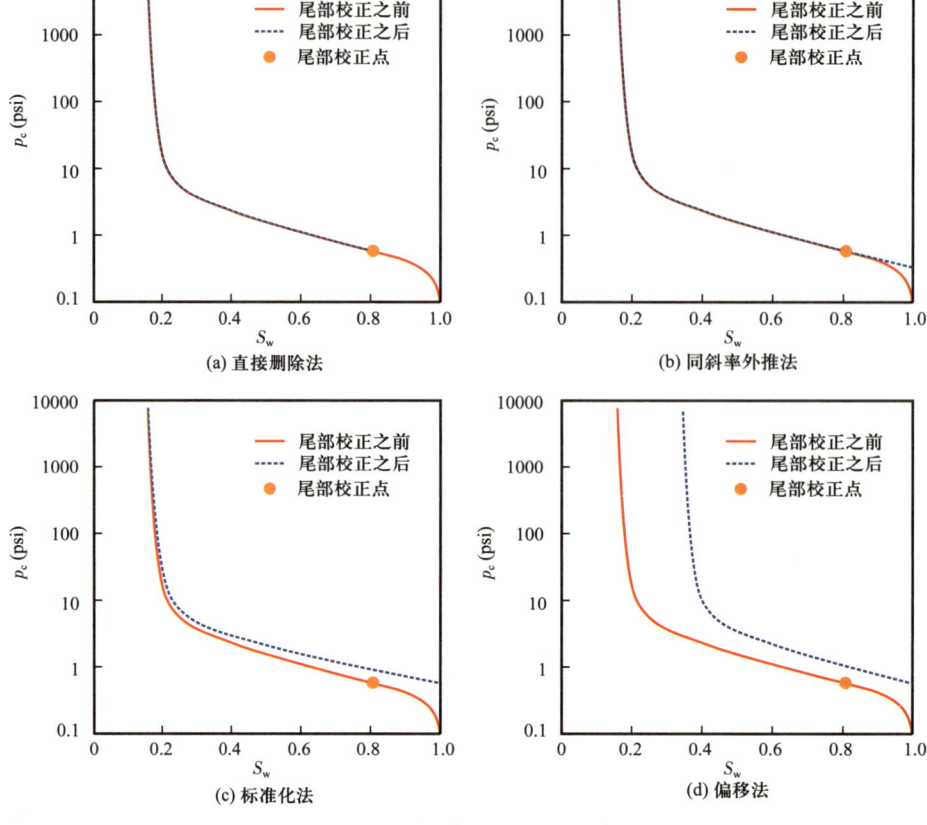

图 3-9 不同尾部校正方法示意图

校正点之间的点被重新标准化,校正点的含水饱和度现在为 100%;

(4)偏移法:去除校正点和含水饱和度为 100% 之间的点,所有其他数据点向右偏移,使校正点对应含水饱和度为 100%。

目前常用方法为同斜率外推法(图 3-10),标准化法也有使用,其他两种方法使用较少。在很多情况下,难以区分尾部效应和真正的大孔隙响应,因此尾部校正时需要进行深入分析,然后进行判断。

3)覆压校正

最后对样品进行覆压校正(图 3-11)。将实验室压力条件下测量得到的毛细管压力转换为油藏压力条件下的数值(Mitchell et al.,2008)。由于每种岩石类型的孔喉特征不同,覆压条件下孔喉形态及储层物性变化可能会出现差异,因此覆压校正需要分岩石类型进行校正。在实际操作中,如果无法获得每种岩石类型的校正参数,由于其影响相对较小,也可以直接跳过该步骤。宁可不进行校正,也不要因为校正引入数据偏差。一般采用 Juhasz 方法进行覆压校正,其公式如下

$$p_{c_{\mathrm{stress}}} = p_{c_{\mathrm{lab}}} \left(\frac{\phi_{\mathrm{res}}}{\phi_{\mathrm{lab}}} \right)^{-0.5} \tag{3-9}$$

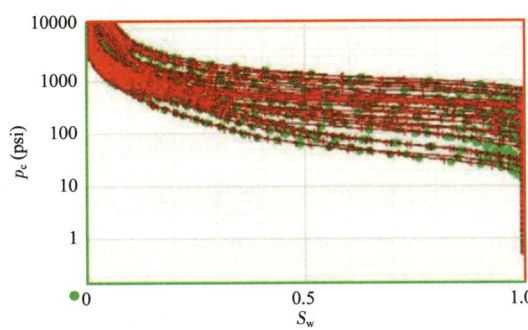

图 3-10 使用同斜率外推法进行尾部校正示意图
（据 Singh et al., 2023）
绿色曲线为实测毛细管压力数据；红色曲线为尾部校正后毛细管压力数据

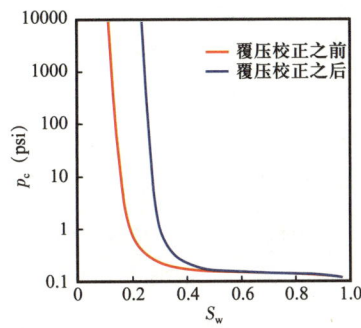

图 3-11 MICP 样品的覆压校正示意图

$$S_{w_{stress}} = 1 - \left(1 - S_{w_{lab}}\right)\left(\frac{\phi_{res}}{\phi_{lab}}\right) \quad (3-10)$$

式中　$p_{c_{lab}}$——实验室条件下测量的毛细管压力，psi；
　　　$S_{w_{lab}}$——实验室条件下测量的含水饱和度；
　　　$p_{c_{stress}}$——覆压校正后的毛细管压力，psi；
　　　$S_{w_{stress}}$——覆压校正后的含水饱和度；
　　　$\frac{\phi_{res}}{\phi_{lab}}$——校正系数，来源于实验室条件下和覆压条件下的孔隙度测量结果。

二、压汞法毛细管压力测试和其他方法比较

图 3-12 为相同样品分别进行压汞法毛管压力测试和离心机法（或半渗透隔板法）毛细管压力测试的结果对比。结果表明，二者存在一定的差异。

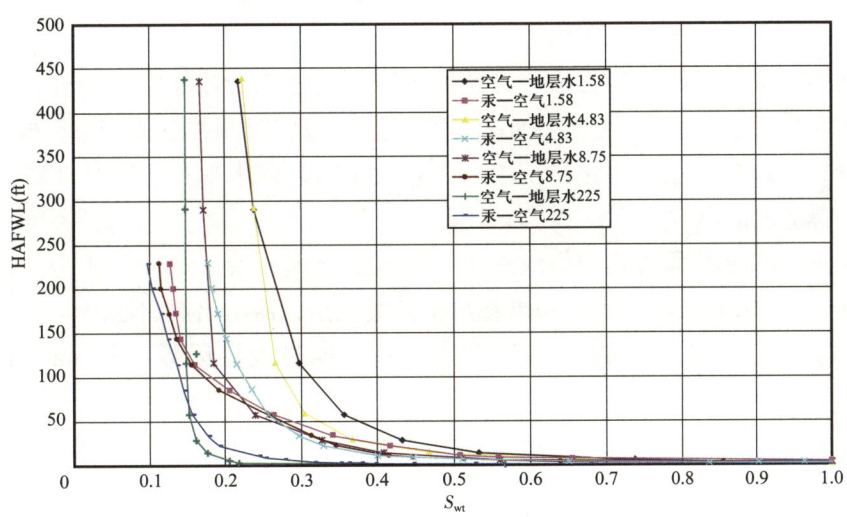

图 3-12 压汞法毛细管压力测试和离心机法毛细管压力测试的结果对比（图例中数值为样品渗透率；据 Seth，2013）

通常认为离心机法（或半渗透隔板法）测试结果更具参考意义，原因包括三个方面：（1）压汞法通常在岩心柱塞切样上进行（但最近也逐渐开始使用完整岩心塞），而离心机法（或半渗透隔板法）通常在约5cm（也有些岩样直径为2.5cm）的完整岩心柱塞上进行（图3-2），更有代表性；（2）压汞法中非润湿相往往充注较满，在高毛细管压力的情况下，润湿相饱和度通常可降至接近零值，因此无法获得真实的束缚水饱和度，而离心机法（或半渗透隔板法）不存在此种情况，可以获得相对可靠的束缚水饱和度；（3）压汞法为空气—汞系统下测量，转换为油藏条件时需要确定转换系数，而离心机法（或半渗透隔板法）可以直接用油—水系统进行测试，甚至直接使用油藏原油样品进行测试；不用油藏条件校正或者校正量相对小，降低了不确定性。但也需要具体问题具体分析，离心机法、半渗透隔板法测试耗时较长，一般样品较少，部分情况下可以利用二者对压汞法毛细管压力进行校正，然后开展饱和度高度函数研究。例如中东地区A碳酸盐岩油藏，在岩石类型研究中直接使用压汞法毛细管压力曲线。而在饱和度高度函数研究中，同时测量压汞法和半渗透隔板法毛细管压力曲线，将压汞法毛细管压力曲线校正至半渗透隔板法毛细管压力曲线，然后进行研究。

三、含水饱和度解释的质量控制

含水饱和度解释是饱和度高度函数研究的基础内容，也是其标度。不同的解释公式质量控制的内容存在差异。中东地区碳酸盐岩一般泥质含量低，常用的饱和度计算公式为Archie公式。实际上，关于饱和度计算还有许多方法，如Indonesia、Total Shale、Modified Total Shale、Simandoux、Modified Simandoux和Dispersed Shale等，其中Indonesia公式（低矿化度适用）和Simandoux公式对含泥质砂岩的应用结果较好。但这不是本书的主要内容，请参考相关测井书籍，这不再赘述。

中东地区碳酸盐岩油藏一般使用Archie公式，以其为例，对质量控制内容进行介绍。

（1）需要有可靠的地层水盐度测试和井下温度测试（油藏温度与深度的关系），如果参数来自类比法，需给出类比原因。

（2）孔隙度曲线质量控制方法与《实用油藏地质建模与数值模拟手册》中相同，这里不再赘述，分析电阻率曲线质量，钻井液滤液侵入较深时测井解释结果不可靠。

（3）分析层边界现象、极化角现象、大斜度定向井或水平井各向异性对电阻率曲线及饱和度解释造成的影响。

（4）含水饱和度解释公式选择应正确，参数应合理，以Archie公式为例，选择岩电参数（a、m、n）需有实验证实，如果参数来自类比法，需给出类比原因。

胶结指数m主要表征孔隙结构迂曲度，一般通过地层因数（Formation Resistivity Factor，简写为FRF）实验确定。一般越致密，m数值越高，但受微孔隙的影响，也可能出现越致密，m数值越低的情况。饱和度指数n一般进行p_c—RI（Resistivity Index）实验，采用半渗透隔板法，同时测定p_c和n值。半渗透隔板法的实验条件最接近真实储层条件，测量的残余油饱和度S_{or}也相对准确。部分情况下，RI—S_w交会图中曲线出现弯曲（图3-13、图3-14），影响n的取值，这一现象可能存在两个原因：小孔隙润湿性发生变化；p_c—RI

实验进行到压力较高阶段时，没有完整的质量控制，没有达到平衡即结束实验。p_c—RI 实验的质量控制十分重要，决定了 n 的取值，一定要有足够的测试时间。以渗透率为 10mD 的岩心柱塞为例，进行完整的 p_c—RI 实验，一般用时较长，甚至超过 1 年，完整的驱替—渗吸实验则可能长达 2 年（图 3-15）。中高渗透率样品 p_c—RI 实验用时相对短，单一的驱替过程一般 4~8 个月即可完成。

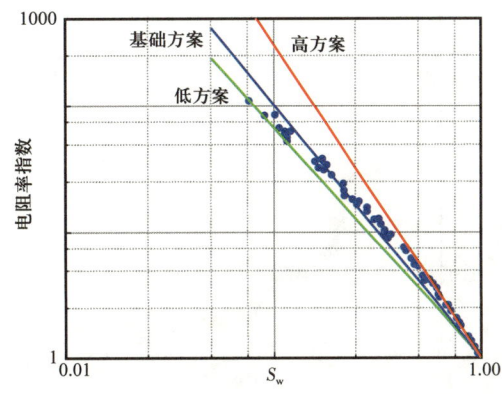

图 3-13　中东地区 KS 油藏 p_c—RI 实验结果

（5）根据饱和度解释，在单一流体系统内部，在自由水面之下不应存在解释含油饱和度。存在古油藏残余油的情况除外，如图 3-16 所示，如果存在渗吸过程，无论何种储层润湿性，则在现今自由水面处，即使 p_c 为 0 值，其仍可存在解释含油饱和度。例如中东巨厚油藏 Mishrif 等，将在第四章详细介绍。

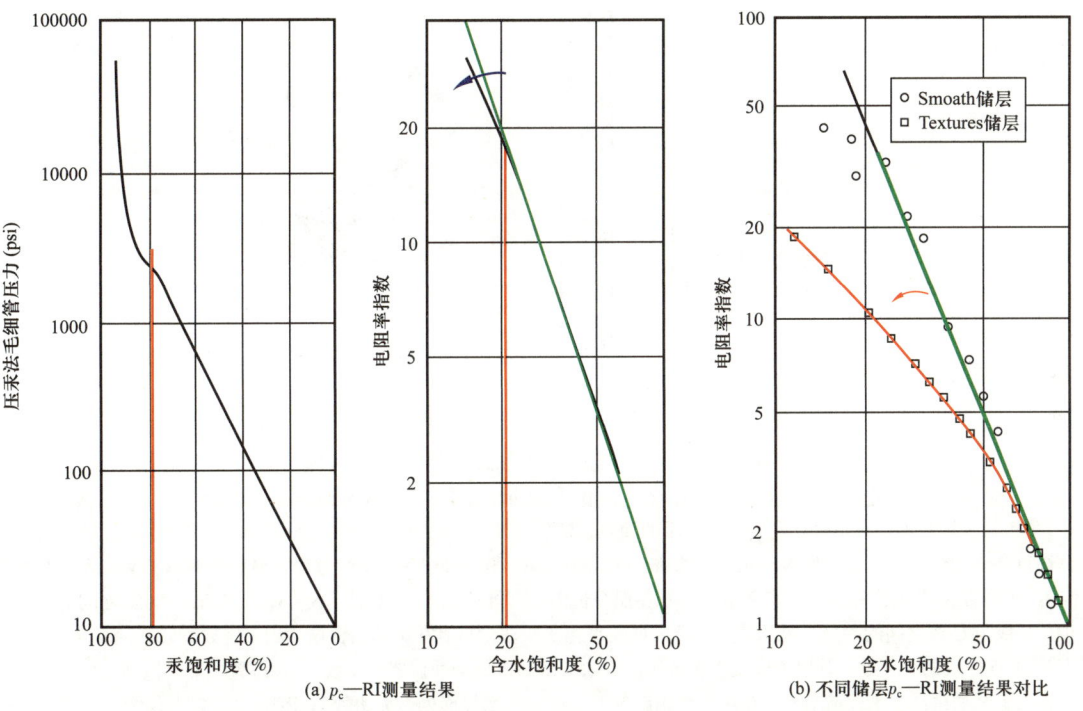

图 3-14　小孔隙对电阻率指数测量的影响（据 Swanson，1985；Diederix，1982）

（6）根据试油、MDT 取样（或其他电缆地层取样方法）、岩心荧光等数据，在单一流体系统内部，自由水面之下不应有油层显示，自由水面之上不应有水层显示。存在古油藏残余油的情况除外，与（5）项内容一致。

（7）根据 Dean—Stark、RST 等对含水饱和度解释结果进行质量控制（《实用油藏地质建模与数值模拟手册》一书对其进行了系统介绍，这里不再赘述）。

（8）分析裂缝和低阻油层对饱和度解释造成的影响。

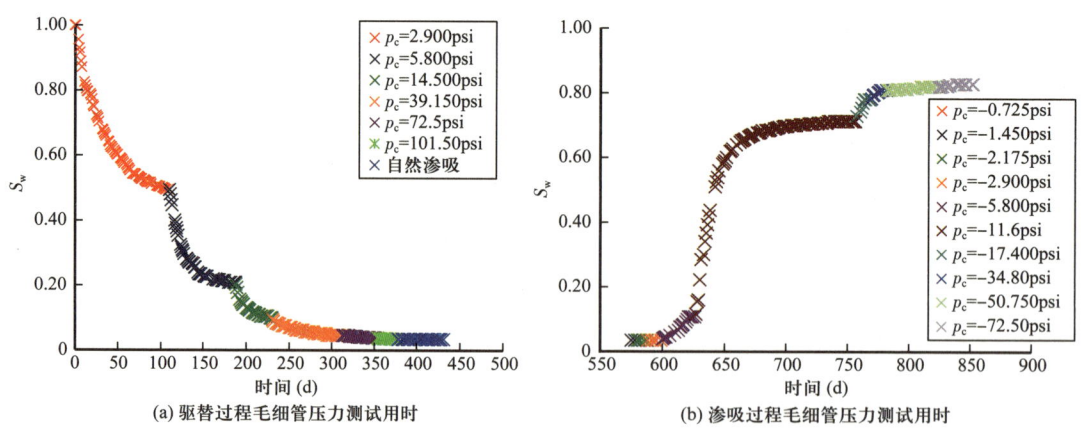

(a) 驱替过程毛细管压力测试用时

(b) 渗吸过程毛细管压力测试用时

图 3-15 渤海某低渗样品（渗透率 12.5mD）p_c—RI 测试用时

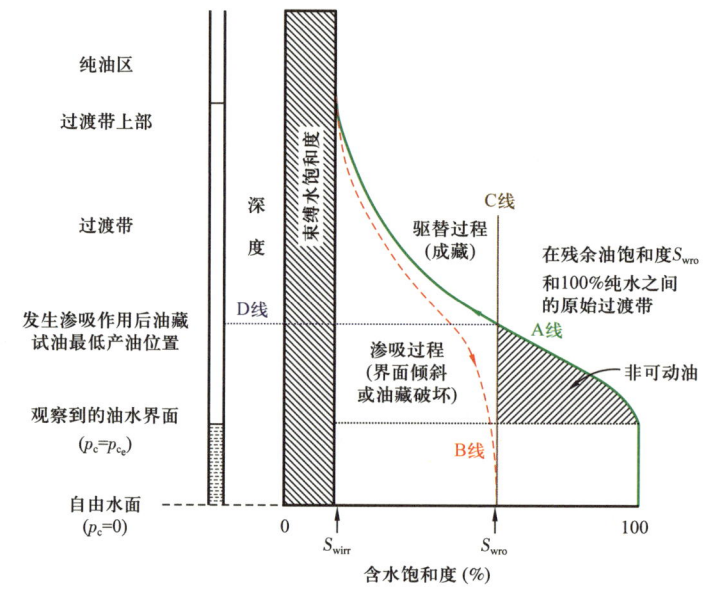

图 3-16 界面倾斜或油藏破坏伴随渗吸过程
造成自由水面之下存在含油饱和度示意图（据 Archer et al., 1986）

S_{wirr} 为束缚水饱和度。对于没有发生渗吸作用的油藏，油气充注过程沿 A 线进行，油藏不同位置含水饱和度取决于油柱高度和储层性质。对于发生渗吸作用的油藏，在完成成藏/驱替过程后，渗吸过程常沿图中 B 线进行。S_{wro} 为渗吸作用下最终的残余饱和度。该实例中，恰好在现今自由水面处达到 S_{wro}。C 线（$S_w=S_{wro}$）与 $S_w=100\%$ 之间为非可动油。B 线与 C 线之间的差异为可动油成分。根据油水相渗原理，只有在可动油含量达到一定数值后，油相才可流动，即 D 线与 B 线的交点处，其也为该发生渗吸作用后油藏试油最低产油位置（D 线）。该位置之下，试油通常 100% 含水，之上试油出油含量逐渐增加。在渗吸作用影响下，在自由水界面处，S_w 并不等于 100%。以上仅为一种情况，在其他情况下，甚至在现今自由水界面处仍可存在一定的可动油，在现今自由水面之下的一段位置才能达到真正的残余油饱和度

四、饱和度校正数据

这里以 Dean—Stark 数据为例进行介绍，其余类型饱和度校正数据如饱和度测井等，请参见《实用油藏地质建模与数值模拟手册》。

1. 取心方法

使用掺杂氧化氘（D_2O）的水基钻井液（也称为重水）对井进行取心。用 D_2O 掺杂钻井液有助于确定岩心是否受到钻井液滤液侵入的污染，并量化侵入的程度。以中东地区 AN 碳酸盐岩油藏为例，取心井一般使用水基钻井液，配合同位素注入，而生产井、注入井大部分使用油基钻井液，降低地层伤害。

在水基钻井液（WBM）中添加了氘（^2H）富集的示踪剂，其水平超过了天然水中的氘浓度。在钻井液循环前采集水基钻井液样本，在取心过程中从钻井液循环坑采集钻井液样本。对所有钻井液样本中的水样品进行分析，确定氘（^2H）含量。以维也纳标准平均海水（Vienna Standard Mean Ocean Water）为例，其氘含量为 155.76mg/L。例如，伊拉克油田 A 地层水中氘含量为 153mg/L，伊拉克油田 L 地层水为淡水，氘含量为 140mg/L。

对全直径岩心，取心完成后将岩心蜡封。对于岩心塞，在取心现场钻取岩心塞后，将岩心塞蜡封。

2. Dean—Stark 实验方法

Dean—Stark 方法是目前较为常用的测量岩心含水饱和度的方法，可以为饱和度测井解释提供重要参考。Dean—Stark 方法最先于 1920 年由美国矿业局从事石油化工研究的 Dean 和 Stark 为了测定石油中的水含量而设计，从此得名（图3-17）。在实验中，首先称量饱和样品，然后将其放入玻璃反应器中。玻璃反应器中放有溶剂，一般为甲苯等。对反应器加热，随着反应温度的上升，达到沸腾状态的溶剂将岩石中的水分气化，溶剂和水分组成的混合蒸气从反应器中蒸出，沿支管进入外层通有冷却水的回流冷凝器中，冷凝成液体。液体滴入 Dean—Stark 分离器下方带有刻度的收集管中。在收集管中，无法混溶的各种液体组分发生分层。通常溶剂密度小于水，因此下层是水，上层是密度较小的溶剂。等到水收集到一定体积，就可以通过打开收集管底部的旋钮收集装置来放出收集的水，最终水的含量得以测定。实验继续进行，直到提取的溶剂显示其原始颜色（图3-18），岩样中的

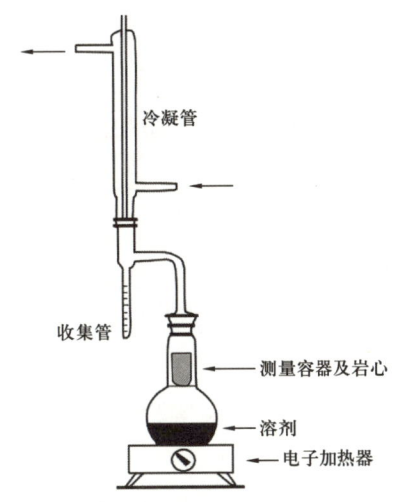

图3-17 Dean—Stark 测试过程示意图

图3-18 国内某样品 Dean—Stark 测试过程中甲苯溶剂颜色变化（该岩样总计测试时间为3d）

油全部被抽提干净，通常该实验可能至少持续 2d 时间。然后使用甲醇作为溶剂，继续实验，去除岩样中的盐组分，得到干岩心。然后将样品烘干并再次称重，根据重量测量值（饱和岩心、干岩心、采出水）计算含水饱和度。

3. Dean—Stark 实验结果处理

Dean—Stark 实验结果处理假设钻井液侵入地层（岩心），驱替了地层原油，并与地层水混合。实验结果校正过程一般包括钻井液侵入计算、盐度校正计算和侵入校正计算。

1）钻井液侵入计算

钻井液侵入程度（Invasion Factor，简写为 IF）可用式（3-11）表达

$$\text{IF} = \frac{D_{\text{extracted water}} - D_{\text{Formation}}}{D_{\text{Mud filtrate}} - D_{\text{Formation}}} \quad (3-11)$$

式中 $D_{\text{extracted water}}$——岩样中提取水样的氘（^{2}H）含量；
$D_{\text{Mud filtrate}}$——钻井液滤液中的氘（^{2}H）含量；
$D_{\text{Formation}}$——地层水中的氘（^{2}H）含量。

2）盐度校正计算

Dean—Stark 实验中提出水样体积对应的地层盐水体积 V_{brine} 可用式（3-12）表达

$$V_{\text{brine}} = \frac{1000000 V_{\text{extracted water}}}{(1000000 - C_s)\rho_b} \quad (3-12)$$

式中 $V_{\text{extracted water}}$——Dean—Stark 实验中提出水样体积，mL；
C_s——地层盐水的矿化度，mg/L；
ρ_b——地层盐水密度，g/cm³。

Dean—Stark 实验测得的含水饱和度 S_{wDS} 可用式（3-13）表达

$$S_{\text{wDS}} = \frac{V_{\text{brine}}}{pv} \quad (3-13)$$

式中 pv——孔隙体积，mL。

3）侵入校正计算

一般用实验测得的总水样含量减去根据示踪剂计算得出的钻井液侵入水量，即可求得校正后的结果。校正后的岩样含水饱和度 $S_{w_{\text{corr}}}$ 可用式（3-14）计算

$$S_{w_{\text{corr}}} = S_{\text{wDS}} \cdot (1 - \text{IF}) \cdot B_w \quad (3-14)$$

式中 $S_{w_{\text{corr}}}$——校正后的 S_w；
S_{wDS}——Dean—Stark 实验测得的含水饱和度；
B_w——水的体积系数。

岩样的含油饱和度可用式（3-15）计算

$$S_{\text{oil}} = \frac{m_{\text{saturated}} - m_{\text{final}} - m_{\text{brine}}}{\rho_o pv} \cdot B_o \quad (3-15)$$

式中 $m_{saturated}$——饱和岩心质量，g；

m_{final}——干岩心质量，g；

m_{brine}——地层水质量，g；

ρ_o——地层原油密度，g/cm³；

B_o——原油的体积系数。

通常 S_{wcorr} 与 S_{oil} 加和小于 1，一般为 50%～80%。

对于油层，钻井液侵入会驱替原油造成岩心含油量损失，所以很少使用 Dean—Stark 得到的 S_{oil} 进行验证。S_{wcorr} 是最终的成果数据，可用于测井解释、饱和度模型的验证。受钻井液侵入和计算方法影响，过渡带和残余油带的 Dean—Stark 结果具有不确定性，在使用中需要加以留意。

4. Dean—Stark 数据的使用

Dean—Stark 含水饱和度数据可以直接用于测井解释饱和度及饱和度高度函数结果的校正，正常情况下，其对应较好。图 3-19 中部分岩心样品也进行了 Dean—Stark 测试，结果与测井解释含水饱和度和生产饱和度测井，如 SIGMA 模式含水饱和度解释结果较为接近。

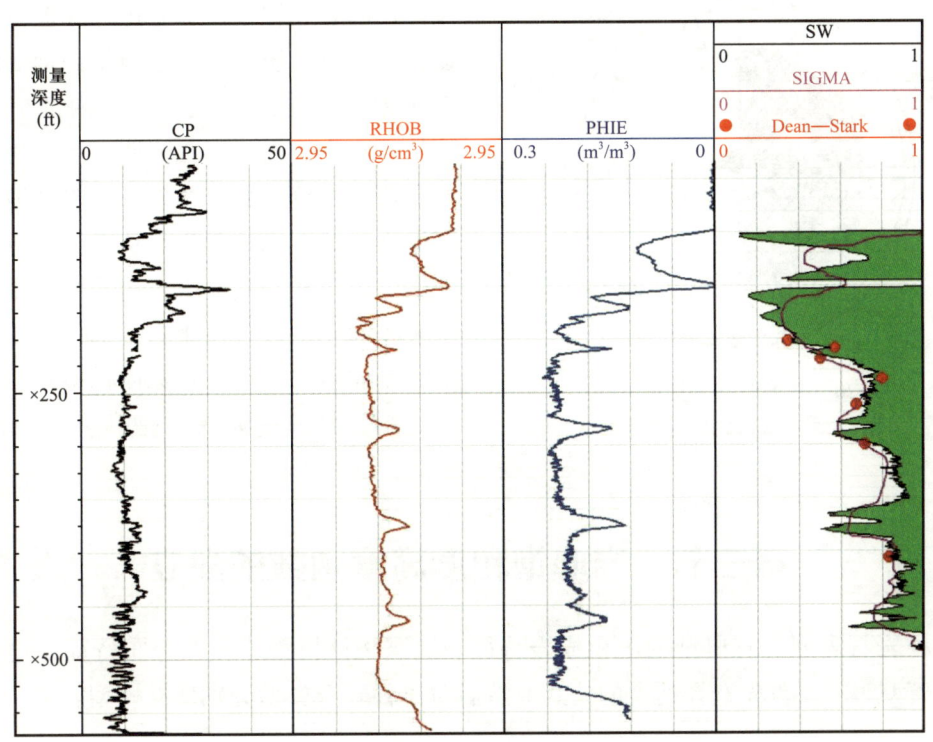

图 3-19 中东地区某油藏 H 井 SIGMA 测量结果

值得注意的是，大量的中东地区碳酸盐岩测井解释表明，在过渡带区域，Dean—Stark 测量和 SIGMA 测量效果均较差。而且残余油带主要测试出水，侵入校正后的结果通常可靠程度低。

五、国内外常用饱和度取心方法

岩心含水饱和度的测定结果可以为测井解释提供关键的信息，但所用岩心的侵入情况对测量结果同样重要。国内一般采用密闭取心的方式使侵入降至最低。取心工作开始前，在井口将取心工具内筒里注满密闭液，内筒下端由销钉固定密封活塞，上端由浮动活塞密封，形成密封腔。取心钻进时，由于钻压的作用，销钉被剪断，密封活塞上行，内筒密封被打开，之后取心钻头接触井底，并迫使密封活塞完全进入内筒。此时内筒里的密闭液开始被挤出，在井底形成保护区。随着钻进，岩心不断形成和增长，推着活塞不断上行。由于内筒上端是密封的，故筒内密闭液只能被进入内筒的岩心所挤压，且只能从内筒环空间隙等体积向外排出，排出的密闭液立即涂抹在岩心柱表面形成保护膜。同时在井底岩心柱周围形成一定范围的保护区，钻井液只通过钻头水眼和外泄水槽循环，在携带岩屑和清洗冷却外唇面，使保护岩免遭钻井液污染的目的得以实现（易贵华等，2008）。

而国外则一般采用海绵取心（Sponge Core）技术进行取心，降低侵入对饱和度测试的影响（图3-20）。海绵取心技术在传统取心筒之上增加了海绵衬套。海绵衬套由油湿（或水湿）的聚氨酯材料制成，有效孔隙度为70%～80%，气测渗透率为2D。从操作过程上来看，海绵取心的处理与标准取心过程相似。在取心过程中，取心进入并被紧紧地包裹在海绵衬套里。当岩心被带到地面时，静水压力下降，溶解气从岩心内部析出，将油从岩心中挤出。实验表明，海绵衬套对原油的捕集十分高效，在岩心上提到地面的过程中不会造成原油漏失。从岩心中析出的原油被收集在海绵衬套中，用于对取心过程中流失原油含量进行校正。分别将岩心和海绵中的原油体积、岩心孔隙体积换算至油藏条件，用于计算原始含油饱和度（Durandeau et al., 1995）。

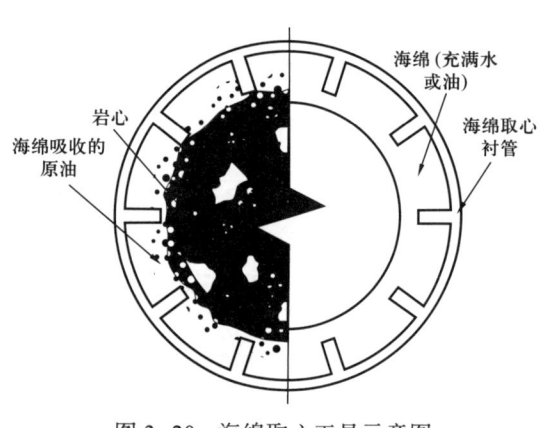

图3-20 海绵取心工具示意图
（据 Durandeau et al., 1995）

第三节 岩心饱和度高度函数的建立

每种岩石类型具有典型的沉积成岩特征、储层物性特征、孔喉分布特征，建立岩心饱和度模型时需要首先选择适合的公式，然后对每种岩石类型分别建立模型。

一、模型公式的选择

1. 常用模型公式

以处理好的毛细管压力曲线为基础，建立岩心饱和度高度函数。

首先对模型公式进行优选，目前建立饱和度高度函数常用公式包括 Lambda 公式、Brooks—Corey 公式、Thomeer 公式、Leverett J 公式和修正的 Johnson 公式等，每种公式参数类型不同，需要根据具体的油藏特征进行选择。

1）Brooks—Corey 公式

Brooks—Corey 公式具体内容如下

$$S_w = S_{wi} + (1 - S_{wi})\left(\frac{p_{ce}}{p_c}\right)^{\frac{1}{N}} \quad (3-16)$$

式中　p_c——毛细管压力；
　　　S_{wi}——与束缚水饱和度相关的拟合参数；
　　　p_{ce}——与排驱压力相关的拟合参数；
　　　N——与孔喉分布、曲线特征相关的拟合参数，对于孔喉分选较好的储层数值大于 2，对于孔喉分选较差的储层，其数值一般小于 2。

不同的孔喉形态使用不同的公式类型。中东地区孔隙型碳酸盐岩一般尾端形态平缓，形态适合用 Brooks—Corey 公式。但当尾端形态过于陡时（尾部下掉），Brooks—Corey 公式难以表征，排除尾部校正的因素后，考虑使用别的公式进行表征（图 3-21）。

2）其他公式

其他常用公式包括 Leverett J 公式、Thomeer 公式、Skelt—Harrison 公式和 Lambda 公式等。

Leverett J 公式具体内容如下

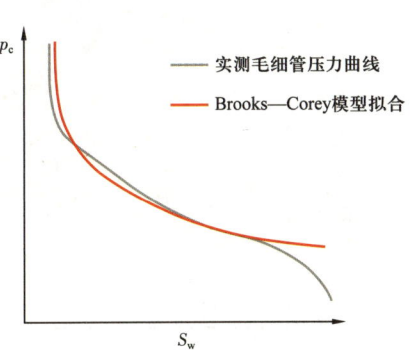

图 3-21　Brook corey 模型拟合示意图

$$S_w = aJ^\lambda + S_{wi} \quad (3-17)$$

$$J = \frac{p_c}{\sigma \cos\theta}\sqrt{\frac{K}{\phi}} \quad (3-18)$$

式中　p_c——毛细管压力；
　　　a，λ，S_{wi}——拟合参数。

Thomeer 公式具体内容如下

$$S_w = S_{wi} + (1 - S_{wi})\left[1 - e^{\left(\frac{G}{\ln\frac{p_{ce}}{p_c}}\right)}\right] \quad (3-19)$$

式中　p_c——毛细管压力；
　　　S_{wi}，p_{ce}，G——拟合参数。

Skelt—Harrison 公式具体内容如下

$$S_w = 1 - A\exp\left[-\left(\frac{B}{h+D}\right)^C\right] \quad (3-20)$$

式中 A，B，C，D——拟合参数。

Lambda 公式具体内容如下

$$S_w = ap_c^{-\lambda} + b \quad (3-21)$$

式中 p_c——毛细管压力；

a，b，λ——拟合参数。

2. 模型公式的选择

建议首先使用不同的公式对毛细管压力样品进行拟合，不作任何修改，计算其误差，从而优选出误差最小的公式。S 油藏计算结果表明 Brooks—Corey 公式的整体误差最低（图 3-22），因此选用其建立模型。

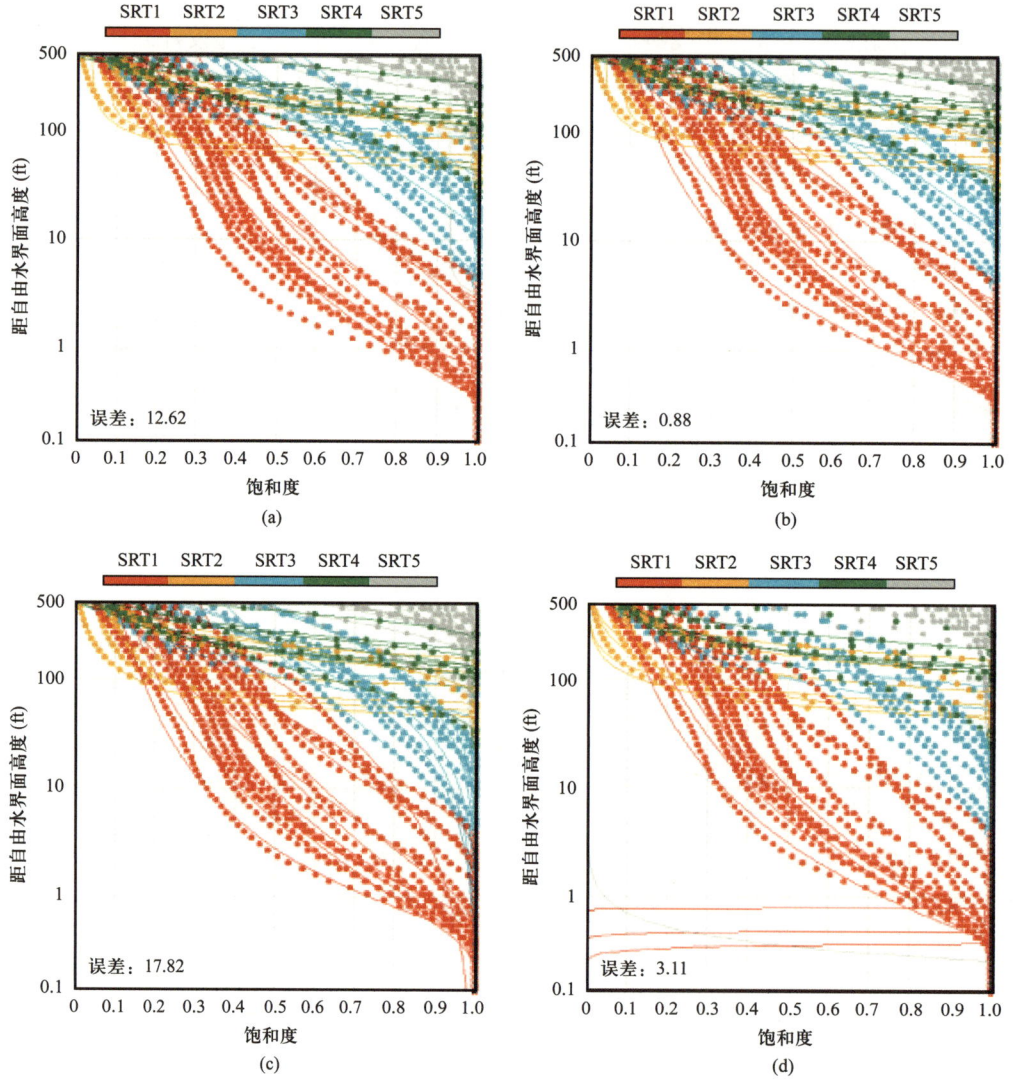

图 3-22　饱和度高度函数公式选择

（a）Lambda 公式拟合效果图；（b）Brooks—Corey 公式拟合效果图；（c）Thomeer 公式拟合效果图；（d）修正 Jonson 公式拟合效果图

需要注意的是，一般情况下对同一油藏，各种岩石类型应该采用相同的公式类型，仅公式中三参数与储层物性参数的关系可以出现变化。

二、油藏流体密度的确定

油藏流体密度包括油藏条件下的气、油、水密度，是饱和度高度函数中毛细管压力项的重要参数，决定了饱和度和高度的函数关系，其数值取值决定了整个研究流程的结果。

需要特别注意流体密度数值取值的代表性，需要和油藏工程人员共同确定。一般根据流体样品 PVT 测试结果或动态模型初始化流体密度场确定油藏流体密度。在静态模型的饱和度高度函数研究中，整个油藏的流体密度一般取单一数值，毛细管压力及含水饱和度据此计算。但在后期的动态模型初始化中，整个油藏将会采用动态模型初始化的流体密度场计算毛细管压力。如果流体密度变化较大，或者动态模型的密度特征与静态模型密度数值差异较大，将会出现静态模型和动态模型毛细管压力差异较大、造成饱和度差异较大、地质储量差异较大的情况，造成了研究的不确定性。

三、岩心饱和度高度函数的建立

1. 拟合范围优选

岩心饱和度高度函数模型的毛细管压力项（纵坐标）有 4 种常见的显示方式，主要为 $p_{c_{lab}}$、$p_{c_{IFT}}$、$p_{c_{res}}$ 和高度。一般情况下，对毛细管压力曲线进行完整拟合，选择对数坐标，以 $p_{c_{IFT}}$ 为显示对象（纵坐标），线性坐标与对数坐标结合，判断拟合效果。有时也以高度作为显示对象，可以对照分析已知油藏流体分布特征，从而更加直观地建立模型。

如果毛细管压力曲线形态复杂导致拟合较差，可以考虑仅使用油藏高度范围内的毛细管压力测量结果进行拟合。例如，测量的毛细管压力曲线整体呈双模态或多模态特征时，用常规单孔隙结构模型拟合效果差，但其在油藏高度范围内仅有单模态特征时，仅需使用单模态模型拟合油藏高度范围内的毛细管压力曲线，无须考虑油藏高度以外的曲线特征。在岩心饱和度高度函数拟合时，根据油藏高度，将肯定在对应油藏高度之外的对应的毛细管压力曲线去掉，或者不参与拟合，这些毛细管压力曲线对饱和度模型没有意义，但会影响到整体拟合效果。例如中东地区 Mishrif 油藏，压汞法毛细管压力测量结果显示近 60% 的样品表现为双模态特征。但在油藏高度范围内，绝大多数样品为单模态特征，仅极少数样品为双模态。岩心饱和度高度函数拟合结果纵坐标用高度展示，采用线性坐标，展示范围稍大于油藏构造高度最大值即可。例如南海 C 油藏，其油藏高度小于 30m，因此在建立岩心饱和度模型时，无须考虑 30m 之上的毛细管压力曲线，虽然曲线本身为双模态特征，但这里只需用普通单一孔隙结构进行拟合即可（图 3-23）。由于拟合过程较为复杂，不轻易用双模态模型。

2. 岩心样品的选择

在研究中，以 Brooks—Corey 公式为例，分岩石类型，对每一条毛细管压力曲线进行拟合（图 3-24），并同时标注拟合质量及样品质量，为之后剔除低质量样品、建立模型提供基础。高质量的样品是建立高质量模型的前提。

（1）观察曲线形态、p_{ce} 和 S_{wi} 与物性的关系，删去 p_c 曲线形态和对应物性关系明显错乱的样品，例如图 3-25（a）中样品 31，p_c 曲线显示大孔喉、好物性，但是实测物性相比较低；删去曲线形态明显不合理的样品，例如在 S 油藏，毛细管压力曲线普遍尾端平缓，则毛细管压力曲线明显呈直线状斜着下来的样品一般测量存在问题，需要分析原始报告，找出原因，必要时删去，如图 3-25（b）中红色圆圈标记的曲线。

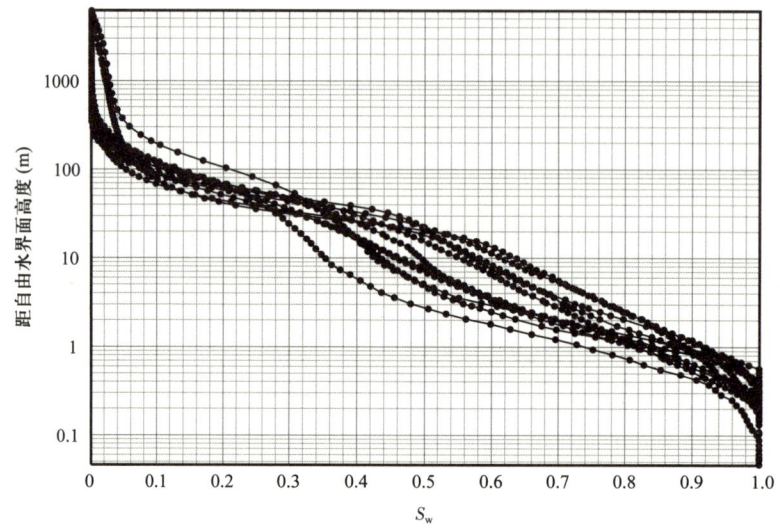

图 3-23 复杂形态毛细管压力曲线实例

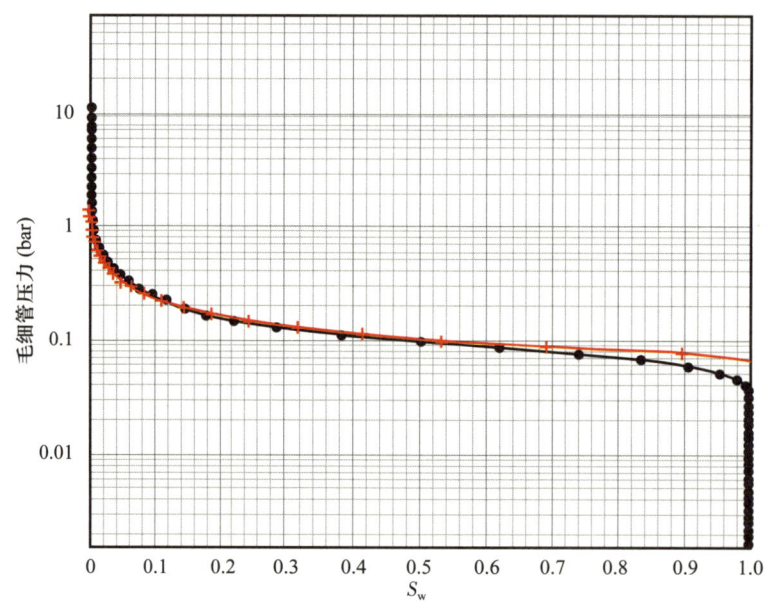

图 3-24 毛细管压力曲线拟合
黑色曲线为岩心测量毛细管压力数据，红色为模型拟合结果

（2）在选择参与建模的毛细管压力样品时，注意样品物性分布均匀。如果样品集中于高物性一侧或样品集中于低物性一侧，样品组合涵盖的物性范围较为片面，其余部分

全靠插值，难以实现对岩石类型全部物性范围的准确表征，结果不确定性均较大，而高物性和低物性分布均匀的毛细管压力样品组合更容易实现对岩石类型全部物性范围的准确表征（图3-26）。

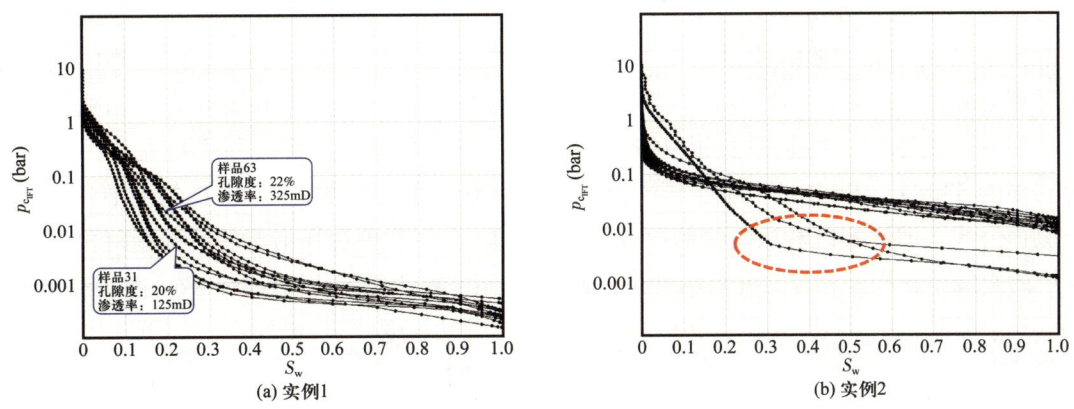

图3-25 毛细管压力曲线质量控制实例

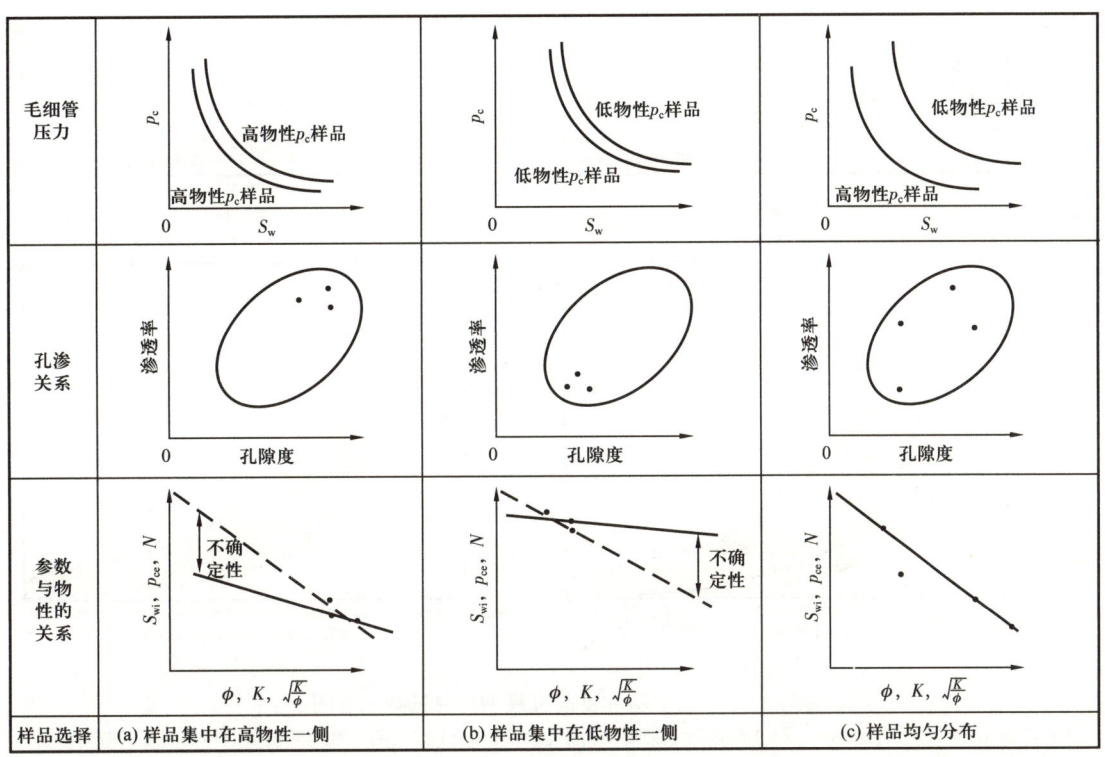

图3-26 饱和度高度模型拟合样品选择示意图

（3）在模型拟合中，有些明显拟合不上的毛细管压力曲线是孔渗异常导致的拟合不好，是可以去掉的。其他情况则不能轻易去掉，例如边界物性对应的毛细管压力曲线，否则会引起地质模型内毛细管压力曲线中 S_w—HAFWL 的关系存在较大偏差。在分岩石类型制作毛细管压力曲线拟合结果图时，一般为展示实测毛细管压力曲线和模型对比良好，有可能会去掉一些拟合不好的实测毛细管压力曲线。但要慎重，下文举例说明。图3-27（a）这一根模型曲线（94mD样品）明显拟合较差，以为是该处样品实测孔隙度、渗透率数值异常造成的模型结果偏差，成图时将其去掉，结果用该饱和度高度模型公式在地质模型中计算含水饱和度场时，该位置仍然存在，与所展示的毛细管压力曲线特征不一致（图3-27c）。经核实，该毛细管压力样品物性对应该类岩石类型最大物性，即边界物性，数学模型算出来的毛细管压力曲线范围基本代表模型边界结果，这根由饱和度高度模型公式计算的曲线就是地质模型中对应关系的边界（图3-27c）。该边界曲线对应渗透率为94mD，而邻近的渗透率为53mD、60mD的毛细管压力曲线与其形态相近，所以毛细管压力曲线，特别是这根94mD的曲线一直拟合较差。解决办法是先弃用邻近的渗透率为53mD、60mD的毛细管压力曲线，然后选用这条渗透率为94mD的毛细管压力曲线拟合公式，即可实现对该曲线的拟合（图3-27c）。拟合好边界形态后，出图时再把这些弃用的曲线重新用模型计算并展示即可，修改后新结果与地质模型结果一致（图3-27d）。

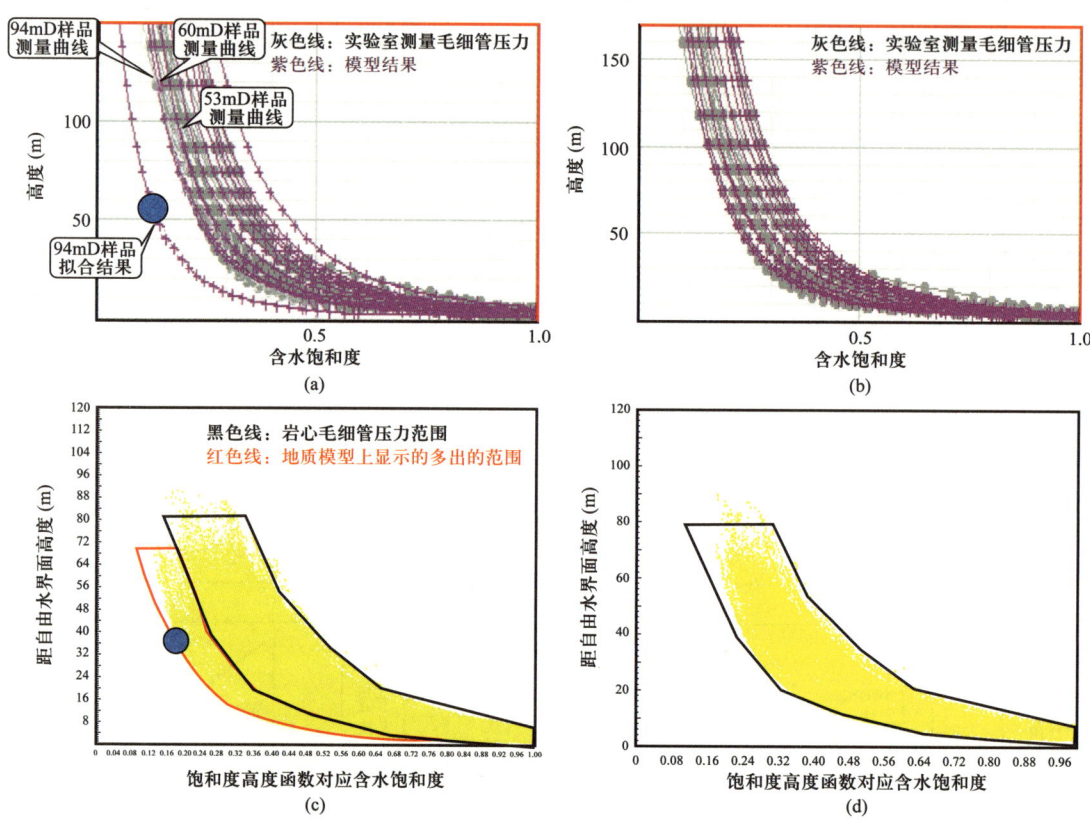

图3-27 岩心饱和度高度模型样品选择示意图

（a）修改前毛细管压力拟合结果；（b）修改后毛细管压力拟合结果；（c）修改前三维地质模型饱和度函数对应含水饱和度模型 S_w—HAFWL 交会图；（d）修改后三维地质模型饱和度函数对应含水饱和度模型 S_w—HAFWL 交会图

3. 岩心饱和度高度函数拟合

在完成毛细管压力曲线的处理和模型公式的选择后，可以据此建立岩心饱和度高度函数。

1）岩石物性参数优选

可根据研究区地质特征和资料情况，选择以孔隙度、渗透率或孔渗参数 sqrt(K/ϕ)

为基础建立模型。分岩石类型绘制模型参数交会图，包括 S_{wi}、p_{ce} 和 N 与孔隙度、渗透率或孔渗参数的关系。在选择时，优选标准除了模型拟合误差最小外，需确保 S_{wi}、p_{ce} 和 N 与物性参数之间具有合理的相关关系，即随着储层物性变好，S_{wi} 和 p_{ce} 具有降低的趋势，而对 N 的趋势则一般不做要求（图3-28）。

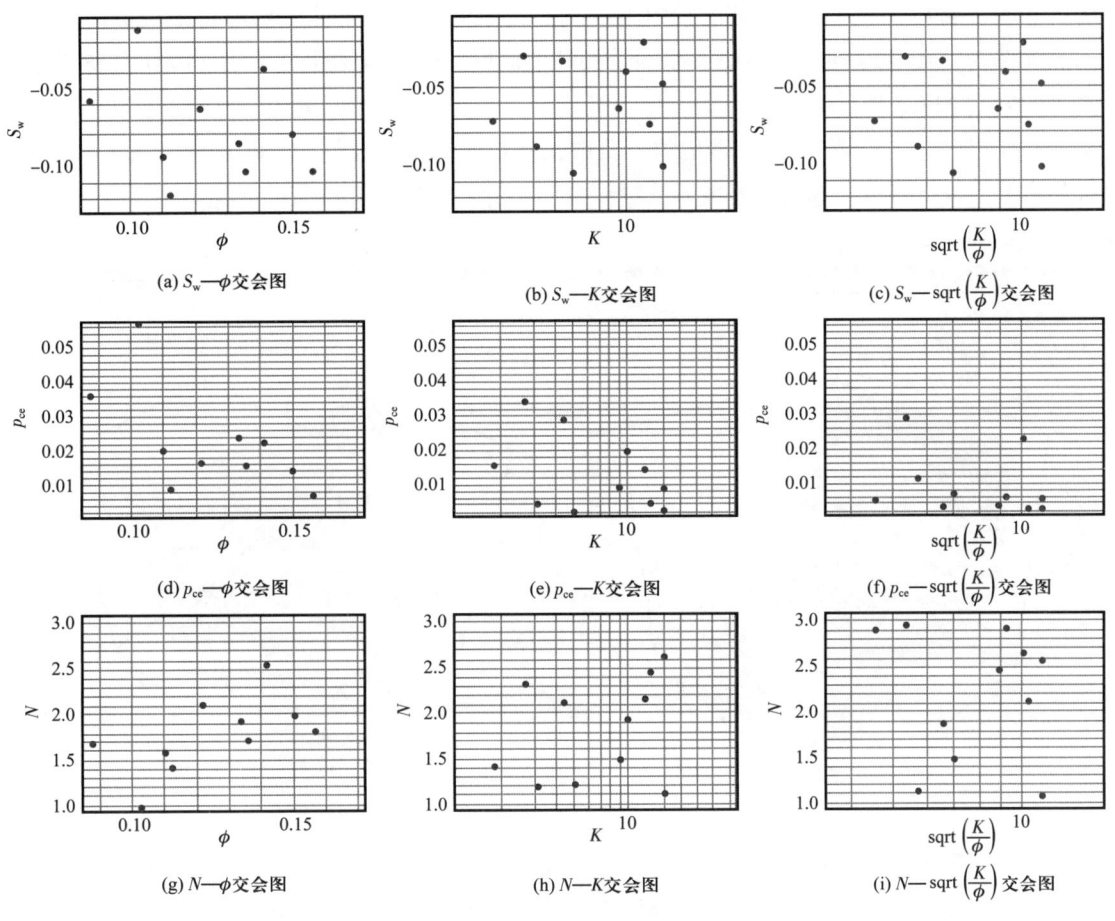

图3-28 岩石物性参数优选

尽量选择简单的公式关系，一般物性参数选择孔隙度，方便后面的储量不确定性分析，以及新井饱和度高度函数拟合（孔隙度解释好获取，但是渗透率解释比较困难）。但当仅使用孔隙度参数无法表征毛细管压力曲线随储层物性的变化时，特别是存在高渗层，部分毛细管压力曲线孔隙度中等，但渗透率较高，仅使用孔隙度会造成毛细管压力曲线低估的情况，需要将渗透率纳入物性参数中，在后面的静态模型不确定性分析中考虑渗透率即可。例如，建立 Brooks—Corey 模型时，建议 S_{wi} 与孔隙度建立关系，p_{ce} 与渗透率建立关系，而对 N 一般不做要求。

2）三参数公式类型的选择

三参数拟合中，常见的数学关系为线性关系、对数关系、幂关系、指数关系以及常数等。实际上拟合的是三参数与储层物性的关系式。一般根据饱和度高度函数的拟合效果优选公式类型。

岩心饱和度高度函数需要涵盖岩心和测井数据所显示的全部储层物性范围。储层物性范围内（包括所有岩心数据和测井数据的孔渗范围，而不仅是 MICP 样品范围内）p_{ce} 不要出现负值，否则算不出 S_w。虽然线性的关系更加容易控制形态，但当出现饱和度高度函数无法计算饱和度结果时，一般 p_{ce} 存在问题，其公式关系可改用幂关系或指数关系表达。如图 3-29（a）所示，孔隙度数值增加到一定数值后再增加时，p_{ce} 即将出现负值，此时无法计算 S_w。出现这种情况的根本原因是测井上储层的孔渗范围超过了建立饱和度高度函数使用的岩心 MICP 样品的孔渗范围，导致基于岩心数据建立的饱和度高度函数在测井域上的非岩心孔渗区间内计算出的 p_{ce} 是负值，所以无法得出结果。在另一个实例中考虑了该现象，对公式关系进行修改，选用了幂关系，结果显示不存在无法计算数值的情况（图 3-29b）。

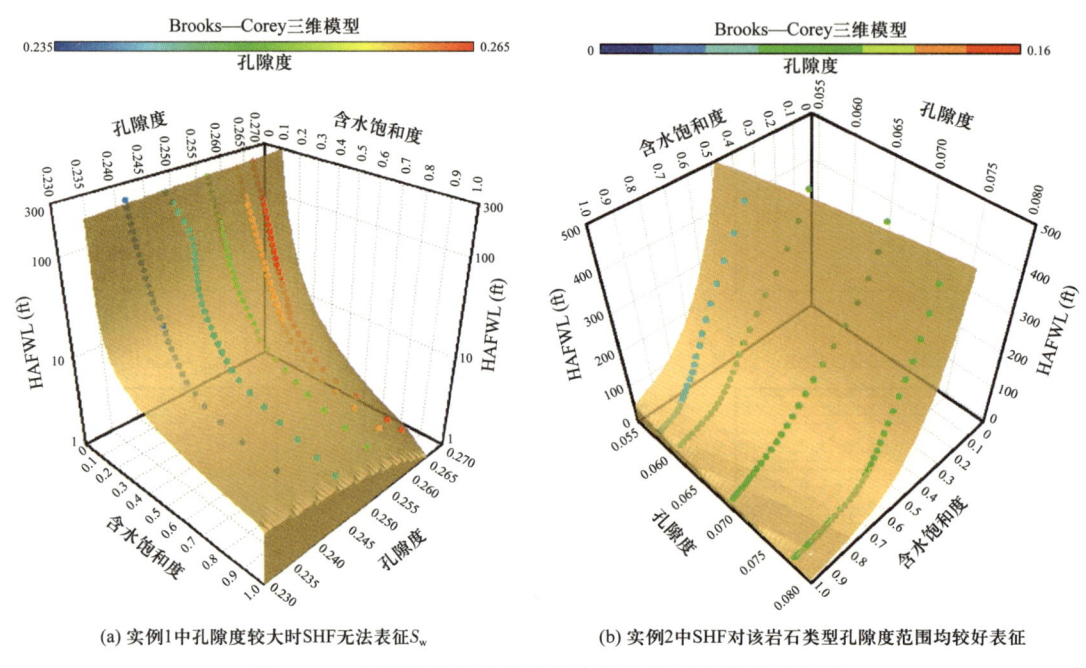

(a) 实例1中孔隙度较大时SHF无法表征S_w　　(b) 实例2中SHF对该岩石类型孔隙度范围均较好表征

图 3-29　储层边界物性位置岩心饱和度高度模型示意图

3）模型拟合注意事项

（1）拟合前需要明确各参数的含义。以 Brooks—Corey 公式为例，N 值决定模型曲线形态，数值越小模型曲线越往下凹，N 值越大模型曲线越往上翘；p_{ce} 数值决定模型曲线尾端形态的高低；S_{wi} 数值代表束缚水特征，决定模型曲线上部至顶部的左右位置。

（2）模型拟合尽量不要出现断点及模型曲线被截掉的情况，原因一方面可能为尾部校正没做好；另一方面可能为模型公式计算的 p_{ce} 低于毛细管压力测量的 p_{ce} 的最低值，此种情况下需要重点关注 p_{ce} 的拟合，必要时可调整公式的三参数函数类型，重新拟合。

（3）注意三参数与储层物性的关系图，这显示了公式的最终情况，结果必须展示，应该满足随着储层物性变好，S_{wi} 和 p_{ce} 具有降低的趋势，而对 N 的趋势则一般不做要求。三参数公式中斜率主要负责不同储层物性对应的含水饱和度范围和含水饱和度数值，斜率越大，变化范围越宽，特别对于 p_{ce}（图 3-30）。截距直接影响数值。一般情况下，p_{ce} 数值越大，S_w 数值越大；N 数值越大，模型曲线越上凸，S_w 数值越大。

（4）对同一套毛细管压力数据，可以存在不同的参数组合都拟合较好的情况，例如三参数为大斜率和小截距的组合，或者小斜率和大截距的组合，均可以实现相同程度的拟合。具体哪个组合合理，需要以 MICP 结果为主，参考 Archie 拟合结果、地质认识和测井解释进行选择。对于 p_{ce} 而言，大斜率组合对应参数变化大，因此 p_{ce} 数值范围宽，在 S_w—HAFWL 交会图上对应较宽的范围（图 3-30a），小斜率组合与之相反（图 3-30b）。对于 S_{wi} 而言，大斜率组合对应 S_{wi} 参数变化大，因此数值范围宽，表现为在 S_w—HAFWL 交会图上对应较宽的范围，但其对交会图上范围的控制程度远小于 p_{ce}（图 3-30c）。

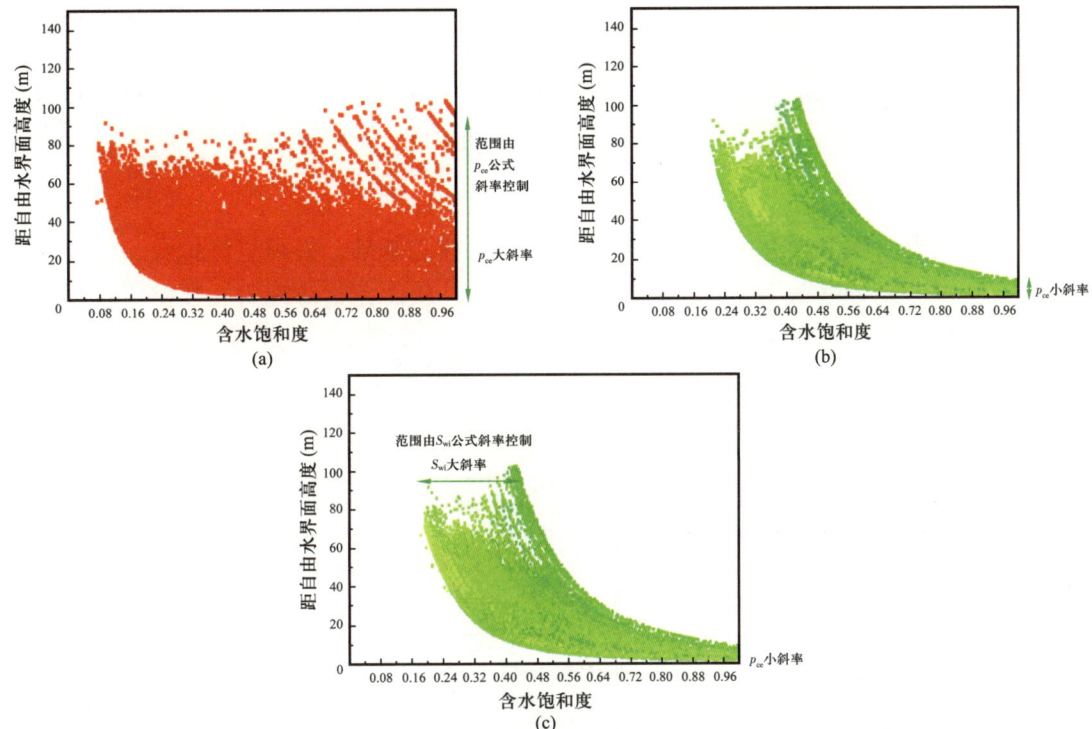

图 3-30　不同饱和度高度函数截距和斜率对含水饱和度模型控制示意图
（a）公式中 p_{ce} 斜率大时对应三维地质模型的含水饱和度与距自由水界面高度的关系；（b）公式中 p_{ce} 斜率小时对应三维地质模型的含水饱和度与距自由水界面高度的关系；（c）公式中 S_{wi} 斜率大时对应三维地质模型的含水饱和度与距自由水界面高度的关系；（b）、（c）中浅绿色代表孔隙度高值，深绿色代表孔隙度低值

（5）根据三参数与储层物性的关系图、不同物性下饱和度高度函数与测井解释饱和度结果差异（低孔隙度下 S_w 拟合不好等），针对性地调整公式。

（6）公式中 S_{wi} 为负值没有关系，因为压汞法毛细管压力测试一般最终压汞压力极高，束缚水测试不准，没有参考价值，而且一般油藏也到不了那么高的高度，关键看油藏高度下各个岩石类型的 S_{wi} 随储层特征变化是否合理。

（7）数据不足的时候，用测井解释饱和度去校正岩心饱和度高度函数，而不是反过来。

（8）岩心饱和度高度模型拟合曲线尽量不要相互交叉，否则分岩石类型做出的 S_w 和 HAFWL 关系图件也会交叉，导致不合理。

（9）单个岩石类型一定具有相近的毛细管压力特征，即排驱压力曲线形态和束缚水饱和度特征相近，整体差异别太大，否则饱和度高度函数难以完全拟合，而且此时的毛

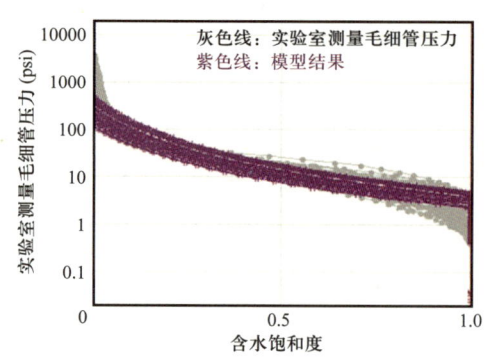

图 3-31 复杂岩石类型毛细管压力（两种岩石物理分类合并而成）模型拟合示意图

细管压力模型无法代表全部的毛细管压力样品，对后面以其为基础的饱和度表会造成影响，从而对数值模拟造成影响。

（10）出现一个岩石类型的毛细管压力曲线细看起来包含几种形态的情况，其可能由于该岩石类型为几种岩石物理分类合并而来，这时不用纠结把每一种形态细分，只需要用模型把整个岩石类型毛细管压力的范围涵盖起来即可，如图 3-31 所示，其也可体现该岩石类型对应的整体毛细管压力特征，即饱和度和高度的关系。

4）拟合结果评价

毛细管压力曲线是岩心饱和度高度函数模型的核心基础，必须整体拟合，让建立的饱和度高度模型充分覆盖毛细管压力测试样品数据，从而完整体现岩心数据所包含的饱和度和高度的关系（图 3-32）。同时可以逐根曲线观察拟合情况，避免出现整体上看起来拟合很好，但单根曲线每一根都差异很大的情况，由于 Brooks—Corey 公式以物性参数为函数计算毛细管压力曲线，该情况可能原因是毛细管压力曲线和对应的物性参数不符合。

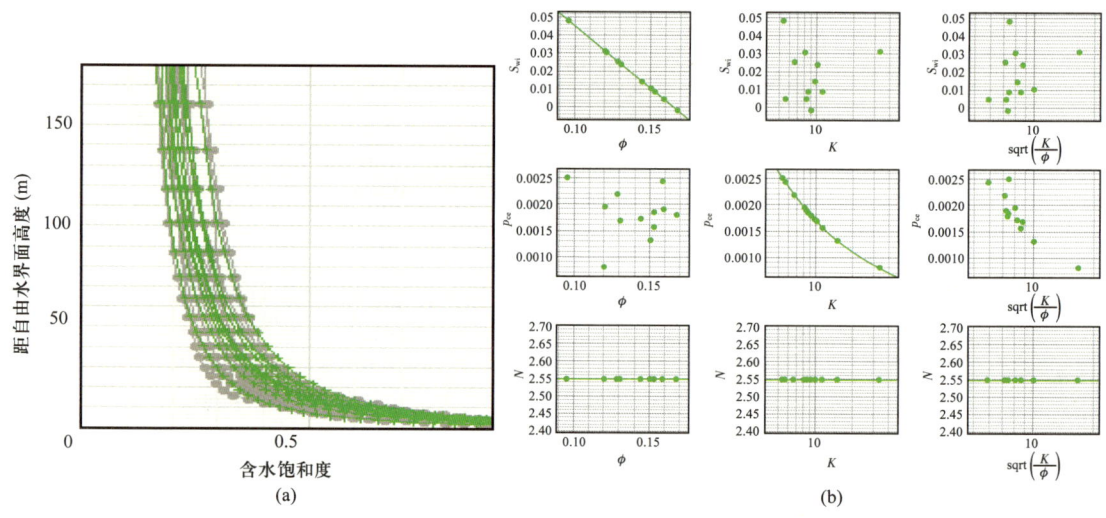

图 3-32 岩心毛细管压力拟合较好示意图
（a）某岩石类型毛细管压力曲线拟合结果，其中灰色曲线为实验室测量毛细管压力，绿色曲线为模型结果；（b）对应的三参数与储层物性的关系图

对于同一岩石类型，相同样品不同公式可实现相同程度拟合（图 3-33a），选择不同的样品组合，对应不同的公式也可以实现相同程度的拟合（图 3-33b、c）。总体上，同一组毛细管压力测量数据可以研究得出多个饱和度高度函数公式，需要根据测井解释饱和度、试油、MDT、SIGMA、Dean—Stark、饱和度测井，甚至三维饱和度模型（以得出的饱和度高度函数公式为基础建立）等数据判断哪个公式更为合适。

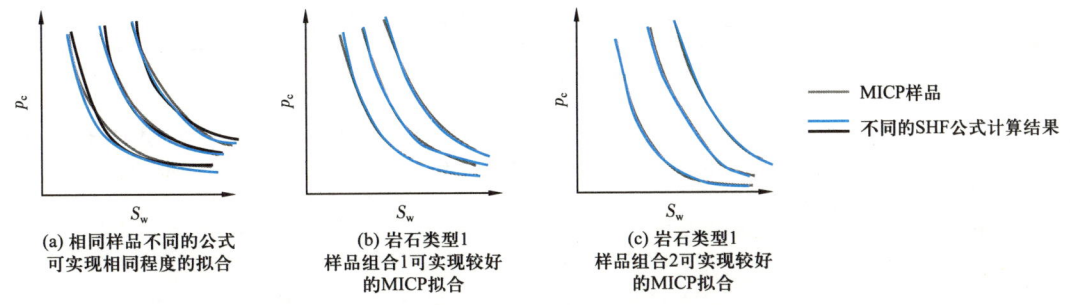

图 3-33 岩心饱和度高度函数拟合示意图

图 3-34 为中东地区 L 碳酸盐岩油藏岩石类型 3 的毛细管压力拟合结果，由图 3-34 可见对应该岩石类型，4 种饱和度高度函数对应不同的样品选择结果，均可实现较好的拟合，分别对应 4 个 SHF 公式（表 3-4），以及 4 个单井饱和度高度函数结果（图 3-35、图 3-36）。具体选用哪个公式取决于测井解释含水饱和度的拟合，以及对油藏的静态、动态认识。

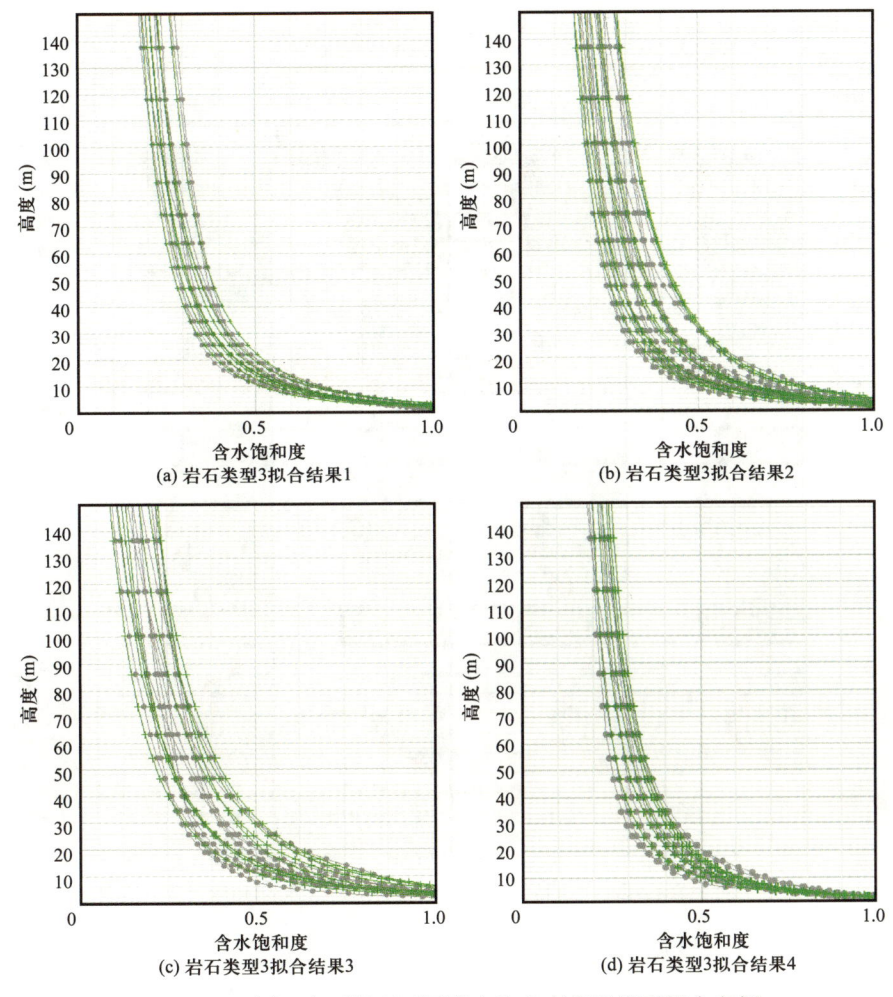

图 3-34 同一岩石类型不同岩心饱和度高度模型拟合实例
灰色曲线为原始曲线，绿色曲线为模型拟合曲线

表3-4 图3-34中不同模型对应的饱和度高度函数公式

序号	饱和度高度函数公式（Geolog软件）
1	SW = min（1，max（0，（0.145233 − 0.64539 * POR）+（1 −（0.145233 − 0.64539 * POR））* pow（（（0.0078353 * pow（PERM，−0.60954））/（HAFWL * 0.3048 *（1.09 − 0.61）* 0.0980665 *（1.0 /（30 * 0.866））），1 / 2.58953）））
2	SW = min（1，max（0，（−0.445827 − 0.649204 * log10（POR））+（1 −（−0.445827 − 0.649204 * log10（POR）））*（（0.00280711 * pow（PERM，−0.206531））/（HAFWL * 0.3048 *（1.09 − 0.61）* 0.0980665 *（1.0 /（30 * 0.866））））**（1.0 /（−1.67815 + 25.5995 * POR））））
3	SW = min（1，max（0，（−1.70049 − 1.9081 * log10（POR））+（1 −（−1.70049 − 1.9081 * log10（POR）））*（pow（10，−2.13427 − 0.0759571 * PERM）/（HAFWL * 0.3048 *（1.09 − 0.61）* 0.0980665 *（1.0 /（30 * 0.866）））**（1.0 /（201.806 * pow（POR，2.15429）））））
4	SW = min（1，max（0，（0.404133 − 3.08759 * POR）+（1 −（0.404133 − 3.08759 * POR））*（（0.0230983 * pow（PERM，−1.21744））/（HAFWL * 0.3048 *（1.09 − 0.61）* 0.0980665 *（1.0 /（30 * 0.866））））**（1.0 / 3.04843）））

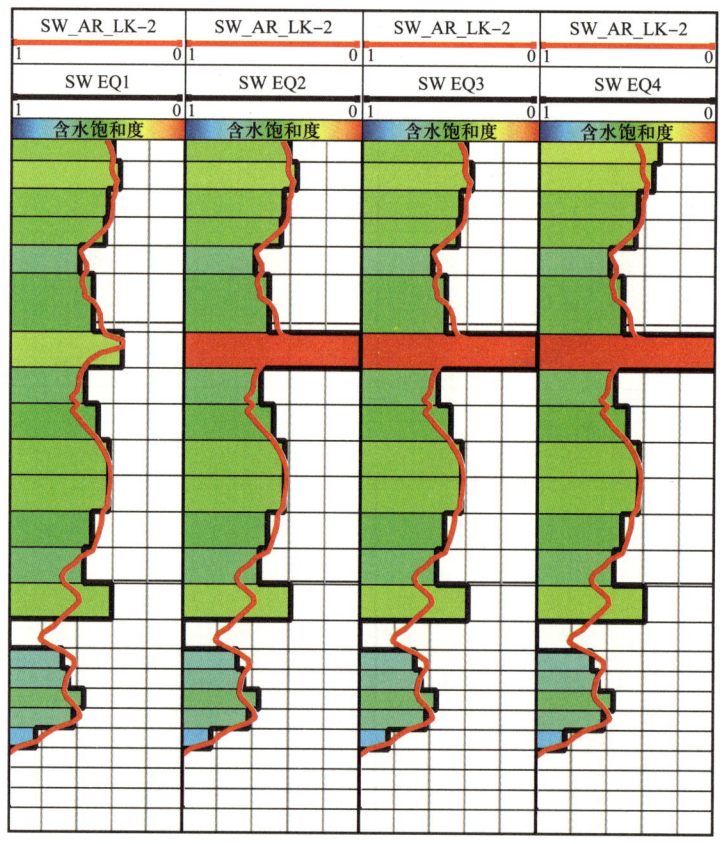

图3-35 同一岩石类型不同岩心饱和度高度模型含水饱和度计算结果对比

图3-37为岩心毛细管压力拟合质量较好示意图，可见各模型均可以较好地体现岩心毛细管压力特征，在排驱压力、束缚水饱和度和整体形态方面效果均较好。

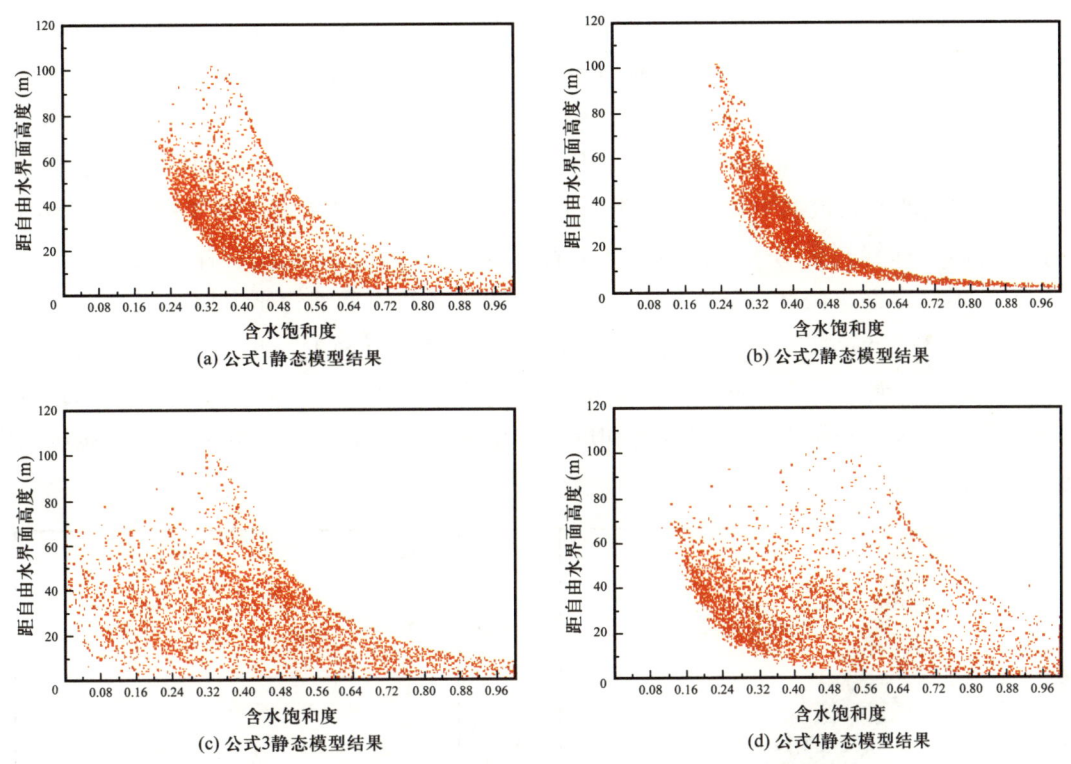

图3-36 同一岩石类型不同岩心饱和度高度模型三维地质模型中含水饱和度与距自由水界面高度的关系对比

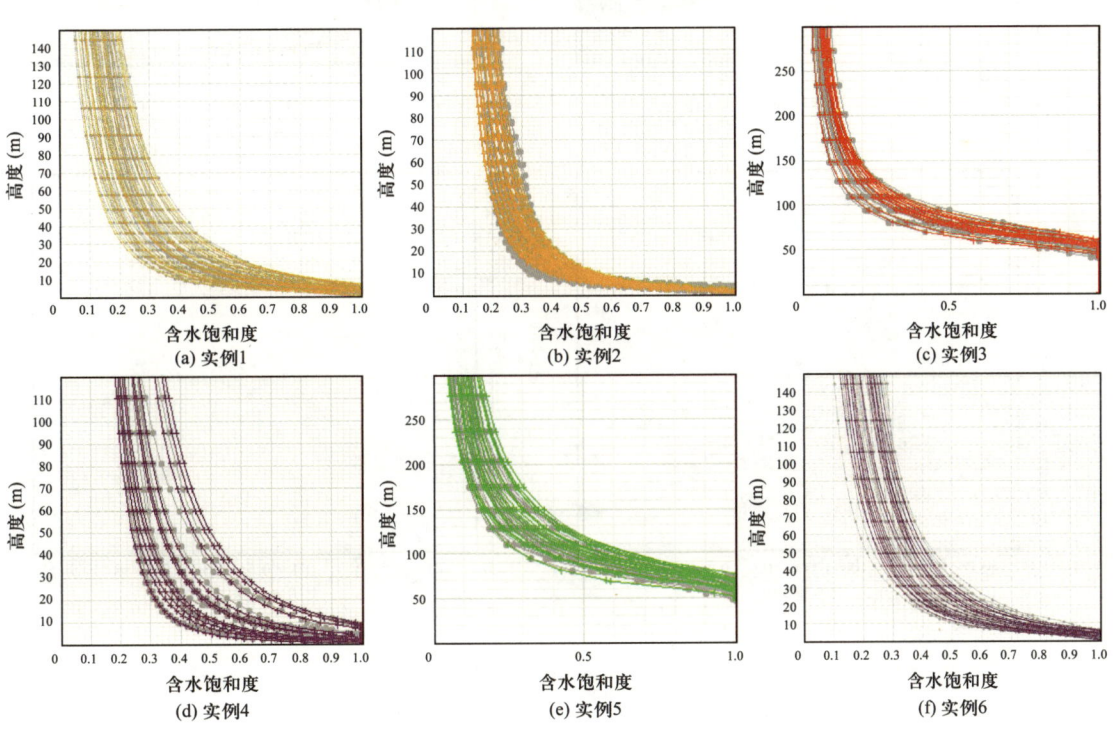

图3-37 岩心毛细管压力拟合质量较好示意图
灰色曲线为原始曲线，其他颜色线为拟合结果

图 3-38 为岩心毛细管压力拟合质量一般示意图，虽然各模型均可以体现岩心毛细管压力特征，但在排驱压力、束缚水饱和度和整体形态方面均存在一定的小问题。在对比测井解释饱和度和其他验证条件，证实可以达到质量要求后仍然可以使用。图 3-38（a）虽然整体可体现毛细管压力曲线特征，但在含水饱和度 30%～70% 区间明显存在形态的不一致，且岩心测量数据中较低的排驱压力部分也没有很好的表征。图 3-38（b）为高渗层毛细管压力曲线拟合结果，虽然整体上看拟合效果可以，但其检验样品数据较少，具有一定的不确定性，而且在含水饱和度 15%～70% 区间内毛细管压力拟合成果仍有改善空间。图 3-38（c）和图 3-38（d）为致密层，一般测量样品少，通过质量控制后的有效样品更少，毛细管压力测量曲线本身质量较差，但目前的模型只能实现这种程度的拟合，其不确定性较大，在测井解释含水饱和度拟合中一般还需要较长时间的调整才能达到模型质量控制要求。

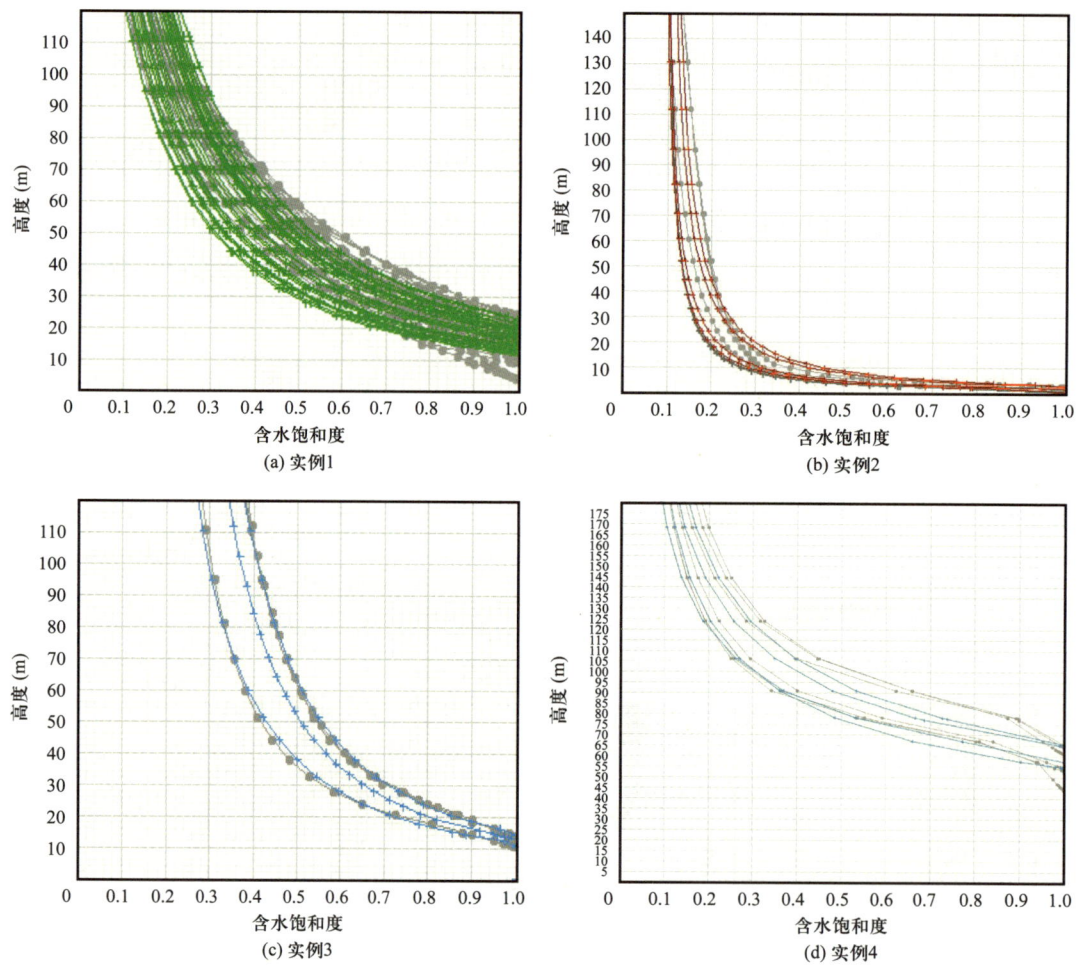

图 3-38 岩心毛细管压力拟合质量一般示意图
灰色曲线为原始曲线，其他颜色线为拟合结果

图 3-39 为岩心毛细管压力拟合质量较差示意图，模型一般在排驱压力、束缚水饱和度和整体形态方面存在问题。即使与测井解释饱和度拟合较好，由于背离了岩心实测数

据，仍然不推荐使用。图3-39（a）中为了测井曲线拟合效果，选择样品过少，且排驱压力拟合较差，无法体现岩心毛细管压力特征。图3-39（b）和图3-39（c）中为了拟合效果，特意让模型集中于毛细管压力曲线测量结果的下半部分，岩心饱和度高度模型未能体现岩心毛细管压力曲线的全部特征。图3-39（d）中虽然岩心饱和度高度模型覆盖范围较宽，但可以明显看出模型高物性部分并无岩心毛细管压力数据支持，外推过远，而且排驱压力方面未能体现高排驱压力样品特征。图3-39（e）中饱和度高度模型未能体现岩心毛细管压力曲线的全部特征，在高物性部分外推过远，排驱压力方面未能体现高排驱压力样品特征。图3-33（f）中模型排驱压力过高，未能体现岩心样品特征。图3-39（g）和图3-39（h）中岩心饱和度高度模型覆盖范围较宽，完全覆盖了岩心毛细管压力，但可以看出其在高物性部分和低物性部分均外推过远，S_{wi}明显与岩心样品存在差异。图3-39（i）中模型高物性部分并无岩心数据支持，外推过远，与岩心毛细管压力数据存在较大差异。

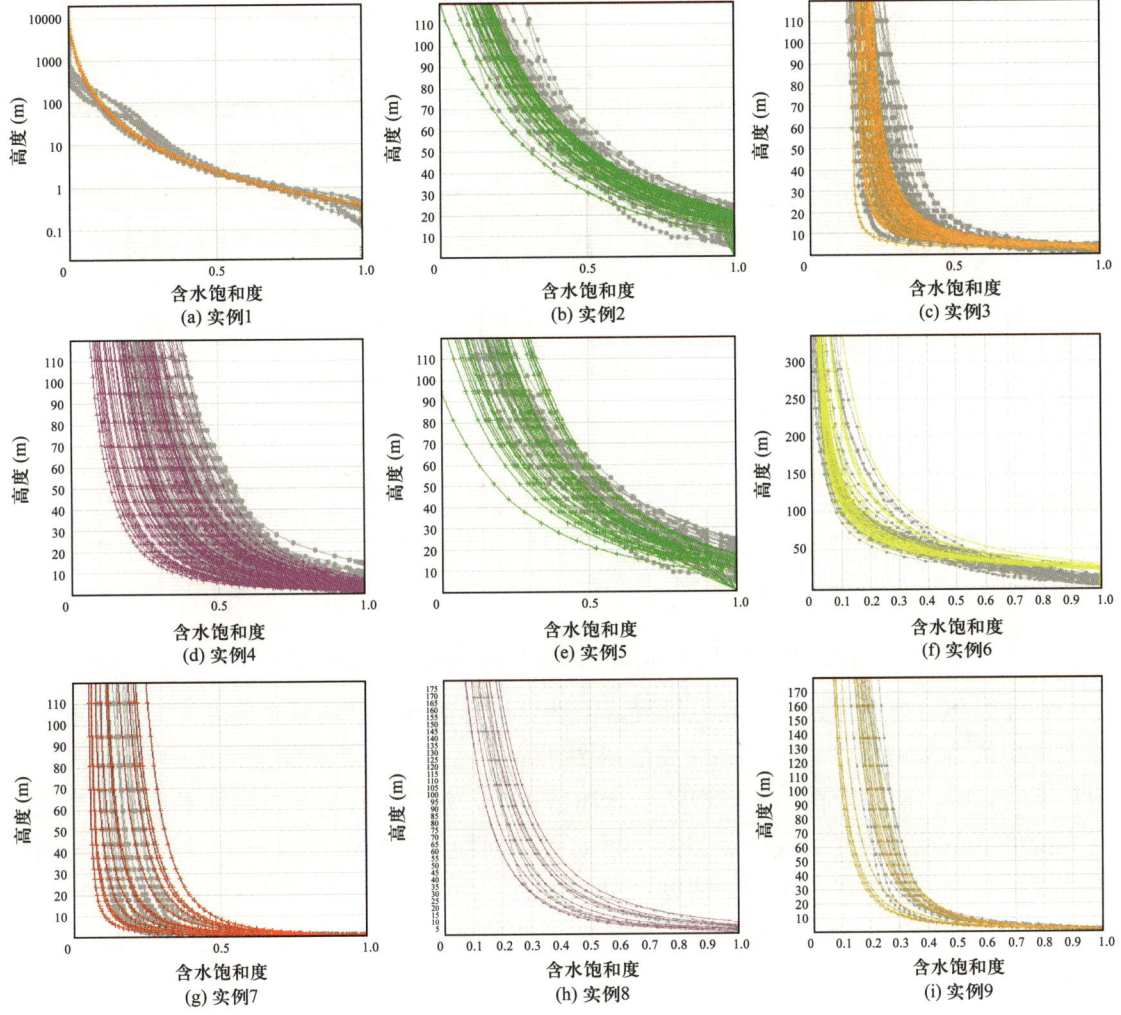

图3-39 岩心毛细管压力拟合质量较差示意图
灰色曲线为原始曲线，其他颜色线为拟合结果

可以制作饱和度高度函数剖面（Saturation Height Function Profile），对模型进行质量控制。图3-40展示了常见的问题，图3-40（a）中模型覆盖范围过窄，与岩心数据存在显著差异。图3-40（b）中模型高物性部分的束缚水饱和度过低，需要结合岩心数据分析是否合理。图3-40（c）中模型高物性部分的束缚水饱和度过低，甚至在一定高度上直接为0，而且渗透率为1mD和5mD的曲线相互交叉，需要结合岩心数据分析是否合理。图3-40（d）中模型束缚水饱和度与物性呈现非线性关系，需要与岩心数据对比分析，核实合理性。

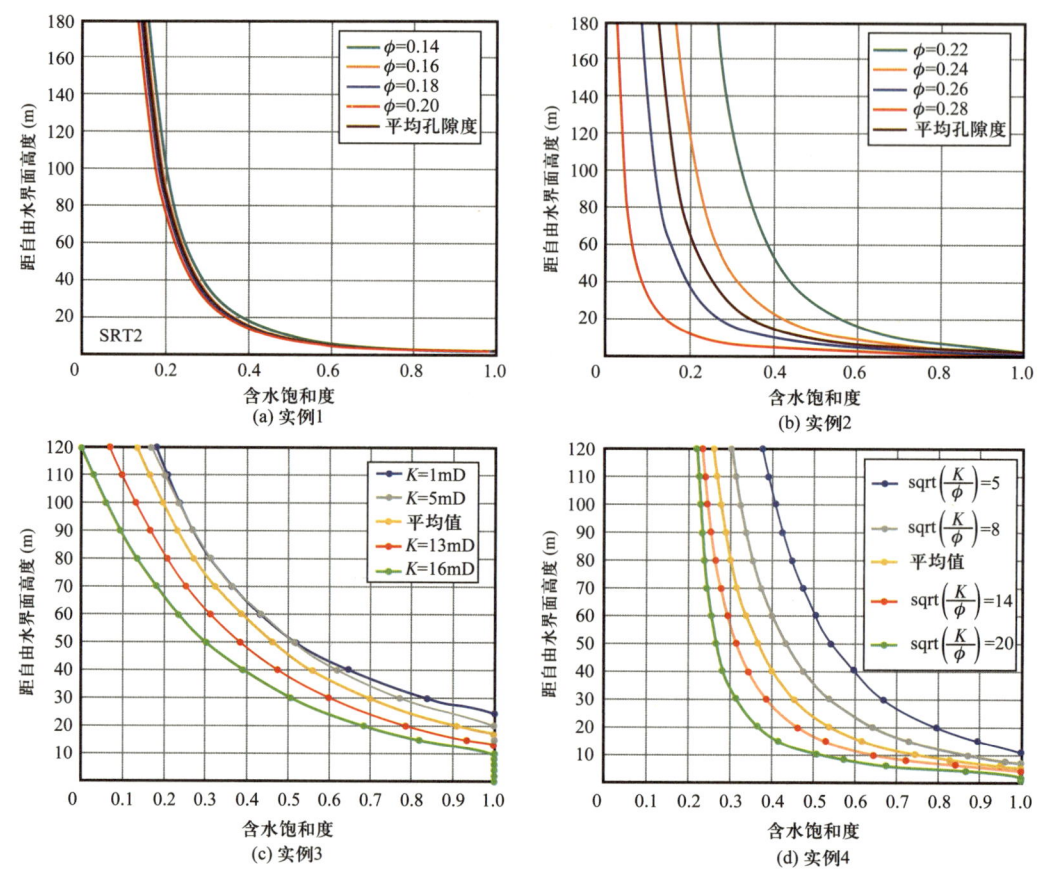

图3-40 制作饱和度高度函数剖面对模型进行质量控制

岩心饱和度高度函数模型应尽量覆盖毛细管压力曲线样品的整个区域。一般情况下，静态模型的含水饱和度根据饱和度高度函数求取，已经充分考虑储层性质的变化对含水饱和度的影响。而一般在动态模型的平衡初始化中，每种岩石类型仅根据平均储层物性，对应给出一条毛细管压力曲线。当一个岩石类型对应储层物性范围较窄时，动、静态模型含水饱和度一般差异不大，地质储量基本吻合。但当一种岩石类型对应储层物性范围较宽时，一种岩石类型对应单一的毛细管压力曲线难以反映复杂的储层性质，静态模型含水饱和度与平衡初始化含水饱和度可能出现较大差异，从而造成地质储量的差异。这时一般选择在动态模型中对岩石类型细分小类，每种细分岩石类型分别给出对应的毛细管压力曲线，这样静态模型中的一个岩石类型在动态模型中可以对应多条毛细管压力曲线，进而提高动、静态模型的含水饱和度符合度，保证动、静态模型的一致性。如果在建立饱和度高度函数时，模型对实测毛细管压力曲线样品拟合不好，或者有的实测毛细管压力曲线区域没有覆盖到，则不仅静态模型会出现问题，也可能造成以其为基础的动态模型毛细管压力输入曲线代表性差，导致初始化出现问题。

图 3-41 为 S 油藏 5 种岩石类型的岩心饱和度高度函数。结果表明，对于不同的岩石类型，同一油柱高度下，随着储层物性变差，其含水饱和度逐渐升高。SRT1 和 SRT3 为内缓坡沉积环境下主要的岩石类型，以颗粒岩为主，由 SRT1 至 SRT3 储层物性逐渐变差，相同油柱高度下含水饱和度逐渐增大。SRT2 和 SRT4 为潮坪沉积环境下主要的岩石类型，以白云岩化的泥质岩为主；由 SRT2 至 SRT4 储层物性逐渐变差，相同油柱高度下含水饱和度逐渐增大。另外，对于同一种岩石类型，随着储层物性变差，孔隙度减小，其含水饱和度逐渐升高。

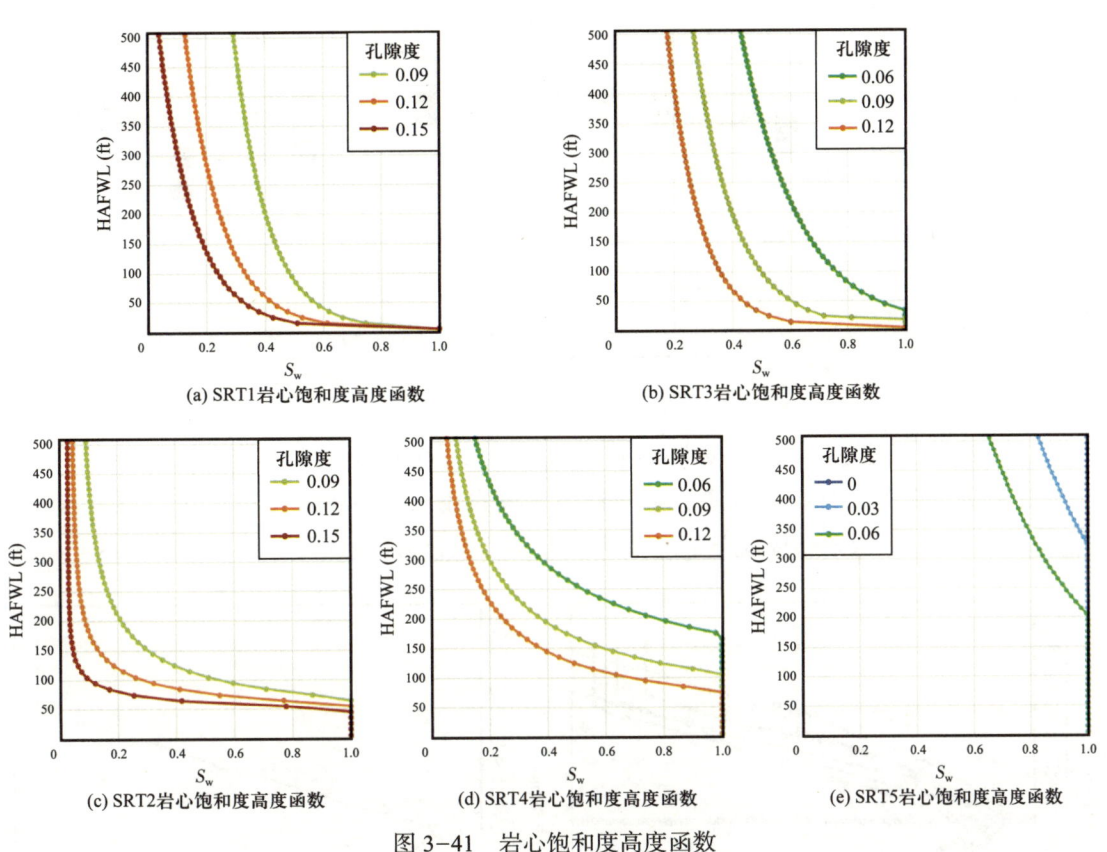

图 3-41 岩心饱和度高度函数

第四节 自由水面的选取

自由水面被定义为油—水系统中毛细管压力为 0 的界面（Tarek，2019），是油藏的关键参数，其决定了油藏储量和开发方式。目前主要采用最佳拟合法、压力梯度法和油水界面法等方法综合确定。

一、最佳拟合法

一般情况下，如果已知饱和度高度函数，在自由水面选取合理时，根据饱和度高度函数计算的含水饱和度应与测井解释含水饱和度存在较好的匹配关系。在最佳拟合法中，利用这一假设，根据建立的岩心饱和度高度函数，尝试不同的自由水面，计算含水饱和度，并计算其与测井解释含水饱和度的误差。当误差最小时，选取对应的自由水面为最佳拟合法的自由水面。如图 3-42 所示，在该自由水面下，饱和度高度函数饱和度与测井解释含水饱和度匹配较好，仅在局部位置由于储层测井响应不确定性存在偏差。

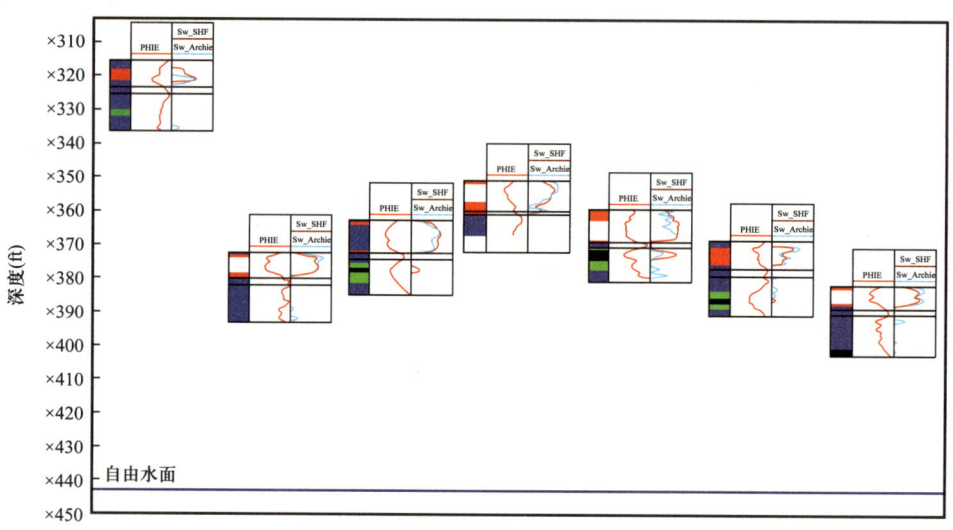

图 3-42 最佳拟合法确定自由水面

以 K 油藏为例进行介绍。对该油藏关键井（未受生产或注入影响，直井或小斜度定向井等）进行单井最佳拟合计算，通过试算不同自由水面下饱和度高度函数结果与测井解释结果的差异，求取整体误差最小处为该井最佳拟合自由水面结果。如图 3-43（a）所

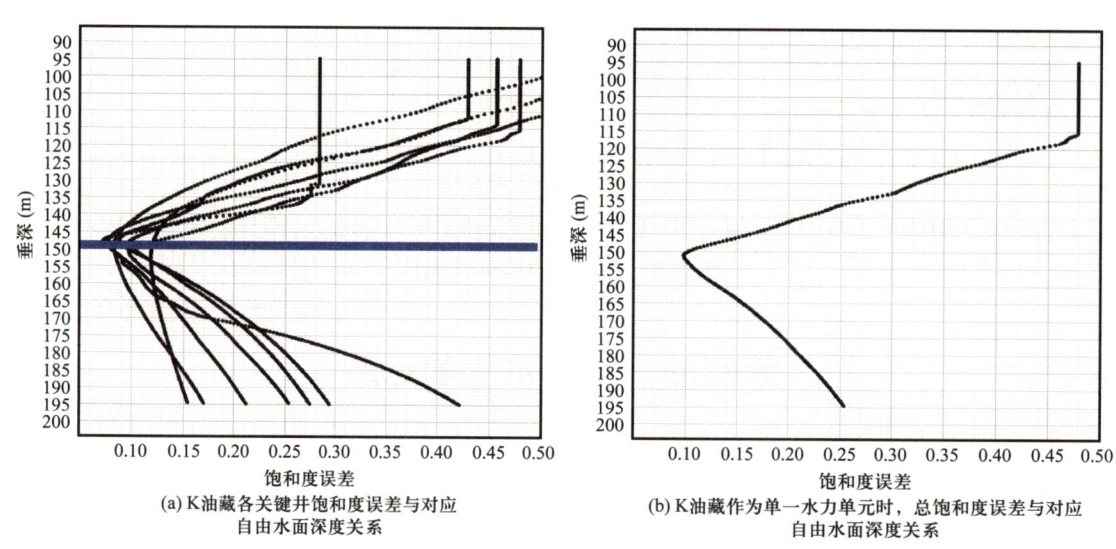

(a) K油藏各关键井饱和度误差与对应自由水面深度关系

(b) K油藏作为单一水力单元时，总饱和度误差与对应自由水面深度关系

图 3-43 最佳拟合法确定自由水面

示,虽然各井最佳拟合自由水面存在差异,但整体上在垂深151m附近。将油藏视为单一水力单元,以整体上所有关键井的测井解释结果为参考对象,进行最佳拟合研究,结果如图3-43(b)所示,结果显示油藏的自由水面为垂深151m。

实际上,如果饱和度高度函数使用渗透率作为参数,还可以根据建立的饱和度高度函数反算单井渗透率,通过与岩心测试渗透率和测井解释渗透率结果进行比较,从另一个方面分析当前饱和度高度函数的拟合质量。

二、压力梯度法

在同一油—水系统中,油层与水层压力梯度一般不同。因此利用压力测试资料,根据压力梯度变化研究自由水面。如图3-44所示,可以发现油层、水层之间压力梯度存在明显变化,其油水界面为×867ft,因此将其作为自由水面。

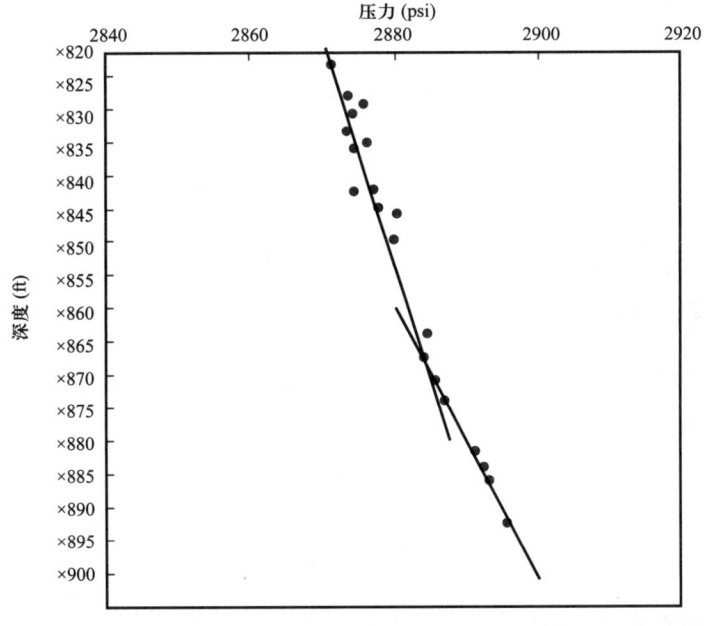

图3-44 压力梯度法确定自由水面

但MDT压力会受到周围注采井影响,最终影响自由水面的数值确定,因此尽量用原始地层压力。在测试井周围已经投入生产时,MDT压力会小于原始地层压力。而当在测试井周围存在注入井时,MDT压力甚至会高于原始地层压力。例如中东地区NKN碳酸盐岩油藏,可见A井MDT压力大于5000psi,高于原始地层压力趋势。研究发现,其附近存在注入井,长期注入,导致MDT压力发生变化。这一点与油藏模型研究结果符合,油藏动态模型中该时间该位置地层压力约为5000 psi。

在根据压力梯度求取自由水面时,除了根据梯度差异得出自由水面本身外,还需要对油线、水线本身的梯度及代表的流体密度进行分析,避免出现受生产影响的现象。如果压力出现变化,虽然也可以根据油线、水线的交点求出一个界面数值,但其对应的流体密度与地层流体密度具有差异,该界面结果存在不确定性。可以根据压力变化斜率求取地层流体密度(Edward et al., 1999),对这一现象进行分析。

对于水层

$$P_{\text{gradw}}=\rho_w \times 0.433 \tag{3-22}$$

$$\rho_w=P_{\text{gradw}} \times 2.309 \tag{3-23}$$

式中　P_{gradw}——水线压力梯度，psi/ft；

　　　ρ_w——地层水密度，g/cm³。

一般情况下，淡水密度接近为 1，因此其压力梯度一般为 0.433 psi/ft。

对于油层

$$P_{\text{grado}}=\rho_o \times 0.433 \tag{3-24}$$

$$\rho_o=P_{\text{grado}} \times 2.309 \tag{3-25}$$

式中　P_{grado}——油线压力梯度，psi/ft；

　　　ρ_o——原油密度，g/cm³。

对于气层

$$P_{\text{gradg}}=\rho_g \times 0.433 \tag{3-26}$$

$$\rho_g=P_{\text{gradg}} \times 2.309 \tag{3-27}$$

式中　P_{gradg}——气线压力梯度，psi/ft；

　　　ρ_g——气体密度，g/cm³。

三、油水界面法

首先可以根据生产测试、岩心等多种资料，进行多井分析，确定油水界面；然后根据岩心饱和度高度函数中油气开始充注高度 h，计算自由水面，其公式为

$$\text{FWL}=\text{OWC}-h \tag{3-28}$$

$$h=144\frac{p_{\text{ce}}}{\Delta\rho} \tag{3-29}$$

式中　FWL——自由水面，ft；

　　　OWC——油水界面，ft；

　　　p_{ce}——排驱压力，psi；

　　　$\Delta\rho$——油水密度差，lb/ft³。

例如中东碳酸盐岩油藏 Bu，根据岩心、试油、测井解释等确定油水界面，然后根据该井位置处的油气开始充注高度（Entry height）计算 FWL。去除受开发影响的井后，不同井自由水面存在一定差异。将平均值 X260m 作为油藏基础方案自由水面认识，将最低值 X250m 作为高方案自由水面认识，将最高值 X275m 作为低方案自由水面认识。

当储层物性较好时，油气开始充注高度较低，自由水面与油水界面接近，甚至相同；反之，则二者差异较大。这里需要注意的是，当储层物性较差时，自由水面与油水界面有一定的距离。对于同一油—水系统，受储层物性影响，其不同油藏位置油水界面可能不同，但其自由水面一般是相同的（倾斜油水界面、古油藏残余油将在第四章介绍）。如

图 3-45 所示，剖面图中标出了根据单井的流体解释、生产测试、岩心观察或岩心荧光分析得出的油水界面位置。自由水面与其相距较远，且不同位置处油水界面深度存在差异。

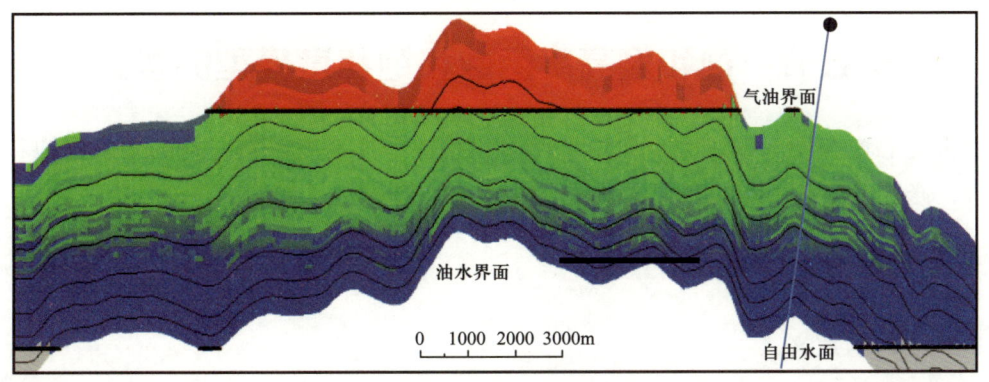

图 3-45　中东地区 JL 油藏饱和度剖面

需要注意的是，在实际情况中不同井采用以上三种方法计算得出的自由水面一般存在一定差异，很少出现很多井自由水面结果完全一致，从而得出单一自由水面的情况，其主要原因包括以下几个方面：

（1）参与研究的井受到周围的生产井或注入井的影响，对三种方法都有影响；

（2）井上深度存在不确定性，特别对于高角度定向井、水平井而言，其深度不确定性更大（图 3-46、图 3-47），因此造成根据不同井采用压力梯度法得到的自由水面存在差异。一般情况下，在根据多井压力梯度计算自由水面时，要求最终选取自由水面时，不同井结果深度差异在 5~10ft 以内，最好小于 5ft。

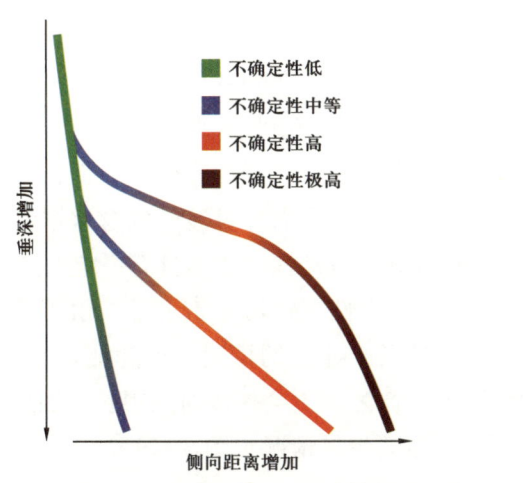

图 3-46　不同井型不同深度下井斜测量的不确定性
（据 Bolt，2018）

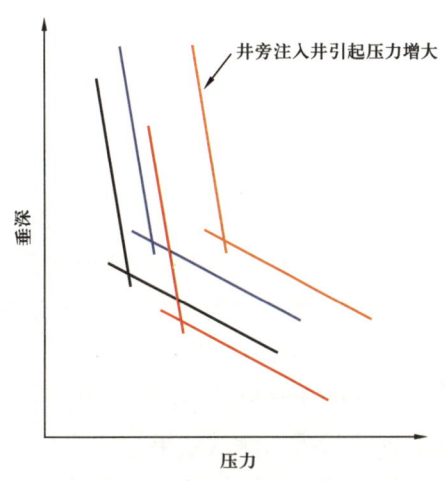

图 3-47　压力梯度法求取自由水面的不确定性

（3）Archie 公式本身存在不确定性，不同井采用最佳拟合法时得到的自由水面可能存在差异；

（4）油藏流体密度变化大，不同位置流体梯度存在显著差异，三种方法均有影响；

（5）存在受断层或成藏过程控制的不同油藏分区（将在第四章进行介绍）；

（6）受到水动力、古油藏等现象控制，自由水面可能倾斜，甚至出现更为复杂的情况，因此存在差异，这一现象将在本书第四章进行介绍。

第五节 饱和度高度函数和饱和度模型的建立

根据岩心饱和度高度函数与自由水面，建立饱和度高度函数并与测井解释饱和度进行比较，修正后建立最终的饱和度高度函数和饱和度模型。

一、饱和度高度函数的建立

1. 过渡带的定义

油水过渡带的定义较多，这里采用 Masalmeh 等（2005）的说法，将其定义为从油水界面（注意不是自由水面）向上直到含水饱和度达到束缚水饱和度的层段（图 3-48）。

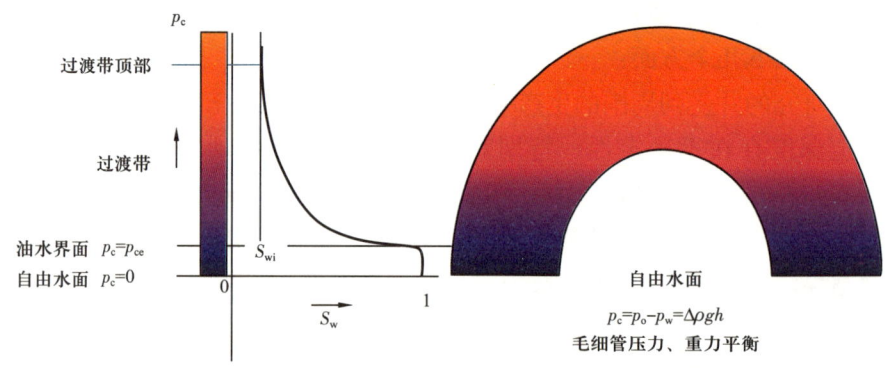

图 3-48　过渡带含水饱和度和毛细管压力示意图（据 Masalmeh et al., 2005, 2007）

过渡带的上部油气充注程度更高，大孔隙和部分小孔隙被油气充填，导致油相的流动能力高于水相，出现无水采油期。过渡带的下部，油气充注程度相对低，油相主要充填部分大孔隙，并改变大孔隙的润湿性。可能导致即使部分过渡带的含水饱和度已达40%～60%，由于其一般首先充填大孔隙，具有较好的流动性，仍然具有一定的潜力。

对油水过渡带进行的生产测试存在一定的不确定性。在过渡带上部，由于油相的流动能力高于水相，在测试中可能出现测试开始时只产纯油的情况，但随测试时间延长，20%～30% 的含水率才会出现。由于一般情况下生产测试不会持续时间很长，因此对于过渡带可能直接得出测试结果为纯油，但实际上为过渡带的情况（图 3-49）。

需要注意的是，过渡带的测井解释饱和度不确定性较大，Dean—Stark 和 RST 等结果不确定性也较大，饱和度高度函数的拟合具有挑战。

2. 测井饱和度解释不确定性研究

测井饱和度解释不确定性研究一般采用蒙特卡洛分析方法进行，可得出测井解释含水饱和度的高方案结果和低方案结果。具体的，一般需要根据测井解释公式，确定公式参数的不确定性范围，然后进行不确定性分析，确定测井解释不确定性。以 S 油藏为例，

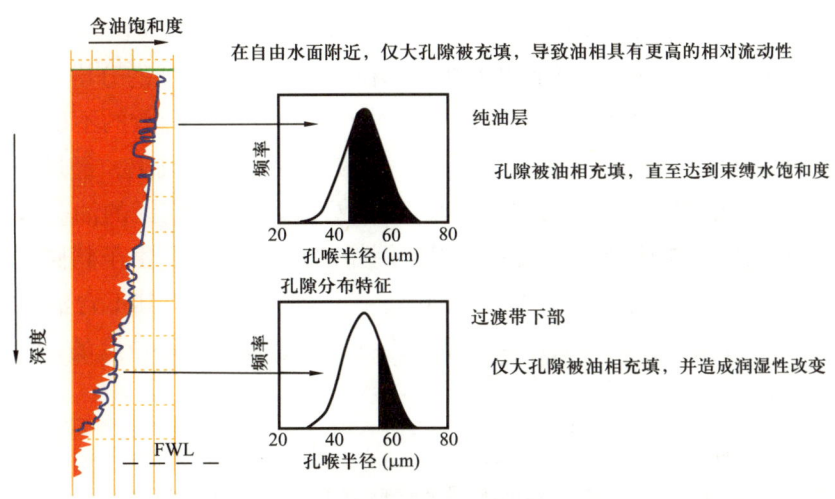

图 3-49 过渡带和原状地层孔隙充填过程示意图（据 Masalmeh et al., 2005）

其含水饱和度解释采用 Archie 公式，主要变量包括孔隙度、地层电阻率、地层水电阻率、胶结指数和饱和度指数（见表 5-4）。具体内容将在本书第五章进行介绍，这里不再赘述。

3. 饱和度高度函数的建立

岩心饱和度高度模型和自由水面初步建立后，需要将测井解释饱和度与饱和度高度函数结果对比，进行模型优化，保证饱和度高度函数结果在测井解释饱和度的不确定性范围内即可，最终建立模型。主要步骤包括模型验证井的选择、饱和度高度函数的修正、自由水界面的微调、储层岩石类型和渗透率解释的修正和差异原因分析。

1）模型验证井的选择

生产井、注入井的情况决定了历史拟合的质量。在饱和度高度函数拟合时，重点对比大规模生产、注入前的生产井和注入井情况，对于其他生产井、注入井，也不能出现明显不合理的差异。例如某生产井，其含水较低，产量较高，但是初版饱和度高度函数饱和度明显过高。

构造高部位拟合较为容易，其含水饱和度主要与束缚水饱和度有关，对自由水界面不是很敏感，中东 HS-1 油藏甚至垂深相差 40ft，模型饱和度也没有明显变化。构造高部位的井含水饱和度拟合较好，证明 S_{wi} 没问题。主要问题容易出现在过渡带，关键看边部井、过渡带井的拟合效果。实际上，在构造高部位的井接近或达到束缚水饱和度的情况下，只有用构造边部的井进行最佳拟合法研究才能真正得出自由水界面。

2）饱和度高度函数的修正

初次计算时，饱和度高度函数结果与测井解释饱和度通常拟合程度一般。究其原因，可能因为不同岩石类型的岩样较少、研究区面积大、取样不具有代表性、毛细管压力曲线的测量存在不确定性等。因此需要对饱和度高度函数进行修正，具体包括重新梳理建立模型中被剔除的样品、提高毛细管压力曲线拟合精度等。通常，在对岩心饱和度高度函数做出修改后，根据建立的岩心饱和度模型和选择的自由水面建立的饱和度高度函数与测井解释饱和度可以匹配较好。一般二者最大差异应小于15%，一般为小于5%至10%。在大部分井拟合较好时，可能出现在局部位置由于测井仪器的分辨率、探测深度或围岩的影响等造成测井解释饱和度存在不确定性和饱和度高度函数的不确定性，两种含水饱和度之间可能存在偏差。如图3-50所示，在初始模型的基础上，经过调整，整体上两种含水饱和度匹配较好，建立的饱和度高度函数可以表征研究区的油—水系统。实际上，饱和度高度函数更能体现对储层的认识。例如，对于SRT5，由于其储层较差，根据现有的饱和度高度函数，研究区的S_w为100%，岩心观察也表明其不含油；而常规测井饱和度解释受测量方法和分辨率的影响，不能表征这一特征，局部位置的SRT5仍含油。

3）自由水面的微调

在饱和度高度函数对毛细管压力数据拟合较好时，如果大部分井模型结果与测井解释饱和度仍有一定差异，可以考虑在不确定性范围内，对自由水面进行微调。

4）储层岩石类型和渗透率解释的修正

在完成饱和度高度函数的修正和自由水面的微调后，一般工区80%左右的井拟合程度相对理想，差异普遍小于15%。这时需要对拟合结果相对差的井进行逐个原因分析，改善拟合效果。

在属性模型阶段，相较于孔隙度，非取心井的岩石类型和渗透率解释均存在相对大的不确定性。但到了饱和度模型阶段，还存在测井解释饱和度拟合、流体界面这两个约束，约束条件、限制条件更多，更为合理，必要时可以在不确定性范围内，寻找印证证据，优化岩石类型、测井渗透率解释，实现更好的含水饱和度拟合。但一般不对孔隙度进行优化调整。

对应地，在属性模型阶段，最好对饱和度高度函数有一定测试和拟合，避免岩石类型的定义和预测存在问题，从而对饱和度拟合造成影响。特别是对由不同岩石物理分类合并而来的岩石类型，以及储层性质变化较大的岩石类型。

通常情况下，在完成上述两方面的修正后，选取的对比井会实现较好的拟合，最大的误差应小于15%（一般为小于5%至10%），饱和度高度函数的计算结果在含水饱和度解释不确定性范围内。

5）差异原因的分析

在研究中，确保饱和度高度函数结果在测井解释饱和度的不确定性范围内即可。实际上，做到测井解释饱和度与饱和度高度函数结果100%完全拟合是有难度的，需要做的就是对每一处拟合差异较大的井进行分析，找出差异原因，给出饱和度高度函数结果更为合理的证据。拟合存在差异主要原因包括三个方面。

（1）测井解释饱和度方面。其受控于测井曲线质量、测井解释参数的选择等，存在不确定性。甚至有时在自由水面之下，测井解释也会存在含油饱和度。整体上，主要原因包括几方面：① 存在低阻油层；② 层边界效应导致层边界或薄层附近出现过低的含水饱和度；③ 极化角效应；④ 自由水面以下的地层没有测量岩石物理参数，可能导致测井解释采用统一参数时结果存在不确定性；⑤ 与大斜度井的各向异性效应和测量仪器相关；

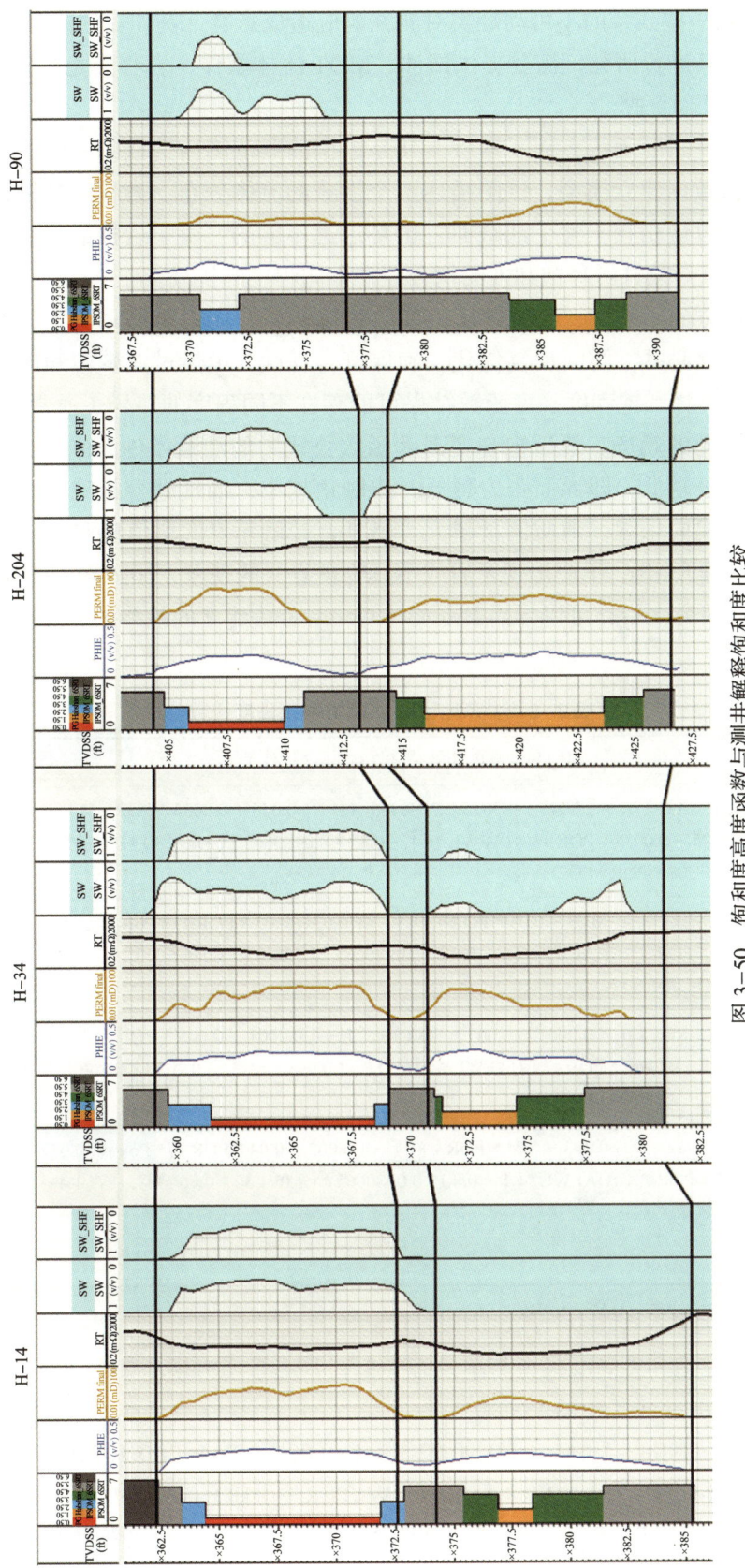

图 3-50 饱和度高度函数与测井解释饱和度比较

- 137 -

⑥ 油藏中存在一些残余的不可动烃类对测井响应造成影响，例如古油藏残余油等。这时，如果选择不对其进行研究，需要提供试油、MDT 流体取样、岩心荧光等硬数据，确保没有烃类存在的任何证据。

（2）饱和度高度函数方面。本质上其是根据油藏范围内选取的一定数量的岩样测得的毛细管压力数据建立模型，试图描述整个油藏的流体分布。岩样的规模远远小于油藏规模，岩样的数量相较于整个油藏而言也是远远不够的。由于岩样的代表性、储层非均质性等原因，其对测井解释饱和度的拟合存在不同程度的挑战。

（3）其他方面。例如，毛细管压力实验正确测量，岩石类型划分正确，岩样的代表性，特别对于岩心井，需要反复优化，确保符合程度。虽然过渡带饱和度解释不确定性很大，饱和度解释和饱和度高度函数结果可能存在不同程度的差异（通常小于15%），但二者应具有相同的趋势。最后饱和度高度函数公式中的油藏条件 $\sigma\cos\theta$ 对结果有一定影响，一般其数值越低，即界面张力越低、接触角越小，油气越容易充注，含水饱和度模型数值越低，偏向乐观，地质储量越大。另外，接触角 θ 的取值应和储层润湿性认识一致（第 6 章详细介绍），不应出现矛盾或不具物理意义的现象，$\cos\theta$ 数值一定小于 1。

完成上述研究之后，可以导出 Brooks—Corey 公式建立的最终的饱和度高度函数，见表 3-5。

表 3-5　中东地区 S 油藏饱和度高度函数公式

SRT	饱和度高度函数公式（Geolog 软件）	平均孔隙度
SRT1	Min（1，Max（0，(−0.045 + 0.0035 * POR)+(1 − (−0.045 + 0.0035 * POR))* Pow((0.00225 − 0.0035 * POR)/(HAFWL *(1 − 0.8)* 0.0980665 *(1.0/(30 * 0.866))), 1/(2.7 − 3.8 * POR))))	0.163
SRT2	Min（1，Max（0，(−0.03 − 0.05 * POR)+(1 − (−0.03 − 0.05 * POR))* Pow((0.0045 − 0.008 * POR)/(HAFWL *(1 − 0.8)* 0.0980665 *(1.0/(30 * 0.866))), 1/(1.8 − 0.0605 * POR))))	0.152
SRT3	Min（1，Max（0，(0.0001 − 0.005 * POR)+(1 − (0.0001 − 0.005 * POR))* Pow((0.0235 − 0.0765 * POR)/(HAFWL *(1 − 0.8)* 0.0980665 *(1.0/(30 * 0.866))), 1/(2.05 − 3.85 * POR))))	0.189
SRT4	Min（1，Max（0，(0.003 − 0.04 * POR)+(1 − (0.003 − 0.04 * POR))* Pow((0.027 − 0.115 * POR)/(HAFWL *(1 − 0.8)* 0.0980665 *(1.0/(30 * 0.866))), 1/(1.4 − 0.121 * POR))))	0.121
SRT5	1	0.075

注：式中孔隙度为小数，HAFWL 单位为 ft。

双模态孔隙饱和度高度模型与单模态类似，其毛管压力模型如图 3-51 所示，其公式举例如下（Singh et al.，2023）：

SW = Min（Min（1，Max（0，0.02 +（1−0.02）* Pow（(0.107163 * Pow（PERM，−0.561495))/(HAFWL * 0.3048 *（RHO_WATER − RHO_GAS/OIL）*0.0980665 *（1.0/(IFT_RES * cosTHETA_RES))), 1 / 1.29784))), Min（1，Max（0，0.02 +（1 − 0.02）*

Pow(((0.0153611 * Pow(PERM,-0.642987)))/(HAFWL * 0.3048 * (RHO_WATER - RHO_GAS/OIL) * 0.0980665 * (1.0 / (IFT_RES * cosTHETA_RES))), 1 / 4.13985))))

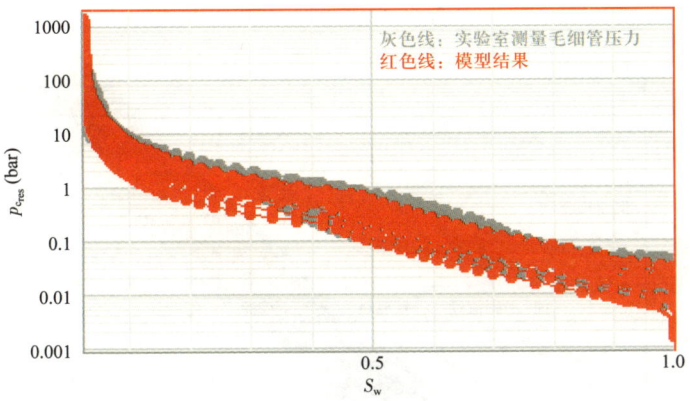

图 3-51 双模态孔隙岩心饱和度模型（据 Singh et al., 2023）

二、含水饱和度模型的建立

根据饱和度高度函数和自由水面认识，建立含水饱和度模型。S 油藏模型对薄层强非均质性油藏中的油水分布作出了较好的表征，模型中 3 套层状油藏含水饱和度受距自由水面距离和储层性质双重控制，较好地确定了油藏的油水分布（图 3-52）。

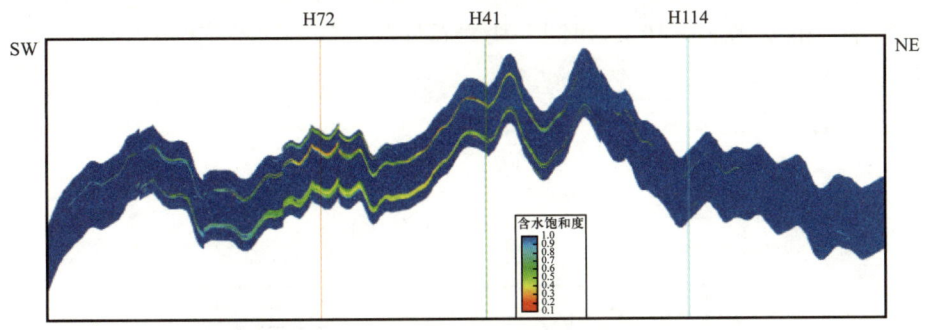

图 3-52 中东地区 H 油藏含水饱和度模型剖面切片

第六节 油气藏气顶及气藏饱和度模型

一、气藏饱和度模型

对于纯气藏，即气—水系统，可采用与油—水系统类似的研究方法，根据气—水系统的毛细管压力建立饱和度高度函数，结合自由界面，最终建立含水饱和度模型。

二、油气藏气顶饱和度模型

对于带气顶油藏，自纯水区向上可分为 5 段，即水层、油水过渡带、油层、油气过渡带和气顶（图 3-53）。由于油—水系统的界面张力小于油—气系统，因此油—水系统的过渡带厚度一般大于油—气系统。在油气过渡带厚度特征不显著，厚度不大的情况下，一般将气顶区近似看作气—水系统。

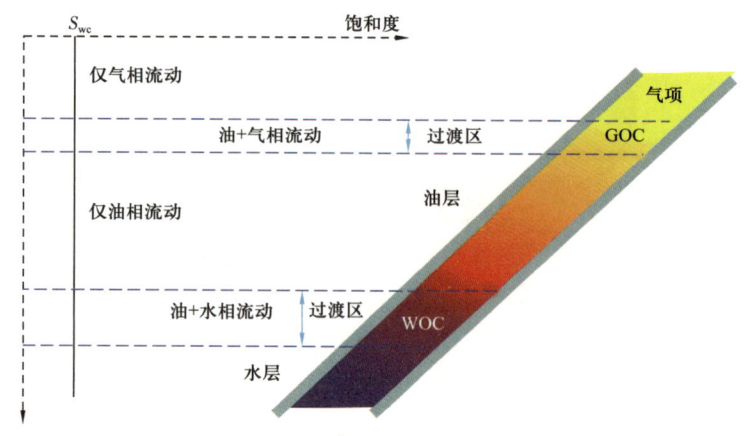

图 3-53　带气顶油藏初始饱和度分布示意图（据 Tarek et al.，2019）

对于气顶含水饱和度的计算，一般有以下几种情况。

（1）当气顶距自由水面高度高，接近束缚水区或大部分区域位于束缚水区时，一般直接采用油—水系统下建立的饱和度高度函数进行计算，也可实现气顶区含水饱和度的表征。通过质量控制，保证气层的饱和度高度函数计算结果与测井解释饱和度符合较好即可。

气—水系统的界面张力（一般 50mN/m）普遍高于油—水系统（一般 30mN/m），结合接触角因素，根据式（3-30），对同一块岩石样品，气—水系统的毛细管压力一般高于油—水系统（图 3-54）。

$$p_c = \frac{2\sigma\cos\theta}{r} \quad (3-30)$$

$$p_c = \Delta\rho g H \quad (3-31)$$

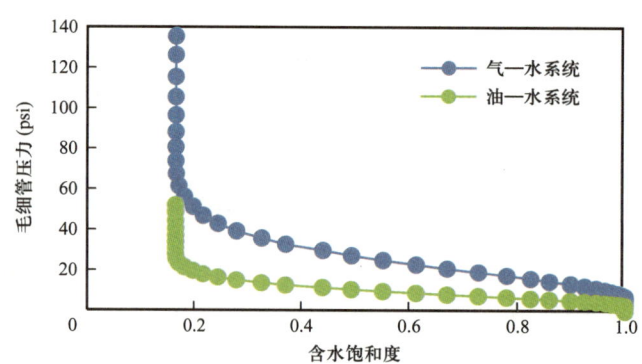

图 3-54　某压汞样品气—水系统和油—水系统毛细管压力对比示意图

根据式（3-31），由于气油密度差小于气水密度差，造成同一岩石样品毛细管压力测量中测得的相同毛细管压力对应的气—油系统下的高度显著高于气—水系统下的高度。也即在同一高度下，气—水系统的毛细管压力显著高于气—油系统（图3-54），对应地，含水饱和度也更低（图3-55）。但在束缚水区，含水饱和度通常趋于定值，气—

水系统和油—水系统结果整体差异不大，这是在束缚水区可用油—水系统结果近似表征气—水系统结果的根本原因（图3-56）。

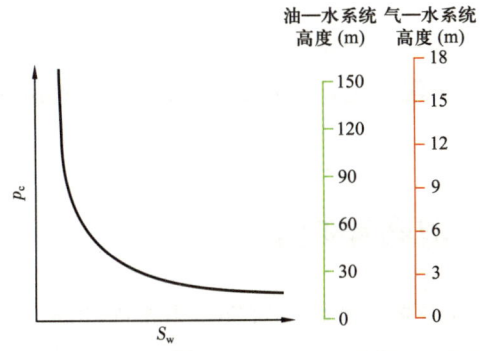

图3-55 同一样岩石样品MICP毛细管压力测量结果气—水系统和油—水系统高度对比示意图

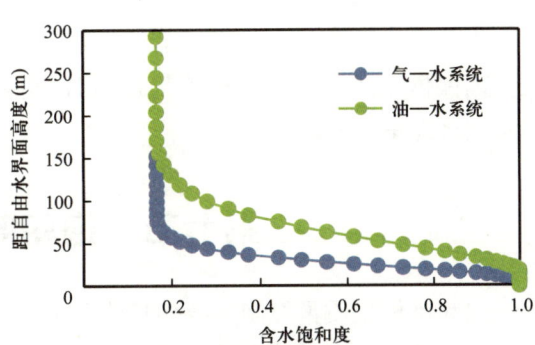

图3-56 气—水系统和油—水系统含水饱和度与距自由水面高度对比示意图

另外，当主要关注油藏，对气顶储量要求不高时，还可考虑简化方法，由于其一般距自由水面高度较高，含水饱和度与束缚水饱和度接近，在气油界面之上，可以直接根据不同的岩石类型赋值对应的束缚水饱和度，对应得出含气饱和度。

（2）在储层物性差，非均质性强等原因造成束缚水区底界高度过高，或者气顶距自由水面高度不够高等情况下，这两个系统的结果可能会出现差异，油—水系统下建立的饱和度高度函数无法准确表征气顶含水饱和度（气—水系统）。一般需要将其看作气、油、水整体系统，采用拟自由气水界面（FGWL）等方式进行计算，主要输入参数除了常规油—水系统所需参数外，还需要输入气—水系统的界面张力σ和接触角θ、气相地下密度和气油界面等。

已知气、油、水三相密度，以及自由气油界面（FGOL）和自由油水界面（FOWL），即可推算出拟自由气水界面（FGWL；图3-57），气顶区的含水饱和度主要根据拟自由气水界面和气—水系统下的饱和度高度函数计算。这里气—水系统下的饱和度高度函数直接在油—水系统下的饱和度高度函数基础上直接替换气—水系统下的界面张力、接触角和高度等即可。

而油区的饱和度高度函数不变，即可完成带气顶油藏的饱和度表征，目前大部分商业软件都可实现这一功能。

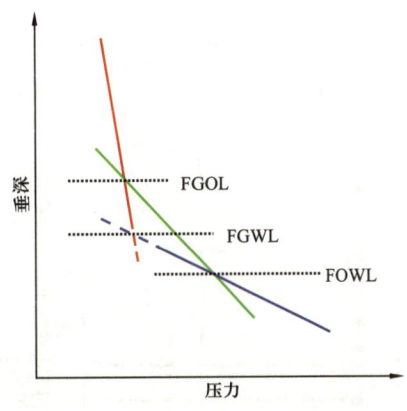

图3-57 气—油—水系统界面示意图

（3）部分情况下，需要进行不确定性分析，确定采用效果最好的研究方法，并分析原因。例如，针对A碳酸盐岩油藏，岩心、薄片观察发现储层普遍存在残余油，在气顶区也受到影响，虽然气顶距自由水面高度不高，未到束缚水区，但实践中发现采用油—水系统饱和度高度函数进行研究的准确度显著高于油—气—水系统。

对于致密油藏、致密气藏和古油藏等，在部分情况下，可能无法使用饱和度高度函数方法描述油气藏流体分布特征，如果选择地质统计学插值方法建立饱和度模型，需要保证在单一油气水系统内部，含水饱和度模型与油柱高度、储层物性等关系合理，一般具有负相关关系，即单一系统内部，油柱高度越高、储层物性越好，其含水饱和度越低。由于不确定性较高，更加需要岩心分析、饱和度测井（NMR、RST等）等硬数据进行验证，确保模型质量。对于使用地质统计学插值方法建立包括古油藏现象在内的饱和度模型实例将在第四章进行介绍。

第七节　饱和度模型质量控制

饱和度模型质量控制主要包括饱和度模型建立背景、油藏分区和自由水面的确定，岩心数据的质量控制，饱和度解释的质量控制和饱和度高度函数的质量控制（Gomes et al., 2018）。

一、饱和度模型建立背景

（1）对于模型中存在油水过渡带的情况，应考虑可能出现的油藏润湿性变化。

（2）对油气运移历史进行研究，确定饱和度高度函数使用毛细管压力曲线中的驱替曲线或渗吸曲线。

二、油藏分区和自由水面的确定

（1）根据断层封闭性认识和动态资料确定油藏分区（图 3-58）。若存在数个分区，自由水面应分区进行确定。

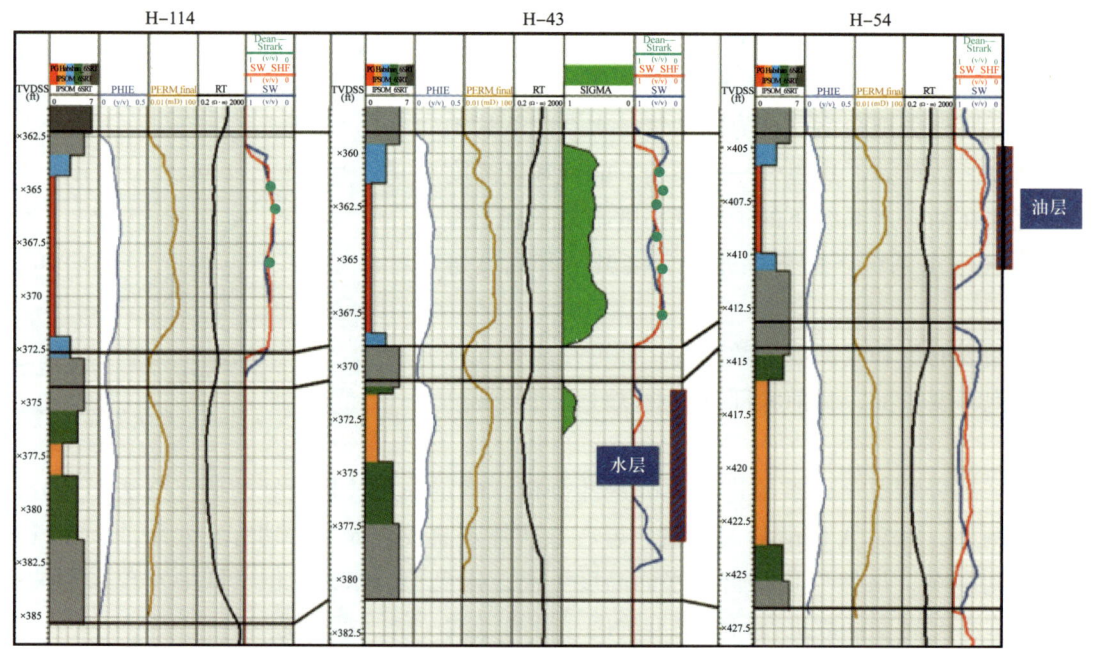

图 3-58　生产动态资料对测井解释和饱和度高度函数的验证

（2）分析自由水面的选取依据。当自由水面来源于最佳拟合方法时，需确认毛细管压力曲线的校正合理，特别是油藏环境校正，其校正参数最好有岩心实验证实，如果校正参数来自类比法，需给出类比原因。当自由水面来源于压力梯度分析时，提供压力梯度分布图；当来源于油水界面法时，需提供测试结果分析图。

三、岩心数据的质量控制

（1）确定总样品数目和使用的岩心样品数目，确定没有使用的原因。所有测试岩样均需保存良好，无裂缝、缝合线等，具有代表性。

（2）岩样的孔隙度、渗透率测试和毛细管压力测试深度对应。

（3）毛细管压力曲线（排驱压力）与孔隙度、渗透率匹配，与岩心薄片符合（图3-59）。样品来自阿拉伯联合酋长国A油田H2层，气测孔隙度为17.1%，气测渗透率为40.8mD；样品毛细管压力曲线显示储层性质较好，孔喉发育具有非均质性，呈现双模态特征，与铸体薄片特征符合。

（4）毛细管压力曲线经过校正，包括尾部校正、覆压校正和油藏条件校正。油藏条件校正参数需要有实验证实，如果校正参数来自类比法，需给出类比原因。

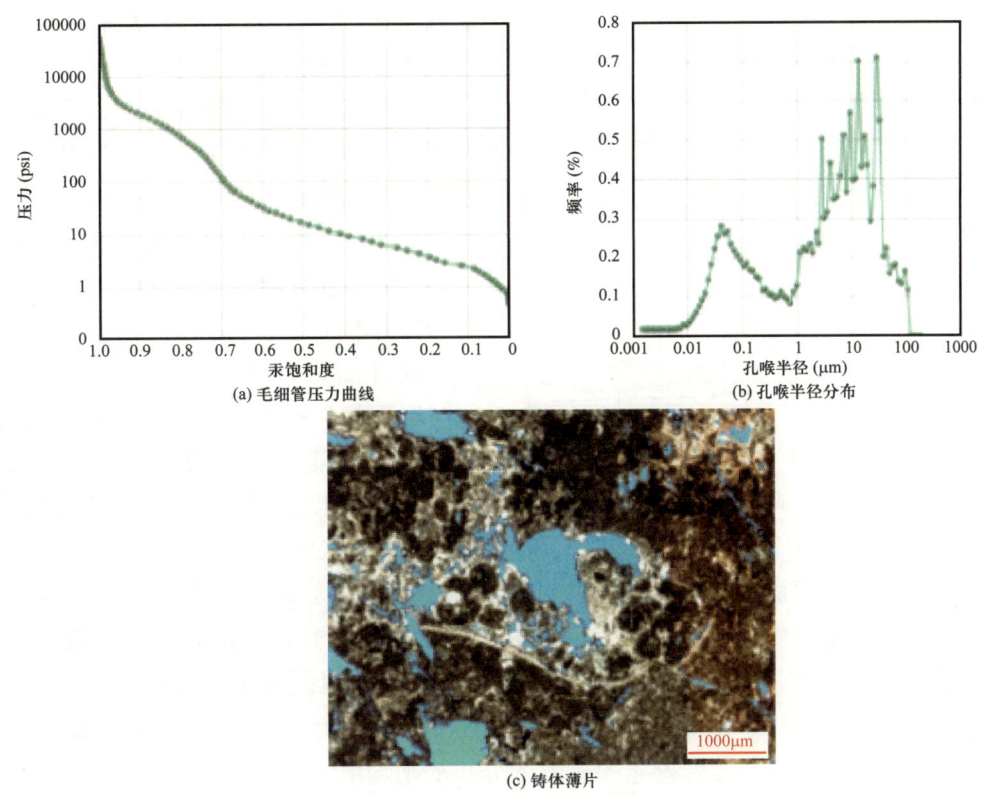

图3-59　中东地区A油藏H2层某样品的毛细管压力曲线及铸体薄片特征

（5）每种相类型有代表性的岩样。如果某个相没有毛细管压力测试，毛细管压力曲线来自类比法，其特征应与薄片特征和常规测试的孔隙度和渗透率特征符合。

（6）毛细管压力曲线显示的润湿性应与油藏认识符合。

四、饱和度解释的质量控制

根据生产测试、Dean—Stark、Sigma、NMR 等资料，对研究区测井含水饱和度解释进行质量控制。图 3-58 显示利用多种资料对饱和度高度函数进行质量控制。H-114 井和 H-43 井的 Dean—Stark 测试显示其与饱和度高度函数结果匹配较好。H-43 井的 SIGMA 测井显示与现有饱和度高度函数匹配较好。同时 H-43 井试油结果显示，在预测不含油的下部井段为水层，日产水 570bbl。对 H-54 井上部有利层段的试油结果显示其为纯油层，日产油 800bbl，证实了饱和度高度函数的结果。结果表明，现有测井饱和度解释和饱和度高度函数符合多种测试资料，可以体现油藏的油水分布。

五、饱和度高度函数的质量控制

（1）模型公式选择合适，毛细管压力曲线拟合较好，可以体现孔隙结构的复杂性。

（2）模型中含有储层物性参数，如孔隙度、渗透率和相带等，体现出不同相带内部由于储层性质变化造成的含油性的变化。

模型中对于每一种相类型，p_{ce} 与 S_{wi} 应与模型中储层物性参数，如孔隙度、渗透率或 sqrt（K/ϕ）呈负相关关系，N 的分布与 p_{ce} 与 S_{wi} 无关。

（3）模型中储层物性和岩石类型一般与束缚水饱和度、排驱压力存在相关性。一般随不同相类型储层性质变差或单一相类型内部储层性质变差，束缚水饱和度升高，排驱压力增大，油气起始注入高度增加，油水界面和自由水面之间距离增大（图 3-60）。

以 H 油藏为例，该油藏饱和度高度函数与沉积相、孔隙度相关，以该油藏 SRT1 的饱和度高度函数为例，可见随储层性质变差，孔隙度降低，束缚水饱和度升高，排驱压力升高。

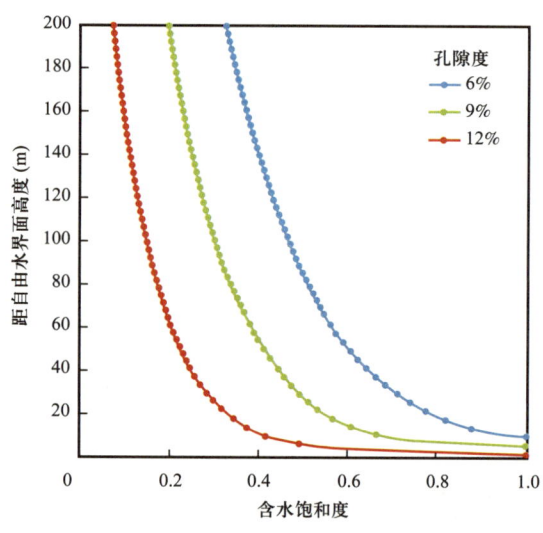

图 3-60　中东地区 A 油田 H2 层 SRT1 饱和度高度函数

（4）饱和度高度函数饱和度应与测井解释饱和度符合。对于油藏未生产或未开始注入之前的钻井，饱和度高度函数的含水饱和度结果应与测井含水饱和度解释曲线对比良好，绘制连井剖面图进行分析（图 3-61）。在剖面图中可以同时显示孔隙度、渗透率、岩石类型和饱和度数据等，对其一致性及异常情况进行分析。另外，需要对二者差值进行统计，绘制分布直方图，二者差异的直方图分布的平均值和中值需要小于 5%，标准差需小于 10%（图 3-62），在过渡带等不确定性较大的情况下，二者差异的直方图分布的平均值和中值可以放宽至小于 10%，标准差可以放宽至小于 20%，并找出不匹配的井及其原因。绘制测井解释饱和度与饱和度高度函数的饱和度交会图或二者分别与孔隙度乘积的交会图（图 3-63），分析相关性和模型质量。

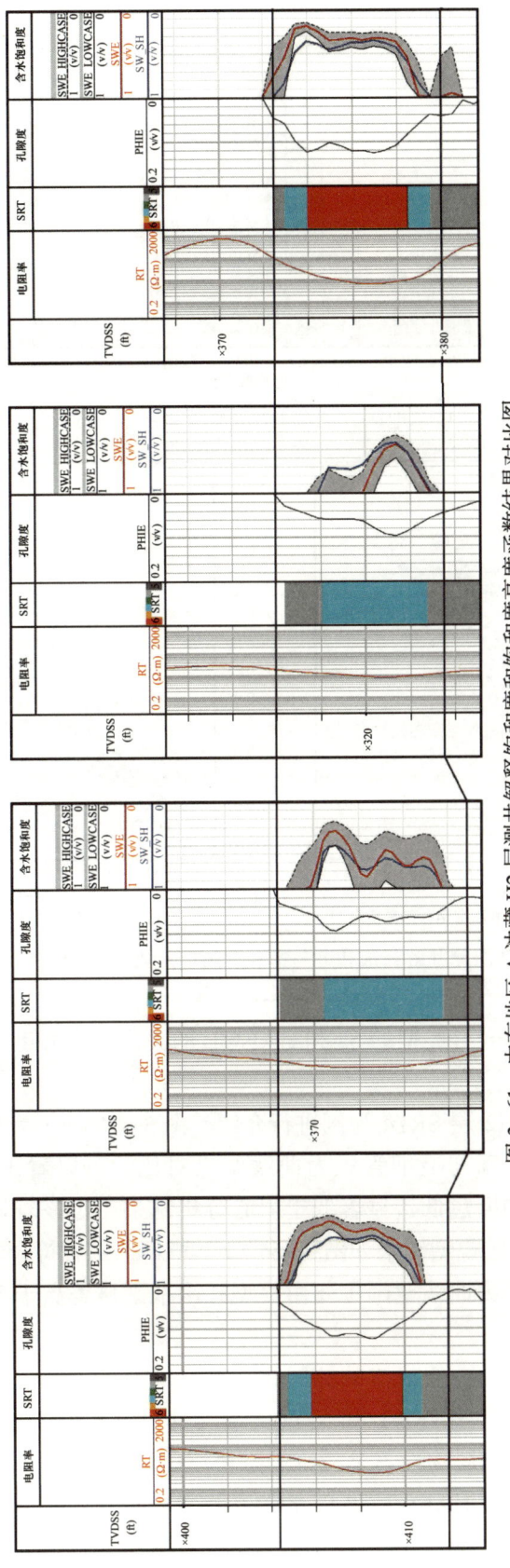

图 3-61 中东地区 A 油藏 H2 层测井解释饱和度和饱和度高度函数结果对比图

蓝色曲线为饱和度高度函数含水饱和度,红色曲线为测井解释饱和度,整体上测井解释饱和度和饱和度高度函数拟合较好,整体差异约为 10%

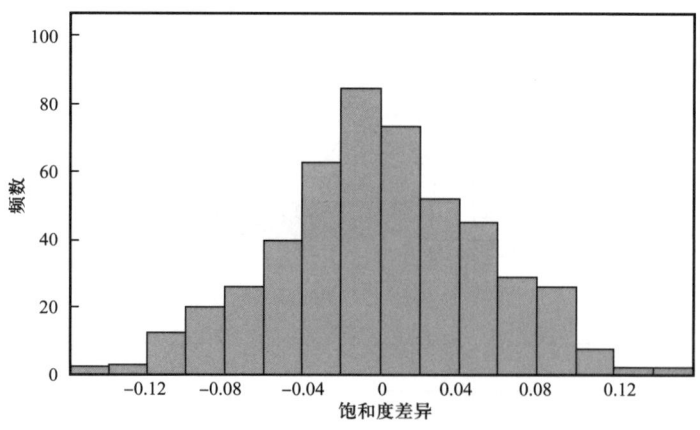

图 3-62　中东地区 A 油藏 H2 层饱和度差异分布直方图

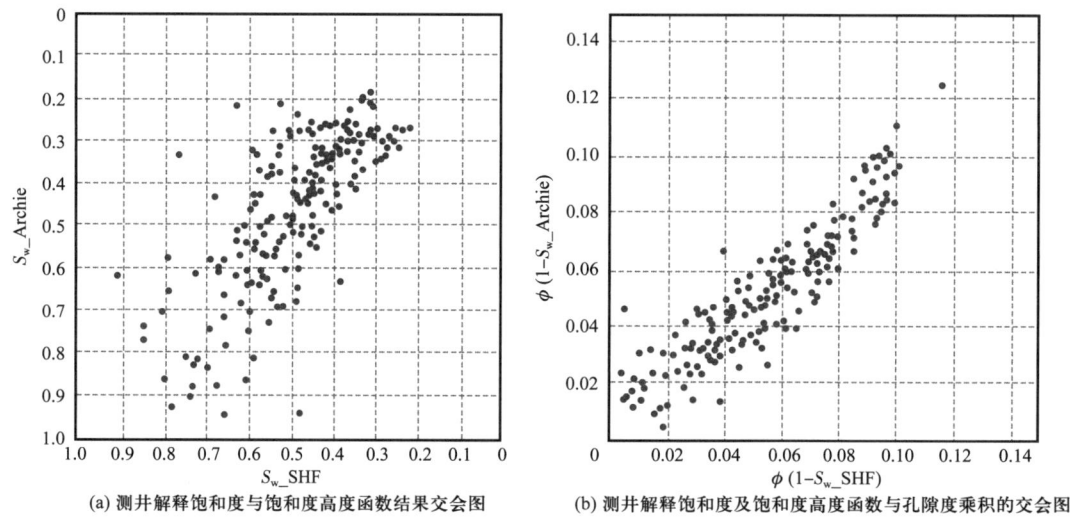

(a) 测井解释饱和度与饱和度高度函数结果交会图　　(b) 测井解释饱和度及饱和度高度函数与孔隙度乘积的交会图

图 3-63　中东地区 A 油藏 H2 层测井解释饱和度与饱和度高度函数结果交会图和二者分别与孔隙度乘积的交会图

（5）将地质模型中各岩石类型的 S_w 和 HAFWL 的关系与岩心毛细管压力实验结果进行对比，二者特征应一致。

以中东地区 A 油藏 H2 层 SRT4 为例进行介绍。图 3-64（a）为第一版三维含水饱和度模型中 S_w—HAFWL 关系与毛细管压力曲线结果对比。可以看出在 HAFWL 在 120m 时，三维模型束缚水饱和度过低，显著低于岩心分析结果。对该岩石类型的饱和度高度函数进行修改，更新后三维模型结果如图 3-64（b）所示，二者符合较好。在交会图中模型覆盖范围宽于毛细管压力曲线范围主要由模型孔渗范围显著高于毛细管压力曲线样品孔渗范围引起。

若边界岩心毛细管压力曲线对应的储层物性是三维静态模型中该岩石类型对应的边界储层物性，则静态模型中 HAFWL 和 S_w 的关系与其一致（图 3-65、图 3-66a）。若边界毛细管压力曲线对应的储层物性不是三维静态模型中该岩石类型对应的边界储层物性，而范围更小，则静态模型中 HAFWL 和 S_w 的关系将会外推，展布范围比岩心毛细管压力曲线更宽（图 3-65、图 3-66b）。

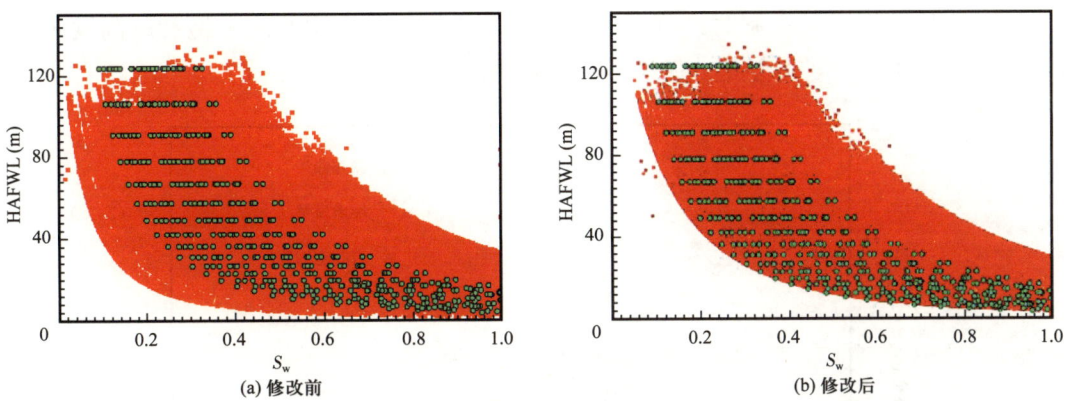

(a) 修改前　　　　　　　　　　　　　　　(b) 修改后

图 3-64　中东地区 A 油藏 H2 层饱和度模型中 S_w—HAFWL 关系与毛细管压力曲线对比图
绿色原点为岩心毛细管压力数据，红色点为地质模型数据

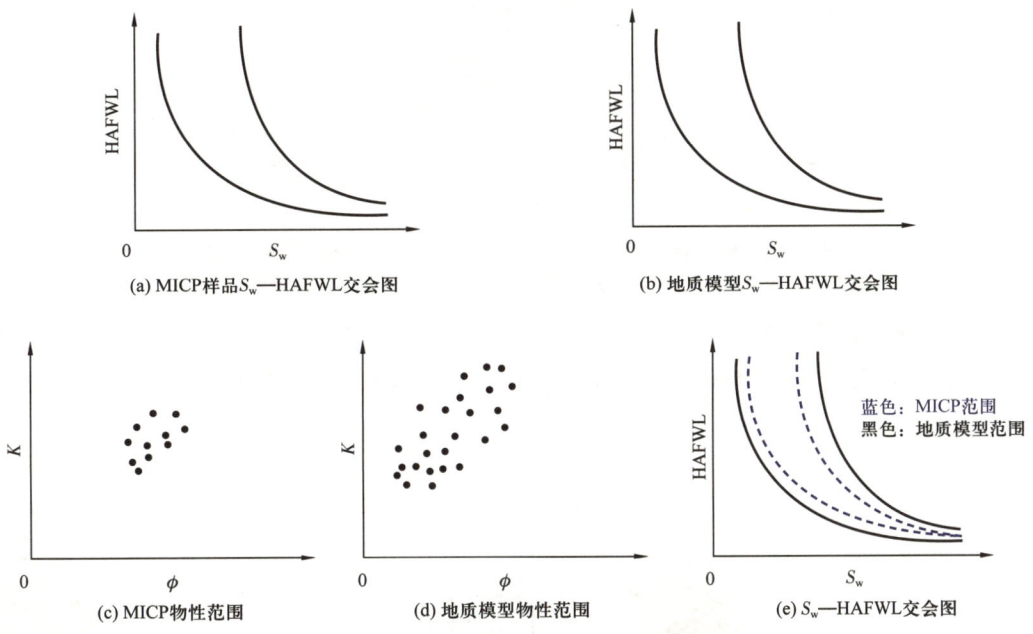

(a) MICP样品S_w—HAFWL交会图　　　　　　(b) 地质模型S_w—HAFWL交会图

(c) MICP物性范围　　(d) 地质模型物性范围　　(e) S_w—HAFWL交会图

图 3-65　岩心饱和度高度模型和对应地质模型关系示意图

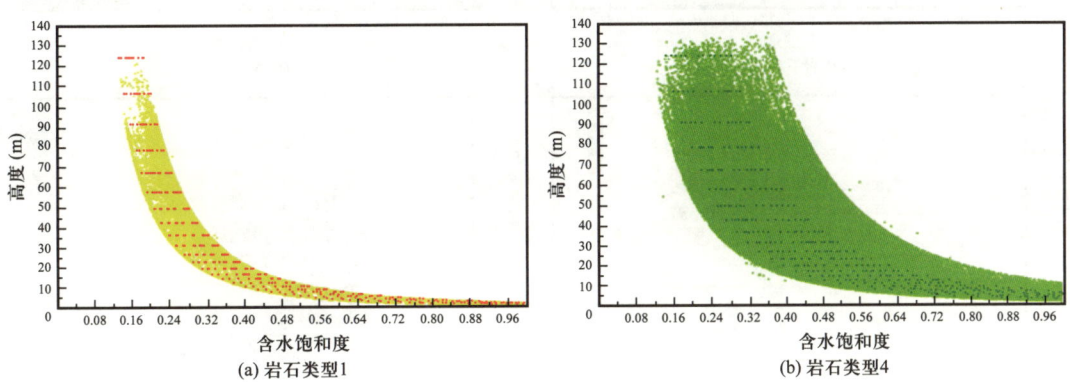

(a) 岩石类型1　　　　　　　　　　　　　(b) 岩石类型4

图 3-66　岩心饱和度高度模型和对应地质模型关系示意图
圆点为岩心毛细管压力数据，黄色点、绿色点为地质模型数据

进一步地进行质量控制时,可以绘制测井曲线、地质模型和岩心饱和度高度函数的含水饱和度—油柱高度交会图,观察不同相模型的相关关系(图3-67)。

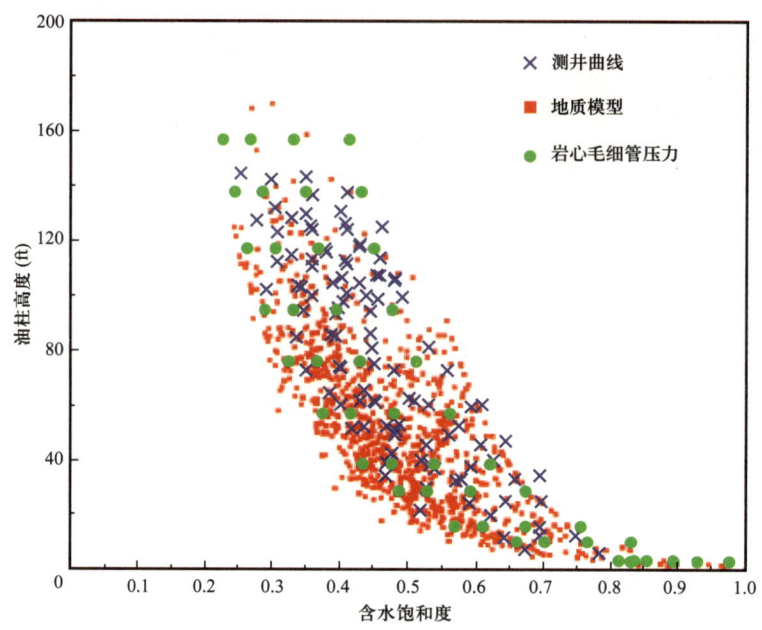

图3-67 中东地区A油藏H2层含水饱和度—油柱高度交会图
测井解释饱和度、饱和度高度函数结果、岩心毛细管压力测试结果符合较好

(6)绘制不同岩石类型ϕ—HAFWL交会图(色标为含水饱和度),避免出现储层高部位S_w较大从而出水的情况。图3-68为中东地区N油藏岩石类型1至岩石类型4的

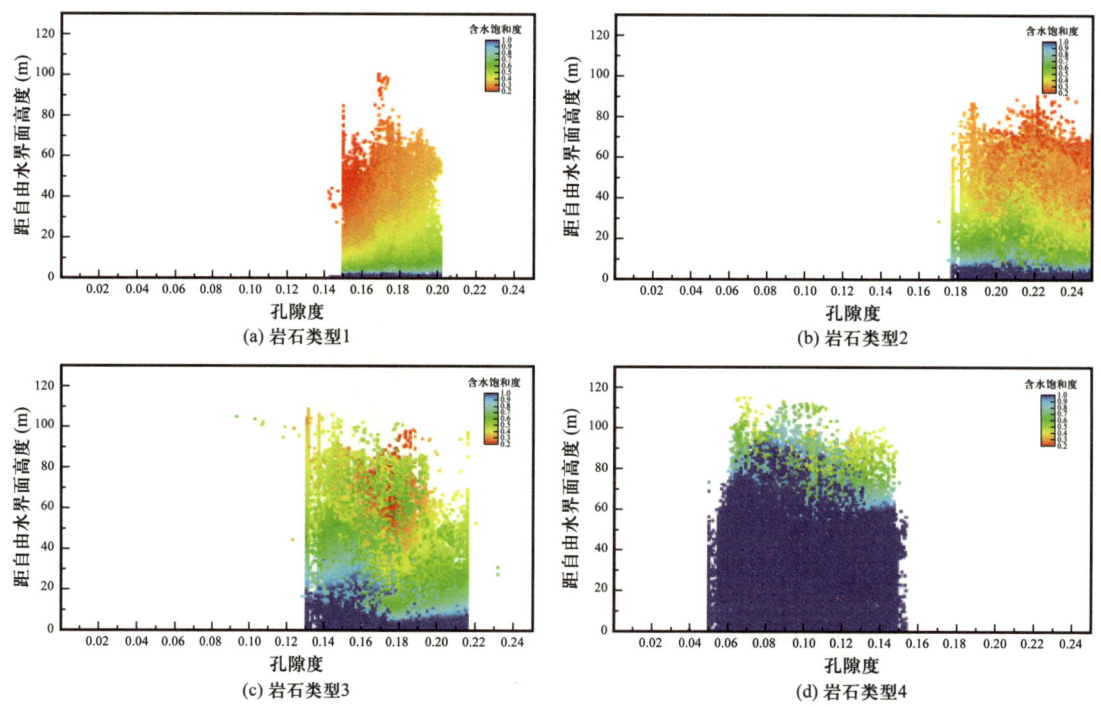

图3-68 中东地区A油藏不同岩石类型孔隙度—距自由水界面高度交会图

ϕ—HAFWL 交会图（色标为含水饱和度）。结果表明，以岩石类型 1 为代表的主要储层，其高部位不存在 S_w 较大从而出水的情况。岩石类型 4 为非储层，油气起始充注高度过高，一般含水饱和度较高，但物性极差，不会对动态模型模拟造成影响。

（7）绘制不同岩石类型 ϕ—S_w 交会图（HAFWL 大于 15ft），观察是否存在高部位、好储层 S_w 较高，出水的情况。图 3-69 为中东地区 W 油藏岩石类型 1 至岩石类型 4 的 ϕ—S_w 交会图（HAFWL 大于 15ft）。结果表明，以岩石类型 1 为代表的主要储层，其高部位不存在 S_w 较大从而出水的情况。岩石类型 4 为非储层，油气起始充注高度过高，一般含水饱和度较高，但物性极差，不会对动态模型模拟造成影响。

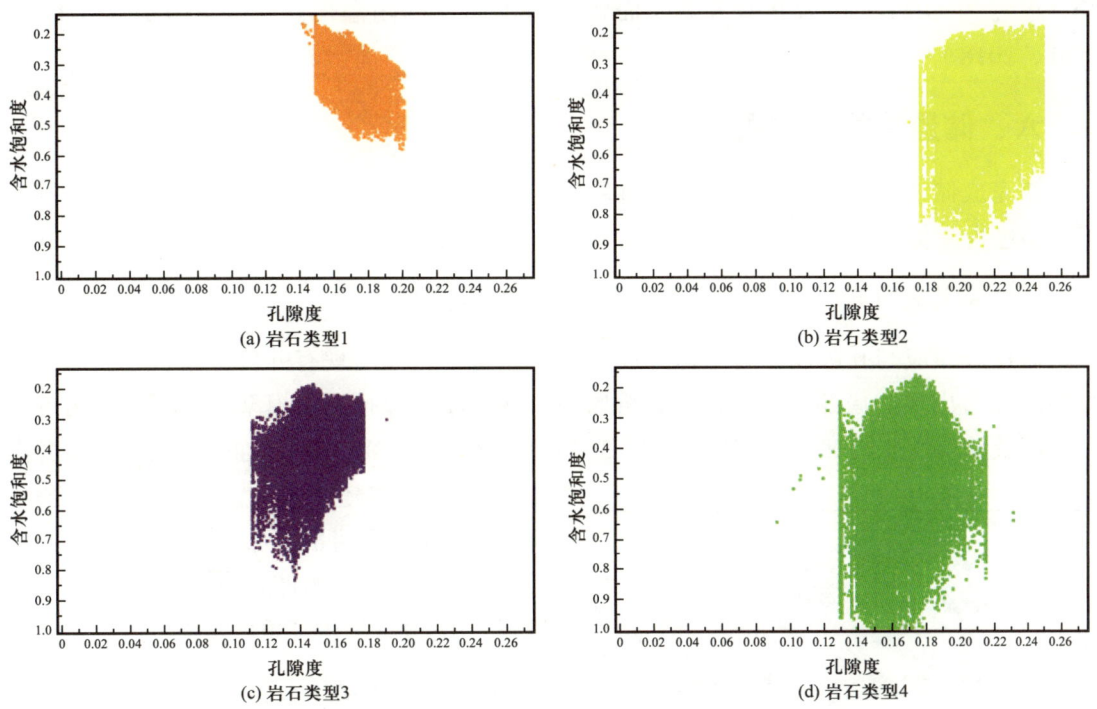

图 3-69　中东地区 A 油藏不同岩石类型孔隙度—含水饱和度交会图（HAFWL 大于 15ft）

（8）计算每口井岩心饱和度高度函数的平均含水饱和度和测井解释平均含水饱和度的差异，用红、黄、绿三色标出。如果对比差的井集中于某个区域，则可能该区域出现系统问题，需要修改。例如，中东地区某油藏单井平均差异小于 7%，标绿色；平均差异为 7%~15%，标黄色；平均差异大于 15%，标红色，或者分小层比较二者差异（图 3-70）。

（9）三维地质模型中含水饱和度与单井饱和度高度函数解释需符合。绘制连井剖面图，观察网格粗化导致的饱和度差异。绘制每个小层模型

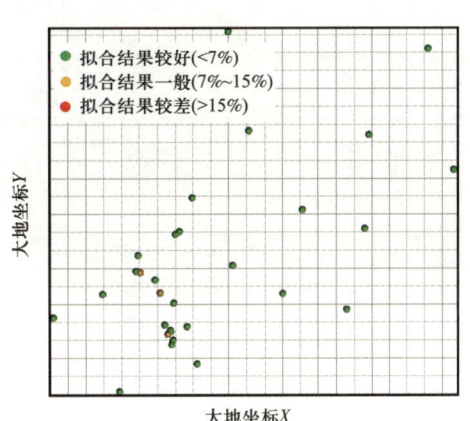

图 3-70　中东地区 A 油藏饱和度模型拟合结果分析

含水饱和度平面分布图和连井剖面图，分别观察构造边部、中部和顶部的含水饱和度分布是否合理。

（10）对饱和度高度函数的饱和度与测试结果、生产数据进行对比，分析是否合理。一般自由水面之下不产油，过渡带之上不产水。

（11）如果油藏含有稠油垫（Tarmat）或稠油环，由于其对开发具有一定影响，需要在模型中体现。部分情况下，可能需要单独定义岩石类型，并将其地质储量在原油探明地质储量中去除。

（12）对于资料较少的油藏，在不确定性分析中，可将自由水面在油底（Oil Down To，简写为 ODT）作为 P90 方案，而将自由水面在圈闭溢出点作为 P10 方案（Jorge et al., 2018）。

六、储量估算的质量控制

在完成储量估算后，需要对储量计算结果进行质量控制，也可以从另一方面对饱和度模型进行质量控制，具体包括如下内容。

1. 绘制储量分布图，叠合井位分布图进行质量控制

储量分布应与孔隙度、含水饱和度平面分布符合，应与现有井位分布符合。对于储量高度分布出现的局部高值点，应分析原因。常见原因包括层面模型中小层厚度出现牛眼，以及储层性质局部出现变化等。图 3-71 为中东地区 DH 油藏原油探明地质储量分布图，可以观察随构造位置、储层性质变化，原油探明地质储量分布出现变化，其不仅展示了油藏内部的储量分布，也可为油藏开发方案设计提供了重要基础。

2. 不同小层、分区、相带、孔隙度分布区间和渗透率分布区间的地质储量分布应一致

地质储量在各种条件下的分布应符合现有认识。例如，当出现致密储层地质储量高于同等规模的常规储层时，应分析原因。需要注意的是，以上方法计算得到的是油气藏的原地资源量，即 OOIP（Original Oil In Place）或 GIIP（Gas Initially In Place）。它们的概念与 SPE—PRMS 储量或 SEC 储量并不相同，在研究中需要加以区分。

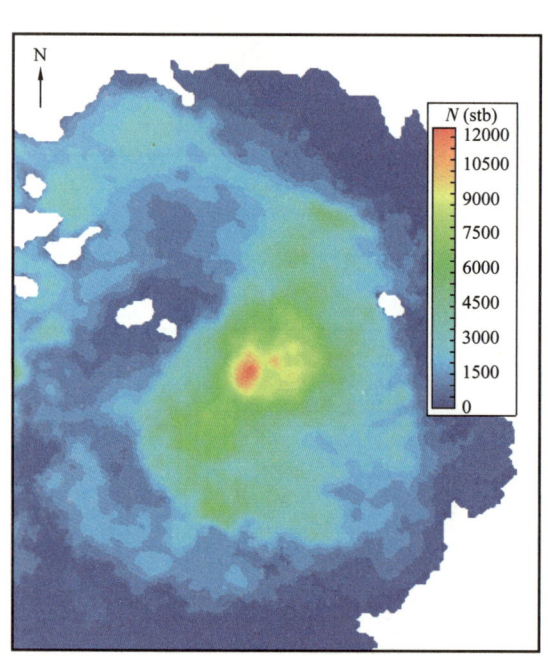

图 3-71　中东地区 DH 油藏 HA 层原油探明地质储量分布图

3. 新老模型储量变化原因的比较

当新版模型的储量计算结果与老版模型存在差异时，需要对原因进行分析，避免在没有任何新资料的区域地质储量出现较大的变化。

（1）以老模型中重点井为对象，对比新老模型孔隙体积、饱和度高度函数烃类体积、测井解释烃类体积的差异。

图 3-72 为中东地区 D 油藏新老模型饱和度高度函数烃类体积、测井解释烃类体积的差异。结果表明，新模型测井解释烃类体积与饱和度高度结果拟合较老模型存在明显改善。由于存在更多的岩电分析等资料，新模型测井解释整体上可靠性更高。图 3-73 为中东地区 F 油藏新老模型孔隙体积和饱和度高度函数烃类体积的比较。结果表明，新模型孔隙体积整体高于老模型，但饱和度高度函数烃类体积低于老模型，由于存在更多的岩心分析等资料，饱和度高度函数的研究方法也更为合理，新模型的烃类体积研究结果及储量计算结果可靠性更高。

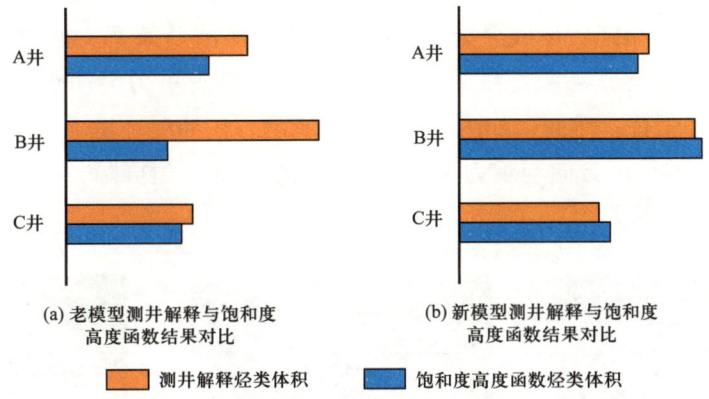

图 3-72 中东地区 D 油藏新老模型饱和度高度函数烃类体积和测井解释烃类体积的差异

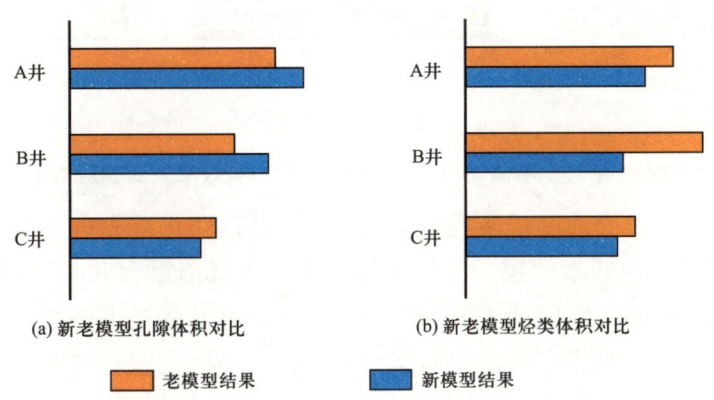

图 3-73 中东地区 F 油藏新老模型孔隙体积和饱和度高度函数烃类体积的比较

（2）绘制新老模型总岩石体积、孔隙体积、烃类体积和地质储量的差异图，分析变化原因，特别是没有井的情况下发生的变化，其主要应由地震构造解释变化等原因引起，不应存在不合理的储量变化区域。

第八节 饱和度高度函数对油藏数值模拟的意义

饱和度高度函数对应的毛细管压力与含水饱和度的关系后面会直接用于动态模型初始化，一般分岩石类型，选择平均物性或代表性物性，建立饱和度高度函数剖面，转换为 p_c 和 S_w 的关系，作为动态模型初始化饱和度表的一部分，直接影响动态模型的拟合和预测效果。因此饱和度高度函数的拟合很关键，不仅影响静态储量，也会影响数值模拟和开发效果模拟结果。基于静态模型饱和度高度函数的动态模型毛细管压力饱和度表的制作方法将在第六章中进行详细介绍。

油藏数值模拟中毛细管压力的影响通常被低估。不同润湿性储层的渗吸毛细管压力特征不同，对油藏地下流体流动和开发特征具有重要影响，Masalmeh 等（2004）使用机理模型对其进行了研究（图3-74、图3-75）。研究的储层设置为反韵律，高渗透带位于储层顶部。如图3-74（a）所示，在水湿环境下，通常渗吸毛细管压力大于 0 时，重力和毛细管压力作用方向相同，形成合力，下部储层提高了波及效率。如图3-74（b）所示，在中性润湿环境下，通常渗吸毛细管压力等于 0 时，只有重力会使水向下流动，仍会使下部储层得到良好驱替。然而，如图3-74（c）所示，在油湿环境下，通常毛细管压力小于 0，毛细管压力的作用方向与重力相反，这可能会形成一道屏障，阻止水向下移动，将导致下部区域的驱替较差。

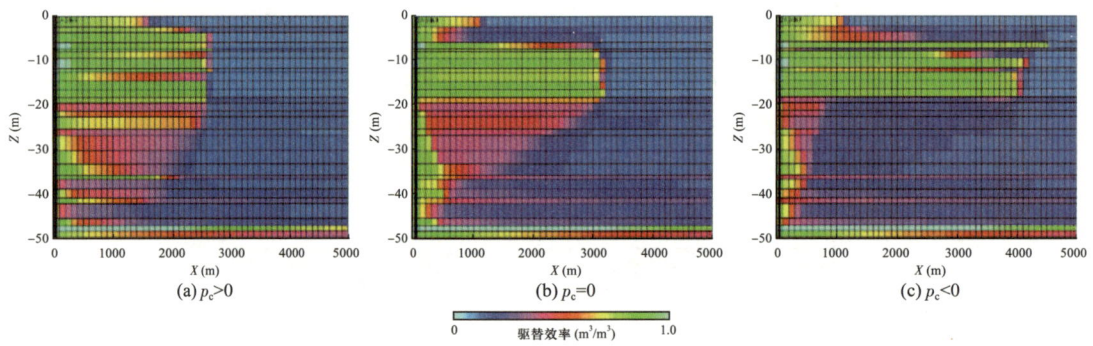

图3-74　水湿储层、中性润湿储层和油湿储层开发的驱替效率（据 Masalmeh et al.，2004）

具有负毛细管压力的油湿低渗透率储层本身不足以防止首先进入上部高渗透率储层的水相扩散到下部低渗透率储层。为了使毛细管压力抵消重力并起到有效屏障的作用，低渗透率区和高渗透率区之间的毛细管压力差必须超过高渗透率区水柱产生的重力。对于厚储层或流体之间存在高密度差的储层，重力仍然可以克服毛细管压力，水相将交叉渗流到低渗透率区，从而驱替下部储层。然而，对于薄储层或储层存在高渗透率层和低渗透率层旋回时，相对小的负毛细管压力数值即足以将水相保持在高渗透率层中，下部储层驱替较差。

部分学者在数值模拟器中仅使用驱替毛细管压力曲线模拟水驱过程，这是不合理的。因为大部分的驱替毛细管压力曲线来源于水湿条件下的测量，而大部分的油藏处于中性润湿。用水湿条件下的测量结果对中性润湿油藏进行模拟,结果往往具有误导性。而且开发中主要模拟的是渗吸过程,因此需要使用渗吸模型进行相关研究。

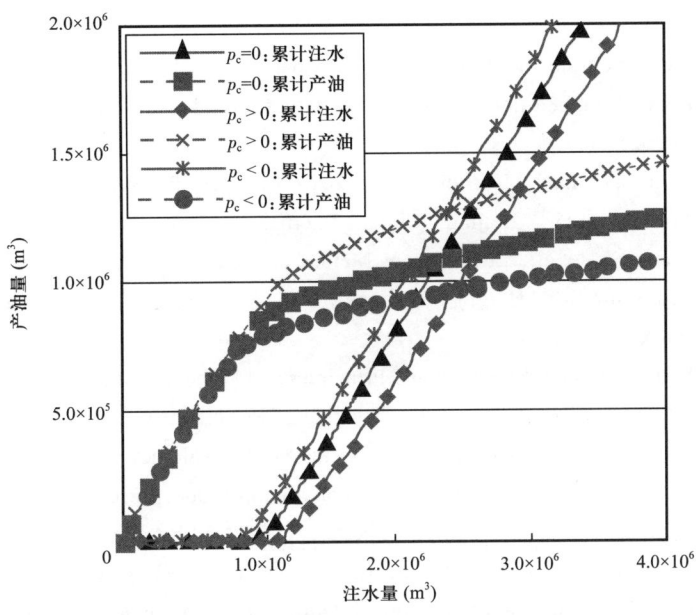

图3-75　渗吸毛细管压力为正值、零值和负值时的产油、产水特征(据Masalmeh et al.,2004)

参 考 文 献

陈科贵,温易娜,何太洪,等,2014.低孔低渗致密砂岩气藏束缚水饱和度模型建立及应用:以苏里格气田某区块山西组致密砂岩储层为例[J].天然气地球科学,25(2):273-277.

高震,张梅,2019.PRMS储量评估体系与评估方法简析[J].中国石油和化工标准与质量,39(6):7-9.

龚晶晶,唐小云,刘道杰,2017.复杂断块油藏原始含油饱和度场分布模型研究[J].特种油气藏,24(1):110-114.

胡勇,于兴河,陈恭洋,等,2012.平均毛管压力函数分类及其在流体饱和度计算中的应用[J].石油勘探与开发,733-738.

姜黎明,余春昊,齐宝权,等,2017.孔洞型碳酸盐岩储层饱和度建模新方法及应用[J].天然气地球科学,28(8):1250-1256.

康永尚,郭黔杰,等,2014.海外油气项目价值评估原理和方法[M].北京:石油工业出版社.

李洪玺,张培军,代琤,等,2016.美国PRMS与SEC两种油气储量准则差异分析[J].西南石油大学学报(自然科学版),38(5):75-80.

卢泉杰,马佳,翟中喜,等,2017.SPE-PRMS准则中资源量/储量不确定性表征分析[J].石油地质与工程,31(4):47-49+124.

王树华,魏萍,2012.SEC储量动态评估与分析[J].油气地质与采收率,19(2):93-94+117-118.

王永祥,段晓文,徐小林,等,2016.SEC准则油气证实储量判别标准与评估方法[J].石油学报,37(9):1137-1144.

王永祥,张君峰,段晓文,2011.中国油气资源/储量分类与管理体系[J].石油学报,32(4):645-651.

王忠生,2013.中国石油海外油气储量评估研究[D].北京:中国地质大学(北京).

易贵华, 易明, 谢勇, 等, 2008. 密闭取心技术 [J]. 新疆石油天然气, 4 (4): 46-50+3.

张玲, 魏萍, 肖席珍. SEC 储量评估特点及影响因素 [J]. 石油与天然气地质, 32 (2): 9.

张存才, 蔡东伟, 徐绍良, 2020. 如何在 PRMS 储量分类标准下快速评估资产探讨 [J]. 海洋石油, 40 (3): 13-18.

Aghabozorgi Shokoufeh, Sohrabi Mehran, 2018. A comparative study of predictive models for imbibition relative permeability and trapped non-wetting phase saturation [J]. Journal of Natural Gas Science and Engineering, (52): 325-333.

Al-Bulushi Nabil, Kraishan Ghazi, Hursan Gabor, 2019. Capillary Pressure Corrections, Quality Control and Curve Fitting Workflow [C]. Beijing, China: International Petroleum Technology Conference.

Alobeidli A, Li D, Omura T, et al., 2018. A New Method to Model Fractured Rocks with Effective Capillary Pressure Curves and Saturation-Height Functions [C]. Abu Dhabi, UAE: Abu Dhabi International Petroleum Exhibition & Conference.

Archer J, Wall C, 1986. Petroleum Engineering: Principles and Practice [M]. Berlin: Springer-Verlag.

Beaumont Edward A, Foster Norman H, 1999. Treatise of Petroleum Geology / Handbook of Petroleum Geology: Exploring for Oil and Gas Traps [M]. AAPG Special Volumes.

Cuddy S, Allinson G, Steele R, 1993. A simple, convincing model for calculating water saturations in Southern North Sea gas fields [C]. Calgary, Alberta: SPWLA 34th Annual Logging Symposium.

Darous Christophe, Raina Ishan. A Method for 3D Saturation Modeling with Drainage and Imbition Cycles [C]. Abu Dhabi: Abu Dhabi International Petroleum Exhibition & Conference.

Diederix K M, 1982. Anomalous Relationships Between Resistivity Index and Water Saturations in the Rotliegend Sandstone (The Netherlands) [C]. Corpus Christi, Texas: SPWLA 23rd Annual Logging Symposium.

Durandeau Marc, El-Emam Medhat, Anis Abdel-Hamid, et al., 1995. Successful Field Evaluation of the Efficiency of a Gas Gravity Drainage Process by Applying Recent Developments in Sponge Coring Technique in a Major Oil Field [C]. Bahrain: Middle East Oil Show.

Ebtesam BinAbadat, Hani Bu-Hindi, Omar Al-Farisi, et al., 2019. Complex Carbonate Rock Typing and Saturation Modeling with Highly-Coupled Geological Description and Petrophysical Properties [C]. Abu Dhabi, UAE: SPE Reservoir Characterisation and Simulation Conference and Exhibition.

Ghorayeb Kassem, Darous Christophe, Acharya Mihira Narayan, et al., 2011. A Workflow for Fully Consistent Water Saturation Initialization without Capillary Pressure Scaling [C]. Abu Dhabi, UAE: SPE Reservoir Characterisation and Simulation Conference and Exhibition.

Gomes Jorge, Parra Humberto, Ghosh Dipankar, 2018. Quality Control of 3D GeoCellular Models: Examples from UAE Carbonate Reservoirs [C]. Abu Dhabi, UAE: Abu Dhabi International Petroleum Exhibition & Conference.

Gunter Gary, Sahar Mohamed Yasine, Viro Eduardo, et al., 2018. Introducing a Ten-Step Integrated Petrophysical Rock Type Verification Process that Combines Deterministic Methods, Saturation Height Modeling, Adranced Flow Units and IPSOM [C]. Abu Dhabi, UAE: Abu Dhabi International Petroleum Exhibition & Conference.

Harbi Ahmad Al, Hursan Gabor, Kwak Hyung, et al., 2018. A New NMR-Based Height Saturation Model of a Low Permeability Carbonate Reservoir [C]. Abu Dhabi, UAE: Abu Dhabi International Petroleum Exhibition & Conference.

Hardie L A, Shinn E A, 1986. Carbonate depositional environments, modern and ancient Part 3: Tidal flats [J]. Anglais, 81: 1-74.

Harrison B, Jing Xudong, 2001. Saturation Height Methods and Their Impact on Volumetric Hydrocarbon in Place Estimates [C]. New Orleans, Louisiana, USA: SPE Annual Technical Conference and Exhibition.

Hulea I, Chris N, 2012. Carbonate Rock Characterization and Modelling: Capillary Pressure and Permeability in Multimodal Rocks-A Look Beyond Sample Specific Heterogeneity [J]. AAPG Bulletin, 96(9): 1627-1642.

Iulian N Hulea, 2017. Saturation Height Modelling: Assessing Capillary Pressures Stress Corrections [C]. Oklahoma: SPWLA 58th Annual Logging Symposium.

Kumar Rajesh, Cherukupalli P K, Lohar B L, et al., 2002. Saturation Modeling in a Multilayered Carbonate Reservoir Using Log-Derived Saturation-Height Function [C]. Tulsa, Oklahoma, USA: SPE/DOE Improved Oil Recovery Symposium.

Kumar Vivek, Singhal Manu, Van Zandvoord Walrick, 2017. Upscaling Core-Derived Saturation Height Functions [C]. Oklahoma, USA: SPWLA 58th Annual Logging Symposium.

Kundu Ashish, Voleti Deepak Kumar, Rebelle Michel, et al., 2017. Building Variable Saturation Height Functions with an Improved Rock Typing Scheme [C]. Abu Dhabi, UAE: Abu Dhabi International Petroleum Exhibition & Conference.

Lalicata Joseph J, Tanis Elizabeth A, Reed Daniel Alan, et al., 2012. A Saturation Height Function Model Derived From Capillary Pressure, Lower Etchegoin/Williamson Reservoir, Lost Hills Field [C]. California, USA: SPE Western Regional Meeting.

Land Carlon S, 1971. Comparison of Calculated with Experimental Imbibition Relative Permeability [J]. SPE J, 11(4): 419-425.

Leal L, Barbato R, Quaglia A, et al., 2001. Bimodal Behavior of Mercury-Injection Capillary Pressure Curve and Its Relationship to Pore Geometry, Rock-Quality and Production Performance in Laminated and Heterogeneous Reservoirs [C]. Buenos Aires, Argentina: SPE Latin America and Caribbean Petroleum Engineering Conference.

Lucia F J, 1995. Rock Fabric/Petrophysical Classification of Carbonate Pore Space for Reservoir Characterization [J]. AAPG Bulletin, 76: 1275-1300.

Masalmeh S K, Wei Lingli, 2010. Impact of Relative Permeability Hysteresis, IFT dependent and Three Phase Models on the Performance of Gas Based EOR Processes [C]. Abu Dhabi, UAE: Abu Dhabi International Petroleum Exhibition & Conference.

Masalmeh Shehadeh K, 2002. The Effect of Wettability on Saturation Functions and Impact on Carbonate Reservoirs in the Middle East [C]. Abu Dhabi, UAE: Abu Dhabi International Petroleum Exhibition & Conference.

Masalmeh Shehadeh K, Abu-Shiekah Issa, Jing Xudong, 2005. Improved Characterization and Modeling of Capillary Transition Zones in Carbonate Reservoirs [C]. Doha, Qatar: International Petroleum Technology Conference.

Masalmeh Shehadeh K, Abu-Shiekah Issa, Jing Xudong, 2007. Improved Characterization and Modeling of Capillary Transition Zones in Carbonate Reservoirs [J]. SPE Res Eval & Eng, 10: 191-204.

Mazzacca Amelia, Musca Claudio, Picone Giuseppe, et al., 2020. A Novel Approach to Initialize a 3D Dynamic Model Using Saturation Height Modelling [C]. Amsterdam, The Netherlands: SPE Europec featured at 82nd EAGE Conference and Exhibition.

McPhee C, Reed J, Zubizarreta I, 2015. Core Analysis: A Best Practice Guide [M] //Cubitt J, Wales H. Development in Petroleum Science. Amsterdam: Elsevier, 829.

Miranda Javier, Rabinovich Michael, Hamman Jeffry, et al., 2015. Reconciling Log-Derived Water

Saturation and Saturation-Height Function Results through Resistivity Modeling, Core-Log Integration and Image Log Data : A Case Study from Deepwater Gulf of Mexico [C]. Houston, Texas, USA : SPE Annual Technical Conference and Exhibition.

Mitchell P, Al Hosani I, Al Mehairi Y, et al., 2008. Importance of Mercury Injection Capillary Pressure (MICP) Measurements at Pseudo Reservoir Conditions [C]. Abu Dhabi, UAE : Abu Dhabi International Petroleum Exhibition & Conference.

Obeida Tawfic A, Al-Mehairi Yousuf Saadalla, Suryanarayana Karry S, 2005. Calculation of Fluid Saturations from Log-Derived J-Functions in Giant Complex Middle-East Carbonate Reservoir [C]. Doha, Qatar : International Petroleum Technology Conference.

Securities and Exchange Commission, 2008. Modernization of oil and gas reporting [R/OL]. [2009-12-31]. http://www.sec.gov/rnles/final/2008/33-8995.pdf.

Seth K, Beales V, Kawasaki A, et al., 2013. Saturation Height Function in a Field Under Imbibition : A Case Study [C]. Jakarta, Indonesia : SPE Asia Pacific Oil and Gas Conference and Exhibition.

Shahab Hadidi, Maria Boya Ferrero, Casper Van Den Nouland, et al., 2019. Benchmark Primary Drainage Saturation Height Function : Theory, Methodology, Applications and a Carbonate Case Study in the Sultanate of Oman [C]. Abu Dhabi, UAE : Abu Dhabi International Petroleum Exhibition & Conference.

Singh M, Voleti D, Reddy R, et al., 2023. Carbonate Rock Typing : Challenges, Mitigations and Pragmatic Workflows [C]. Abu Dhabi, UAE : Abu Dhabi International Petroleum Exhibition & Conference.

Skelt C, 1996. A relationship between height, saturation, permeability and porosity Amsterdam : 17th European Formation evaluation Symposium (SPWLA).

Skelt C, Harrison R, 1995. An integrated approach to saturation height analysis [C]. Paris, France : SPWLA 36th Annual Logging Symposium.

Sohrabi Mehran, Jamiolahmady Mahmoud, Tafat Mohamed, 2007. Estimation of Saturation Height Function Using Capillary Pressure by Different Approaches [C]. London, UK : EUROPEC/EAGE Conference and Exhibition.

SPE, AAPG, WPC, et al., 2017. Petroleum Resources Management System (Spanish) [R]. Society of Petroleum Engineers.

SPE, WPC, AAPG, et al., 2018. Petroleum Resources Management System (2018 version) [R]. Society of Petroleum Engineers.

Strasser A, 1991. Lagoonal-peritidal sequences in carbonate environments : Autocyclic and allocyclic processes [M] //Einsele G, Rieken W, Seilacher A. Cyclic and Event Stratification, Berlin : Springer-Verlag.

Swanson B F, 1981. A Simple Correlation Between Permeabilities and Mercury Capillary Pressures [J]. J Pet Technol, 33 (12): 2498-2504.

Swanson B F, 1985. Microperosity in Reservoir Rocks : Its Measurement and Influence on Electrical Resistivity [J]. The Log Analyst, 26 (6).

Tarek Ahmed, 2019. Reservoir engineering handbook [M]. 5th ed. Amsterdam : Elsevier.

Xian H, Beugelsdijk L, Kohli A, et al., 2017. Saturation Modelling Under Complex Fluid Fill History : Drainage and Imbibition [C]. Abu Dhabi, UAE : Abu Dhabi International Petroleum Exhibition & Conference.

第四章　倾斜油水界面与古油藏饱和度模型

本章为《实用油藏地质建模与数值模拟手册》未涉及的全新内容。油藏形成后，受后期多种原因的破坏作用影响，原始的统一水平油水界面可能会发生倾斜，形成倾斜油水界面。原始油藏部分位置，特别是构造的边部和下部可能会遭受地层水的冲刷、破坏，仅保存残余油，形成古油藏现象。这一现象分布广泛，具有一定的资源潜力，对其进行定性描述和定量评价不仅可以通过明确油藏流体系统，落实资源基础，还可以降低复杂流体分布对开发设计的影响。

第一节　开展基于渗吸模型的饱和度研究的必要性

在静态模型的饱和度场研究及动态模型初始化时，需要考虑油藏的形成历史。如果仅有油气充注过程，只需考虑油气的驱替过程即可。如果存在倾斜油水界面，或者油藏被破坏、发生渗吸作用，则必须全面考虑驱替和渗吸过程。

如图4-1所示，红色曲线为原始油藏在古自由水面基础上，使用首次驱替过程毛细管压力曲线转换为饱和度高度函数的研究结果。紫色曲线为根据Land公式转换得到的对应红色驱替曲线的边界渗吸过程S_{or}曲线，也就是假设油藏被完全渗吸后仅剩残余油的情况（图4-1a）。如图4-1（b）所示，当油藏仅有充注过程时，饱和度高度函数如红色曲线所示。当油藏存在倾斜油水界面或油藏遭到破坏，例如油藏下部40ft厚的油层遭到破坏，被地层水冲刷、渗吸时，渗吸部分的饱和度—高度关系如蓝色曲线所示（图4-1b），而上部油层饱和度特征不变。在被冲刷、渗吸的厚度为40ft的油层内部，饱和度高度函数发生显著变化（红色曲线变为蓝色曲线）。根据流体性质，该油藏40ft的油柱高度对应8psi的地层压力。以现今自由水面为基准，即40ft油柱高度对应的渗吸毛细管压力为–8psi。以油藏下部40ft厚的油层顶部S_{oi}为开始的扫描曲线上（图4-2），计算渗吸毛管压力为8psi时对应的饱和度数值，即该位置处发生渗吸作用后的剩余油饱和度S_o（渗吸厚度为40ft），如图4-1（b）中蓝色曲线所示。虽然油藏下部含油饱和度仍高于边界渗吸曲线对应的残余油饱和度，但其可动性一般较差，通常试油首先出水，待抽汲较长时间后，才有可能测试出油。而在发生渗吸作用的油层之上，油藏没有受到影响，饱和度高度函数不发生改变。但注意，即使是这一部分，其含水饱和度也是以古自由水面为基础计算的，虽然油藏下部40ft厚的油层之上的油藏没有受到影响，含水饱和度不变（红色曲线）。但如果采用常规方法，即以试油资料、MDT流体采样资料等确定的现今自由水面为基础（图4-1c中蓝色曲线），根据相同的饱和度高度函数，得到的常规油藏部分的含水饱和度结果（褐色曲线）将产生显著差异（与红色曲线相比）。这也是存在倾斜

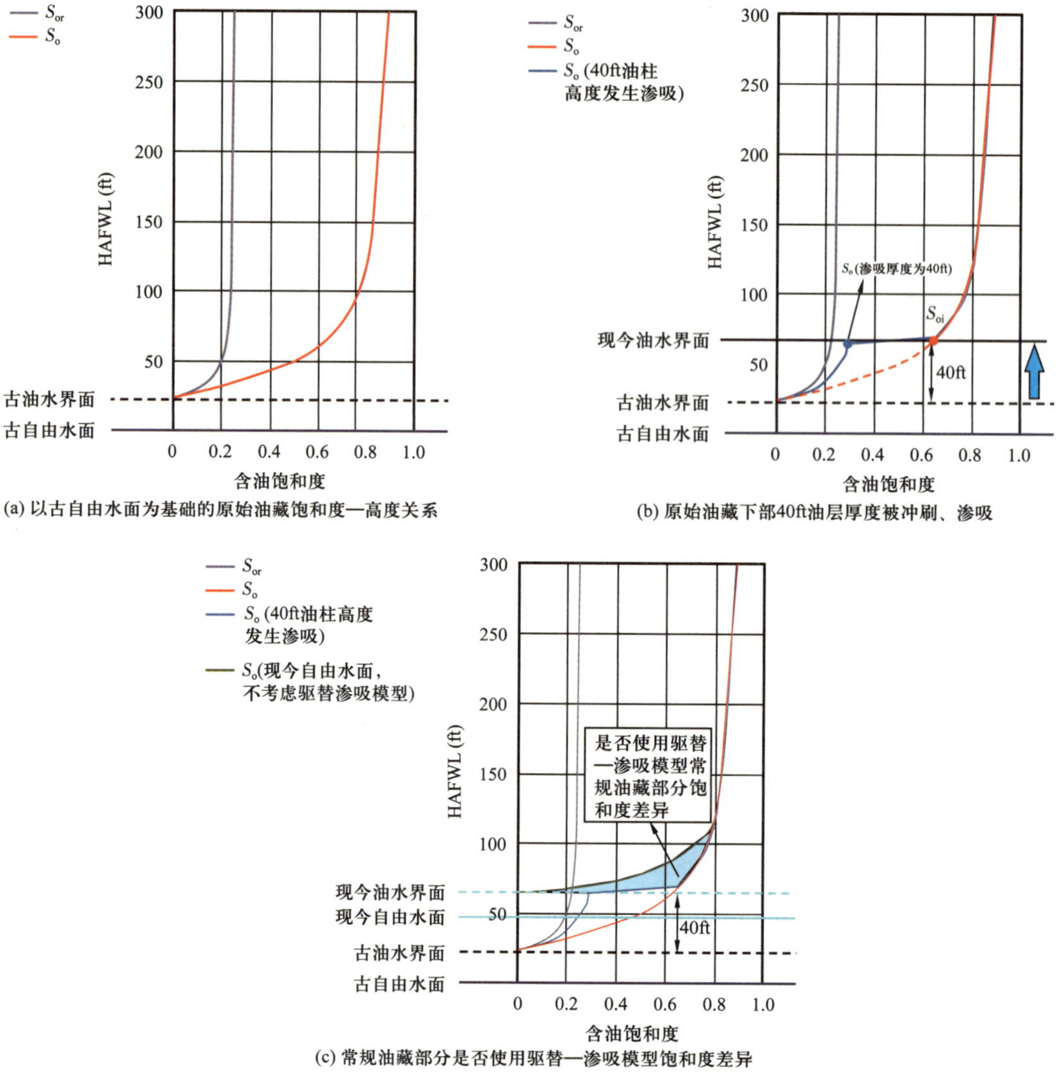

图 4-1　倾斜油水界面或油藏破坏过程中毛细管压力曲线变化过程（据 Masalmeh et al.，2007）

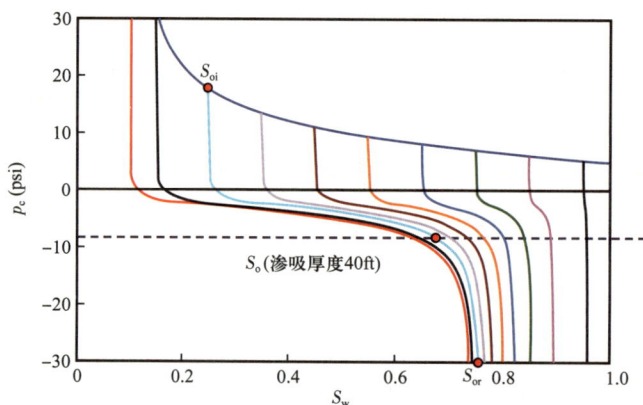

图 4-2　油藏下部 40ft 厚的油层遭到破坏时渗吸作用剩余油饱和度计算示意图
（据 Masalmeh et al.，2007）

油水界面或古油藏现象的情况下，无论是否关注自由水界面之下残余油地质储量都应该采用驱替—渗吸模型进行研究的原因。

渗吸过程对流体流动也有较大影响。对于上面的情况，在计算油藏渗吸部分的扫描曲线时，需要相应注意。以图4-3为例，对于油相而言，其应沿着驱替曲线上S_w为0.65时（A点）开始的扫描曲线进行渗吸过程（图4-3b曲线①），然后S_o逐渐降至该位置对应的S_{or}，即S_w为0.75处（B点），此时油相渗透率较低，甚至接近于0。但如果直接从S_{or}（即S_w为0.75）处（C点）计算扫描曲线（图4-3b曲线②），则会显示仍有一定的流动性，结果显著高估了油相相对渗透率，与真实情况不符。

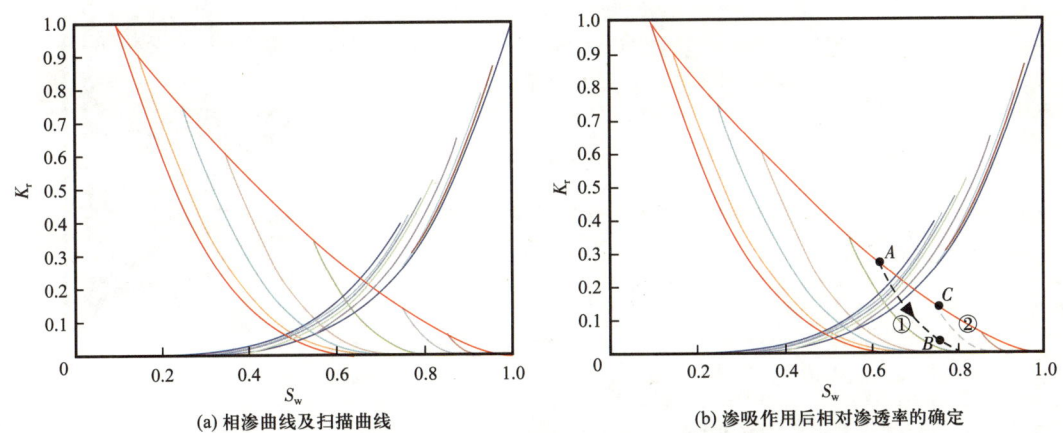

图4-3　油藏发生渗吸作用后的相对渗透率数值确定示意图（据Masalmeh et al.，2007）

第二节　倾斜油水界面与古油藏现象

本节对倾斜油水界面与古油藏现象进行系统介绍，其最直观的特点是来源于测井资料、岩心资料的油水界面通常低于当前自由水面的认识（来源于试油资料、MDT采样、压力梯度分析等）。以中东地区某油田为例（Syofyan et al.，2022），该油藏岩心荧光数据显示的油水界面显著低于当前的自由水面的认识（图4-4、图4-5）。

一、岩心特征

古油藏与常规油藏主要差别在于后期油藏的破坏过程，岩心岩性的差别与古油藏现象无关。古油藏岩心一般具有一定的含油性，滴水呈珠状、半珠状，有荧光显示且岩心荧光显示的油水界面一般低于油藏主体部位的自由水面认识，在局部富集的位置甚至有原油渗出（图4-6、图4-7）。古油藏数字岩心显示原油主要分布在颗粒表面或角隅处（图4-8）。

二、薄片特征

古油藏在薄片上主要显示为黑色的近固态烃类物质，分布较为分散，单一黑色烃类聚集尺寸较小（图4-9）。

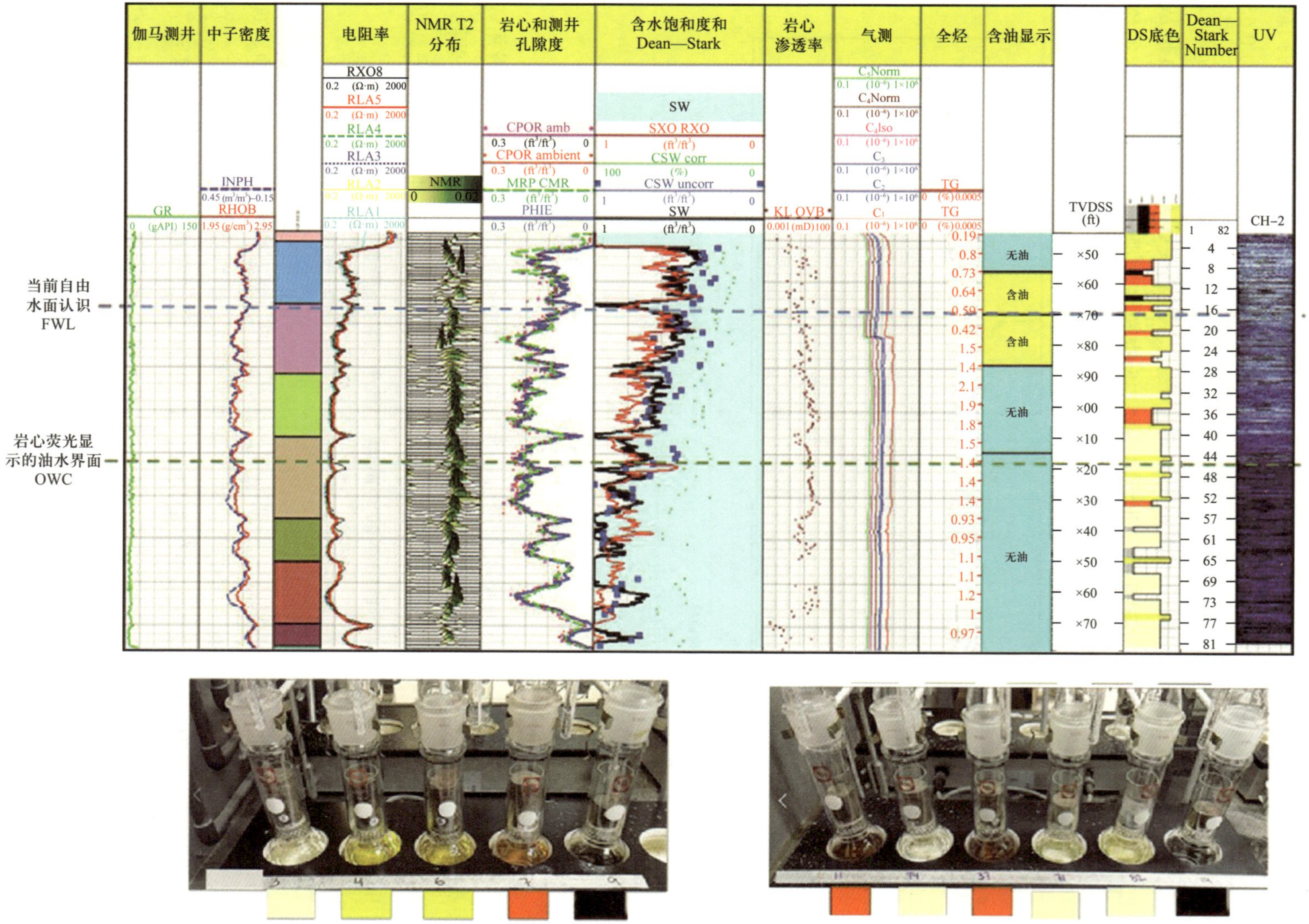

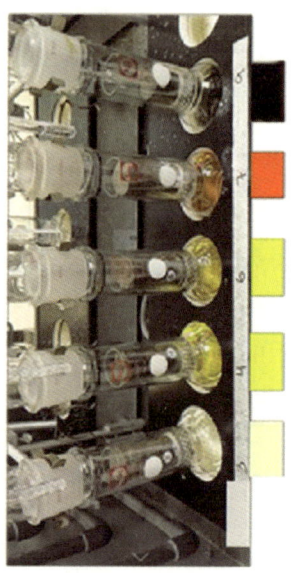

图 4-4 中东地区某古油藏单井柱状图（据 Syofyan el al., 2022）

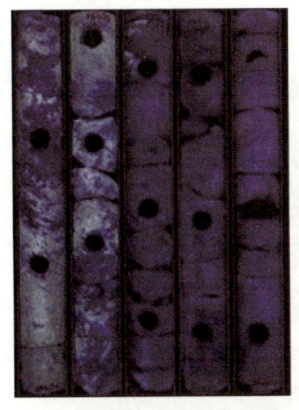

图 4-5 中东地区某古油藏单井岩心荧光特征显示的油水界面（据 Syofyan et al., 2022）

图 4-6 古油藏岩心表面有黑色类似原油的物质外渗

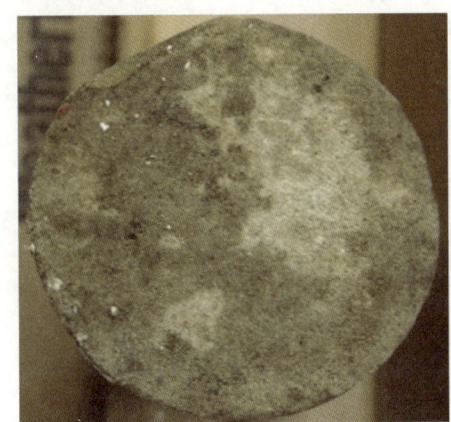

图 4-7 古油藏岩心滴水半珠状

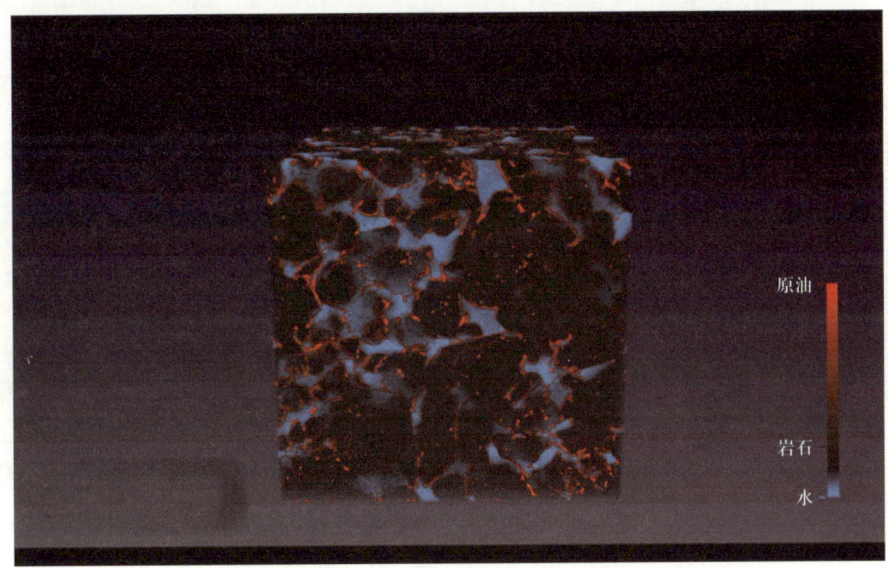

图 4-8 古油藏数字岩心显示原油主要分布在颗粒表面或角隅处

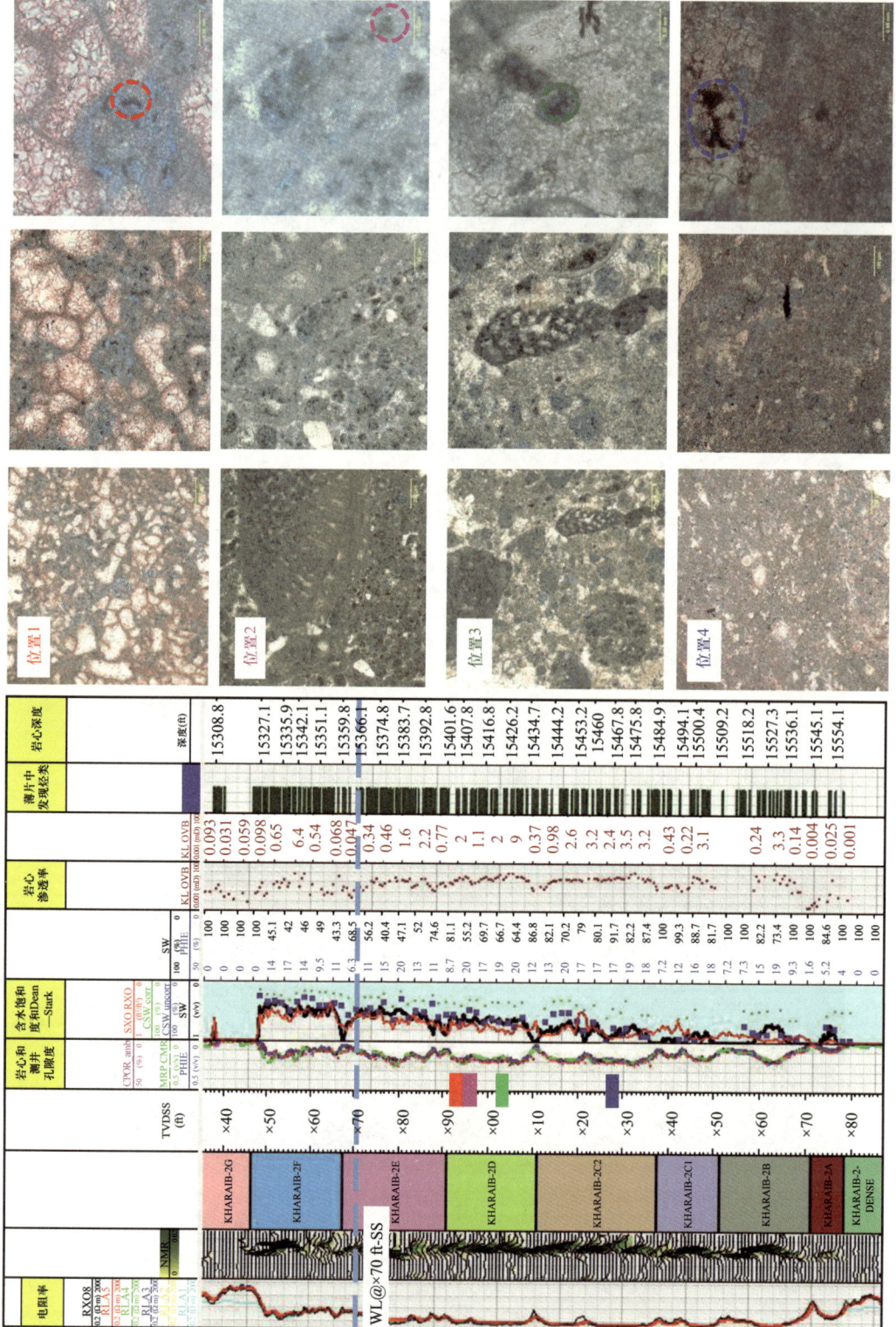

图 4-9 中东地区某古油藏岩心薄片特征（据 Syofyan et al., 2022）

三、测试特征

古油藏由常规油藏被破坏,地层水渗吸后形成,主要以残余油饱和度为主,渗吸作用造成可动油饱和度降低,而且油相渗透率较低,加以后期的地层水的氧化、改造和破坏作用,造成油相黏度增大,流动性进一步降低,最终导致现今在古油藏的生产测试或MDT取样一般出纯水,也有部分情况含油1%,常规方法生产潜力较小(图4-10)。

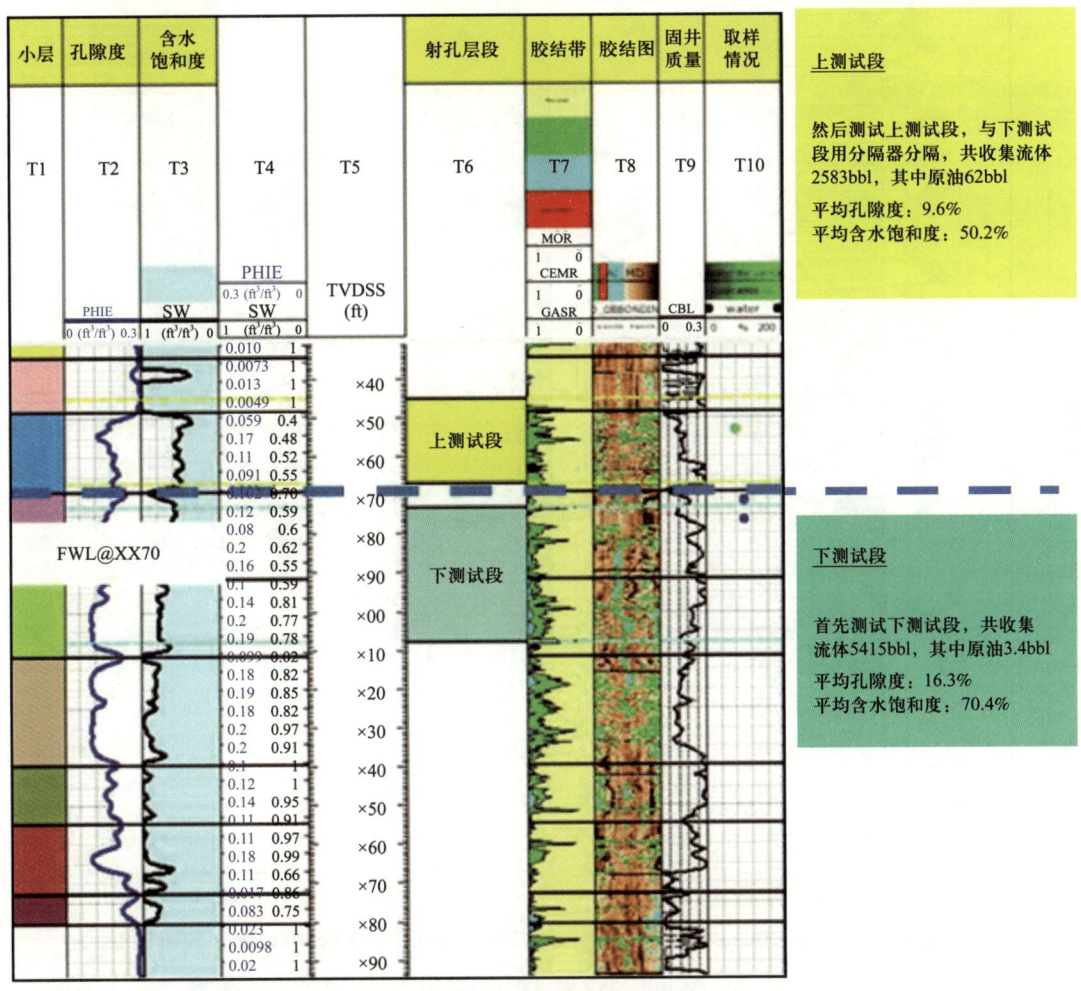

图4-10 中东地区某古油藏单井试油特征(据Syofyan et al., 2022)

四、测井曲线特征

在单井含水饱和度解释剖面上,发生渗吸作用储层的饱和度剖面具有明显的较长过渡带,在残余油饱和度处具有相对长的"尾部"(Kheidri et al., 2016;图4-11)。测试结果显示,古油藏残余油饱和度在10%~40%之间。自由水界面附近测试含水较高,在自由水面之下,古油藏残余油Dean—Stark测试显示存在一定的原油(图4-12)。

- 163 -

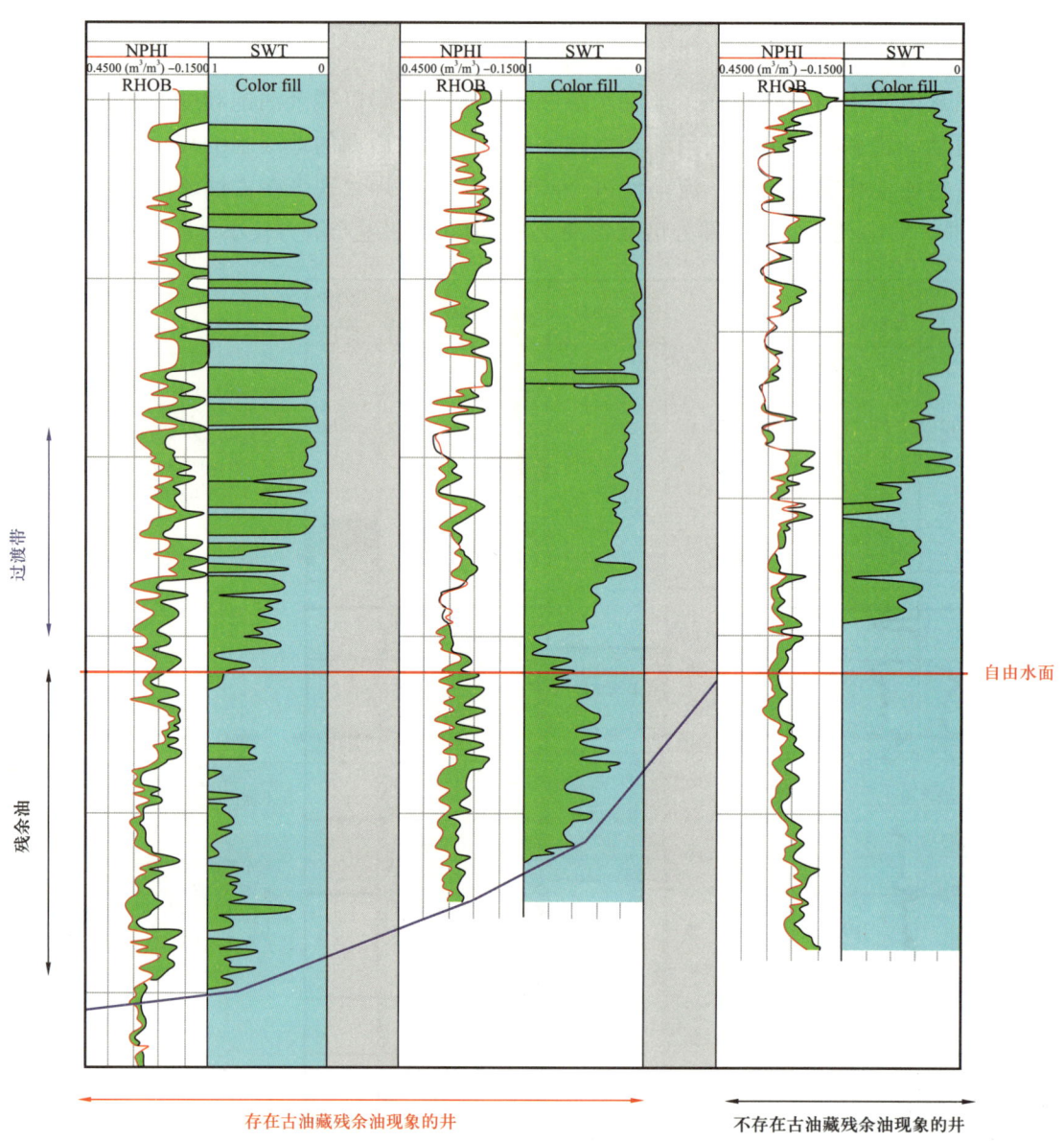

图 4-11 古油藏和倾斜油水界面典型测井曲线特征（据 Kheidri et al., 2016）

在渗吸作用开始后一定时间，油藏过渡带可处于渗吸平衡状态（Imbibition Equilibrium）。该状态下，现今自由水面之上的纯油层受渗吸作用影响较小（Ⅰ区），主要表现为在古自由水面下的驱替毛细管压力（Drainage Capillary Pressure）控制的饱和度剖面特征，实际上认为该部分饱和度变化不大。在现今自由水面之上的过渡带处（Ⅱ区），油藏受渗吸作用影响，表现为在现今自由水面之上的受渗吸毛细管压力（Imbibition Capillary Pressure）控制的饱和度剖面。在现今自由水面和古自由水面之间的过渡带处（Ⅲ区），油藏渗吸作用显著，表现为残余油饱和度的特征（图 4-13）。

一般情况下，在古油藏发育的井段，饱和度高度函数拟合效果较差（图 4-14），其结果甚至在含水饱和度解释不确定性范围之外。

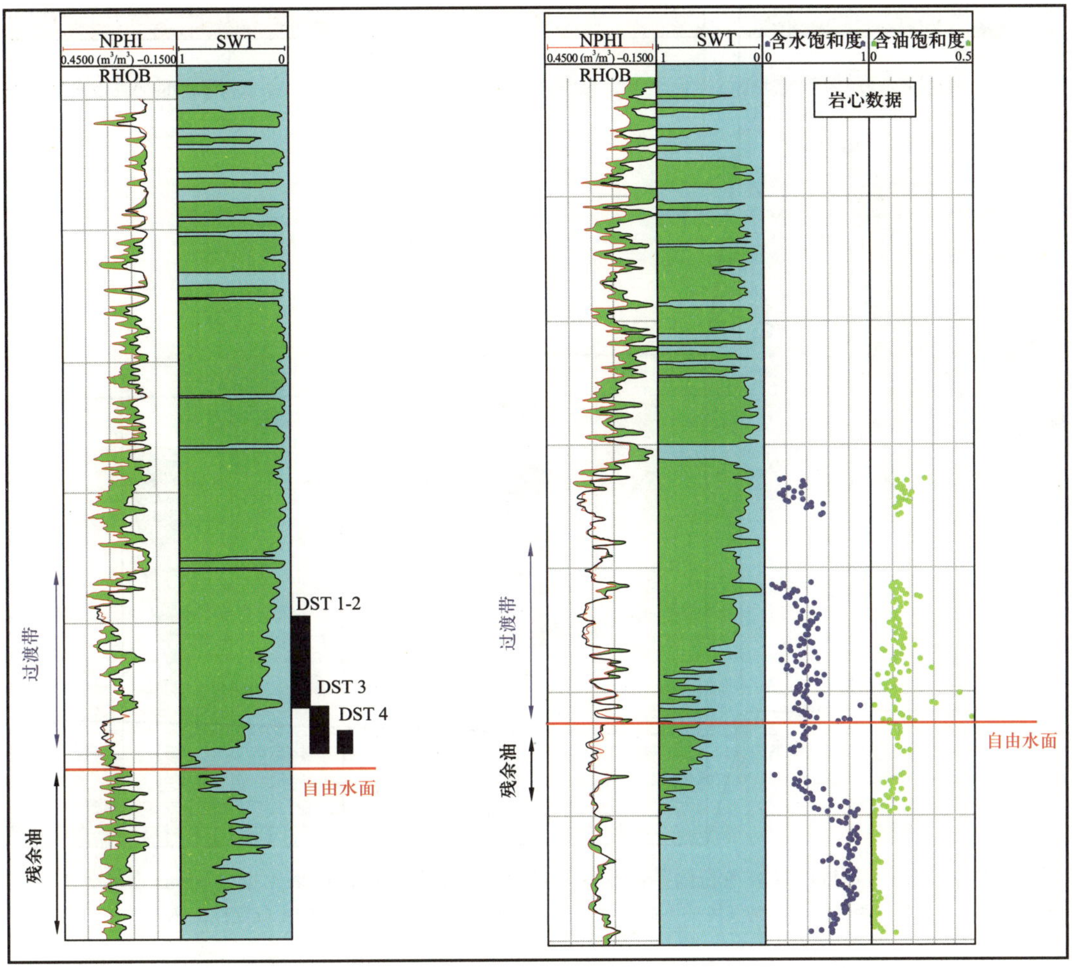

图 4-12 古油藏和倾斜油水界面典型测井曲线及岩心特征（据 Kheidri et al., 2016）

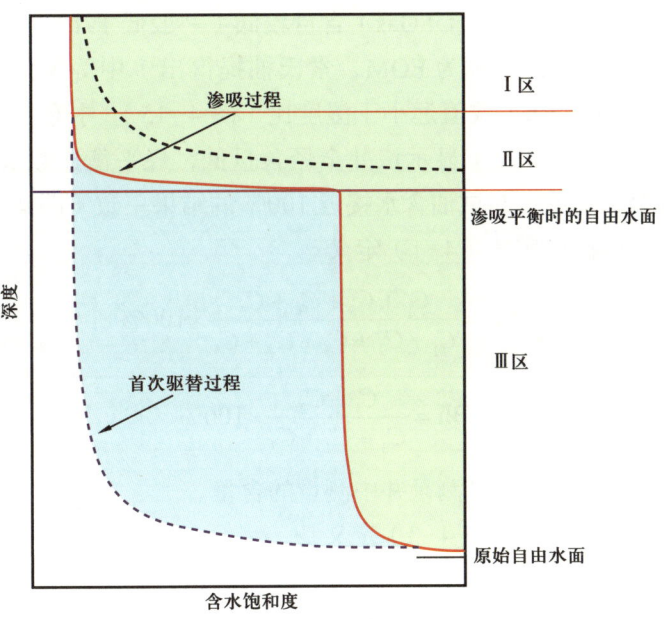

图 4-13 存在渗吸过程的单井饱和度剖面典型特征（据 Xian et al., 2017）

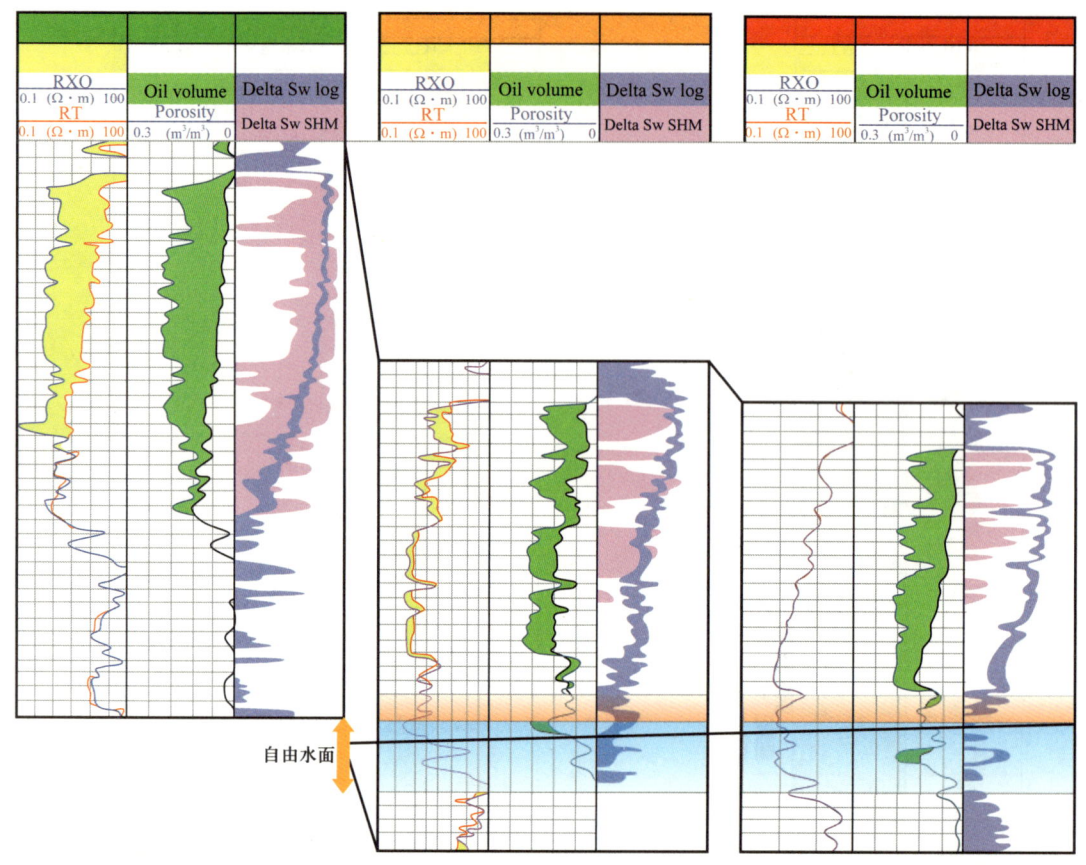

图 4-14　中东地区阿拉伯联合酋长国某油藏现今自由水面饱和度模拟结果（据 Syofyan et al.，2022）
紫色为测井解释饱和度的不确定性范围，粉色为饱和度高度模型的不确定性范围

五、录井特征

录井特征上，其一般全烃（Total Gas）含量较低（一般低于 1%），岩石中可动油含量（Extractable Organic Matter，简称为 EOM，索氏抽提得出）中等至低，烃湿度比（Wh）数值大于 40，烃平衡比（Bh）数值远小于湿度比（图 4-15）。中东地区某古油藏单井录井柱状图（Syofyan et al.，2022）显示该井全烃含量低，烃平衡比数值远小于烃湿度比，判断存在古油藏残余油现象，与试油含水接近 100% 的结果一致（图 4-16）。

烃湿度比和烃平衡比可用式（4-1）定义

$$\mathrm{Wh} = \frac{C_2 + C_3 + C_4 + C_5}{C_1 + C_2 + C_3 + C_4 + C_5} \times 100\% \tag{4-1}$$

$$\mathrm{Bh} = \frac{C_1 + C_2}{C_3 + C_4 + C_5} \times 100\% \tag{4-2}$$

式中　C_1，C_2，C_3，C_4，C_5——气测录井中测量的含量。

烃特征比（Ch）含量可用式（4-3）定义

$$\mathrm{Ch} = \frac{C_4 + C_5}{C_3} \tag{4-3}$$

烃湿度比(Wh)	烃平衡比(Bh)	烃特征比(Ch)	主要特征	
<0.5	>100		干气，可能无法采出	
>0.5	>100		干气，可能可以采出	
0.5<Wh<17.5	Wh<Bh<100		气层，随Wh数值增大以及Wh/Bh曲线趋近，湿气成分或气体密度增加	
<17.5	>Wh	<0.5	仍为气层，Wh/Bh曲线接近重合；有时呈十字交叉形态，Ch数值证实气层可采出	
<17.5	>Wh	>0.5	Wh/Bh曲线接近重合，有时呈十字交叉形态；Ch数值更高，指示存在轻质油	
17.5<Wh<40	<Wh		Wh/Bh曲线交叉反转，指示油层两条曲线差异越大，地层原油油质越重	
>40	<<Wh		残余油	

图 4-15 根据烃湿度比和烃平衡比定义流体类型（据 Hawker，1999）

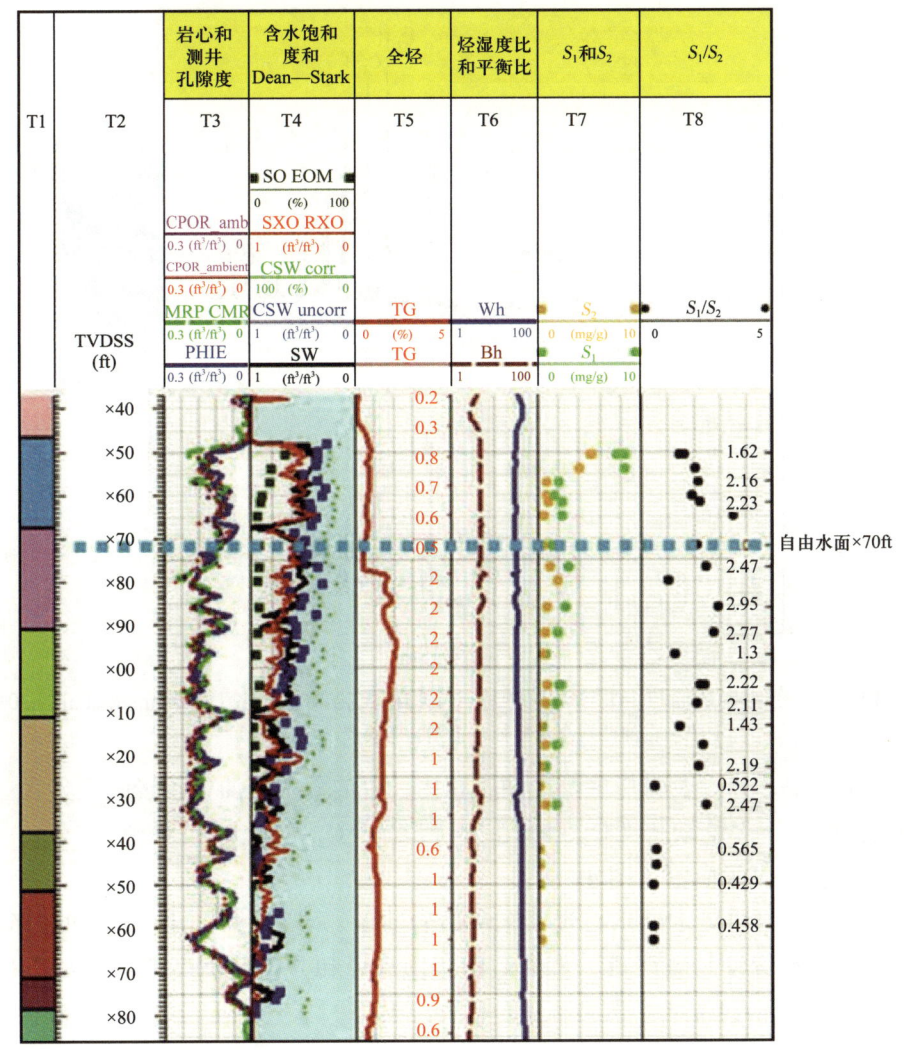

图 4-16 中东地区某古油藏单井录井柱状图（据 Syofyan et al.，2022）

六、地球化学特征

首先对古油藏原油的常见地球化学特征进行介绍，然后列举常用的以地球化学为主的研究手段。

1. 常见地球化学特征

除多套烃源岩多次充注、多次成藏的情况外，通常古油藏和主要产油层烃源岩一致，仅因为渗吸过程以及后期油层和地层水相互作用导致其地球化学特征存在一定差异，而且不同油藏变化特征也不相同。

例如，第一个实例中 Ahmed 等（2016）用气相色谱—火焰离子化检测器（GC-FID）对古油藏中残余油与主要产油层中原油特征对比，发现二者特征近似。通过气相色谱指纹分析显示，古油藏中残余油通常与主要产油层中原油来自相同烃源岩，二者具有相同的原始烷/植烷比率，而且萜烷生物标志物非常匹配，只是成熟度略低（图 4-17）。

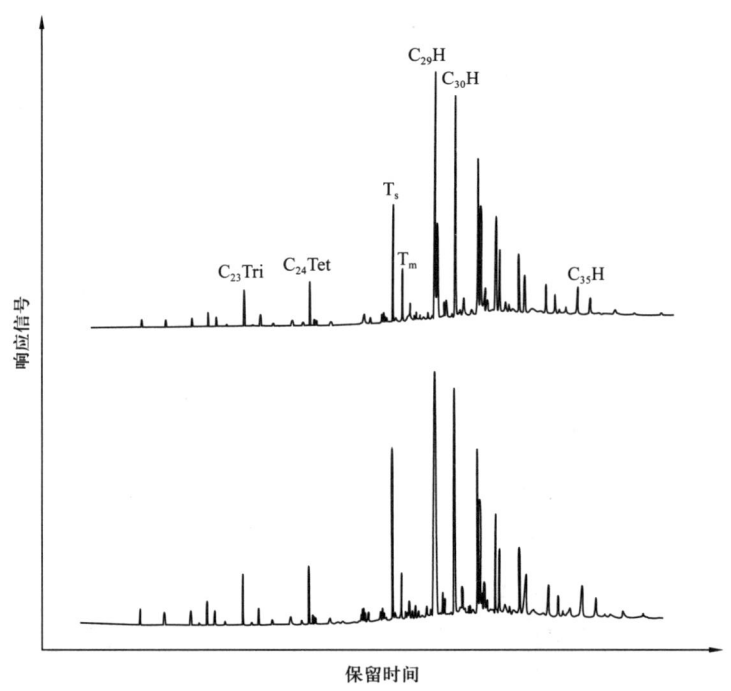

图 4-17　古油藏中残余油与主要产油层中原油生物标志物特征对比（据 Ahmed et al.，2016）
上图为古油藏残余油特征，下图为主要产油层中原油特征

在这个实例中，分析表明与主要产油层相比，古油藏残余油中较轻的组分含量（C_5~C_{11}）和部分重组分含量缺失（C_{24} 和 C_{24^+}），但 C_{12}~C_{23} 含量却相对丰富，这一特征对 EOR 方法的选择提供了借鉴（图 4-18）。

第二个实例来自塔里木油田石炭系东河砂岩油藏。研究表明，地质运动破坏油藏后，底水侵入，冲刷和淹没效应严重。古油藏中轻饱和烃和芳香烃损失严重，胶质和沥青质含量大幅增加（图 4-19）。

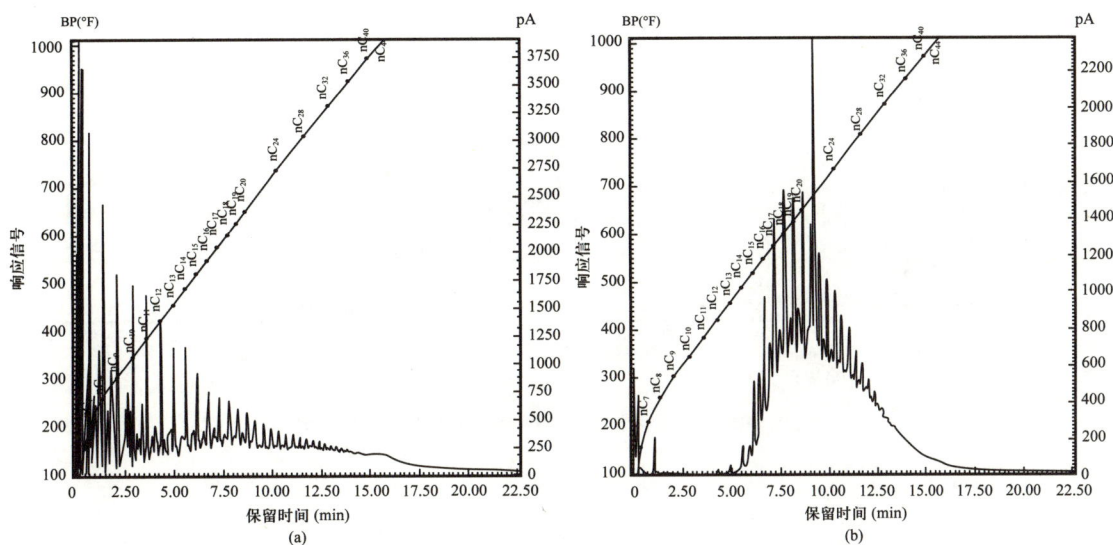

图 4-18 古油藏中残余油与主要产油层中原油模拟蒸馏结果对比（据 Ahmed et al., 2016）
（a）主要产油层中原油特征；（b）古油藏残余油特征

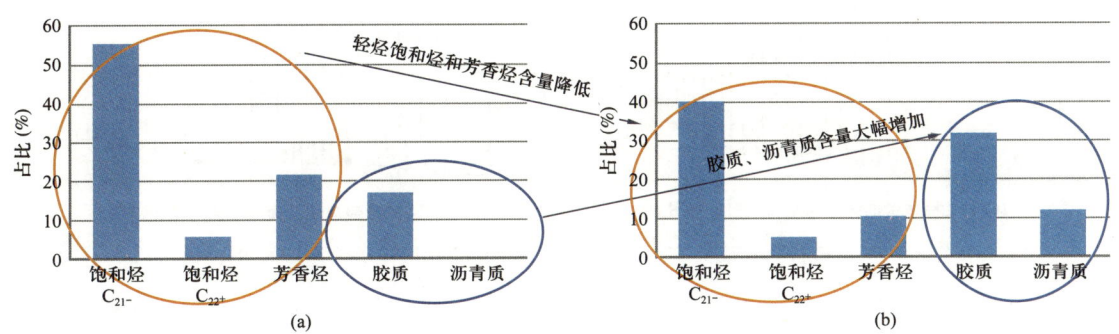

图 4-19 古油藏中残余油与主要产油层中原油组分对比
（a）主要产油层中原油组分特征；（b）古油藏残余油组分特征

第三个实例为吉林大情字井油藏，其为低渗、低构造幅度油藏，由于水体能量不活跃，油水分异差，过渡带原油组分与顶部油层和水淹层相比组分几乎没有差别。

第四个实例为中东地区 A 油藏，地球化学分析表明原状油藏气相色谱和过渡带（古油藏）气相色谱显示指纹特征接近，说明来自一套烃源岩，但古油藏残余油部分显示轻组分显著降低，重组分含量增加（图 4-20）。而且由古油藏带上部到古油藏主体部位原油取样的气相色谱特征呈现明显变化，轻组分含量逐渐降低，重组分含量逐渐升高（图 4-21），显示出地层原油破坏程度逐渐增强。

2. 常用分析方法

古油藏和倾斜油水界面研究常用的地球化学分析方法如下：

（1）岩石热解分析（Pyrolysis）主要用于确定岩石中的烃类的成分（S_1、S_2、S_3、S_4）和总有机碳含量（TOC）。

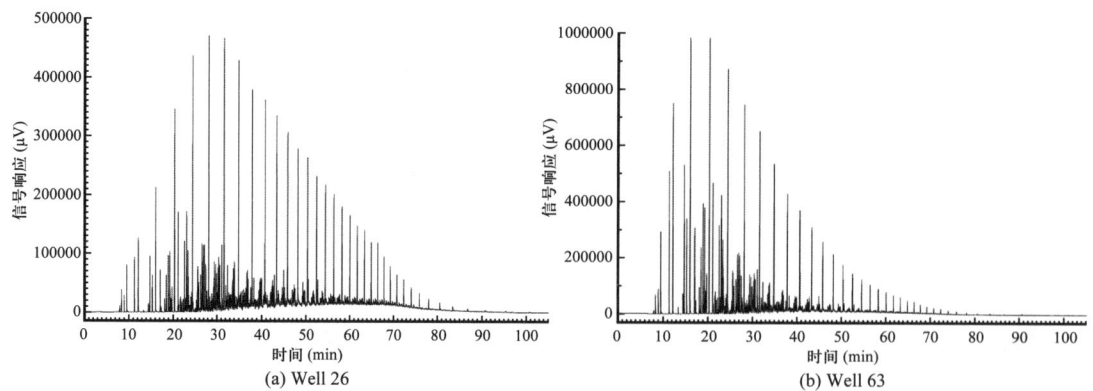

图 4-20　中东地区 A 油藏原状油藏中原油气相色谱特征

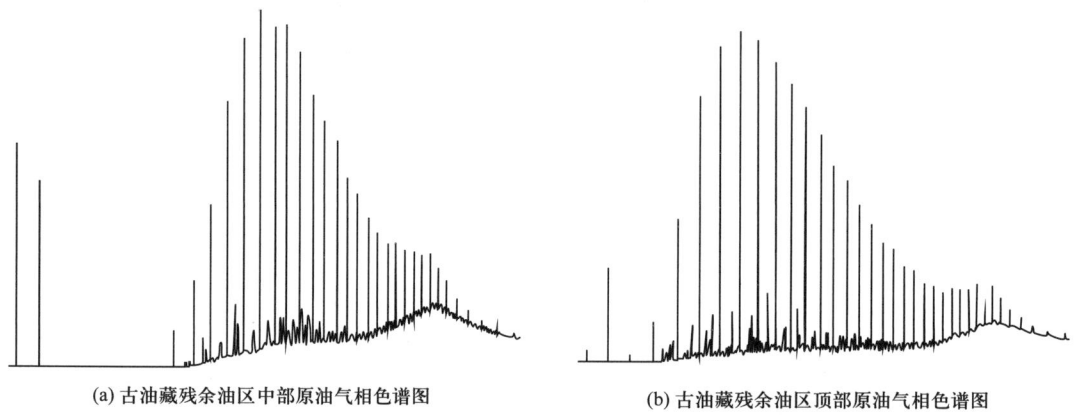

图 4-21　中东地区 A 油藏自由水面之下古油藏中残余油原油气相色谱特征（据 Syofyan et al., 2022）

（2）索氏抽提（Solvent Extraction）主要用于确定岩石中的可动烃类（Extractable Organic Matter，简写为 EOM）含量，其通常对应于岩石中可动油含量，与试油结果符合较好。

索氏抽提方法（Soxhlet Extraction Method）使用索氏提取器作为提取设备，并通过用低沸点有机溶剂（醚、二氯甲烷等）提取样品中的有机质，方法较为成熟，但一般用时较长。索氏抽提萃取前应先将固体物质研磨细，以增加液体浸溶的面积。然后将固体物质放在滤纸套内，放置于萃取室中。安装仪器，当溶剂加热沸腾后，蒸气通过导气管上升，被冷凝为液体滴入提取器中，溶解溶于溶剂的部分物质。当液面超过虹吸管最高处时，即发生虹吸现象，溶液回流入烧瓶，因此可萃取出溶于溶剂的部分物质。就这样利用溶剂回流和虹吸作用，使固体中的可溶物不断富集到烧瓶内，直至提取完成。然后使溶剂挥发，通过实验前后称量瓶质量的差异，求取样品中的有机质含量。分析结果按式（4-4）计算

$$X = \frac{G_2 - G_1}{m} \tag{4-4}$$

式中　X——实验溶剂可溶有机质质量分数；

　　　G_1——称量瓶质量，g；

G_2——称量瓶加实验溶剂可溶有机质质量，g；

m——样品质量，g。

索氏抽提法可以测量岩心样品中的可动烃类含量，可以作为可动油测井解释的标定和古油藏研究的重要参考参数（图4-22）。

(3) 原油组成分析 (Saturates, Aromatics, Resins and Asphaltene，简写为SARA) 主要用于确定烃类成分，即饱和烃、芳香烃、胶质和沥青质的含量。

(4) 气相质谱分析 (Gas Chromatography) 主要用于确定原油组成和轻、重组分特征，结合指纹信息确定油源。

(5) 特定化合物同位素分析 (Compound Specific Isotope Analysis，简写为CSIA) 主要用于确定原油的烃源岩，相近的同位素分布特征指示相同的原油来源（$C_8 \sim C_{34}$同位素分布特征；图4-23、图4-24）。

(6) 薄片、扫描电镜观察 (Scanning Electron Microscope，简写为SEM) 主要用于确定烃类的赋存状态，如死油、沥青等。矿物光谱分析仪主要用于确定烃类的存在，一般和扫描电镜配合使用（图4-25）。

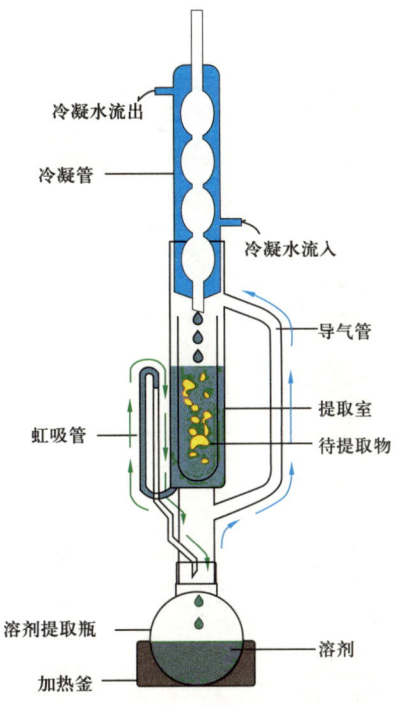

图4-22 索氏抽提仪器示意图

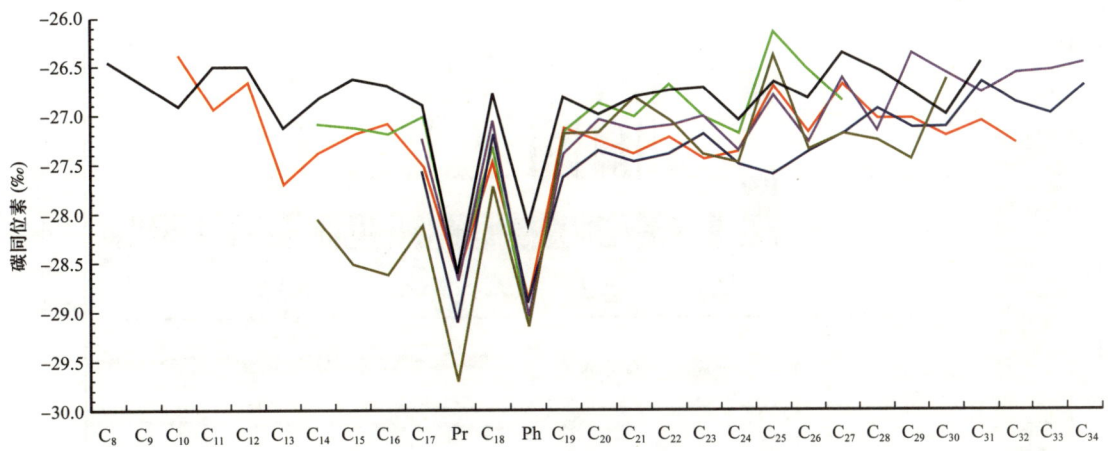

图4-23 中东地区阿拉伯联合酋长国古油藏残余油和油藏常规原油同位素特征分布
（据Syofyan et al.，2022）

绿色线为A3井岩心原油分析结果；棕色线为A2井岩心原油分析结果；红色线为A2井正常生产原油分析结果；紫色线为C17井岩心原油分析结果；蓝色线为C19井岩心原油分析结果；黑色线为A4井正常生产原油分析结果

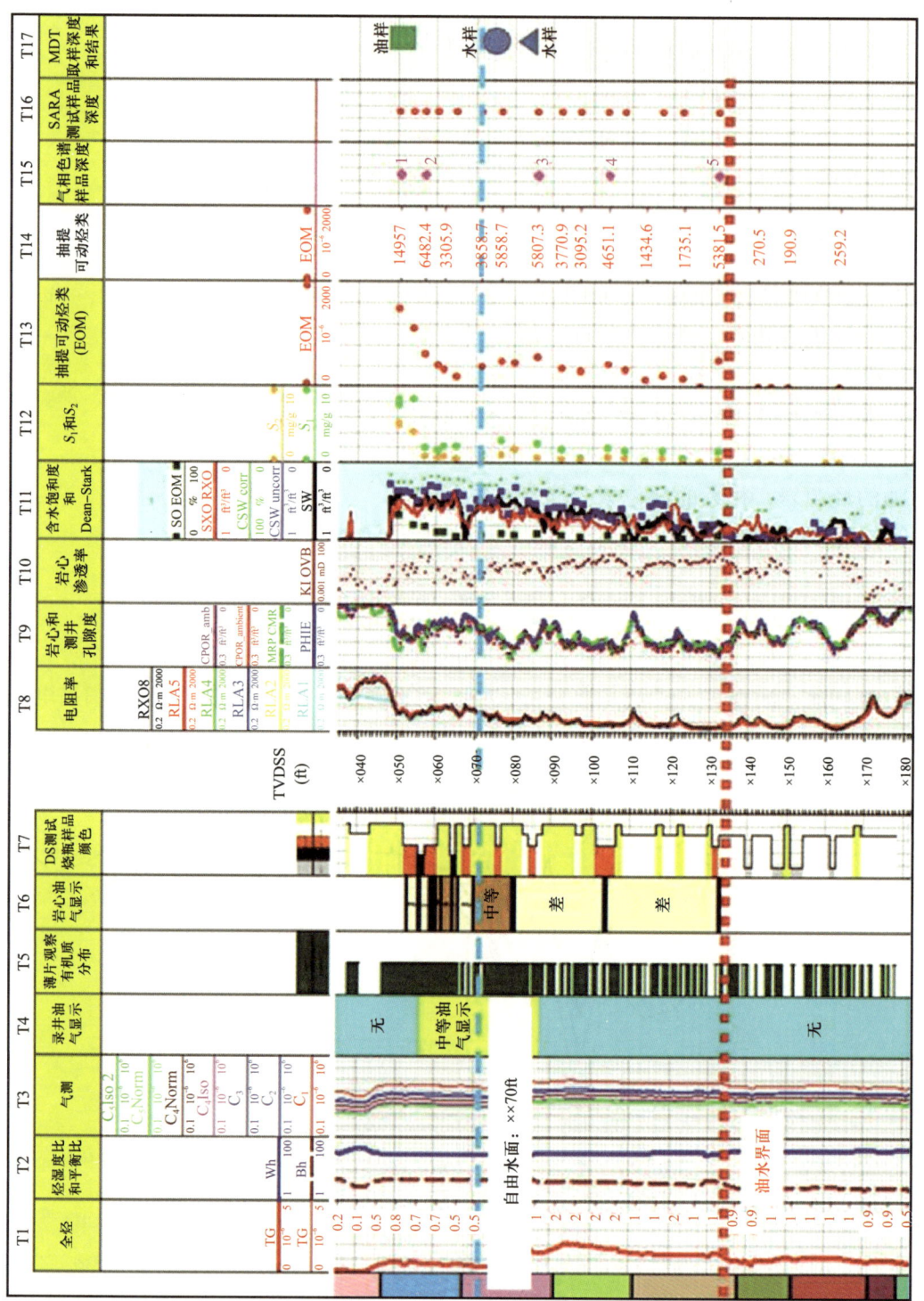

图 4-24 中东地区阿拉伯联合酋长国古油藏残余油地球化学分析（据 Syofyan et al., 2022）

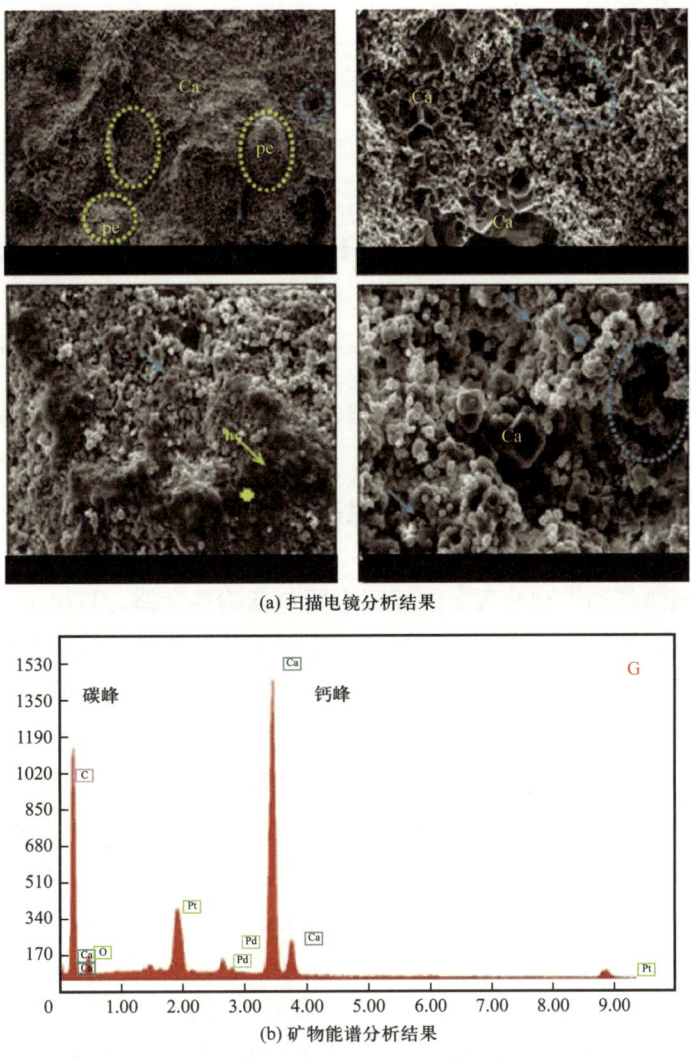

图 4-25　中东地区阿拉伯联合酋长国古油藏扫描电镜分析和矿物能谱分析结果（据 Syofyan et al.，2022）

七、倾斜界面与古油藏现象在中东地区的分布

古油藏与倾斜界面现象在世界范围内广泛分布，在中东地区有许多案例：Pelisier（1980）描述了伊朗 Sirri 油田 Mishrif 的南西—北东向倾斜油水界面；在伊拉克基尔库克油田，西北—东南走向背斜东北侧的油水界面比西南侧高出约 200ft（Gao et al.，2015）；在沙特阿拉伯，Stenger（2001，2003）描述了加瓦尔哈拉德地区 Arab-D 油藏大约 20ft/km 的东西向倾斜油水界面（图 4-26）；在卡塔尔，在 Kharaib 油藏和 Suaiba 油藏观察到向东倾斜的自由水面，在下 Sulaiy 地层，从几口钻井中，观察到可能在东西方向倾斜的油水界面与自由水面（Gao et al.，2015）；在阿拉伯联合酋长国，BAB 油田含有向西倾斜的自由水面（Kundu et al.，2017），Zakum 油田含有向北倾斜的自由水面（El Faidouzi et al.，2020），A 油田的古自由水面由构造四周向构造顶部上升（Syofyan et al.，2022）。在国内，这一现象也较为普遍，例如塔里木东河砂岩、吉林大情字井、任丘潜山等。

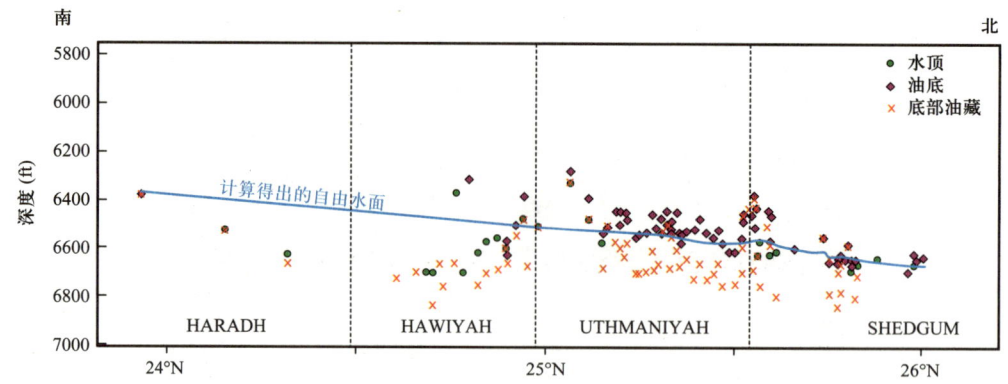

图 4-26　沙特阿拉伯 Ghawar 油田 Arab-D 油藏各井倾斜油水界面特征（据 Stenger et al., 2003）

第三节　界面变化机理

造成流体界面倾斜和古油藏现象的原因主要包括构造倾斜、与超压有关的自由水面倾斜、由于气体从原油中排出造成压力增加、由于密度差异造成的倾斜界面，以及毛细管压力差导致的界面倾斜和流体动力学倾斜界面等。在研究中需要结合具体情况进行分析。

构造倾斜和破坏。在构造圈闭完成烃类充注之后，构造运动有时会导致构造倾斜，从而使油藏处于动态非平衡状态，自由水面出现倾斜。构造运动后，油藏流体试图达到新的平衡，倾斜的自由水面将随时间重新变平，这一过程非常缓慢。对于低渗致密油藏，流体平衡过程更加缓慢，甚至在构造活动区域，这可能根本达不到（Estrada, 2000）。例如中东地区 A 碳酸盐岩油藏，储层致密，在三叠纪油藏先向南倾，然后在古近纪至今北倾。虽然没有封闭性断层等封隔条件，至今油藏的自由水面仍处于分区状态，南区高、北区低，南区原油化学分析显示出明显的古油藏残余油特征。此外，断层发育也可造成圈闭泄露，油气从断层逸散，新自由水面之下的油层将产生渗吸作用，形成古油藏，例如塔里木油田石炭系东河砂岩油藏。

与超压有关的自由水面倾斜。上覆岩层增加或强烈压实（Dias, 2010）会逐渐导致水体压力过高，形成超压。因此，在储层薄弱位置处，压力超过裂缝梯度后，水体会被排出，从而形成一条通往较浅地层的运移路线。压实程度最高的区域和"运移路线"的地理位置控制着水体流动方向，造成油藏自由水面倾斜。水流方向（自由水面倾斜方向）由超压降低方向控制。

与气体排出有关的自由水面倾斜。盆地中的烃源岩暴露在较高的压力和温度下。首先，烃源岩到达生油窗，如果继续埋藏，则进入生气窗。在此过程中，气体将从石油和烃源岩中释放出来，造成压力增加。压力波将由盆地中部向四周传导，盆地中不同位置的压力差将形成倾斜自由水面，这一现象在一些北海油田较为常见（Dennis, 2009）。

由于流体密度差异造成的倾斜界面。对于下部为水层的特定气柱或油柱，如果平面上不同区域流体密度（气体或水）发生变化，将形成不同的流体界面。由于存在大规模地热梯度，原始油水界面的倾斜可以与油和水密度的差异相关（Stenger et al., 2003）。然而，这主要关于流体界面，自由水面一般不受影响。

毛细管压力差导致的界面倾斜。好储层往往具有较低的毛细管驱替压力和烃类进入高度，而差储层通常具有较高的毛细管驱替压力和烃类进入高度。由于这种影响，油水界面实际上不是一致的平坦界面，而是在储层中根据非均质性程度而变化。在特殊情况下，由于岩石性质沿一个方向的一致变化，它可能在一个方向上呈现倾斜界面。但是，该情况下仅烃类—水界面出现变化，对自由水面没有影响。

流体动力学倾斜界面。在流体动力系统中，烃类区下方的水体流动，产生倾斜的自由水面。水体流入位置（入口或流入）、流出位置（出口或流出）和水势（水头）是先决条件（Hubbert，1940；Gao et al.，2015）。

第四节 无残余油情况下的含水饱和度模型

对于自由水面倾斜且界面之下无残余油（低于当前自由水面的烃类）的情况，可直接使用首次驱替毛细管压力曲线，建立饱和度函数，然后结合对应的倾斜自由水界面特征，直接建立含水饱和度模型。首先进行油气充注历史研究，明确油藏的驱替、渗吸历史过程。然后建立驱替过程饱和度高度函数，确定自由水面，进行解释模型优化，最终得出（古）油藏含水饱和度高度函数，以其为基础，建立三维地质模型，明确油藏流体分布特征（图4-27）。

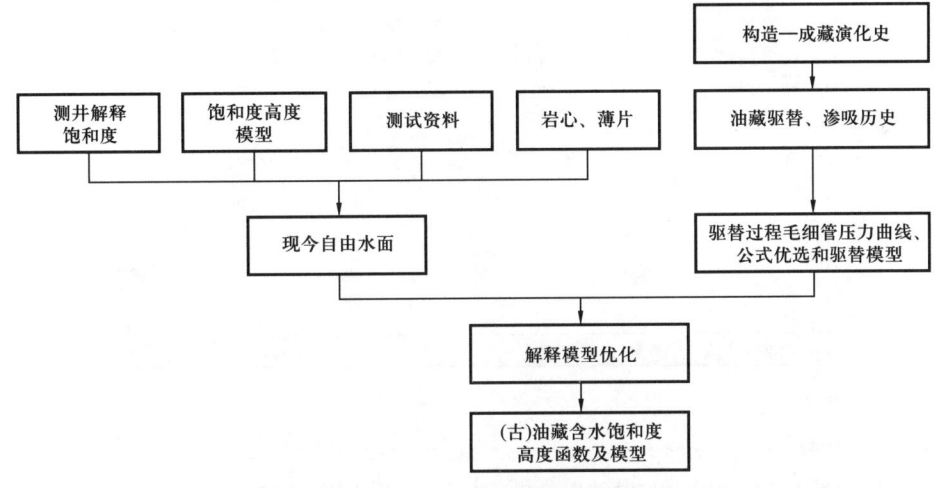

图4-27 无残余油情况下的（古）油藏含水饱和度高度函数及模型研究路线

Kundu等（2017）发现中东地区某油田流体界面倾斜，但界面之下并无残余油。首先，油藏平面上盐度存在规律性变化，由东向西逐渐降低（图4-28）。然后单井自由水面分析证实了自由水面的倾斜现象（图4-29）。综合分析认为，倾斜自由水面主要由方向自东向西的高矿化度地层水动力流导致的（图4-30）。根据单井自由水面分析结果，明确倾斜自由水面分布趋势，采用首次驱替过程毛细管压力模型更新含水饱和度模型，对测井解释饱和度拟合较好，从井段以及测井解释饱和度和饱和度高度函数饱和度差异直方图可以看出，大多数井都达到了良好的饱和度符合效果，同时整体改善了动态模型历史拟合效果。

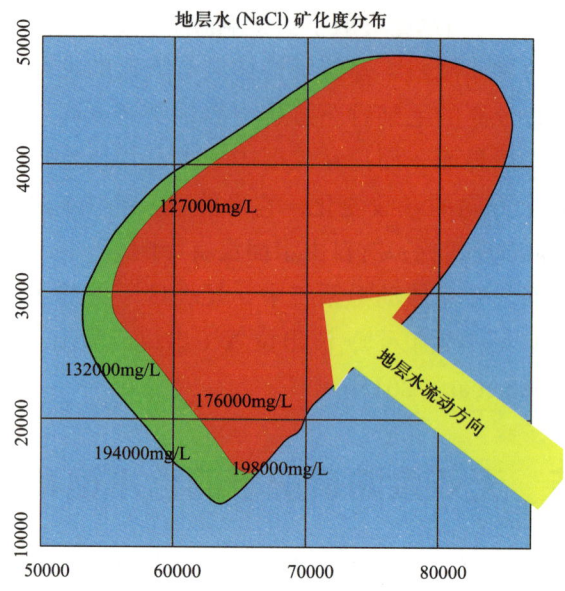

图 4-28　中东地区某油田平面上的盐度变化（据 Kundu et al.，2017）

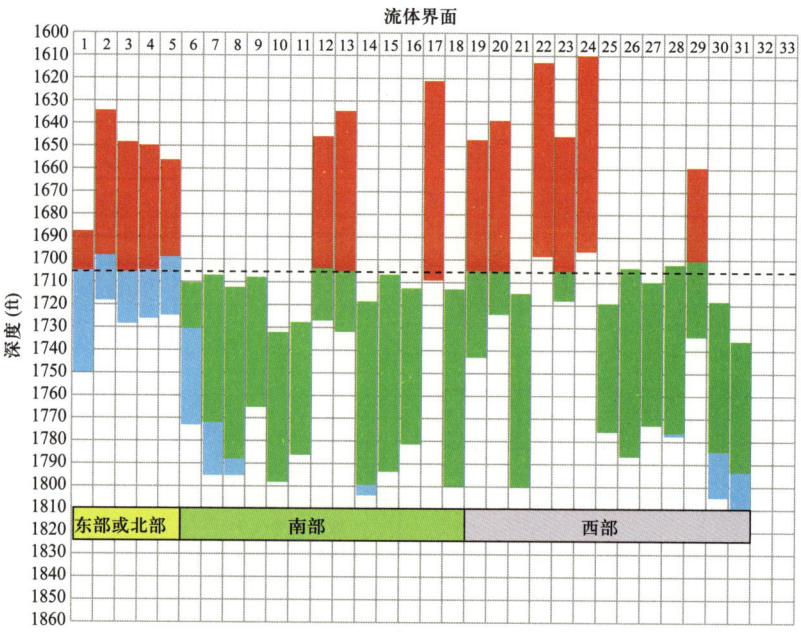

图 4-29　中东地区某油田单井流体分布分析（据 Kundu et al.，2017）

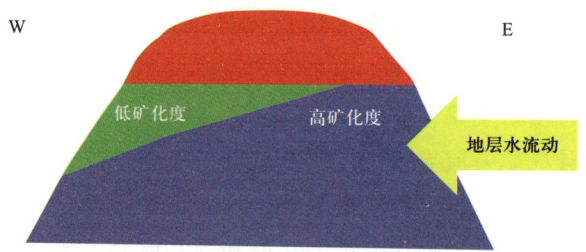

图 4-30　中东地区某油田倾斜自由水面示意图（据 Kundu et al.，2017）

在这个实例中也可以看出,在没有封闭性断层造成的流体分区封隔时,虽然自由水面可能发生变化,但是对于气油界面而言,由于油气界面张力较小,达到平衡时间用时短,因此很可能仍为水平的。

第五节 有残余油情况下的含水饱和度模型

一、研究流程

对于残余油现象明显的倾斜油水界面或古油藏,需要明确油藏驱替、渗吸历史,建立对应数学模型,进行系统的流体分布表征。(1)基于井数据、地震数据和地球化学数据等,进行构造演化分析、成藏历史分析,并明确二者的关系,建立构造—成藏演化史,明确油藏所经历的所有驱替、渗吸历史。(2)根据上述驱替、渗吸历史,选取代表性岩心样品模拟真实过程,进行驱替、渗吸实验,明确在油藏条件润湿性下全过程的驱替、渗吸毛细管压力特征。(3)优选驱替—渗吸毛细管压力数学模型,进行参数拟合,得到不同驱替、渗吸过程的毛细管压力数学模型及扫描曲线。(4)根据岩心资料、测井资料和压力梯度等,确定现今自由水面,根据已建立的数学模型,采用试凑法,使模型计算含水饱和度与测井解释含水饱和度一致,拟合每口井处的古自由水界面。(5)对数学模型、古自由水面和现今自由水面等进行微调、优化,使其与测井曲线符合达到最佳,得到最终的饱和度模型。该测井模型可直接用于三维地质模型中,得到(古)油藏三维含水饱和度模型(图4-31)。

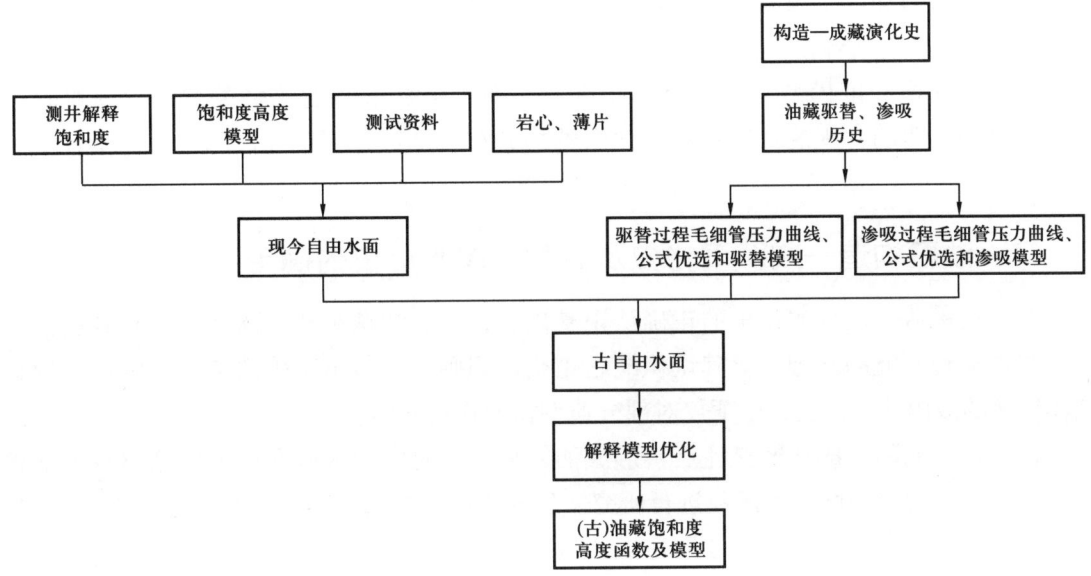

图4-31 有残余油情况下的(古)油藏含水饱和度高度函数及模型典型研究路线

其要点包含以下内容:

(1)测井饱和度解释。需要考虑渗吸过程造成的润湿性改变对测井解释的影响,以及残余油甚至沥青对电阻率曲线和孔隙度、饱和度解释的影响。建议尽量多地获取岩心饱和度测试、NMR、试油、MDT流体采样和饱和度测井等资料，对测井解释进行校正。

（2）油藏驱替—渗吸历史研究。结合油藏的油气充注、构造演化认识等形成系统成藏认识，明确油藏的形成及破坏历史、倾斜油水界面和古油藏残余油的成因，以及油藏所经历的驱替、渗吸历史。

（3）根据油藏的驱替—渗吸历史，进行对应过程毛细管压力测量，模拟油藏演化过程，为倾斜油水界面或古油藏研究提供关键实验数据。一般采用半渗透隔板法或离心机法进行测量。

（4）驱替过程毛细管压力饱和度高度函数研究。根据首次驱替过程毛细管压力曲线，分岩石类型（或储层类型）建立饱和度高度模型。具体方法在第三章已经介绍，这里不再赘述。

（5）渗吸过程毛细管压力曲线和渗吸模型研究。根据渗吸过程毛细管压力曲线（Imbibition）及扫描曲线（Scanning Curve）测量结果，选取合适公式，建立渗吸模型（Hysteresis Model）。

（6）现今自由水面的研究方法在第三章已经介绍，这里不再赘述。

（7）古自由水面研究。古自由水面的研究一般通过模拟油气充注（驱替过程饱和度高度模型和古自由水面）和渗吸过程（渗吸模型和现今自由水面），得到含水饱和度模拟结果。采用试凑法，计算不同古自由水面深度模拟结果及其与测井解释含水饱和度结果差异，选择差异最小时对应的界面深度作为古自由水面。

（8）解释模型优化。对驱替模型、渗吸模型、现今自由水面和古自由水面进行微调，使模型的含水饱和度结果与测井解释含水饱和度结果符合较好，形成最终的倾斜油水界面与古油藏饱和度解释模型。

（9）建立饱和度模型。完成上述步骤后，即可根据饱和度解释模型建立三维含水饱和度模型，明确常规油藏及古油藏残余油的分布特征，并用于井位部署、储量计算等工作。

二、油藏构造—成藏演化史及驱替—渗吸历史的确定

在油藏构造—成藏演化史的正确认识基础上，明确油藏驱替—渗吸历史是倾斜油水界面与古油藏研究的基础，对其认识缺乏正确认识则无法得出正确的结果。常见的倾斜流体界面的成因前文已述，以下仅对部分典型情况进行介绍。

在含油气圈闭完成油气充注后，形成油气藏，这时的含水饱和度可以用驱替毛细管压力曲线建立的饱和度高度函数进行研究。后期不同的构造运动会对油藏流体造成影响。当油藏后期发育断裂时，由于渗漏造成油气逸散，下部发生渗吸过程，古自由水面上升至现今自由水面，渗吸区域的含水饱和度需要使用渗吸模型进行研究（图4-32a）。后期的构造挤压也会对油藏流体界面造成影响（图4-32b），该实例中油藏受构造挤压作用影响，两翼侵入水中，受到渗吸作用，形成古油藏残余油。构造的倾斜也是古油藏形成的典型原因之一。如图4-32（c）所示，在构造运动影响下，该油藏构造向北东方向倾斜，

油藏北东方向向下侵入地层水中,开始渗吸过程,需要使用渗吸模型进行描述,而油藏南西方向向上抬升,油气在构造内部继续迁移,进一步充注,可使用驱替毛细管压力曲线进行描述。

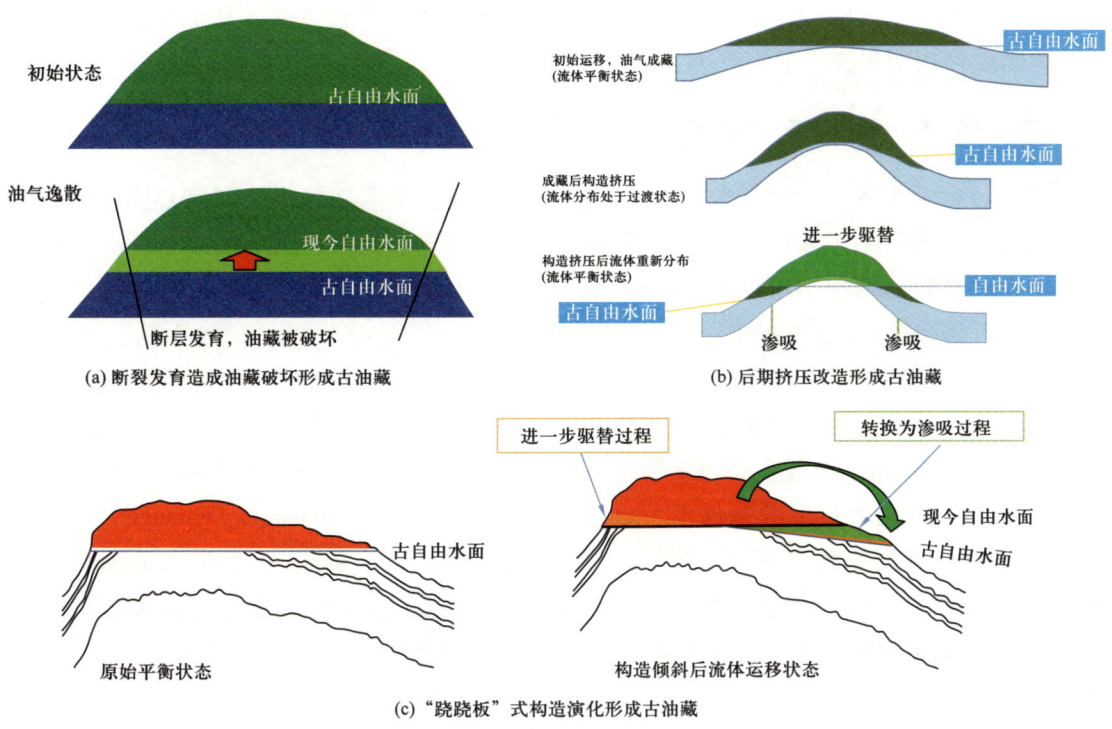

图 4-32 典型的古油藏油气充注历史(据 Syofyan et al., 2022; Darous et al., 2018)

Ferrero 等(2016)将古油藏特征概括为 2 个大区域和 4 个小区域,认为不同的古油藏特征可用其中一个或数个区域进行表征(图 4-33)。区域 I 特征为油藏构造抬升,据古自由水面高度数值增大,表现为油气继续充注或再平衡,一般用驱替毛细管压力曲线进

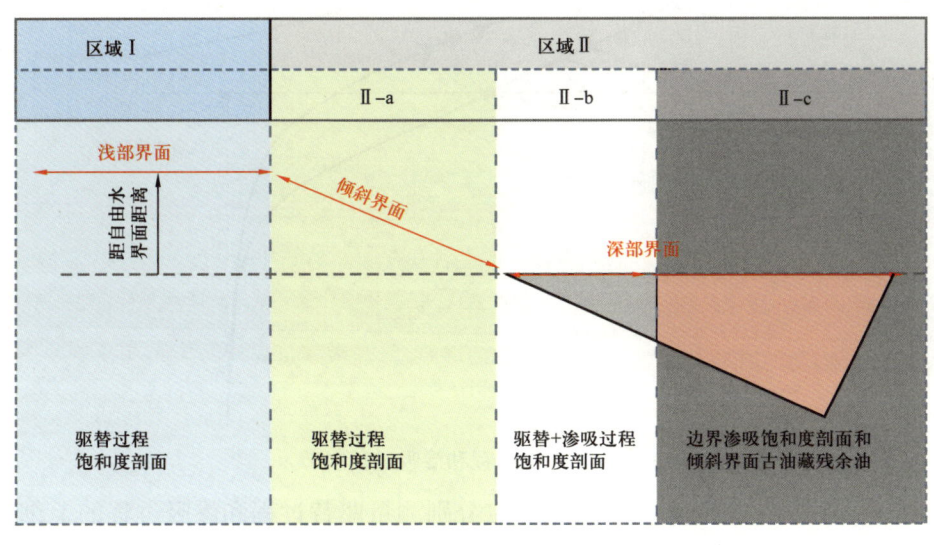

图 4-33 古油藏分区特征描述(据 Ferrero et al., 2016)

行表征。区域Ⅱ可分为3个小区域。区域Ⅱ-a特征为倾斜自由水面，由于其仍在古自由水面之上，一般用驱替毛细管压力曲线进行表征。区域Ⅱ-b特征为倾斜自由水面，开始出现渗吸现象，自由水面上升程度不高，一般用渗吸毛细管压力扫描曲线进行表征。区域Ⅱ-c特征为倾斜自由水面，渗吸现象显著，自由水面上升程度高，甚至可能以残余油为主，需要使用边界渗吸毛细管压力曲线进行表征。

三、驱替、渗吸毛细管压力曲线的测量

驱替过程毛细管压力测量较为常见，包括压汞法、半渗透隔板法和离心机法等，这里不再赘述。渗吸毛细管压力曲线一般来源于实验室岩心分析，以半渗透隔板法和离心机法为主，在特殊情况下可以根据经验公式由驱替毛细管压力曲线计算渗吸过程毛细管压力曲线（将在第六章进行介绍）。

首先对相关术语进行介绍。驱替过程（Drainage）代表含水饱和度降低的过程（即使在水湿多孔介质内）。渗吸过程（Imbibition）代表含油饱和度降低的过程，自然渗吸（Spontaneous Imbibition）发生在毛细管压力为正值的条件下，强制渗吸（Forced Imbibition）发生在毛细管压力为负值的条件下。自然（二次）驱替（Spontaneous Drainage）发生在毛细管压力为负值的条件下。强制（二次）驱替（Forced Drainage）发生在毛细管压力为正值的条件下。首次驱替（Primary Drainage）代表从S_w=1开始进行的首次驱替过程（图4-34）。对于中东地区，边界渗吸毛细管压力曲线的排驱压力一般小于5psi。

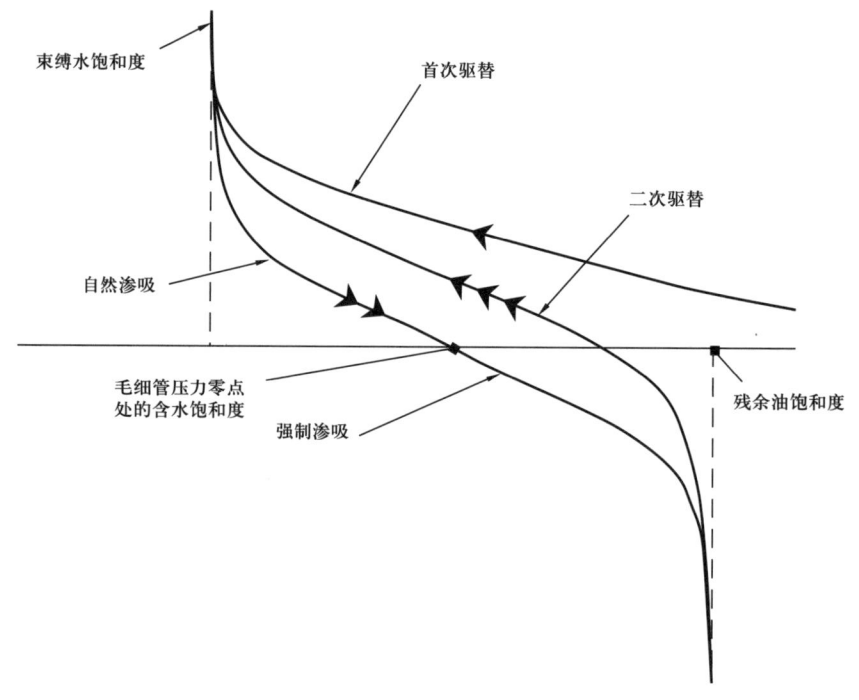

图4-34 典型驱替过程和渗吸过程定义

在实验室测定时，对于每种岩石类型，应分别测量驱替过程和渗吸过程的毛细管压力边界曲线（Bounding Curve）以及渗吸过程扫描曲线（Scanning Curve）。如果条件有

限,除了边界曲线外,应至少测量一组或几组扫描曲线,以便进行模型拟合(图4-35)。

束缚水饱和度 S_{wir} 的测量一般来自离心机实验、p_c—RI 实验、Dean—Stark 实验、驱替实验、自然渗吸实验和电缆测井解释等,由于 MICP 实验末端一般压力较大,润湿相饱和度过低,无法得到可靠的束缚水饱和度。

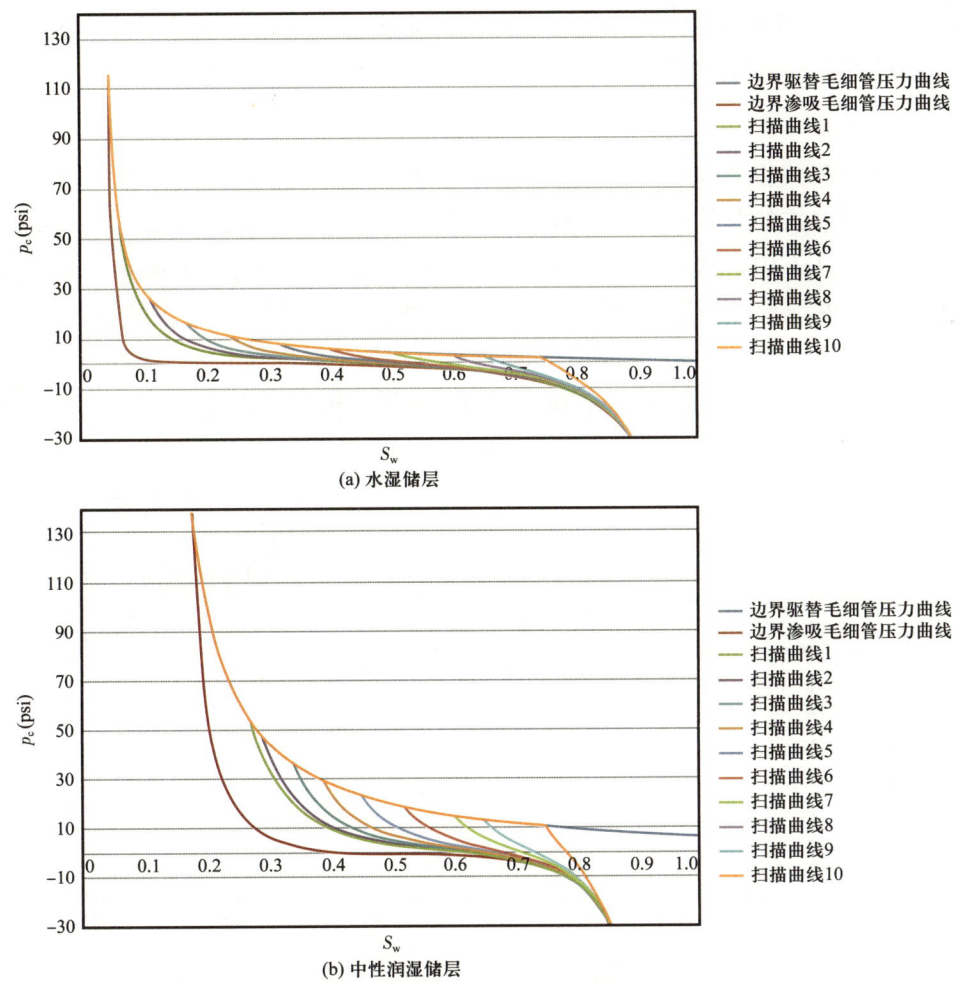

图4-35　典型油藏油—水系统毛细管压力曲线及扫描曲线(据 Ismail et al.,2015)

四、驱替过程毛细管压力饱和度高度函数的建立

根据驱替毛细管压力曲线建立饱和度高度函数的工作流程相对成熟,当前大多数商业软件都可以使用不同的数学模型(Lambda、Brooks—Corey、Thomeer、Skelt Harrison、Modified Johnson 等)进行研究,第三章已经详细介绍,这里不再赘述。

五、渗吸过程毛细管压力模型和渗吸模型的建立

渗吸过程毛细管压力曲线及以其为基础建立的渗吸模型是确定油藏被地层水冲刷、渗吸部分含水饱和度的主要方法。

1. 渗吸模型

一般常用的渗吸模型（Hysteresis Model）包括 Skjaeveland 公式、Van Genuchten 公式、Killough 公式、Masalmeh 公式等，在无法通过实验分析数据建立渗吸模型时，还可以利用拟渗吸模型方法进行研究。除此以外，还有一些公式，例如 Woods 公式、Eriavbe Francis 公式等，虽然物理意义不充分，但也可以解决实际问题，这里不再赘述。以下仅对较为常用的 Skjaeveland 公式、Van Genuchten 公式进行介绍。

1）Skjaeveland 公式

Skjaeveland 公式以 Brooks—Corey 公式为基础改进而成，广泛用于渗吸过程、二次驱替过程甚至更多次的驱替—渗吸过程的毛细管压力描述。Skjaeveland 公式的核心思想是驱替过程中，在不同含水饱和度下开始的渗吸扫描过程以及之后的驱替—渗吸反转过程的毛细管压力曲线形态与边界驱替曲线、边界渗吸曲线形态一致，仅端点值发生改变。例如，在边界驱替曲线上，对于给定的开始渗吸过程的饱和度 $S_w[n]$ 均有一条扫描曲线与之对应，需要求取对应的 $S_{wR}[n]$ 和 $S_{oR}[n]$ 数值，相当于将边界曲线的分布范围由 S_{wR} 和 S_{oR} 压缩至 $S_{wR}[n]$ 和 $S_{oR}[n]$（图 4–36）。

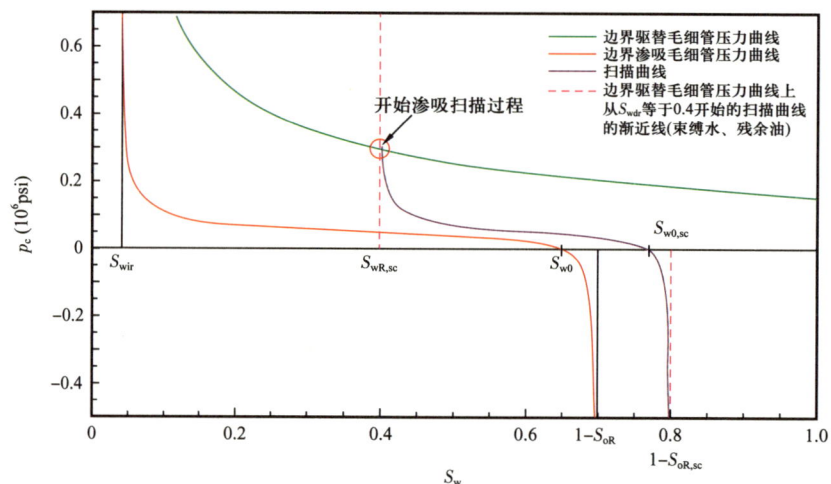

图 4–36 Skjaeveland 公式驱替—渗吸模型

（1）公式定义。

Brooks—Corey 公式可用式（4–5）表达

$$p_{cd} = \frac{c_{wd}}{\left(\dfrac{S_w - S_{wR}}{1 - S_{wR}}\right)^{a_{wd}}} \quad (4\text{–}5)$$

式中 c_{wd}——排驱压力，psi；

S_{wR}——束缚水饱和度；

$1/a_{wd}$——形状因子。

式（4–5）适用于水湿岩石系统。当把式（4–5）中下标由 w 换为 o 时，其同样适用于油湿岩石系统。大部分情况下，油藏位于两个极端之间，这时应采用对称的形式进行表达，即将两种极端润湿性情况下的公式加和，得到

$$p_c = \frac{c_w}{\left(\dfrac{S_w - S_{wR}}{1 - S_{wR}}\right)^{a_w}} + \frac{c_o}{\left(\dfrac{S_o - S_{oR}}{1 - S_{oR}}\right)^{a_o}} \quad (4-6)$$

$$S_o = 1 - S_w$$

式（4-6）中 a、c 为常数，对于驱替过程，即 a_{wd}、a_{od}、c_{wd}、c_{od} 为常数；对于渗吸过程，即 a_{wi}、a_{oi}、c_{wi}、c_{oi} 为常数；a_w、a_o、c_w 为正数、c_o 为负数。

在没有实验数据证反的情况下，一般假设首次驱替过程中常数 a_{wd}、c_{wd} 的数值与二次驱替过程中的 a_{wd}、c_{wd} 数值相同。

以边界曲线为例，首次驱替过程，即 S_w 由 1 降至 S_{wR} 的过程，可用 Brooks—Corey 公式进行表征；对于渗吸过程，即 S_w 由 S_{wR} 降至 S_{oR} 的过程，可用 Skjaeveland 公式进行表征（a_{wi}、a_{oi}、c_{wi}、c_{oi}）；对于二次驱替过程，即 S_w 由 S_{oR} 再次升至 S_{wR} 过程，可用 Skjaeveland 公式进行表征（a_{wd}、a_{od}、c_{wd}、c_{od}）。即首次驱替过程之后的多轮次驱替—渗吸过程均可以用 Skjaeveland 公式进行表征。Skjaeveland 公式可以描述驱替过程和渗吸过程，因此看作有两个分支：一个分支为水相分支，为正值，以 $S_w = S_{wR}$ 为渐近线；另一个分支为油相分支，为负值，以 $S_w = 1 - S_{oR}$ 为渐近线。

如图 4-37 所示，[a] 为首次驱替过程，由 $S_w = 1$ 开始，可用 Skjaeveland 公式进行表征，令 $c_w = 0$ 即可。[d] 为首次渗吸过程，由 $S_w = 0$ 开始，可用 Skjaeveland 公式进行表征，令 $c_w = 0$ 即可，c_o 为水进入 100% 饱含油岩心中的排驱压力。[b] 和 [c] 分别为渗吸过程和二次驱替过程，二者组成一个完整的驱替—渗吸循环。

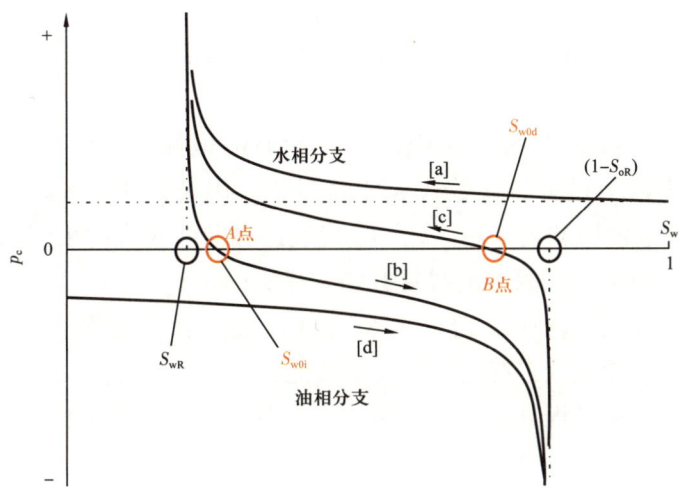

图 4-37 常见驱替—渗吸过程示意图

对于边界渗吸过程（图 4-37 中 [b]），渗吸毛细管压力曲线与横轴毛细管压力零线相交于 S_{w0i}，即图 4-37 中 A 点，$p_c(S_{w0i}) = 0$，Skjaeveland 公式变为

$$c_{oi} = -\frac{c_{wi}\left(\dfrac{1-S_{w0i}-S_{oR}}{1-S_{oR}}\right)^{a_{oi}}}{\left(\dfrac{S_{w0i}-S_{wR}}{1-S_{wR}}\right)^{a_{wi}}} \quad (4-7)$$

对于二次驱替过程，二次驱替毛细管压力曲线与横轴毛细管压力零线相交于 S_{w0d}，即图4-37中 B 点，$p_c(S_{w0d})=0$，Skjaeveland 公式变为

$$c_{od} = -\frac{c_{wd}\left(\dfrac{1-S_{w0d}-S_{oR}}{1-S_{oR}}\right)^{a_{od}}}{\left(\dfrac{S_{w0d}-S_{wR}}{1-S_{wR}}\right)^{a_{wd}}} \quad (4-8)$$

Amott—Harvey 润湿指数中，水相润湿指数 I_{ww} 可用式（4-9）表达

$$I_{ww} = \frac{S_{w0i}-S_{wR}}{1-S_{oR}-S_{wR}} \quad (4-9)$$

油相润湿指数 I_{wo} 可用式（4-10）表达

$$I_{wo} = \frac{1-S_{w0d}-S_{oR}}{1-S_{oR}-S_{wR}} \quad (4-10)$$

$$I_{wAH} = I_{ww} = I_{wo} \quad (4-11)$$

对于完全水湿系统，$I_{ww}=1$，$I_{wo}=0$，可知

$$S_{w0i}=S_{w0d}=1-S_{oR} \quad (4-12)$$

$$c_{oi}=c_{od}=0 \quad (4-13)$$

因此，仅用 Skjaeveland 公式的水相分支即可进行表征。

（2）公式特点。

令 $S_w[k]$ 代表第 k 次驱替—渗吸反转开始时的饱和度，用于描述扫描曲线的状态，一般奇数代表渗吸过程，偶数代表驱替过程。用 $S_{wR}[k]$、$S_{oR}[k]$ 代表扫描曲线对应的束缚水、残余油饱和度，用 S_{wR}、S_{oR} 代表边界曲线对应的束缚水、残余油饱和度（图4-38）。Skjaeveland 公式模型曲线具有如下特征。

① 在首次驱替曲线上，在 S_w 降低至 S_{wR} 之前开始的渗吸过程（一直渗吸至残余油饱和度），其所形成的扫描曲线最终达到的残余油饱和度应小于 S_{oR}。

② 如果在首次驱替过程直至 $S_w=S_{wR}$ 时开始反转，进行渗吸过程，则其所形成的扫描曲线最终达到的残余油饱和度应等于 S_{oR}，即边界渗吸曲线。

③ 在渗吸至 $S_w=S_{oR}$ 处开始的二次驱替—渗吸反转，进入二次驱替过程，S_w 将最终降低至 S_{wR}。

④ 所有由边界渗吸曲线上开始的二次驱替过程，S_w 将最终降低至 S_{wR}（图4-39）；所有由边界二次驱替曲线上开始的渗吸过程，S_o 将最终降低至 S_{oR}（图4-40）。

⑤ 由 $S_w[k]$ 开始的扫描曲线,将会扫描至 $S_w[k-1]$,形成闭合的扫描(渗吸)过程。

⑥ 如果一条曲线由 $S_w[k]$ 开始驱替—渗吸反转,扫描曲线返回至 $S_w[k-1]$,则会形成一个闭合的驱替—渗吸扫描过程,然后继续返回至第 $k+2$ 次反转过程的扫描曲线,形成新的驱替—渗吸旋回,仿佛第 $k-1$ 驱替—渗吸扫描过程并未发生过(图4-38)。

⑦ 所有这些扫描闭合曲线形态均与边界扫描闭合曲线相近,仅端点数值不同。

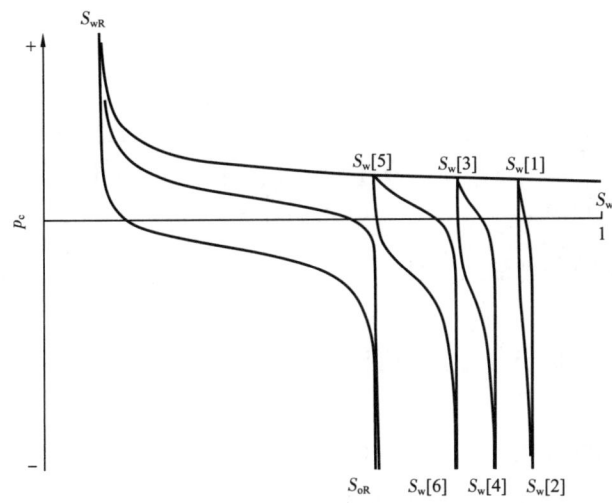

图4-38 开始于不同 S_w 位置处的驱替—渗吸过程示意图

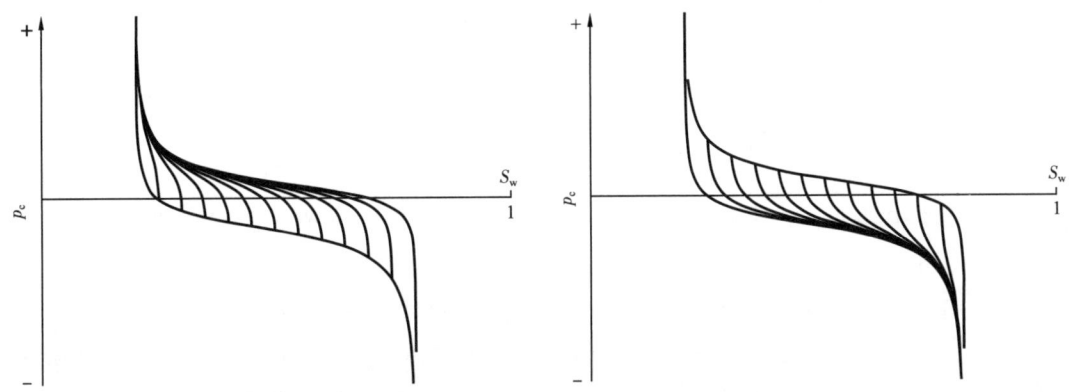

图4-39 由边界渗吸曲线不同位置处开始的二次驱替过程示意图　　图4-40 由边界驱替曲线不同位置处开始的渗吸过程示意图

(3)公式的参数求取。

① 首次驱替—渗吸反转(渗吸过程)。

首次驱替过程由 $S_w=1$ 开始,一般用首次驱替曲线进行表征。在首次驱替曲线上,毛细管压力 $p_{cd}[0]$ 上对应含水饱和度 $S_w[1]$ 处开始的渗吸过程,其对应渗吸曲线可用 $p_{ci}[1]$ 表示[图4-41(a)中红色线]。首次驱替曲线和 $S_w[1]$ 处开始的渗吸曲线均通过 $S_w[1]$ 点,其对应的毛细管压力相同,可得

$$p_{cd}[0](S_w[1])=p_{ci}[1](S_w[1]) \tag{4-14}$$

$$p_{cd}[0](S_w[1]) = \frac{c_{wd}}{\left(\dfrac{S_w[1]-S_{wR}}{1-S_{wR}}\right)^{a_{wd}}} \tag{4-15}$$

$$p_{ci}[1](S_w[1]) = \frac{c_{wi}}{\left(\dfrac{S_w[1]-S_{wR}[1]}{1-S_{wR}[1]}\right)^{a_{wi}}} + \frac{c_{oi}}{\left(\dfrac{S_o[1]-S_{oR}[1]}{1-S_{oR}[1]}\right)^{a_{oi}}} \tag{4-16}$$

则有

$$\frac{c_{wd}}{\left(\dfrac{S_w[1]-S_{wR}}{1-S_{wR}}\right)^{a_{wd}}} = \frac{c_{wi}}{\left(\dfrac{S_w[1]-S_{wR}[1]}{1-S_{wR}[1]}\right)^{a_{wi}}} + \frac{c_{oi}}{\left(\dfrac{S_o[1]-S_{oR}[1]}{1-S_{oR}[1]}\right)^{a_{oi}}} \tag{4-17}$$

根据假设，对于同一种油藏流体，a_{wd}、a_{wi}、a_{oi}、c_{wd}、c_{wi}、c_{oi} 均为常数。剩余变量为 $S_{wR}[1]$、$S_{oR}[1]$。这里仅调整单一变量 $S_{wR}[1]$，求取数值，$S_{oR}[1]$ 则根据 Land 公式求取。因此，扫描曲线可以看成整体形态不变，仅横向范围由边界曲线对应的 S_{wR}、S_{oR} 压缩至 $S_{wR}[1]$、$S_{oR}[1]$。

② 从残余油饱和度开始的第二次反转（二次驱替过程）。

图 4-41（b）显示了 $S_{oR}[1]$ 处开始的二次驱替曲线 $p_{cd}[2]$（粉色）与渗吸曲线 $p_{ci}[1]$（粉色）形成闭合的驱替—渗吸循环，即与边界驱替曲线在 $S_w[1]$ 处相交，可得

$$p_{cd}[2](S_w[1]) = p_{cd}[0](S_w[1]) \tag{4-18}$$

$$p_{cd}[2](S_w[1]) = \frac{c_{wd}}{\left(\dfrac{S_w[1]-S_{wR}[2]}{1-S_{wR}[2]}\right)^{a_{wd}}} + \frac{c_{od}}{\left(\dfrac{S_o[1]-S_{oR}[2]}{1-S_{oR}[2]}\right)^{a_{od}}} \tag{4-19}$$

与步骤①中类似，式（4-19）中唯一变量为 $S_{wR}[2]$，完成 $S_{wR}[2]$ 和 $S_{oR}[2]$ 的数值求取，即可求得扫描曲线。

③ 从任意含水饱和度开始的第二次反转（二次驱替过程）。

假设二次反转发生在 $p_{ci}[1](S_w)$ 曲线上的饱和度 $S_w[2]$ 处，则其将不再渗吸至残余油饱和度 $S_{oR}[1]$，而是将沿 $p_{cd}[2](S_w)$ 开始二次驱替，返回至 $S_w[1]$ 处（图 4-41c），二次驱替过程公式可用式（4-20）表达

$$p_{cd}[2] = \frac{c_{wd}}{\left(\dfrac{S_w-S_{wR}[2]}{1-S_{wR}[2]}\right)^{a_{wd}}} + \frac{c_{od}}{\left(\dfrac{S_o-S_{oR}[2]}{1-S_{oR}[2]}\right)^{a_{od}}} \tag{4-20}$$

这时，由 $S_w[1]$ 开始的渗吸扫描曲线 $p_{ci}[1]$ 和由 $S_w[2]$ 开始的驱替扫描曲线 $p_{cd}[2]$ 将形成闭合的驱替—渗吸循环，即在两个端点处毛细管压力数值相同，可得

$$p_{ci}[1](S_w[1]) = p_{cd}[2](S_w[1]) \tag{4-21}$$

$$p_{ci}[1](S_w[2]) = p_{cd}[2](S_w[2]) \tag{4-22}$$

根据式（4-21）和式（4-22）可求取 $S_{wR}[2]$ 和 $S_{oR}[2]$，完成二次驱替曲线的求取。

④ 从任意含水饱和度开始的第三次反转（渗吸过程）。

上面步骤中，由 $S_w[2]$ 沿扫描曲线返回至 $S_w[1]$，如果在到达 $S_w[1]$ 之前，假如在 $S_w[3]$ 处开始了新的反转，形成了渗吸过程，即 $p_{ci}[3](S_w)$，其将沿扫描曲线返回至 $S_w[2]$，在 $S_w[2]$ 处再次驱替—渗吸反转后，可能沿 $p_{cd}[2](S_w)$ 返回至 $S_w[1]$ 处，如果继续驱替，即含水饱和度继续降低，则将沿边界驱替曲线 $p_{cd}[0]$ 继续进行驱替过程，直至达到 S_{wR}（图 4-41）。

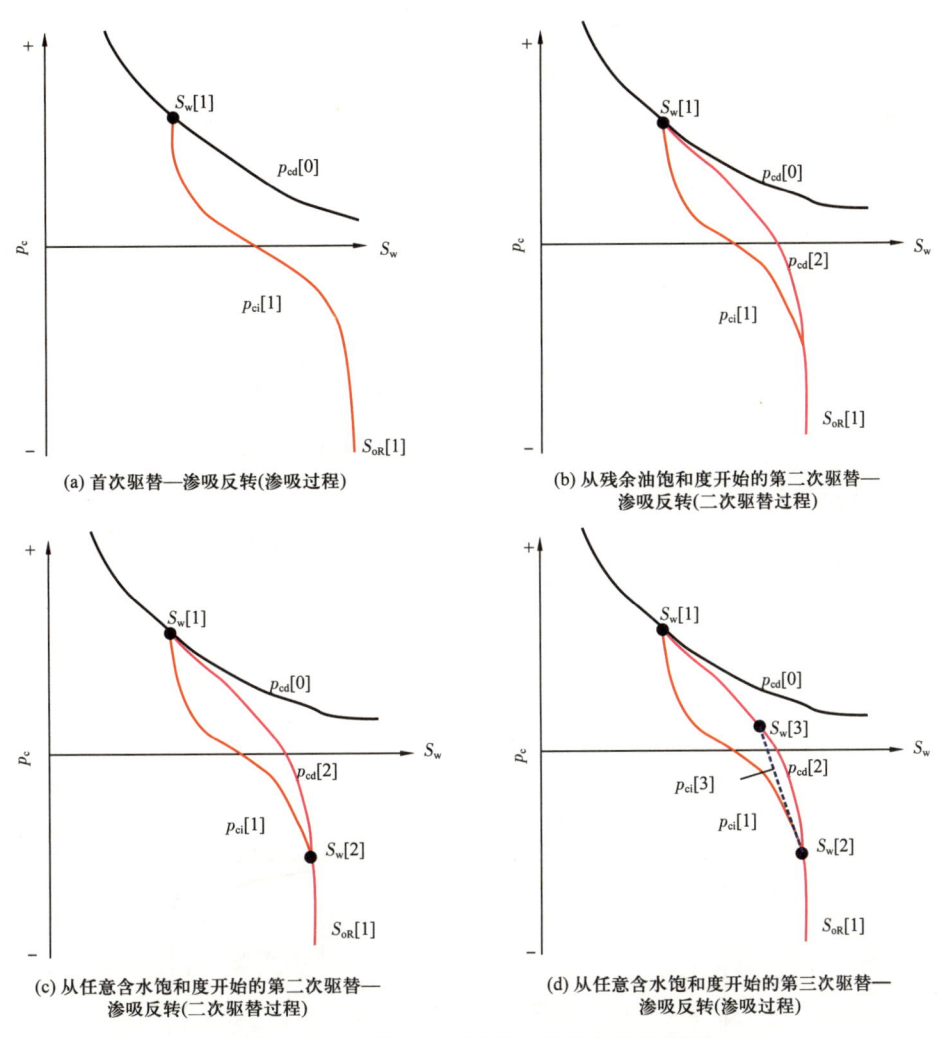

图 4-41　驱替—渗吸过程的参数求取示意图

⑤ 更多次数的反转过程。

假设地质历史时期中，根据首次驱替曲线，由 $S_w=1$ 驱替至 S_{wR}；然后开始第一次反转，$S_w[1]=S_{wR}$，进入边界渗吸过程，直至达到 $S_w=1-S_{oR}$；然后在 $S_w[2]=1-S_{oR}$ 处开始第二次反转，进入二次驱替过程；在第三次反转，在 $S_w[3]$ 处开始新的渗吸过程 $p_{ci}[3]$，然后开始第四次反转，在 $S_w[4]$ 处进入新的驱替过程 $p_{cd}[4]$；然后又在 $S_w[5]$、$S_w[6]$ 处，分别进行第五次、第六次驱替—渗吸反转。在第六次反转中，沿扫描曲线 p_{cd}

[6]返回至 S_w[5]，然后沿 p_{cd}[4] 返回至 S_w[3]，随后可以继续沿 p_{cd}[2] 进行驱替过程（图4-42）。

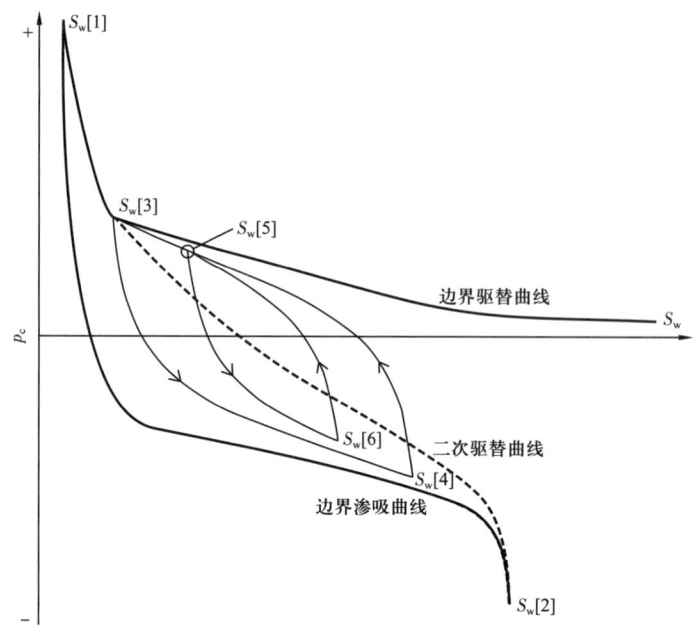

图4-42 从任意含水饱和度开始二次驱替过程示意图

（4）公式系数的求解实例。

以下以离心机法毛细管压力曲线为例对公式参数的具体求解方法进行介绍（图4-43）。详细的求解方式请参见附录二。

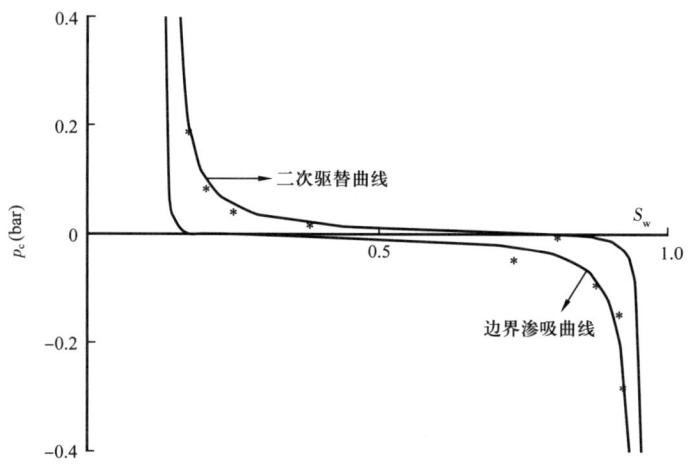

图4-43 离心机法毛细管压力曲线测试结果示意图

① 首次驱替、边界渗吸和二次驱替过程参数求取。

曲线完成了首次驱替、边界渗吸和二次驱替过程，所求参数为 a_{wd}、a_{od}、c_{wd}、c_{od}、a_{wi}、a_{oi}、c_{wi}、c_{oi}、S_{oR}、S_{wR}（Skjaeveland et al.，2000）。

对于渗吸过程，当 S_w 趋近于 $1-S_{oR}$ 时，油相分支占据主导，即

$$p_c = \frac{c_{oi}}{\left(\dfrac{S_o - S_{oR}}{1 - S_{oR}}\right)^{a_{oi}}} \tag{4-23}$$

可得

$$\lg(-p_c) = \lg(-c_{oi}) - a_{oi} \lg\left(\frac{S_o - S_{oR}}{1 - S_{oR}}\right) \tag{4-24}$$

其中，根据实验数据，绘制 $\lg(-p_c)$ 与 $\lg\left(\dfrac{S_o - S_{oR}}{1 - S_{oR}}\right)$ 交会图，即可求取 a_{oi}、c_{oi}，S_{oR} 用取值为测得的最低 S_o 数值。

对于二次驱替过程，没有测量自然驱替过程，因此假定 $a_{od}=a_{oi}=a_o$。

由于 S_{woi} 即图 4-37 中 A 点可以在实验中测得，根据式（4-7）可以求得 c_{wi}。

对于二次驱替过程，当 S_w 趋近于 S_{wR} 时，水相分支占据主导，根据实验数据可求取 a_{wd}、c_{wd}，S_{wR} 用取值为测得的最低 S_w 数值。

假定 $a_{wd}=a_{wi}=a_w$。由于 S_{w0d}（即图 4-37 中 B 点）可以在实验中测得，根据式（4-8）可以求得 c_{od}。

以上步骤可以得到几个参数的初始数值，由于 c_{wi} 和 c_{oi}，c_{wd} 和 c_{od} 具有相关关系，因此选择 a_o、a_w、c_{oi}、c_{wd} 进行参数优化，直到完成实验数据拟合，选取总体误差最小的参数组合作为最终公式参数（可以使用 Excel 数据最优化模块）。

②边界渗吸曲线求取过程。

曲线完成了首次驱替、边界渗吸过程，求取扫描曲线。首先对于边界渗吸过程，求取方式如下（Bech et al., 2007）。

对于渗吸过程，Skjaeveland 公式可写为

$$p_{ci} = \frac{c_{wi}}{\left(\dfrac{S_w - S_{wR}}{1 - S_{wR}}\right)^{a_{wi}}} + \frac{c_{oi}}{\left(\dfrac{S_o - S_{oR}}{1 - S_{oR}}\right)^{a_{oi}}} \tag{4-25}$$

待求参数为 a_{wi}、a_{oi}、c_{wi}、c_{oi}、S_{oR}、S_{wR}。

假设 $a_{wi}=a_{wd}=a_w$。

当 S_w 趋近于 $1-S_{oR}$ 时，油相分支占据主导，详见式（4-23）、式（4-24）。

其中，根据实验数据，绘制 $\lg(-p_c)$ 与 $\lg\left(\dfrac{S_o - S_{oR}}{1 - S_{oR}}\right)$ 交会图，即可求取 a_{oi}、c_{oi}。

S_{wR} 采用常规方法求取。S_{oR} 取值为测得的渗吸过程的最低 S_o 数值，也可以根据 Land 公式（1968）求取，S_{oR} 可用式（4-26）表达

$$S_{oR} = \frac{1 - S_{wR}}{1 + C(1 - S_{wR})} \tag{4-26}$$

式中 C 为 Land 公式常数，需要测量确定。

对于图 4-37 中 A 点，即 S_{w0i} 可从式（4-9）求取。

式中 I_{ww} 需要测量确定。

以上步骤类似，对于图 4-37 中 A 点，即 S_{w0i} 处可得

$$c_{oi} = -\frac{c_{wi}\left(\dfrac{1-S_{w0i}-S_{oR}}{1-S_{oR}}\right)^{a_{oi}}}{\left(\dfrac{S_{w0i}-S_{wR}}{1-S_{wR}}\right)^{a_{wi}}} \tag{4-27}$$

根据已求参数和式（4-27）求取 c_{wi}。

③ 扫描曲线求取方式。

对于扫描曲线，Skjaeveland 公式可写为

$$p_{c,sc} = \frac{c_{wi}}{\left[\dfrac{S_w - S_{wR}(S_{w,dr})}{1-S_{wR}(S_{w,dr})}\right]^{a_{wi}}} + \frac{c_{oi}^*}{\left[\dfrac{S_o - S_{oR}(S_{w,dr})}{1-S_{oR}(S_{w,dr})}\right]^{a_{oi}}} \tag{4-28}$$

式中 $S_{w,dr}$——扫描曲线开始的 S_w；

$S_{wR}(S_{w,dr})$——$S_{w,dr}$ 开始的扫描曲线对应的 S_{wR}；

$S_{oR}(S_{w,dr})$——$S_{w,dr}$ 开始的扫描曲线对应的 S_{oR}。

在扫描曲线上，类似于 A 点处，可得

$$c_{oi}^* = -\frac{c_{wi}\left[\dfrac{1-S_{w0i,sc}-S_{oR}(S_{w,dr})}{1-S_{oR}(S_{w,dr})}\right]^{a_{oi}}}{\left[\dfrac{S_{w0i,sc}-S_{wR}(S_{w,dr})}{1-S_{wR}(S_{w,dr})}\right]^{a_{wi}}} \tag{4-29}$$

扫描曲线与首次驱替曲线相交处，二者毛细管压力相等，可得

$$F(S_{wR}(S_{w,dr})) = \frac{c_{wd}}{\left(\dfrac{S_w-S_{wR}}{1-S_{wR}}\right)^{a_{wd}}} - \frac{c_{wi}}{\left[\dfrac{S_w-S_{wR}(S_{w,dr})}{1-S_{wR}(S_{w,dr})}\right]^{a_{wi}}} - \frac{c_{oi}^*}{\left[\dfrac{S_o-S_{oR}(S_{w,dr})}{1-S_{oR}(S_{w,dr})}\right]^{a_{oi}}} = 0 \tag{4-30}$$

$S_{oR}(S_{w,dr})$ 可根据 Land 公式表达

$$S_{oR}(S_{w,dr}) = \frac{1-S_{wR}(S_{w,dr})}{1+C[1-S_{wR}(S_{w,dr})]} \tag{4-31}$$

$S_{w0i,sc}$ 可用式（4-32）表达

$$S_{w0i,sc} = S_{wR}(S_{w,dr}) + I_{ww}[1-S_{wR}(S_{w,dr})-S_{oR}(S_{w,dr})] \tag{4-32}$$

根据上述公式求取 $S_{wR}(S_{w,dr})$、$S_{oR}(S_{w,dr})$ 和 c_{oi}^*，得到由 $S_{w,dr}$ 处开始的扫描曲线。

实际研究中，可以主要求取 $S_{wR}(S_{w,dr})$，以迭代法进行研究，然后确定 $S_{oR}(S_{w,dr})$ 和 c_{oi}^*，得到扫描曲线。

2）Van Genuchten 公式

Van Genuchten 公式广泛用于孔隙型介质中水相的渗吸作用和毛细管压力（土壤或水系统）研究，Xian 等（2017）将其改写并用于描述烃类系统的渗吸作用和毛细管压力。Van Genuchten 公式对渗吸过程描述的核心思想是：对于边界驱替曲线上开始渗吸过程处含水饱和度 $S_w[n]$，认为其渗吸过程最终的 $S_{oR}[n]$ 可用 Land 公式及描述。在端点值确定基础上，其曲线形态整体与边界曲线一致，这样就完成了扫描曲线的定义，实现了渗吸过程的表征。Van Genuchten 公式的最大优点是计算简单，没有复杂的参数求解过程，相对容易在静态模型和动态模型中实现（图 4-44）。

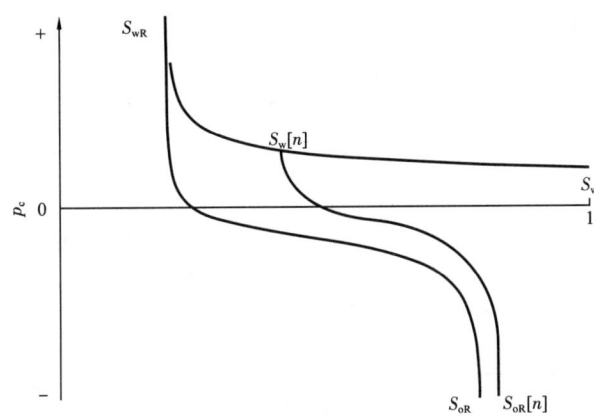

图 4-44　Van Genuchten 公式示意图

（1）边界渗吸过程。

Van Genuchten 公式边界渗吸过程可用式（4-33）表达（图 4-45）

$$p_c = p_{neg} + \frac{1}{\alpha}\left[\frac{1}{S_w^{\frac{1}{\omega}}} - 1\right]^{\frac{1}{\beta}} \tag{4-33}$$

$$\overline{S_w} = \frac{S_w - S_{wi}}{1 - S_{wi} - S_{or}} \tag{4-34}$$

式中　$\overline{S_w}$——归一化的含水饱和度；

p_{neg}——最大的负毛细管压力数值，在该压力处含水饱和度接近边界渗吸过程的最大值，bar；

α, β, ω——拟合渗吸过程毛细管压力曲线的参数。

进一步对 Van Genuchten 公式进行改写，使其更加方便地用于模拟毛细管压力曲线和储层模型，其可用式（4-35）表达

$$S_{wib} = S_{wi} + (1 - S_{wi} - S_{or})\left\{1 + \left[\alpha\left(p_c - p_{neg}\right)\right]^{\beta}\right\}^{-\omega} \tag{4-35}$$

式中　S_{wib}——渗吸平衡时的含水饱和度；

S_{wi}——原始的主要驱替过程的含水饱和度；

S_{or}——残余油饱和度；

p_c——毛细管压力，以现今自由水面为基准，psi；

p_{neg}——最大的负毛细管压力数值，在该压力处含水饱和度接近主要渗吸过程的最大值，psi；

α，β，ω——拟合渗吸过程毛细管压力曲线的参数，$\omega=1-1/\beta$。

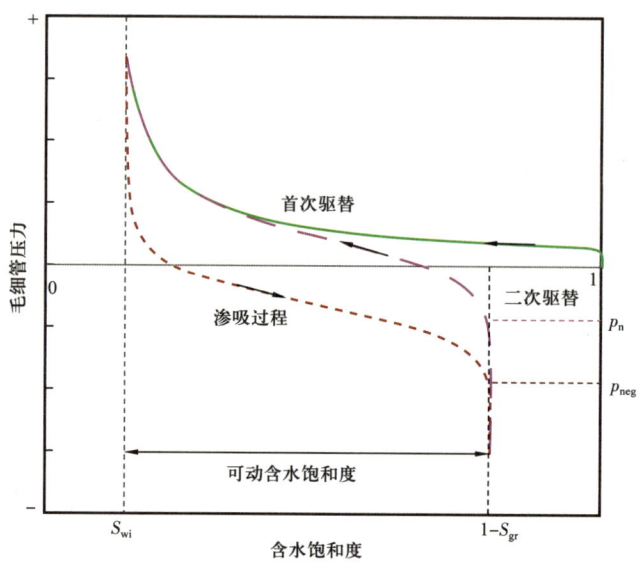

图 4-45 典型的驱替过程和渗吸过程的毛细管压力曲线（据 Xian et al.，2017）

一组默认的参数组合如下，仅供参考，如 α 取值 0.1，β 取值 5，ω 取值 0.5，p_{neg} 取值 -10psi，Land 公式常数 C 取值 3.5（图 4-46）。

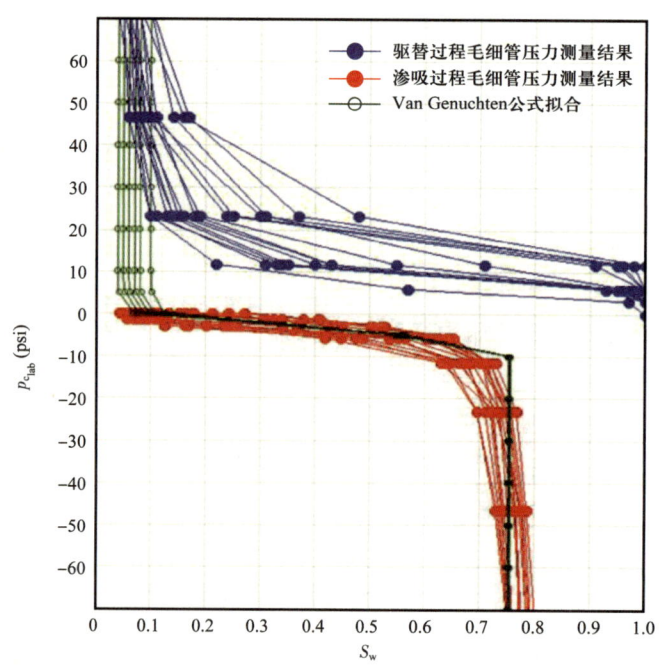

图 4-46 中东地区 HK-2 油藏渗吸模型 Van Genuchten 公式拟合结果（据 Syofyan et al.，2022）

(2)扫描曲线。

Van Genuchten 公式对扫描曲线的表征主要使用 Land 公式,根据渗吸作用开始时的非润湿相饱和度 S_{wi},计算渗吸作用达到最大程度后非润湿相的残余饱和度 S_{or}。

(3)二次驱替过程。

Van Genuchten 公式对二次驱替过程的表征可用式(4-36)表达

$$S_{wdr2} = S_{wirr} + (1 - S_{wirr} - S_{or})\left\{1 + \left[\alpha_2(p_c - p_n)\right]^{\beta_2}\right\}^{-\omega_2} \quad (4-36)$$

式中 S_{wdr2}——二次驱替过程的含水饱和度;

S_{wirr}——束缚水饱和度,是岩石介质所能达到的最低含水饱和度,而 S_{wi} 是首次驱替过程结束时达到的最终饱和度;

S_{or}——残余油饱和度;

p_c——毛细管压力,以现今自由水面为基准,bar;

p_n——负毛细管压力数值,可当作二次驱替过程中毛细管压力从零值开始的补偿数值,p_n 一般小于 p_{neg},bar;

α_2,β_2,ω_2——拟合二次驱替过程毛细管压力曲线的参数,$\omega_2 = 1 - 1/\beta_2$,三者与 α、β、ω 数值不同。

一般情况下,上式中的毛细管压力单位也可以是 psi,只是公式系数不同。

3) Killough 公式

Killough 公式使用较为广泛,其特点是在某位置处,出现渗吸过程(图 4-47 中点 4),在发生一定程度的渗吸过程后(图 4-47 中点 6),如果再次发生驱替充注过程,毛细管压力曲线可以回到渗吸过程开始时的位置(图 4-47 中点 4),Killough 模型可用式(4-37)表达

$$p_c = p_{cd} + F(p_{ci} - p_{cd}) \quad (4-37)$$

$$F = \left[\frac{1}{(S_w - S_{why} + E)} - \frac{1}{E}\right] / \left[\frac{1}{(S_{wma} - S_{why} + E)} - \frac{1}{E}\right] \quad (4-38)$$

式中 E——曲率参数,在没有其他数据的情况下一般设置为 0.1;

S_{why}——渗吸过程开始处的含水饱和度,也是该网格含水饱和度的最小值,对应图 4-47 中的点 4;

S_{wma}——考虑非润湿相捕集作用的最大的含水饱和度。

Kleppe 等(1997)提出了一种渗吸模型,在扫描曲线上发生再次充注时,并不会回到渗吸过程开始的位置,而是使用公式进行表征,但一般使用较少。

4) Masalmeh 公式

Masalmeh 等(2007)提出如下公式,描述渗吸模型,添加第三个参数描述双模态或多模态储层(图 4-48)。

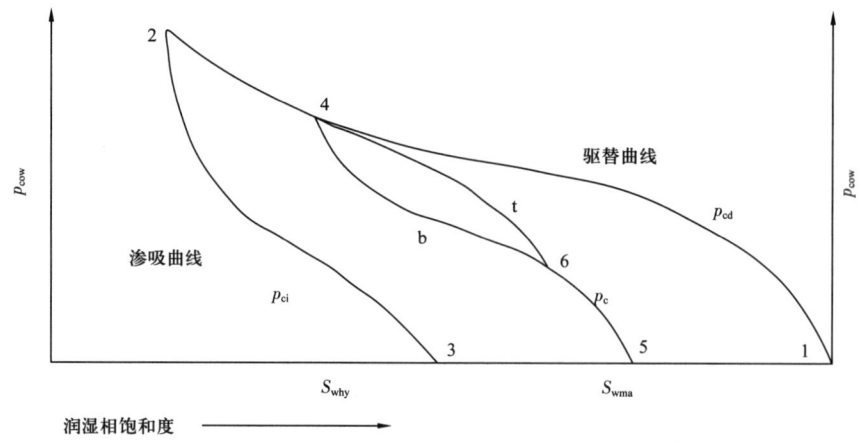

图 4-47 驱替过程和渗吸过程示意图

$$p_{ci} = \frac{c_{wi}(S_{oi})}{\left(\dfrac{S_w - S_{wi}}{1 - S_{wi}}\right)^{a_{wi}(S_{oi})}} + \frac{c_{oi}(S_{oi})}{\left[\dfrac{1 - S_w - S_{or}(S_{oi})}{1 - S_{or}(S_{oi})}\right]^{a_{oi}(S_{oi})}} + b_i(S_{oi}) \times \left(S_{wi}^{cutoff} - S_w\right) \quad (4-39)$$

式中　a，b，c，S_{wi}^{cutoff} ——拟合曲线参数；

S_{wi} 或 S_{oi} ——渗吸过程开始处的含水饱和度；

S_{or} —— S_{oi} 对应的残余油饱和度。

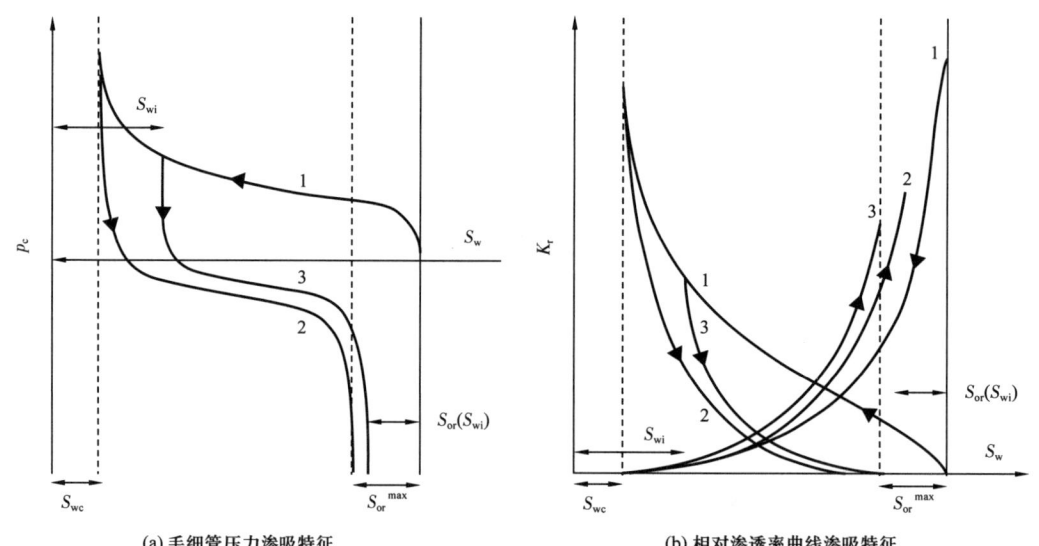

(a) 毛细管压力渗吸特征　　　　　　(b) 相对渗透率曲线渗吸特征

图 4-48　Masalmeh 渗吸模型示意图（据 Masalmeh et al., 2007）

5) 拟渗吸模型方法

在无法通过渗吸毛细管压力实验建立渗吸模型时，也可以使用拟渗吸模型方法（Psudo-hysteresis Model）进行研究。拟渗吸模型主要通过对渗吸毛细管压力曲线和扫描曲线进行实验研究，根据古今自由水面的高度或毛细管压力的变化，确定新的考虑了渗吸过程的毛细管压力函数，进行饱和度模拟。如图4-49所示为根据实验测得的边界渗吸曲线和扫描曲线（黑色实线和虚线）。研究发现，现今自由水面较古自由水面上升高度对应的毛细管压力为98psi，在各扫描曲线上，分别由首次驱替毛细管压力曲线沿渗吸方向前进98psi，然后将所有结果连线，即可得到考虑了渗吸过程的毛细管压力函数（紫线），即拟渗吸模型（Patacchini et al.，2017），可用于倾斜界面或古油藏饱和度模型研究。

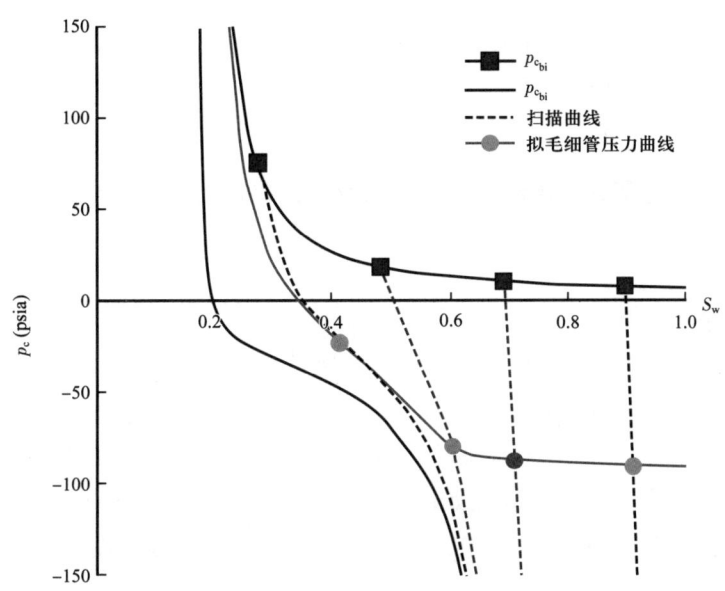

图4-49 考虑了渗吸过程的毛细管压力函数示意图（据 Patacchini et al.，2017）

2. 残余油饱和度模型

渗吸过程最终的残余油（或气）饱和度取决于渗吸过程开始时的油（或气）饱和度，这是残余油（或气）饱和度模型的基础，Land 公式是应用最为广泛的公式之一。

1）Land 公式

Land 公式是表征渗吸过程残余油饱和度最常用的公式之一，广泛应用碳酸盐岩油藏中，可用式（4-40）表达

$$\frac{1}{S_{oR}} - \frac{1}{S_o} = C \tag{4-40}$$

式中 S_o——非润湿相饱和度，也是渗吸过程开始时的饱和度，在油气充注历史上达到的最大非润湿相饱和度；

S_{oR}——非润湿相残余状态的饱和度；

C——Land 公式常数，对于每种岩石类型根据实验确定。

但部分学者认为在低非润湿相饱和度 S_o 下，非润湿相残余状态的饱和度 S_{oR} 数值往往偏高（Sarwaruddin et al.，2001）。

2）Masalmeh—Jing 公式

Masalmeh—Jing 公式在中东地区碳酸盐岩油藏使用较广，其非润湿相饱和度和渗吸过程非润湿相残余状态的饱和度呈线性关系，可用式（4-41）表达

$$S_{o,trap}(S_w) = S_{or,max} \times \frac{S_w - S_{wc}}{1 - S_{wc} - S_{or,max}} \tag{4-41}$$

式中 $S_{o,trap}(S_w)$——在 S_w 处开始的渗吸过程的最终残余油饱和度；

$S_{or,max}$——最大残余油饱和度，即边界渗吸曲线对应的残余油饱和度；

S_{wc}——束缚水饱和度。

3）Xian 公式

Xian 等（2017）发现部分情况下 Land 公式存在误差较大，对其进行了改进，公式如下

$$S_{gr} = FS_{gr,max}S_{gi}^{AS_{gr,max}} \tag{4-42}$$

式中 S_{gr}——残余气饱和度；

$S_{gr,max}$——最大残余气饱和度，即边界渗吸曲线对应的残余气饱和度；

S_{gi}——初始含气饱和度；

A——形态因子，一半来自于岩心实验数据的拟合，其典型值为 2；

F——衰竭因子，对应渗吸开始时的压力和现今压力的比值（$p_{original}/p_{actural}$），可以通过岩心实验（$F=1$）配合对测井解释残余气饱和度拟合确定，经验表明 $F=1.55$ 已为最大取值。

Xian 公式主要适合于曾经发生过渗漏、渗吸作用的油藏，这种情况下 Land 公式一般拟合不佳。

4）Kleppe 公式

Kleppe 公式一般要求对不同的岩石类型开展研究，渗吸开始时的非润湿相饱和度与非润湿相残余饱和度也为线性关系

$$S_{oR} = \frac{S_{oi}}{1 - S_{wirr}}(1 - S_{or,max}) \tag{4-43}$$

式中 S_{wirr}——束缚水饱和度；

$S_{or,max}$——最大残余油饱和度；

S_{oi}——渗吸开始时的含油饱和度。

5）Jerauld 公式

Jerauld 公式经常用于碎屑岩油藏的研究中，也可作为碳酸盐岩油藏研究的借鉴，可用式（4-44）表达

$$S_{gr} = \frac{S_{gi}}{1 + \left(\dfrac{1}{S_{gr,max}} - 1\right)(S_{gi})^{1/(1-S_{gr,max})}} \tag{4-44}$$

式中 S_{gr}——残余气饱和度；

$S_{gr,\,max}$——最大残余气饱和度，即边界渗吸曲线对应的残余气饱和度；

S_{gi}——初始含气饱和度。

六、现今自由水面和古自由水面的确定

现今自由水面研究方法通常包括压力梯度分析（大规模生产、注入前获取的资料）、最佳拟合法、油水界面加排驱高度等方法进行研究，第三章已经介绍，这里不再赘述。

古自由水面的研究需要采用试凑法进行，其具体步骤如下（图4-50）：

（1）以当前的自由水面为基础，得到初始古自由水面数值作为初始数值，一般相同即可；

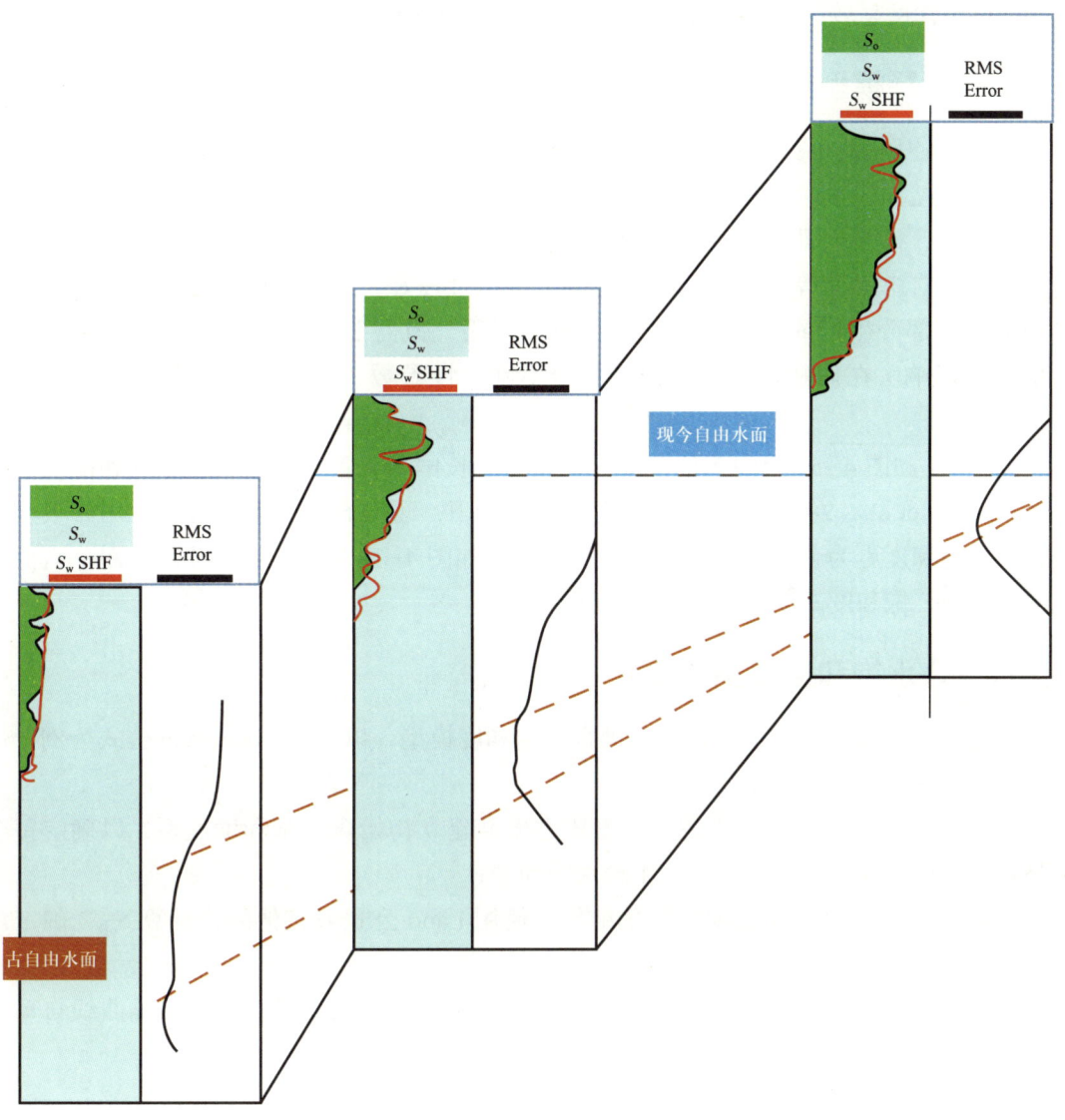

图4-50 古自由水面确定方法示意图（据 Christophe et al., 2018）

（2）使用驱替毛细管压力模型和古自由水面进行饱和度初始化，得到原始饱和度场；

（3）根据渗吸模型和现今毛细管压力场（基于现今自由水面），计算油藏现今含水饱和度，即考虑渗吸作用后的现今含水饱和度；

（4）将模拟饱和度与裸眼测井解释的含水饱和度进行比较，计算二者均方根误差（RMS）；

（5）然后模型使用其他深度下的古自由水面进行初始化，重复步骤（1）到（4），得到不同古自由水面深度处的误差数值，选取均3根误差最小的深度为古自由水面；

（6）对单井解释的古自由水面进行差值，即可得到研究区的古自由水面分布。

以中东地区 A 油藏为例，单井古自由水面研究结果表明，单井古自由水面深度与油藏顶面构造深度呈较好的线性关系，据此得到一个三维的古自由水面（图 4-50）。

七、解释模型的建立

利用上述驱替—渗吸模型研究方法求取模型含水饱和度，并和测井解释饱和度进行对比，当差异较大时（根据中东地区经验，一般应拟合较好，即使最大误差也应不超过 15%）时，需要对驱替毛细管压力模型、渗吸毛细管压力模型、扫描曲线、现今自由水面和古自由水面等进行微调，最终使二者符合较好。这里主要考虑开始生产或注入之前的井，部分生产或注入之前的井也可以使用，但需要注意是否对该井位置处的 S_w 数值造成影响。在调整过程中，记录每个不确定性参数，在已经完成后进行不确定性分析。

图 4-51 和图 4-52 为中东地区阿拉伯联合酋长国某井古油藏渗吸模型饱和度模拟结果（Syofyan et al., 2022），可以看出古油藏背景下，现今自由水面附近，使用渗吸模型研究含水饱和度更为合理（图 4-52 红色曲线）。如图 4-14 所示，在使用现今单一自由水面的情况下，饱和度高度模型模拟结果较差。

八、含水饱和度模型的建立

在完成上述研究后，即可建立三维含水饱和度模型，以 Van Genuchten 公式为例，进行介绍（图 4-53），其主要步骤如下：

（1）使用古自由水面和驱替毛细管压力模型建立初始含水饱和度模型，以确定每个网格在地质历史和生产过程中的最小含水饱和度；

（2）根据上述含水饱和度初始化结果，使用 Land 公式或其他公式计算 S_{oR}，确定渗吸模型中的所有参数；

（3）根据当前自由水面计算现今毛细管压力场，并使用渗吸模型和扫描曲线自动初始化含水饱和度模型。

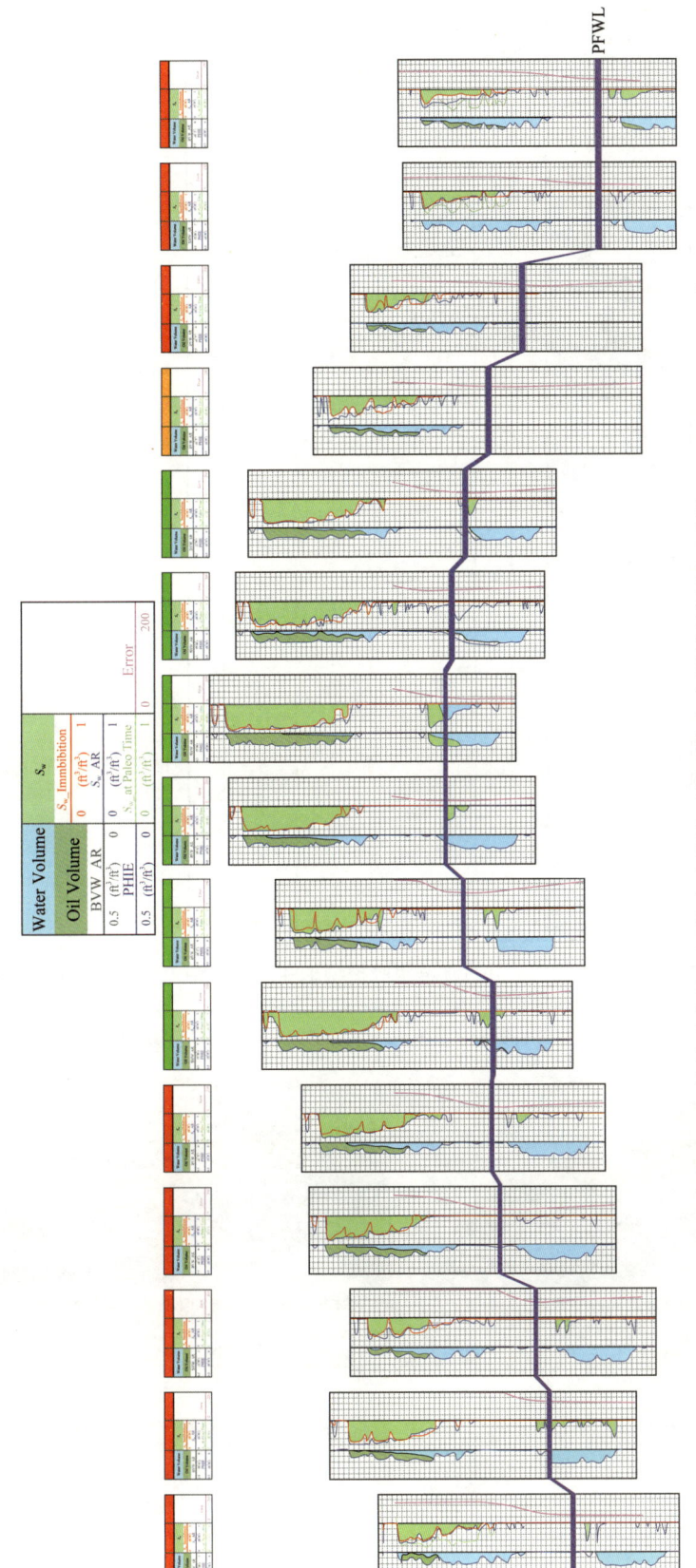

图 4-51 中东地区阿拉伯联合酋长国某古油藏渗吸模型饱和度模拟结果剖面（据 Syofyan et al., 2022）

蓝色曲线 S_w_AR 为 Archie 公式计算的含水饱和度，红色曲线 $S_w\_Imbibition$ 为在古含水饱和度基础上进行渗吸模型研究得出的饱和度结果，FWL 为自由水面，PFWL 为古自由水面

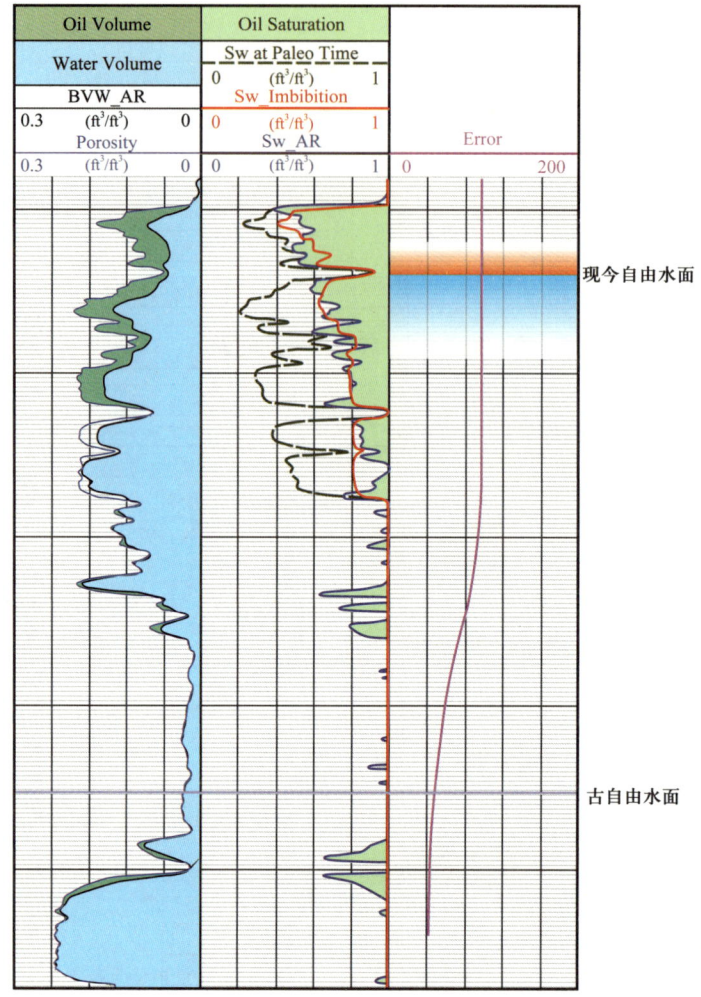

图 4-52 中东地区阿拉伯联合酋长国某井古油藏渗吸模型饱和度模拟结果(据 Syofyan et al., 2022)

蓝色曲线 Sw_AR 为 Archie 公式计算的含水饱和度,绿色曲线 Sw at Paleo Time 为以古自由水面和驱替毛细管压力曲线为基础的饱和度高度函数结果,红色曲线 Sw_Imbibition 为在 Sw at Paleo Time 基础上进行渗吸模型研究得出的饱和度结果

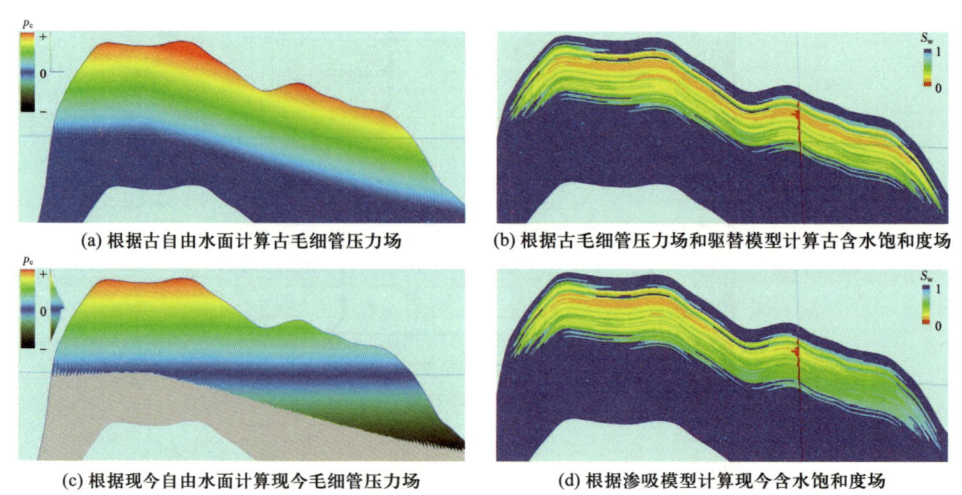

(a) 根据古自由水面计算古毛细管压力场　　(b) 根据古毛细管压力场和驱替模型计算古含水饱和度场

(c) 根据现今自由水面计算现今毛细管压力场　　(d) 根据渗吸模型计算现今含水饱和度场

图 4-53 含水饱和度模型研究流程(据 Christophe et al., 2018)

第六节 地质统计学方法饱和度建模

少数情况下，受资料或研究时限限制，无法对饱和度高度函数进行系统研究，如缺乏岩心毛细管压力数据、储量快速评估、存在残余油的古油藏，以及没有渗吸毛细管压力数据等情况，也可通过三维地质统计学插值进行饱和度模型研究。除了常规操作外，还需要寻找含水饱和度与岩石类型（或其他类型模型元素）、层位、孔隙度、渗透率、垂深等的关系作为约束条件，从而使饱和度模型更加合理。但地质统计学方法建立的含水饱和度模型主要用于储量评估，由于和毛细管压力特征相关性低，一般不能用于动态模型研究，特别是不能使用平衡初始化方法。

以下以古油藏残余油表征为例，对地质统计学方法饱和度建模进行了介绍。在无法进行岩心渗吸实验建立渗吸模型时，使用地质统计学方法直接建立残余油饱和度模型，重点在于模型的质量控制，其研究思路如下：

（1）在现今自由水面之上，使用常规饱和度高度模型方法建立饱和度模型；
（2）根据测井曲线确定单井古自由水面及油藏古自由水面；
（3）在古自由水面之下，S_w 设置为 100%；
（4）在古自由水面和现今自由水面之间，对测井解释 S_w 曲线进行曲线粗化和数据分析，使用序贯高斯模拟方法进行模拟。

Kheidri 等（2016）使用地质统计学方法建立了饱和度模型（图 4-54），结果测井曲线符合较好，体现了古油藏残余油认识，同时模型也体现了古油藏残余油的饱和度高度函数关系（图 4-55）。

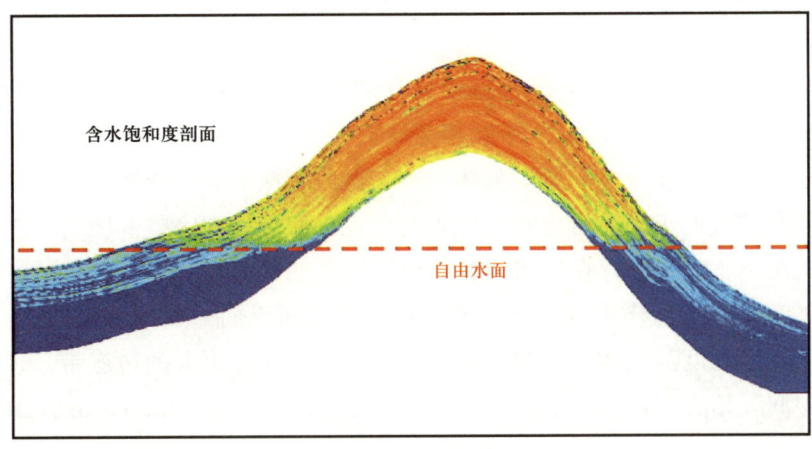

图 4-54 使用序贯高斯模拟方法研究残余油饱和度得到的含水饱和度剖面（据 Kheidri et al., 2016）
暖色调指示含水饱和度低值，冷色调指示含水饱和度高值

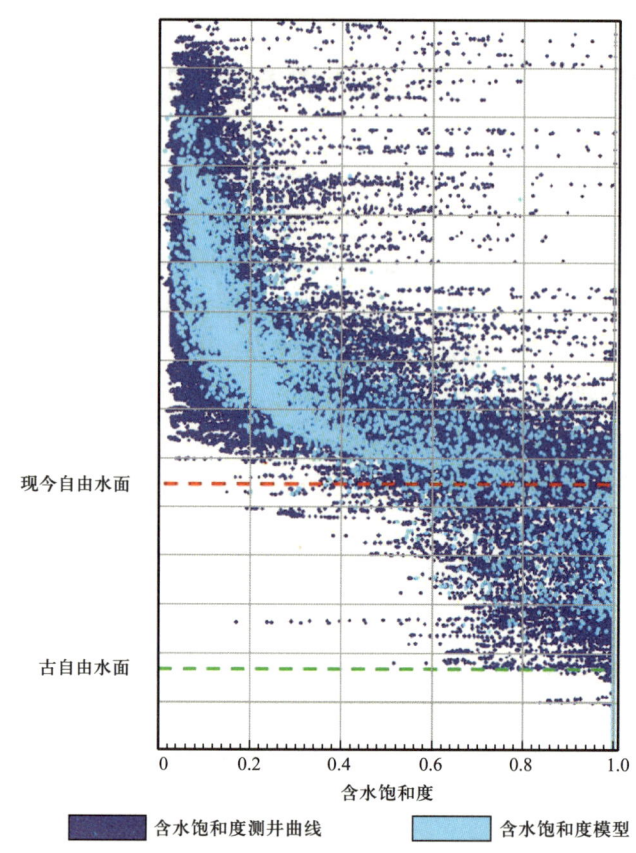

图 4-55 使用序贯高斯模拟方法研究残余油饱和度得到的含水饱和度和高度的关系（据 Kheidri et al., 2016）

第七节 二次或多次驱替过程的毛细管压力表征

明显处于二次或多次驱替平衡状态或具有油气二次或多次驱替—渗吸历史，而需要进行残余油表征的油藏相对较少，因此相关研究较少。而且不同扫描曲线上的多次反转在某些情况下可能导致收敛性问题。整体上，二次或多次驱替—渗吸旋回表征较为复杂。

在一些残余油气低于当前自由水面认识的井无法使用一次完整的驱替—渗吸旋回模型进行模拟的情况下，应考虑存在二次驱替的可能性。二次驱替的一个明显的特征是根据压力梯度获得的自由水面低于根据测井资料观察到的流体界面（气—水或油—水），并且与典型的渗吸过程饱和度剖面相比，其在残余烃层段上方存在更大的过渡带，现今自由水面之上过渡带中润湿相的饱和度高于未出现二次驱替过程的情况（Xian et al., 2017）。

一、驱替—渗吸演化历史分析

首先需要开展油藏驱替—渗吸历史研究。结合油藏的油气充注、构造演化认识等形成系统成藏认识，明确油藏的形成及破坏历史、倾斜油水界面和古油藏残余油的成因，以及油藏所经历的驱替、渗吸历史。

存在二次驱替过程油藏的饱和度模型较为复杂，需要对油藏演化历史进行全面分析。如图4-56所示,对于中东地区B油藏,其存在二次驱替过程,基本演化历史如下:图4-56(a)中油藏完成初始充注,形成古自由水面1;图4-56(b)显示B油藏受构造挤压作用影响,其含水饱和度由古自由水面1和驱替毛细管压力模型进行表征;图4-56(c)显示油藏重新达到平衡,形成了新的古自由水面2,古自由水面2之上的高部位含水饱和度变化较小,仅在底部存在局部抬升,开始驱替充注(dra)过程,需要用古自由水面2和驱替毛细管压力模型进行表征,而油藏两翼侵入水中,受到渗吸作用,形成古油藏残余油(im);图4-56(d)中油藏开始二次驱替充注过程,自由水面由古自由水面2降至现今自由水面。古自由水面2之上的油藏主体部分影响较小,而古自由水面2和现今自由水面之间部分中:原本为水层部位进行原油主要驱替充注过程,需要使用现今自由水面和驱替毛细管压力模型进行表征;原本为残余油的部位进行原油二次驱替充注过程,需要使用二次驱替毛细管压力模型进行表征;现今自由水面之下原残余油部位仍为残余油,饱和度不变。

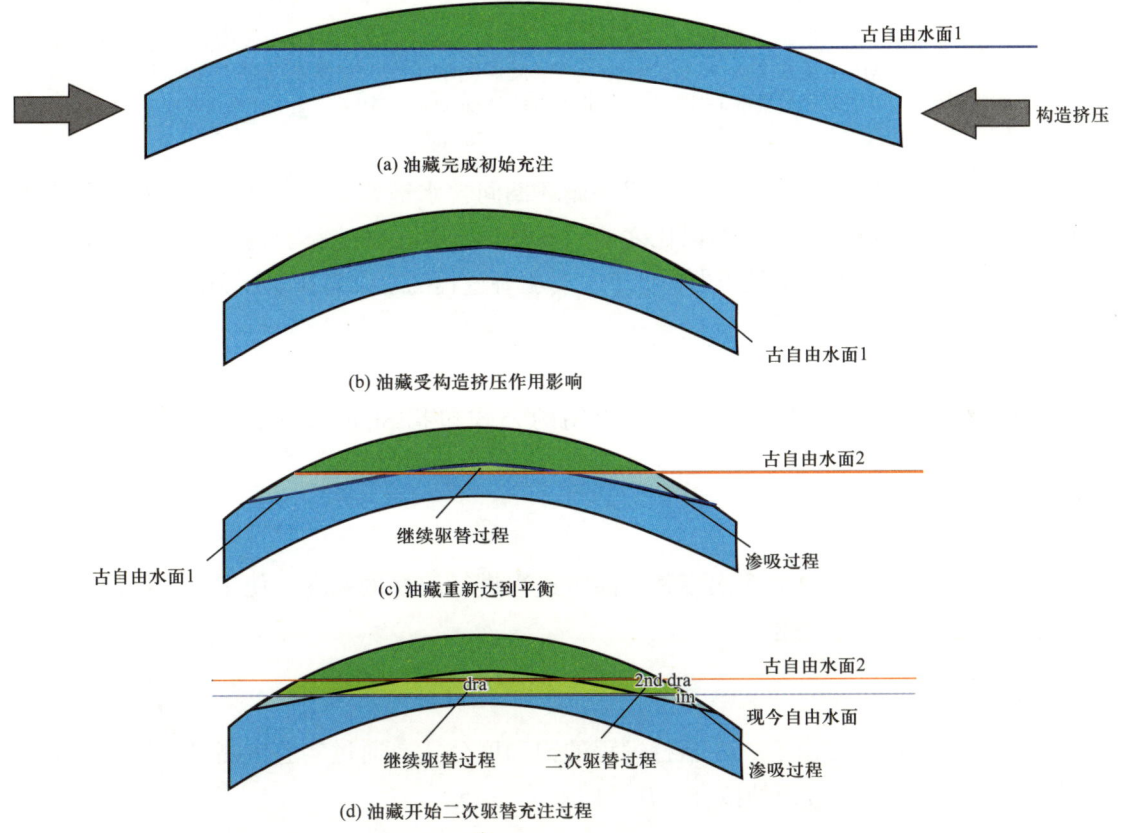

图4-56 中东地区某油藏古油藏二次驱替示意图(据Syofyan et al.,2022,修改)

二、实验室分析

在油藏驱替—渗吸历史认识的基础上,对应开展实验研究,进行毛细管压力测量。可以采用隔板法、离心机法进行研究。压汞法一般使用较少,但仍是驱替毛细管压力曲线和自然渗吸曲线实验室测量的常用方法。

Merletti 等（2016）利用压汞法进行了三个驱替—渗吸旋回的测量，结果如图 4-57 所示，为油藏残余油饱和度的表征提供了重要数据。

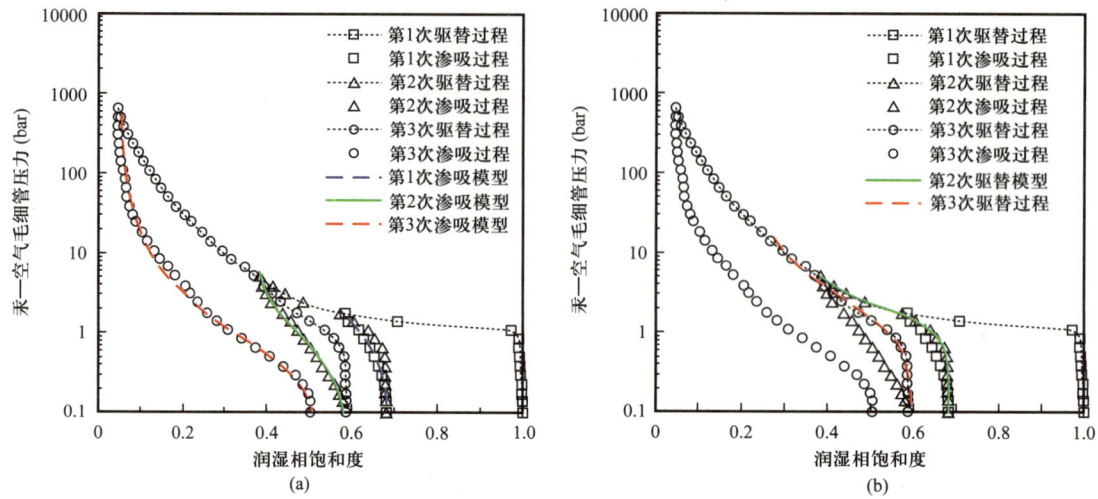

图 4-57　MICP 毛细管压力多次驱替—渗吸旋回测量（点）和建模结果（彩色线）
（a）渗吸模型；（b）二次驱替模型（据 Byrnes et al., 2009; Xian et al., 2017），岩心样品孔隙度为 17.4%，油藏条件克氏渗透率为 28.9mD

Jerauld 等（1997）观察到在二次驱替循环期间含水饱和度迅速下降。在相同的毛细管压力下，所有后续驱替过程均以比之前的驱替过程更快的速率获得较低的润湿相饱和度，并且后面驱替过程的排驱压力均低于主要驱替过程的毛细管排驱压力。

三、模型表征

二次驱替过程的模型表征较少，常用的公式包括 Skjaeveland 公式、Xian 公式和 Killough 公式等。

1. Skjaeveland 公式

Skjaeveland 公式可以对多次驱替、渗吸过程进行较好的描述，使用较为广泛，前文已详细介绍，这里不再赘述。

2. Xian 公式

Xian 等（2017）提出了二次驱替过程的饱和度公式，通过实验室测量，实现了对二次驱替，甚至三次驱替过程的拟合，其可用式（4-45）表达

$$S_{\mathrm{wdr2}} = S_{\mathrm{wirr}} + \left(1 - S_{\mathrm{wirr}} - S_{\mathrm{gr}}\right)\left\{1 + \left[\alpha_2\left(p_\mathrm{c} - p_\mathrm{n}\right)\right]^{\beta_2}\right\}^{-\omega_2} \quad (4-45)$$

式中　S_{wdr2}——二次驱替含水饱和度；
　　　S_{wirr}——束缚水饱和度；
　　　S_{gr}——残余气饱和度；
　　　p_c——毛细管压力，bar；

p_n——负毛细管压力数值，bar；

$\alpha_2, \beta_2, \omega_2$——曲线形态参数，$\omega_2=1-1/\beta_2$。

如图 4-58 所示，二次驱替平衡统计下的储层通常在气（烃）柱中表现出不同的饱和度剖面，特别是与渗吸平衡下的饱和度剖面相比，在过渡带通常显示出较低的气体（烃类）饱和度。

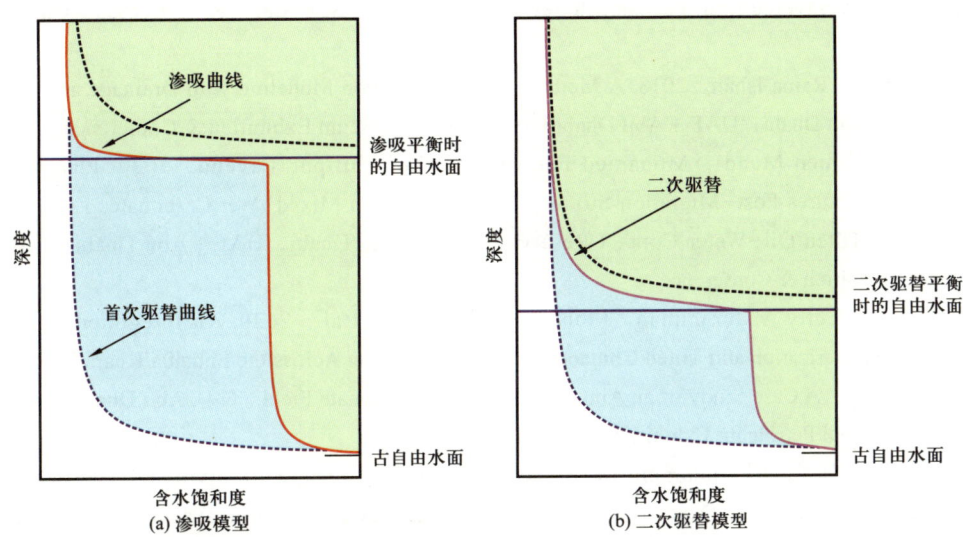

图 4-58　渗吸模型和二次驱替模型的饱和度剖面的比较（据 Xian et al.，2017）

渗吸模型（红色实线）、二次驱替模型（紫色实线）、当前自由水面的首次驱替（黑色虚线）和古自由水面的首次驱替（蓝色虚线）

在渗吸平衡状态下，由于过渡带上方的储层主体部分受渗吸影响最小，因此在实践中认为与古自由水面的首次驱替饱和度剖面相比，油气柱高处的饱和度没有变化。现今自由水面（在现场生产之前）可以在过渡带的中上部附近找到，而在二次驱替过程后，现今自由水面可以在过渡区中下部附近找到。

3. Killough 公式

Killough 公式对驱替渗吸旋回的表征如图 4-47 所示，在驱替过程中，在点 4 处开始渗吸过程，沿着曲线 b 进行，直至点 6。假如再次开始驱替过程，则其将沿着曲线 t 重新返回至点 4，二次驱替曲线将追溯至渗吸扫描曲线，即没有新的扫描曲线循环。二次驱替曲线可用式（4-46）和式（4-47）表达

$$p_c = p_{ci} + G(p_{cd} - p_{ci}) \tag{4-46}$$

$$G = \left[\frac{1}{(S_{dep} - S_w + E)} - \frac{1}{E} \right] / \left[\frac{1}{(S_{dep} - S_{why} + E)} - \frac{1}{E} \right] \tag{4-47}$$

式中　S_{why}——渗吸作用开始时的饱和度；

S_{dep}——分离饱和度，在该位置处，$G=0$。

参考文献

Bech N, Frykman P, Vejbæk O V, 2007. Determination of Free Water Levels in Low-Permeability Chalk Reservoirs From Logged Saturations [C]. Buenos Aires, Argentina: Latin American & Caribbean Petroleum Engineering Conference.

Byrnes A P, Cluff R M, Webb J C, 2009. Analysis of critical permeability, capillary pressure, and electrical properties for Mesaverde tight gas sandstones from western U. S. basins [R]. Kansas: University of Kansas Center.

Christophe Darous, Raina Ishan, 2018. A Method for 3D Saturation Modeling with Drainage and Imbibition Cycles [C]. Abu Dhabi, UAE: Abu Dhabi International Petroleum Exhibition & Conference.

El Faidouzi Mohamed Mehdi, Mohamed Farzeen, Arthur Philippe Lavenu, 2020. Physics-Based Initialization Captures Post-Migration Structural Deformation in Mixed-Wet Carbonates: An Integrated Workflow for Tilted Oil-Water Contact Reservoirs [C]. Aua Dhabi, UAE: Abu Dhabi International Petroleum Exhibition & Conference.

Eriavbe Francis, Kutty Abdurahiman, Mohammed Alyazia, et al., 2020. An Integrated Approach to Reservoir Characterization and Tilted Contact Saturation Modelling Across the Shuaiba/Kharaib Zones of the Thamama Group: A Case Study of an Abu Dhabi Onshore Carbonate Field [C]. Abu Dhabi, UAE: Abu Dhabi International Petroleum Exhibition & Conference.

Ferrero M Boya, Kawar R, Hadhrami M, et al., 2016. Diagnostics of Reservoir Fluid-Fill Cycle and Relevance for Tailoring Field Developments in Oman Dubai, UAE: SPE Annual Technical Conference and Exhibition.

Gao John, Bart Schrijver, 2015. Different Methods of Modeling Tilted Free Water Levels and the Impact on Field Production [C]. Abu Dhabi, UAE: SPE Reservoir Characterisation and Simulation Conference and Exhibition.

Ismail Ahmed M, Kalam Mohamed Zubair, Majdolin Hanna Jasser, 2015. Giant Carbonate Reservoir Study Showing Impact of Capillary Pressure Hysteresis on History Match & Field Development Plan [C]. Abu Dhabi, UAE: SPE Reservoir Characterisation and Simulation Conference and Exhibition.

Jerauld G R, Rathmell J J, 1997. Wettability and Relative Permeability of Prudhoe Bay: A Case Study In Mixed-Wet Reservoirs [J]. SPE Reservoir Evaluation & Engineering, 12 (1): 58-65.

Kachuma Dick, Hild Jean-Claude, Irina Belushko, 2021. Simplified Initialization of Reservoir Simulation Models with Continuously Varying Tilted Contacts and Complex Fluid Distributions [C]. [S.L.]: SPE Reservoir Simulation Conference.

Kheidri L H, Vanhalst M, Barroso F, et al., 2016. Modeling of Hydrocarbons Below Free Water Level in a Major Oil Field in Abu Dhabi UAE and its Impacts on Dynamic Behavior and History Matching [C]. Abu Dhabi, UAE: Abu Dhabi International Petroleum Exhibition & Conference.

Killough J E. Reservoir Simulation with History-dependent Saturation Functions [J]. Society of Petroleum Engineers Journal, 16 (1): 37-48.

Kleppe J, Delaplace P, Lenormand R, et al., 1997. Representation of capillary pressure hysteresis in reservoir simulation [C]. Sam Antonio, Texas: 1997 SPE Annual Technical Conference and Exhibition.

Kundu Ashish, Voleti Deepak Kumar, Mokhri Mohd Nazaruddin, et al., 2017. Modelling of a Large Depleted and Tilted Carbonate Oil Rim Reservoir: An Integrated Case Study from UAE [C]. Abu Dhabi, UAE: Abu Dhabi International Petroleum Exhibition & Conference.

Lands C S, 1968. Calculation of Imbibition Relative Permeability for Two- and Three-Phase Flow From Rock

Properties [J]. Society of Petroleum Engineers Journal, 8 (2): 149-156.

Masalmeh S K, Abu-Shiekah I M, Jing X, 2007. Improved Characterization and Modelling of Capillary Transition Zones in Carbonate Reservoirs [J]. SPE Reservoir Evaluation & Engineering, 10 (2): 191-204.

Masalmeh S K, Jing X, 2006. Capillary pressure characteristics of carbonate reservoirs: Relationship between drainage and imbibition curves [J]. Trondheim, Norway: International Symposium of the Society of Core Analysts.

Merletti G, Gramin P, Salunke S, et al., 2016. How Pore-Scale Attributes May Be Used to Derive Robust Drainage and Imbibition Water-Saturation Models in Complex Tight-Gas Reservoirs [J]. Petrophysics, 57 (5): 447-464.

Patacchini Leonardo, Mohmed Farzeen, Lavenu Arthur P, et al., 2017. Novel Method for Consistent Initialization of Reservoir Simulation Models with Oil/Water Paleo-Contacts. [C]. Abu Dhabi, UAE: Abu Dhabi International Petroleum Exhibition & Conference.

Pelissier J, Hedayati A A, Abgrau E, et al., 1980. Study of Hydrodynamic Activity in the Mishrif Fields Offshore Iran [J]. Journal of Petroleum Technology, 32 (6): 1043-1052.

Sarwaruddin M, Skauge A, Torsaeter O, 2001. Fluid Distribution in Transition Zones [J]. SCA, 2001-62.

Skjaeveland S M, Siqveland L M, Kjosavik A, et al., 2000. Capillary Pressure Correlation for Mixed-Wet Reservoirs [J]. SPE Reservoir Evaluation & Engineering, 3: 60-67.

Stenger B A, 1999. Regional Temperature Gradient: A Key To Tilted OOWC [C]. Bahrain: SPE Middle East Oil and Gas show and Gonference.

Stenger B A, Dham T R, Al-Sahhaf A A, et al., 2001. Assessing the Oil Water Contact in Haradh Arab-D [C]. New Orleans, Louisiana: SPE Annual Technical Conference and Exhibition.

Stenger Bruno, Pham Tony, Al-Afaleg Nabeel, et al., 2003. Tilted original oil/water contact in the Arab-D reservoir, Ghawar field, Saudi Arabia [J]. GeoArabia, 8 (1): 9-42.

Syofyan Syofvas, Ahsan Syed Asif, Koksalan Tamer, et al., 2022. Application of an Integrated Geochemical Approach to Assess Hydrocarbon Presence and its Composition Below the Hitherto Free Water Level: A Case Study from Flank Appraisal Wells of a Producing Field in the Onshore UAE [C]. Abu Dhabi: ADIPEC.

Syofyan Syofvas, Darous Christophe, Raina Ishan Baheeth, et al., 2022. A New Approach to Model the Saturation Below the Free Water Level, A Case Study from Giant Reservoir in Middle East [C]. Stavanger, Norway: SPWLA 63rd Annual Logging Symposium.

Van Genuchten M, 1980. A Closed-form Equation for Predicting the Hydraulic Conductivity of Unsaturated Soils [J]. Soil Science Society of America Journal, 44: 892-898.

Woods C, Conroy T, Gyllensten A, et al., 2012. Identifying, quantifying and modelling residual gas [C]. Cartagena, Columbia SPWLA 53rd Annual Logging Symposium.

Xian H, Beugelsdijk L, Kohli A, et al., 2017. Saturation Modelling Under Complex Fluid Fill History: Drainage and Imbibition [C]. Abu Dhabi, UAE: Abu Dhabi International Petroleum Exhibition & Conference.

第五章 地质储量不确定性研究

地质储量是油藏开发中较为重要的参数，决定了油藏的生产规模和开发效益，是油藏开发方案编制、开发调整及地面工程设计等的重要依据。目前，地质储量计算方法主要包括以精细地质研究和相关二维图件为基础的容积法和以三维地质模型为基础的模型法。地质储量本质上为三维属性，采用地质模型进行评价，结果通常更加直接、客观，准确度更高。目前，使用三维地质模型估算油藏地质储量逐渐成为主流。

地质储量的计算结果分为只提供一种最大可能结果的确定性结果和提供地质储量分布的概率性结果。由于客观条件限制，地质研究中均有较强的不确定性。对于地质储量，在充分考虑各储量计算参数不确定性的情况下，给出地质储量的概率分布，可以使人们意识到地质储量的不确定性和相关方案设计的风险性。本章系统介绍了基于模型的地质储量不确定性研究方法，对影响地质储量的各方面不确定性进行分析及定量评价，为油藏开发打下了良好基础。

本章在《实用油藏地质建模与数值模拟手册》的基础上补充了孔隙度模型、渗透率模型和含水饱和度模型不确定性研究的新方法，为了内容的系统性，本章对研究方法重新进行了系统介绍。同时增加了对静态模型及其不确定性分析的一些思考。

第一节 研究流程

首先介绍基于地质模型的地质储量不确定性研究思路，然后分析常见的不确定性参数、不确定性参数的分布，最后对不确定性参数的采样方法进行介绍。

一、基于地质模型的地质储量不确定性研究思路

首先，根据研究区的地质背景和资料情况，确定地质储量不确定性因素，一般包括构造、沉积相、测井解释、属性模型建立参数、饱和度高度模型和体积系数等。然后对每项系数进行深入研究，确定系数的分布特征和相关的取值范围。以此为基础，进行地质储量敏感性分析，明确各种参数的不确定性对地质储量的相对敏感性，并对地质储量影响较大的参数进一步研究，提出降低不确定性的方案，如增加岩心测试、饱和度监测等。最后，选取影响较大的参数，分别采用蒙特卡洛取样方法，在不确定性范围中取值，进行地质储量不确定性分析，给出最终的地质储量分布，并计算 P90、P50 和 P10（图 5-1）。P90 指地质储量有 90% 的概率能达到的数值，相对保守；P10 指地质储量有 10% 的概率能达到的数值，相对乐观；P50 指地质储量有 50% 的概率能达到的数值，相对可靠，一般与基本方案的地质储量接近（图 5-2）。

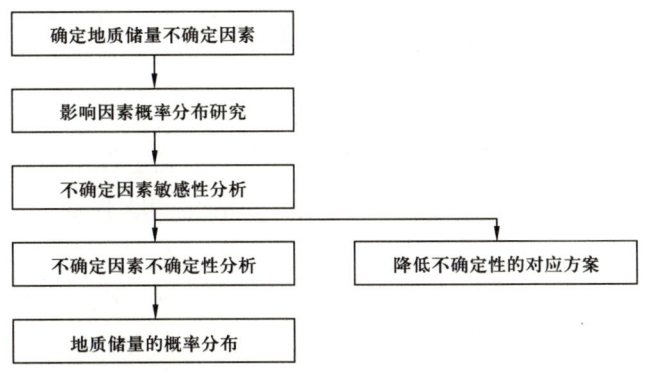

图 5-1 基于地质模型的地质储量不确定性研究思路

二、常见不确定性参数

与地质储量相关的不确定性参数主要包括构造、相模型（相比例或相趋势）、孔隙度模型（测井解释及模型参数）、饱和度模型（测井解释及饱和度高度模型）、自由水面和体积系数等。除此以外还需要分析相建模、储层参数建模中变差函数的主变程方向、变程大小及种子数（Seed）对地质储量的不确定性。一般情况下，建模算法的种子数对地质储量的影响较小，当其影响较大时需要检查模型质量。如果饱和度高度模型公式中含有渗透率参数，在地质储量不确定性分析中还需要考虑渗透率的不确定性。

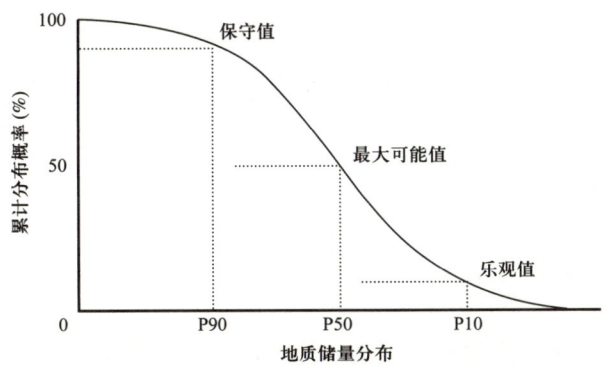

图 5-2 P90、P50 和 P10 数值的取值示意图

三、不确定性参数分布

常见的不确定性参数分布类型包括均匀分布、三角分布和正态分布等（图 5-3）。

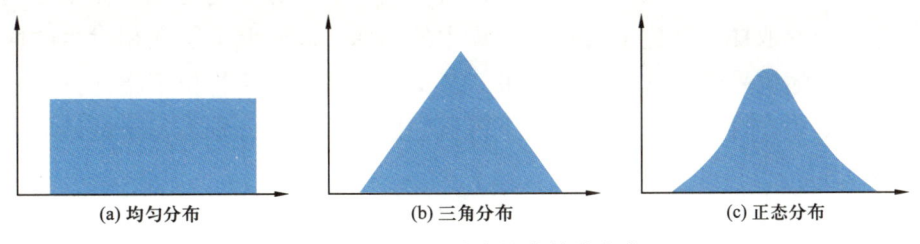

图 5-3 常见的不确定性参数分布类型

均匀分布中参数在其取值范围内，取不同值概率相同，显示对不确定性参数的分布完全没有认识。

三角分布是由下限为 a、众数为 c、上限为 b 组成的连续概率分布。a、b 代表不确定性参数的最小值和最大值，而众数 c 代表目前认识下不确定性参数的可能值。一般情况下，三角分布适用于对结果的概率分布了解较少的情况，是不确定性分析经常选择的分布类型。

正态分布的情况下，不确定性参数符合正态分布 $N(\mu,\sigma^2)$。其中 μ 为不确定性参数的均值，σ 为标准差。μ 是正态分布的位置参数，描述正态分布的集中趋势位置。概率规律为与 μ 距离越近的值概率越大，而距离 μ 越远的值概率越小。σ 描述数据分布的离散程度，σ 越大，数据分布越分散；而 σ 越小，数据分布越集中。正态分布的概率密度函数为

$$f(x)=\frac{1}{\sqrt{2\pi}\sigma}\exp\left[-\frac{(x-\mu)^2}{2\sigma^2}\right] \qquad (5-1)$$

关于不确定性参数敏感性分析，应注意以下两点。

（1）分布范围比分布类型更重要。不确定性范围通常具有最重要的影响。分布的形状通常效果次之，例如偏度等。因此在大多数情况下首先讨论范围（P10 和 P90 值）。分布类型（正态分布、三角分布、均匀分布）仅在不确定性范围定义后才有意义。

（2）不确定性参数的排序。有必要了解每个不确定性参数的影响及与其他不确定因素的相互作用。

不确定性分布的选择是相关研究的关键步骤，一般需要根据研究区各参数的分布规律进行设定。一般情况下，当参数在不确定性范围内每个数值都有可能出现时选择均一分布，当参数取值的可能性在不确定性范围内不同，并存在一定的分布规律时，选择对应的分布形式即可。

四、不确定性参数的采样方法

一般常用的参数取样方法为蒙特卡洛采样方法和等间距采样方法。

1. 蒙特卡洛采样方法

蒙特卡洛采样方法是一种根据参数分布进行随机采样的方法，其采样设计包括拉丁超立方采样（Latin-Hypercube Sampling）和正交矩阵采样（Orthogonal Array Sampling）两种方法。拉丁超立方采样根据采样个数，将数据的概率分布均分成等概率区间，然后分别在每个区间内取样，避免了数据采样集中的问题，同时保证了在相对少的取样次数下，达到与完全随机采样相同的采样效果。正交矩阵采样方法将拉丁超立方采样的思路应用于多维参数中，将参数空间分成若干等概率区域，然后分别在每个区域取样，从而实现全范围覆盖。

2. 等间距采样方法

等间距采样方法是一种确定性采样方法，其在参数的最小值、最大值之间对参数进行等间距取样，可以保证采样到不确定性参数最重要的数值，即最小值和最大值。

第二节　不确定性来源及参数范围

地质模型及地质储量的不确定性本质上来源于使用有限的资料对地下地质情况进行表征。大部分情况下，地下的地质情况远比想象中复杂，只是随着油田开发的不断深入，资料逐渐丰富，不确定性会逐渐降低，但仍一直存在。

地质模型及地质储量的不确定性主要来自构造模型、相模型、孔隙度模型、渗透率模型、饱和度模型、自由水界面和油藏体积系数等方面。以下对各方面不确定性进行深入分析，并以 B 油藏为例，详细介绍不确定性参数的设置方法。

一、构造模型不确定性

构造模型不确定性主要来自地震解释、速度模型、地层对比不确定性及井上深度校正的不确定性等。在不确定性研究中一般建立多种假设，建立多个实现，然后以井数据为基础确定残差，绘制残差分布直方图，求取分布标准差，作为不确定性分析的输入参数。实际上，受井控程度差异等原因，油藏不同位置的不确定性标准差可能不同，这时需要绘制标准差分布图，明确不确定性分布（图 5-4）。下面对这一过程进行简要介绍。

1. 构造不确定性标准差的求取

构造不确定性标准差或标准差分布图是构造不确定性的量度，是构造不确定性分析的重要输入参数，一般根据多方面的不确定性综合得出。例如，地震层位追踪、速度模型、地层对比和井上深度校正等方面。

地震解释的不确定性主要指层面解释时，同相轴追踪过程中，由于人工解释或自动层位追踪过程中层位的上下偏移引起的不确定性。由于地震数据垂向分辨率的影响，即使较小的追踪位置变化，也会引起垂向上较大的深度差异（图 5-5）。在不确定性研究中，一般选择叠前时间偏移或叠前深度偏移数据，分别追踪同相轴的上半幅点和下半幅点，作为地震解释不确定性的范围。实际上，最终的构造解释最有可能在这一范围之内变化。该方面的不确定性在地震反射强振幅区域不确定性相对小；在弱振幅区域，不确定性相对高。

速度模型的不确定性。速度模型是时间域地质体和深度域地质体之间的"桥梁"，决定了构造解释的质量。不同资料情况下，速度模型建立方法不同，不同的速度模型建立方法也是构造模型不确定性的重要来源。例如 B 油藏在不确定性研究中，分别将全部采用平均速度和层速度作为两个不确定性边界，进行深度误差不确定性分析。而在 K 油藏的不确定性研究中，分别选择 9 种速度模型建立方法，进行深度误差不确定性分析（表 5-1）。

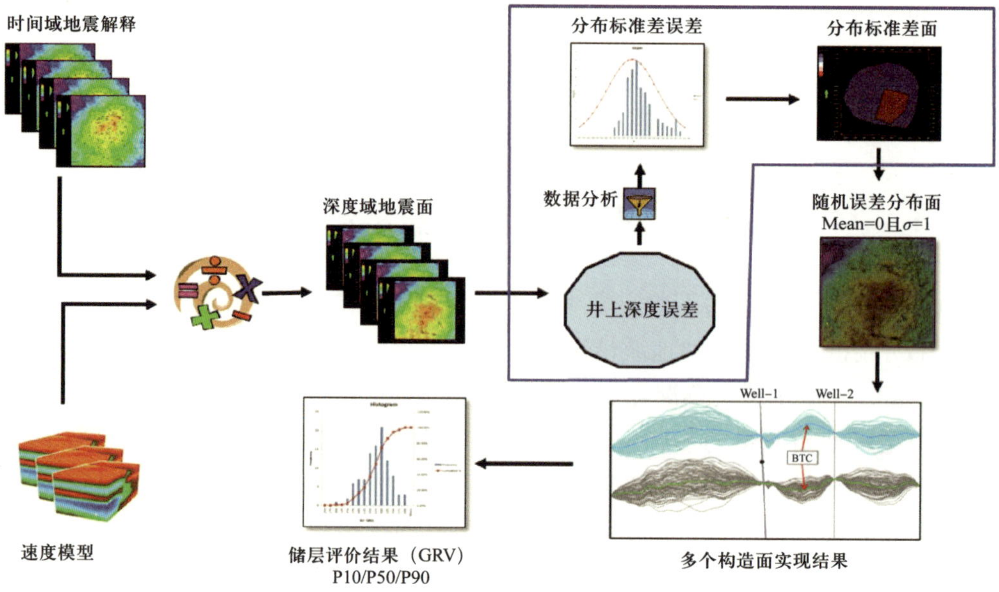

(a) 不确定性研究流程图

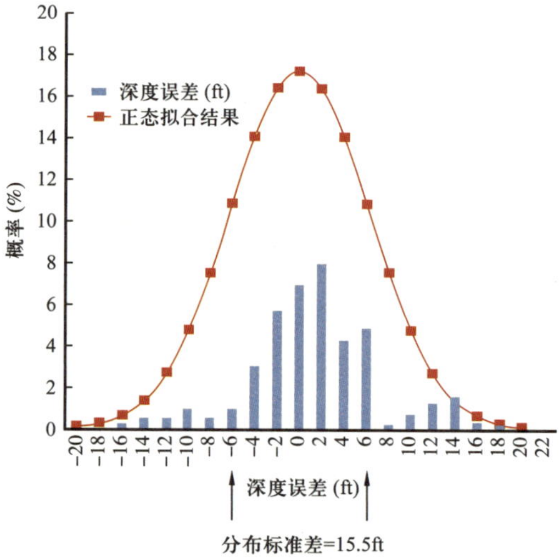

(b) 区域-1正态分布拟合深度误差求取分布标准差
分布标准差=15.5ft

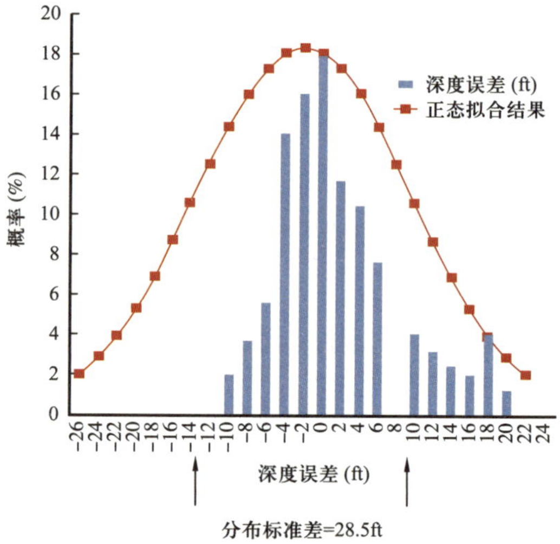

(c) 区域-2正态分布拟合深度误差求取分布标准差
分布标准差=28.5ft

图 5-4 阿拉伯联合酋长国某碳酸盐岩油藏构造不确定性研究流程图（据 Grover et al，2017）

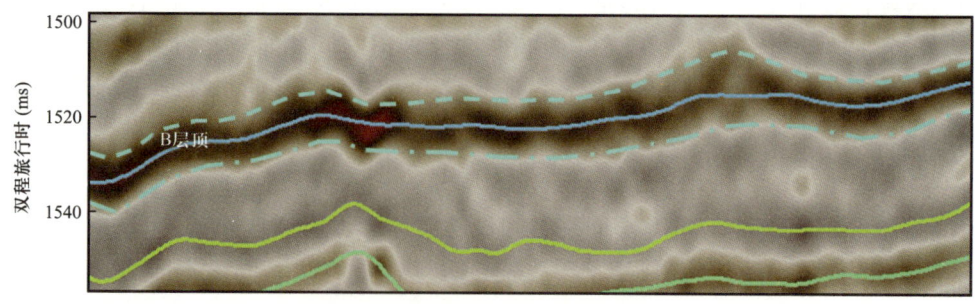

图 5-5 地震解释的不确定性分析图

B 油藏 B 层顶部构造解释不确定性分析剖面图（叠前深度偏移），中部蓝色线为现有地震解释，上部浅蓝色虚线为 B 层地震响应的构造不确定性上限，下部浅蓝色虚线为 B 层地震响应的构造不确定性下限

表 5-1　中东地区 K 油藏不同类型速度模型建立方法

速度模型类型	建立方法	输入数据
平均速度模型	井数据速度面方法	VSP/Check Shot、声波测井
	井数据速度面方法、地震速度面约束	VSP/Check Shot、声波测井、偏移速度场
	给定速度公式	VSP/Check Shot、声波测井
	给定速度公式、地震速度约束	VSP/Check Shot、声波测井、偏移速度场
层速度模型	井数据速度面方法	VSP/Check Shot、声波测井
	地震层速度	偏移速度场
组合速度模型	井数据速度面方法	VSP/Check Shot、声波测井
	井数据速度面方法、地震速度面约束	VSP/Check Shot、声波测井、偏移速度场
	给定速度公式、地震速度约束	VSP/Check Shot、声波测井、偏移速度场

在地震资料品质较好的区域，地震层面解释不确定性较低，而在资料品质较差、反射同相轴特征不清晰的区域，地震层面解释不确定性较高。图 5-6 为对同一层面的地震解释成果，结果显示其在部分区域差异较大，具有显著的不确定性。

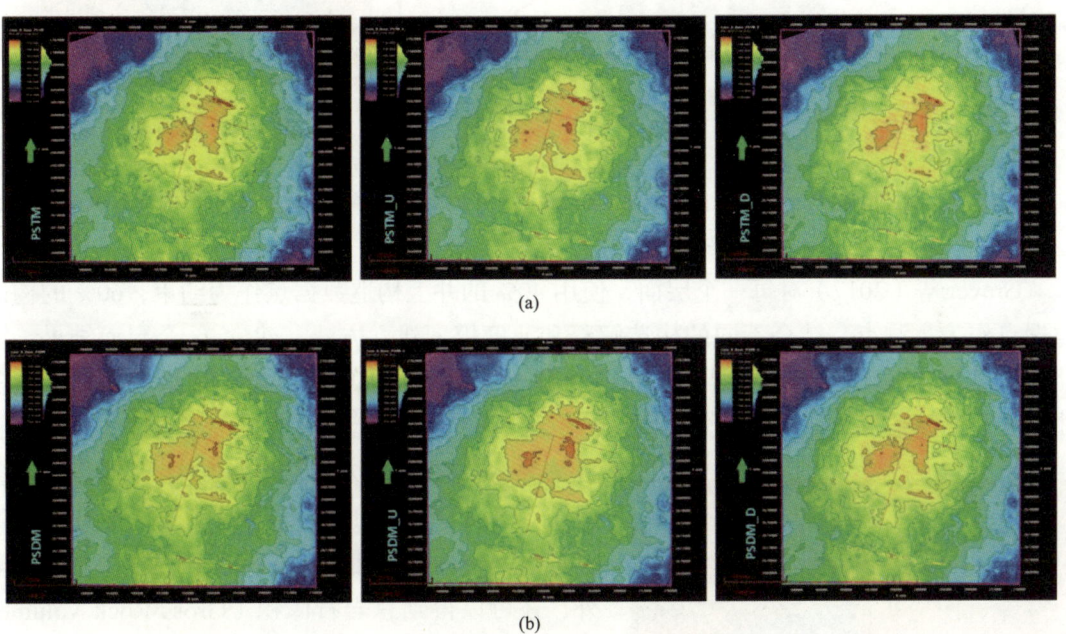

图 5-6　同一层面不同速度模型对应深度域构造面结果（据 Grover et al.，2017）
左列为平均速度模型，中间列为层速度模型和右列为组合模型（目的层之上使用平均速度模型，目的层使用层速度模型）。（a）以井速度为基础建立的速度模型得到的深度域构造面；（b）以井速度为基础，然后用地震速度控制分布趋势建立的速度模型得到的深度域构造面

地层对比的不确定性主要指根据测井资料进行井间对比时，人工层位拾取造成的误差。在对研究区层序格架认识清楚的基础上，地层对比的不确定性相对较小。

井上深度校正的不确定性。一般各种措施深度均校正至测井深度，然而测井深度同样存在不确定性。一般随钻测井的深度与电缆测井的深度存在误差，不同的测井曲线之间可能同样存在深度误差，通常需要对各种测井曲线进行深度校正才能投入使用。这里选择随钻测量深度与标准深度之差的20%，作为该井的井上深度不确定性数值。由于井上深度决定了各类措施、测试等的深度标定，通常比较重视，一般不确定性较小。

根据构造模型各方面的不确定性范围，进行不确定性分析，统计每口井的深度误差数值，绘制直方图，统计误差的标准差σ，作为不确定性分析的输入参数。当油藏井控程度差异较大时，需要对单井的深度误差进行分析，根据井控程度或其他油藏特征，绘制不同区域的深度误差分布直方图，统计标准差σ，绘制标准差分布图，作为构造不确定性分析的输入参数（图5-7）。如图5-7所示，S油藏中部蓝色区域井控程度较高，构造不确定性相对低，该区域深度差异标准差为5m；工区中红色区域井控程度较低，构造不确定性相对较大，该区域深度差异标准差为15m。

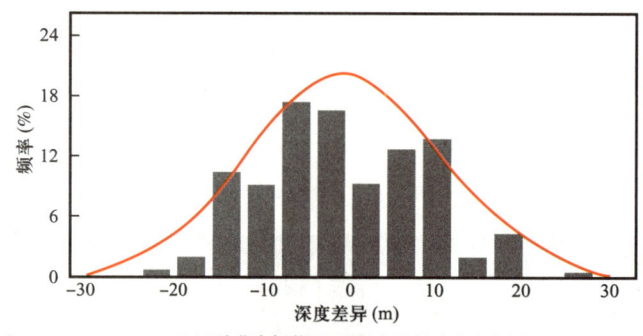

(a) S油藏中部井区B层深度差异分布直方图　　(b) B层深度差异标准差分布图

图5-7　构造不确定性分析图件

工区中部蓝色区域井控程度较高，由该区域深度差异分布直方图可知该区域深度差异标准差为5m，工区中红色区域井控程度较低，经计算该区域深度差异标准差为15m

Grover等（2017）对每一个层面，使用40%的井上构造数据点作为约束，60%的构造数据点作为盲测点，结合不同的构造解释和速度模型建立方法，建立28个层面结果。统计层面结果与井上构造的差异，绘制差异分布直方图，求取标准差。结果表明，根据各井标准差计算结果，将研究区分为两区，一区不确定性和标准差数值小于二区，然后绘制标准差分布图，作为构造不确定性研究的输入参数（图5-8）。对构造模型进行不确定性分析，除了可以得出构造层面的分布范围和高、中、低方案外，还可以得到总岩石体积（Gross Rock Volume，简写为GRV）的分布特征，得到P10、P50、P90数值，对模型的构造不确定性进行定量的分析。

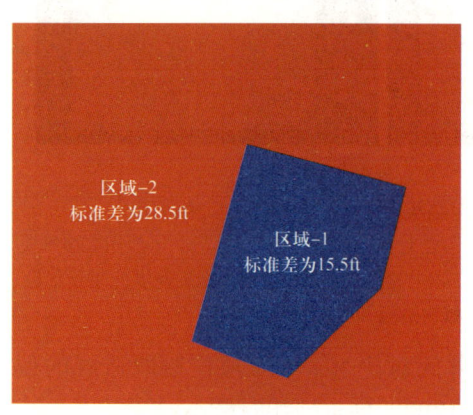

图5-8　构造不确定性标准差分布图
（据 Grover et al., 2017）

在上述不确定性来源的基础上，模型平面网格的类型、地震资料处理过程和测井曲线的分辨率等，同样会造成构造模型的不确定性，但其一般隐含在其他的不确定性研究方法中，不单独考虑。

2. 构造不确定性分析

在上述分析基础上,即可运行不同数量的构造实现,进行不确定性分析。B 油藏 B 层顶部构造不确定性分析结果如图 5-9 所示。结果表明,井点附近构造不确定性较小,距离井点越远,不确定性越大;工区主体部位井控程度较高,构造不确定性相对较低,工区边部,井控程度低,构造不确定性较大。

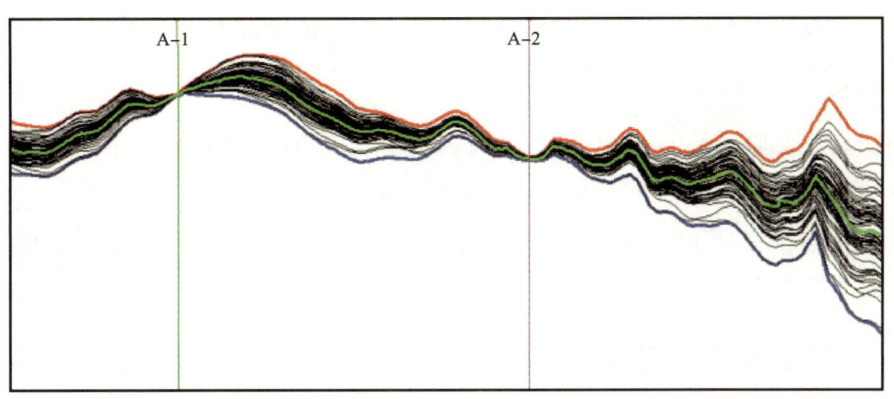

图 5-9　B 层构造不确定性剖面图

绿色线为现有构造解释,红色线为构造不确定性分析中最高值,蓝色线为构造不确定性分析中最低值

二、相模型不确定性

相模型的不确定性分析包括相分布、变差函数和相建模算法的种子数等内容。

1. 相分布的不确定性

相分布的不确定性研究包括相分布趋势图法和相比例法等。相分布趋势图法可以通过沉积、成岩认识,制作不同的相分布趋势,如高、中、低方案相平面趋势,然后作为不确定性参数进行分析(图 5-10)。相比例法主要通过油藏地质研究,获得相比例的不确定性范围,作为不确定性参数,进行分析。主要实现方式分为两种,可以直接在原始相比例数值之上加或减不确定性参数,即"原始相比例 ± 不确定性参数",也可以采用"原始相比例 ×(1 ± 不确定性参数)"的形式进行研究。

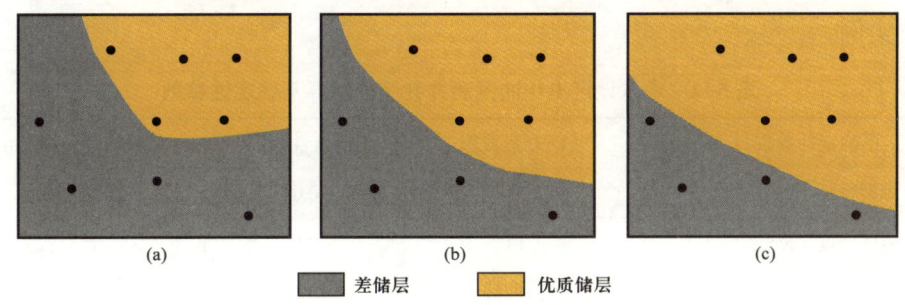

图 5-10　沉积相分布不确定性

(a)悲观条件下沉积相分布趋势,储层仅位于井区的北东方向;(b)现有模型中沉积相分布趋势;(c)乐观条件下沉积相分布趋势,储层分布较现有模型显著增大

例如，B 油藏 B 层采用相分布趋势图法对井区进行不确定性分析（图 5-10），通过沉积、成岩综合研究，制作了相分布的悲观方案、基础方案和乐观方案。结果表明，即使是在井控程度相对较高的地区，相分布的不确定性依然存在。

2. 相变差函数的不确定性

相变差函数直接控制了不同相建模方法的运算结果，因此需要对其敏感性进行分析。一般对变差函数的主变程方向、变程数值、垂向变程数值进行不确定性分析。

3. 相建模算法种子数

相建模算法的种子数是常用的不确定性参数，用来研究模拟算法中随机路径的变化对模拟结果的影响。可以对种子数进行敏感性分析，绘制龙卷风图，判断对地质储量的影响。一般情况下，种子数对模型结果的不确定性影响较小。当种子数的不确定性影响较大时，需要检查模型、分析原因。

三、孔隙度模型的不确定性

孔隙度模型的不确定性分析主要包括孔隙度解释的不确定性、孔隙度模型变差函数的不确定性和建模算法种子数的不确定性。

1. 孔隙度解释的不确定性

由于孔隙度解释的各个参数存在不确定性，因此孔隙度解释存在不确定性，其为地质储量不确定性的关键参数，一般采用蒙特卡洛不确定性模拟进行研究，不确定性参数取值包括单一数值法及公式法。

1）蒙特卡洛不确定性模拟

一般根据蒙特卡洛模拟，对孔隙度解释的各个参数的不确定性进行分析，从而得出孔隙度解释不确定性范围。图 5-11 为中东地区 RD 油藏孔隙度解释不确定性结果，表 5-2 为对应的孔隙度解释不确定性参数，可以发现孔隙度解释存在不同程度的不确定性，但岩心分析结果一般在不确定性范围内，因此认为当前解释可以体现储层的非均质性，整体质量较高（邓西里等，2019）。表 5-3 为中东地区 M 油藏测井孔隙度解释不确定性参数实例。

表 5-2　中东地区 RD 油藏测井孔隙度解释不确定性参数

不确定性参数	基础方案数值	不确定性范围	不确定性范围数值类型
骨架密度（g/cm^3）	2.71	±0.02	绝对数值
流体密度（g/cm^3）	1.14	±0.01	绝对数值
直井测井曲线（g/cm^3）	测井曲线	±0.01	绝对数值
定向井测井曲线（g/cm^3）	测井曲线	±0.025	绝对数值

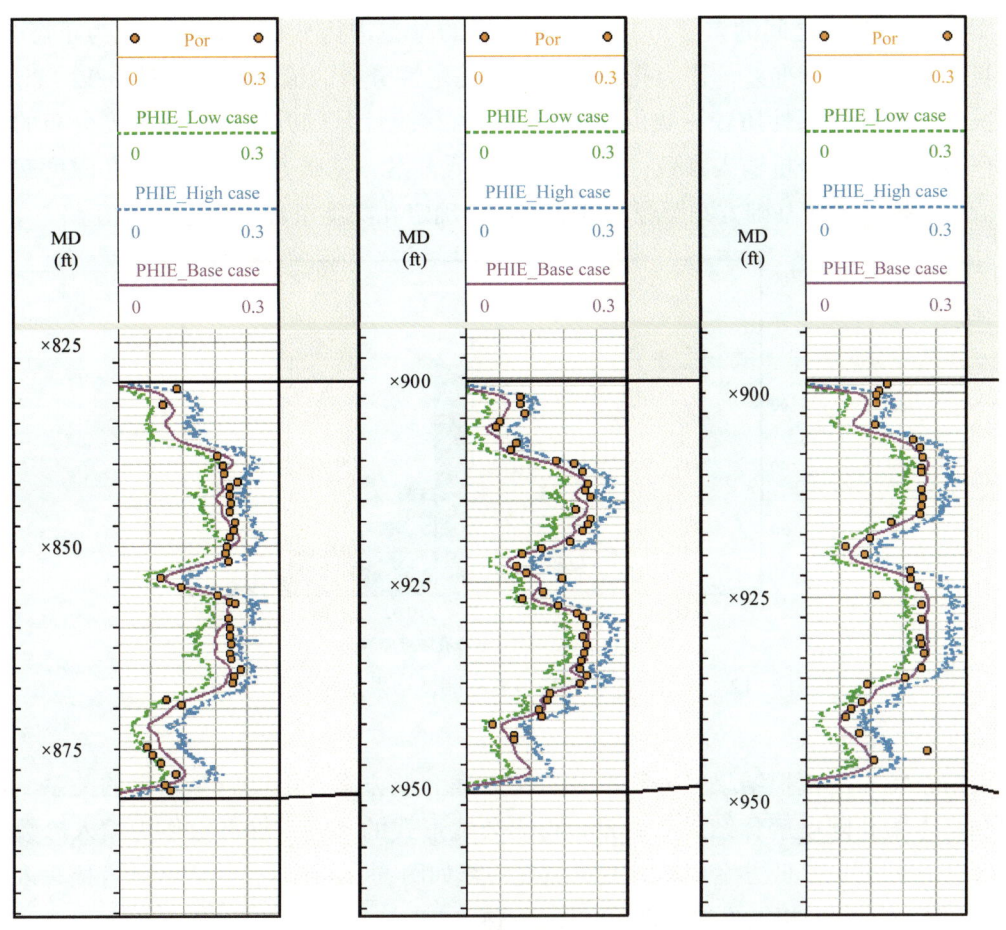

图 5-11 中东地区 RD 油藏孔隙度解释不确定性（据邓西里等，2019）

表 5-3 中东地区 M 油藏测井孔隙度解释不确定性参数

不确定性参数	基础方案数值	不确定性范围	不确定性范围数值类型
骨架密度（g/cm³）	2.71	±0.06	绝对数值
流体密度（g/cm³）	1.14	±0.1	绝对数值
测井曲线（g/cm³）	测井曲线	±0.025	绝对数值

一般情况下，孔隙度的不确定性相对较小，常为 2% 左右，仅在数据较少的情况下可能较大，达到 3%，甚至更高。这也是单井饱和度高度函数拟合时，一般不考虑优化调整孔隙度曲线的主要原因。

2）不确定性参数的确定

孔隙度解释不确定性参数一般分为单一数值法和公式法两类。

（1）单一数值法。

单一数值法通过给定一个孔隙度解释不确定性数值，作为敏感性分析和不确定性分析的输入参数。一般综合以下方面确定不确定性参数：① 计算岩心分析孔隙度数据与基础方案孔隙度解释之间的差异,并对数值差异的分布进行分析,结果一般为正态分布,绘制直方图,求取标准差,作为孔隙度解释不确定性分析的输入参数(图5-12);② 部分情况下,对于储层性质较一致的情况,也可直接统计基础方案模型孔隙度分布的标准差,作为不确定性分析输入参数;③ 分别求取低方案、基础方案和高方案孔隙度解释的平均值,根据二者与基础方案解释的数值差异,确定孔隙度解释不确定性数值。

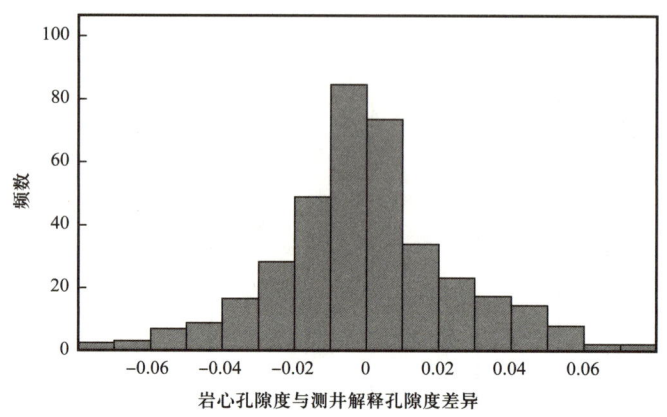

图5-12 储层孔隙度解释与岩心测试结果差异分布直方图

(2)公式法。

根据蒙特卡洛模拟结果,分别拟合基础方案和低方案孔隙度解释结果的关系、基础方案和高方案孔隙度解释结果的关系,得出公式形式的不确定性参数作为输入参数。例如,针对B油藏,其低方案、高方案孔隙度解释如图5-13所示,然后将其直接写入敏感性分析和不确定性分析工作流中即可(图5-13)。

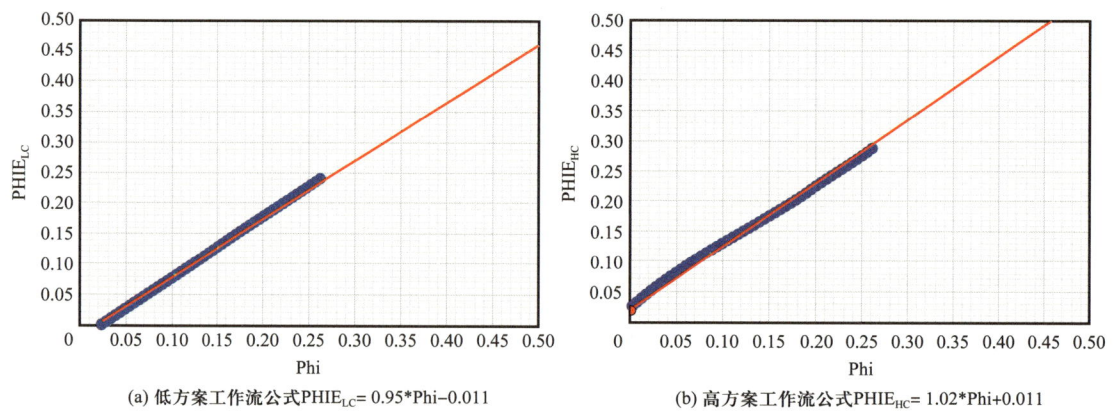

(a) 低方案工作流公式 $PHIE_{LC}= 0.95*Phi-0.011$ (b) 高方案工作流公式 $PHIE_{HC}= 1.02*Phi+0.011$

图5-13 公式法确定孔隙度解释不确定性

2. 孔隙度模型变差函数的不确定性

孔隙度模型的变差函数直接控制了不同的建模方法的运算结果,因此需要对其敏感性进行分析。一般对变差函数的主变程方向、变程数值和垂向变程数值进行分析。一般情况下,孔隙度模型变差函数对地质储量影响相对有限,但却对储层的渗流能力和整体连通性造成较大影响。

3. 孔隙度建模的种子数

孔隙度建模的种子数是常用的不确定性参数，用以研究模拟算法中随机路径的变化对模拟结果的影响。与相模型种子数一致，一般情况下，种子数对模型结果的不确定性影响较小。当种子数的不确定性影响较大时，需要检查模型、分析原因。

四、渗透率模型的不确定性

如果饱和度高度模型中含有渗透率参数时，还需要考虑渗透率模型的不确定性。中东地区碳酸盐岩一般采用蒙特卡洛方法进行渗透率预测研究，通常在渗透率预测时根据选择的算法会自动给出不确定性范围。根据蒙特卡洛模拟结果，分别拟合基础方案和低方案渗透率解释结果的关系，以及基础方案和高方案渗透率解释结果的关系，得出公式形式的不确定性参数。例如，针对 B 油藏，其低方案、高方案渗透率解释如图 5-14 所示，然后将其直接写入敏感性分析和不确定性分析工作流中（图 5-14）。

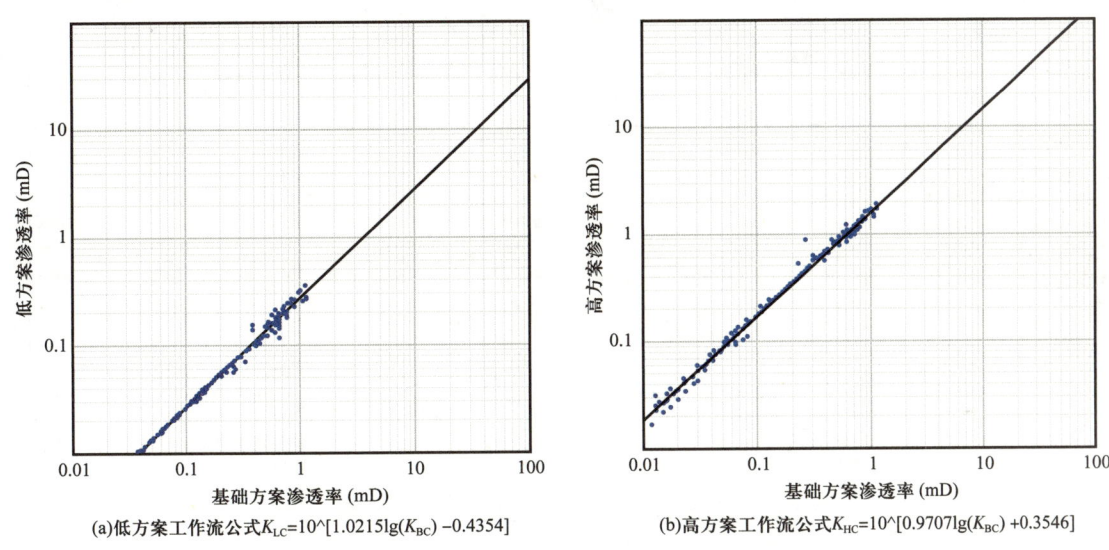

(a)低方案工作流公式 $K_{LC}=10\wedge[1.0215\lg(K_{BC})-0.4354]$　　(b)高方案工作流公式 $K_{HC}=10\wedge[0.9707\lg(K_{BC})+0.3546]$

图 5-14　公式法确定渗透率不确定性

一般情况下，需要对孔隙度、渗透率解释质量进行分析，绘制如图 5-15 和表 5-4 所示的评价表格。结果表明，S 油藏孔隙度、渗透率模型整体误差较小，不确定性相对小。

表 5-4　S 油藏孔隙度测井解释和渗透率测井解释与岩心数据的差异统计表

井名	渗透率预测（mD）	岩心渗透率（mD）	渗透率预测误差	渗透率预测比率	孔隙度解释	岩心孔隙度	孔隙度预测误差
W1	63.30	62.79	0.5096	0.992	0.176	0.188	−0.012
W2	6.58	8.76	−2.1820	1.332	0.113	0.117	−0.004
W3	23.23	24.41	−1.1752	1.051	0.194	0.198	−0.004
W4	6.51	6.62	−0.1092	1.017	0.094	0.108	−0.014

续表

井名	渗透率预测（mD）	岩心渗透率（mD）	渗透率预测误差	渗透率预测比率	孔隙度解释	岩心孔隙度	孔隙度预测误差
W5	13.59	13.62	−0.0364	1.003	0.227	0.221	0.006
W6	6.53	9.62	−3.0860	1.472	0.101	0.098	0.003
W7	6.54	6.54	−0.0052	1.001	0.090	0.100	−0.010

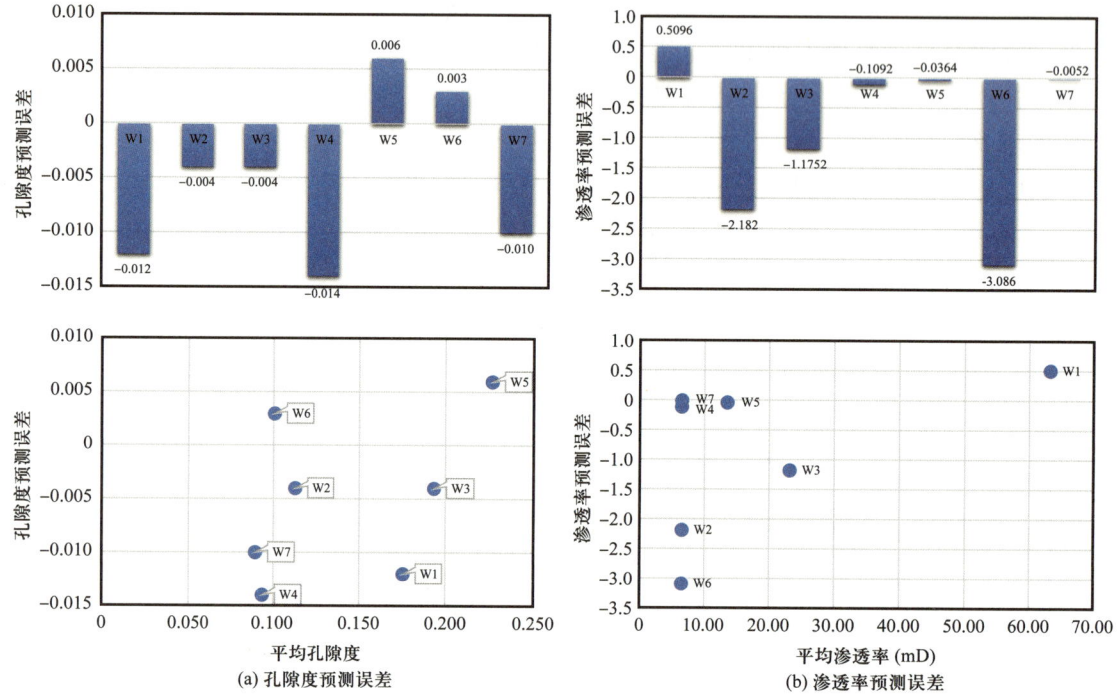

图 5-15 S 油藏孔隙度测井解释和渗透率测井解释与岩心数据的差异

渗透率模型变差函数的不确定性及建模种子数对结果的影响与孔隙度模型研究方法相同，这里不再赘述。

五、饱和度模型的不确定性

饱和度模型是地质模型的重要组成部分，其决定了储层流体的空间分布特征，是地质储量不确定性较为核心的参数之一。饱和度模型不确定性参数主要的取值方法包括单一数值法和偏导数公式法等，主要考虑以饱和度解释和饱和度高度函数为核心的不确定性。

1. 单一数值法

单一数值法通过对测井饱和度解释不确定性、饱和度高度函数不确定性、饱和度高度模型与测井解释饱和度的差异三个方面进行综合分析，直接给出饱和度模型的不确定性数值。

1)测井含水饱和度解释不确定性

一般需要根据测井解释公式,确定公式参数的不确定性范围,然后进行不确定性分析,确定测井解释不确定性。以 B 油藏为例,其含水饱和度解释采用 Archie 公式,主要变量包括孔隙度、地层电阻率、地层水电阻率、胶结指数(m)和饱和度指数(n)(表 5-5)。需要注意的是不同油藏不确定性参数可能不同,表 5-6 为中东地区 N 碳酸盐岩油藏测井含水饱和度解释不确定性参数及不确定性范围。

表 5-5 B 油藏测井含水饱和度解释不确定性参数及不确定性范围

不确定性参数	不确定性范围	不确定性范围数值类型
孔隙度	±2%	绝对数值
地层电阻率	±5%	相对数值
地层水电阻率	±0.001Ω·m(250°F)	绝对数值
胶结指数 m	±0.2	绝对数值
饱和度指数 n	±0.2	绝对数值

表 5-6 N 油藏测井含水饱和度解释不确定性参数及不确定性范围

不确定性参数	不确定性范围	不确定性范围数值类型
孔隙度	±2%	绝对数值
中子孔隙度曲线	±5%	相对数值
密度曲线	0.01(直井)	绝对数值
	0.025(定向井)	绝对数值
骨架密度	±0.02	绝对数值
地层真电阻率	±10%	相对数值
冲洗带电阻率	±10%	相对数值
地层水电阻率	±10%	相对数值
附加导电系数 a	±0.1	绝对数值
胶结指数 m	±0.18	绝对数值
饱和度指数 n	±0.2	绝对数值

对于 B 油藏,孔隙度解释本身存在不确定性,一般对测井解释孔隙度与岩心测量孔隙度计算差值,并求取其分布。研究区为正态分布,标准差数值为 2%,因此将其作为孔隙度不确定性范围。地层电阻率的测量因受到仪器、井眼等影响存在不确定性,根据仪器特征和储层的薄层特点,选择 ±0.05% 作为其不确定性范围。对于地层水电阻率,研究区地层水矿化度为 23×10^4 mg/L,地层水型为 $CaCl_2$ 型,储层温度为 260~270°F,同时

由水样测量验证，因此其不确定性较小，不确定性范围选择为 ±0.001Ω·m。

测井含水饱和度解释的主要不确定性来源为 m 和 n，如图 5-16 所示，这两个参数在确定过程中不确定性很大，因此根据数据点分布，分别读出平均值和标准差，平均值可作为基础方案数值，或其重要参考，标准差作为不确定性范围，两者的不确定性范围均为 ±0.2。通常，在没有岩电参数测试或采用类比法确定 m 和 n 数值时，其不确定性范围均直接设置为 ±0.2。

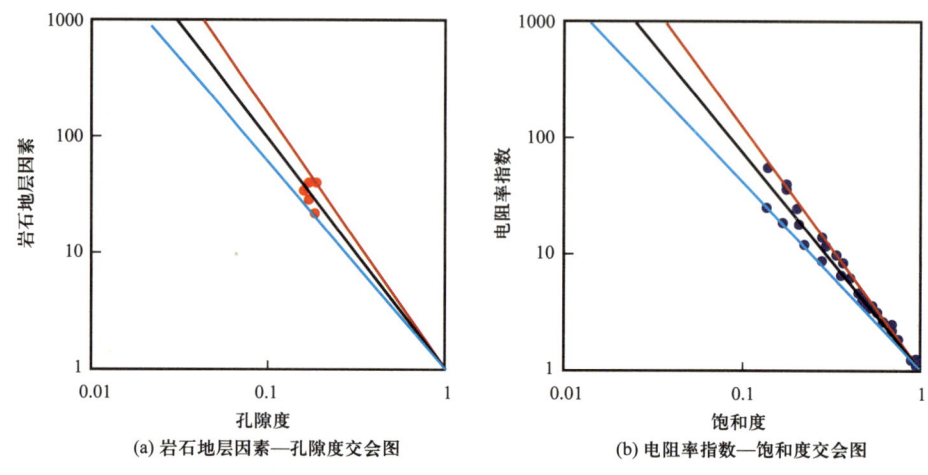

图 5-16 岩电参数不确定性分析示意图

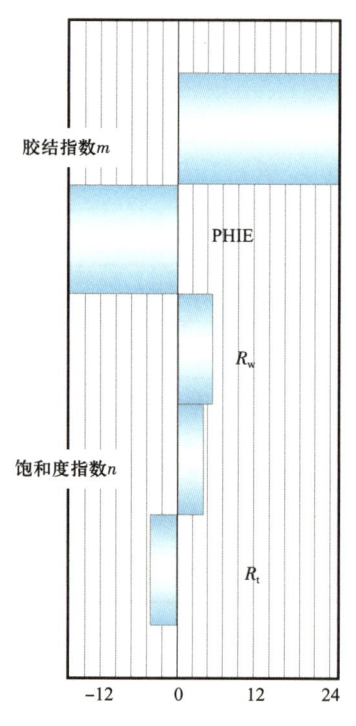

图 5-17 测井解释饱和度的不确定性

在以上测井含水饱和度解释不确定性认识的基础上，根据不确定性范围，采用蒙特卡洛不确定性分析方法进行含水饱和度不确定性分析，其不确定性分析龙卷风图如图 5-17 所示。结果表明，对于 B 油藏，主要的不确定性来源为岩电参数，因此下一步需要重点进行相关的研究。测井解释不确定性结果如图 5-18 所示，表明测井含水饱和度解释存在不确定性，不确定性范围为 ±15%。

图 5-19 为中东地区 RD 碳酸盐岩油藏某井测井解释含水饱和度不确定性研究结果，可以发现测井解释饱和度不确定性较大，特别是下部过渡带区域，是下一步研究的重点（邓西里等，2019）。

2）饱和度高度函数不确定性

受岩心取样代表性、毛细管压力和储层物性测试不确定性等因素的影响，饱和度高度函数也存在一定的不确定性。如图 5-20 所示，中东地区 RC 油藏主力岩石类型为 SRT2，与基础方案相比，其饱和度高度函数高、低方案的不确定性范围为 ±16%。

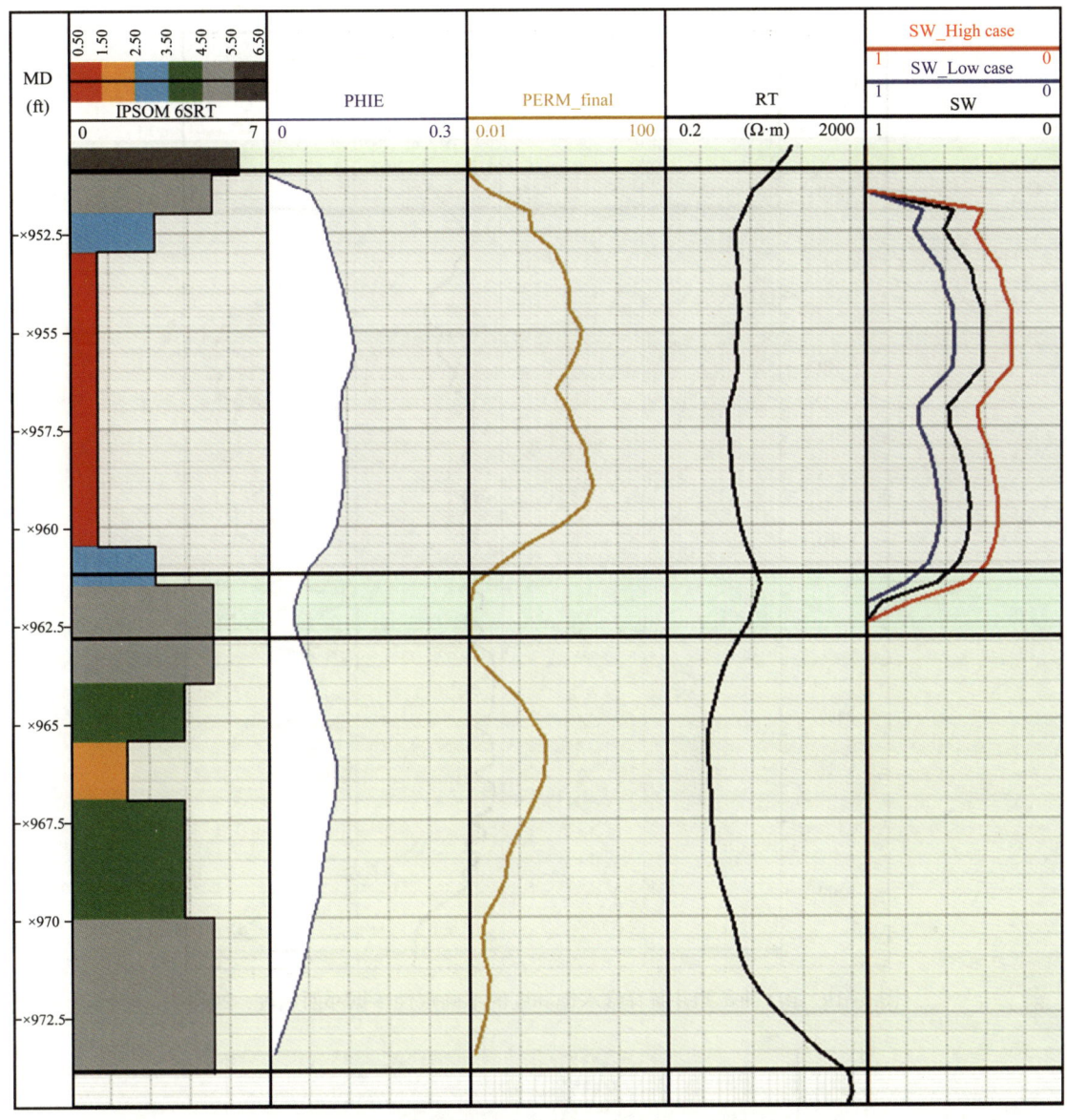

图 5-18　H 油藏测井解释含水饱和度的不确定性

3）饱和度高度模型与测井解释饱和度的差异

在建立饱和度高度模型时，需要保证饱和度高度模型与测井解释饱和度匹配较好。实际上，即使在总体上匹配较好时，二者之间同样存在误差。如图 5-21 所示，总体上两种含水饱和度匹配较好。但在局部位置仍存在偏差，对其进行统计，结果表明二者偏差为 ±12%，并将其作为不确定性范围。

最后综合三方面的饱和度不确定性范围，确定最终的饱和度模型不确定性单一数值范围。

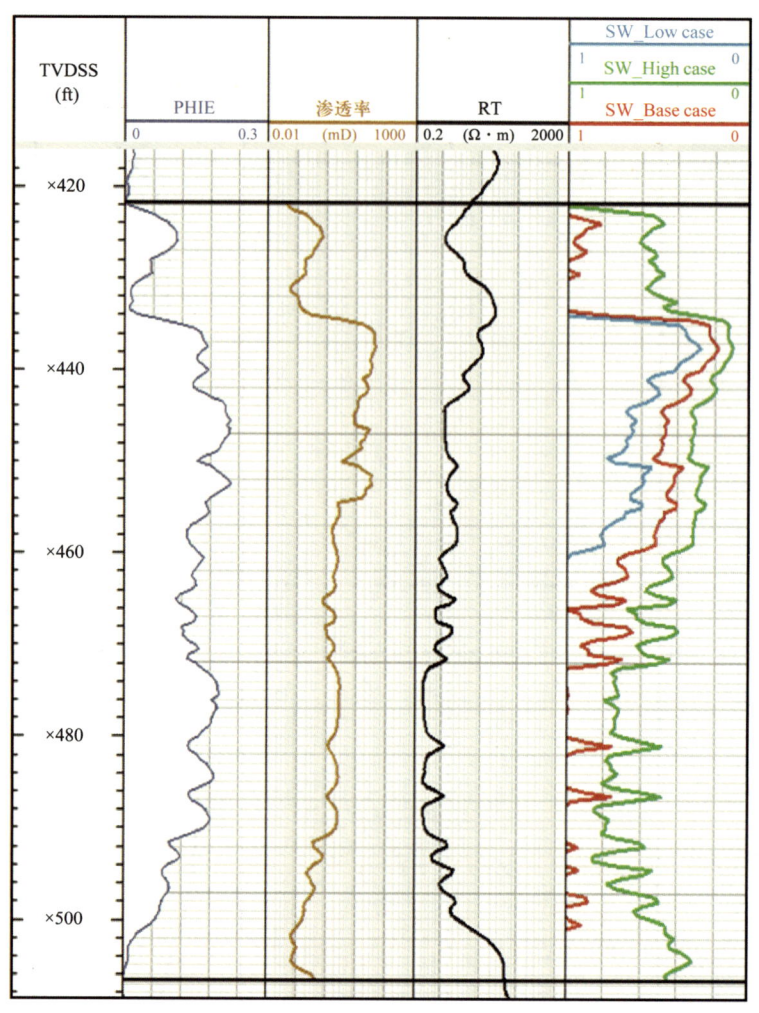

图 5-19　RD 油藏测井解释含水饱和度的不确定性（据邓西里等，2019）

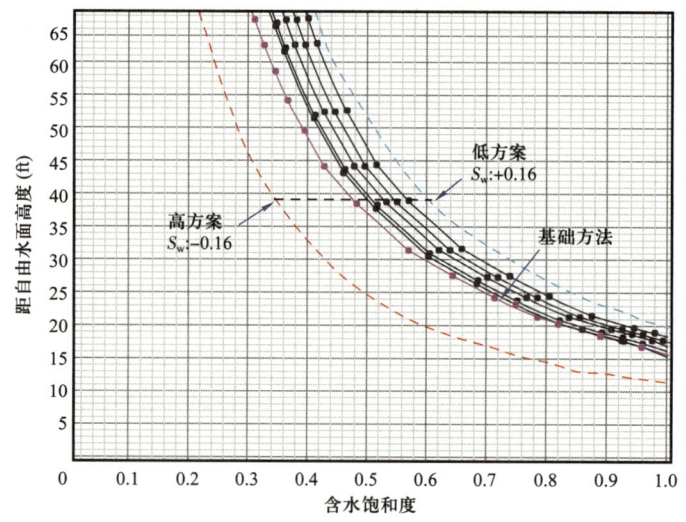

图 5-20　饱和度高度模型不确定性（据邓西里等，2019）

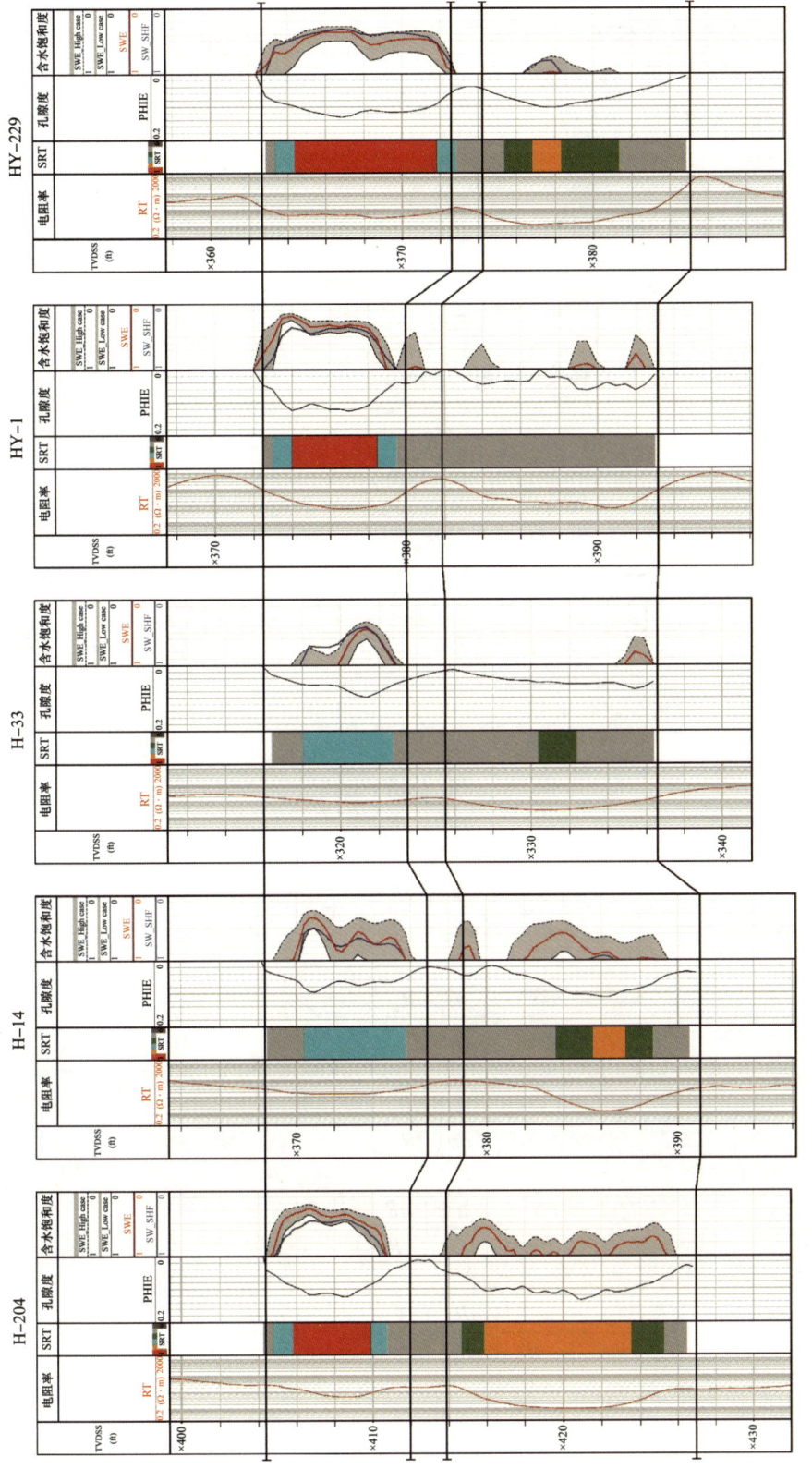

图 5-21 测井解释不确定性及两种含水饱和度之间的差异

2. 偏导数法（误差传导法）

偏导数法（误差传导法）是不确定性分析的常用方法，其核心思想是对每个具有不确定性的变量取函数的偏导数计算不确定性。假设 x 是一些变量的函数，其中变量 u、v 等具有不确定性，x 可用式（5-2）表达

$$x = f(u, v, \cdots) \tag{5-2}$$

δS_w^2 可用式（5-3）近似表达

$$\delta S_w^2 \approx \delta^2 u \left(\frac{\partial x}{\partial u}\right)^2 + \delta^2 v \left(\frac{\partial x}{\partial v}\right)^2 + \cdots \tag{5-3}$$

将上述方法应用于含水饱和度解释中，Archie 公式可用式（5-4）表达

$$S_w = \left(\frac{R_t \cdot \phi^m}{A \cdot R_w}\right)^{-1/n} \tag{5-4}$$

S_w 的不确定性偏导数 δS_w 可用式（5-5）表达

$$\delta S_w^2 = \sqrt{\left(\frac{\partial S_w}{\partial R_t} \cdot \delta R_t\right)^2 + \left(\frac{\partial S_w}{\partial R_w} \cdot \delta R_w\right)^2 + \left(\frac{\partial S_w}{\partial \phi} \cdot \delta \phi\right)^2 + \left(\frac{\partial S_w}{\partial A} \cdot \delta A\right)^2 + \left(\frac{\partial S_w}{\partial m} \cdot \delta m\right)^2 + \left(\frac{\partial S_w}{\partial n} \cdot \delta n\right)^2} \tag{5-5}$$

其中

$$\frac{\partial S_w}{\partial R_t} = -\frac{1}{nR_t}\left(\frac{aR_w}{R_t}\right)^{1/n} \phi^{-m/n} \tag{5-6}$$

$$\frac{\partial S_w}{\partial R_w} = \frac{1}{nR_w}\left(\frac{aR_w}{R_t}\right)^{1/n} \phi^{-m/n} \tag{5-7}$$

$$\frac{\partial S_w}{\partial \phi} = -\frac{m}{n}\left(\frac{aR_w}{R_t}\right)^{1/n} \phi^{-\left(\frac{m}{n}+1\right)} \tag{5-8}$$

$$\frac{\partial S_w}{\partial a} = \frac{1}{na}\left(\frac{aR_w}{R_t}\right)^{1/n} \phi^{-m/n} \tag{5-9}$$

$$\frac{\partial S_w}{\partial m} = -\frac{\ln \phi}{n}\left(\frac{aR_w}{R_t}\right)^{1/n} \phi^{-m/n} \tag{5-10}$$

$$\frac{\partial S_w}{\partial n} = -\frac{\phi^{-m/n}}{n^2}\left(\frac{aR_w}{R_t}\right)^{1/n}\left[m\ln \phi - \ln\left(\frac{aR_w}{R_t}\right)\right] \tag{5-11}$$

式（5-11）可简化为式（5-12）

$$\frac{R_t}{S_w}\frac{\partial S_w}{\partial R_t} = -\frac{1}{n} \tag{5-12}$$

$$\frac{R_\mathrm{w}}{S_\mathrm{w}}\frac{\partial S_\mathrm{w}}{\partial R_\mathrm{w}}=\frac{1}{n} \tag{5-13}$$

$$\frac{\phi}{S_\mathrm{w}}\frac{\partial S_\mathrm{w}}{\partial \phi}=-\frac{m}{n} \tag{5-14}$$

$$\frac{a}{S_\mathrm{w}}\frac{\partial S_\mathrm{w}}{\partial a}=\frac{1}{n} \tag{5-15}$$

$$\frac{m}{S_\mathrm{w}}\frac{\partial S_\mathrm{w}}{\partial m}=-\frac{m}{n}\ln\phi \tag{5-16}$$

$$\frac{n}{S_\mathrm{w}}\frac{\partial S_\mathrm{w}}{\partial n}=\frac{1}{n}\left[m\ln\phi-\ln\left(\frac{aR_\mathrm{w}}{R_\mathrm{t}}\right)\right] \tag{5-17}$$

则 δS_w 可写为

$$\delta S_\mathrm{w}=\sqrt{\left(-\frac{S_\mathrm{w}}{n}\cdot\frac{\delta R_\mathrm{t}}{R_\mathrm{t}}\right)^2+\left(\frac{S_\mathrm{w}}{n}\cdot\frac{\delta R_\mathrm{w}}{R_\mathrm{w}}\right)^2+\left(-\frac{mS_\mathrm{w}}{n}\cdot\frac{\delta \phi}{\phi}\right)^2+\left(-\frac{S_\mathrm{w}}{n}\cdot\ln\phi\cdot\delta m\right)^2+\left[-\frac{\delta n}{n^2}\cdot S_\mathrm{w}\cdot\left(m\ln\phi-\ln\frac{R_\mathrm{w}}{R_\mathrm{t}}\right)\right]^2} \tag{5-18}$$

进一步简化为

$$\delta S_\mathrm{w}=\frac{S_\mathrm{w}}{n}\sqrt{\left(\frac{\delta R_\mathrm{t}}{R_\mathrm{t}}\right)^2+\left(\frac{\delta R_\mathrm{w}}{R_\mathrm{w}}\right)^2+\left(\frac{m\delta\phi}{\phi}\right)^2+\left(\ln\phi\cdot\delta m\right)^2+\left[\frac{\delta n}{n}\cdot\left(m\ln\phi-\ln\frac{R_\mathrm{w}}{R_\mathrm{t}}\right)\right]^2} \tag{5-19}$$

考虑参数 a，改为

$$\delta S_\mathrm{w}=\frac{S_\mathrm{w}}{n}\sqrt{\left(\frac{\delta R_\mathrm{t}}{R_\mathrm{t}}\right)^2+\left(\frac{\delta R_\mathrm{w}}{R_\mathrm{w}}\right)^2+\left(\frac{m\delta\phi}{\phi}\right)^2+\left(\ln\phi\cdot\delta m\right)^2+\left[\frac{\delta n}{n}\cdot\left(m\ln\phi-\ln\frac{R_\mathrm{w}}{R_\mathrm{t}}\right)\right]^2+\left(\frac{\delta a}{a}\right)^2} \tag{5-20}$$

由于式（5-20）仍然较为繁琐，一般在实际应用中首先计算 δS_w 的完整公式，然后通过二元二次回归，得出以下关系式，然后将其直接写入敏感性分析和不确定性分析工作流中

$$\mathrm{dSw}=a+(b*\mathrm{Sw})+(c*\mathrm{Por})+(d*\mathrm{Sw}^2)+(e*\mathrm{Por}^2) \tag{5-21}$$

式中，a、b、c、d、e 分别为工作流中公式系数。

以中东地区 HS 油藏为例说明基于偏导数的含水饱和度模型不确定性研究方法。首先对含水饱和度解释的各种不确定性参数进行研究，主要包括地层真电阻率、地层水电阻率、孔隙度和岩电参数等。由于研究区没有岩电试验，直接给定 m 或 n 值的不确定参数为 0.2（绝对值）。根据 δS_w 完整公式，得出含水饱和度不确定性取值，得到如图 5-22 所示成果。结果表明，随孔隙度降低，即储层越致密，S_w 不确定性增加；随含水饱和度升高，即由油藏高部位走向过渡带，S_w 不确定性增加，与通常的认识一致。

然后对 δS_w 完整公式进行回归拟合，得到式（5-22），可直接用于地质储量敏感性和不确定性的研究中，不确定性分析工作流中体现为

dSw=0.14165+（0.2567*Sw）+（-1.38175*Por）+（-0.012546*Sw^2）+（2.90634*Por^2）
（5-22）

高方案

$$Sw\_High = Max（Min（Sw-dSw，1），0） \quad (5-23)$$

低方案

$$Sw\_Low = Max（Min（Sw+dSw，1），0） \quad (5-24)$$

结果表明，对油藏构造高部位、含水饱和度较低的区域，饱和度指数 n 对含水饱和度解释影响较大。而对于构造边部、含水饱和度较高的区域，胶结指数 m 和孔隙度解释对含水饱和度解释影响较大（图 5-23）。

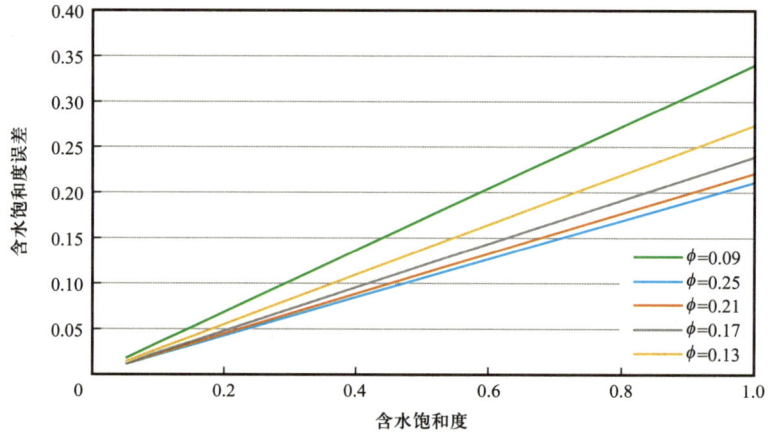

图 5-22 基于偏导数完整公式的含水饱和度模型不确定性研究结果

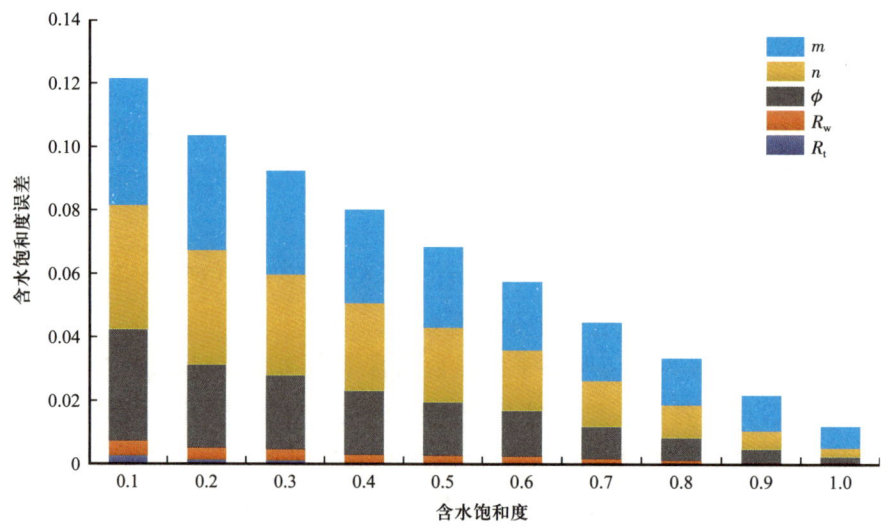

图 5-23 不同含水饱和度模型不确定性影响因素

六、自由水面的不确定性

自由水面是决定饱和度模型的参数之一，对地质储量有较大影响，可以根据确定方法的不同，采用不同的不确定性研究方法。

1. 压力梯度法

当自由水面来自油藏压力梯度分析时，可以在现有压力数据点的基础上，对于油线、气线和水线等分别采用不同的趋势，从而得出自由水面的不确定性范围。以中东地区 R 油田为例，如图 5-24 所示，油层的地层压力数据存在不确定性，地层压力趋势导致可能出现"左""右"两种极端情况，根据与水线的相交情况，最终可以确定深度 ×863ft 为自由水面的低方案，深度为 ×877ft 为自由水面的高方案。

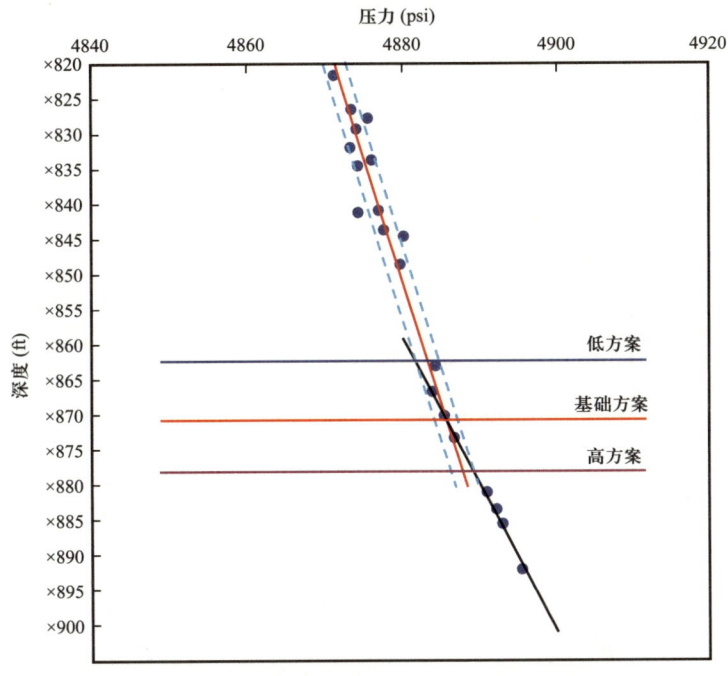

图 5-24 压力梯度法确定自由水面的不确定性

2. 优势相带的毛细管压力曲线法

当自由水面来自最佳拟合方法时，一般根据油水界面附近优势分布相带的毛细管压力曲线确定。B 油藏自由水面采用最佳拟合方法得出，根据测井解释饱和度和饱和度高度模型饱和度的最佳拟合确定自由水面深度。图 5-25 为 B 层油水界面优势相带的毛细管压力模型。绿色曲线为毛细管压力曲线的平均值，蓝色曲线为毛细管压力曲线的最大值，红色曲线为毛细管压力曲线的最小值，根据三者油气充注高度的关系，可以读出油水界面的不确定性范围为 ±5m，其可作为不确定性分析的输入参数。

3. 水力单元最佳拟合法

在确定自由水面时，如果使用最佳拟合法，也可将油藏看作同一水力单元，通过最佳拟合法，计算所有参与对比井在不同自由水面下的含水饱和度误差，求取自由水面。根据前述的饱和度解释不确定性数值，结合水力单元拟合误差曲线，确定油藏自由水面不确定性范围（图 5-26）。

一般情况下，高、低方案与基础方案自由水面的不确定性距离接近（图 5-26）。但有些时候也会存在差异。以 C 油藏为例，图 5-27（a）显示不同井上最佳拟合的自由水面存在差异，然后将油藏看作同一水力单元，计算不同自由水面对应的含水饱和度误差得到图 5-27（b）。结合 C 油藏在自由水面附近 15% 的测井含水饱和度解释误差，确定 C 油藏自由水面不确定性高方案为 ×175m，低方案为 ×140m，基础方案为 ×150m。

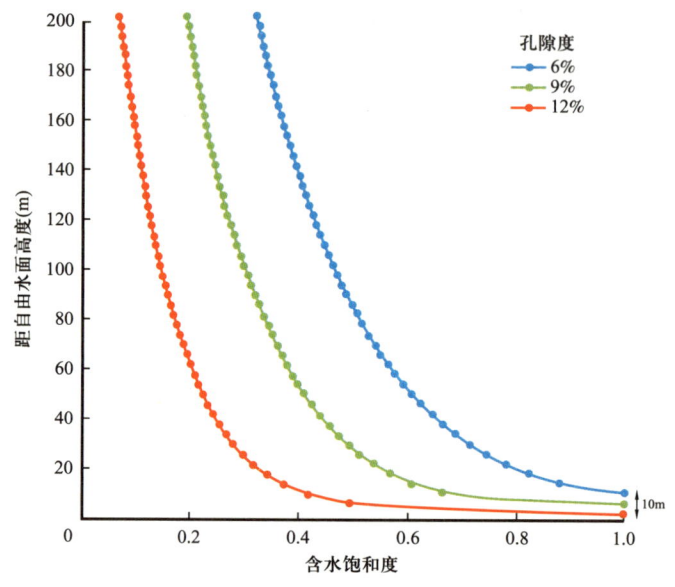

图 5-25 根据油气充注高度确定自由水面不确定性范围

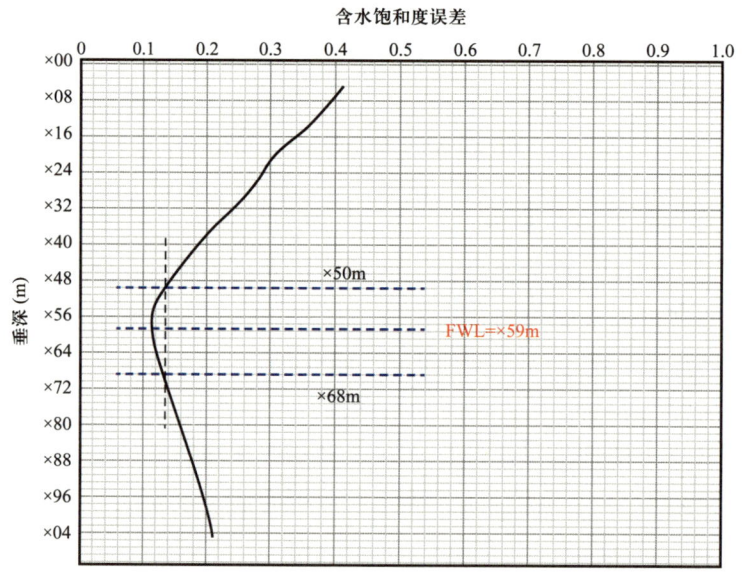

图 5-26 相同水力单元最佳拟合法确定自由水面不确定性范围（数值对称）

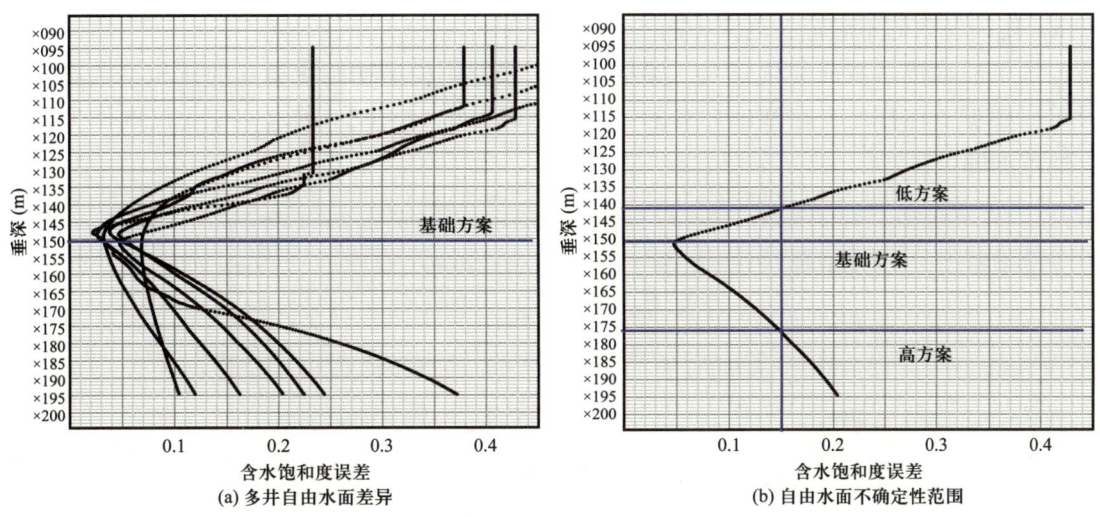

图 5-27 相同水力单元最佳拟合法确定自由水面不确定性范围（数值非对称）

七、气油界面的不确定性

需要注意的是，对于带气顶的油藏，地质储量不确定性还需要对气油界面进行不确定性分析。

以 D 油藏为例进行介绍，图 5-28 显示不同井上根据测井曲线上中子密度差异和 MDT 流体取样得到的气油界面不同。首先将不同井上界面的平均值作为基础方案，然后分别选择高值、低值作为低方案和高方案。

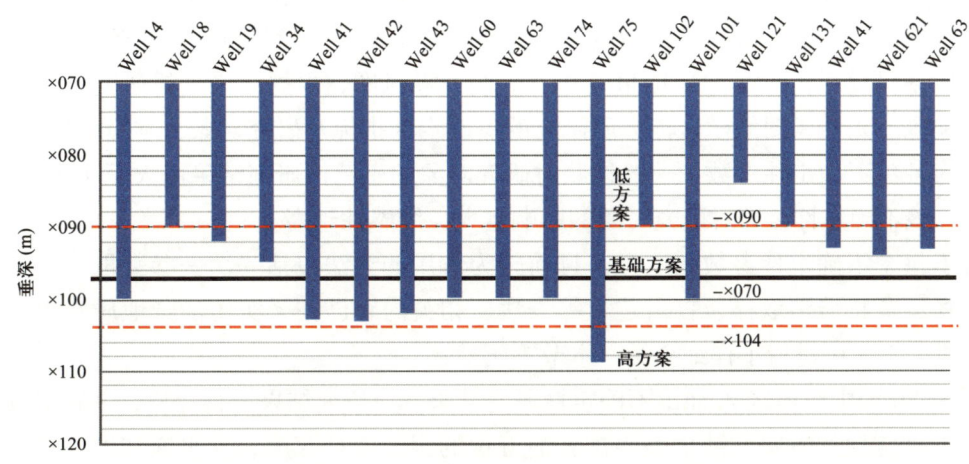

图 5-28 D 油藏气油界面不确定性研究方法

八、体积系数的不确定性

体积系数对地质储量影响较大，需要根据 PVT 测试进行全面分析，给定体积系数的不确定性范围。

B 油藏储量计算时基础方案采用了固定的体积系数数值 2.03。对 PVT 样品进行分析，根据地层埋深和原始地层压力，读取地层原油体积系数数值，选取最大值 2.14 和最小值

1.98，作为参数的不确定性范围（图5-29）。

如果油藏流体特征变化较大，储量计算直接使用模型初始化得到的体积系数场，这时可以根据流体样品，在基础方案的体积系数场基础上，以不确定性变化尺度作为不确定性范围即可。

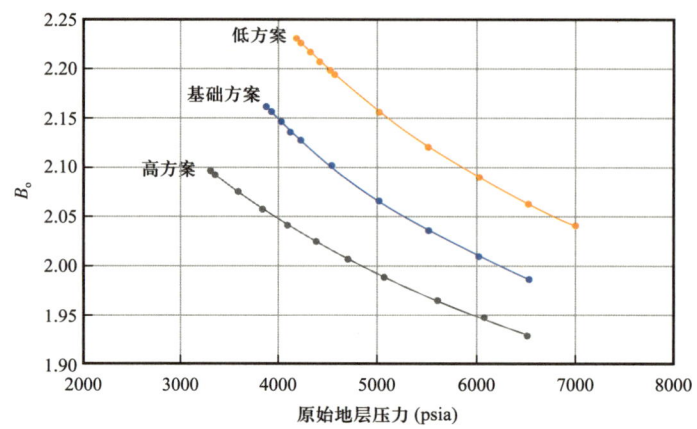

图5-29 原油体积系数不确定性范围图

第三节 敏感性分析

利用建模软件的工作流实现地质储量的敏感性分析（Sensitivity Analysis）。将上述各项不确定性参数输入储量计算工作流，常规建模软件均可以使用选定的取样方法在给定的不确定性区间选取数值，进行储量计算，通常对于单一变量进行一定次数的取样计算，然后获取不同变量范围的地质储量变化，绘制龙卷风图，根据结果分析研究区主要的不确定性来源。龙卷风图的横坐标为所研究的不确定性指标及研究对象，本节为地质储量。纵坐标为各项不确定性参数，一般按照对研究对象的敏感性研究结果由大至小依次排列，越向上，该不确定性参数对研究对象的影响越大，敏感性越高。

对于每个不确定性参数的取样，目前较为常用的方法包括一次一参数取样、拉丁超立方取样、蒙特卡洛取样、自由定义等方法，相关内容已在《实用油藏地质建模与数值模拟手册》一书中进行了详细介绍，本节不再赘述。

图5-30为中东地区A油田不确定性研究结果，对研究结果进行分析，并针对性地提出降低不确定性的方案。结果表明排名前五位的因素为孔隙度、含水饱和度、构造、油水界面和相带分布趋势。由于储层相对致密，储层本身孔隙度较低，因此即使小范围的孔隙度不确定性也会对地质储量造成较大影响，另外孔隙度还通过饱和度高度模型一定程度上控制了油藏的饱和度，因此整体上对地质储量影响较大。下一步需要进行更多的孔隙度测试，降低孔隙度不确定性。含水饱和度方面，由于测井解释不确定性较大，而饱和度高度模型与其匹配较好，造成含水饱和度拥有较大的不确定性。对此需要进行更多的岩电参数、Dean Stark样品等测试和RST、Sigma等饱和度测井，对含水饱和度解释进行验证，降低含水饱和度不确定性。构造不确定性和相带分布不确定性的主要原因为

井控程度较小，随着油田开发的不断深入，钻井不断增多，构造和相带分布不确定性会逐渐降低。A油田油水界面不确定性主要根据油水界面附近的主控相类型毛细管压力中油气充注高度，油水界面不确定性可通过进一步采集压汞数据降低。随着油藏开发的不断深入，获取资料逐渐增多，油藏地质储量的不确定性逐渐降低。

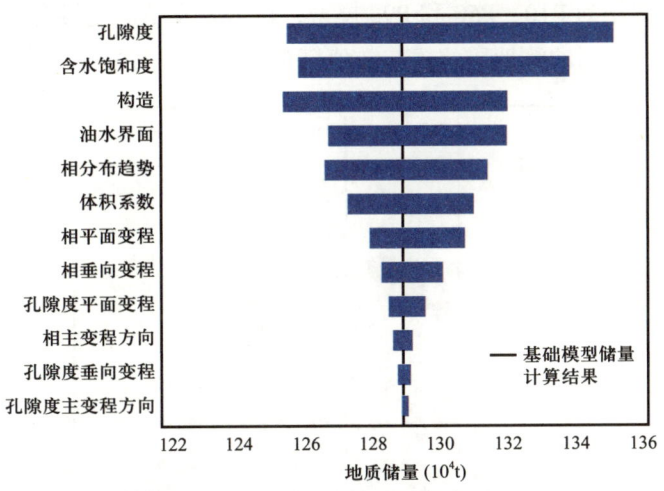

图5-30 中东地区A油藏地质储量不确定性龙卷风图

例如中东地区RB油藏，上一版模型建于2010年，其各参数不确定性如图5-31（a）所示，新模型于2020年完成，其各参数不确定性如图5-31（b）所示，可见不同参数的不确定性均小于原模型，对油藏的认识逐渐加深。

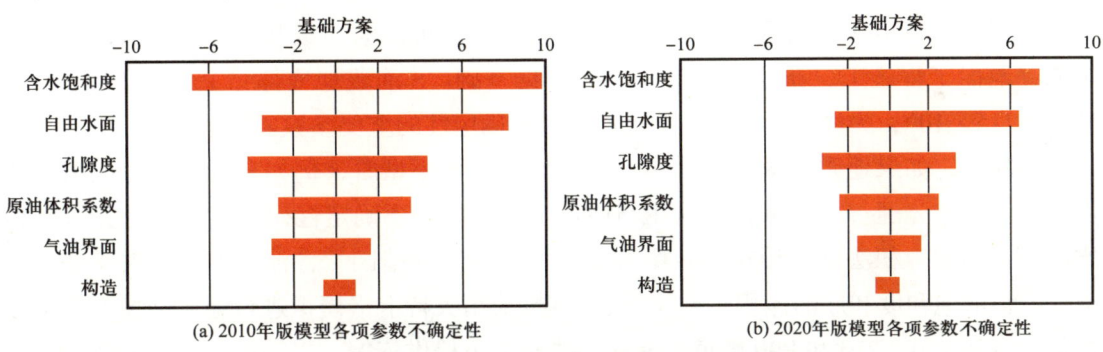

(a) 2010年版模型各项参数不确定性　　　　(b) 2020年版模型各项参数不确定性

图5-31 中东地区RB油藏不同时期储层敏感性分析结果

一般情况下，含水饱和度、流体界面和孔隙度是地质储量的主要不确定性来源。相模型及建模参数（种子数、变差函数值、VPC）等一般情况下对地质储量影响较小，但对模型实现及其预测性和油藏流体渗流存在影响（Jorge et al., 2018）。

第四节　不确定性分析

目前，常用建模软件均可以通过工作流的形式实现地质储量的不确定性分析（Uncertainty Analysis）。根据上述不确定性参数敏感性研究结果，选择影响较大的参数进行不确定性分析。不确定性研究模块一般可以在各参数的不确定性区间选取给定数目的参数组合，进行静态模型研究和储量计算。对于不确定性研究结果，绘制地质储量分布直方图，并读取地质储量累计概率分布为10%、50%和90%所对应的地质储量P10、P50和P90，分析研究区地质储量的不确定性（图5-32）。完成不确定性研究后，一般会得出一系列的不确定性参数取值及其储量结果。可以根据P10、P50和P90数值，结合各不确定性参数的合理性，选择合适的方案作为P10、P50和P90模型，也为开发不确定性分析提供模型基础。开发不确定性分析在《实用油藏地质建模与数值模拟手册》一书中已有描述，本节不再赘述。

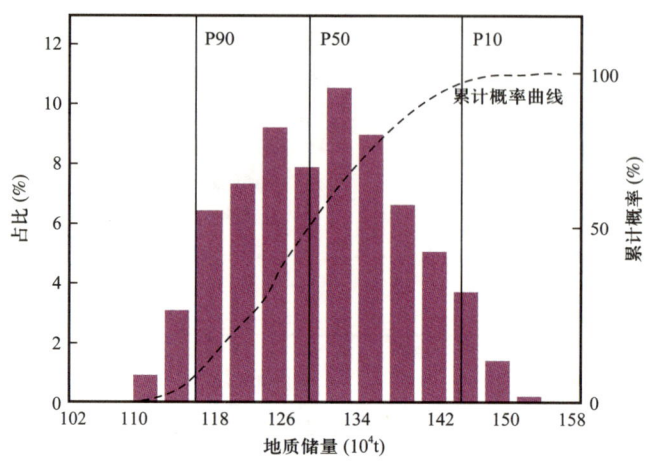

图5-32 中东地区H油藏地质储量不确定性结果

通常，地质储量P50是最大可能的地质储量，与基础方案的地质储量差异不大。例如S油藏地质储量P50为129×10^4t，基础方案为125×10^4t，二者差异不大。P90、P10分别表明了该模型地质储量可能的最小值和最大值，可以为油藏开发各个环节，如方案编制、地面工程施工、新项目评价等提供数据基础。S油藏地质储量P10为144×10^4t、P90为115×10^4t，为油藏开发提供了地质储量不确定性的重要参数。

实际上，如果地质储量计算采用容积法而非地质模型时，例如在勘探区块或滚动区块中，可以首先通过有限资料，采用与前述基于模型的不确定性研究方法进行分析或类比法等，确定容积法储量计算公式中各变量的不确定性范围（含油面积、有效厚度、孔隙度、含油饱和度和原油体积系数），然后直接采用蒙特卡洛模拟进行地质储量不确定性评估，得到P10、P50和P90数值，从而为投资决策提供依据。以某勘探区块为例，采用容积法进行储量计算。通过研究区附近5口井数据及类比数据研究，得到不确定性参数见表5-7。采用蒙特卡洛蒙拟进行地质储量不确定性评估，得到P10、P50和P90数值，为经济评价及投资决策提供了有力数据（图5-33）。

表5-7 中东地区HD油藏容积法储量计算不确定性分析

不确定性参数	低方案	基础方案	高方案
含油面积（km²）	11.49	22.6	22.6
有效厚度（m）	9.1	20	30
孔隙度	0.13	0.15	0.17

续表

不确定性参数	低方案	基础方案	高方案
含油饱和度	0.18	0.33	0.48
原油体积系数	1.24	1.38	1.52
地质储量（10^4t）	512.3（P90）	1019.8（P50）	1233.8（P10）

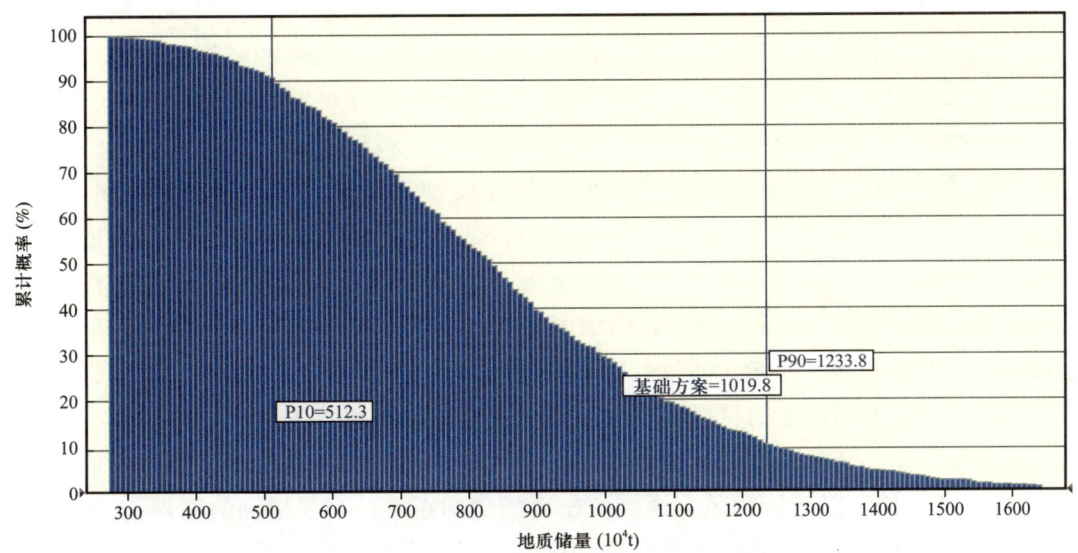

图 5-33 中东地区 HD 油藏地质储量不确定性结果

第五节 不确定性分析的一些思考

关于油藏地质模型中地质储量的不确定性分析，有以下几点思考。

首先，不确定性概念最早来自量子物理学，指测量一个粒子的位置和运动状态时，无法同时完全确定其数值。油藏地质建模中的不确定性与量子物理学中的不确定性内涵不同，油藏本身是客观、唯一且确定存在的，而在现今技术经济条件下，由于复杂的地质条件和有限的数据资料，油藏地质建模不能完全精准表征油藏，从而导致油藏地质模型相对于实际油藏条件具有不确定性。因此，油藏地质模型的不确定性具有阶段性特征，即在不同的油藏研究阶段，关键的不确定性要素及其影响因素不同。

地质体的复杂是不确定性产生的一个物质基础。从这个"复杂"作为物质基础开始才体现出地质认识只能是一定时间阶段的总结，是不断提升、不断逼近的过程；更何况静态模型并不算是地质认识本身，它尚且无法准确代表对油藏的理解。这个感觉，就像是语言与思想之间的关系在地质专业的一种映射。语言肯定是基于思想的一种表述，思想未必都能直达现实，而语言也只能作为思想之间的一种符号化媒介去提示思想的内核。所以，很难仅仅通过语言框架就完成对于现实的复现。

然后，注意油藏地质模型中与不确定性相关的"精确度"和"准确度"问题。"准

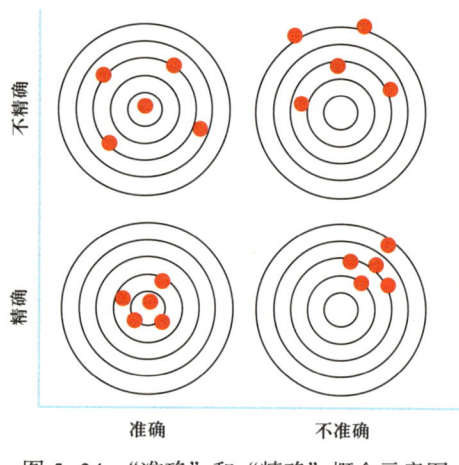

图 5-34 "准确"和"精确"概念示意图
（Luca Cosentino，2001）

"确"指能够得到以事物本质值为核心的系列观测数据，这也是为什么在需要较精密测量时，常常通过多次测量后，使用平均值代替事物本质值的原因；"精确"意味着多次观测到的数据在一个较小的范围内分布，但这个较小的范围并不意味着就趋近了事物的本质值，就像拿着一把刻度有问题的游标卡尺去测量物体，即便多次的测量结果都与平均值接近，但最终的结构都不是物体的真实长度（图 5-34）。对应到油藏研究中，准确度表现为在现有资料基础上对油藏认识的正确程度，可以具体反映在地质储量 P50 数值与地下真实地质储量数值之间的差异大小上。精确度表现为当前地质模型的不确定性大小，一般资料越缺乏，各类不确定性参数的不确定性范围越大，造成地质模型的不确定性越大，精确度降低，具体表现为 P10、P90 数值与 P50 数值之间具有较大的差异，可能的储量数值具有较大的分布范围。在大部分情况下，准确度更为重要，也是人们追求的目标，在其基础上再来追求精确度。例如好多时候有经验专家"拍脑袋"比无经验人员"数值模拟"的结果更为可靠和可信，即体现了人们对准确度的追求。"股神"巴菲特的名言说到"宁要模糊的正确，不要精确的错误"。是否"准确"需依靠研究人员的判断和生产数据的检验，不确定性研究就是在假设"准确"或已知"准确"的基础上，去评估数据和结论的精确度问题。

不确定性分析的作用。一是更精细地优化决策，就是不再以相对粗放的亏损和获利为项目的决策依据，而以更精细的定量指标进行衡量，即获利要达到内部收益率才是获利，未达内部收益率时，即便有利润仍是不合理的。对一个待开发油藏，以储量为目标函数，通过逐个评价相关参数的不确定性，对储量结果的实现概率进行估算，并以此作为不同投资策略比较和优选的定量依据，既避免由于前期投入过于保守而人为限制了产能的释放，又避免由于前期投入过于乐观而浪费了公司的各类资源。再如油藏开发效果评价过程中，上产的油藏应有最优的上产速度，而非简单的"箭头向上"，成熟油藏延缓了递减也应给予足够的肯定。二是更清晰的过程管理和更明确的应对策略，不确定性研究不是新事物，而是将原来更依赖于研究人员经验的油藏研究成果质量向更规范的方式转变，摆脱研究中依赖经验的限制，最大化集成团队成员贡献。三是为后续油藏研究中的重点问题和监测方案提供更明确的目标指向。更通俗的理解可以类比生态系统，生态系统理论由布朗芬布伦纳提出，强调发展个体嵌套于相互影响的一系列环境系统之中，在这些系统中，系统与个体相互作用并影响着个体发展。生态系统的重要特征之一是稳定性与复杂性正相关，如热带雨林生态系统动植物种类繁多，群落结构复杂，但系统长期处于稳定；热带草原生态系统群落结构简单，受降水等因素影响，不同季节或年份常发生剧烈变化。对应油藏的不确定性研究，就是将油藏置于油田开发的系统之中，方案设计过程中充分考虑油藏范围内、油藏与油藏之间、油藏与生产设施之间的关系，构建

"油田生态系统"。油藏范围内预留充足调整空间，油藏之间形成有序资源接替（全开发周期），生产设施优化工艺与开发需求的关系，以及油田开发与市场环境的协同。

第六节　静态模型的一些思考

本书前面部分及《实用油藏地质建模与数值模拟手册》一书介绍了静态模型的建立方法、质量控制方法和不确定性研究方法。在掌握这些内容后，本节介绍对模型研究的一些思考。

一、为什么建立模型

根据前文的介绍，建立模型需要较高的资料掌握程度、较深入的油藏认识、丰富的研究经验和合适的建模方法，以及根据模型目的不同一般数月至一年以上的研究时长，总体上投入巨大。那为什么要花如此大的精力建立模型呢？

不同学者对建模的目的进行了介绍，也都很有道理，本文引用 Deutsch（2002）在 *Geostatistical Reservoir Modeling* 一书中的介绍，常见的建模目的主要包括：

（1）对油藏地质储量进行可靠估计；
（2）井位部署；
（3）综合大量的软数据和有限的井上硬数据；
（4）利用简单的可视化和各种工具进行储层静态连通性评价；
（5）输入油藏数值模拟，在不同场景下预测油气藏产量；
（6）明确不确定性，为重大决策提供支持。

静态地质模型是开发地质研究从定性走向定量的"桥梁"，通过认识量化，将定性描述转换为定量化表征，然后用作油气藏开发支持工具、投资决策工具和价值评估工具等。模型的实用工具属性驱动研究模型、建立模型。因此，国际石油公司一般将模型作为核心资产。

二、是什么在影响建模结果

影响建模结果的主要因素主要包括以下几个方面：

（1）地质体自身复杂程度；
（2）地质认识准确程度；
（3）数据数量和质量；
（4）建模方法和参数。

1. 地质体自身复杂程度和地质认识准确程度

地质体自身复杂程度和地质认识准确程度是影响模型结果的最重要因素。图 5-35 是不同地质体复杂程度下，不同建模方法对应的建模结果。结果表明地质体越复杂，不同建模方法的结果差异越大，模型结果的不确定性越大。例如在第 4 行单一河道的情况下，各种方法均可得到相对高质量的结果，基本与沉积认识一致。但随着地质体复杂程度增加，不同研究方法的模型结果开始出现显著的变化。例如第1行，不同方法的模型结果差异较大，与沉积认识存在不同程度的差异，不确定性强。

随着地质体复杂程度增加，不同方法模型结果差异较大，方法选择需要对油藏深入的、正确的地质认识。虽然，可以优选模型结果与当前地质认识一致的建模方法，在模型中实现地质认识，但是地质认识本身也存在不确定性，导致模型结果存在本质上的不确定性。

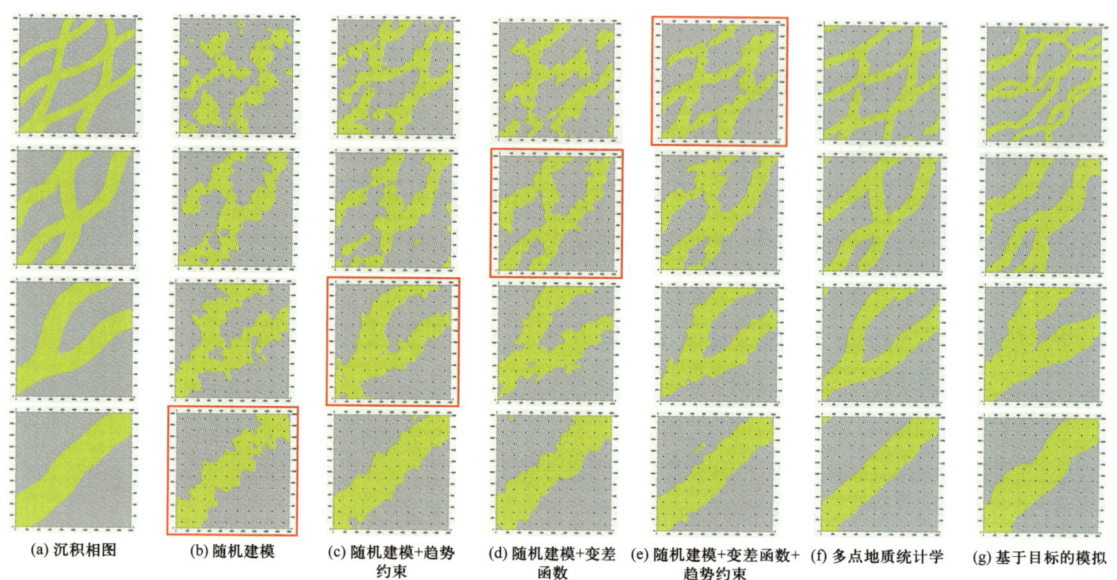

图 5-35　不同复杂程度地质体不同建模方法对应的建模结果

2. 数据的数量和质量

数据的数量和质量是决定模型结果的重要内容，是同样重要的，这是显而易见的。图 5-36 显示对于不同的地质条件，随着数据量的增加，例如井数增加，模型结果发生了不同程度的变化。但总体上，随着高质量数据的数量增加，模型结果的不确定性会显著降低。

图 5-37 显示了在相同的地质背景下，随着从方案 1 至方案 6 数据量的增加，不同建模方法的模型结果，可见整体上单井符合率逐渐增加。

3. 建模方法和参数

建模方法的选择和参数设置直接决定了模型结果。图 5-38 显示了相同的数据量，但不同建模方法和约束参数下的模型结果，可见差异较大。

图 5-39 为相同数据量不同建模方法和约束参数的模型符合率结果和储集体宽度与井距比值交会图。结果表明，对于较大规模的地质体，其模型符合率高于小规模地质体。建模方法的优选可以改善小规模地质体的模拟效果，例如随机建模＋趋势约束（变差函数）方法的模型结果对小规模地质体描述结果更优，模型符合率更高。

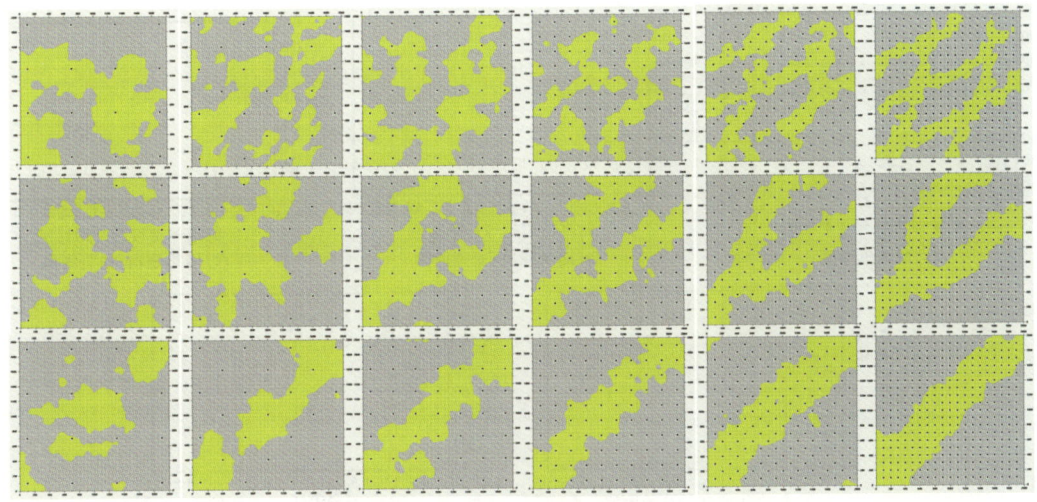

图 5-36　在不同数据量时的模型实现对比
相同建模方法，不同数据量（纯随机算法模拟）

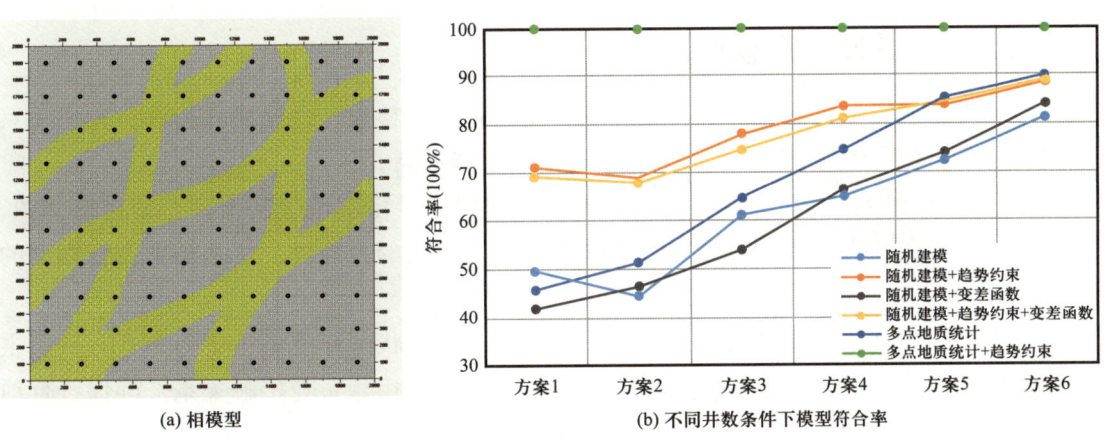

(a) 相模型　　　　　　　　　　(b) 不同井数条件下模型符合率

图 5-37　相同地质条件不同建模方法和约束参数的模型实现

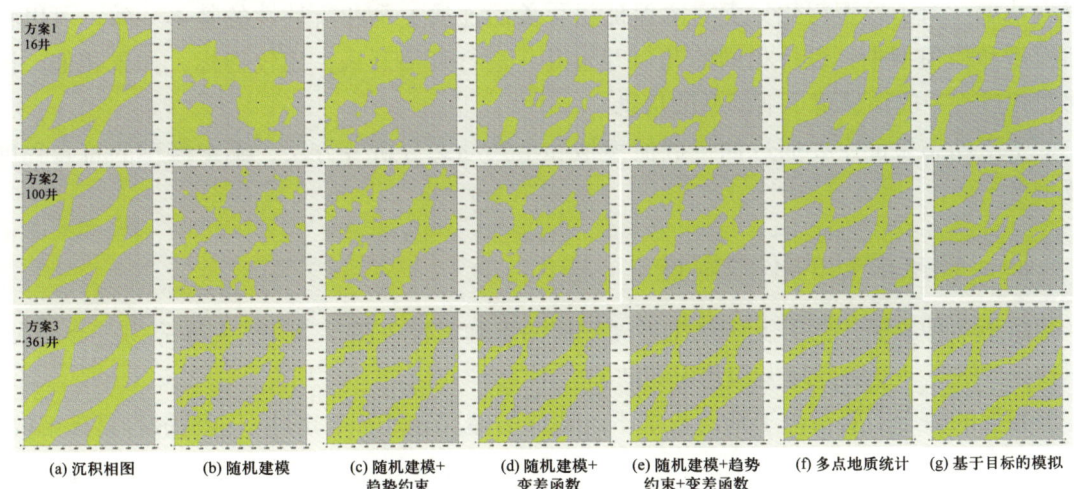

(a) 沉积相图　(b) 随机建模　(c) 随机建模+　(d) 随机建模+　(e) 随机建模+趋势　(f) 多点地质统计　(g) 基于目标的模拟
　　　　　　　　　　　　　　趋势约束　　　变差函数　　约束+变差函数

图 5-38　相同数据量不同建模方法和约束参数的模型实现
相同的数据量，不同建模方法和约束参数

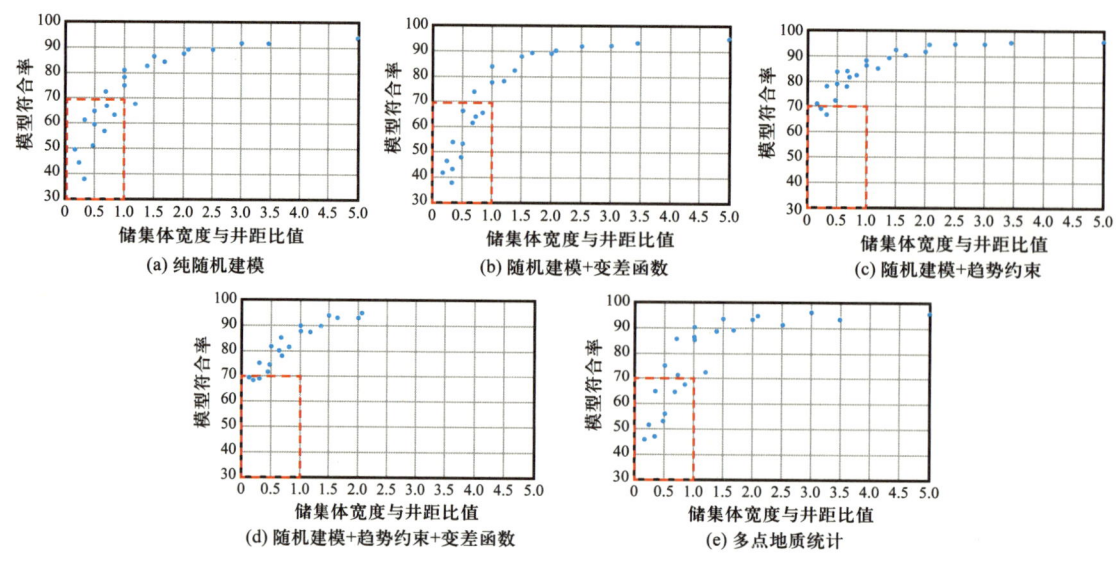

图 5-39 相同数据量不同建模方法和约束参数的模型结果模型符合率和储集体宽度与井距比值交会图

三、如何检验地质模型

地质模型的质量控制整体上可以分为：定量化指标检验、地质模式检验、连通关系检验和生产动态验证四个层次，要求依次递进，逐步提高。

定量化指标检验主要通过不同类型的、详尽的定量化质量控制指标，通过交会图、平面图、三维图和直方图等方式，从不同角度检验模型的合理性，从基础上保证模型的合理性。

地质模式检验主要通过目测、平面图、剖面图、栅状图和模型过滤等方式，分析主要储集体结构形态、储集体规模大小、相—岩石类型、相分布与接触关系，确保符合地质模式认识。

连通关系检验主要评价主要储集体的连续范围和井间连通关系，确保符合生产动态资料认识。对于模型粗化，更需要保证粗化前后连通关系和流动性的基本一致，可以在细模型和粗模型中，设计相同的几口开发井，进行衰竭开采，比较指标，如果相似，说明粗化过程中成功保留了细模型的信息。

生产动态验证主要通过油藏数值模拟和生产动态分析等方法，确定模型的符合程度及质量。

四、储层表征的不确定性

由于多种原因，储层表征存在不同程度的不确定性（图 5-40），大体分为三个层次，即数据的缺乏、经验的缺失和知识的缺陷。

数据的缺乏主要指由于基础数据不足造成的储层表征不确定性，这是最容易理解的，一般可以通过多打井，多录取岩心、录井和测井数据等进行减弱，属于"知道自己不知道"。

经验的缺失主要指由于研究人员从业年限和客观复杂的地质情况，造成地质认识、建模方法和参数的选择存在一定的差异，导致储层表征不确定性。

知识的缺陷主要指由于当前的地质认识、地质模式水平与地下地质情况存在差异，造成的储层表征不确定性，属于"不知道自己不知道"。需要静下心来，坚持投入精力开展基础研究，从理论上、技术上进行突破。

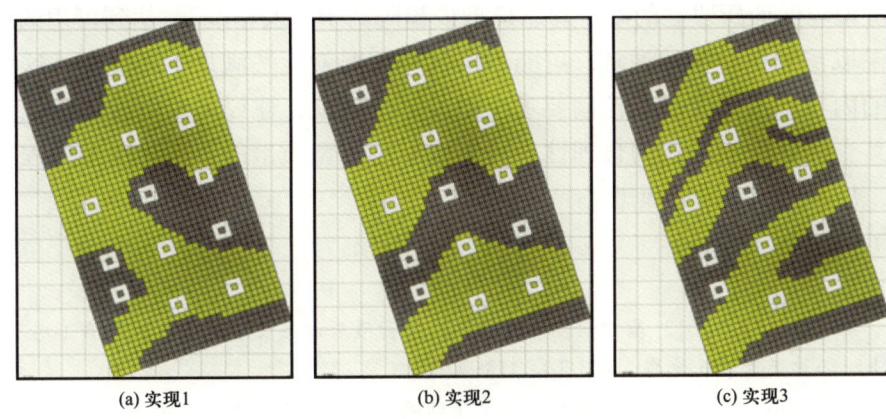

图 5-40　同一数据体不同的模型实现
黄色指示河道砂岩，灰色指示河道间泥岩

当前表征不确定性的图件主要包括龙卷风图、数据分布直方图和累计分布概率，以及不确定性矩阵图三类。龙卷风图、数据分布直方图和累计分布概率前文已经介绍，这里不再赘述。不确定性矩阵图主要用于评价不确定性参数的发生概率和影响大小，其横坐标为不确定性因素的发生概率，纵坐标为不确定性因素对模型结果的影响（图 5-41），整体上右上角对应较高的不确定性，左下角对应较低的不确定性。红色区域为高影响的不确定性区域，黄色为中等影响的不确定性区域，绿色为低影响的不确定性区域，蓝色区域对应最低的不确定性区域。对各不确定性参数，将其投影在坐标图中，即可对各不确定性参数进行直观分类，便于对应的风险管理。

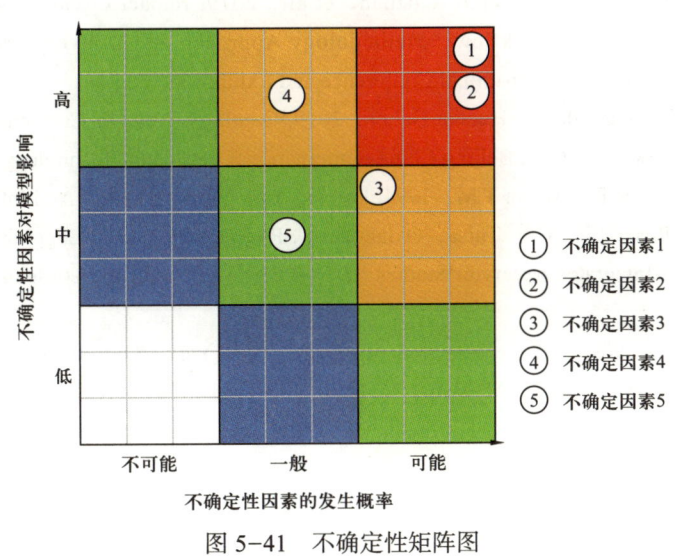

图 5-41　不确定性矩阵图

本书最终期待的模型可能是综合地震、地质、测井、油藏工程、数值模拟和提高采收率等多专业认识和相互结合，甚至妥协的最佳技术方案（Best Technical Case），是从模型刻画、与油藏真实流动特征的逼近、运行速度、对决策的影响等综合考虑形成的结果。本书及《实用油藏地质建模与数值模拟手册》一书介绍的研究流程和质量控制方法相对系统，对细节给出的建议也较为具体，目的是建立一套在质量控制标准之上的动、静态模型，或者说想保证所建立的动、静态模型最起码高于"及格线"，达到可用的标准。但对于资料录取情况相对弱的油藏，可能本身资料情况就无法满足上述要求，这里建议对书中提到的内容尽量按照质量控制要求完成，对于缺项，建议采取类比或近似分析等手段，分析其当前取值或做法的合理性、可靠性和对模型质量的影响，在最大程度上向着"及格线"，甚至"优秀线"迈进。

参 考 文 献

艾宁，唐永，杨文龙，等，2013. 基于模糊神经网络的致密砂岩储层反演：以长岭断陷1号气田登娄库组为例［J］. 石油与天然气地质，34（3）：413-420.

陈恭洋，胡勇，周艳丽，等，2012. 地震波阻抗约束下的储层地质建模方法与实践［J］. 地学前缘，19（2）：67-73.

贾爱林，2011. 中国储层地质模型20年［J］. 石油学报，32（1）：181-188.

贾爱林，程立华，2010. 数字化精细油藏描述程序方法［J］. 石油勘探与开发，37（6）：623-627.

贾爱林，郭建林，何东博，2007. 精细油藏描述技术与发展方向［J］. 石油勘探与开发，34（6）：691-695.

任殿星，田昌炳，2012. 多条件约束油藏地质建模［M］. 北京：石油工业出版社.

吴胜和，2007. 储层地质建模的现状与展望［J］. 海相油气地，12（3）：53-60.

尹艳树，吴胜和，张昌民，等，2006. 用多种随机建模方法综合预测储层微相［J］. 石油学报，27（2）：68-71.

于兴河，陈建阳，张志杰，等，2012. 油气储层相控随机建模技术的约束方法［J］. 地学前缘，（3），237-244.

Agi Augustine, Gbadamosi Afeez, Junin Radzuan, et al., 2019. Impact of Geological Interpretation on Reservoir 3D Static Model: Workflow, Methodology Approach and Delivery Process [C]. Lagos, Nigeria: SPE Nigeria Annual International Conference and Exhibition.

Al-Bulushi Nabil, Kraishan Ghazi, Hursan Gabor, 2019. Capillary Pressure Corrections, Quality Control and Curve Fitting Workflow [C]. Beijing China: International Petroleum Technology Conference.

Al-Waheed H H, Ballay R E, Audah T M, 1994. Porosity Log Quality Control And Interpretation In A High Porosity Carbonate Reservoir [C]. Tulsa, Oklahoma: SPWLA 35th Annual Logging Symposium.

Cosentino Luca, 2003. Integrated Reservoir Studies [J]. Bulletin of Canadian Petroleum Geology, 51（2）: 209-211.

Deutsch C V, 2002. Geostatistical Reservoir Modeling [M]. New York: Oxford University Press.

Dhote Prashant, Al-Adwani Talal, Al-Bahar Mohammad, et al., 2019. KPI Based Standardizing Static Geomodeling Practices for QA and QC of Models [C]. Beijing China: International Petroleum Technology Conference.

El-Aziz Sabry Abd, Bryant William, Vemparala Chintamani, et al., 2014. Reservoir Characterization And 3D Static Model In Tight Carbonate, Open Up Reserves, Tuba Reservoir Sabiriyah Field, North Kuwait [C].

Doha, Qatar: International Petroleum Technology Conference.

Faizov Rustam Zulfakarovich, Maksimova Elizaveta Nikitichna, Kolesnikov Denis Sergeevich, 2019. Creating 3D Geomodel: How to Increase the Quality through Training and Education [C]. Alberta, Canada: SPE Annual Technical Conference and Exhibition.

Gholami V, Mohaghegh S D, 2009. Mohaghegh. Intelligent Upscaling of Static and Dynamic Reservoir Properties [C]. New Orleans, Louisiana: SPE Annual Technical Conference and Exhibition.

Gomes J S, Ribeiro M T, Deeb M E, et al., 2004. Lessons Learned from Static Reservoir Modelling on Complex Carbonate Fields, Onshore UAE [C]. Abu Dahabi, UAE: Abu Dahabi International Conference and Exhibition.

Gomes Jorge, Parra Humberto, Ghosh Dipankar, 2018. Quality Control of 3D GeoCellular Models: Examples from UAE Carbonate Reservoirs [C]. Abu Dhabi, UAE: Abu Phabi International Petroleum Exhibition & Conference.

Grover Anura, Al Mesmari Abra, Al Shamsi Sai, et al., 2017. Structural Uncertainty Analysis using 3D Seismic and Well Data to Estimate Gross Rock Volume GRV Ranges in Reservoir: A Case Study in Carbonate Reservoir, UAE [C]. Abu bhabi, UAE: Abu Dhabi International Petroleum Exhibition & Conference.

Harrison B, Jing X D, 2001. Saturation Height Methods and Their Impact on Volumetric Hydrocarbon in Place Estimates [C]. New Orleans, Louisiana: SPE Annual Technical Conference and Exhibition.

Ma Y Zee, 2019. Quantitative Geosciences: Data Analytics, Geostatistics, Reservoir Characterization and Modeling [M]. Denver: Springer.

Marzuki Zakaria B, Sams Mark S, Atkins Dave, 2000. Improving the Static Model of a Complex Reservoir through the Inversion of Seismic Data [C]. Beijing, China: International Oil and Gas Conference and Exhibition in China.

Noureldien D M, Merghany Ibrahim, 2015. Noureldien, Ibrahim Merghany. Static Model QC: Technical Aspects and Practice from A to Z [C]. Cairo, Egypt: SPE North Africa Technical Conference and Exhibition.

Philip Ringrose, Mark Bentley, 2015. Reservoir Model Design: A Practitioner's Guide [M]. Norway: Springer.

Pyrcz M J, Deutsch C V, 2014. Geostatistical Reservoir Modeling [M]. 2nd ed. New York: Oxford University Press.

Qassab H M A, Rahmeh B A, Khalifa M A A, 2001. Conditioning Integrated Geological Models to Dynamic Flow Data of Giant Saudi Arabian Reservoir [C]. New Orleans, Louisiana: SPE Annual Technical Conference and Exhibition.

Spilsbury-Schakel Jantje Alice, 2006. Quality Control of Static Reservoir Models [C]. Adelaide, Austrodia: SPE Asia Pacific Oil & Gas Conference and Exhibition.

第六章　动态模型初始化研究中的部分重点问题

《实用油藏地质建模与数值模拟手册》已经对动态模型初始化研究流程及质量控制方法进行了详细介绍，这里不再赘述，而是主要聚焦介绍研究中可能遇到的几个相对重要，但又容易出现错误的问题。例如润湿滞后现象及扫描曲线研究中的几个要点，相对渗透率曲线需要注意的一些要点及常见错误，以及倾斜油水界面与古油藏初始化方法。

第一节　静态模型、动态模型一致性注意事项

一、静态模型饱和度高度函数中油藏流体密度的选择

对于静态模型，各岩石类型饱和度高度函数中油藏的流体密度一般取定值。而动态模型初始化中，气、油的密度一般可以根据状态方程和组分随深度变化特征计算得出流体密度场或其他输入参数直接计算流体密度场，水的密度可以直接用相关关键字进行定义。

对于带气顶油藏，动态模型初始化中油层毛细管压力一般用式（6-1）表达

$$p_{c_{res-OW}} = (\rho_{brine} - \rho_{oil}) \times 0.0980665 \times 0.3048 \times \text{HAFWL} \times 14.5 \quad (6-1)$$

式中　$p_{c_{res-OW}}$——油层毛细管压力，psi；

ρ_{brine}，ρ_{oil}——地层水和油的密度，g/cm³；

HAFWL——距自由水面高度，ft。

气层毛细管压力一般用下式表达

$$p_{c_{res-OG}} = (\rho_{oil} - \rho_{gas}) \times 0.0980665 \times 0.3048 \times \text{HAGOC} \times 14.5 \quad (6-2)$$

式中　$p_{c_{res-OG}}$——气层毛细管压力，psi；

ρ_{oil}，ρ_{gas}——地层条件油和气密度，g/cm³；

HAGOC——距油气界面高度，ft。

根据式（6-1）和式（6-2），在饱和度表（毛细管压力和饱和度关系）确定的基础上，对于给定位置，流体密度决定了毛细管压力，从而决定了流体饱和度分布和地质储量。因此，为确保动态模型初始化中动、静态模型的饱和度场和储量一致性，在开展静态模型饱和度高度函数研究之初就应结合油藏工程信息，确定静态研究中的合理油藏流体密度，保证静态单一数值相对于动态模型流体密度场而言具有代表性。

对比动态模型初始化输入 p_c 曲线（饱和度表）、初始化结果 p_c 曲线（平衡初始化后动态模型中 p_c 与 HAFWL 关系）和静态模型 S_w—HAFWL 关系，理想情况下，动态模型初始化输入 p_c 曲线、初始化结果 p_c 曲线应接近，并应都在静态模型的范围之内（图6-1）。

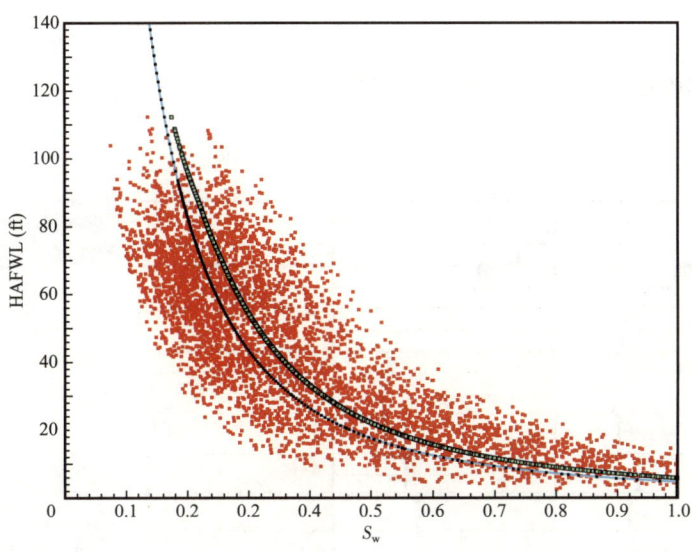

图 6-1 动态模型初始化输入 p_c 曲线、初始化结果 p_c 曲线和静态模型 S_w—HAFWL 关系对比
红色点为静态模型结果，绿色曲线为动态模型初始化结果，蓝色曲线为动态模型初始化输入 p_c 曲线

二、静态模型中体积系数的选择

静态模型中一般储量计算仅使用单一体积系数 B_o，但动态模型中一般根据状态方程和组分随深度变化特征可以得到体积系数场，从而得到动态储量。因此，在储量计算时，需要油藏工程人员参与，确保静态单一数值相对于动态模型体积系数场而言具有代表性。否则将引起静态、动态储量之间存在较大的差异。甚至可以提前开展动态模型初始化研究，静态储量计算中直接使用体积系数场进行储量计算。

三、测井曲线粗化对静态模型中饱和度高度函数的影响

注意岩石类型、孔隙度、渗透率曲线粗化对饱和度高度函数结果的影响。动态模型分层边界和 SRT 解释边界不匹配可能导致出现异常结果。如图 6-2 所示，原本根据孔隙度、渗透率、岩石类型曲线和饱和度高度函数可以正确计算出 S_w，但粗化后，三条曲线数值均存在细微的变化。红线处测井解释部分 SRT3、SRT4 粗化至模型中为 SRT4，但是孔渗测井解释曲线粗化后的数值范围已经超过 SRT4 的定义范围，饱和度高度函数无法表征，导致 S_w 计算结果为 1，与实际情况差异较大。

四、动态模型中岩石类型代表物性参数的选择和岩石类型细分

以油层为例，一般情况下，动态模型中流体分布和地质储量主要由各岩石类型饱和度表中驱替过程毛细管压力部分决定。动态模型中同一岩石类型只能使用 1 张驱替过程饱和度表建立饱和度场，而不是静态模型中那样使用饱和度高度函数，根据公式参数随储层物性参数变化而变化的特征建立饱和度场。因此动态模型饱和度表中毛细管压力部分岩石类型物性参数的选择十分关键，需要选择具有代表性的孔隙度和渗透率数值，同时保证静态、动态模型中含水饱和度场和地质储量一致（图 6-3、图 6-4）。

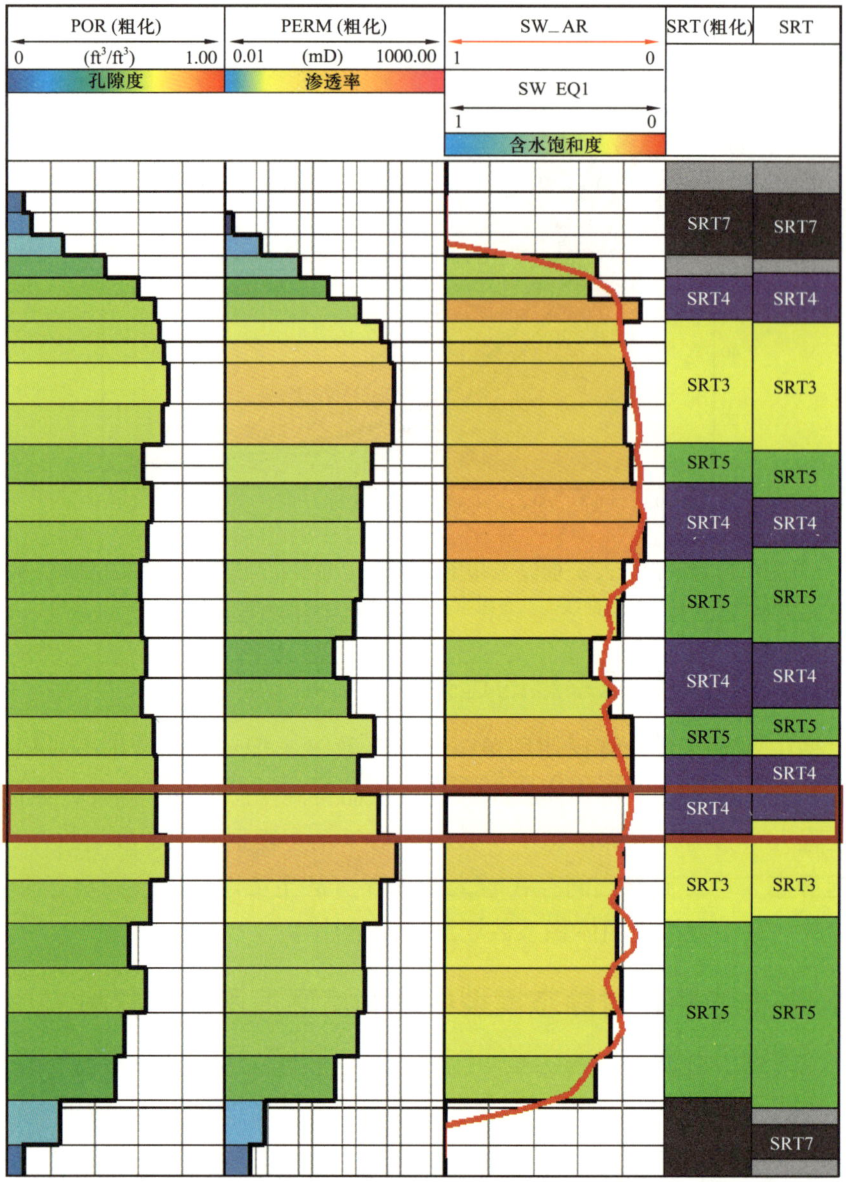

图 6-2 岩石类型、孔隙度和渗透率曲线粗化对饱和度高度函数结果的影响

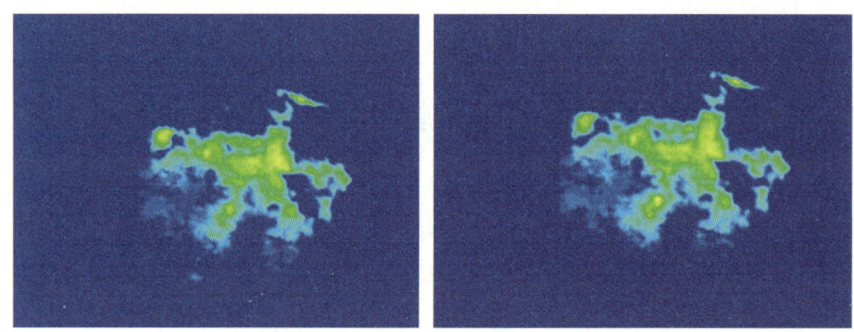

(a) 静态模型平均饱和度分布　　　　　　(b) 动态模型平均饱和度分布

图 6-3 静态模型和动态模型饱和度场平面图对比

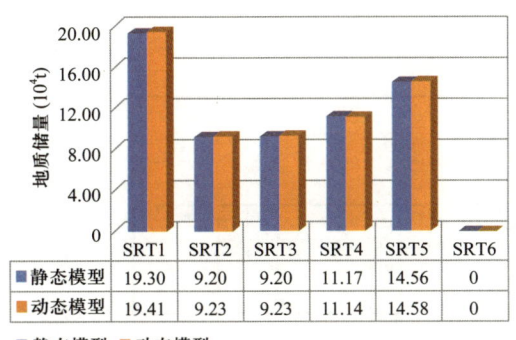
(a) 不同岩石类型地质储量对比

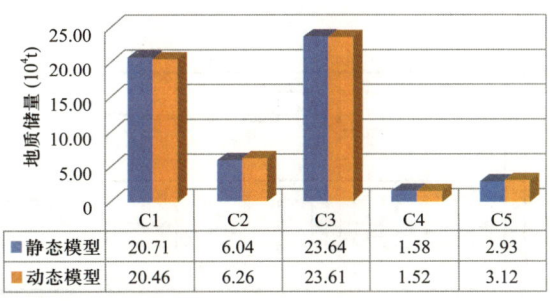
(b) 不同小层地质储量对比

图 6-4　静态模型和动态模型地质储量对比图

由于动态模型中每种岩石类型仅有一条含水饱和度和高度的关系曲线，无法体现单一岩石类型内部储层物性的变化。当静、动态单井含水饱和度及三维含水饱和度场差异较大时，很可能是该岩石类型物性范围较宽，一条含水饱和度和高度关系曲线已经无法表征整个岩石类型的含水饱和度和高度关系，这时可以进行岩石类型细分，降低物性跨度范围，直到静、动态单井含水饱和度及三维含水饱和度场差异满足质量控制要求即可。常见的细分方法包括根据孔隙度细分、根据渗透率细分和根据 RQI 指数细分等，有时甚至一种静态岩石类型可以细分为 4~5 种细分岩石类型。以中东地区 BA 油田 HK-2 油藏为例，其根据渗透率将原来的 3 岩石类型划分方案细分为 15 种岩石类型，实现了静态模型和动态模型含水饱和度的较好拟合（图 6-5）。具体细分操作在《实用油藏地质建模与数值模拟手册》一书中已有介绍，本节不再赘述。

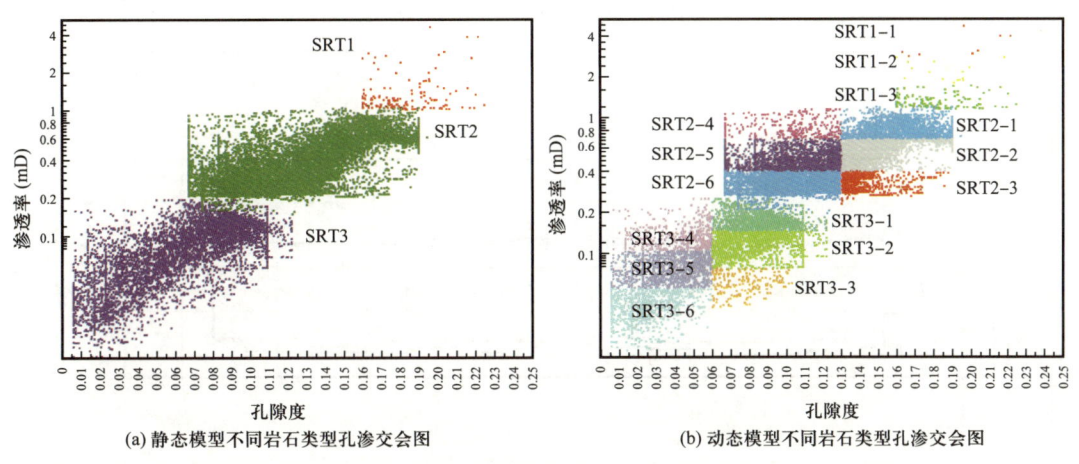

图 6-5　细分岩石类型前后孔渗交会图对比

以中东地区 BA 油田 KL-2 油藏为例，其根据渗透率将原来的 8 种岩石类型划分方案细分为 29 种岩石类型，实现了单井静态模型和动态模型含水饱和度的较好拟合（图 6-6）。图 6-7 为另一个通过细分岩石类型实现单井静态模型含水饱和度与动态模型含水饱和度拟合的实例，尽管局部位置存在一定的差异，但整体上二者拟合较好。

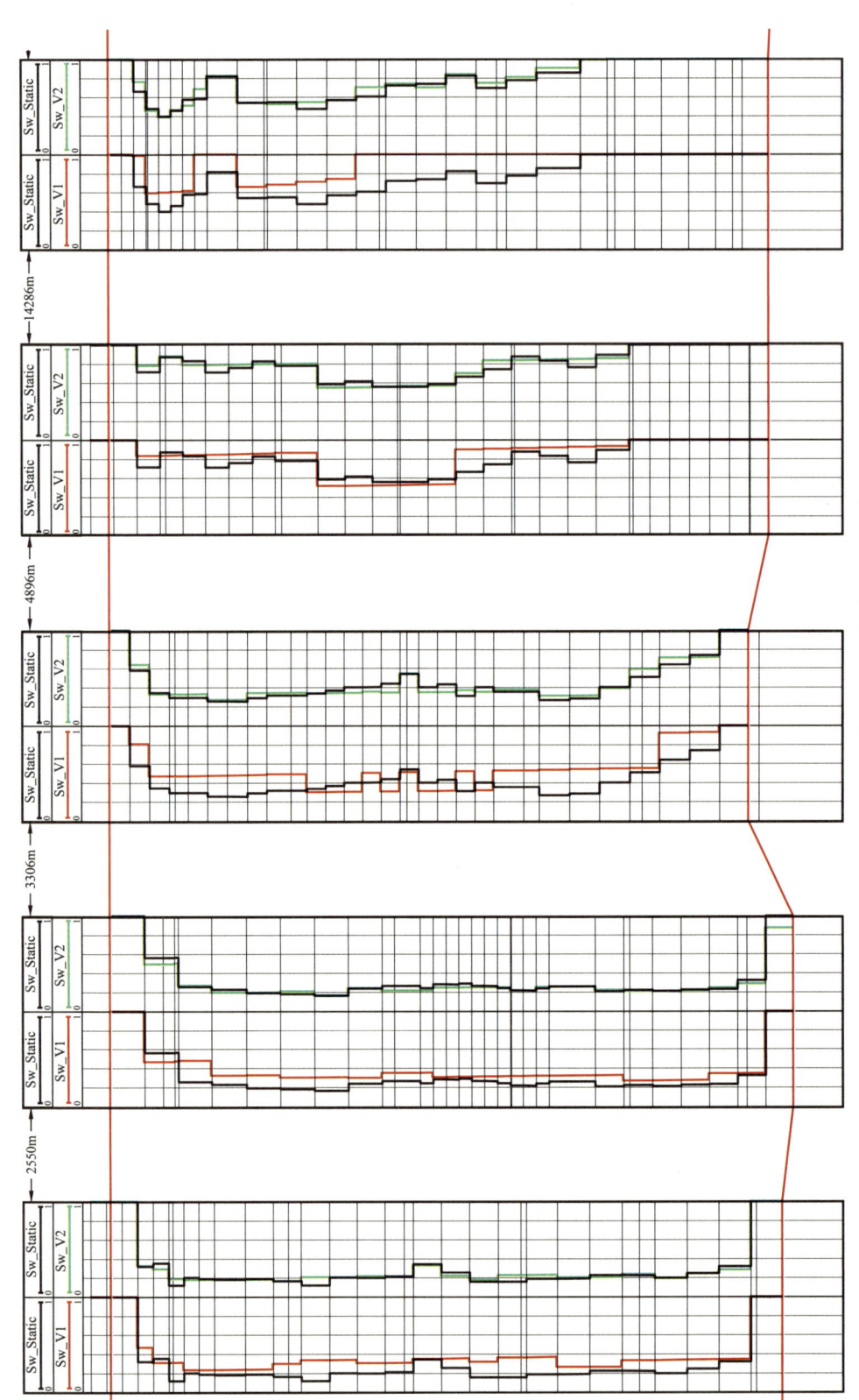

图 6-6 KL-2 油藏细分岩石类型前后动态模型含水饱和度对比

左列为静态模型含水饱和度（黑色曲线）与 V1 版动态模型含水饱和度（红色曲线）含水饱和度对比，右列为静态模型含水饱和度（黑色曲线）与 V2 版细分岩石类型动态模型（绿色曲线）含水饱和度对比

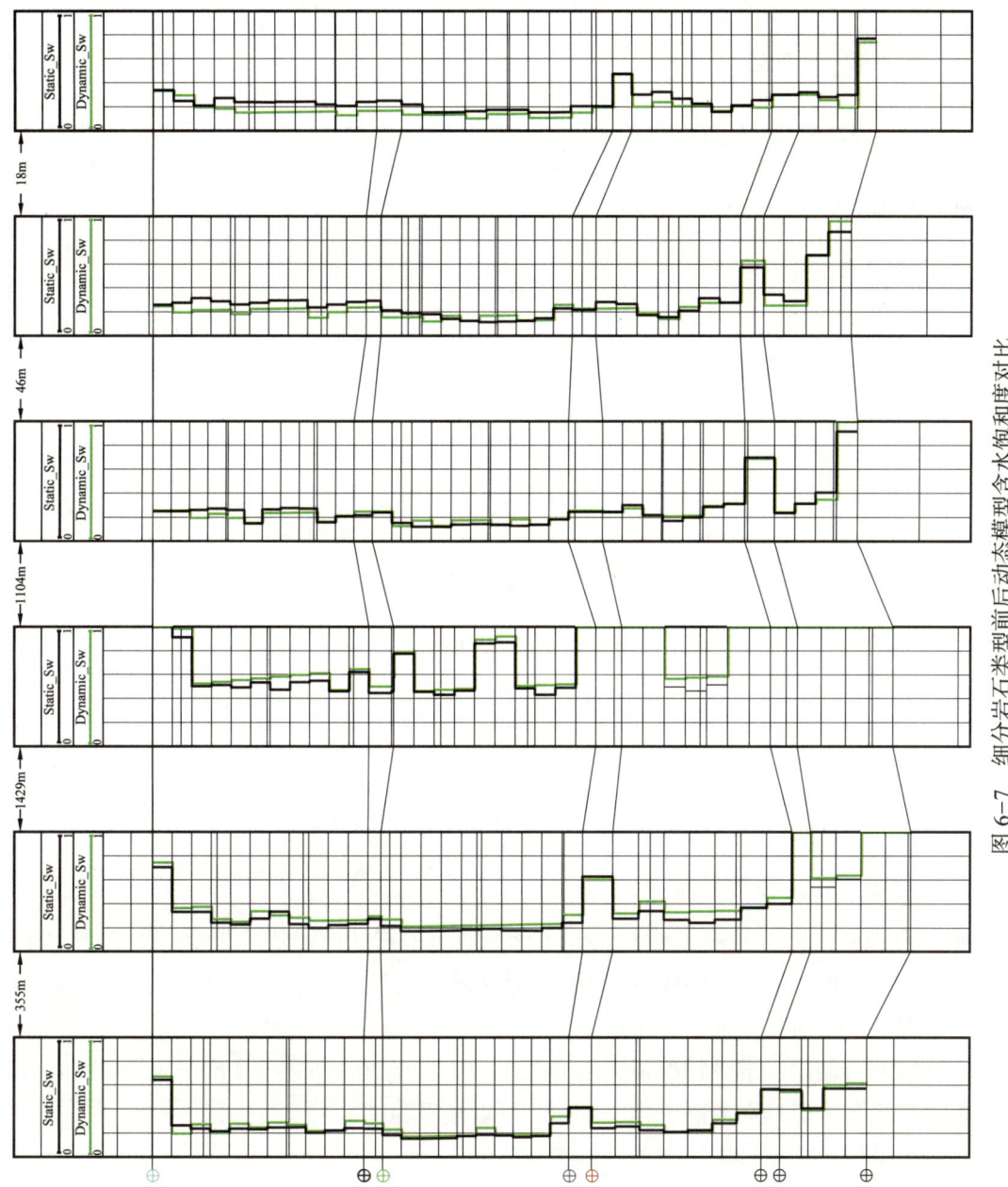

图 6-7 细分岩石类型前后动态模型含水饱和度对比
黑色曲线为静态模型含水饱和度，绿色曲线为动态模型含水饱和度

- 249 -

第二节　润湿滞后现象和扫描曲线研究中的几个要点

本节主要介绍润湿滞后作用对相对渗透率曲线和毛细管压力曲线的影响中的几个要点，关于其详细介绍请参见《实用油藏地质建模与数值模拟手册》一书。

一、润湿滞后现象

润湿滞后（Hysteresis）的原因主要包括三个方面：在渗吸过程中，会有非润湿相流体被捕集，而在驱替过程中这一现象不会发生；驱替过程和渗吸过程接触角的差异；与原油接触的孔隙，随驱替过程变为渗吸过程，其润湿性会部分改变。

1. 渗吸相对渗透率曲线特征

一般情况下，油相相对渗透率的润湿滞后作用强于水相。油相的渗吸曲线一定低于驱替曲线，但水相不存在这一规律，可能出现渗吸曲线低于、高于，甚至等于驱替曲线，即原路返回（图6-8）。

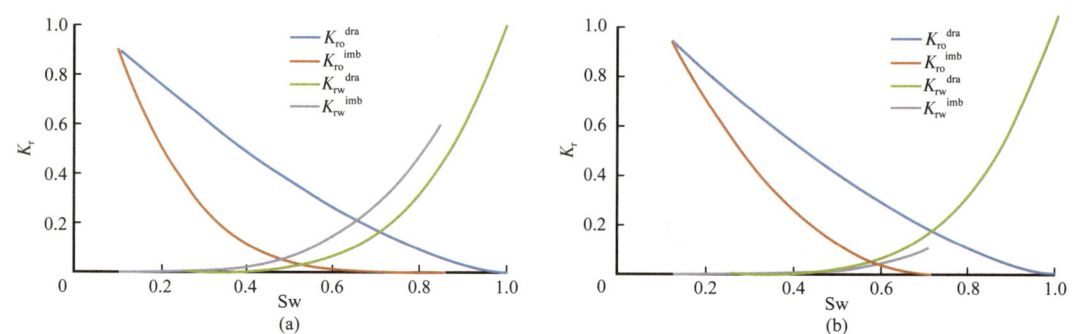

图6-8　不同润湿条件下不同水相渗吸曲线特征（据Masalmeh et al., 2010）
（a）水相渗吸曲线高于驱替曲线；（b）水相渗吸曲线低于驱替曲线

2. 渗吸毛细管压力曲线特征

在驱替过程中，岩石的润湿性会发生变化，油湿岩石的润湿滞后现象一般强于水湿岩石。不同润湿条件下的渗吸曲线特征不同（图6-9）。

（1）水湿储层：较早完成渗吸过程。

（2）混合润湿储层：部分情况下无须排驱压力（Entry Pressure in Imbition）即可渗吸驱油，但部分情况下仍然需要高于排驱压力才可以渗吸驱油。

（3）油湿储层：需要排驱压力才可以渗吸驱油。

但无论何种情况，对于同一岩石类型，驱替过程的排驱压力（Entry Pressure）一定大于渗吸过程的排驱压力。究其原因，主要为驱替过程中，在界面张力基本不变的情况下，油水的接触角近似为0°（实际上不是0°），$\cos\theta$等于1（实际上小于1），而渗吸过程中油水的接触角不可能为180°，$\cos\theta$的绝对值一定小于1，因此根据毛细管压力计算公式，渗吸过程的排驱压力一般更小。

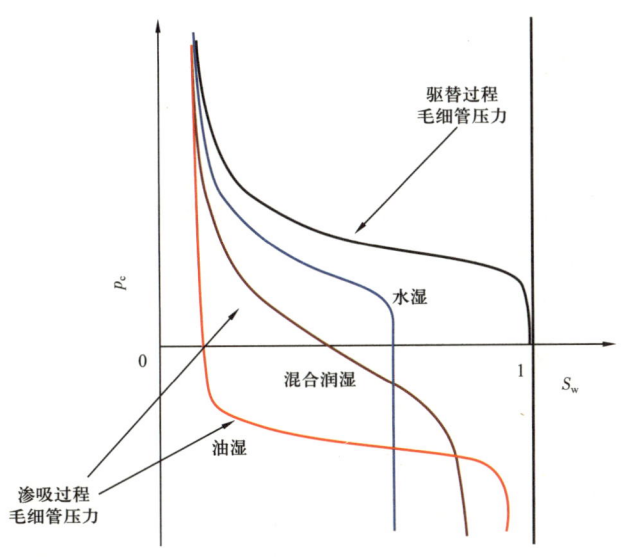

图 6-9　不同润湿条件下的渗吸过程毛细管压力曲线特征（据 Masalmeh et al., 2002）

一般情况下，在驱替过程中排驱压力较大的样品，其渗吸过程中排驱压力一般也较大。高渗透率样品排驱压力低于低渗透率样品。S_{or} 和 S_{wi} 与渗透率相关较弱，这也是饱和度高度函数中一般 S_{wi} 项很少采用渗透率回归公式的原因之一（图 6-10）。

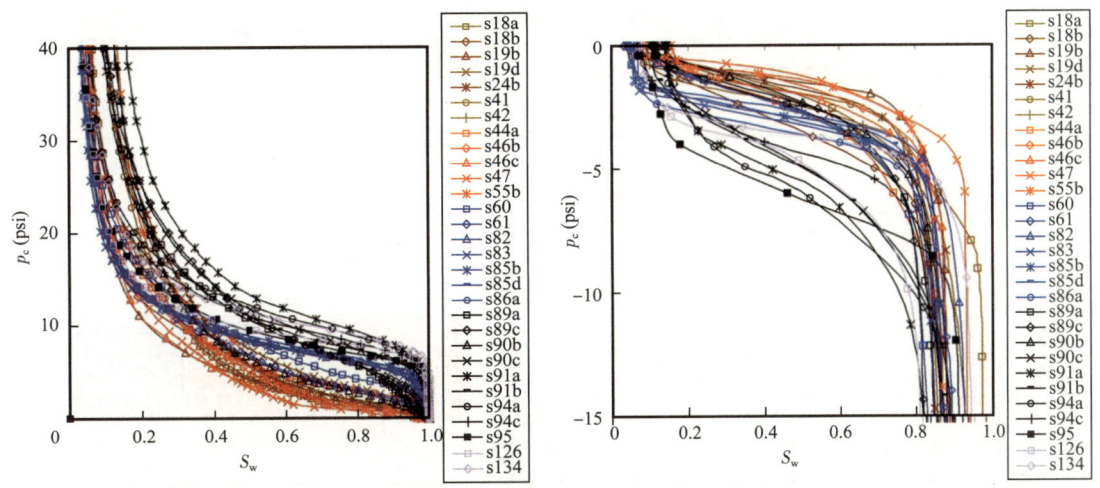

图 6-10　不同样品的驱替过程和渗吸过程毛细管压力曲线特征（据 Masalmeh et al., 2006）

二、扫描曲线

在动态模型研究中，一般建议相对渗透率曲线和毛细管压力曲线均进行渗吸模型研究。也可以只选择相对渗透率曲线或毛细管压力曲线中的一种建立渗吸模型，以加快模型运算速度，但会对模拟结果造成一定的影响。

1. 使用扫描曲线的必要性

《实用油藏地质建模与数值模拟手册》一书介绍了使用渗吸模型和扫描曲线对动态模

型模拟结果具有较大影响，本节以一个实例进行进一步介绍。通常，油藏过渡带特征越明显，扫描曲线对油藏数值模拟结果的影响越大，仅使用边界曲线而不使用扫描曲线会出现较大偏差。

如果仅使用边界曲线，在驱替过程中，A（低渗透率层）和B（高渗透率层）两点压力相同，系统达到平衡。但在渗吸过程中，可以发现在各自的含水饱和度下，A、B两点压力不相同，系统不稳定（图6-11），在系统重新达到稳定之后，A、B渗吸毛细管压力相同，可以看出两点的饱和度都发生了变化，A层低渗透率，但含水饱和度降低，显示油气继续充注，并不符合实际情况（图6-12）。

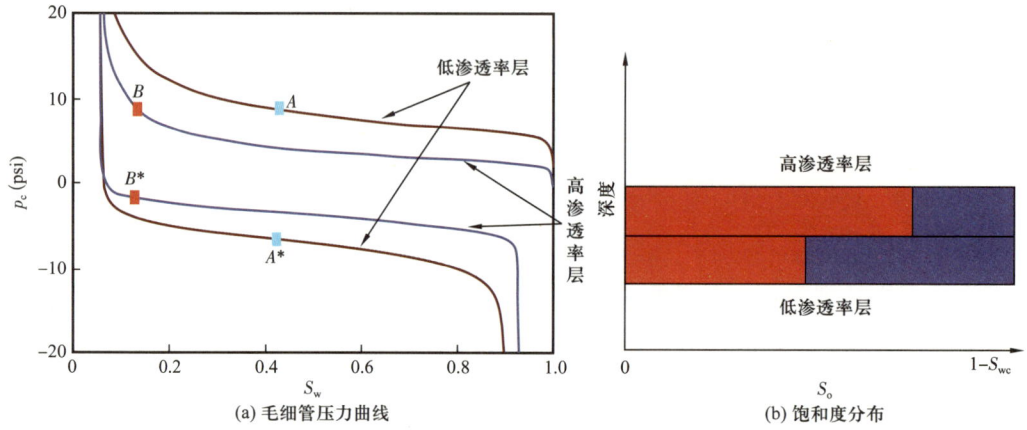

图6-11　未使用扫描曲线条件下渗吸初始状态（据Masalmeh et al.，2007）

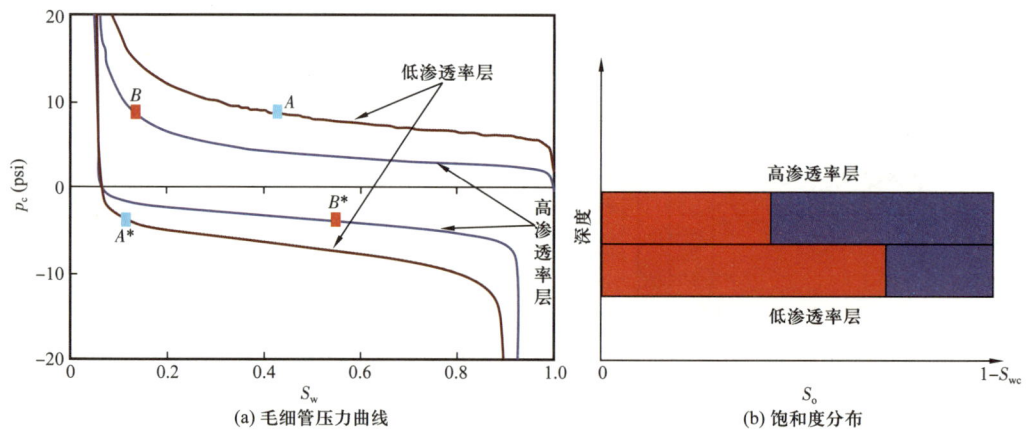

图6-12　未使用扫描曲线条件下流体流动最终状态（据Masalmeh et al.，2007）

如果使用扫描曲线，可以看出在渗吸过程中，二者的扫描曲线与边界渗吸曲线显著不同，A点、B点在新位置重新达到平衡，在渗吸过程后，二者含水饱和度均升高，符合实际情况（图6-13）。

2. 扫描曲线的实验测定

扫描曲线的测定一般包括两种方法。方法一为建议方法，基于实验的扫描曲线的研究方法，对每种岩石类型：

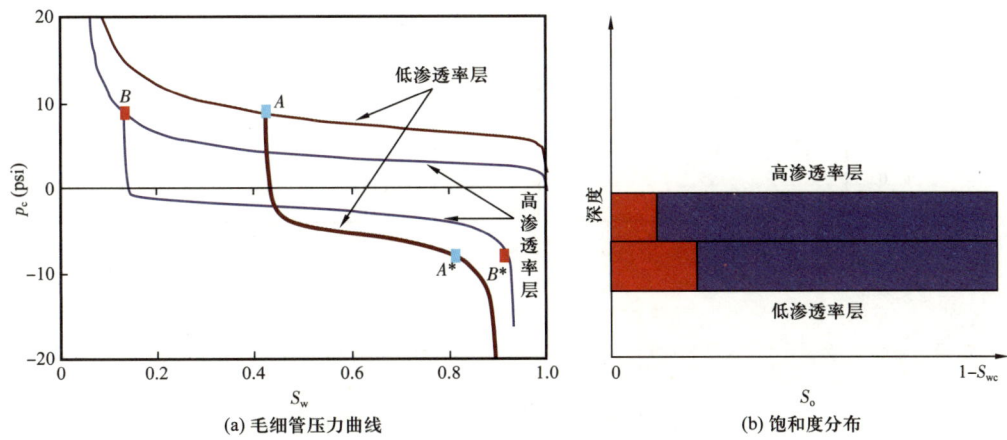

图 6-13 使用扫描曲线条件下流体流动过程（据 Masalmeh et al., 2007）

(1) 测量 S_{oi}—S_{or} 关系，即测量不同 S_{oi} 对应的 S_{or} 数值；
(2) 直接测量不同 S_{oi}（选定数值）对应的渗吸过程 K_{ro}；
(3) 直接测量不同 S_{oi}（选定数值）对应的渗吸过程 p_c。

得到的扫描曲线可以直接输入数模软件，为动态模型的每一个网格赋值 S_{or}、相对渗透率和毛细管压力。

方法二，当前主流数模软件可以仅根据 S_{oi}—S_{or} 关系和边界驱替、边界渗吸曲线计算扫描曲线。这时，只需测量 1~2 条扫描曲线，对软件计算结果进行质量控制即可。

无论方法一或方法二，均需要对扫描曲线进行测量。但对于二次驱替和二次渗吸过程，仅在部分情况下会进行测量。

在进行实验测量时，为了控制成本和研究进度，可以只选择主要的含油的岩石类型进行测试。另一种简化方法中可以选择一部分样品只测量驱替曲线，而另一部分样品同时测量驱替曲线和渗吸曲线，最终根据渗吸曲线计算驱替曲线。一般情况下，由于驱替曲线的不确定性相对小，测量渗吸曲线的样品应多于驱替曲线。

3. 扫描曲线的使用方法

1) 使用模型计算

可以使用模拟器自带数学模型计算扫描曲线，在研究中需要根据实际情况优选模型类型。在模型初始化结果中，可以查看计算得出的扫描曲线。如果扫描曲线存在问题，或者在历史拟合过程中需要调整，可以调整曲线形态参数等进行修改。

(1) 残余油饱和度的计算。

在计算扫描曲线时，一般需要确定边界曲线，以及 S_{oi} 与 S_{or} 关系等内容。边界曲线一般通过驱替实验和渗吸实验确定，作为扫描曲线的边界。

S_{oi} 和 S_{or} 的关系也可通过实验研究（驱替过程为 S_{oi}，渗吸过程为 S_{or}），图 6-14 为常用的三种相关关系，均来自实验测量。图 6-14（a）为 Land 关系，目前较为常用；图 6-14（b）为直线关系；图 6-14（c）为先增加，随后变为接近常数。图 6-15 为与图 6-14 对应的毛细管压力扫描曲线。当没有实测数据时，建议使用 Land 关系。

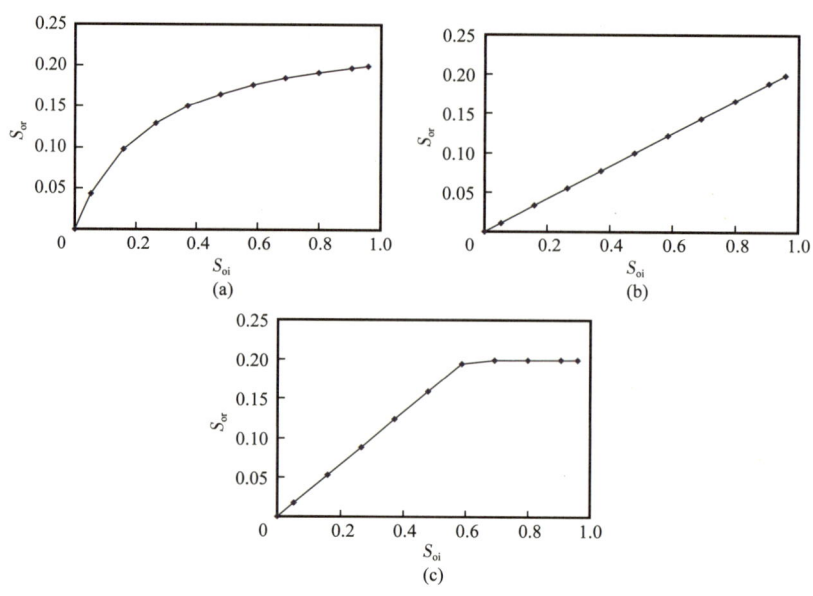

图 6-14 扫描曲线 S_{oi} 和 S_{or} 的常见关系（据 Masalmeh et al.，2000）
（a）Land 关系；（b）线性关系；（c）先线性增加然后趋于平稳

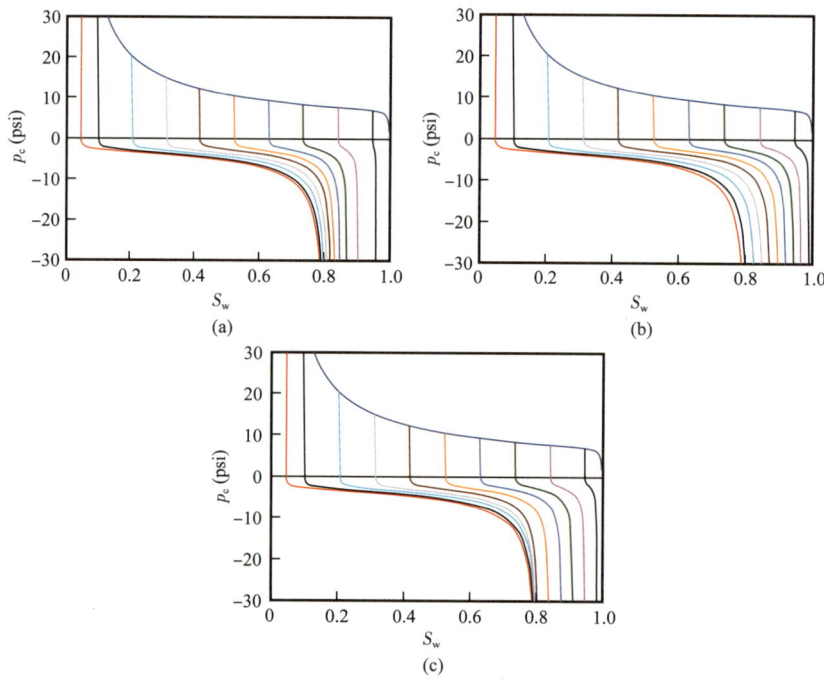

图 6-15 与图 6-14 对应的毛细管压力扫描曲线（据 Masalmeh et al.，2000）

（2）数学模型。

有许多用来表征渗吸作用对相对渗透率影响的经验模型，大多数的相对渗透率渗吸现象的描述方法都结合了 Land 公式的系数 C 和自由气体饱和度的概念，其中 Carlson 滞后模型（图 6-16）、Killough 滞后模型应用最为广泛。这两个模型计算的结果差异较小（图 6-17），但 Killough 模型在中东地区使用更为广泛（图 6-18）。

首先对Carlson模型进行介绍。Carlson模型产生的扫描曲线与边界渗吸曲线平行，可视为水平移动边界渗吸曲线，直至它在饱和度S_N^{Hyst}处与驱替曲线相交（图6-16）。选择Carlson模型时，重要的是确保在相同相对渗透率数值下，渗吸曲线始终比驱替曲线更加陡峭，否则会出现问题，例如在润湿相渗吸相对渗透率曲线中，扫描曲线可能与驱替曲线再次相交至驱替曲线扫描出发点右侧，从而得出数值为负的被捕集的非润湿相饱和度（图6-16b）。

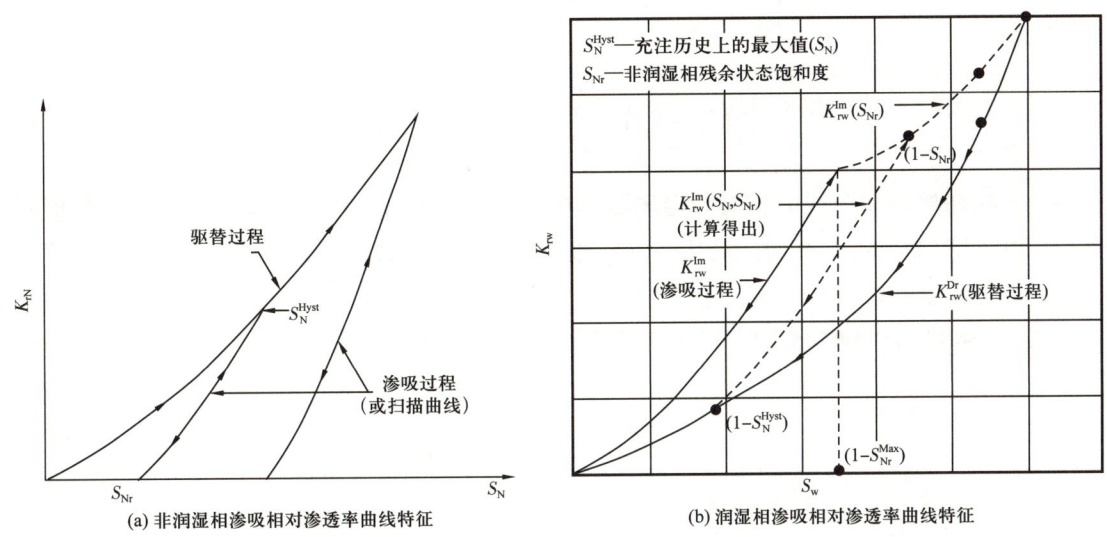

图6-16 渗吸相对渗透率曲线特征（据Carlson，1981；Killough，1976）

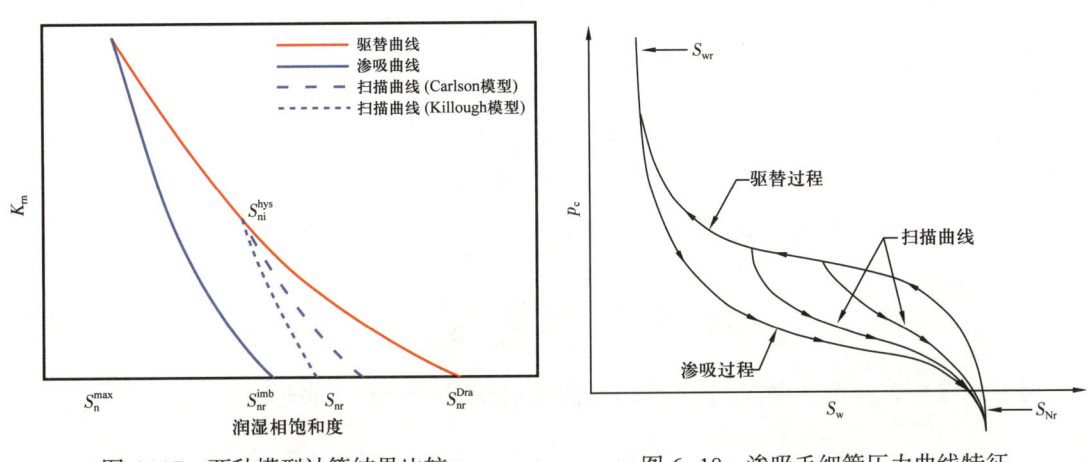

图6-17 两种模型计算结果比较
（据Hosseinzadehsadati et al.，2022）

图6-18 渗吸毛细管压力曲线特征
（据Killough，1976）

渗吸过程中任意气体饱和度S_{gi}由两部分构成，一是捕集气体饱和度S_{gt}，二是自由气饱和度S_{gf}

$$S_{gi}=S_{gt}+S_{gf} \tag{6-3}$$

其中，自由气饱和度的计算公式可用式（6-4）表达

$$S_{gf}=\frac{1}{2}\left[\left(S_g-S_{gt}\right)+\sqrt{\left(S_g-S_{gt}\right)^2+\frac{4}{C}\left(S_g-S_{gt}\right)}\right] \tag{6-4}$$

Carlson 模型的计算步骤如下。

(1) 使用实验测试得到的驱替曲线和渗吸曲线计算 Land 公式常数 C。

(2) 假设渗吸扫描曲线从 S_{gi} 开始，则使用式 (6-5) 计算相应的捕集气体饱和度 S_{gt}

$$S_{gt} = \frac{S_{gi}}{1 + CS_{gi}} \tag{6-5}$$

(3) 在 S_{gi} 和 S_{gt} 区间内选取几个 S_g 数值，即 $S_{gt} < S_g < S_{gi}$，计算每个 S_g 数值对应的自由气饱和度

$$S_{gf} = \frac{1}{2}\left[(S_g - S_{gt}) + \sqrt{(S_g - S_{gt})^2 + \frac{4}{C}(S_g - S_{gt})}\right] \tag{6-6}$$

(4) 在初始驱替曲线的相对渗透率数据中，读取步骤 (3) 中获得的每一个 S_g 数值对应的自由气饱和度 S_{gf} 及其对应的 K_{rg}。K_{rg} 通过使用驱替曲线或驱替曲线的拟合方程得到。

(5) 将渗吸扫描过程的 K_{rg} 定义为步骤 (4) 中得到的 K_{rg}。

Killough 模型也较为常用，以下对其进行介绍，对于非润湿相

$$S_{ncrt} = S_{ncrd} + \frac{S_{hy} - S_{ncrd}}{1 + C(S_{hy} - S_{ncrd})} \tag{6-7}$$

式中

$$C = \frac{1}{S_{ncri} - S_{ncrd}} - \frac{1}{S_{nmax} - S_{ncrd}} \tag{6-8}$$

则饱和度 S_n 对应的相对渗透率数值为

$$K_{rn}(S_n) = \frac{K_{rni}(S_{norm})K_{rnd}(S_{hy})}{K_{rnd}(S_{nmax})} \tag{6-9}$$

式中 K_{rni}，K_{rnd}——分别为渗吸曲线和驱替曲线中的相对渗透率数值。

$$S_{norm} = S_{ncri} + \frac{(S_n - S_{ncrt})(S_{nmax} - S_{ncri})}{S_{hy} - S_{ncrt}} \tag{6-10}$$

对于润湿相，在饱和度 S_w 下，其扫描曲线可用式 (6-11) 表达

$$K_{rw}(S_w) = K_{rwd}(1 - S_{hy}) + \frac{[K_{rw}(1 - S_{ncrt}) - K_{rwd}(1 - S_{hy})]K_{rwi}(1 - S_{norm})}{K_{rwi}(1 - S_{ncri})} \tag{6-11}$$

为了保证模拟运算速度，建议渗吸曲线不要出现明显的折线，转折处光滑后，可能会显著增加运算速度。

需要注意的是，除了上述三种关系外，不可能存在随 S_{oi} 增加 S_{or} 先增大后减小的情况，如图 6-19 所示，此种情况会导致边界曲线与扫描曲线的矛盾。

如图 6-20 所示，在线性坐标和对数坐标下，相对渗透率曲线的形态完全不同，这也是需要同时检查两种坐标下相对渗透率曲线的原因。

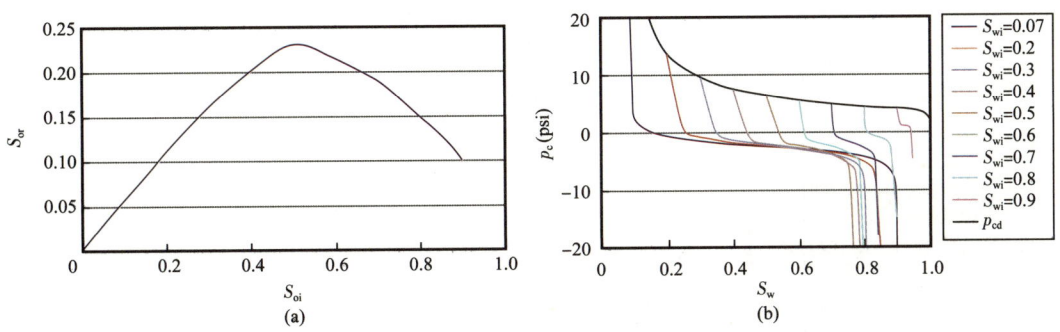

图 6-19 S_{oi} 与 S_{or} 错误趋势示意图（据 Masalmeh et al., 2000）
（a）S_{oi} 与 S_{or} 相关关系；（b）对应的毛细管压力曲线

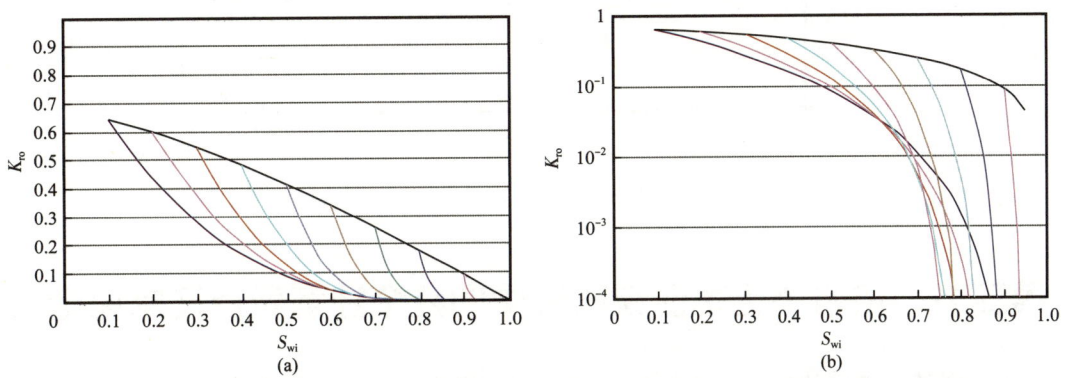

图 6-20 线性坐标和对数坐标下相对渗透率曲线的形态完全对比（据 Masalmeh et al., 2000）
（a）直角坐标下相对渗透率曲线；（b）对数坐标下相对渗透率曲线

2）直接输入模型

扫描曲线也可以直接给出放入模型中。例如中东地区 BK2 油藏在动态模型中，每一种岩石类型给定 8 条扫描曲线，包括相对渗透率曲线、毛细管压力曲线（图 6-21、图 6-22）。

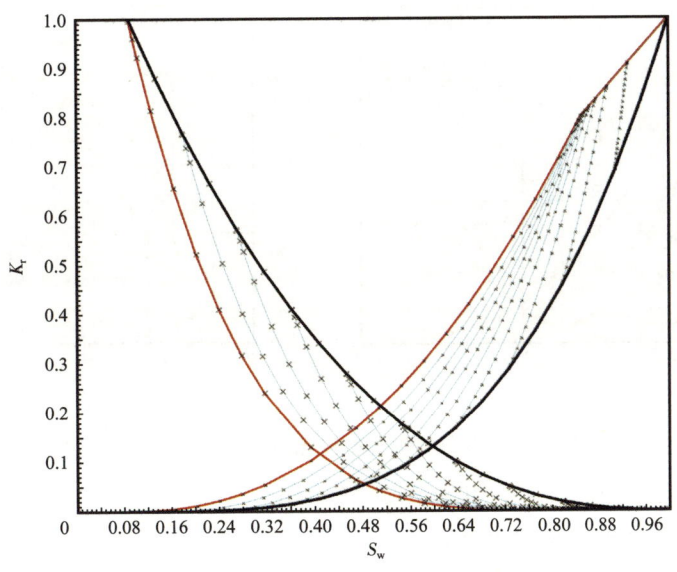

图 6-21 中东地区 BB 碳酸盐岩油藏相对渗透率曲线扫描曲线

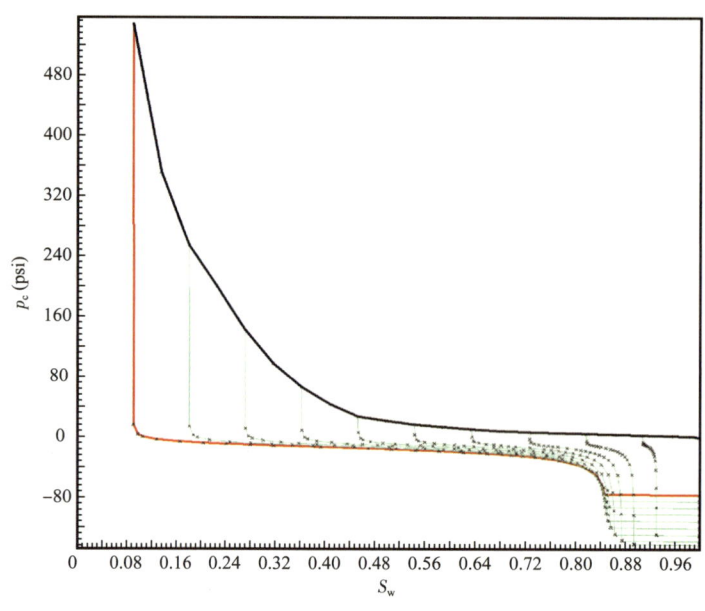

图 6-22　中东地区 BB 碳酸盐岩油藏毛细管压力扫描曲线

第三节　相对渗透率曲线研究中的几个注意要点及常见错误

相对渗透率曲线决定了地层流体的相对流动能力，对动态模型模拟结果有较大影响，在《实用油藏地质建模与数值模拟手册》一书中介绍了常用的研究方法，本书主要对研究中需要注意的一些要点进行介绍。在进行相对渗透率曲线质量控制时，应同时查看其线性坐标和对数坐标下的曲线特征。部分情况下，对数坐标下，不同岩石类型的相对渗透率曲线特征更加明显（图 6-23）。

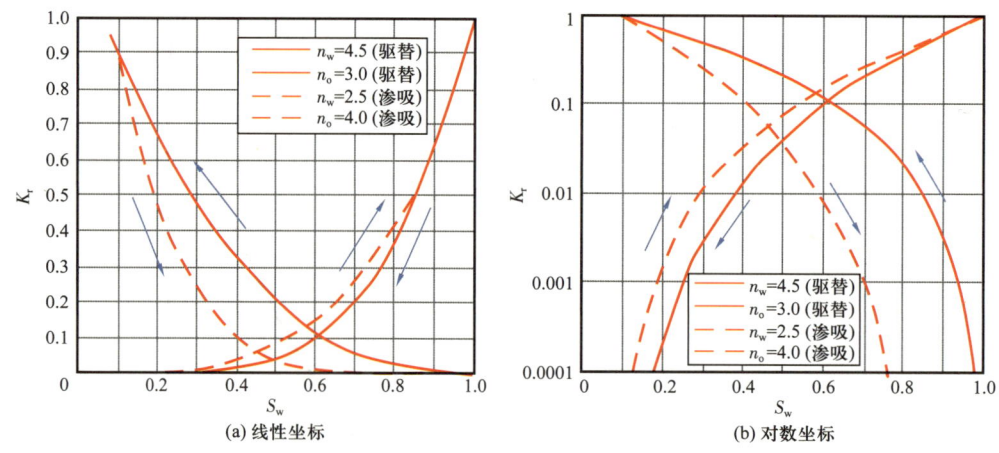

图 6-23　某岩石类型驱替过程和渗吸过程相对渗透率曲线

（1）相对渗透率曲线需要体现润湿滞后作用，否则不具物理意义，需要对每种岩石类型进行测量。对于油相相对渗透率而言，其曲线的端点应不一致，渗吸曲线一般低于驱替曲线，即渗吸曲线 n_o（Corey 公式中油相系数）数值一定大于驱替曲线 n_o 数值。而水相相对渗透率可以低于或高于驱替曲线，甚至与其重合，即渗吸曲线 n_w（Corey 公式中水相系数）数值可以大于或小于，甚至等于驱替曲线 n_w 数值。需要进行岩心实验，分岩石类型进行确定（表 6-1、表 6-2）。

表 6-1 中东地区 H 油藏不同岩石类型驱替过程和渗吸过程相对渗透率曲线参数表

岩石类型	驱替或渗吸过程	K_{ro}（S_{wc}）	n_w	K_{rw}（S_{or}）	n_o	S_{or}	S_{wc}
SRT1	驱替	0.8	4.0	1.0	2.5	0	0.264
	渗吸	0.8	2.8	0.5	2.6	0.20	0.264
SRT2	驱替	0.8	4.0	1.0	2.5	0	0.399
	渗吸	0.8	2.8	0.5	2.6	0.20	0.399
SRT3	驱替	0.8	3.5	1.0	2.5	0	0.520
	渗吸	0.8	3.5	0.4	3.0	0.15	0.520
SRT4	驱替	0.6	4.0	1.0	2.5	0	0.520
	渗吸	0.6	2.8	0.3	2.6	0.20	0.520
SRT5	驱替	0.5	4.0	1.0	2.5	0	0.600
	渗吸	0.5	2.8	0.2	2.6	0.20	0.600

表 6-2 图 6-24 中岩石类型驱替过程和渗吸过程相对渗透率曲线参数表

驱替或渗吸过程	K_{ro}	n_w	K_{rw}	n_o	S_{or}	S_{wi}
驱替过程	0.700	3.8	1.000	2.1	0	0.100
渗吸过程	0.700	3.9	0.200	3.0	0.300	0.100

一般情况下，n_o 和 n_w 数值越大，曲线相对渗透率数值越低，流动能力越差（图 6-24）。

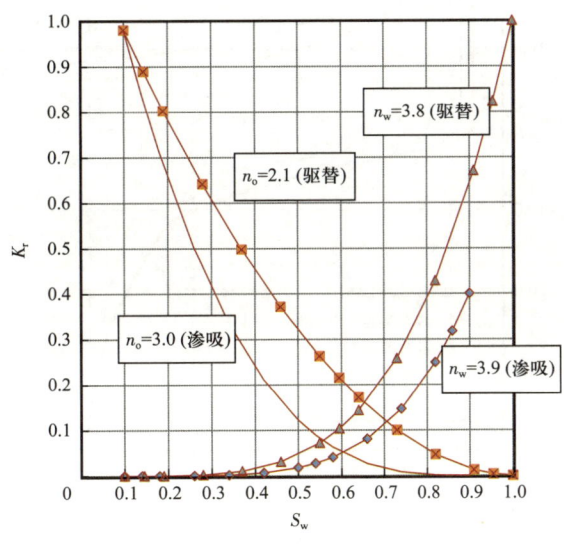

图 6-24 某岩石类型毛细管压力曲线（驱替曲线和渗吸曲线）

需要注意的是，驱替过程中 S_{or} 可以为 0 或接近 0，而渗吸过程的 S_{or} 数值一定大于 0，且不同岩石类型 S_{or} 与储层性质存在一定联系，例如随储层物性变差，渗吸过程 S_{or} 数值逐渐增加。

（2）驱替曲线和渗吸曲线的形态与储层性质相关。不同岩石类型的渗吸曲线和驱替曲线一样，都需要具有一定的地质意义或与储层物性有一定的关系，彼此相互交叉，地质意义不明确，甚至与地质认识矛盾的曲线是错误的。

① 相对渗透率曲线的端点方面，不同岩石类型的相对渗透率曲线的端点及形态应符合一定的趋势，或有地质意义。例如不同岩石类型的油相、水相渗透率的变化应具有一定规律。例如，在 A 油藏内部，对于不同的岩石类型，随储层物性变好，水相渗透率逐渐升高。如图 6-26 所示，储层物性越好，水相相对渗透率曲线对应的 K_{rw} 应越高，而这里储层物性较差的 SRT3 却具有最高的水相相对渗透率，存在明显错误。

② S_{wi} 方面，不同岩石类型驱替曲线的 S_{wi} 有一定差异，一般随储层物性变好，S_{wi} 数值降低。当不同岩石类型 S_{wi} 差异明显，但渗吸曲线 S_{or} 较为接近时，需要进行实验测量，以确定是否属于真实的储层特征。

③ 排驱压力方面，驱替曲线的排驱压力与储层物性有关，储层物性越好，排驱压力越低。渗吸曲线的排驱压力也具有相同的特征，对于非水湿油藏，储层物性越好，排驱压力也越低（对应负值绝对值越小）。如图 6-25 所示，虽然驱替曲线的排驱压力与储层物性有关，储层物性越好，排驱压力越低，但渗吸曲线的排驱压力与储层物性无关，不具物理意义，相对渗透率曲线存在错误。

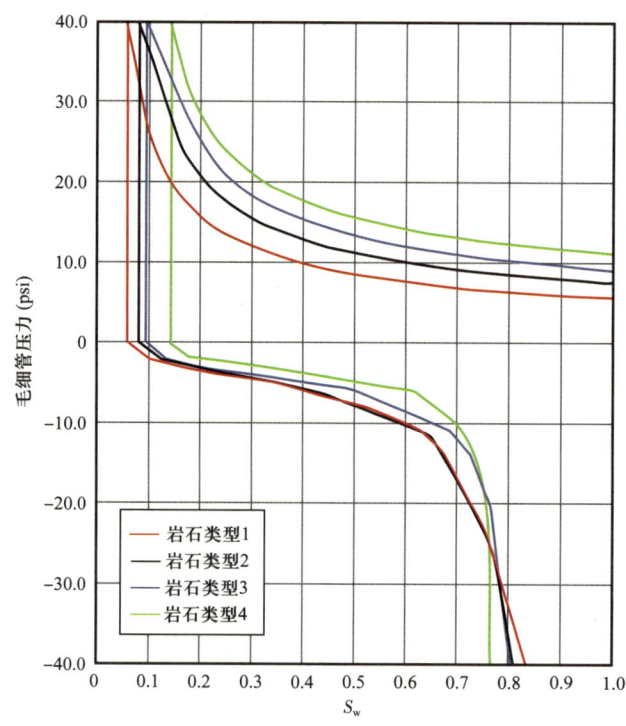

图 6-25 不同岩石类型毛细管压力曲线（驱替曲线和渗吸曲线）

（3）相对渗透率的定义是以绝对渗透率（岩石本身属性，只要流体不与岩石发生物理或化学反应，则其与通过岩石的流体性质无关）为基础的，而不是相对渗透率的端点值，如 $K_{ro}(S_{wi})$。因此，相对渗透率数值一般小于1。

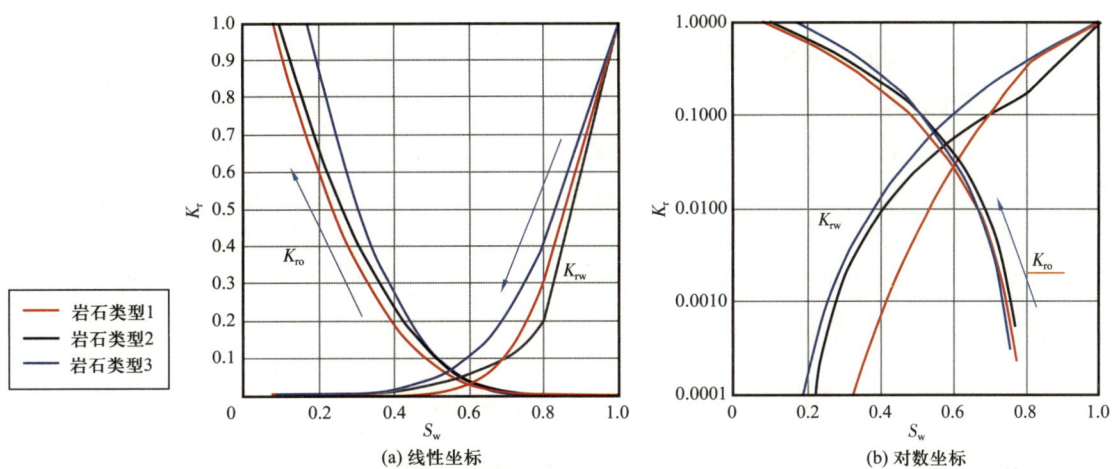

图 6-26 不同岩石类型相对渗透率曲线（驱替过程）

（4）同一岩石类型的驱替曲线和渗吸曲线应有一定差异。差异较小的情况容易造成扫描曲线的计算难度较大，预测结果不确定性较大（图 6-27）。

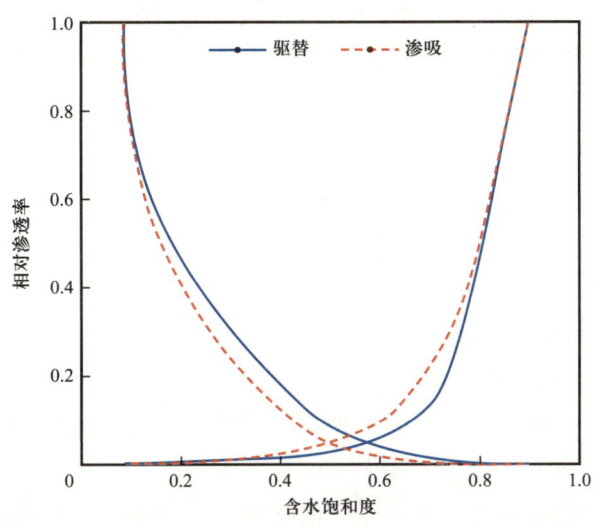

图 6-27 某岩石类型驱替过程和渗吸过程相对渗透率曲线差异较小

如果相对渗透率曲线没有实测数据，则需要其他方式确定，一般包括 Wyllie—Gardner 公式确定（Wyllie et al., 1958）、Torcaso—Gardner 公式确定（Torcaso et al., 1958）、Pearson 关系确定（Amrollahinasab et al., 2023）、Rose—Bruce 公式根据毛细管压力确定（Rose et al., 1949）和类比法等。此外国内外学者还提出了很多其他计算方法，这里不再赘述。

第四节 动态模型饱和度表的赋值

动态模型中饱和度表需要对油层（SWOF）、气层（SGOF）分别提供不同岩石类型的驱替过程和渗吸过程的饱和度表，包含不同含水饱和度对应的油藏条件毛细管压力数值和相对渗透率数值。通常一种岩石类型对应4张饱和度表，包括油水驱替、油水渗吸、气油驱替和气油渗吸。在研究中，需要保证每个饱和度分区（岩石类型）的毛细管压力曲线和相对渗透率曲线之间的一致性，特别是对于端点数值，例如束缚水饱和度。饱和度表中含水饱和度取值点一般由相对渗透率样本点确定，毛细管压力数值可以根据饱和度高度函数进行计算，整体上体现了静态、动态的一致性。需要注意的是，油层和气层的饱和度表中含水饱和度的端点数值（主要是束缚水饱和度）对地质储量有较大影响，需要和静态模型充分沟通进行确定。

一、油层、气层饱和度表相渗部分的赋值

饱和度表油层、气层相对渗透率部分一般根据实验确定，如果没有实验，可以采用类比法或根据经验确定。

相对渗透率曲线的形态由相对渗透率端点和Brooks—Corey系数共同决定，不同的参数组合可能出现相近的曲线特征。根据现有数据和相关分析，获得每个岩石类型的一整套相对渗透率曲线（油—水和气—油系统，包含驱替过程和渗吸过程）。由于这些参数是历史拟合中最容易被修改的参数，任何相对渗透率曲线参数的设置都属于初始值，直到完成历史拟合为止。

相对渗透率曲线的研究一般以Brooks和Corey提出的相对渗透率计算模型为基础，根据相渗端点和Brooks—Corey系数确定相对渗透率曲线。Brooks—Corey方法中相对渗透率与含水饱和度之间存在幂运算，主要的端点包括以下内容：

（1）S_{wmin}，含水饱和度最小值；

（2）S_{wmax}，含水饱和度最大值；

（3）S_{wi}，初始含水饱和度；

（4）S_{wcr}，临界含水饱和度，这是水相相对渗透率为0的最高饱和度数值，当高于该数值时，系统内水开始流动，S_{wcr}需要大于或等于S_{min}；

（5）S_{gcr}，临界含气饱和度，这是气相相对渗透率为0的最高饱和度数值，当高于该数值时，系统内气体开始流动；

（6）S_{orw}，油—水系统中的残余油饱和度，在该含水饱和度下，油—水系统中油相相对渗透率为0；

（7）S_{org}，油—气系统中的残余油饱和度，在该含水饱和度下，油—气系统中油相相对渗透率为0。

油—水系统的油相相对渗透率（数值在S_{wmin}和$1-S_{orw}$之间）可用式（6-12）表达

$$K_{ro} = K_{ro}\left(S_{wmin}\right)\left[\frac{S_{wmax} - S_w - S_{orw}}{S_{wmax} - S_{wi} - S_{orw}}\right]^{n_{ow}} \qquad (6-12)$$

式中　n_{ow}——Corey 公式中油—水系统的油相系数；

　　　S_{wi}——初始含水饱和度；

　　　$K_{ro}(S_{wmin})$——最小含水饱和度下的油相相对渗透率。

油—气系统的油相相对渗透率可用式（6-13）表达

$$K_{ro} = K_{ro}\left(S_{gmin}\right)\left[\frac{S_w - S_{wi} - S_{org}}{1 - S_{wi} - S_{org}}\right]^{n_{og}} \qquad (6-13)$$

式中　n_{og}——Corey 公式中油—气系统的油相系数；

　　　S_{wi}——初始含水饱和度；

　　　$K_{ro}(S_{gmin})$——最小含气饱和度下的油相相对渗透率。

水相的相对渗透率（数值在 S_{wcr} 和 $1-S_{orw}$ 之间）可用式（6-14）表达

$$K_{rw} = K_{rw}\left(S_{orw}\right)\left[\frac{S_w - S_{wcr}}{S_{wmax} - S_{wcr} - S_{orw}}\right]^{n_w} \qquad (6-14)$$

式中　n_w——Corey 公式中的水相系数；

　　　$K_{rw}(S_{orw})$——油—水系统中残余油饱和度下的水相相对渗透率。

气相的相对渗透率（数值在 S_{wmin} 和 $1-S_{orw}$ 之间）可用式（6-15）表达

$$K_{rg} = K_{rg}\left(S_{org}\right)\left[\frac{1 - S_w - S_{gcr}}{1 - S_{wi} - S_{org} - S_{gcr}}\right]^{n_g} \qquad (6-15)$$

式中　n_g——Corey 公式中的气相系数；

　　　$K_{rg}(S_{org})$——油—气系统中残余油饱和度下的气相相对渗透率；

　　　S_{wi}——初始含水饱和度。

在研究中，最好通过实验，分岩石类型分别确定渗吸过程和驱替过程的相对渗透率端点和公式系数 n_o、n_w、n_g。一般情况下，中东地区渗吸相对渗透率曲线 n_o 为 3～4，甚至更大，n_w 为 2.5～3。表 6-3 为某岩石类型驱替过程和渗吸过程相对渗透率曲线及其不确定性参数定义。

表 6-3　某岩石类型驱替过程和渗吸过程相对渗透率曲线及其不确定性参数定义表

类型	相对渗透率参数	低方案数值	基础方案数值	高方案数值
油水相对渗透率	S_{orw}	0.20	0.13	0.07
	$K_{ro}(S_{wcr})$	0.46	0.56	0.65
	$K_{rw}(S_{orw})$	0.14	0.21	0.26
	n_w（驱替）	2.50	2.50	2.50
	n_w（渗吸）	2.50	2.80	3.00
	n_o（驱替）	1.40	1.30	1.30
	n_o（渗吸）	3.00	3.30	3.60

续表

类型	相对渗透率参数	低方案数值	基础方案数值	高方案数值
气油相对渗透率	S_{gcr}	0.13	0.20	0.23
	S_{org}	0.14	0.10	0.05
	n_g（驱替）	1.40	1.20	1.00
	n_g（渗吸）	1.40	1.20	1.00
	n_o（驱替）	2.30	2.80	3.30
	n_o（渗吸）	2.30	2.80	3.30

表 6-4、表 6-5 和图 6-28 为中东地区某油田岩石类型 2 驱替过程和渗吸过程油水相对渗透率曲线的计算过程。

表 6-4 中东地区某油田岩石类型 2 驱替过程和渗吸过程相对渗透率参数定义表

类型	K_{ro}	n_w	K_{rw}	n_o	S_{or}	S_{wi}
驱替过程相对渗透率参数	0.76	3.6	1.00	2.1	0	0.22
渗吸过程相对渗透率参数	0.76	4.1	0.28	3.2	0.21	0.22

表 6-5 中东地区某油田岩石类型 2 驱替过程和渗吸过程相对渗透率曲线计算过程表

数据点 N	驱替过程相对渗透率曲线			渗吸过程相对渗透率曲线		
	S_w	K_{rw}	K_{ro}	S_w	K_{rw}	K_{ro}
0	0.220	0	0.760	0.220	0	0.760
0.050	0.259	0	0.682	0.249	0	0.645
0.100	0.298	0	0.609	0.277	0	0.542
0.200	0.376	0.003	0.476	0.334	0	0.372
0.300	0.454	0.013	0.359	0.391	0.002	0.243
0.400	0.532	0.037	0.260	0.448	0.007	0.148
0.500	0.610	0.082	0.177	0.505	0.016	0.083
0.550	0.649	0.116	0.142	0.534	0.024	0.059
0.600	0.688	0.159	0.111	0.562	0.034	0.040
0.700	0.766	0.277	0.061	0.619	0.065	0.016
0.800	0.844	0.448	0.026	0.676	0.112	0.004
0.900	0.922	0.684	0.006	0.733	0.182	0
0.950	0.961	0.831	0.001	0.762	0.227	0
1.000	1.000	1.000	0	0.790	0.280	0

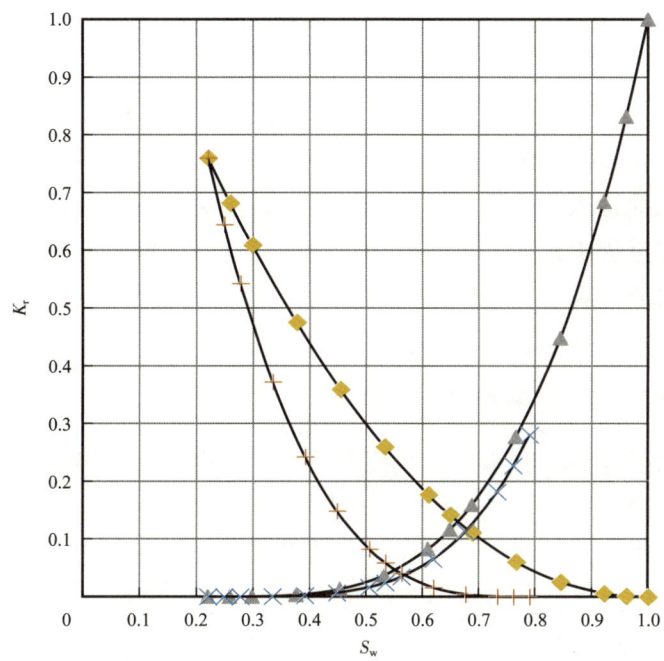

图 6-28　中东地区某油田岩石类型 2 驱替过程和渗吸过程相对渗透率曲线

如果存在岩石类型细分，则一般情况下，每种岩石类型的平均相对渗透率曲线和其细分岩石类型的相对渗透率曲线形态一致，仅端点发生变化。

需要注意的是，相对渗透率曲线中每种岩石类型的束缚水饱和度 S_{wi} 一般对应饱和度高度函数中油藏实际高度最大值所对应的饱和度，而在本书第四章中根据驱替毛细管压力曲线计算渗吸毛细管压力曲线时，岩石束缚水饱和度 S_{wc} 一般为储层达到最大油气充注状态下的饱和度。因此 S_{wc} 数值一般低于 S_{wi}。

二、油层饱和度表毛细管压力部分的赋值

动态模型中的毛细管压力以饱和度表的形式进行设置，模拟器在平衡计算中会首先计算毛细管压力场，然后根据输入的饱和度表中的毛细管压力曲线对应的流体饱和度反查确定油藏含水、含气饱和度。因此其决定了动态模型初始化的流体饱和度场特征和地质储量，同时对油藏流体流动具有影响。

1. 驱替过程饱和度表毛细管压力的赋值

油层饱和度表毛细管压力部分的赋值相对简单。驱替过程油层饱和度表计算较为常规，主要依据静态模型中不同岩石类型的饱和度高度函数进行研究，以 Brooks—Corey 公式为例进行介绍。含水饱和度取值点由相对渗透率样本点确定，油层中的毛细管压力列可用式（6-16）计算

$$p_c = p_{ce}/\text{power}\{[(S_w - S_{wi})/(1 - S_{wi})], N\}\sigma_{res}\cos\theta_{res} \times 14.5 \qquad (6-16)$$

式中　p_c——油藏条件毛细管压力，psi；

p_{ce}，S_{wi}，N——Brooks—Corey 公式三参数，可以根据代表储层物性和饱和度高度函数进行计算；

σ_{res}——油藏条件界面张力，dyn/cm；

θ_{res}——油藏条件接触角，(°)。

驱替过程的毛细管压力表格（油层、气层）直接决定了动态模型的饱和度场，在模型初始化储量拟合过程中，如果单井静动态饱和度、三维饱和度场存在差异，可以在优化选择代表物性数值计算毛细管压力的基础上，针对性地对驱替过程饱和度表毛细管压力进行微调，最终实现静动态饱和度场的一致性。

2. 渗吸过程饱和度表毛细管压力的赋值

渗吸过程饱和度表毛细管压力的赋值可根据实验确定，以半渗透隔板法和离心机法为主，或者根据经验公式由驱替过程毛细管压力曲线计算得出。Masalmeh 等（2006）认为对于油藏中的非水湿油层岩石，不存在自然渗吸时，在考虑渗吸捕集作用和接触角滞后作用后，渗吸曲线应与驱替曲线形态相近，并给出了已知驱替过程毛细管压力曲线时，渗吸过程毛细管压力曲线的计算方法，可用式（6-17）表达

$$P_c^{imb}(S_w) = P_c^{dra}\left(1 - S_{wdra} + S_{wc} + S_{wtrap} - S_{otrap}\right)\frac{\cos\theta_{imb}}{\cos\theta_{dra}} \quad (6-17)$$

式中　S_{wtrap}——驱替过程结束时或渗吸过程开始时含水饱和度与束缚水饱和度的差值，即岩石中除束缚水外，捕集的水相饱和度，其数值可为 0；

S_{otrap}——渗吸过程中捕集的油相饱和度，其一般与渗吸过程开始时的含油饱和度相关；

θ_{imb}，θ_{dra}——渗吸过程和驱替过程的油水接触角，中东地区一般取 110°和 0°；

S_{wc}——岩样束缚水饱和度。

Masalmeh 等（2006）给出 S_{wtrap} 公式如下

$$S_{wtrap} = S_{wi} - S_{wc}\frac{1 - S_{wdra} - S_{or}}{1 - S_{wc} - S_{or}} \quad (6-18)$$

式中　S_{wi}——驱替过程完成后或渗吸过程开始时的含水饱和度；

S_{or}——岩样残余油饱和度。

Masalmeh 等（2006）给出 S_{otrap} 公式如下

$$S_{otrap} = S_{otrap}^{max}\frac{S_{wdra} - S_{wc}}{1 - S_{wc} - S_{or}} \quad (6-19)$$

式中　S_{otrap}^{max}——从某含水饱和度为起点开始渗吸过程，完成后测得的最大残余油饱和度。

在实践中，对于边界渗吸毛细管压力曲线，S_{wtrap} 可简化为 0，S_{otrap} 也可用式（6-20）简化（表6-6）

$$S_{otrap} = S_{or}\frac{1 - S_{wdra}}{1 - S_{wc}} \quad (6-20)$$

表 6-6 H 油藏渗吸毛细管压力计算公式

S_{wdra}	p_c^{dra}	S_{wimb}	p_c^{imb}
		$1 - S_{wdra} + S_{wc} - S_{or}\dfrac{1 - S_{wdra}}{1 - S_{wc}}$	$p_c^{dra}\dfrac{\cos\theta_{imb}}{\cos\theta_{dra}}$

需要注意的是，渗吸毛细管压力曲线初始位置（图 6-29 中黑色圆圈处）应人为添加一些数据点，形成微弱的曲线弧度，避免出现完全直线转折的情况，会影响数值模拟器的收敛性。

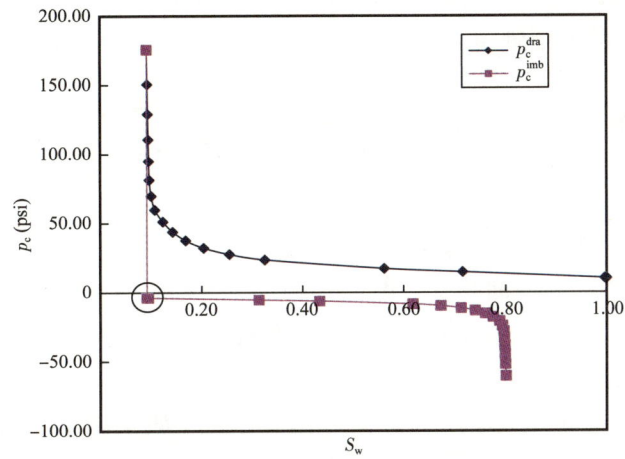

图 6-29 某岩石类型驱替过程和渗吸过程毛细管压力曲线

一般情况下，随储层物性降低，驱替毛细管压力升高，而渗吸毛细管压力也有类似的趋势。如图 6-30 所示为中东地区 A 油田不同岩石类型渗吸毛细管压力，测量结果表明，由 SRT1 至 SRT7，储层物性逐渐变差，其渗吸毛细管压力数值（绝对值）也逐渐变大。

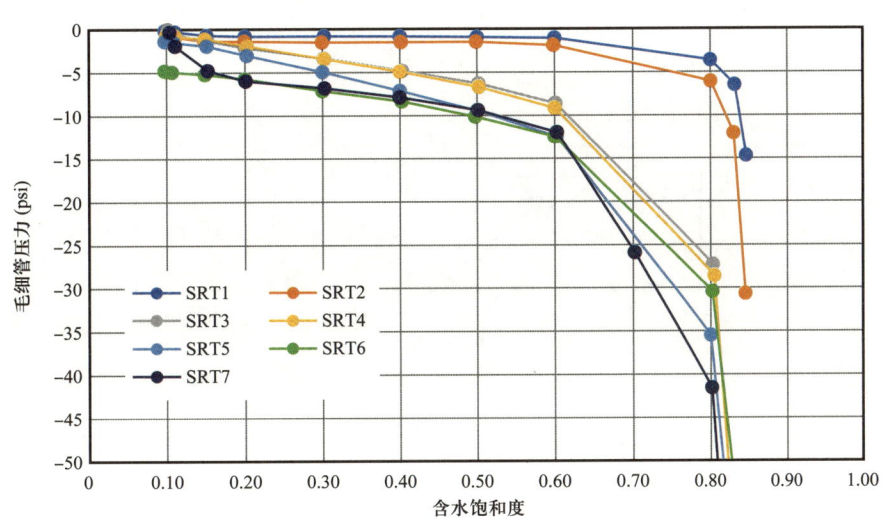

图 6-30 中东地区 A 油田不同岩石类型渗吸毛细管压力

三、气层饱和度表毛细管压力部分的赋值

1. 驱替过程饱和度表毛细管压力的赋值

驱替过程气层饱和度表毛细管压力的赋值部分在不同情况下确定方法不同,主要包括以下五种情况。

(1)采用油—水系统的饱和度高度函数进行换算。在很多情况下,油层的油—水系统饱和度高度函数都可以对气顶含水饱和度进行较好的描述,测井解释饱和度可以拟合较好。这时可用毛细管压力计算公式,根据饱和度高度函数,计算不同含气饱和度 S_g 下,对应的气—油系统下的毛细管压力

$$S_g = 1 - S_w \tag{6-21}$$

$$p_{c_{res-OG}} = (\rho_{oil} - \rho_{gas}) \times 0.0980665 \times 0.3048 \times \text{HAGOC} \times 14.5 \tag{6-22}$$

式中 $p_{c_{res-OG}}$——气层毛细管压力,psi;

ρ_{oil},ρ_{gas}——油和气密度,g/cm³;

HAGOC——距气油界面高度,ft。

具体地,首先计算不同 S_g 对应的 S_w,然后根据饱和度高度函数和 S_w,反向计算对应的 HAFWL 或 HAGWL,将 HAFWL 或 HAGWL 转换为 HAGOC,最后根据式(6-22)计算 $p_{c_{res-OG}}$,得到 S_g 与 $p_{c_{res-OG}}$ 的数值关系(图6-31)。如果需要,可以在最后一行后加虚拟行,S_g 稍微增大,$p_{c_{res-OG}}$ 故意给出高值,标识对应束缚水饱和度的最大含气饱和度。

由于气—油系统界面张力小,一般过渡带厚度小,此种方法实际上忽略了油气过渡带中的油相,近似假设气层中只有气相和水相。

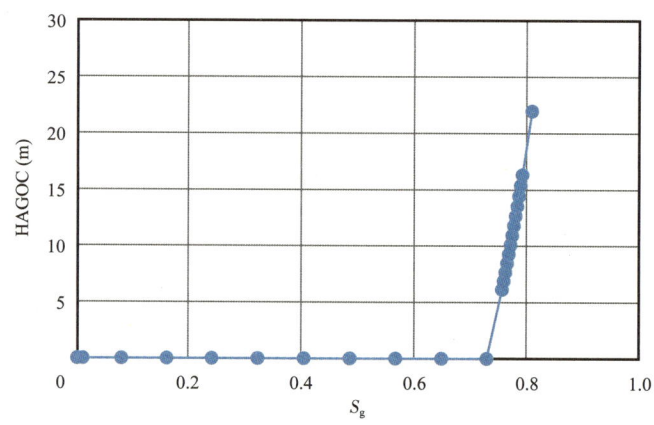

图6-31 中东地区某油藏岩石类型2采用油—水系统的饱和度高度函数进行换算示例

(2)根据油气过渡带和 S_{wi} 的认识,根据经验进行定义。根据流体测试、试油等资料,确定油气过渡带特征,结合 S_{wi} 认识,定义气—油系统毛细管压力(图6-32)。

(3)部分情况下,为了简化处理气顶饱和度,直接将气顶饱和度设置为接近束缚水饱和度的常数,不设置油气过渡带(图6-33)。

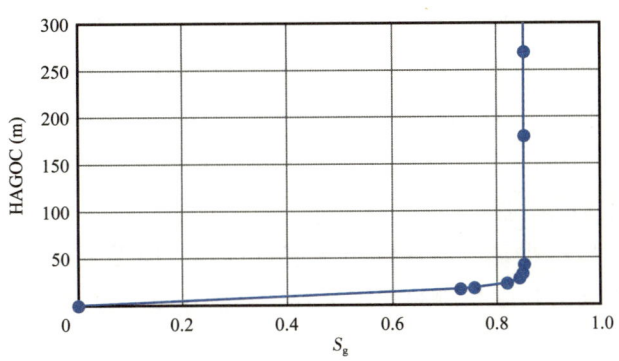

图 6-32　中东地区某油藏岩石类型 3 根据油气过渡带和 S_{wi} 的认识确定气—油系统毛细管压力示意图
设置油气过渡带时

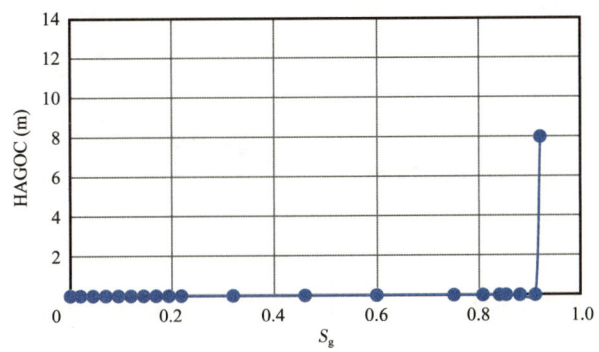

图 6-33　中东地区某油藏岩石类型 2 根据油气过渡带和 S_{wi} 的认识确定气—油系统毛细管压力示意图
不设置油气过渡带时

（4）开展气油界面张力实验进行测定，根据测井解释饱和度进行修正。一般采用半渗透隔板法或离心机法等测定不同含气饱和度下的气—油系统毛细管压力数值，然后采用幂函数进行拟合。得到拟合公式后，即可计算不同含气饱和度下的气—油系统毛细管压力。例如，中东地区某油田岩石类型 2 的气—油系统毛细管压力和含气饱和度的关系如图 6-34 所示。

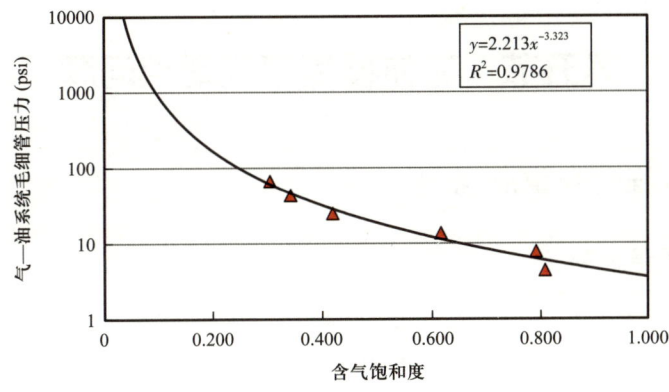

图 6-34　中东地区某油藏岩石类型 2 离心机法等测定不同含气饱和度下的气—油系统毛细管压力拟合示意图

如图 6-34 所示，可以得到一种岩石类型的毛细管压力幂函数关系（$y=ax^b$），进而确定参数 a、b。如果其他岩石类型缺乏实验数据，可以根据经验或拟合公式，确定其 a、b 值即可。图 6-35 是根据实验确定气油系统毛细管压力的另一个实例。

（5）对于采用枚举法进行初始化的情况，由于含气饱和度已经定义，气层饱和度表中毛细管压力可以直接赋零值。

以上五种方法可以根据油气藏实际情况进行选择，但无论哪种方法，其最终的标度是相同的，即气层含水饱和度与测井解释一致，动态模型气藏地质储量与静态模型一致，满足历史拟合要求。

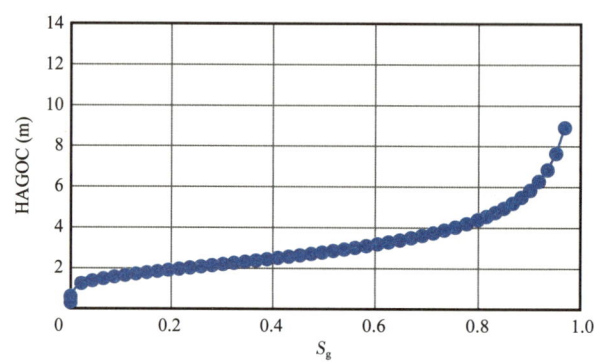

图 6-35　中东地区某油藏岩石类型 4 根据实验确定气油系统毛细管压力示意图

2. 渗吸过程饱和度表毛细管压力的赋值

渗吸过程饱和度表毛管压力的赋值较为简单，一般分为三种情况：（1）与驱替过程相同；（2）全部赋零值，但在最后一个含气饱和度点赋值与驱替过程毛细管压力相同；（3）全部赋零值。可以根据油气藏实际情况进行选择，最终的标度是满足历史拟合要求。一般情况下，渗吸过程的气—油系统毛细管压力设置不用考虑油气过渡带。

一般情况下，对于带气顶油藏，气—油系统的可动烃类含量（相对于 S_{gr}）高于油—水系统中可动烃类含量（相对于 S_{or}）。

第五节　流体模型研究重点问题

一、状态方程研究重点问题

1. 状态方程质量控制

当涉及混相驱模拟时，在计算能力允许的情况下建议将 C_4、C_5 分开，因为 C_5 在地下条件下为气态，在地上条件下为液态，分开后状态方程对混相压力的表征更加准确。

通常可根据油藏实际情况对状态方程进行质量控制，包括状态方程饱和压力模拟结果和实测资料对比，动态模型 COMPDAT 饱和压力随深度变化特征和实测结果对比，饱和压力下状态方程密度模拟结果和实测结果对比，饱和压力下体积系数模拟结果和实测结果对比，饱和压力下气油比模拟结果和实测结果对比，饱和压力下分离器流体密度模拟结果和实测结果对比等内容（图 6-36—图 6-41）。

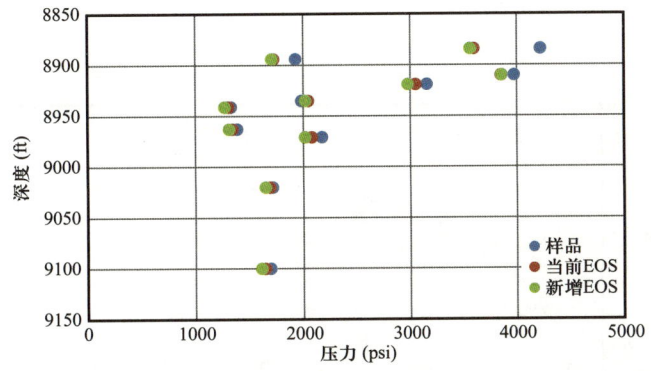

图 6-36　中东地区 NFKHS 油藏 EOS 饱和压力拟合（饱和压力和深度关系）

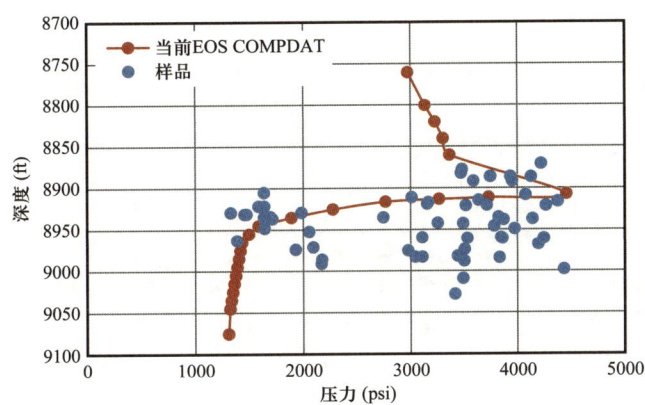

图 6-37　中东地区 NFKHS 油藏 EOS 饱和压力随深度变化特征（饱和压力和深度关系）

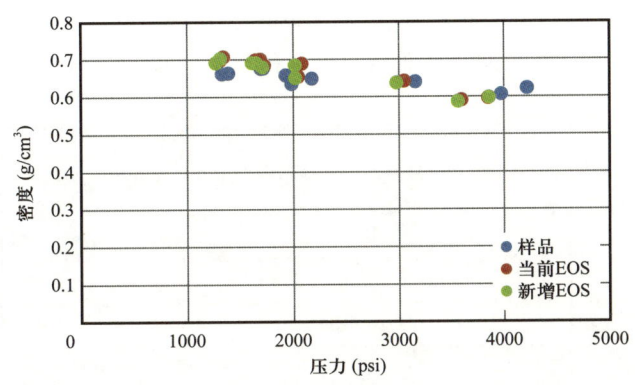

图 6-38　中东地区 NFKHS 油藏 EOS 饱和压力下密度拟合结果

2. 不同组分数量状态方程拟合效果对比

在数值模拟中，尤其是涉及组分模型的模拟，对于油藏流体的状态方程参数的设置会对整体模拟有着至关重要的影响，其中状态方程参数主要来自模型初始化步骤中与 PVT 样品的实验室数据拟合。为了保证模型能够顺利运行，一些性质相似的油藏流体组分需要进行混合形成单一组分来减少初始化过程中的总体组分数量，使得模型运行中遇到收敛性不佳等问题的概率降低。轻组分的混合方式一般较为固定，或者单独列出不进行混合，重组分则有多种混合方式。一般来说 PVT 拟合后的状态方程中组分数量一般不超过 15 个。

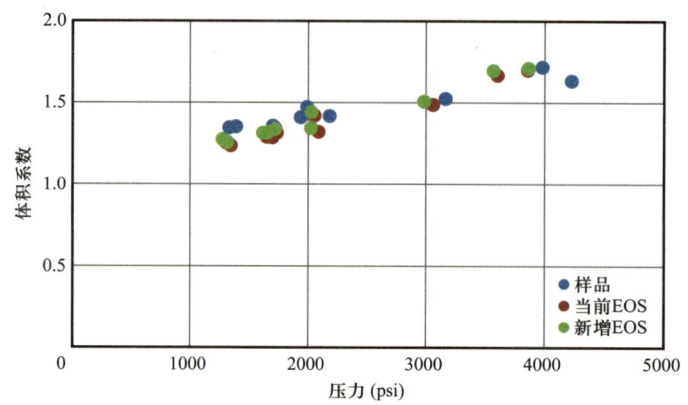

图 6-39　中东地区 NFKHS 油藏 EOS 饱和压力下体积系数拟合结果

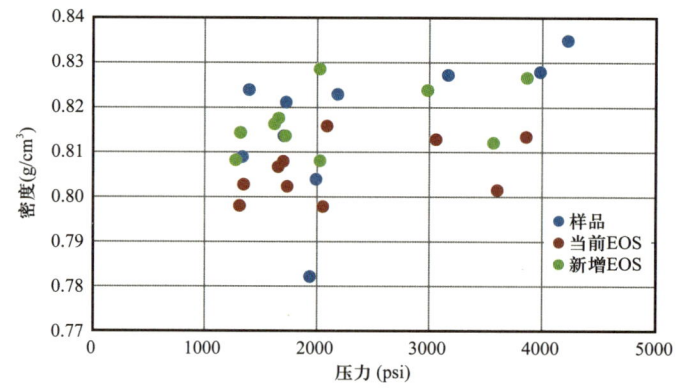

图 6-40　中东地区 NFKHS 油藏 EOS 饱和压力下分离器流体密度拟合结果

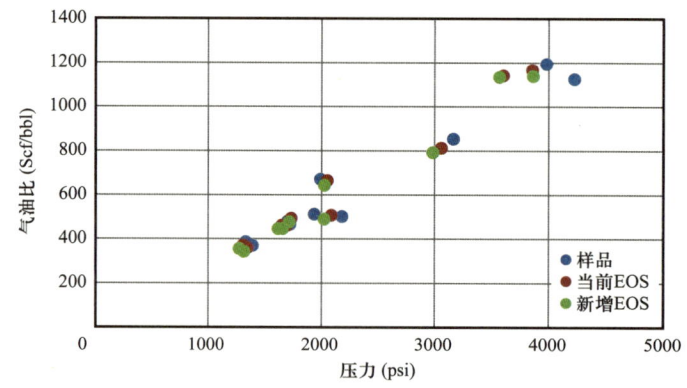

图 6-41　中东地区 NFKHS 油藏 EOS 饱和压力下气油比拟合结果

不同的混合方式也会存在不同的 PVT 拟合效果。在组分模型中由于涉及气液混相模拟，不同的组分数量和组合方式会对 PVT 的拟合有着一定的影响。表 6-7 是 8 种组分和

13种组分在同一种模型中状态方程的组分表达。两种不同的组分混合方式区别在于，相较于8组分EOS，13组分状态方程中单独分为了C_1、N_2、C_4、C_5和C_5^+。

表6-7　8组分与13组分对比表

状态方程类型	组分内容
8组分	CO_2，H_2S，C_1N_2，C_2+C_3，C_4+C_5，$C_6 \sim C_{13}$，$C_{14} \sim C_{29}$，$C_{30}P$
13组分	N_2，CO_2，C_1，C_2，C_3，iC_4，C_4，iC_5，C_5，C_6，$C_7 \sim C_{13}$，$C_{14} \sim C_{24}$，$C_{25}P$

通过基础的PVT实验拟合对两种状态方程进行双盲测试可以发现，基础的PVT测试，即恒质膨胀实验，差异分离实验中8组分和13组分状态方程的参数拟合效果都较好（图6-42、图6-43）。

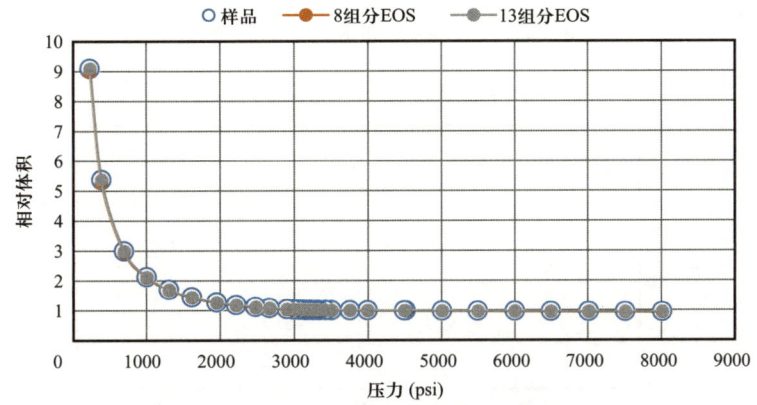

图6-42　CME实验中相对体积双盲测试对比图

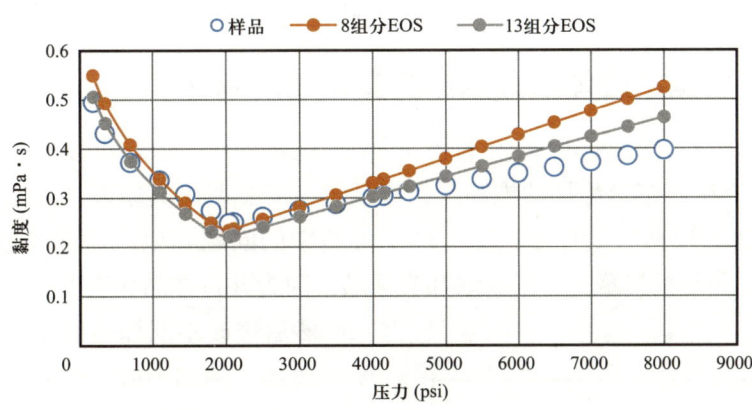

图6-43　DL实验中黏度双盲测试对比图

混相驱数值模拟中不同组分数量对拟合结果有一定的影响。本节以最小混相压力的拟合为例，根据78%C_1含量烃气和100%含量CO_2两种注入气组分分别进行了测试，如图6-44和图6-45所示，对于注入烃气的最小混相压力模拟结果中8组分的状态方程与样品实际测试值较为接近，而对于注CO_2的最小混相压力模拟结果中13组分的状态方程明显与样品实际测试值更为接近，模拟效果也更好。对于数值模拟来说，如涉及注气混相驱的模拟，在进行状态方程设计时应考虑注入气组分的差异性，从而选择合适的状态方程组分混合方式。

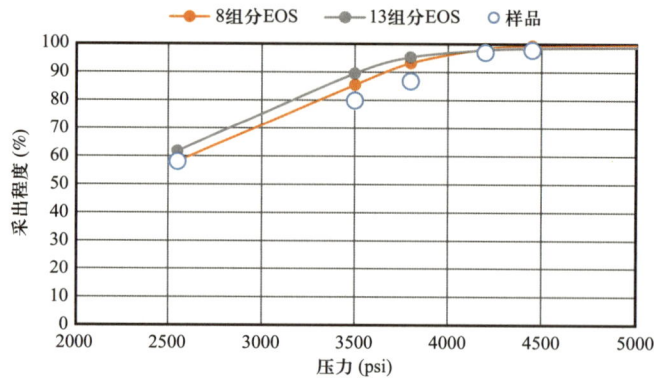

图 6-44 注烃气最小混相压力双盲测试图

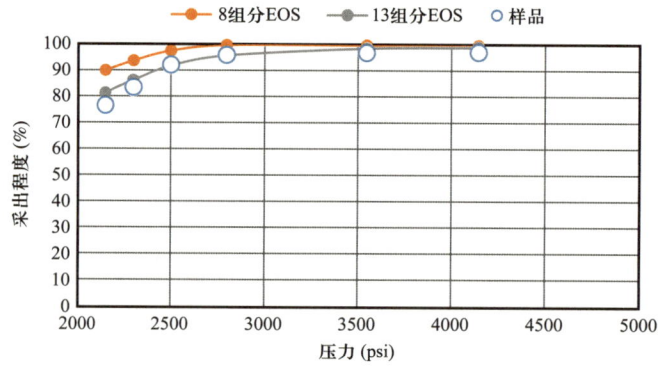

图 6-45 注 CO_2 最小混相压力双盲测试图

二、组分模型中流体组分随深度变化表的制作

首先通过 PVT 实验确定每一平衡分区或地质分区的饱和压力垂向分布趋势（图 6-46）。对于在分布趋势外的饱和压力样品点，需要明确其原因，例如油藏本身流体变化、取样问题、样品质量控制问题、PVT 实验中的问题和生产后注气造成的影响等。另外，对于气藏和凝析气藏，尽量获取井底样品，因为井口样品代表性低。

然后修改不同深度处（一般以一定的深度为间隔，例如 10ft）的摩尔组分，拟合饱和压力垂向趋势即可（表 6-8）。

在历史拟合中，如果生产初期的气油比或产气量拟合较差，则可能 PVT 样品存在代表性问题，有限的样品未能代表整个油藏的特征，这时可以考虑微调组分模型中流体组分随深度变化表，需要根据单井生产初期气油比数值趋势进行调整（图 6-47）。例如

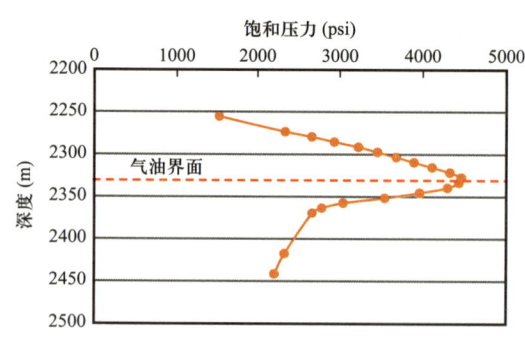

图 6-46 根据 PVT 测试确定的饱和压力分布趋势

表 6-8 某带气顶油藏流体组分随深度变化数据表

TVDss(ft)	CO_2	N_2+C_1	$C_2\sim C_3$	$C_4\sim C_6$	$C_7\sim C_{12}$	$C_{13}\sim C_{20}$	$C_{21}\sim C_{40}$	$C_{41}\sim C_{60}$	$C_{61}\sim C_{80}$	STATUS	p_{sat}(psi)
940	0.878528449	0.039604728	0.051629614	0.020788741	0.008936028	0.000506067	0.000006369	0.000000004	0	0	1060.40
970	0.870076577	0.039093617	0.056251908	0.023181149	0.010697572	0.000688124	0.000011043	0.000000009	0.000000001	0	1464.45
1000	0.860690306	0.038543762	0.061209131	0.025814923	0.012788506	0.000934234	0.000019113	0.000000022	0.000000002	0	1625.10
1030	0.850271891	0.037951197	0.066507332	0.028705798	0.015264490	0.001266222	0.000033014	0.000000052	0.000000004	0	1764.85
1060	0.838714369	0.037311596	0.072147483	0.031868039	0.018188494	0.001712983	0.000056903	0.000000125	0.000000008	0	1910.15
1090	0.825900769	0.036620253	0.078123820	0.035313461	0.021630945	0.002312587	0.000097848	0.000000299	0.000000018	0	2024.75
1120	0.811703105	0.035587037	0.084421781	0.039050142	0.025669465	0.003114893	0.000167824	0.000000712	0.000000041	0	2137.70
1150	0.795980989	0.035061340	0.091015428	0.043080731	0.030387958	0.004184748	0.000287024	0.000001690	0.000000092	0	2244.90
1180	0.778579568	0.034181996	0.097864179	0.047400228	0.035874717	0.005605774	0.000489331	0.000004002	0.000000206	0	2355.65
1210	0.757019566	0.033027386	0.103503036	0.054343281	0.043523629	0.007715950	0.000856952	0.000009729	0.000000472	0	2463.45
1240	0.727141168	0.031545399	0.112697333	0.062957212	0.053382018	0.010735310	0.001516574	0.000023892	0.000001093	0	2532.00
1270	0.693371555	0.029911368	0.121800318	0.072391732	0.064980163	0.014821561	0.002662608	0.000058186	0.000002510	1	2516.75
1300	0.655451568	0.028116844	0.130481585	0.082502698	0.078392482	0.020277738	0.004631049	0.000140328	0.000005708	1	2450.00
1330	0.613178081	0.026155984	0.138312143	0.093030930	0.093566473	0.027443265	0.007965719	0.000334570	0.000012836	1	2279.70
1360	0.566422677	0.024026266	0.144749937	0.103562704	0.110244047	0.036658928	0.013520140	0.000786827	0.000028474	1	2068.40
1390	0.515153478	0.021729325	0.149127448	0.113482896	0.127853717	0.048193209	0.022577857	0.001819946	0.000062124	1	1819.75
1420	0.459470976	0.019272336	0.150647349	0.121924814	0.145371276	0.062106619	0.036949933	0.004123903	0.000132795	1	1687.45
1450	0.399685092	0.016671076	0.148403187	0.127732566	0.161162546	0.078027783	0.058936950	0.009104225	0.000276575	1	1627.75
1480	0.336484105	0.013956688	0.141465728	0.129481443	0.172869548	0.094835012	0.090918799	0.019431738	0.000556939	1	1460.45

中东地区碳酸盐岩油藏 HS-1，历史拟合中发现初始溶解气油比拟合存在问题，通过修改 COMPVD，提出不同的修改方案，拟合生产初期不同的溶解气油比（R_s）随深度变化趋势，共提出 3 种方案，最终确定选择方案 3，改善了拟合效果（图 6-48）。

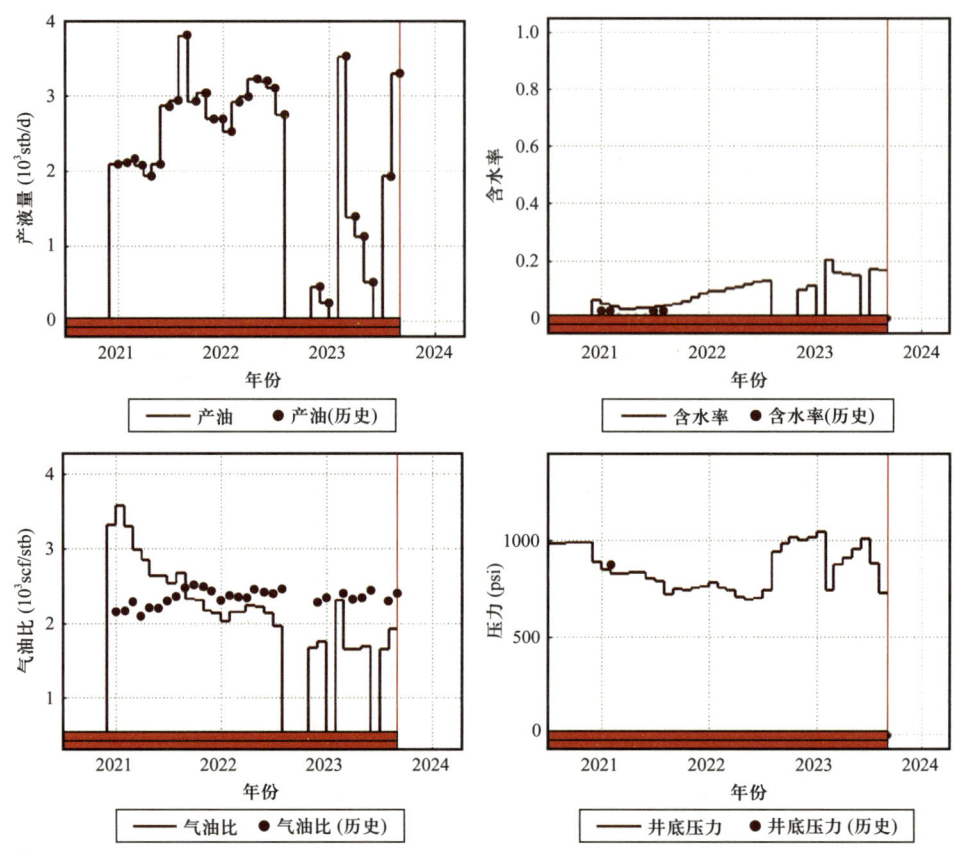

图 6-47　中东地区 A 油藏某井生产初期气油比拟合较差

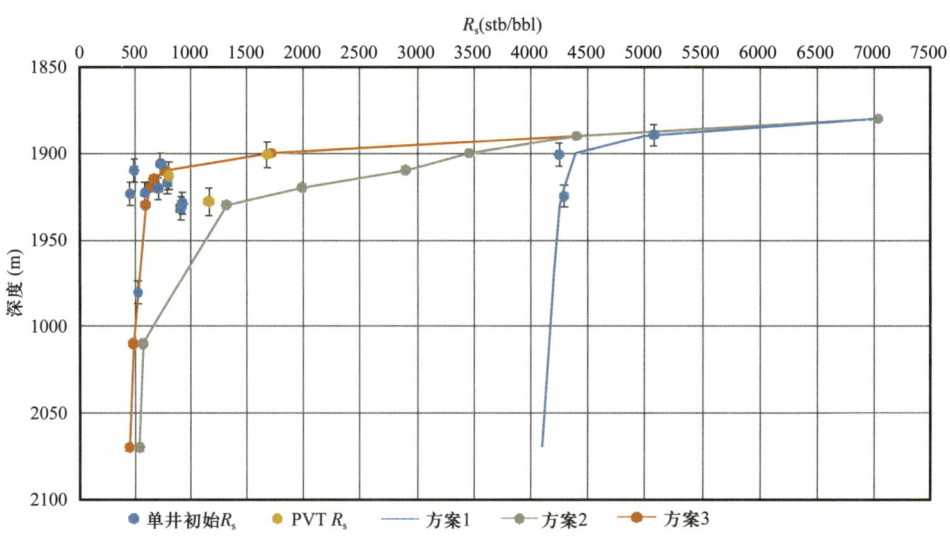

图 6-48　根据 PVT 测试确定拟合溶解气油比示意图

三、混相压力和饱和压力变化特征

很多情况下，在气油界面以下，饱和压力随深度增加而降低，在气油界面以上，饱和压力随深度增加而增大。但部分情况下，油藏流体性质变化较小，饱和压力可能不随深度变化。

实验室测量发现，对于注烃气开发的油藏，随注入烃气量增加，饱和压力升高（图6-49）。

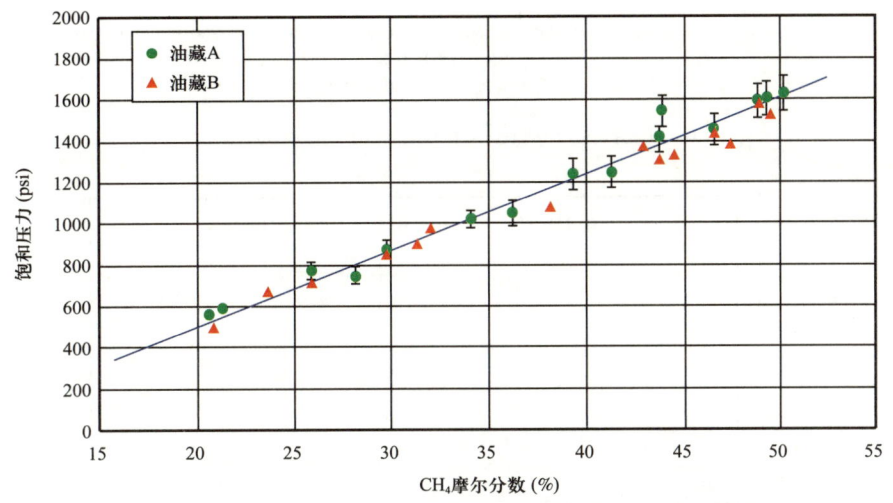

图6-49 注烃气对饱和压力的影响（温度为200°F）

中东地区碳酸盐岩油藏NBK研究结果表明，整体上，在气油界面以下，饱和压力随深度增加而降低，在气油界面以上，饱和压力随深度增加而增大。在局部位置，由于受到注烃气开发的影响，饱和压力升高，高于油藏的原始趋势线（图6-50）。

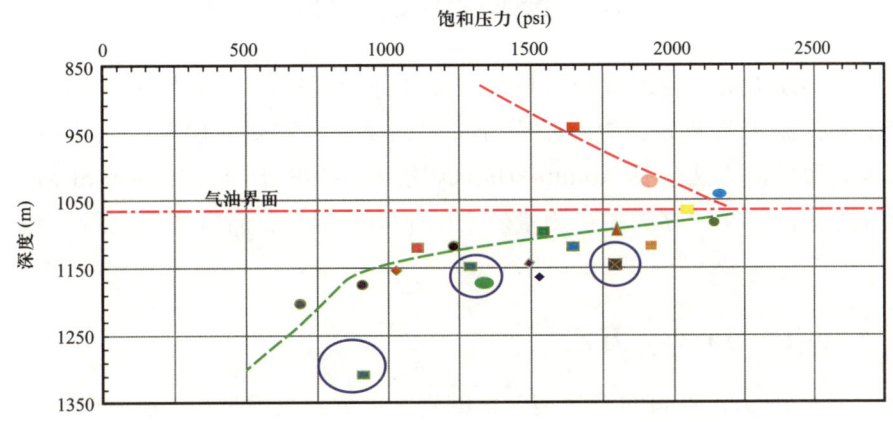

图6-50 中东地区碳酸盐岩油藏NBK注烃气对饱和压力的影响
蓝色圆圈中样品受到注烃气开发的影响，饱和压力较原始趋势线升高

对于注CO_2开发的油藏，随注入CO_2气量增加，饱和压力升高（图6-51）。测量发现，对于注烃气开发的油藏，随注入烃气量增加，最小混相压力增大（图6-52）。

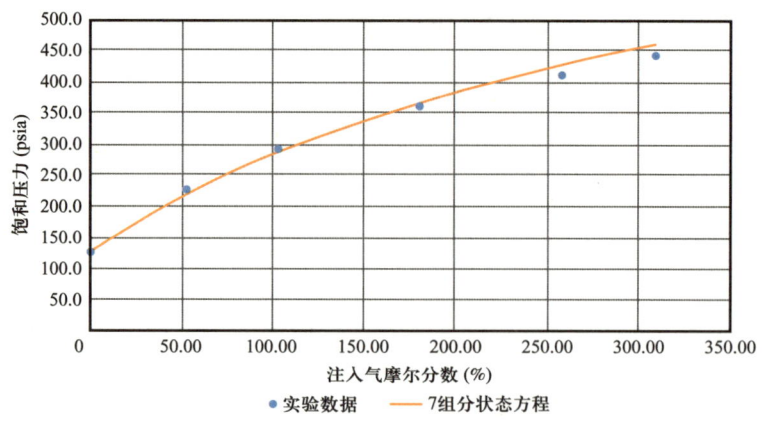

图 6-51　注 CO_2 对饱和压力的影响（温度为 155°F）

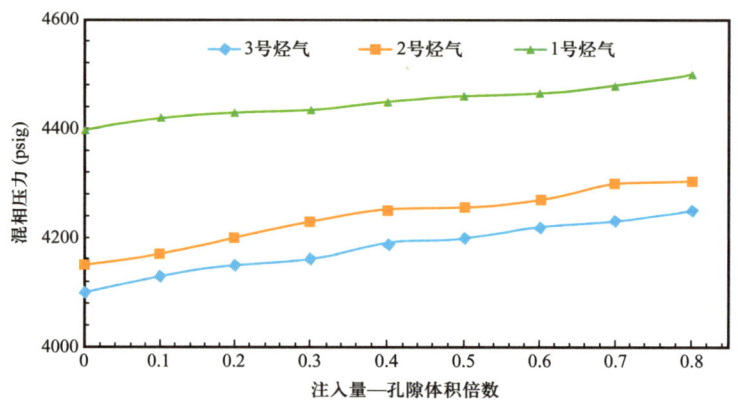

图 6-52　注烃气对混相压力的影响（据 Wei et al., 2022）

第六节　油藏润湿性确定方法

油藏的润湿性决定其毛细管压力特征、流体饱和度特征、流体渗流特征、开发方式及开发效果和提高采收率方法等，是十分重要的属性，需要在模型初始化研究中确定。常用的测量润湿性的方法包括 Amott—Harvey 方法、USBM（US Bureau of Mines）方法和接触角方法等，前两种方法主要测量岩心的平均润湿性，后者主要测量某一界面的润湿性。

一、Amott—Harvey 方法

Amott—Harvey 方法通过对初始饱含油的岩心进行自然渗吸和强制渗吸测量，确定润湿性。分别测量水润湿指数（Water Wet Index）和油润湿指数（Oil Wet Index），然后相减，得到 Amott—Harvey 润湿性指数（Amott，1959；Moren et al.，1989）。一般测量用时较长，可大于 10d，不适用于页岩或部分致密油藏。

首先测量水润湿指数。实验前进行岩心清洗，然后尽可能充满油，直至仅剩束缚水。然后将岩心放入装满水的实验容器中，进行自然渗吸，直至含水饱和度不再增加为止，

一般情况下，用时至少 10d，测量排出油的体积 V_{onat}，即自然渗吸进入岩心的水相体积。随后将岩心置于流动实验容器中，进行水相强制渗吸，直至含油饱和度降至残余油饱和度，再无油被驱替出，测量排出油相体积 V_{ofor}，即强制渗吸进入岩心的水相体积。水润湿指数为自然渗吸的水相体积与自然渗吸和强制渗吸的水相总体积之比。

然后测量油润湿指数。在装满油的实验容器中，对上述处于残余油饱和度的岩心重复上面的实验过程，先进行自然渗吸，获得进入岩心的油相体积 V_{wnat}。随后进行强制渗吸，直至含水饱和度降至束缚水饱和度，获得强制渗吸进入岩心的油相体积 V_{wfor}。油润湿指数为自然渗吸的油相体积与自然渗吸和强制渗吸的油相总体积之比。

最后，将水润湿指数和油润湿指数相减，得到 Amott—Harvey 润湿性指数

$$I_w = \frac{V_{onat}}{V_{onat} + V_{ofor}} \tag{6-23}$$

$$I_o = \frac{V_{wnat}}{V_{wnat} + V_{wfor}} \tag{6-24}$$

$$I = I_w - I_o \tag{6-25}$$

I 的取值范围为 +1（水湿）到 -1（油湿），具体地，$0.3 \leq I \leq 1$ 为水湿，$-0.3 \leq I \leq 0.3$ 为中间润湿，$-1 \leq I \leq -0.3$ 为油湿。

Amott—Harvey 方法的主要问题是对中性润湿储层不敏感。在接触角为 60°～120° 时，两种液体都不会自发地渗吸和驱替。USBM 方法和接触角方法更适用于中性润湿状态下的润湿性确定。

二、USBM 方法

该方法由 United States Bureau of Mines（USBM）等（1969）提出，主要采用离心机法进行测量，速度相对快，一般 1～2 天可以完成测量，但页岩或部分致密油藏测量难度大。USBM 方法的优点为对中性润湿的情况较为敏感。其主要的原理为驱替润湿相流体所做的功小于驱替非润湿相流体所做的功。Anderson（1986）研究发现，驱替流体和渗吸流体过程所做的功，与毛细管压力曲线和水平轴围成的面积相关。对于强水湿样品，大部分水可以被岩石样品自然渗吸，水相渗吸曲线围成的面积较小。对于强油湿样品，大部分油可以被岩石样品自然渗吸，油相驱替曲线围成的面积较大（图 6-53）。USBM 定义的润湿指数可用式（6-26）表达

$$W = \lg\left(\frac{A_1}{A_2}\right) \tag{6-26}$$

式中　W——数值为 1 附近时为水湿，0 附近为中性润湿，-1 附近为油湿。

三、接触角方法

一般测量界面的接触角判断润湿性，当接触角 $0° < \theta < 75°$ 时为水湿，当接触角 $75° <$

$\theta<105°$时为中间润湿,当接触角 $105°<\theta<180°$时为油湿。一般测量用时短,数个小时即可完成,适用于多种储层类型。

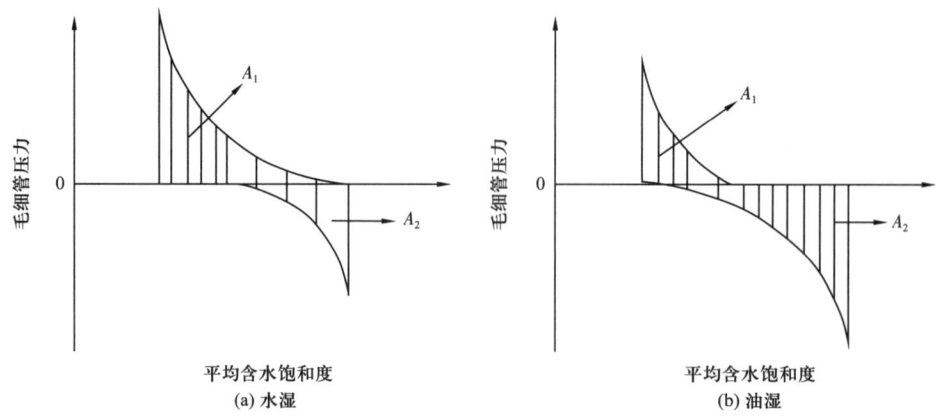

图 6-53 USBM 方法的计算原理(据 Anderson,1986)

接触角方法的明显优势是控制储层温度和压力的方法相对简单,可以测量高温、高压下的数值,而 Amott—Harvey 方法和 USBM 方法在高温和高压环境下的测量具有局限性。接触角方法的缺点在于结果稳定性差。

四、相对渗透率曲线方法

可以根据相对渗透率曲线判断岩石的润湿性,但相对渗透率曲线方法仅能区分强水湿和强油湿岩石,对润湿性的中间变化并不敏感,例如强水湿岩石和中等水湿岩石。如图 6-54 所示,(a)中是相对渗透率的饱和度范围大于 50%,为水湿;而(b)中是相对渗透率的饱和度范围小于 50%,为油湿(Anderson,1986)。

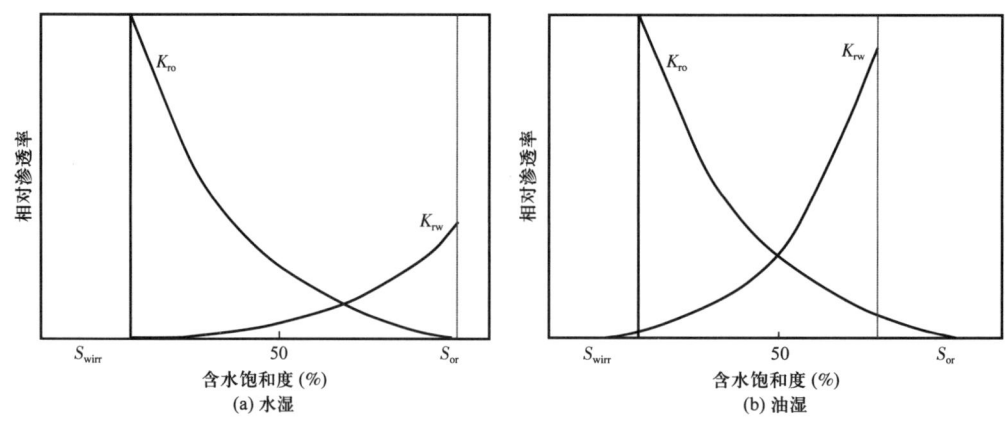

图 6-54 不同润湿性的典型相对渗透率曲线(据 Anderson,1986)

五、薄片观察法

根据薄片中岩石颗粒的润湿情况,判断润湿性。如图 6-55 所示,可见部分情况为油湿,而部分情况为水湿,因此总体上为中间润湿(León-Pabón et al.,2014)。

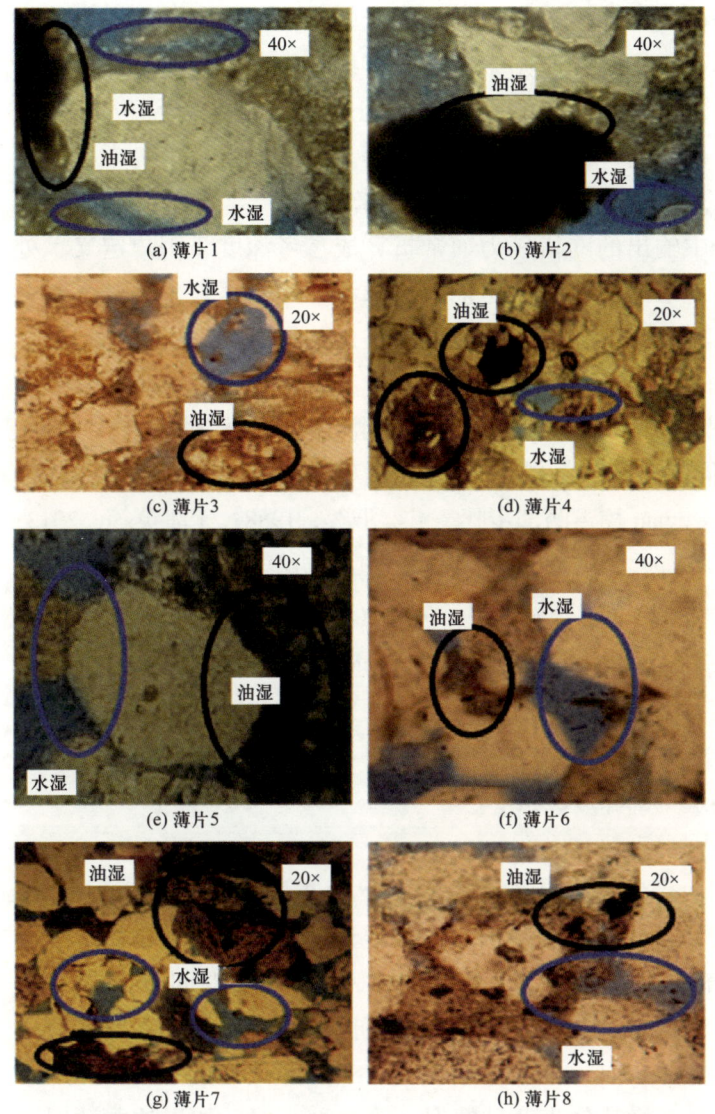

图 6-55　研究区薄片观察的润湿性特征（据 León-Pabón et al.，2014）

储层的润湿性跟储层质量也有一定的关系，例如中东地区某油藏，整体上为混合润湿，当储层质量较好，储层质量参数（RQI）较高时，Amott—Harvey 润湿指数为负，指示弱油湿；当储层质量较差，储层质量参数较低时，Amott—Harvey 润湿指数为正，指示弱水湿。

第七节　基准深度和基准压力含义

基准深度和基准压力一般选择油藏投入开发之前测量的且具有代表性的深度及其对应压力，很多情况下直接选择气油界面作为基准深度。

在进行油藏压力拟合时，由于实测压力与模型压力参考深度不一致，从而无法进行直接对比，需要进行油藏压力相同基准面折算。

在进行压力折算之前，需要先了解一下油藏折算压力的必要性。惯性思维认为地下流体是由地层压力高的部位流向地层压力低的部位，实则不然，这里面忽略了构造因素的影响。例如同一个油藏在原始条件下具有统一的压力系统，即使构造高部位油藏压力低于构造低部位，仍然处于静止平衡状态，这是因为高、低部位流体存在一定的深度差，当折算到同一基准面时，两者折算压力相等。因此，为了正确掌握油藏压力的大小、分布及其变化规律，必须进行基于基准面的折算。

油藏模拟器中输出的网格压力通常折算成参考深度（用户定义）处的压力，而压力恢复试井得到的地层压力代表的是油层中部深度处的压力，尤其是每一口井的油层中部深度不尽一致，因此在拟合对比前需要把每口井任意时刻的实测地层压力折算成动态模型基准面深度处的压力。

需要注意的是，在拟合中需要将代表不同深度处的每口井任一时刻测得的实际地层压力折算成与模型相同基准深度处的压力。校正过程主要包括实际压力折算成基准深度处的压力和地层压力的 Peaceman 校正两个步骤（袁奕群等，1988；于海英等，2013；张世明，2021）。

首先将实际压力折算成基准深度处的压力，折算方法可用式（6-27）表达

$$p_{wsd}=p_{ws}+(D_d-D_m)p_d \tag{6-27}$$

式中　p_{wsd}——折算至基准深度的实测压力，MPa；

　　　p_{ws}——压力恢复测试得到的油层中深压力，MPa；

　　　D_d——基准深度，m；

　　　D_m——油层中部深度，m；

　　　p_d——压力梯度，MPa/m。

如果采用压力恢复数据读取地层压力，还需要进行地层压力的 Peaceman 校正。油藏压力的对比是基于井的控制范围，模拟器计算的井所在网格的等效半径与井的实际泄油半径不同。同时模拟器计算的网格压力代表的是一个时间步长内计算的正常生产压力，与实际压力恢复测试得到的地层压力具有不同的含义。因此在对实测压力基准深度折算的基础上还需要进行 Peaceman 校正。

张世明（2021）将其分为两种情况。第一种情况，如果油井测得压力恢复数据，并出现直线段后，只有当关井压力恢复时间 Δt 满足式（6-28）的关系时，关井恢复压力和网格块的压力相等

$$\Delta t = \frac{67.5\phi\mu c_t \Delta x \Delta y}{K} \tag{6-28}$$

式中　Δt——关井时间，h；

　　　K——网格节点平均渗透率，mD；

　　　Δx，Δy——x 和 y 方向上的网格步长，m；

　　　c_t——总压缩系数；

　　　μ——原油黏度，mPa·s；

　　　ϕ——孔隙度。

在压力恢复曲线直线段上读出关井时间 Δt 对应的压力数值，作为模型井网格压力拟合数值。

第二种情况，如果油井测得的压力数据是一个压力点，该点位于压力恢复曲线的直线段上，则首先将质量总流量 Q 换算为体积总流量 q

$$q = Q\left[f_w\left(1-\frac{1}{r_0}\right)+\frac{1}{r_0}\right] \quad (6-29)$$

然后校正公式可用式（6-30）表达

$$p_o = p_{wsd} + \frac{2.1207q}{\lambda_t h}\lg\left[\frac{2.423\phi C_t\left(\Delta x^2+\Delta y^2\right)}{\lambda_t \Delta t}\right] \quad (6-30)$$

式中 p_o——校正后的实际地层压力，MPa；

p_{wsd}——折算到基准深度处的关井后稳定压力，MPa；

q——关井时的产油量，m³/d；

λ_t——总流度，μm²/（Pa·s）；

h——射开厚度，m；

ϕ——孔隙度；

Δt——关井时间，h；

Δx，Δy——x 和 y 方向上的网格步长，m；

C_t——总压缩系数，1/MPa。

图 6-56 为于海英等（2013）对盘 42-24 井实测压力校正对比图，结果表明实测压力与校正后压力存在一定差异。实际上，在部分情况下，这个差异可能较大，甚至对拟合结果造成影响（袁奕群等，1988）。

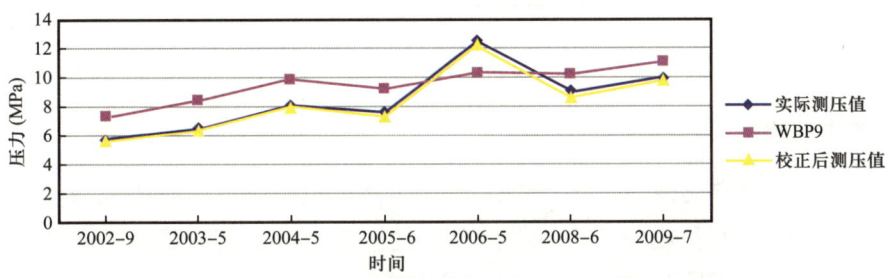

图 6-56 盘 42-24 井实测压力校正对比图（据于海英等，2013）

第八节 倾斜油水界面与古油藏初始化方法

一、传统的模型初始化方法

对于倾斜油水界面和古油藏现象，可以采用平衡初始化或枚举法初始化。平衡初始化研究中一般首先制作自由水面深度图，然后将油藏分为数个分区，每个分区深度增量相同，例如增量为 5ft，对应地在动态模型建立相应数量平衡分区，每个分区自由水界面不同，以表征自由水界面的倾斜情况。枚举法（Enumeration）初始化一般将静态模型建立的含水饱和度模型直接用于动态模型初始化中。

1. 平衡初始化

例如 Kundu 等（2017）对倾斜自由水面油藏进行动态模型初始化研究，油水界面深度为 ×650ft 至 ×840ft，根据模型分辨率和运算时间之间的平衡，选择深度增量为 5ft 划分平衡区，总共划分了 15 个平衡区（图 6-57），实现了倾斜界面油藏的初始化。但是在构造幅度较大的情况下，可能出现划分平衡区过多，例如某油藏为模拟倾斜界面现象划分了 120 个分区，导致初始化用时显著增加，显著降低了模拟效率。

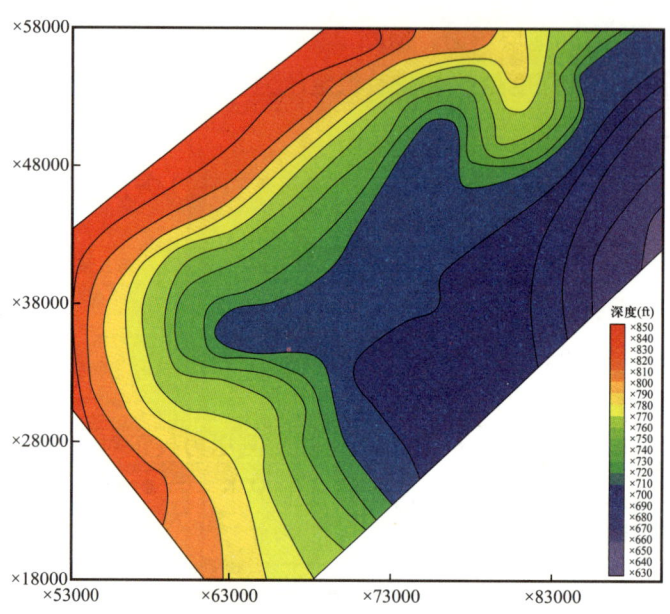

图 6-57　中东地区某倾斜油水界面油藏动态模型初始化平衡分区划分剖面图（据 Kundu et al., 2017）

2. 枚举法初始化

枚举法可以明确定义油藏动态模型的启动条件，包括压力、流体饱和度、流体组成和油藏温度（组分模型和热采模型）等信息，是倾斜自由水面油藏、横向流体组分和特征变化较大油藏等情况下动态模型初始化的主要方法。

枚举法初始化的主要输入参数包括模型属性、压力、饱和度、流体组分和其他输入参数等五个方面。以下以中东地区 SRHK-2 碳酸盐岩油藏为例进行介绍。

模型属性输入内容与平衡初始化接近，包括孔隙度、各向渗透率、有效网格属性、净毛比、油藏分区属性及其他自定义的分区等。

模型压力输入方面，一般首先定义流体界面和流体的组成、状态方程等属性，然后运行平衡初始化，得到压力场作为枚举法初始化的输入参数。

模型饱和度输入方面，需要输入含水饱和度场和含气饱和度场（如果有气顶），一般来源于静态地质模型。具体地，计算含水饱和度场的输入参数，即流体界面、饱和度高度函数（即饱和度表）和来自动态模型的流体密度。对于气顶，计算含气饱和度的主要方法根据地质特征不同分为四类，已在饱和度表一节中介绍，本节不再赘述。为了使饱和度属性与饱和度表中毛细管压力项符合，一般商业模拟软件可选用对应关键字进行处理，例如"SWATINIT-SHIFT"关键字。但一般情况下不推荐使用端点标定（"Scale"关键字）。

模型流体组分输入方面，需要输入气相摩尔组分和液相摩尔组分，一般可来源于地质统计学插值或平衡初始化。如果为组分模型，需要分别给出气相每一种流体组分的摩尔组分场和液相每一种流体组分的摩尔组分场。

其他输入参数主要包括油藏温度场、断层转导率、状态方程、饱和度表、垂直管流表、流动边界和岩石压缩性等参数，与平衡初始化方法相对接近。

二、驱替—渗吸模型初始化方法

驱替—渗吸模型初始化方法模拟油气藏的驱替—渗吸过程，更加符合实际情况，但目前商业模拟器上普遍未集成该模块，需要在商业模拟器环境下编程实现。其流程大致如下：（1）使用古自由水面和主要驱替毛细管压力曲线初始化模型，得到古含水饱和度场；（2）根据现今自由水面和毛细管压力场，使用渗吸模型和渗吸过程扫描曲线对上述模型进行再次初始化，直接得到用于动态模型的初始饱和度场（图6-58—图6-60）。

图6-58 某倾斜自由水面油藏形成过程示意图（据 Dick et al., 2021）

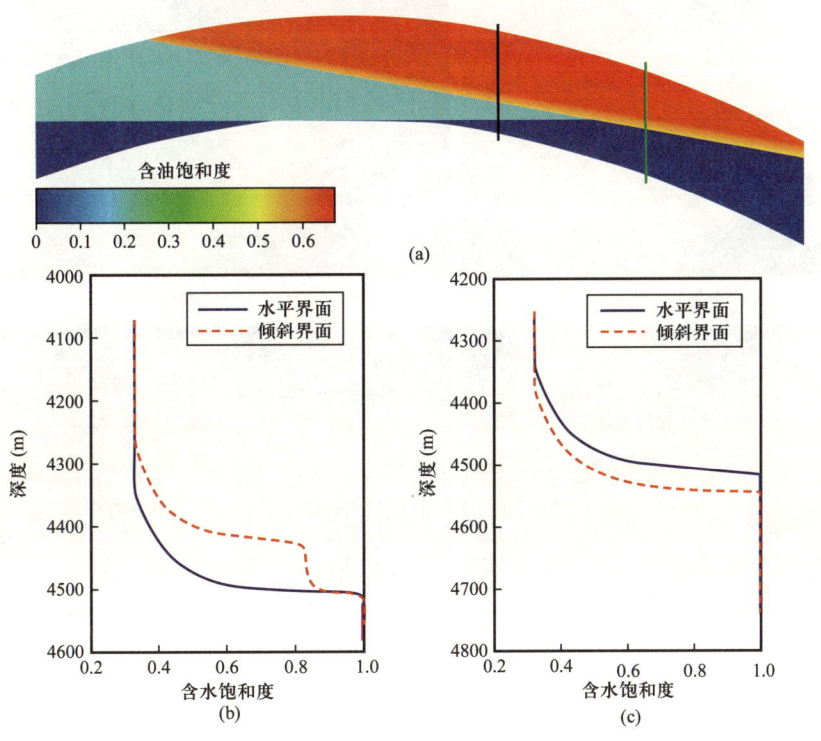

图6-59 某倾斜自由水面油藏典型井剖面和饱和度剖面（据 Dick et al., 2021）
（b）对应（a）中左井，出现自由水面上升过程；（c）对应（a）中右井，出现自由水面下降过程

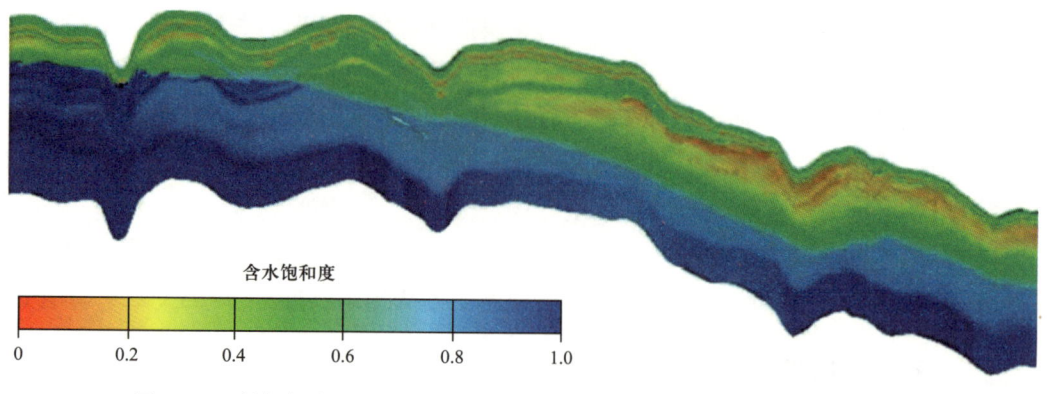

图 6-60 某倾斜自由水面油藏动态模型饱和度剖面（据 Dick et al., 2021）

三、基于历史模型运行的初始化方法

基于历史模型运行的初始化方法，模拟地质历史时期饱和度的变化。根据构造演化历史分析和古自由水面研究，使用古自由水面和驱替毛细管压力饱和度高度函数，建立原始含水饱和度模型。然后通过枚举法，使用原始含水饱和度来初始化动态模型，并使其平衡 40000a（图 6-61）。然后监测流体再分配情况和压力趋势，以确认油藏已达到平衡，模拟结果与油井含水饱和度计算结果相匹配。在历史拟合中，使用基于物理过程的初始化方法，气油比和含水率的拟合质量（图 6-62 中绿线）相比常规模型初始化方法（图 6-62 中红线）提升非常明显（Mehdi, 2020）。

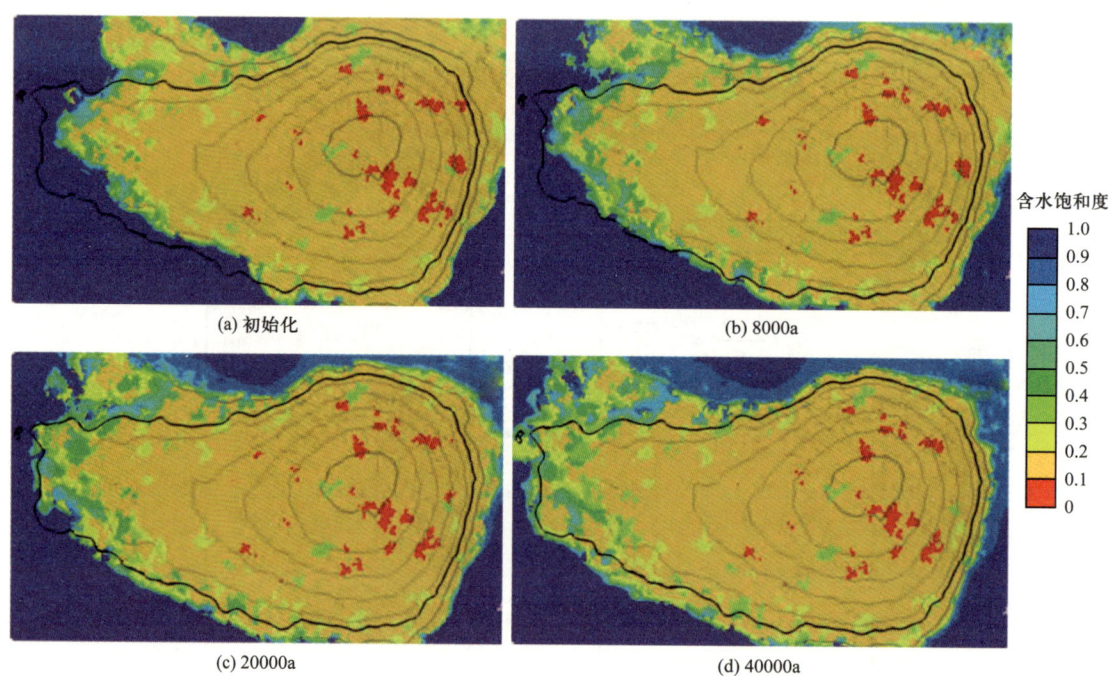

图 6-61 各平衡年限后的油藏 A 顶部的含水饱和度，粗线代表现今的自由水面
（据 Mehdi, 2020）

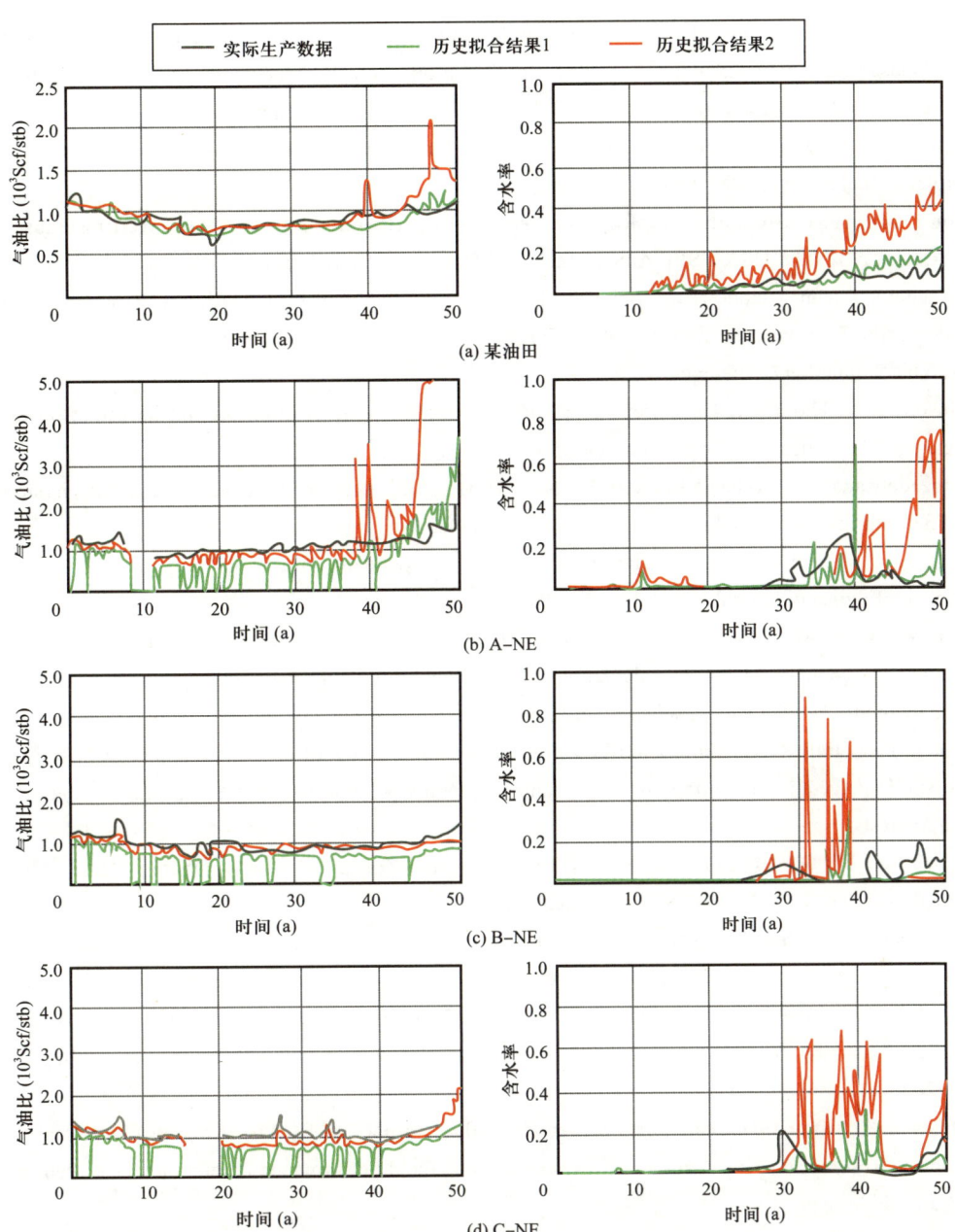

图 6-62 滞后模型初始化历史拟合结果（据 Mehdi，2020）

历史拟合案例 1 从 40000a 初始化运行后的最后一步重新开始，历史拟合案例 2 使用与生产历史开始时观察到的基准压力、流体接触面和流体组分梯度进行常规平衡初始化

参 考 文 献

于海英，王碧涛，周飞，等，2013. 实测地层压力与模型网格压力对应关系的研究［J］. 石油化工应用，32（6）：38-41.

袁奕群，1988. 实测地层压力校正方法［J］. 大庆石油地质与开发，（1）：49-53.

张世明，2021. 油藏数值模拟实践［M］. 北京：石油工业出版社.

Amott E, 1959. Observations relating to the wettability of porous rock. Trans [J]. AIME, 216: 156-162.

Amrollahinasab O, Azizmohammadi S, Ott H, 2023. Simultaneous interpretation of SCAL data with different degrees of freedom and uncertainty analysis [J]. Computers and geotechnics, 153: 105074.

Anderson W G, 1986. Wettability literature survey-Part2: Wettability measurement [J]. Journal of Petroleum Technology, 38 (11), 1246-1262.

Carlson F M, 1981. Simulation of Relative Permeability Hysteresis to the Non-Wetting Phase [C]. SanAntonio, Texas, USA: SPE Annual Technical Conference & Exhibition.

Dick Kachuma, Jean-Claude Hild, Belushko Irina, 2021. Simplified Initialization of Reservoir Simulation Models with Continuously Varying Tilted Contacts and Complex Fluid Distributions [C]. [S.l.]: SPE Reservoir Simulation Conference.

Donaldson E C, Thomas R D, Lorenz P B, 1969. Wettability determination and its effect on recovery efficiency [J]. Society of Petroleum Engineers Journal, 9 (1): 13-20.

Hosseinzadehsadati S, Akbar Eftekhari A, Nick H M, 2022. Role of relative permeability hysteresis in modified salinity water flooding [J]. Fuel, 321: 124085.

Killough J E, 1976. Reservoir Simulation with History-dependent Saturation Functions [J]. Society of Petroleum Engineers Journal, 16 (1): 37-48.

León-Pabón John-Alexander, Mejía-Pilonieta Tito-Javier, Carrillo-Moreno Luis-Felipe, et al., 2014. Experimental comparison for the calculation of rock wettability using the amott-harvey method and a new visual method [J]. CT&F Ciencia, 5 (5): 5-22.

Masalmeh S K, Jing X D, 2006. Capillary pressure characteristics of carbonate reservoirs: Relationship between drainage and imbibition curves. Trondheim, Norway: International Symposium of the Society of Core Analysts.

Masalmeh S K, 2000. High Oil Recoveries from Transition Zones [C]. Abu Dhabi, UAE: Abu Dhabi International Petroleum Exhibition and Conference.

Masalmeh S K, 2002. The Effect of Wettability on Saturation Functions and Impact on Carbonate Reservoirs in the Middle East [C]. Abu Dhabi, UAE: Abu Dhabi International Petroleum Exhibition and Conference.

Masalmeh S K, Abu-Shiekah Issa M, Jing Xudong, 2007. Improved Characterization and Modeling of Capillary Transition Zones in Carbonate Reservoirs [J]. SPE Reservoir Evaluation & Engineering, 10 (2): 191-204.

Masalmeh S K, Jing X D, van Vark W, et al., 2004. Impact of SCAL (Special Core Analysis) on Carbonate Reservoirs: How Capillary Forces Can Affect Field Performance Predictions [J]. Petrophysics, 45 (5): 403.

Masalmeh S K, Wei Lingli, 2010. Impact of Relative Permeability Hysteresis, IFT dependent and Three Phase Models on the Performance of Gas Based EOR Processes [C]. Abu Dhabi, UAE: Abu Dhabi International Petroleum Exhibition and Conference.

Mehdi El Faidouzi Mohamed, Farzeen Mohamed, Lavenu Philippe, 2020. Physics-Based Initialization Captures Post-Migration Structural Deformation in Mixed-Wet Carbonates: An Integrated Workflow for Tilted Oil-Water Contact Reservoirs [C]. Abu Dhabi, UAE: Abu Dhabi International Petroleum Exhibition & Conference.

Moreno A, Moreno N, 1989. Mojabilidad en medios porosos y su determinación por una modificación del método Amott [C]. Bucaramanga, Colombia: Universidad Industrial de Santander.

Rose W, Bruce W A, 1949. Evaluation Of Capillary Character In Petroleum Reservoir Rock [J]. Journal of Petroleum Technology, 1 (5): 127-142.

Torcaso Michael A, Wyllie M R J, 1958. A Comparison of Calculated krg/kro Ratios With a Correlation of Field Data [J]. Journal of Petroleam Technology, 10 (12): 57-58.

Wei Chenji, Li Zhenghong, Yang Jiang, et al., 2022. A comprehensive performance evaluation methodology for miscible gas flooding: A case study in a giant carbonate reservoir in Middle East [J]. Journal of Petroleum Science & Engineering, 215: 110668.

Wyllie M R J, Gardner G H F, 1958. The Generalized Kozeny·Carman Equation [J]. World Oil, 146 (4+5): 121+210.

第七章 动态模型历史拟合研究中的部分重点问题

《实用油藏地质建模与数值模拟手册》一书已经对动态模型历史拟合研究流程及质量控制方法进行了详细介绍,本章不再重复,而是主要关注定量化的质量控制方法、水气交注模拟中需要注意的部分重点问题,以及国际公司在组分模拟中经常使用的 Alpha 因子方法等,最后补充介绍了一些常用的动态监测方法。

第一节 不确定性研究方法在历史拟合及生产预测中的应用

智能辅助历史拟合(Assisted History Matching,简写为 AHM)已经相对成熟,逐渐成为历史拟合的主要研究方法。以中东地区 C 碳酸盐岩油藏为例,首先确定智能辅助历史拟合主要不确定性参数,然后进行敏感性分析,选取主要的不确定性参数,最后确定目标函数,进行历史拟合(图 7-1、图 7-2)。

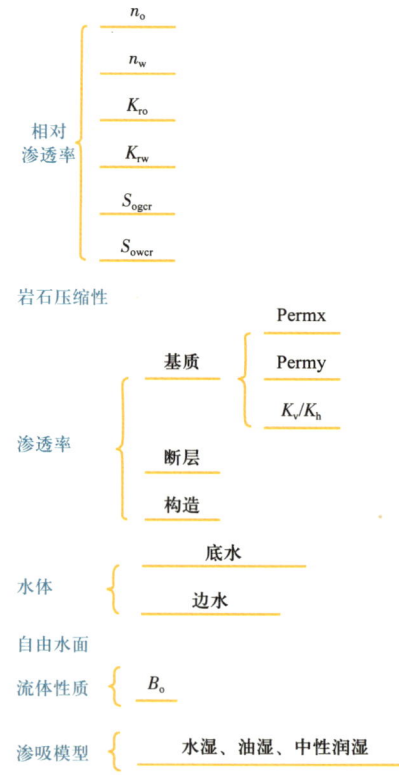

图 7-1 中东地区 C 碳酸盐岩油藏智能辅助历史拟合主要不确定性参数

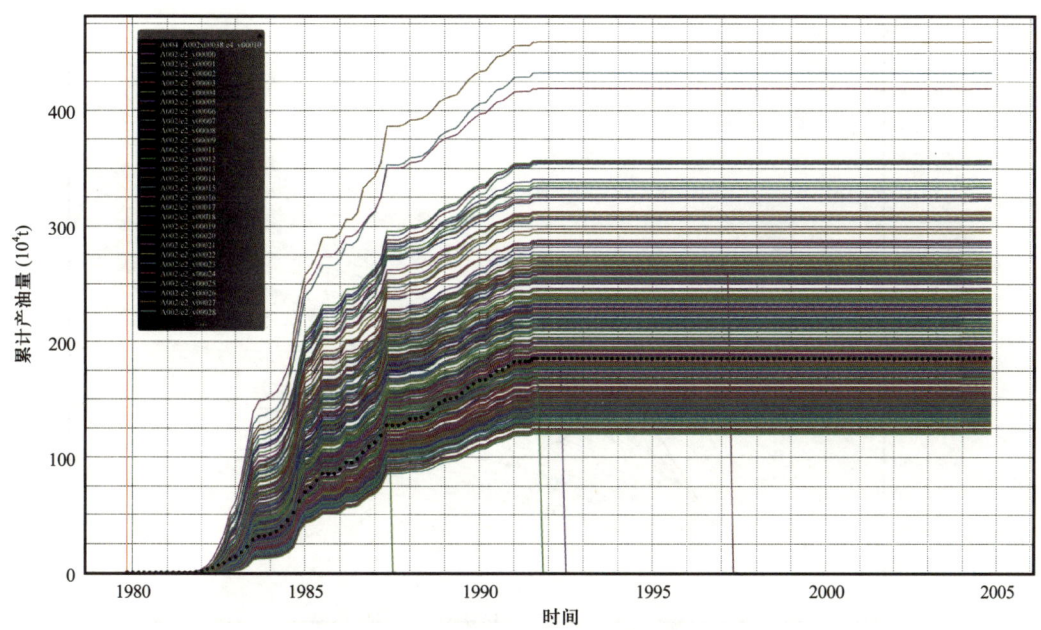

图 7-2 中东地区 C 碳酸盐岩油藏智能辅助历史拟合累计产油量不确定性（图中虚线为实际生产数据）

不确定性研究方法在方案设计中的应用也较为成熟。首先采用决策矩阵进行开发方案设计，然后分别评价每个参数的最优取值，得到开发方案（图 7-3）。对于生产预测的不确定性，同样首先确定不确定性参数，然后进行敏感性分析，选取主要不确定性参数，进行不确定性分析，确定生产指标的不确定性，同时给出定量指标，如 P90、P50 和 P10 数值（图 7-4）。

图 7-3 中东地区 C 碳酸盐岩油藏方案设计决策矩阵

— 291 —

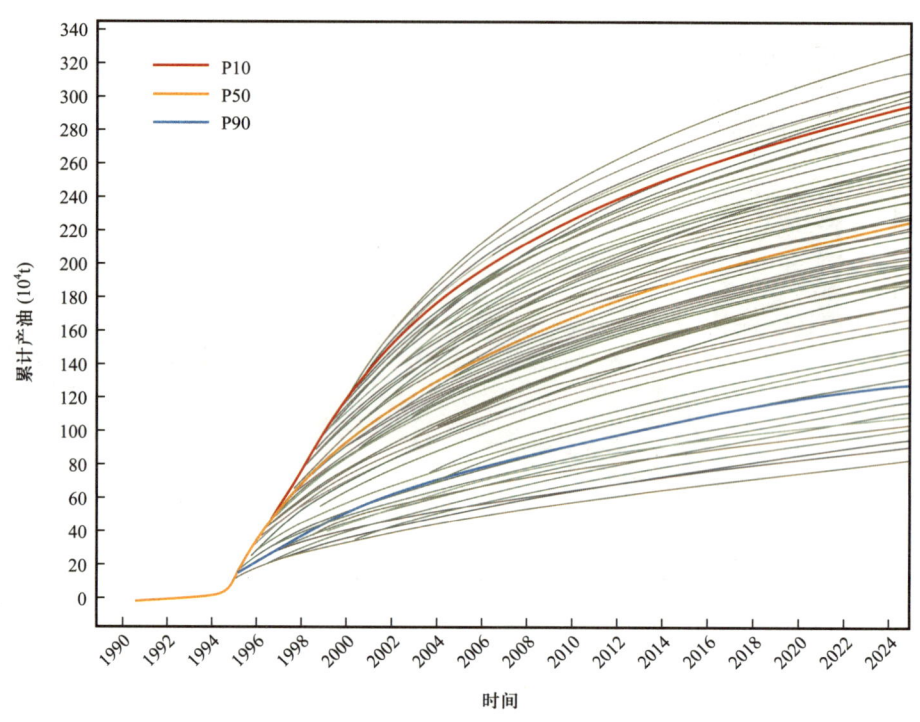

图 7-4　中东地区 C 碳酸盐岩油藏生产预测不确定性结果

第二节　历史拟合质量控制定量要求

以下对历史拟合质量控制定量要求进行简要介绍（Faisal et al.，2011，2013，2018，2019），详细内容请参考《实用油藏地质建模与数值模拟手册》一书或相关文献，本书主要提供历史拟合的定量化质量控制标准。

一、静态模型到动态模型的过渡阶段

一般需要逐井对比含水饱和度测井解释、静态模型饱和度场和动态模型初始化饱和度场结果，明确油气的横向和垂向分布。对比静态模型和动态模型每个小层、每种岩石类型的地质储量，一般情况下要求分层地质储量差异小于1%，最好小于0.5%。粗化地质模型与细网格模型的分层地质储量差异小于3%，最好小于1%。绘制单井静态模型含水饱和度与动态模型含水饱和度交会图，检查初始化含水饱和度与45°线的符合情况。如果整体与其接近，则质量较好（图7-5）。逐井查看压力测试数据与模型数据匹配情况，一般情况下动态模型中的压力与压力测试结果的差异应小于20psi，最好小于10psi。进行模型稳定性测试以确保良好的平衡条件与流体分布。

地质特征对历史拟合的控制包括构造形态和断层两个方面。

动态模型的历史拟合可以通过待拟合参数的拟合过程，对井控程度较弱的区域的构造模型质量进行判断。例如，中东地区 C 碳酸盐岩油藏，在位于油藏腰部的一口生产井的历史拟合中出现了问题，即模型见水时间比实际见水时间晚了5a，含水率也显著低于生产历史。在进行全面分析且排除了与模型参数相关的其他不确定性参数后，最终认为该井北部区域的构造模型存在一定问题，由于该区域无井控，构造不确定性较大，认为当前构造过高，与边底水距离过远，从而造成拟合效果差。通过设置虚拟井，适当降低该区域的构造位置，使其与边底水位置更近，最终显著改善了见水时间和含水率的拟合效果（图 7-6）。

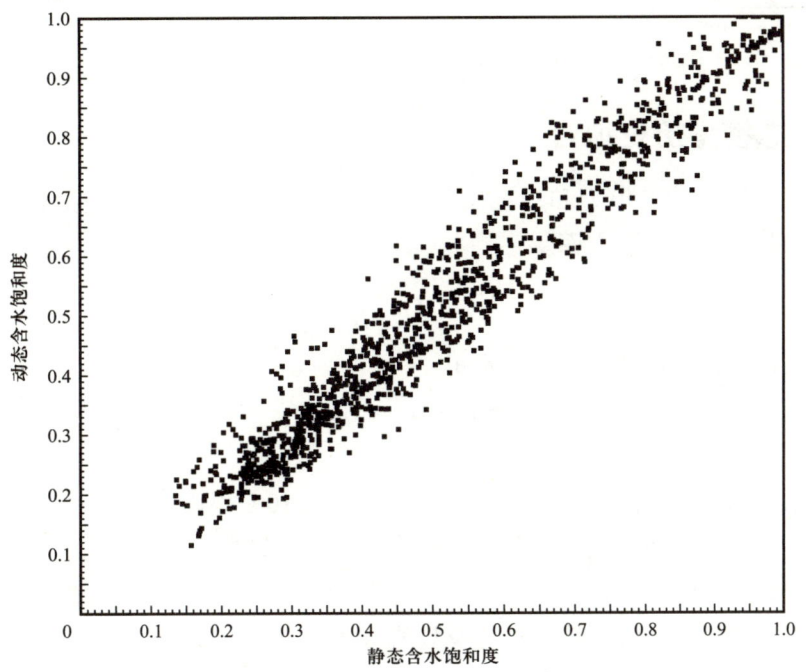

图 7-5　静态模型含水饱和度与动态模型含水饱和度交会图

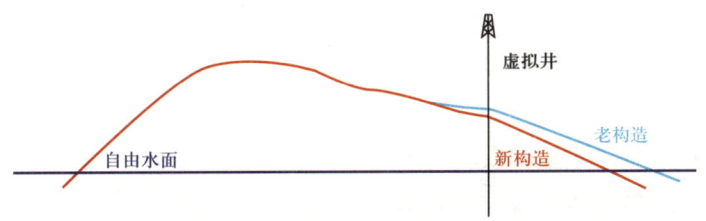

图 7-6　中东地区 C 碳酸盐岩油藏历史拟合约束构造模型示意图

断层封闭性对历史拟合的控制。断层的封闭性取决于断层带的渗透性和断层上、下两盘地层的并置关系，因此断层封闭性需要结合试油、生产数据等多方面的资料进行判断。断层并置关系是判断断层封闭性的重要参数。在构造模型研究中，应对断层断距等进行质量控制，以免出现不合理的断层并置关系。例如，生产动态资料显示中东地区 X 碳酸盐岩油藏中的断层对油藏流体流动影响较小，可以忽略不计。但在构造模型的质量控制中发现模型中一条重要断层在局部位置断距过大，造成断层两盘储层完全错开，给动态模型造成了错误的认识。结合地震解释资料和上部层位的构造解释结果，认为当前断层断距过大，导致出现不合理的并置关系（Juxtoposition；图 7-7）。

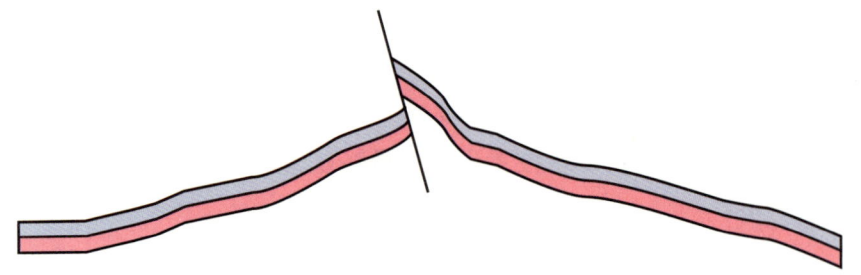

图 7-7　中东地区 X 碳酸盐岩油藏某断层地层并置关系图

二、动态模型历史拟合

通过地质认识、静态模型和动态模型之间的迭代循环，逐井改进拟合效果。主要的拟合质量要求包括以下几个方面。

1. 生产井拟合

（1）产量和累计产量（油、气、水）。

（2）井底静压的趋势和数值（±50psi）。

（3）井底流动压力趋势和数值（±50psi）。

（4）含水率和气油比的趋势和数值，气油比在 ±10% 以内，含水率在 ±5% 以内。

（5）气、水突破时间方面，实际数据和模型结果差异少于 1～2 个月。

（6）生产指数（0.5～5 倍）。

（7）单层生产贡献（PLT 等）趋势及数值 ±20% 误差。

（8）水驱前缘，仅趋势拟合即可。

（9）RFT/MDT 剖面、趋势符合和误差 ±50psi。

（10）每层岩心和测试渗透率与模型动态渗透率趋势符合，相乘系数小于 5。

2. 注水井和注气井拟合

（1）注入量和累积注入量（水、气）。

（2）井底静压的趋势和数值（±50psi）。

（3）井底流动压力趋势和数值（±50psi）。

（4）注入指数（0.5～5 倍）。

（5）注入前缘仅趋势拟合。

3. 拟合较差可能原因

盲测检查模型预测最近几年实际油田历史的能力，以及从历史到预测的产量转变。定义每个区域的拟合较差的井，其可能包括以下原因。

（1）地质属性存在偏差和分层方案未考虑隔夹层和高渗层。

（2）核实生产数据质量，消除异常数据。

（3）K_{row} 曲线一般是含水率拟合较差的主要原因，使用来自特殊岩心分析改进的 K_{row}

曲线或来自其他油藏的类比数据以获得合适的 K_r 曲线。

（4）避免局部渗透率（K_x、K_y、K_v）和传导率倍乘，建议考虑根据地质因素对某些区域进行渗透率或传导率的放大或缩小。

（5）存在高渗层时可以使用渗透率或传导率倍乘。

（6）使用层间传导率作为拟合参数。

（7）将裂缝发育程度视为拟合参数。

（8）考虑断层封闭性和频率作为拟合参数。

（9）考虑不同的网格粗化方式。

（10）EOR 模拟一般需要更加精细的网格，通常两口井之间最少应存在 7～10 个网格，以便精细模拟驱替前缘。

（11）使用分区模型（Sector Model）评估模型输入数据并进行敏感性分析。

（12）压力拟合重要性高于气油比拟合，单井气油比的测量一般存在不同程度的不确定性，在拟合时需要注意。

（13）尽量不要使用临界含水饱和度抑制地层水流动完成历史拟合，可能造成产水低于实际情况，如图 7-8 所示的相对渗透率曲线。

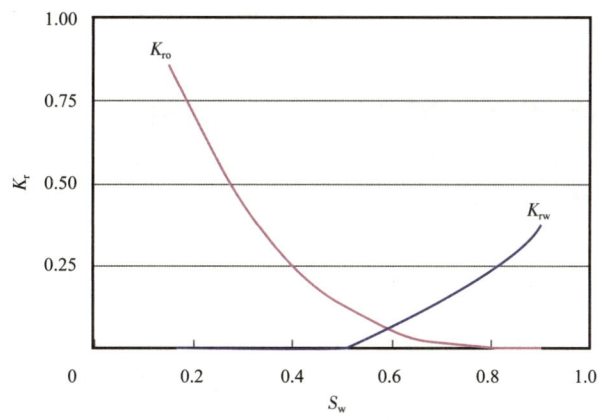

图 7-8　使用临界含水饱和度控制地层水流动

在历史拟合质量控制中，可以绘制单井生产数据与动态模型结果交会图，检查动态模型结果与 45° 线的符合情况，如果整体与其接近，则历史拟合质量较好。

一般情况下，渗透率的调整倍数应小于 5 倍（图 7-9），孔隙度的调整小于 5p.u.，孔隙体积的调整在从小于 5% 至 10%，净毛比的调整在从小于 10% 至 15%。调整后在孔隙度—渗透率交会图上，动态模型的分布位置应在静态模型范围内。断层传导率的调整在 1～2 个对数数量级内。建议在全区范围上调整，例如不同岩石类型的渗透率倍乘系数，或者某一层（Layer）的渗透率倍乘系数等。尽量不要通过井周的局部修改完成拟合，否则可能会对生产预测和方案编制造成一定影响。

需要注意的是，不同油藏的开发阶段不同、资料条件不同，在应用上述质量控制标准时可适当调整。

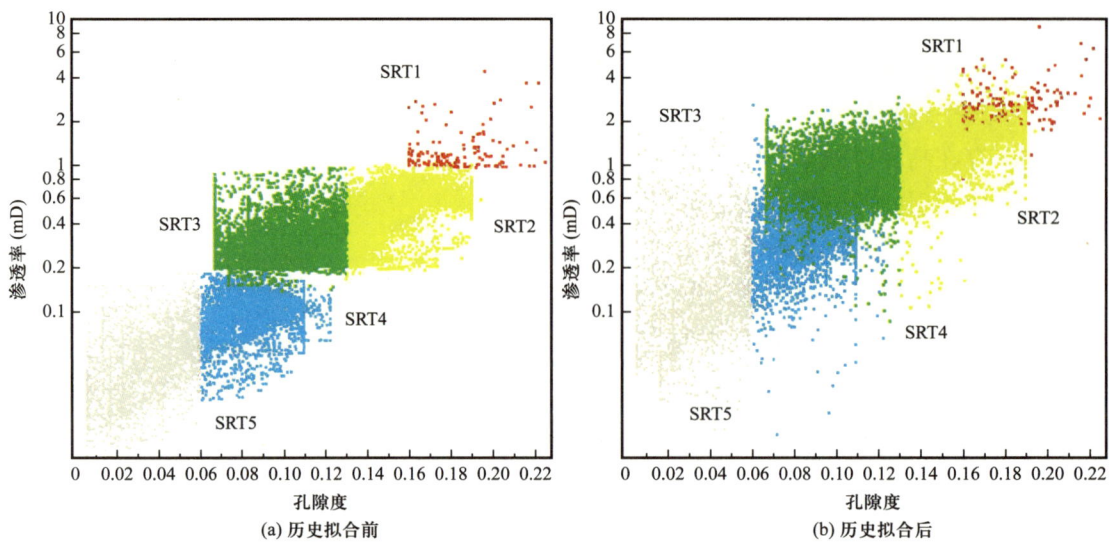

图 7-9 历史拟合前后静态模型和动态模型不同岩石类型孔渗交会图对比

三、开发方案的预测模式

每口井的预测趋势（产量、压力、含水率和气油比）应合理。如果预测趋势异常，请检查如下内容：

（1）检查生产、测试数据的准确性，筛选数据是否合理；
（2）检查在井、井组和油田级别施加的模型约束条件；
（3）检查目标产量和长期稳产目标的可行性；
（4）考虑与油藏和油井潜力符合的生产量或注入量限制条件；
（5）逐井检查含水率和气油比预测模式，与历史情况和趋势保持一致；
（6）检查原油流动方向，以确保不会出现可能导致油藏破坏的不良趋势；
（7）检查压力变化，以避免异常趋势（上升或下降）；
（8）检查油井活动（关井、钻井和重新完井等）。

经济评价逐渐开始成为方案预测的重要参数。桶油技术成本（Unit Technical Cost，简写为UTC）反映了项目生命周期内投资、操作费与项目产量之间的关系。一般来说，UTC值越低表示项目在单位产出上资金动用较少。UTC的计算采用了动态评价指标，考虑了资金的时间价值，需要对CAPEX和OPEX进行资金等值换算，计算项目评价期内的资金投入现值，同时考虑到产量剖面的现值折算，得到了在评价期内的项目单位产量所需要的现值投入

$$\mathrm{UTC} = \frac{\sum_{t=1}^{n}(\mathrm{CAPEX}_t + \mathrm{OPEX}_t)(1+i_c)^{-t}}{\sum_{t=1}^{n}P_t(1+i_c)^{-t}} \quad (7\text{-}1)$$

式中　t——时间；
　　　CAPEX——总投资成本；

OPEX——总生产成本；

i_c——基准收益率；

P_t——当年产量。

与 UTC 较容易混淆的是桶油成本的概念。桶油成本（Dollar Per Barrel）反映了项目某一年的操作费与项目产量之间的关系。桶油成本的计算中仅考虑了当年在油气生产过程中的作业费、弃置费、税金（所得税及其他附加税金）、销售及管理费用等，不包含投资费用。桶油成本的计算采用了静态评价指标，不按货币时间价值进行统一换算。通过桶油成本优化可以控制短期内与生产每桶油直接相关的成本的变化趋势，获得比较优势，创造更多利润。桶油完全成本不仅考虑了油气生产过程中的直接成本，还包括了项目前期的投资成本（体现在折旧、折耗和摊销中）。实际上，桶油成本和桶油完全成本的名称经常混淆使用，因此在分析时需要首先确定其所包含的费用内容。

第三节　水气交注模拟中需要注意的部分重点问题

水气交注（Water Alternating Gas，简写为 WAG）具有较高的应用价值，主要因为其同时具有气驱较高的驱替效率和水驱较高的波及体积。

一、水气交注分离距离与注入参数的关系

Stone（1982）和 Jenkins（1984）提出了水气交注注入驱替模型，假设在稳定状态下，水气交注注入油藏模型由三个区域组成（图 7-10）：

（1）超覆区，其中只有气体可以流动；

（2）气水混合区，气、水均流动；

（3）下伏区，只有水可以流动。

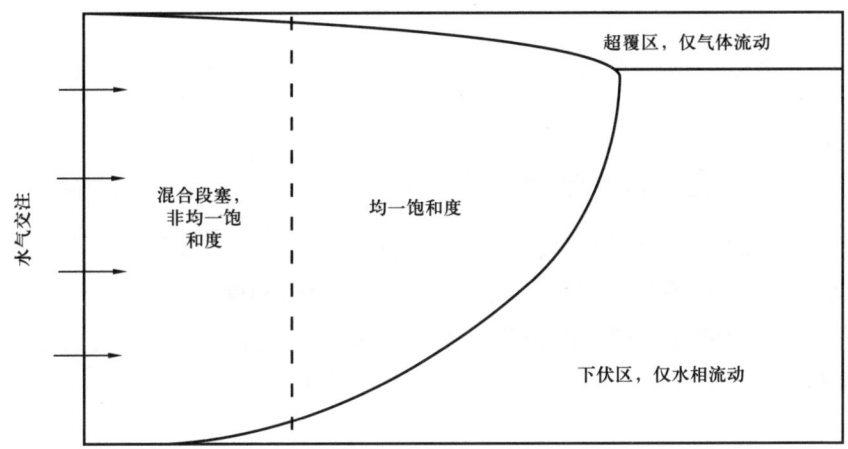

图 7-10　WAG 过程中井周围流体分布示意图（据 Stone，1982；Jenkins，1984）

同时提出了预测公式，计算在稳定条件下，气水完全分离的移动距离（WAG Segregation Distance），式（7-2）为矩形流动模型中 WAG 气水分离距离计算公式

$$L_\mathrm{g} = \frac{Q}{K_\mathrm{v}\left(\rho_\mathrm{w}-\rho_\mathrm{g}\right)gW\lambda_\mathrm{rt}^\mathrm{m}} \tag{7-2}$$

式中 Q——气和水的总注入速度；

K_v——垂向渗透率；

ρ_w，ρ_g——气和水的密度；

$\lambda_\mathrm{rt}^\mathrm{m}$——混相驱总相对流度；

W——油藏宽度。

式（7-3）为环形流动模型中 WAG 气水分离距离计算公式

$$R_\mathrm{g} = \sqrt{\frac{Q}{\pi K_\mathrm{v}\left(\rho_\mathrm{w}-\rho_\mathrm{g}\right)g\lambda_\mathrm{rt}^\mathrm{m}}} \tag{7-3}$$

式（7-2）和式（7-3）说明 WAG 气水分离距离与气水注入速率呈正相关关系。在保持其他参数不变的情况下，通过增加注入速率，可以增加气水分离距离和被气体驱替的油层体积。

Rossen 等（2007）、Rossen 等（2009）发现注入压力也与分离距离存在关系，对于环形流，如果注入压力一定，式（7-4）可以得出 WAG 气水分离距离

$$p(R_\mathrm{w})-p(R_\mathrm{g}) = \frac{K_\mathrm{v}\left(\rho_\mathrm{w}-\rho_\mathrm{g}\right)g}{2HK_\mathrm{h}} R_\mathrm{g}^2 \left\{\ln\left(\frac{R_\mathrm{g}}{R_\mathrm{w}}\right)-\frac{1}{2}\left[1-\left(\frac{R_\mathrm{w}}{R_\mathrm{g}}\right)^2\right]\right\} \tag{7-4}$$

式中 p——压力；

R_w——井眼半径；

K_h——水平渗透率；

H——油层厚度。

式（7-4）表明，随注入压力增大，WAG 气水分离距离增大。WAG 本身是一种通过同时注入气体和水来增加注入能力的方法。但是当注入压力有限时，其垂直驱替效率可能受到影响。

二、三相水气交注渗吸模型设置

当采用气水交注混相驱开发时，需要考虑三相水气交注渗吸模型，与两相渗吸模型存在差异。三相系统中的相渗透率不仅取决于流体的饱和度，还取决于第三相的存在，例如，气驱油系统中的气相相对渗透率一般大于水气交注中注水后气体驱替水油系统中的气相相对渗透率。水气交注混相驱开发对气相和水相影响较大，对油相影响不大，在研究中可以选择气相或水相使用三相水气交注渗透率渗吸模型。以中东地区 S 碳酸盐岩油藏为例，对水气交注混相驱开发模拟中的相关参数设置进行研究。结果表明，是否使用三相水气交注渗吸模型对模拟结果具有较大影响，虽然总产量接近，但是未使用三相水气交注渗吸模型时其稳产时间明显增加，可能对开发决策造成影响（图 7-11）。

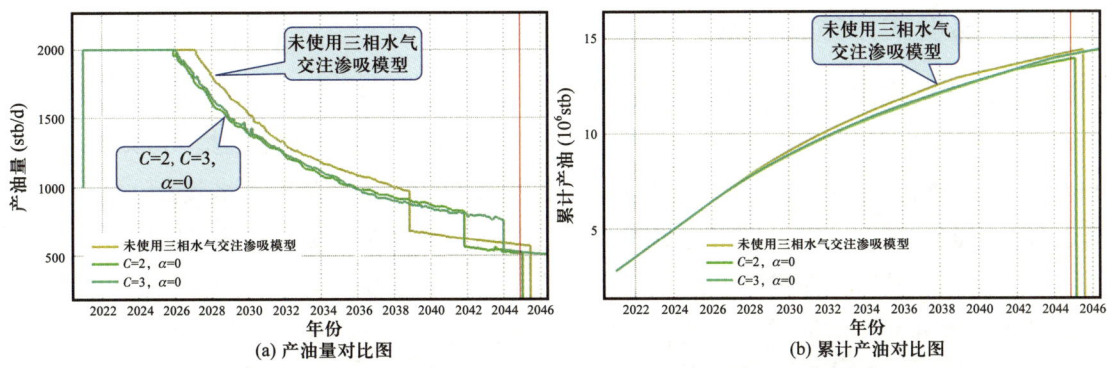

图 7-11　中东地区 S 碳酸盐岩油藏水气交注混相驱开发模拟 Land 公式常数 C 敏感性分析

可以看出，未使用三相水气交注渗吸模型时，主要使用两相渗吸模型，气相相对渗透率在二次驱替过程中可以回到原始位置，而使用三相水气交注渗吸模型后，在二次驱替过程中气相流动能力显著降低，随着驱替—渗吸旋回的增加，捕集的气体饱和度也逐渐增加，气相流动能力逐渐降低。表现在油藏产气量上，可以发现使用三相水气交注渗吸模型后，模型产气量明显降低。另外，可以看出，使用三相水气交注渗吸模型后，随着注气过程的进行，水相的流动能力也有所降低。

研究中可以分别选择是否对水相、气相使用三相水气交注渗吸模型，否则仍然使用两相渗吸模型。其他关键的参数为 Land 公式中的常数 C 和二次驱替气相流动能力降低系数 α。Land 公式中的 C 值一般由实验确定，二次驱替气相流动能力降低系数 α 主要用于表征油藏二次驱替过程中气体流动性的降低程度，其数值越大，流动性降低越明显。关于 Land 公式和二次驱替过程在本书中倾斜油水界面一节已经介绍，这里不再赘述。

使用中东地区 S 碳酸盐岩油藏的示例，对 Land 公式常数 C 进行敏感性分析，在 α 数值相同的情况下，常数 C 分别取值 2、3，结果表明，随着 C 值增大，其稳产时间和最终采出程度均略有增加（图 7-11）。实际上，C 值也决定了渗吸毛细管压力曲线和相对渗透率曲线的形态，过小的常数 C 值可能导致曲线过于陡峭，从而造成收敛性问题。

使用中东地区 S 碳酸盐岩油藏的示例，对二次驱替气相流动能力降低系数 α 进行敏感性分析，在常数 C 数值相同的情况下，α 分别取值 1、3，结果表明，随着 α 值增大，二次驱替过程流动能力降低越明显，其稳产时间显著降低，但最终采收率差异不大（图 7-12）。在研究中建议对该参数进行敏感性分析，根据油藏的真实情况选择合适的参数。

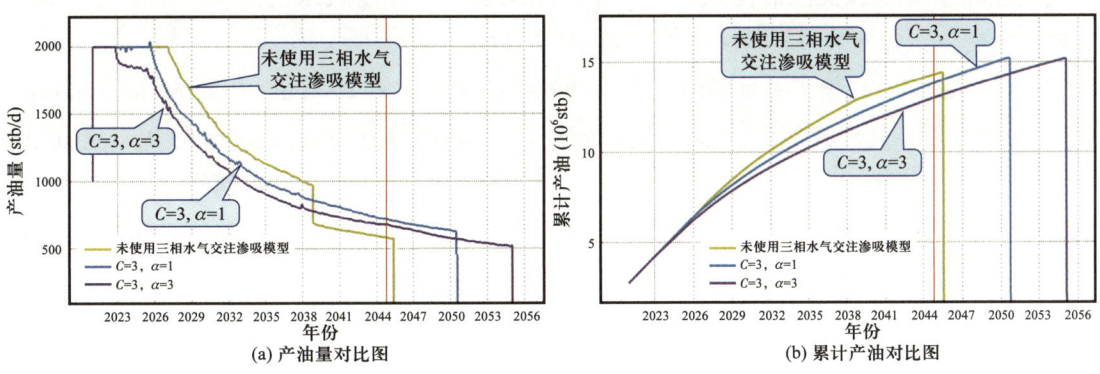

图 7-12　中东地区 S 碳酸盐岩油藏水气交注混相驱开发模拟二次驱替降低系数 α 敏感性分析

三、梯度式水气交注注入方法

典型的水气交注过程包括周期性的注水、注气过程。每个注水和注气周期的周期时间是固定的。Khan 等（2016）、Kohata 等（2017）提出了梯度式水气交注（Tapered WAG Injection）的概念。梯度式水气交注中，注气的持续时间和注入量随着水气交注注入的不断进行而不断减少，一般早期对应更长的注气时间，晚期对应更短的注气时间。研究表明，随着油藏开发的不断进行，水气交注中注气的效率逐渐降低，因此在气量相同的情况下，选择水气交注前期增大注气量，后期降低注气量，可以提高注气使用效率，最终梯度式水气交注比常规水气交注更加有效。

例如，中东地区 BUI 碳酸盐岩油藏，设计梯度式水气交注，注气周期见表 7-1 和表 7-2。随着油藏开发的不断进行，水气交注中注气周期不断降低，注水周期不断升高。对于每个周期的注气量，也是逐渐降低。

表 7-1 中东地区 BUI 碳酸盐岩油藏梯度式水气交注注入周期设计

年份	注气周期（d）	注水周期（d）
2028	156	168
2034	115	218
2036	79	260

表 7-2 中东地区 BUI 碳酸盐岩油藏梯度式水气交注注入量设计

年份	注气量（10^6Scf/d）	注水量（bbl/d）
2028	5	10
2034	3	5
2036	1	2

Khan 等（2016）以阿布扎比海上某巨型油田为例，采用区块模型的方法比较梯度式水气交注和常规水气交注的注入开发效果，结果表明，梯度式水气交注的采出程度高于常规水气交注，开发效果较好（图 7-13、图 7-14）。

Stone（2004）提出了一种同时注入水和气体的注入方案（Simultaneous Water and Gas，简写为 SWAG），其中高部位注水，低部位注气（Jamshidnezhad et al., 2008; Rossen et al., 2009）。注入过程可以是单个垂直井中的上、下两个层段，也可以在两个平行对应的水平井中分别注入。Stone（2004）和 Rossen 等（2009）的研究表明，在注入量相同的情况下，SWAG 的驱替效率高于在同一位置注入的 WAG。由于 SWAG 是在不同位置注入，还可以显著提高注入能力。但是具体的开发效果还需要结合具体的动、静态模型进行优选。

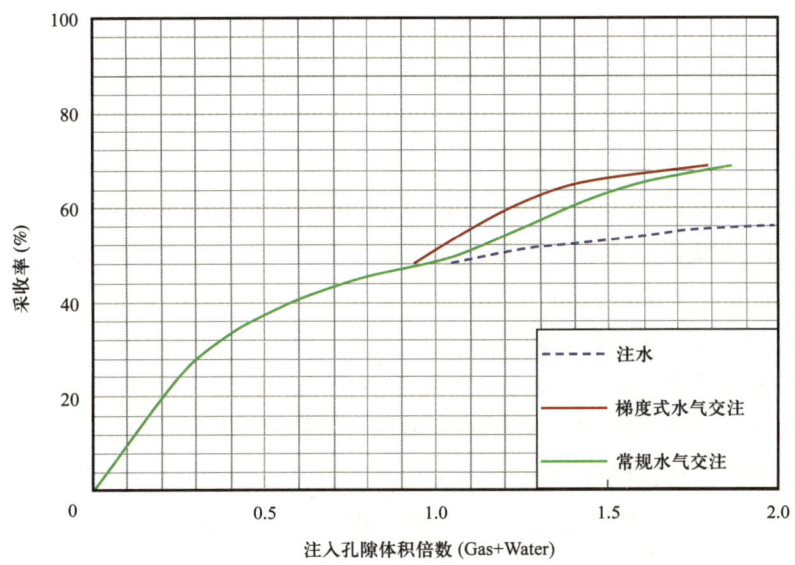

图 7-13 阿布扎比海上某巨型油田梯度式水气交注和常规水气交注开发效果对比

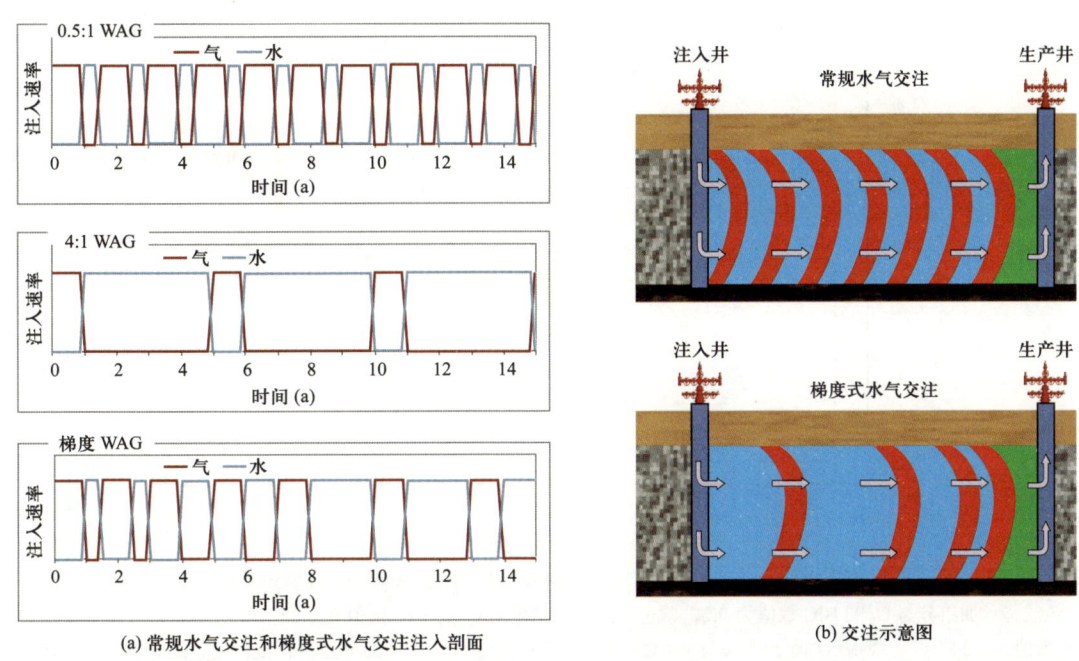

图 7-14 梯度式水气交注示意图（据 Kohata et al.，2017；红色为气，蓝色为水，绿色为油）

四、气油比拟合较差的可能原因

在混相驱模拟中如果气油比拟合较差，特别是初始气油比拟合较差（见图 6-47），可能包括以下几个方面的原因。

（1）相对渗透率设置不合理。考虑使用临界含气饱和度或对气油相对渗透率进行修改，改善拟合效果。

（2）状态方程或组分随深度变化特征存在问题。例如设置机理模型模拟 CO_2 驱替细管实验，注采井之间网格数应大于 500，观察混相压力与 PVT 实验结果的差异。如果存在差异，除了更新状态方程组分随深度变化特征，使其与实验数据拟合更好之外，也可以考虑对 C_1 和其他组分的二元相关作用系数（Binary Interaction Coefficient，简写为 BIC）进行微弱修改。例如，某油藏状态方程中其他组分与 C_1 的 BIC 数值为 0.25，则可以考虑进行不确定性分析，尝试 0.32、0.35 等数值。在微弱修改，不改变整体相态特征的基础上，调整状态方程的混相压力特征。具体地，其他组分与 C_1 的 BIC 数值整列可以统一增加或减去相同数值，或者对高碳数组分增加数值逐渐增大，或者降低数值逐渐减小等。一般情况下，需要降低混相压力时，建议降低该数值，而需要提高混相压力时，需要提高该数值。但在不同见气来源情况下，数值对模拟结果的影响不同。例如中东地区 K3 碳酸盐岩油藏，某井产气来源主要为气顶气，提高加组分的 BIC 数值后，油藏饱和压力升高，供气更足，气油比逐渐升高（图 7-15）。而当油井产气来源为油藏脱气时，提高加组分的 BIC 数值后，油藏饱和压力升高，油藏难脱气，模拟气油比降低。

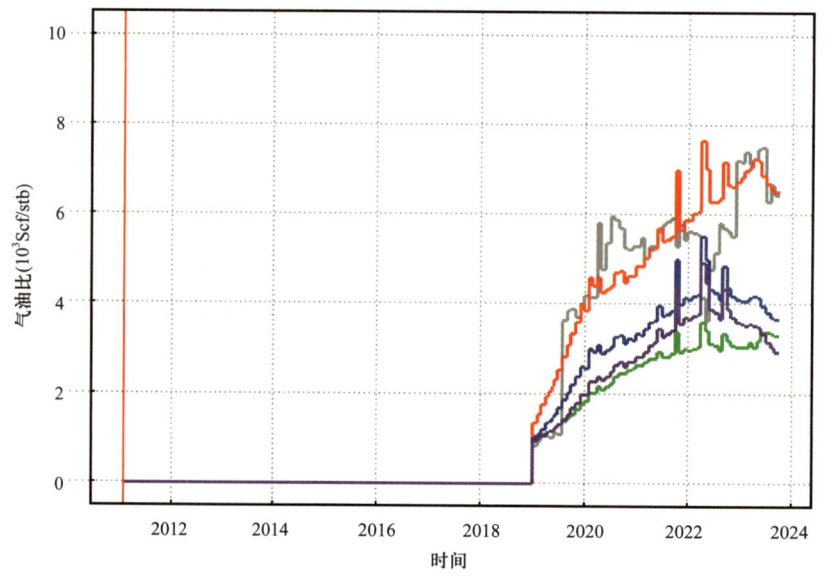

图 7-15　不同 BIC 参数对动态模型气油比模拟结果的影响

绿色线指示加组分与 C_1 的 BIC 数值为 0.2，紫色线指示加组分与 C_1 的 BIC 数值为 0.22，蓝色线指示加组分与 C_1 的 BIC 数值为 0.24，红色线指示加组分与 C_1 的 BIC 数值为 0.26，灰色线为生产历史数据；整体上，随着 BIC 数值增大，模型模拟气油比逐渐增大

这里需要注意的是，一般不建议对 BIC 数值进行修改，一方面难以获得足够的 PVT 样品实现对 BIC 数值的正确优化，另一方面 BIC 数值修改后会对状态方程的主要指标，例如饱和压力等造成一定影响，可能降低 PVT 样品的拟合效果及状态方程的质量。

（3）黏度公式不合理，导致气相黏度出现不确定性，影响气油比数值。

（4）气油比测量结果本身存在问题。受不同计量设备的影响，气油比的测量一般不确定性较大，导致动态模型结果与实测数据存在差异。因此，往往人们更加在意产量和压力的拟合，其次才是气油比的拟合。

第四节 Alpha 因子方法在组分模拟中的应用

在注气开发的模型研究中,如果出现 GOR 拟合问题,残余油饱和度模拟问题,可以考虑使用 Alpha 因子(Alpha factor)方法进行研究。

一、Alpha 因子含义

Alpha 因子方法可以同时校正多种影响:(1)通过加速模型中轻组分流动以拟合产油井气油比快速增长的现象(一般情况下 Time-Lapse RST 显示饱和度变化幅度明显更小);(2)加速系统从挥发油到凝析油的临界转变;(3)黏度校正以再现气体指进现象;(4)减慢重组分的运动,以形成残余油饱和度等(Bourgeois et al.,2012)。以下对 Alpha 因子的研究方法进行简要介绍(图 7-16)。

具体地,假设 v 为注入介质的摩尔分数,则混合物中组分 i 的总摩尔分数 z_i 可用式(7-5)表达

$$z_i = v y_i^{\text{inj}} + (1-v) x_i^{\text{init}} \tag{7-5}$$

定义可流动流体的摩尔组分为 F,则混合物中组分 i 的总摩尔分数 z_i 亦可用式(7-6)表达

$$z_i = F z_i^{\text{flo}} + (1-F) x_i^{\text{res}} \tag{7-6}$$

不可流动烃类体积分数 β 可用式(7-7)表达

$$\beta = \frac{S_{\text{orm}}}{1-S_{\text{wc}}} \tag{7-7}$$

可动烃类体积分数 $(1-\beta)$ 可用式(7-8)表达

$$1-\beta = \frac{1-S_{\text{orm}}-S_{\text{wc}}}{1-S_{\text{wc}}} \tag{7-8}$$

对于流体组分 i,其 Alpha 因子 α_i 可用式(7-9)定义

$$\alpha_i = \frac{z_i^{\text{flo}}}{z_i} \tag{7-9}$$

式中　x_i——液相(油相)中组分 i 的摩尔分数;

y_i——气相中组分 i 的摩尔分数;

z_i——所有烃类中组分 i 总摩尔分数(液相 + 气相);

x_i^{init}——初始条件下,油相中组分 i 的摩尔分数;

y_i^{inj}——注入气中组分 i 的摩尔分数;

z_i^{flo}——可流动烃类中组分 i 总摩尔分数。

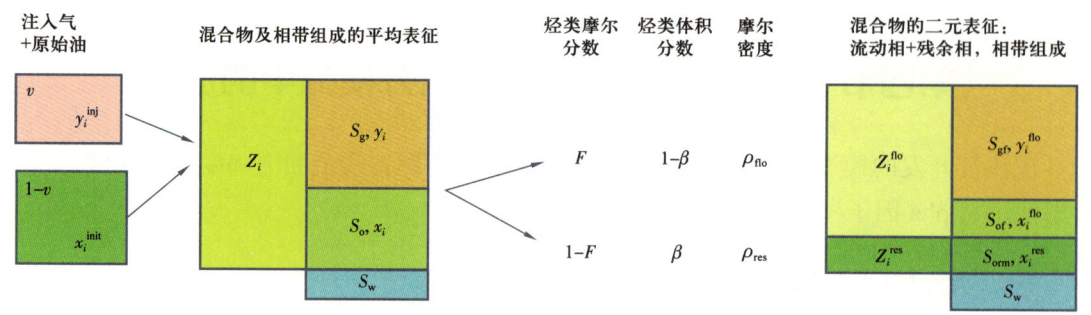

图 7-16　注气开发中混合物特征（据 Bourgeois et al., 2012）

计算不同流体组成在不同的混合条件下（Alpha 因子表中混合物数量为 nm）的 α_i 数值，然后将 $\{\alpha_i\}$ 作为数值模拟器的输入参数。例如，当 $nm=10$ 时，$v \in \{0, 0.1, 0.3, 0.5, 0.6, 0.7, 0.8, 0.9, 0.93, 0.95\}$。以 z_j 为基础，计算表格，例如 $j=1$，其中 j 应该是注入气体的主要成分（Bourgeois et al., 2012）。Alpha 因子表实际上是一个矩阵，详细列出了系统中每种流体组分（与 EOS 中流体组分相同）在某个特定组分（通常是注入气体的主要组分）的不同的总摩尔分数 z_j 下的 α_i（Bourgeois et al., 2012）。V 油藏采用注 CO_2 混相开发，图 7-17 为对应的 Alpha 因子表。V 油藏流体的状态方程 EOS 包含 8 个组分，这里分别对应给出了 8 种组分在 15 种混合物条件下的 α_i 数值。横坐标为 z_1，代表 CO_2 的注入情况。

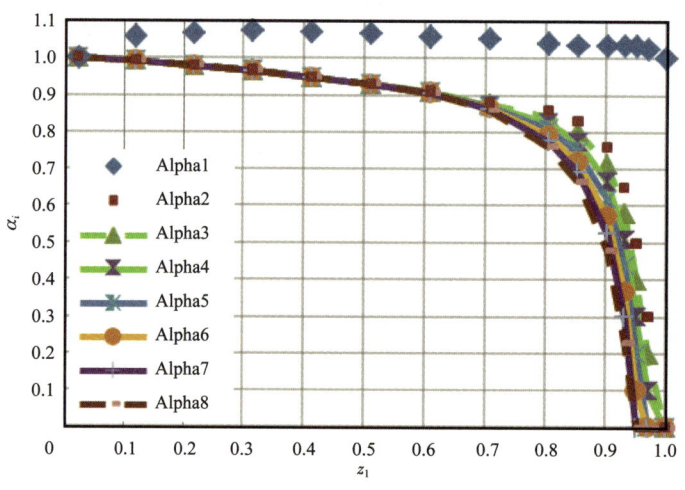

图 7-17　V 油藏 Alpha 因子表（据 Bourgeois et al., 2012）

实际上，流动主要发生在网格块的 $1-\beta$ 体积上，并且这部分网格体积中出现较快的成分变化，这部分的成分为 z_i^{flo}，比网格块平均组分含量 z_i 轻质。通常情况下，粗网格中流动的非均质性没有明确体现，需要采用 Alpha 因子进行校正，网格尺寸越粗，对应的 β 数值越高。

二、Alpha 因子作用

Alpha 因子的作用包括宏观作用和微观作用两个方面，其中宏观作用体现在 z_j 的低—中数值区域，其宏观作用体现在 z_j 的高数值区域。

Alpha 因子的宏观作用，也称为传输系数（Transport Coefficient）。传输系数最初主要用于解决完全混相流体和多级接触混相流体的模型粗化问题（Barker et al., 1991; Thibeau, 1996; Ballin et al., 2001; Al-Wahaibi et al., 2005, 2006; Panfili et al., 2011）。在研究中，首先用细网格（Fine Grid）模型模拟注入气体，然后在粗网格（Coarse Grid）模型上，结合 Alpha 因子再次进行模拟。不断调整 Alpha 因子，使粗网格和细网格的模拟结果相符合。

Alpha 因子的微观使用包括在混相气驱中施加 S_{orm}，同时采用迭代方法，不仅可以拟合产出流体体积，还可以拟合产出流体的组分（Hiraiwa et al., 2004; Barker et al., 2004; Bourgeois et al., 2011）。

Alpha 因子通过校正传输系数，加速某些组分的流动速度并减慢其他组分的流动速度，但整体上，流体的平均流速和渗透率水平保持一致。Alpha 因子是一个纯粹的数字概念，有点类似于相对渗透率，但主要作用于不同的流体组分而不是流体相态（Bourgeois et al., 2012）。

三、Alpha 因子求取

Alpha 因子表的求取中应首先确定端点，然后计算 Alpha 因子表。

Alpha 因子表包含左、右两个端点。左侧端点计算较为简单，在初始条件下，表格的左侧端点特征为

$$v=0, \ z_i=x_i^{init}, \ and \ \alpha_i=1, \ i \in \{1, \ nc\} \tag{7-10}$$

nc 为状态方程中的组分数量。Alpha 因子表右侧端点的计算则相对困难，一般将其定义为达到 S_{orm} 及其相应 β 数值的最高注入气体含量。在这种情况下，$S_{of}=0$，流动组分完全由气相组成。假设系统中的不可动组分逐渐被注入气饱和，但保持气相状态，Alpha 因子表的右侧端点可用式（7-11）和式（7-12）表达（Bourgeois et al., 2012）

$$F_{max} = \frac{1-\beta}{1-\beta\left(1-\frac{\rho_{sat}}{\rho_{inj}}\right)} \tag{7-11}$$

$$Z_j^{max} = F_{max} y_i^{inj} + (1-F_{max}) x_j^{sat} \tag{7-12}$$

在确定好 Alpha 因子表的左、右端点后，可以开始计算整个表格。通常，Alpha 因子表需要进行迭代计算，并且不是唯一的。推荐的研究方法是对 $\{\alpha_i\}$ 进行反复测试，同时尝试拟合更多类型数据。例如，拟合混合物的饱和压力，并验证它随 v 的变化（从初始饱和压力 $v=0$ 到油藏压力 v_{max}），观察是否具有单调的形状。还可以使用产出油和气相的实测密度（储层条件下或地表条件）对 Alpha 因子表进行校正（图 7-18）。需要注意的是，降低任何组分的 α_i 数值，将减少其在液相和气相中的产量（Bourgeois et al., 2012）。

一般情况下，$\alpha_1>1$，α_2，α_3，$\cdots$，$\alpha_{nc}<1$，nc 为状态方程中的组分数量。

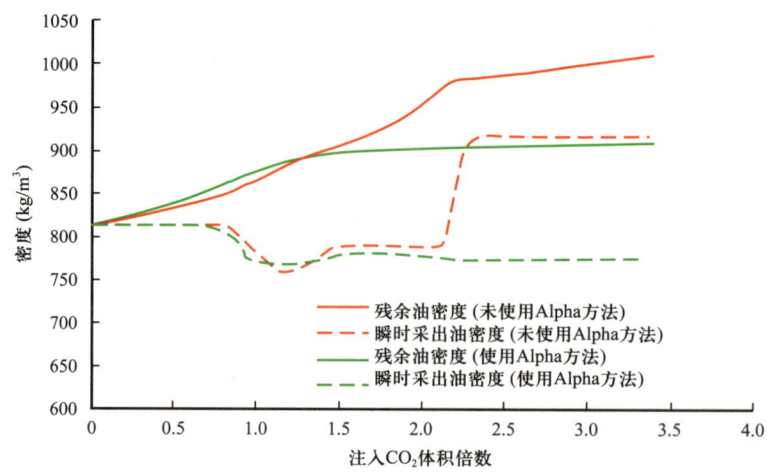

图 7-18 S 油藏原油 + 凝析油地面密度拟合结果（据 Bourgeois et al., 2012）

四、Alpha 因子适用条件

Alpha 因子理论适用于多孔介质中的气驱开发，主要模拟网格块内部，甚至微观尺度的模型非均质性。最初，Alpha 因子的使用需要假设油相和气相是一次接触混相气驱，即在任何时候任何网格中都只会存在一个相态。但研究发现，它还可应用于多级接触混相气驱。如果注入的气体具有较强的抽提作用（CO_2），则可进一步扩展到近混相气驱，甚至非混相气驱（Bourgeois et al., 2012）。

对于混相驱，在 SCAL 数据通常观察到残余油饱和度 ROS（Residue Oil Saturation）小于 S_{org}。但是在一维模拟中，即使在 EOS 合理的情况下，模拟的 S_{or} 数值仍然小于 SCAL 实验数据。即使使用非常"悲观"的相对渗透率曲线，也无法完成拟合。在这种情况下，利用 Alpha 因子表确定 S_{orm} 是一种简单实用的解决方案，可以实现 SCAL 数据的拟合（Bourgeois et al., 2012）。

对于非混相驱，特别是在孔径分布范围较大的碳酸盐岩储层中，SCAL 观察到的 ROS 可能高于 S_{orm} 甚至 S_{org}。在这种情况下，可以仅将原油 + 凝析油的总产量与相对渗透率曲线拟合。但是抽提作用（通过气相产生凝析油）通常会被高估，特别是如果注入气为富气或 CO_2 含量很高的情况。在这种情况下，使用 Alpha 因子，结合相对渗透率曲线的微调，即可拟合原油采收率或原油 + 凝析油的采收率（Bourgeois et al., 2012）。

对于贫气非混相驱的情况，一般情况下没有必要使用 Alpha 因子方法（Bourgeois et al., 2012）。

需要注意的是，为某种注入气体生成的 Alpha 因子表格不能严格外推到另一种注入气体中。如果要模拟不同的气体成分，例如纯 CO_2 和不纯 CO_2，它们都需要建立自己的 Alpha 因子表。但是如果在注贫气之后注入 CO_2，由于贫气注入不需要正确模拟 Alpha 因子，因此为 CO_2 注入生成的 Alpha 因子表就足够了。Alpha 因子不会对无须校正的贫气驱进行修正，但会充分模拟 CO_2 驱（二次注入或三次注入；Bourgeois et al., 2012）。

五、使用实例

Bourgeois 等（2012）以 S 油藏为例，利用 Alpha 因子表对注 CO_2 开发的残余油饱和度进行模拟。结果表明，是否使用 Alpha 因子表，残余油饱和度模拟结果差异较大，使用 Alpha 因子后，残余油饱和度模拟结果与 SCAL 实验结果更加符合（图 7-19）。

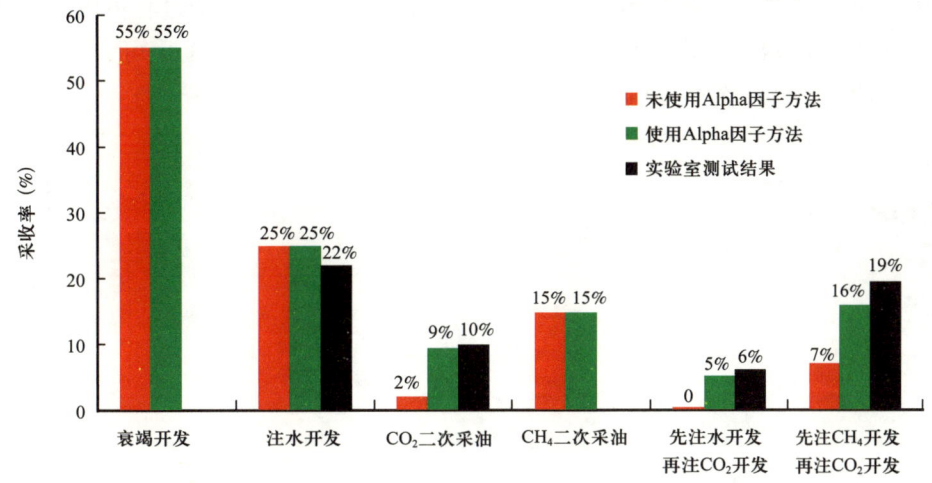

图 7-19　S 油藏残余油饱和度模拟结果（据 Bourgeois et al., 2012）

以 V 油藏为例，利用 Alpha 因子表对 V 油藏注 CO_2 开发进行模拟，结果表明，其采收率模拟结果与 SCAL 实验结果更加符合（Bourgeois et al., 2012；图 7-20）。

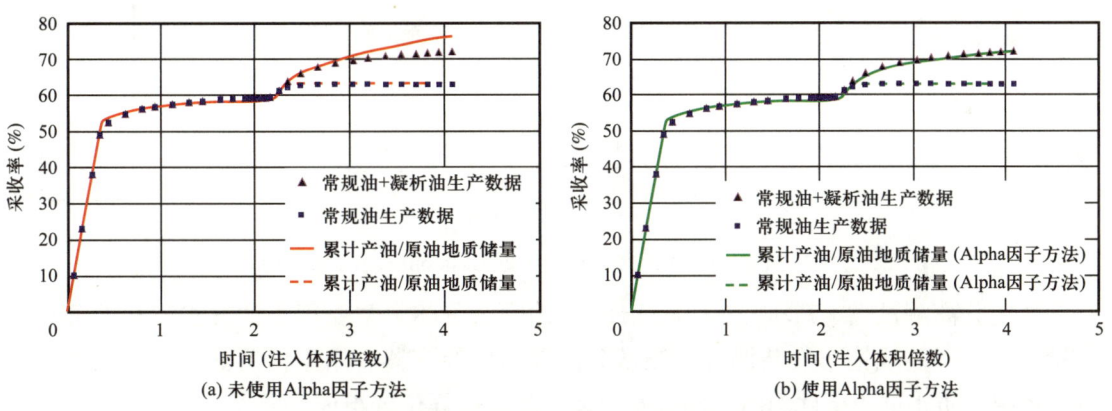

图 7-20　V 油藏采收率模拟结果（据 Bourgeois et al., 2012）

第五节　动态监测补充介绍

油藏动态监测主要包括产量、压力（流压、静压）、MDT、产量剖面（FSI、PLT、ILT 等）、饱和度测井和试井等，在《实用油藏地质建模与数值模拟手册》一书中已有详细介绍，本节仅对未涉及的多相流量计等计量方法、单井化学示踪剂测试、分布式监测系统等进行简要介绍。

一、多相流量计等计量监测方法

多相流量计（Multi-Phase Flow Meter，简写为 MPFM）一般直接安装在井口、处理站或脱气站，可以高效地进行测试，具有较高的准确率。在更多情况下，数口井通过分配歧管直接与 MPFM 相连。在测试时，分配歧管直接将流体引入 MPFM 进行测试，从而避免因为单井测试而需要关闭其他井从而影响产量的情况，整个过程可以自动化进行。MPFM 提供的产液数据（产油、产水、产气、气油比和含水率等）也可为油藏模型研究提供较好的约束条件（图 7–21）。

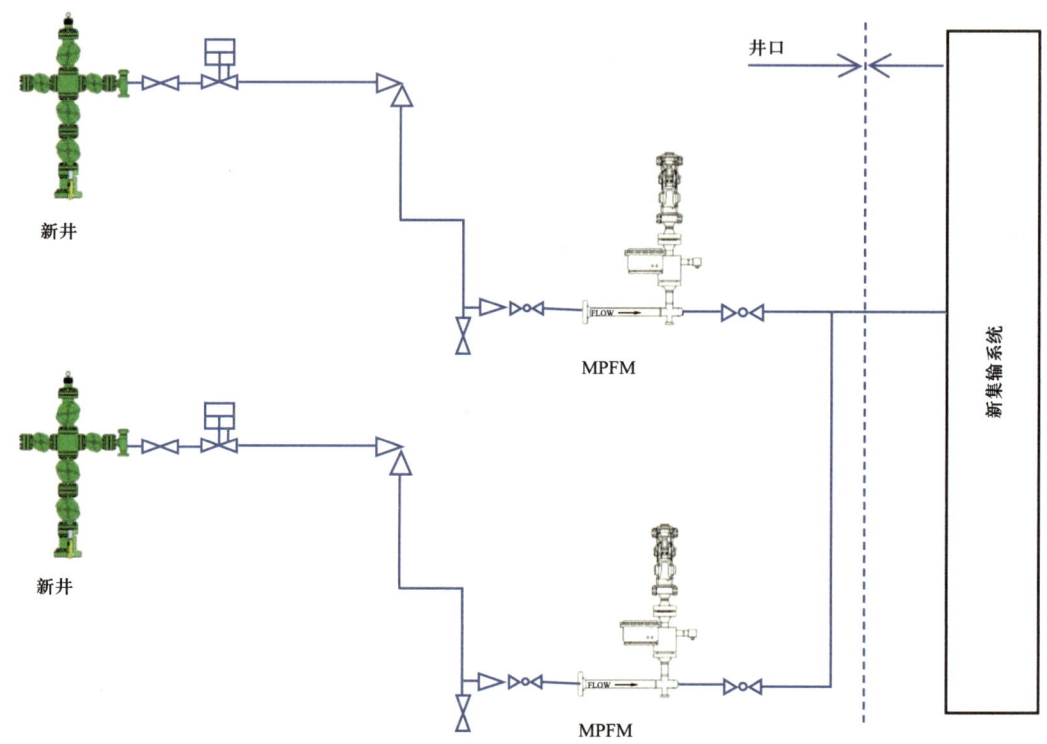

图 7–21　MPFM 部署示意图（据 Basloom et al.，2017）

井场分离测试器（Field Test Separator，简写为 FTS）主要用于油气水三相的分离和计量，分为橇装或拖车安装两种。测试分离器由储存容器、用于检测油气流量的仪表或测量系统、防止过压事件的泄压阀以及流体样品的取样位置组成。

除了 MPFM、FTS 外，还可以使用便携式分离测试器（Portable Test Separator，简写为 PTS）直接在井口进行测试，一般进行便携式设计，由拖车牵引，可快速获得产量、井口压力和井底压力等数据，为油藏模型研究进行校正。相比 MPFM、FTS 而言，PTS 成本更低，也更加灵活（Rao et al.，2015）。

受测量条件、流体流量等限制，以上三种测量方式对流体的测量结果可能存在差异，特别是气油比的测量，不确定性可能较大，因此需要结合对模型、油藏开发特征和单井生产能力的了解，对各种来源的动态数据可靠性进行判断。

二、单井化学示踪剂测试

单井化学示踪剂测试（Single Well Chemical Tracer Test，简写为 SWCTT）是一种利用化学示踪剂来确定储层残余油饱和度（S_{or}）的技术。确定残余油饱和度是 IOR/EOR 项目实施的关键步骤，以预测油田采收率和降低风险。最常见的主动示踪剂是乙酸乙酯（Ethyl Acetate），它在水解过程中形成乙醇（Ethyl Alcohol）。乙醇对水的亲和力非常高，却几乎不溶于油。部分情况下也使用乙酸甲酯（Methyl Acetate）。

1. 测量原理

SWCTT 方法主要基于储层具有一定含油饱和度的情况下，示踪剂反应后形成易流动组分与非易流动组分的分离，并对比进行测量。为了有效分离，流动相的组分应具有不同的静态亲和性。如图 7-22 所示为当油为固定相的情况下，在岩心柱上进行分离试验的示例。

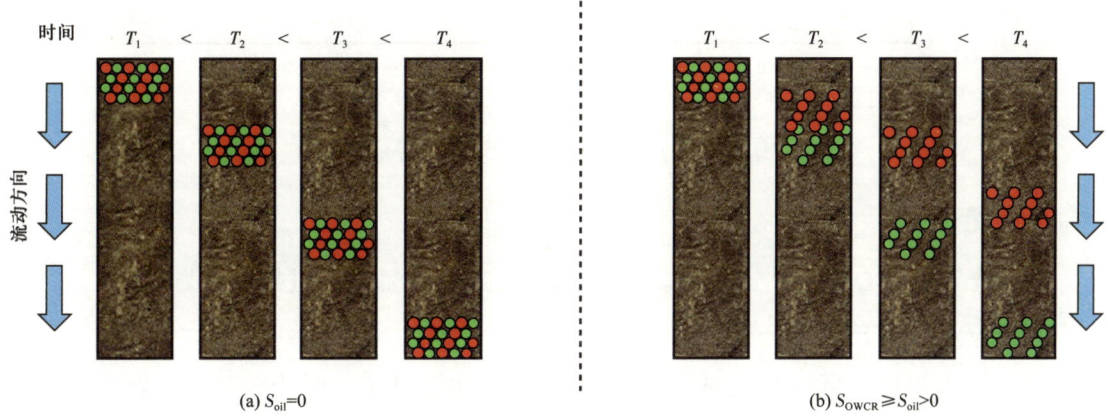

图 7-22 不同情况下主动示踪剂和被动示踪剂流动特征（据 Koryakin et al.，2021）
绿色点为被动示踪剂，红色点为主动示踪剂

从图 7-22（a）中可以看出，在含油饱和度为 0 的情况下，流体组分（示踪剂）以相同的速度运动。然而，在储层具有一定的含油饱和度的情况下（图 7-22b），一部分成分移动相对慢，这种示踪剂称为"主动示踪剂"（Active Tracer/Partitioning Tracer），一般指示油相。另一部分成分穿过介质而不被捕集，流动速度较快，这种示踪剂称为"被动示踪剂"（Passive Tracer/Non-partitioning Tracer），一般指示水相。在岩心柱的出口处，以一定的时间间隔，测量每种示踪剂的质量浓度，根据获得的数据绘制质量浓度与时间的关系图，如图 7-23 所示确定储层残余油饱和度。部分情况下也会绘制质量浓度（或体积分数）与总产出量的关系。通常情况下，SWCTT 测试具有如下优点。

（1）与传统的岩心驱油实验室测量相比，其可以测量更大规模储层的残余油（500～1000bbl），而传统岩心驱替实验室只能测量岩心塞规模（0.001bbl）的残余油。

（2）SWCTT 测试时长与岩心分析相比用时较短。

（3）价格一般比传统的岩心水驱实验更低。

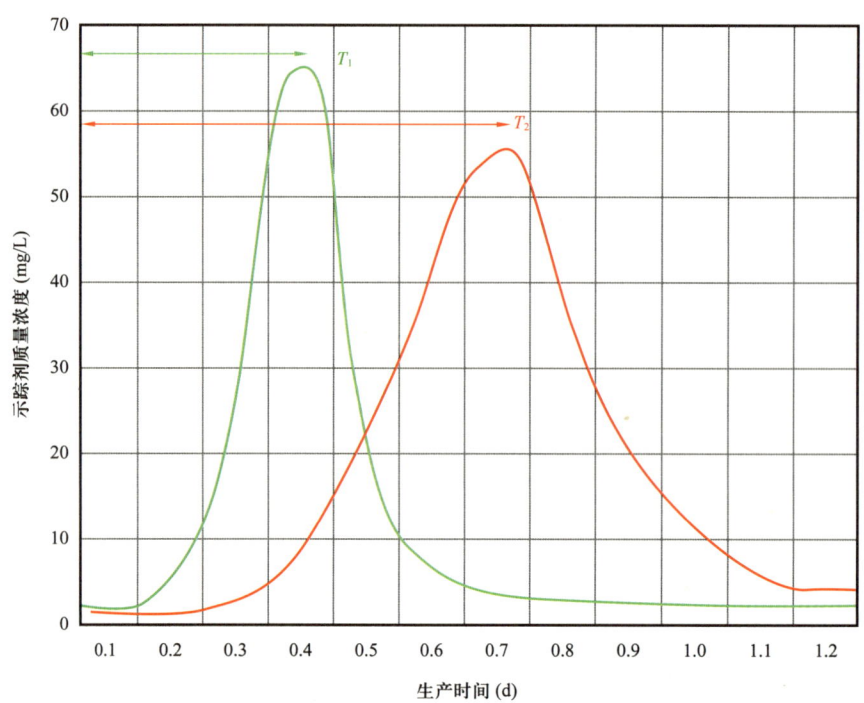

图 7-23 典型的 SWCTT 测试结果曲线（据 Koryakin et al.，2021）

2. 测量过程

一般先进行岩心实验，分析示踪剂与储层的适配性，然后再进行单井测试。

1）岩心 SWCTT 测试

为了最大限度地降低现场试验中 S_{or} 测定不成功的风险，所选示踪剂在岩石表面的吸附（相互作用）应可忽略不计，并且仅分布在多孔介质中的水相和烃相中。只有在这种情况下，可以认为存在的时间延迟不是因为示踪剂在岩石表面的吸附，而是残余油饱和度对所选示踪剂分配系数的影响。如果岩石表面有示踪剂的吸附，则应将其考虑在内。岩心实验主要包括水饱和岩心测试和残余油条件岩心测试两部分。

（1）水饱和岩心测试。

在水饱和岩心中进行岩心驱替实验的主要目的是验证 SWCTT 示踪剂在穿过多孔岩石时是否表现出所需的特征。

如图 7-24 所示的结果显示该示踪剂不适合当前储层，与岩石的相互作用使水溶性示踪剂出现延迟，导致在现场应用中无法求准 S_{or}，不知道主动示踪剂的延迟是否只受到残余油的影响（图 7-24）。

图 7-25 和图 7-26 结果显示主动和被动水溶性示踪剂具有相同的到达时间，整体产出形态类似，表明不存在岩石的可逆吸附的迹象，不会对 S_{or} 的结果造成影响。

（2）残余油条件岩心测试。

岩心驱油实验并不是为了计算油田的 S_{or}，只是通过实验，确保示踪剂能够成功应用于目标储层（图 7-27）。

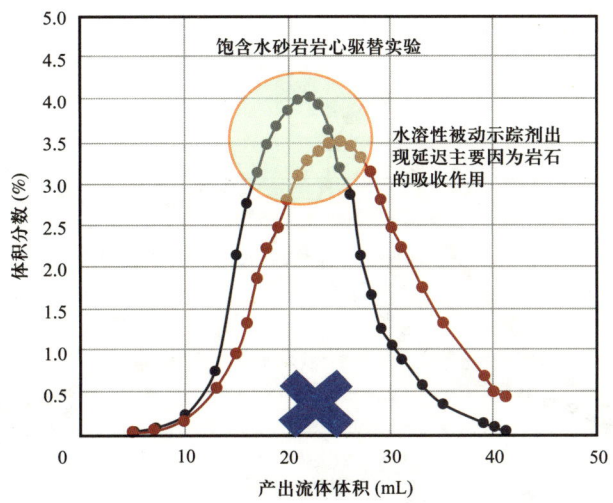

图 7-24　岩心实验中示踪剂含量与流体总产出量之间的关系（示踪剂不适合当前储层）

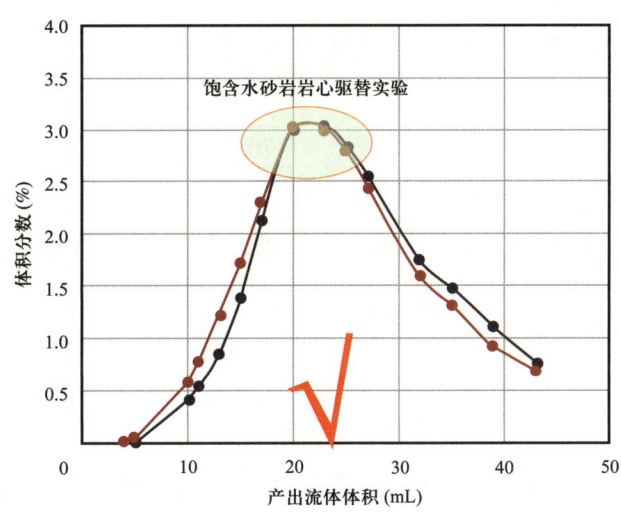

图 7-25　岩心实验中示踪剂含量与流体总产出量之间的关系（示踪剂适合当前储层）

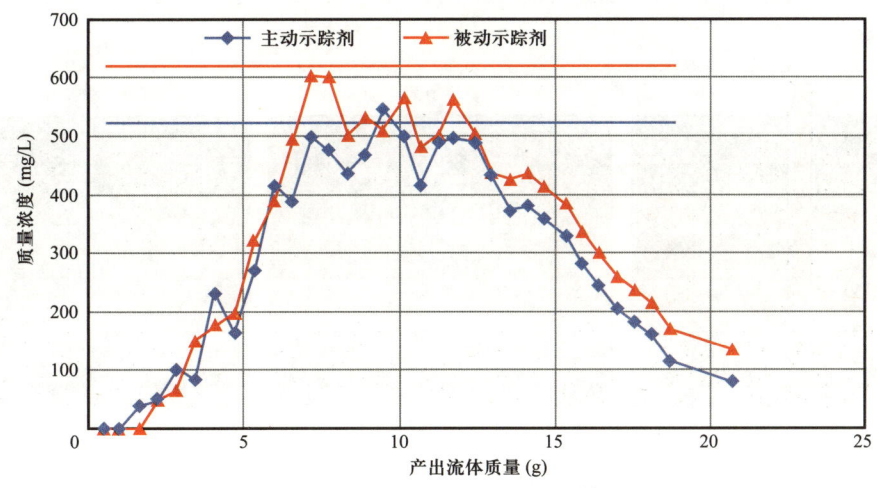

图 7-26　岩心实验中示踪剂含量与流体总产出量之间的关系

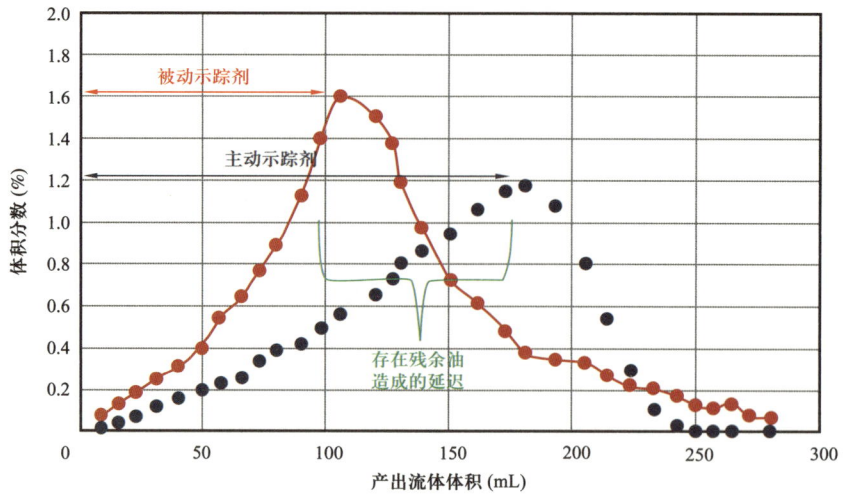

图 7-27 存在残余油饱和度的情况下主动示踪剂出现延迟

$$\beta = \frac{V_{\mathrm{I}} - V_{\mathrm{II}}}{V_{\mathrm{II}}} = \frac{181178 - 106446}{106446} = 0.702 \quad (7\text{-}13)$$

$$S_{\mathrm{or}} = \frac{\beta}{\beta + K} = \frac{0.702}{0.702 + 2} = 0.26 \quad (7\text{-}14)$$

岩心实验得到的 S_{or} 为 0.26，与目前认识一致。认为该示踪剂用于 SWCTT 可以反映地下的 S_{or} 情况。

2）单井 SWCTT 测试

在单井实际测试中，首先将主动示踪剂注入井中，该示踪剂可以在储层条件下发生水解，形成被动示踪剂。整个测试过程分为以下步骤（图 7-28）：

（1）测试井注水，驱替井眼控制半径之内的可动油，确保仅剩残余油；

（2）在测试井中注入主动示踪剂；

（3）等待反应 1~5 天，视油藏条件不同，等待时间不同，在这一步骤中，主动示踪剂发生水解；

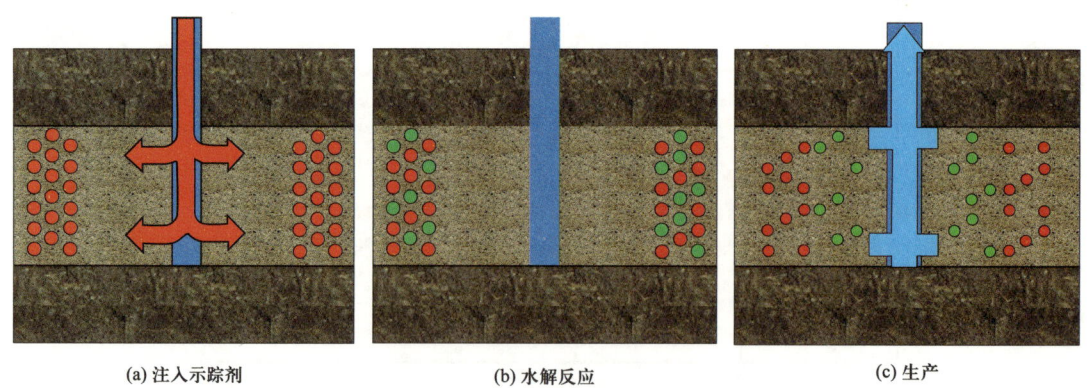

图 7-28 单井 SWCTT 测试原理图（据 Koryakin et al., 2021）
绿色点为被动示踪剂，红色点为主动示踪剂

（4）测试井开井生产，同时按一定的时间周期或产出流体体积间隔，采集流体样品，采集的样品在实验室内确定主动示踪剂和被动示踪剂的质量浓度；

（5）绘制图版，进行残余油饱和度解释。

3. 解释结果

残余油饱和度是每种示踪剂的产出时间的函数。它取决于所有组分的物理化学性质和温度。通常，被动示踪剂对原油的亲和力可以忽略不计。残余油饱和度一般可用式（7-15）表达

$$S_{\text{oil}} = \frac{\dfrac{T_2}{T_1} - 1}{\left(\dfrac{T_2}{T_1} - 1\right) + K_{di}} \qquad (7-15)$$

式中　T_1——被动示踪剂产出浓度达到最大值所需时间；

T_2——主动示踪剂产出浓度达到最大值所需时间；

K_{di}——实验条件下的主动示踪剂分布常数。

K_{di}是主动示踪剂在油相和水相中达到平衡时的浓度之比

$$K_{di} = \frac{x_i}{y_i} \qquad (7-16)$$

式中　x_i——油相中主动示踪剂的平衡浓度；

y_i——水相中主动示踪剂的平衡浓度。

主动示踪剂的分布常数可取值范围较大，一般根据油藏条件、研究区范围确定。分布常数数值越大，主动示踪剂在地层中的有效速度越低，主动示踪剂、被动示踪剂产出浓度达到高峰的时间差异越大。而被动示踪剂的分布常数接近于0（可以理解为远小于0.01）。

有时，在实验中，主要测量的是质量或总产出量，S_{or}可用式（7-17）表达

$$S_{\text{or}} = \frac{\dfrac{m_2 - m_1}{m_1}}{\dfrac{m_2 - m_1}{m_1} + K_d} \qquad (7-17)$$

或

$$S_{\text{or}} = \frac{\dfrac{V_2 - V_1}{V_1}}{\dfrac{V_2 - V_1}{V_1} + K_d} \qquad (7-18)$$

对于均质的、各向同性的油藏，采用直井进行测试的情况下，SWCTT的解释非常简单。在其他情况下，特别是水平井的情况下，解释过程相对复杂，并具有一定的不确定性。不同学者对SWCTT测量数据的解释方法进行研究，如Koryakin等（2021）采用水

动力模型模拟方法进行研究，Felix 等（2020）设计了数值模拟方法，专门对 SWCTT 测试进行数值模拟，均取得了较好的效果。

4. 在模型研究中的应用

SWCTT 主要用于确定 EOR 过程中的残余油饱和度，为模型研究提供重要的输入数据。需要注意的是，通常 SWCTT 仅限于评估井眼附近的残余油饱和度。当储层内存在可动油时，由于注入的示踪剂可能将可动油驱替至探测半径之外，导致饱和度解释结果与实际结果存在偏差。

Manap 等（2011）对马来西亚海上油田进行 SWCTT 测试，以评估碱性表面活性剂的驱油效果，结果如图 7-29 所示。图 7-29 中蓝色线为使用碱性表面活性剂之前的 SWCTT 测试结果，黑色线为使用碱性表面活性剂之后的测试结果。结果表明，使用碱性表面活性剂之后，其主动示踪剂的谱线向右侧移动（图 7-29），残余油饱和度小幅降低。

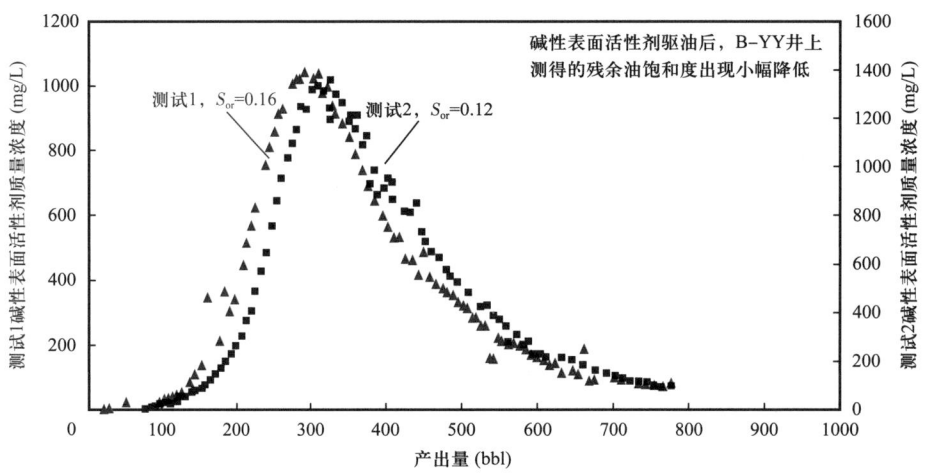

图 7-29　马来西亚海上油田利用 SWCTT 测试评估 EOR 效果（据 Manap et al.，1995）

采用式（7-19）和式（7-20）进行计算，其残余油饱和度由 0.16 降至 0.12，取得了提高采收率的效果

$$\beta = \frac{m_1 - m_2}{m_2} \tag{7-19}$$

$$S_{\text{or}} = \frac{\beta}{\beta + K_d} \tag{7-20}$$

三、分布式光纤监测系统

分布式光纤监测系统主要分为分布式声波监测系统（Distributed Acoustic Sensing，简写为 DAS）和分布式温度监测系统（Distributed Temperature Sensing，简写为 DTS）。《实用油藏地质建模与数值模拟手册》一书已经对 DTS 进行了详细介绍，本节主要介绍 DAS。

DAS 监测技术以相干光时域反射测定技术为基础，将声信号转换成光信号，通过光纤将信号实时传输到地面设备，通过处理地面设备接收到的监测数据，实现对井下工况的实时评价。DAS 测量过程为激光器沿着光纤发出光脉冲，一些光以反向散射的形式与入射光在脉冲内发生干涉，干涉光反射回来以后，反向散射的干涉光回到信号处理装置，同时将光纤沿线振动声波信号带回信号处理装置。由于光速保持不变，因此可得到每米光纤的声波振动的测量结果。

在例如井下套管泄漏、流体流入井筒、压裂增产等情况下，会伴随明显的声波震动，DAS 能实时监听并对其进行探测。DAS 技术可用于井筒监测和井周区域监测、分布式流量测定、识别井周围断层、VSP 测量、压裂分析和裂缝监测等。

例如 Mahue 等（2022）综合利用 DTS 和 DAS 监测数据，对美国二叠盆地某油藏进行压裂后效果评估，综合研究得出不同压裂段的产气量和产水量（图 7-30）。Bale 等（2021）使用 DTS 和 DAS 数据确认油井中产水位置和出砂位置（图 7-31、图 7-32）。

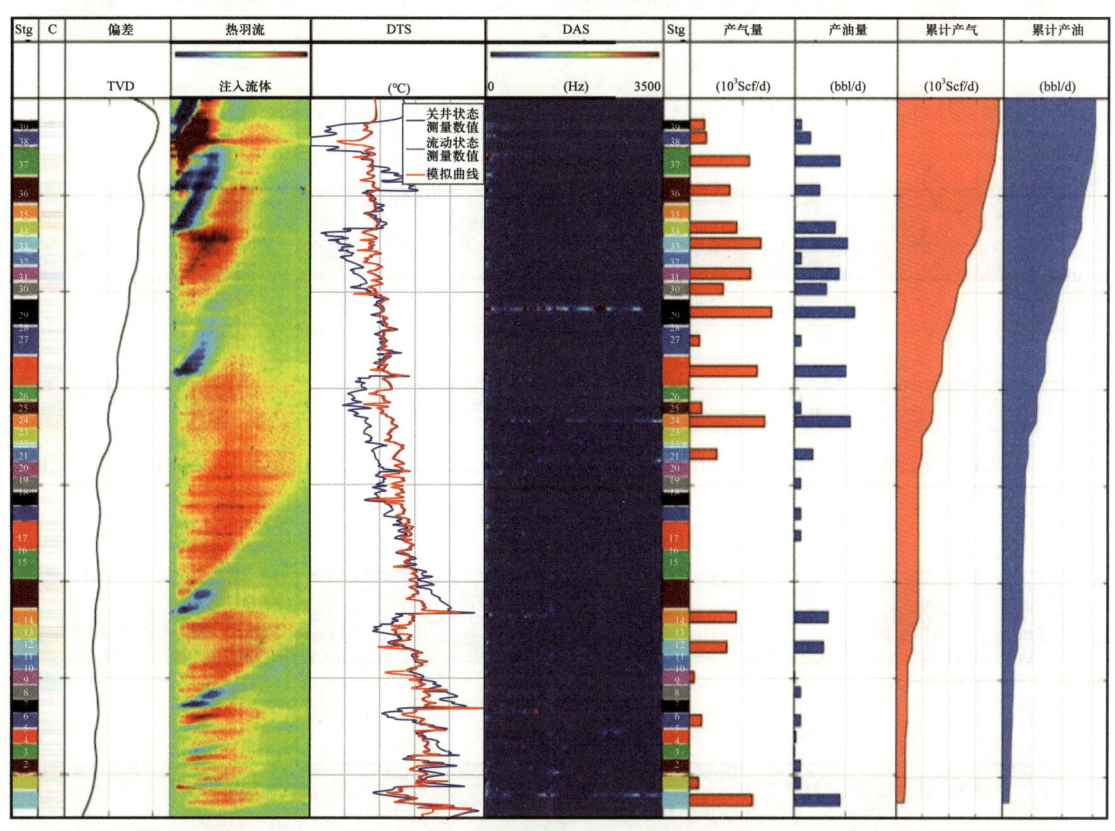

图 7-30 起始阶段不同压裂段的产量分布（据 Mahue et al., 2022）

Frantisek 等（2021）对美国科罗拉多州某油田进行微地震 DAS 监测，根据测量的微地震响应建立模型，分析水平井附近的断层分布情况（图 7-33）。

在 VSP 资料采集中，还可以利用 DAS 进行采集，大大缩短作业时间。例如 Martinez 等（2021）进行的对比，对同一油藏，在采集资料品质接近的情况下，DAS 资料采集用时 1h，而常规 VSP 资料采集用时 14h，后者加上井筒作业所需时间，则会更长（图 7-34、图 7-35）。

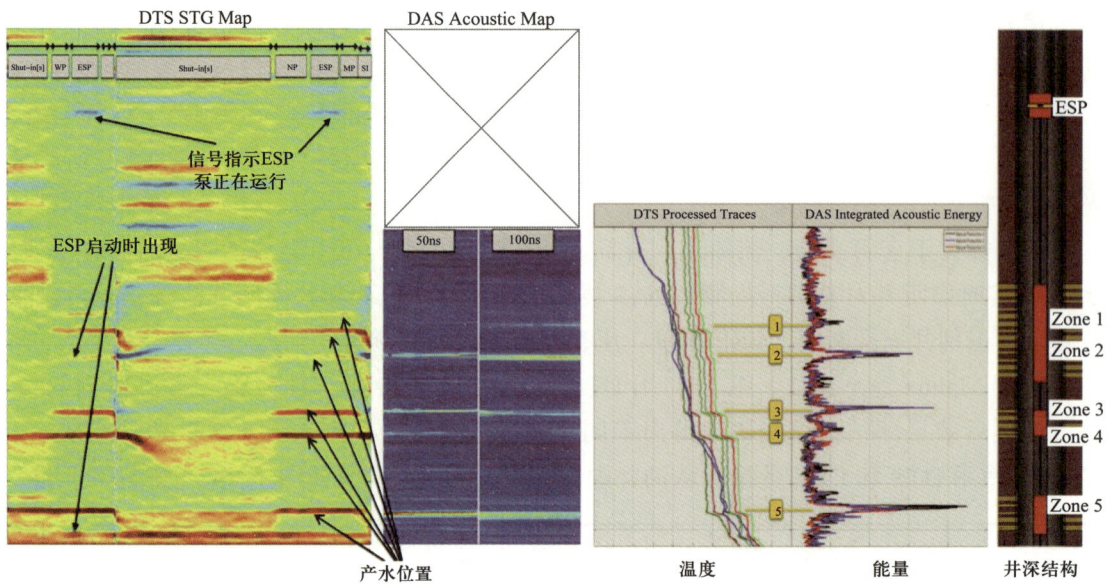

图 7-31 DTS 和 DAS 数据指示油井中产水位置（据 Bale et al., 2021）

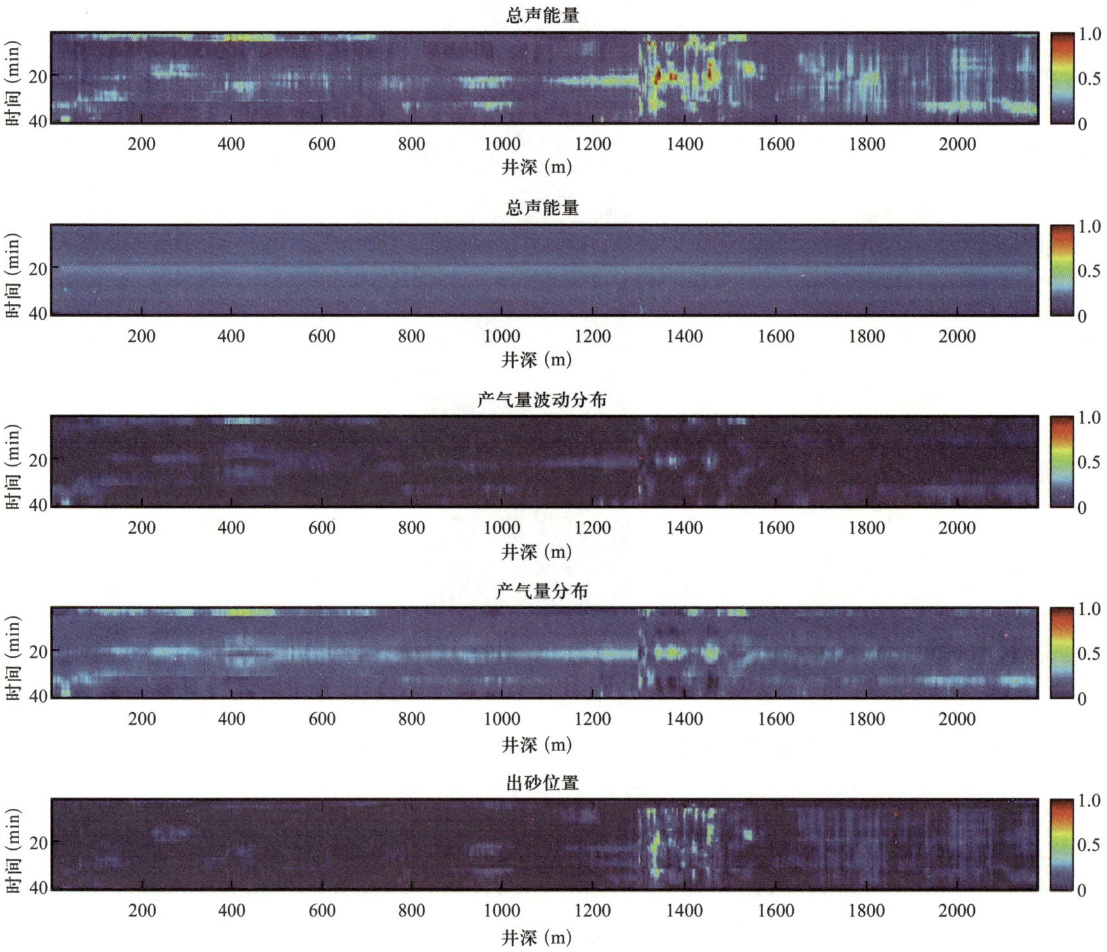

图 7-32 DAS 数据指示油井出砂位置（据 Bale et al., 2021）

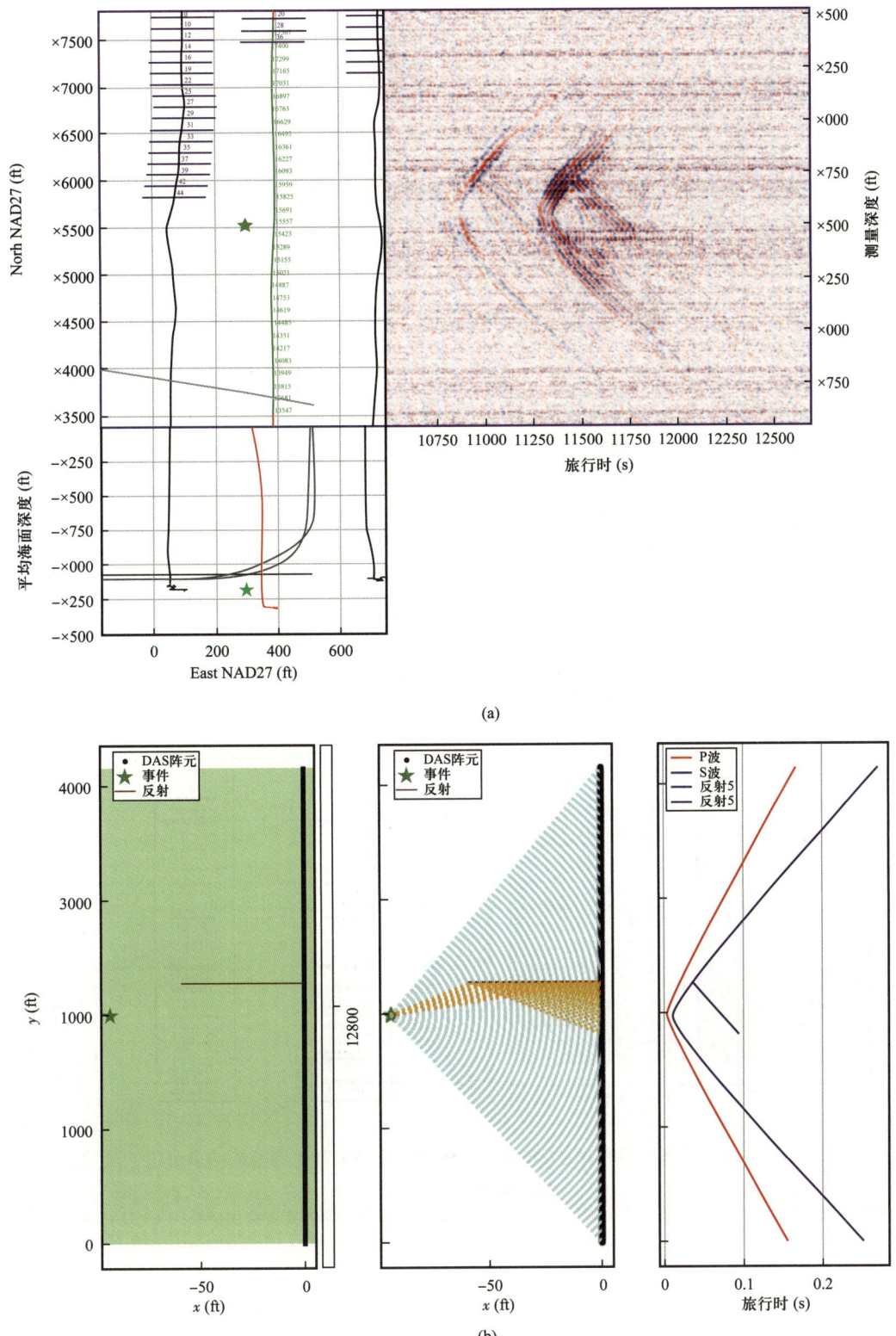

图 7-33 利用 DAS 监测资料识别水平井附近断层（据 Frantisek et al.，2021）
（a）某水平井 DAS 监测结果；（b）对应的理论模型

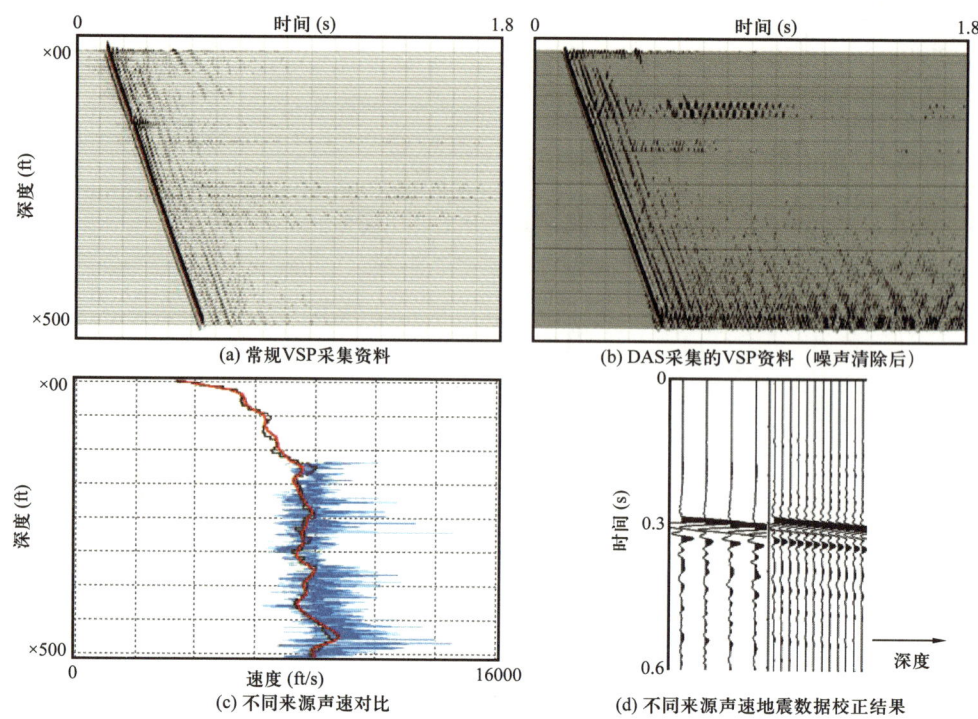

图 7-34 常规 VSP 采集资料和 DAS 采集资料对比（据 Martinez et al., 2021）

（c）蓝色为声波时差测井得到的声速，黑色为常规检波器采集资料得到的声速，红色为 DAS 采集资料得到的声速；
（d）左侧为常规方法结果，右侧为 DAS 声速校正结果

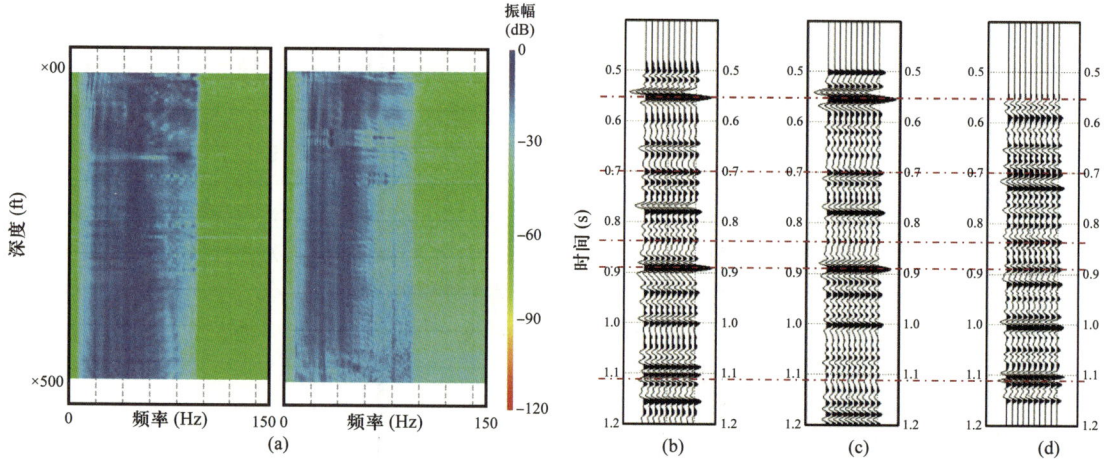

图 7-35 常规 VSP 采集资料和 DAS 采集资料频谱图对比结果和走廊叠加结果对比（据 Martinez Alejandro et al., 2021）

（a）常规 VSP 采集资料和 DAS 采集资料频谱图对比；（b）常规 VSP 采集资料走廊叠加结果；（c）DAS 采集资料走廊叠加结果；（d）井上合成地震记录结果

参 考 文 献

Al-Rubaiyea Jamal, Al-Houli Meshari, Al-Ajmi Fahad, et al., 2015. Establishing Mobility Profile in a Carbonate Reservoir Using LWD Imaging Technology, A Case Study From Partitioned Zone Between Kuwait and Saudi Arabia [C]. Mishref, Kuwait: SPE Kuwait Oil and Gas Show and Conference.

Al-Wahaibi Y M, Muggeridge A H, Grattoni A C, 2006. Gas/Oil Nonequilibrium in Multicontact Miscible Displacements Within Homogeneous Porous Media [C]. Tulsa, Oklahoma, USA: SPE/DOE Symposium on Improved Oil Recovery.

Al-Wahaibi Y M, Muggeridge A H, Grattoni A C, 2005. The Effect of Cross-Bedding Laminations on the Efficiency of Gas/Oil Multi-Contat Miscible Displacements [C]. Madrid, Spain: SPE Europec/EAGE Annual Conference.

Bale Derek S, Satti Rajani P, Failla Roberto, et al., 2021.Recent Advances in Downhole Fiber Optics Modeling & Analytics: Case Studies [C].[s.l.]: SPE Western Regional Meeting.

Ballin P R, Clifford P J, Christie M A, 2001. Cupiaga: A Complex Full-Field Fractured Reservoir Study Using Compositional Upscaling [C]. Houston, Texas: 2001 SPE Reservoir Simulation Symposium.

Barker J W, Fayers F J, 1991. Transport Coefficients for Compositional Simulation with Coarse Grids in Heterogeneous Media [J]. SPE Advanced Technology Series, 2(2): 103-112.

Barker J W, Prévost M, Pitrat E, 2004. Simulating Residual Oil Saturation in Miscible Gas Flooding Using Alpha-Factors [C]. The Woodlcmds, Texas: SPE Reservoir Simulation Symposium.

Basloom S M, Kataria Ashwani K, AlSuwaidi M H, et al., 2017. Opportunity for Cost Optimization Through Flowline Sharing and Using All in One Multi-Phase Flow Meter MPFM at Wellhead [C]. Abu Dhabi, UAE: Abu Dhabi International Petroleum Exhibition & Conference.

Belhaj Hadi, Khalifeh Hadil Abu, Khalid Javid, 2013. Potential of Nitrogen Gas Miscible Injection in South East Assets, Abu Dhabi [C]. Cairo, Egypt: North Africa Technical Conference and Exhibition.

Bourgeois M J, Gommard Denis R, Halim Gouas, 2012. Simulating Early Gas Breakthrough in Undersaturated Oil Using Alpha-Factors [C]. Abu Dhabi, UAE: Abu Dhabi International Petroleum Conference and Exhibition.

Bourgeois M J, Thibeau S, Guo J, 2011. Modelling Residual Oil Saturation in Miscible and Immiscible Gas Floods By Use of Alpha-Factors [C]. Austria: SPE EUROPEC/EAGE Annual Technical Conference and Exhibition.

Faisal Al Jenaibi, Giddins M A, Valero A, et al., 2018. Multimillion Cell Dynamic Model for High Resolution Studies of a Carbonate Reservoir, Part-1 [C]. Abu Dhabi, UAE: Abu Dhabi International Petroleum Exhibition & Conference.

Faisal Al Jenaibi, Salameh L A, Recham R, et al., 2011. Best Practice for Static & Dynamic Modeling and Simulation History Match Case -Model QA/QC Criteria for Reliable Predictive Mode [C]. Abu Dhabi, UAE: SPE Reservoir Characterisation and Simulation Conference and Exhibition.

Faisal Al Jenaibi, Salem R B, Meziani S, et al., 2013. Fast-Track Modeling Approach: An Alternative Workflow For Reservoir Simulation Modeling [C]. Abu Dhabi, UAE: SPE Reservoir Characterisation and Simulation Conference and Exhibition.

Faisal Al Jenaibi, Shelepov K, Kuzevanov M, et al., 2019. Analysis of Evolutionary Algorithm and Discrete Cosine Transformation Components Influence on Assisted History Matching Performance [C]. Abu Dhabi, UAE: SPE Reservoir Characterisation and Simulation Conference and Exhibition.

Felix Servin, Jesus Manuel, Shi Nan, et al., 2020. SWCTT Data Simulation and Sensitivity Analysis of Measured Residual Oil Saturation [C]. Abu Dhabi, UAE: Abu Dhabi International Petroleum Exhibition & Conference.

Frantisek Stanek, Jin Ge, 2021. Reservoir characterization using DAS microseismic events [C]. Dencer, Colorado, USA: SEG/AAPG/SEPM First International Meeting for Applied Geoscience & Energy.

Hiraiwa T, Suzuki K, 2004. New Method of Incorporating Immobile and Nonvaporizing Residual Oil

Saturation into Compositional Reservoir Simulation of Gasflooding [J]. SPE Reservoir Evaluation & Engineering, 10 (1): 60-65.

Jamshidnezhad M, van der Bol L, Rossen W R, 2008. Injection of Water above Gas for Improved Sweep in Gas IOR: Performance in 3D [C]. Kuala Lumpur, Malaysia: International Petroleum Technology Conference.

Jenkins M K, 1984. An Analytical Model for Water/Gas Miscible Displacements [C]. Tulsa, Oklahoma: SPE Enhanced Oil Recovery Symposium.

Khan M Y, Kohata A, Patel H, et al., 2016. Water Alternating Gas WAG Optimization using Tapered WAG Technique for a Giant Offshore Middle East Oil Field [C]. Abu Dhabi, UAE: Abu Dhabi International Petroleum Exhibition & Conference.

Kohata Akihiro, Willingham Thomas, Yunus Khan Mohammad, et al., 2017. Extensive Miscible Water Alternating Gas WAG Simulation Study for a Giant Offshore Oil Field [C]. Abu Dhabi, UAE: Abu Dhabi International Petroleum Exhibition & Conference.

Koryakin Fedor Andreevich, Tretyakov Nikolay Yuryevich, Vershinin Vladimir Evgenyevich, et al., 2021. Evaluation of Residual Oil Saturation With Use of Single Well Chemical Tracer Test Swctt For Estimation of Eor Efficiency. From Theory to Experiment [C]. [s.l.]: SPE Russian Petroleum Technology Conference.

Mahue Veronique, Jimenez Erick, Dawson Peter, et al., 2022. Repeat DAS and DTS Production Logs on a Permanent Fiber Optic Cable for Evaluating Production Changes and Interference with Offset Wells Houston, Fexas, USA: SPE/AAPG/SEG Unconventional Resources Technology Conference.

Manap Arif Azhan, Chong Mizan Omar, Sai Rithauddin M, et al., 2011. Evaluation of Alkali-Surfactant Effectiveness by Single Well Test Pilot in a Malaysian Offshore Field Environment [C]. Kuala Lumpur, Malaysia: SPE Enhanced Oil Recovery Conference.

Martinez Alejandro, Useche Manuel, Sayed Ali, et al., 2021. DAS: An efficient and effective solution for VSP acquisition [C]. Dencer, Colorado, USA: SEG/AAPG/SEPM First International Meeting for Applied Geoscience & Energy.

Panfili P, Cominelli A, Calabrese M, et al., 2011. Advanced Upscaling for Kashagan Reservoir Modeling [J]. SPE Reservoir Evaluation & Engineering, 15 (2): 150-164.

Rao Subba Rama, Richard Mohan David, 2015. Integrated Production Testing Framework to Improve Next Generation Production Workflows [C]. Abu Dhabi, UAE: Abu Dhabi International Petroleum Exhibition and Conference.

Rossen W R, Shen C, 2007. Gravity Segregation in Gas-Injection IOR [C]. London, UK: EUROPEC/EAGE Conference and Exhibition.

Rossen W R, van Duijn C J, Nguyen Q P, et al., 2006. Injection Strategies to Overcome Gravity Segregation in Simultaneous Gas and Liquid Injection Into Homogeneous Reservoirs [J]. SPE Journal, 15 (1): 76-90.

Stone H L, 1982. Vertical Conformance in an Alternating Water-Miscible Gas Flood [C]. New Orleans, Louisiana: SPE Annual Technical Conference and Exhibition.

Stone H L, 2004. A Simultaneous Water and Gas Flood Design with Extraordinary Vertical Gas Sweep [C]. Puebla, Mexico: SPE International Petroleum Conference.

Thibeau S, 1996. Dual Scale Simulations: A Tool for Pseudoisation [C]. Milan, Italy: European Petroleum Conference.

Zick A A, 1986. A Combined Condensing/Vaporizing Mechanism in the Displacement of Oil by Enriched Gases [C]. New Orleans, Louisiana: SPE Annual Technical Conference and Exhibition.

附录一 地震资料相关重要概念及地震反演方法简介

本章首先介绍地震资料解释及反演中的几个重要概念，然后对主要地震反演方法进行简要介绍。

第一节 地震资料相关重要概念

一、地震资料解释相关的几个基本概念

1. 道集相关概念

单个地震检波器的接收记录，称之为一个地震道，道集就是地震道的集合。在地震资料处理过程中，依据处理的不同需求，如进行动校正和水平叠加，或求取静校正参数，或进行某些偏移处理等，可对原始数据进行不同方式的抽取、重排，得到所需的排列道集。

常见的道集类型包括：共炮点（Common Shot Point，简写为CSP）道集，即同一炮点激发，不同检波点接收的所有道形成道集，可用于求取炮点静校正的参数；共接收点（Common Receiver Point，简写为CRP）道集，即不同炮点激发，相同检波点接收的所有道形成道集；共偏移距（Common Offset Point，简写为CMP）道集，即按照同一个偏移距，从不同共炮点道集或共接收点道集数据抽取形成的道集，共偏移距道集的偏移距是相同的；共中心点（Common Middle Point，简写为CMP）道集，即观测系统内检波器和激发点的中心点相同的所有道形成道集（"共中心点"指的是地面上的共同中心点，而不是地下的共中心点），共中心点道集进行动校正、水平叠加，就可得到水平叠加剖面；共反射点道集（Common Reflection Point，简写为CRP），即同一个地下反射点反射回来的地震记录的集合。对于转换波勘探，还有共转换点（Common Conversion Point，简写为CCP）道集的概念（附图1-1）。

2. 面元相关概念

一般将以CMP为中心的矩形搜索范围内的地震反射归为该CMP道集中，这个搜索范围称为面元。在地震资料处理中，这些地震反射数据将被叠加，作为该面元的地震反射数据。面元的重要属性包括面元尺寸、炮检距（地震反射中炮点和检波点之间的距离）、方位和覆盖次数等。三维地震采集设计时把地下界面按面元划分，原则是有均匀的覆盖次数、均匀的炮检距和均匀的炮检线方位角分布（Cordsen，2000）。

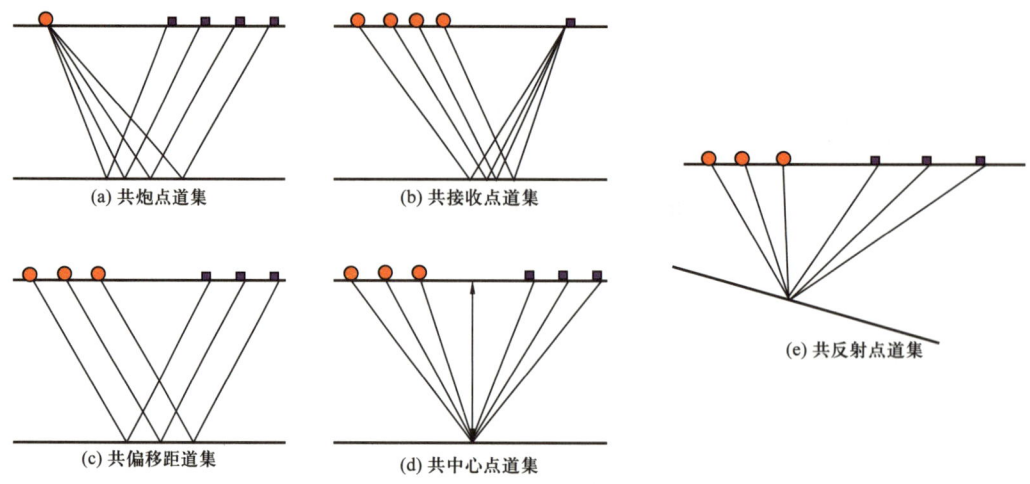

附图 1-1　常见道集类型

一般情况下，面元形状为矩形或正方形，有一定的面元尺寸。Inline 方向的面元尺寸为接收点距的 1/2，Crossline 方向的面元尺寸为炮点距的 1/2（附图 1-2）。

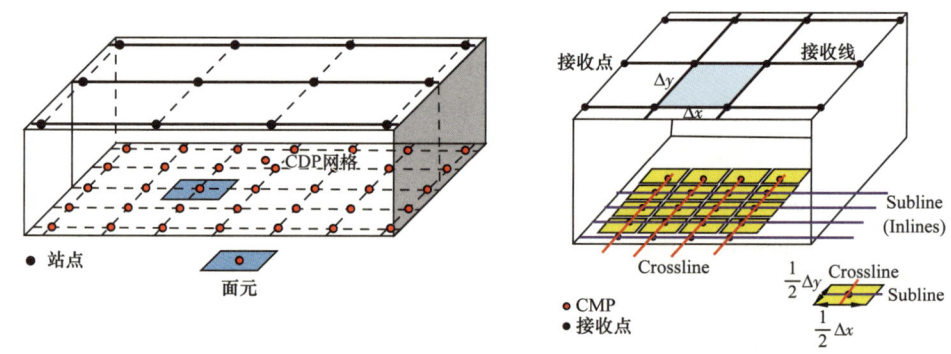

附图 1-2　地震采集面元示意图（据 Cordsen，2000）

面元内地震反射的炮检距（Offset）是面元的重要属性。通常要求在一个炮点道集或一个共 CDP 道集内炮检距从小到大分布均匀，不能缺失，能够保证同时勘探浅、中、深各个目的层。炮检距均匀，意味着地震数据在不同深度目的层的覆盖次数是均匀的，有利于速度分析和动校正（Cordsen，2000）。

面元内炮检线方位（Azimuth）是面元地震反射中炮点和检波点所在平面的方位。在一个 CDP 道集内各炮检距连线的方位方向应尽可能比较均匀地分布在共中心点的 360° 的方位上。这样一个面元上的地震道是从各个方向入射到这个面元上的，使三维的共中心点叠加具有真实体现三维反射波的特点。一般情况下，横向滚动线数越少，面元方位角分布属性越好（Cordsen，2000）。

覆盖次数（Fold）是一个 CMP 面元内地震反射（中心点）的个数，即进行叠加的次数。从满足三维速度分析的角度出发，纵向必须保证有足够的覆盖次数；从压制侧面干扰、保证三维横向静校正耦合的角度出发，横向必须保证一定的覆盖次数。各地下点的覆盖次数应尽可能相同或接近，在全区范围内分布是均匀的，以保证反射记录振幅均匀、频率成分均匀，从而才能保证地震记录特征稳定，使地震记录特征的变化与地质变化相联系，有利于对复杂地质结构和岩性的研究（Cordsen，2000）。

一般用蛛网图（Spider Diagram）综合表征 CMP 面元的属性，如炮检距、方位和覆盖次数等。蛛网图中线段的长度表述炮检距的大小，线段方位表示地震反射的方位，线段的数目表示面元的覆盖次数。如附图 1-3 所示，附图 1-3（a）中炮检距分布不均，方位角覆盖较弱，覆盖次数为 5；附图 1-3（b）中炮检距分布程度中等、方位角覆盖程度中等，覆盖次数为 9；附图 1-3（c）中炮检距分布程度改善，方位角覆盖较好，覆盖次数为 12（Cordsen，2000）。目前工业软件均可以绘制如附图 1-4 所示的蛛网图，可以对观测系统的特征进行直观地分析。

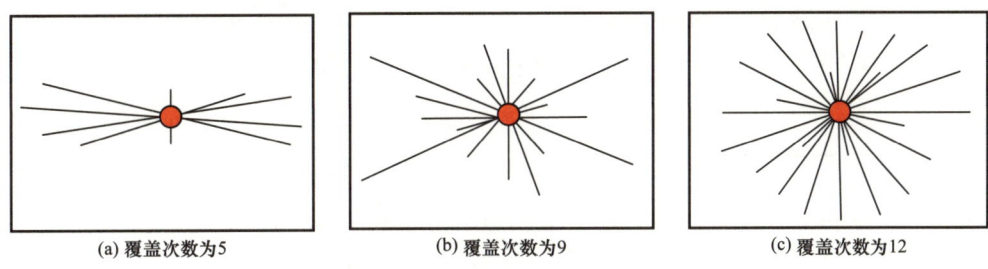

(a) 覆盖次数为5　　　　(b) 覆盖次数为9　　　　(c) 覆盖次数为12

附图 1-3　三个典型地震反射面元属性蛛网图（据 Cordsen，2000）

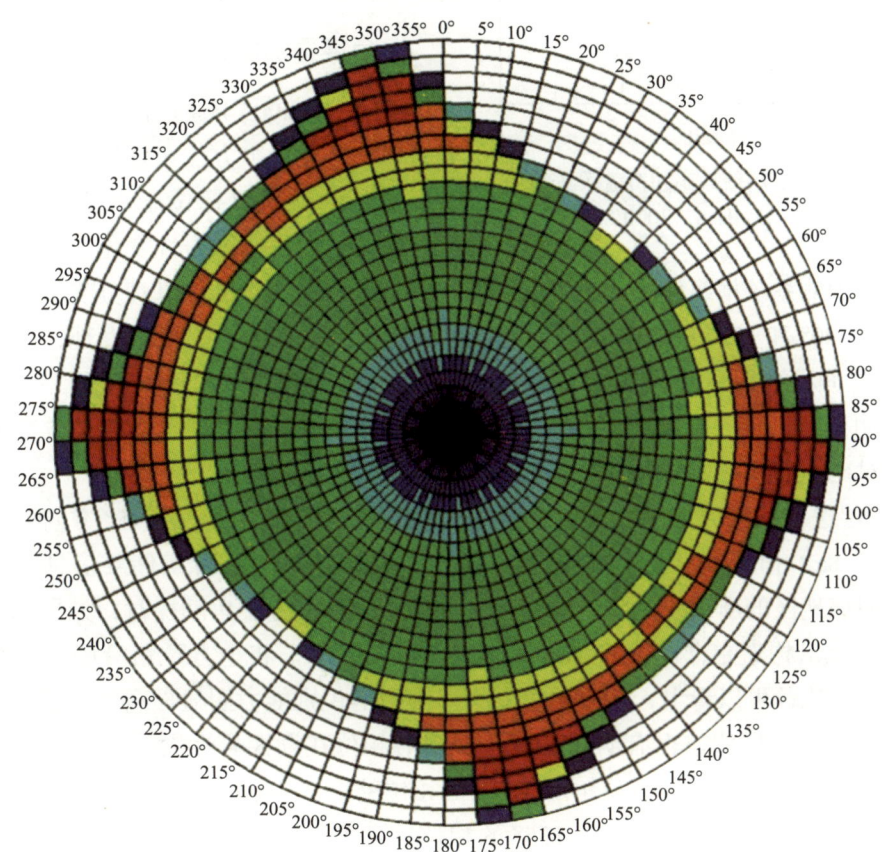

附图 1-4　辽河青龙台地区高密度全数字三维地震某反射面元属性蛛网图（据李明生，2017）
色块与原点的距离为偏移距，图件的外圆标注了方位角；色块的颜色代表覆盖次数，一般亮色指示覆盖次数高，暗色指示覆盖次数低

信噪比与面元尺寸呈正相关关系，覆盖次数与面元尺寸的平方呈正相关关系（附图 1-5）。

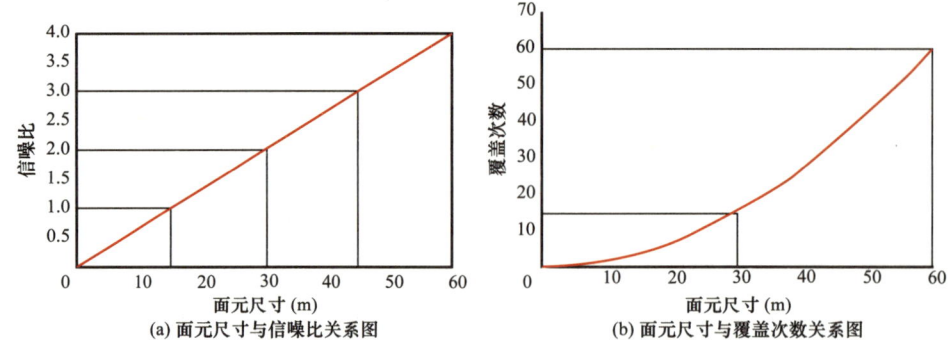

附图 1-5　面元尺寸与地震资料信噪比和覆盖次数的关系（据 Cordsen，2000）

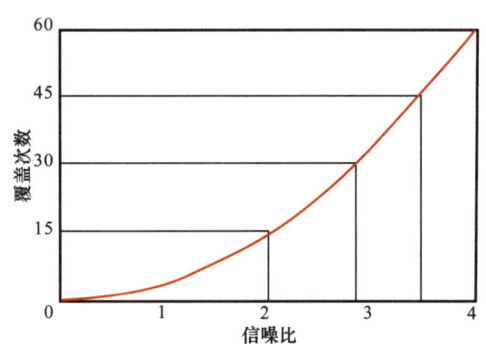

附图 1-6　地震资料信噪比和覆盖次数的关系（据 Cordsen，2000）

覆盖次数与信噪比有下列关系（附图 1-6）

$$Fold = C\tan(S/N)^2 \quad （附1-1）$$

式中　Fold——覆盖次数；
　　　C——常数；
　　　S/N——信噪比。

3. 角度叠加数据

凌云等（2003）通过西部地区的一个勘探实例来分析宽、窄方位角勘探的对比效果。该勘探地区的地质目标位于小角度单斜构造部位，存在较大的空间岩性变化，并存在断裂或裂缝影响。观测系统横纵比为 0.62，覆盖次数为 100。经严格的保真高分辨率处理后，抽取 0°、45°、90° 和 135° 相同覆盖次数的 CMP 道集（附图 1-7）。可以发现，不同方向的 CMP 道集之间存在明显的子波和信噪比差异，其中方位角为 45° 和 135° 的差异最大。这一现象表明该地区存在断裂带或裂隙的方向性影响。全方位角数据以及方位角叠加数据的分析和对比是判断主要断裂带、裂缝方向的重要方法（Perico，2021）。

沿 T1 层进行不同方位角相干数据体的比较分析，可以看出，沿 45° 方向的相干数据体（附图 1-8a）和沿 135° 方向的相干数据体（附图 1-8b）在分辨储层信息方面有明显差异，表明该地区的断裂或裂隙走向在 45° 方向上。在窄方位角勘探时，如果选择的方向正好处于以上沿构造走向时，将难以获得好的勘探效果。将全方位角沿层相干数据体和窄方位角进行比较可以看出，全方位角勘探对断裂的识别能力明显提高（凌云等，2003）。

全方位角的沿层相位也有明显的改善。瞬时相位在勘探岩性尖灭和断裂上具有它的优势，附图 1-9 给出了不同方位角沿 T2 层的相位结果，从附图 1-9（a）和附图 1-9（b）的沿层相位结果也可以明显看出，135° 的相位信息可以较清晰地反映断裂和岩性尖灭的存在，而 45° 的相位结果则存在问题，全方位角的沿层相位则优于窄方位属性（凌云等，2003）。

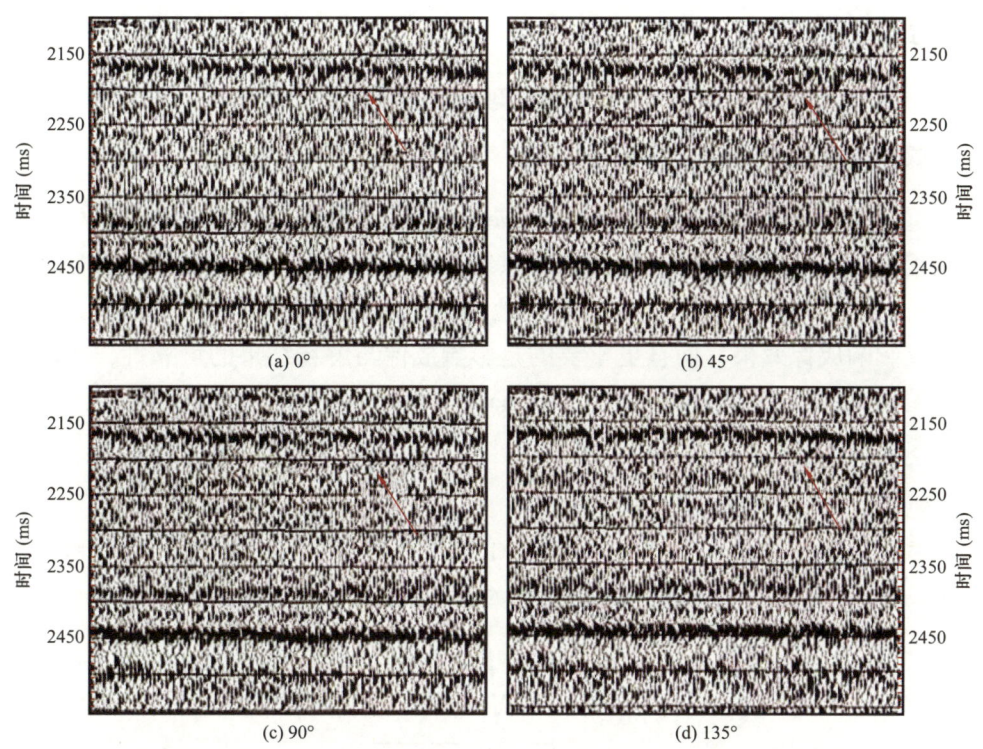

附图 1-7　不同方位角 CMP 道集数据对比图（据凌云等，2003）

附图 1-8　不同方位角相干数据体沿 T1 层切片（据凌云等，2003）

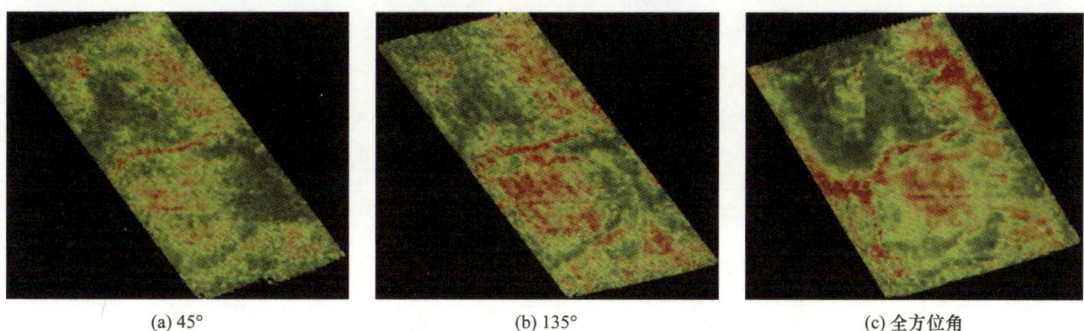

附图 1-9　不同方位角瞬时相位数据体沿 T2 层切片（据凌云等，2003）

二、地震速度

速度分析（Velocity Analysis）是地震处理和解释的重要内容。

1. 地震速度的概念

地震速度即地震波传播速度（Seismic Velocity），贯穿于地震数据采集、处理和解释的整个过程。从基于模型照明分析的观测系统优化与照明补偿，到常规叠加处理、叠后（前）时间（深度）偏移，再到时深转换、地层压力预测及岩性与储层刻画等，速度分析的结果不仅影响成像效果，而且更重要的是影响成像与解释结果的可靠性，所以说地震速度是地震勘探中最重要的参数之一（Yilmaz，2001；潘宏勋，2006）。以下对常见的地震速度概念进行介绍。

1）横波速度和纵波速度

地震纵波速度和横波速度分别为纵波（P波或压缩波）、横波（S波或剪切波）的传播速度。二者与介质的弹性参数之间的定量关系可用式（附1-2）和式（附1-3）表达

$$v_P = \sqrt{\frac{\lambda + 2\mu}{\rho}} = \sqrt{\frac{E(1-\sigma)}{\rho(1+\sigma)(1-2\sigma)}} \quad （附1-2）$$

$$v_S = \sqrt{\frac{\mu}{\rho}} = \sqrt{\frac{E}{2\rho(1+\sigma)}} \quad （附1-3）$$

式中 λ，μ——介质的弹性参数（拉梅系数）；

E——杨氏模量；

ρ——介质的密度；

σ——泊松比。

同一介质中纵波和横波速度比的关系如下

$$\frac{v_P}{v_S} = \sqrt{\frac{2(1-\sigma)}{1-2\sigma}} \quad （附1-4）$$

纵波与横波速度之比取决于泊松比。泊松比的值在大多数情况下约等于0.25，所以，纵波与横波的速度比 v_P/v_S 一般为1.73。

2）真速度

真速度（True Velocity）为地震波穿过无限小距离 ds 与所用时间 dt 之比

$$v = \frac{ds}{dt} \quad （附1-5）$$

3）层速度

地震波的传播速度在剖面上是成层分布的，一个地层剖面从浅到深可以分为几个速度层，各层之间在波速上存在较明显的差别。在地震勘探中把某一速度层的波速叫作该层的层速度（Interval Velocity）。层速度可用式（附1-6）表达

$$v_k = \frac{\Delta H}{\Delta t} \quad (\text{附} 1-6)$$

层速度与地层岩性密切相关。有时地质年代不相同但岩性相同的一些地层可以称为一个速度层。利用层速度可以计算平均速度，进行变速构造成图，开展地层、岩性解释，进行密度、孔隙度及流体性质研究，地层压力预测等。

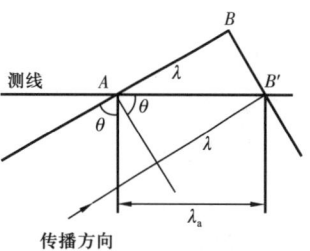

附图 1-10 视速度示意图

4）视速度

视速度（Apparent Velocity）指沿测线方向观测到地震波的传播速度（附图 1-10）。

平面地震波以一定角度 θ 从波面 A 传播到波面 B，实际传播速度为 v，实际传播距离为 λ，则所用时间为

$$t = \frac{\lambda}{v} \quad (\text{附} 1-7)$$

而在测线上观测，从 A 点开始振动到 B 点开始振动，所需的时间为

$$t = \frac{AB}{v^*} = \frac{\lambda}{\sin\theta \cdot v^*} \quad (\text{附} 1-8)$$

由于二者所经历时间相等，从而得到

$$\frac{\lambda}{v} = \frac{\lambda}{\sin\theta \cdot v^*} \quad (\text{附} 1-9)$$

$$v^* = \frac{v}{\sin\theta} \quad (\text{附} 1-10)$$

即视速度永远大于或等于真速度。仅当地震波 90° 出射时，取等号。

5）等效速度

当界面倾斜时（附图 1-11），共中心点反射波时距方程为

$$t = \frac{OB+BR}{v} = \frac{O^*B+BR}{v} = \frac{O^*R}{v} = \frac{1}{v}\sqrt{O^*D^2+DR^2} = \frac{1}{v}\sqrt{(2h-x\sin\varphi)^2+(x\cos\varphi)^2} \quad (\text{附} 1-11)$$

$$h = h_0 + \frac{1}{2}x\sin\varphi \quad (\text{附} 1-12)$$

为了得到共中心点时距方程，将 h_0 代替 h，得

$$t = \frac{1}{v}\sqrt{(2h_0)^2+(x\cos\varphi)^2} \quad t^2 = \frac{(2h_0)^2}{v^2} + \frac{x^2}{\left(\dfrac{v}{\cos\varphi}\right)^2} = t_0^2 + \frac{x^2}{\left(\dfrac{v}{\cos\varphi}\right)^2} \quad (\text{附} 1-13)$$

$v_{eq} = \dfrac{v}{\cos\varphi}$ 称为倾斜界面均匀介质情况下的等效速度（Equivalent Velocity）。

等效速度的概念意义在于，用等效速度代替视速度，倾斜界面共中心点时距曲线就

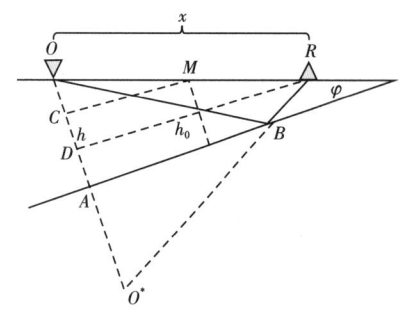

附图 1-11 等效速度示意图

可以变成水平界面形式的共反射点时距曲线。也就是说，用等效速度对倾斜界面的共中心点道集进行动校正可以取得很好的叠加效果，没有剩余时差。等效速度总是大于或等于真速度，视倾角越大，等效速度就越大。仅当地震波 90°出射时，取等号。

6）平均速度

一组水平层状介质中某一界面以上介质的平均速度（Average Velocity）就是地震波垂直穿过该界面以上各层的总厚度与总的传播时间之比，n 层水平层状介质的平均速度可用式（附 1-14）表达

$$v_{\mathrm{ave}} = \frac{\sum_{i=1}^{n} h_i}{\sum_{i=1}^{n} t_i} = \frac{\sum_{i=1}^{n} (v_i t_i)}{\sum_{i=1}^{n} t_i} \tag{附 1-14}$$

7）均方根速度

在水平层状介质中，取各层层速度对垂直传播时间的均方根值，称为均方根速度（Root Mean Square Velocity）。在实际生产工作中，不管介质是否均匀，都采用双曲线公式计算动校正量，即把反射波时距曲线总是看成双曲线。均方根速度的概念就是在处理上述问题时，把不是双曲线关系的时距方程简化为双曲线关系时引入的一个速度概念。v_R 就相当于均匀介质情况下的波速，称为 n 层水平层状介质的均方根速度，可用式（附 1-15）表达

$$v_{\mathrm{R}} = \sqrt{\frac{\sum_{i=1}^{n} (v_i^2 t_i)}{\sum_{i=1}^{n} t_i}} \tag{附 1-15}$$

平均速度大于均方根速度，仅当为单层介质时，取等号。

8）叠加速度

叠加速度（Stacking Velocity）指对地震反射按双曲线进行校正，使得叠加效果最好的地震波速度。叠加速度本身并无地质意义，在一般水平层状介质情况下，叠加速度为均方根速度。

在一般情况下（包括水平界面均匀介质、倾斜界面均匀介质、覆盖层为层状介质或连续介质等），都可将共中心点反射波时距曲线看作双曲线，用一个共同的公式来表示

$$t^2 = t_0^2 + \frac{x^2}{v_{\mathrm{a}}^2} \tag{附 1-16}$$

式中　v_{a}——叠加速度；

t_0——偏移距为零时的反射时间。

在水平层状介质的情况下，叠加速度就等于均方根速度，在倾斜层状介质的情况下，叠加速度就等于均方根速度乘以倾角的余弦。目前实际生产中较少或不做倾角校正，直接当均方根速度用，这是一种近似，由它计算成图的平均速度往往偏大，而且深层误差更大。

在实际的地震资料处理工作中，通过计算速度谱来求取叠加速度。即对一组共反射点道集上的某个同相轴，利用双曲线公式选用一系列不同速度 v_i，计算各道的动校正量，对道集内各道进行动校正；当取某一个 v_i 能把同相轴校正成水平直线（将得到最好的叠加效果）时，则这个 v_i 就是这条同相轴对应的反射波的叠加速度。

9）几种速度之间的换算

已知层速度，求取均方根速度可用式（附1-17）表达

$$v_R = \sqrt{\frac{\sum_{i=1}^{n}(v_i^2 t_i)}{\sum_{i=1}^{n} t_i}} \qquad (附1-17)$$

已知均方根速度，求取层速度一般采用 Dix 公式，可用式（附1-18）表达

$$v_n = \sqrt{\frac{t_{0,n} v_{R,n}^2 - t_{0,n-1} v_{R,n-1}^2}{t_{0,n} - t_{0,n-1}}} \qquad (附1-18)$$

$$t_{0,n} = 2\sum_{k=1}^{n} t_k \qquad (附1-19)$$

$$t_{0,n-1} = 2\sum_{k=1}^{n-1} t_k \qquad (附1-20)$$

一般情况下，通过叠加速度转换成均方根速度，然后用 Dix 公式计算层速度。需要注意的是，Dix 公式是在水平层状介质中射线垂直入射条件下建立的速度关系式，前提条件比较苛刻，适用范围较窄，当地下介质产状复杂时，用其求取层速度或平均速度会产生较大的误差（Yilmaz，2001；马海珍等，2002）。

已知层速度，求取层平均速度，应用平均速度定义式

$$v_{ave} = \frac{\sum_{i=1}^{n} h_i}{\sum_{i=1}^{n} t_i} = \frac{\sum_{k=1}^{n} v_k (t_{0,k} - t_{0,k-1})}{t_{0,n}} \qquad (附1-21)$$

已知平均速度，求取层速度

$$v_n = \frac{\overline{v_n} t_{0,n} - \overline{v_{n-1}} t_{0,n-1}}{t_{0,n} - t_{0,n-1}} \qquad (附1-22)$$

已知均方根速度，求取平均速度，结合 Dix 公式及平均速度定义式

$$v_{ave} = \frac{\sum_{k=1}^{n} \sqrt{(t_{0,k} v_{\sigma,k}^2 - t_{0,k-1} v_{\sigma,k-1}^2)(t_{0,k} - t_{0,k-1})}}{t_{0,n}} \qquad (附1-23)$$

2. 地震速度的测定方法

通常，地震速度的测定方法包括实验室测定、垂直地震剖面法、地震测井法、声波测井法、速度谱分析法、地震反演法和偏移速度分析法等。以下对整体流程进行简要介绍，具体研究方法请参阅相应文献。

1）实验室测定

实验室测定方法中，首先获取钻井取心，在长度已知的岩心两端分别放置振动发生器和接收器，观测振动从岩心一端传播到另一端所用的时间，最后求取速度。实验室测定法误差大、成本高且效率低。另外也可以测定弹性参数，如杨氏模量、剪切模量、体积模量和泊松比等，然后通过公式计算纵波速度和横波速度（罗琛，2012）。

2）垂直地震剖面法

垂直地震剖面法（Vertical Seismic Profile，简写为 VSP）是一种井中地震方法，它与地面观测的水平地震剖面相对应。

（1）采集方式。

垂直地震剖面法获取平均速度是地震勘探中获取平均速度最准确的方法，垂直地震剖面法的实质是在井中观测地震波场，将井下检波器置于井中不同深度来记录地面震源所产生的地震信号。具体地，VSP 资料采集可以分为零偏移距 VSP 采集（Zero-Offset VSP）和非零偏移距 VSP 采集（Offset VSP）等（附图 1-12）。

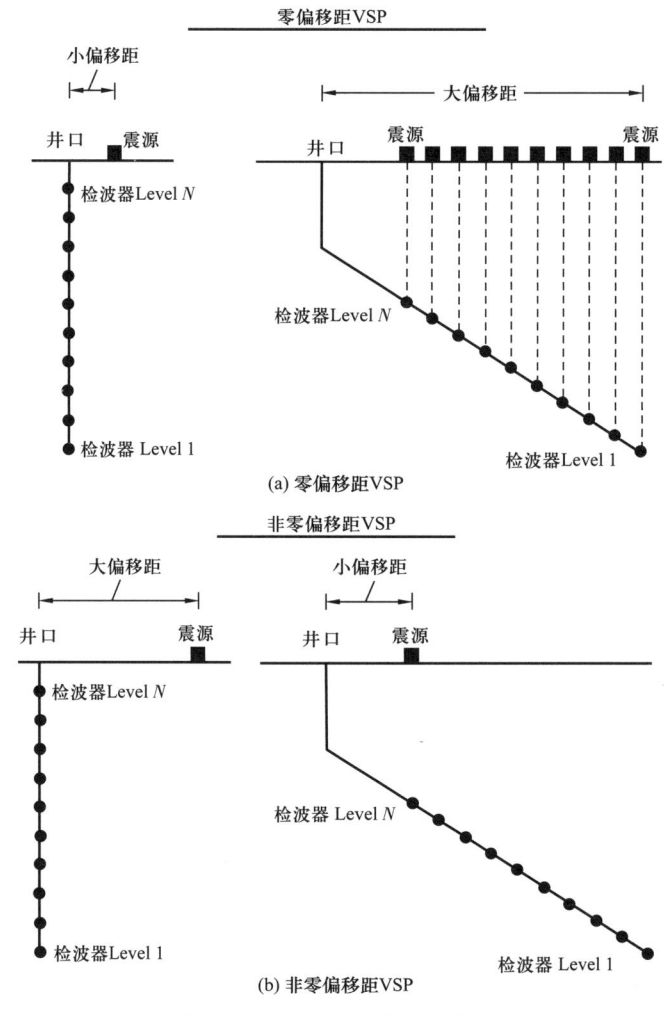

附图 1-12　VSP 资料采集示意图

其他的 VSP 观测系统还包括 Walk-Away VSP 变偏移距观测系统、3D VSP 观测系统、逆 VSP 观测系统、随钻 VSP 观测系统和套管井 VSP 观测等（附图 1-13；Yilmaz，2001；Khawaja et al.，2010；罗琛，2012）。通常，VSP 资料需要在井中采集数据，占用井场时间长，费用较高，一般资料数量有限。

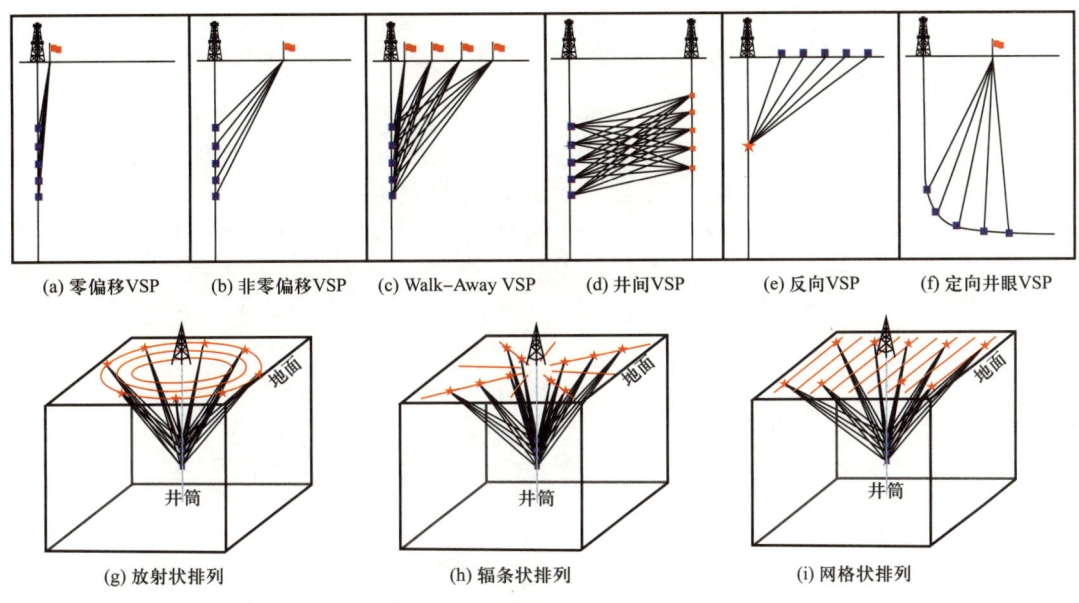

附图 1-13　VSP 资料采集示意图

在 VSP 数据采集中所用的设备主要包括井口震源、井下检波器、记录仪器、电缆和参考检波器（近场检波器）等。

偏移距指井口到震源点的距离，如地震测井一样，震源不可能就在井口。一般把偏移距约为接收点深度的十分之一（也有说二十分之一）时，可认为是零偏移距。

井下检波器方面，VSP 工作中的主要设备具有可伸缩的推靠臂，当检波器沉放到某一观测点时，要求检波器推靠在井壁或套管上，保证良好的接触。一般情况下，检波器点的点距越小，对应界面上反射点的间距也越小，资料精度高，有利于小构造（断层）解释（朱光明，1988；谢明道，1991）。

VSP 采集中的主要波动按波的类型可以分为初至直达波、一次反射波和多次反射波等（附图 1-14、附图 1-15）。直达波是由震源点出发向接收点直接穿透传播的波，即依次达到井内各观测点的初至波，旅行时间随观测点深度增加而增大。一次反射波即波由反射界面向上反射然后传播到观测点的波，旅行时随

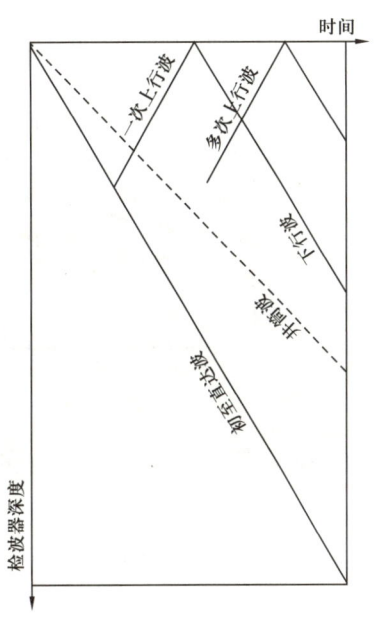

附图 1-14　垂直地震剖面中常见的波类型（据谢明道，1991）

观测点的深度减少而增大,并且只有当观测点位于界面之上时才能记录到。多次反射波由下行波和上行波组成。在非零偏移距的VSP资料中还存在转换波资料(朱光明,1988;谢明道,1991)。

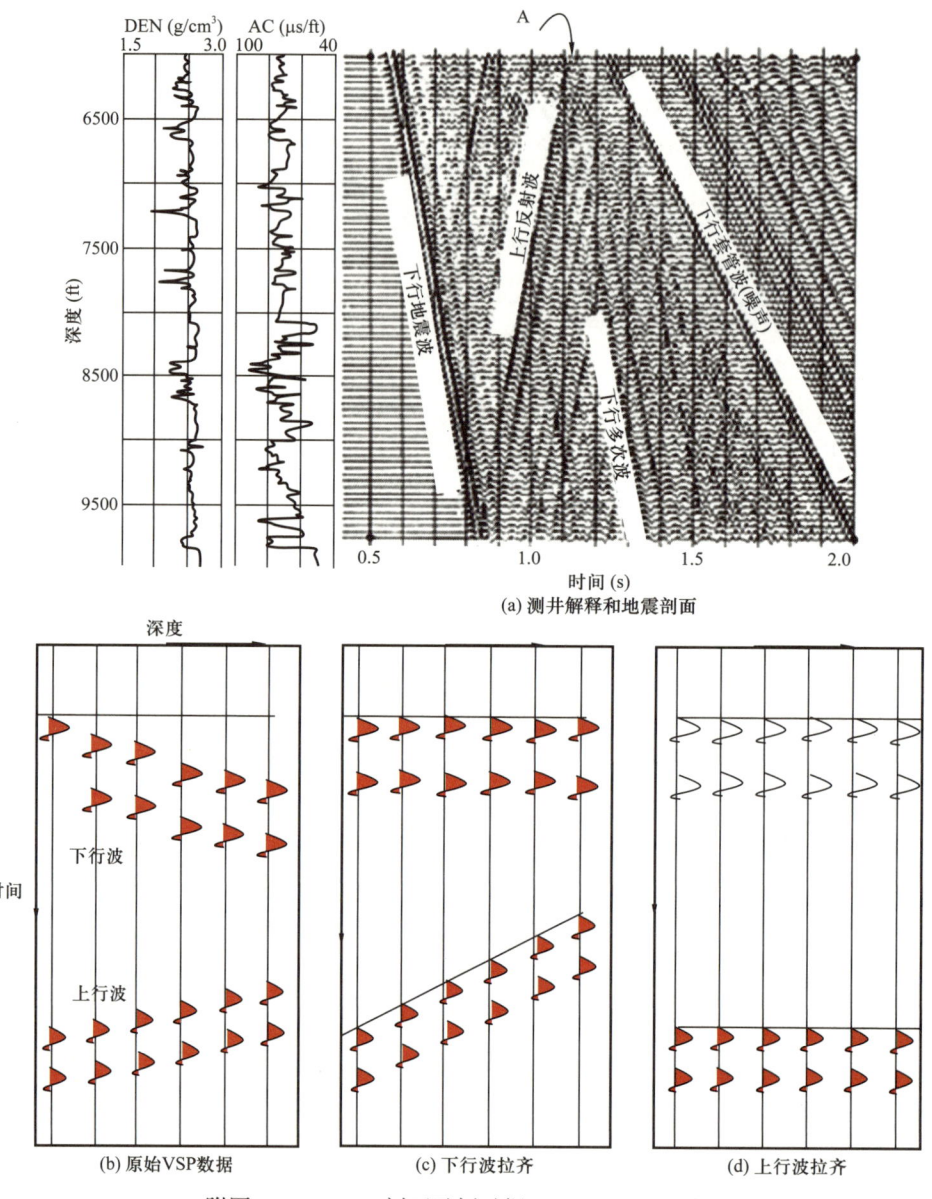

附图1-15 VSP剖面示例(据Hardage,1997)

VSP采集中主要的干扰波包括套管波、电缆波和井筒波等(附图1-16)。套管波是套管和地层胶结不良引起的一种干扰。电缆波指电缆振动引起检波器振动。井筒波指充满钻井液的井与围岩形成一个明显的波阻抗界面,由震源产生的面波传播到此界面时,好像一个新的震源,产生了沿井轴方向传播的管波。除此以外,常见的噪声还包括井下仪器与地层耦合不良产生的噪声、交流电感应、柴油机的震动和其他随机震动等(朱光明,1988;谢明道,1991;蔡志东等,2021)。

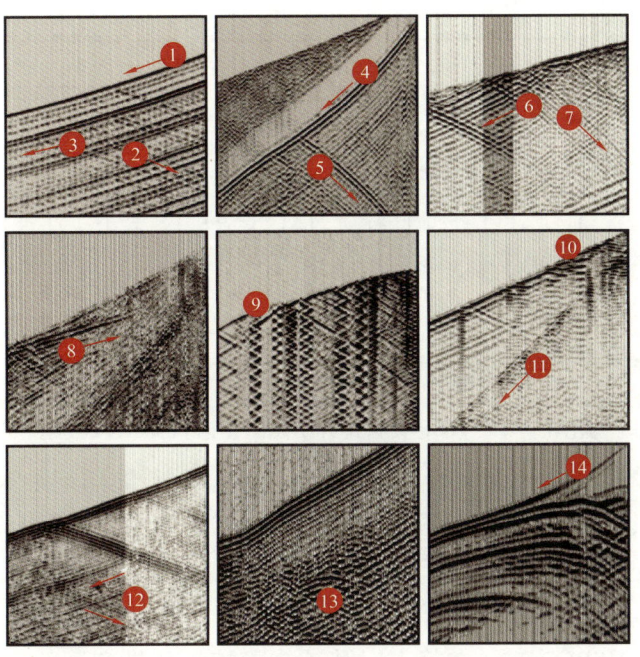

附图 1-16　常见 VSP 波场类型（据蔡志东等，2021）
①下行纵波；②上行纵波；③下行多次波；④下行横波；⑤上行横波；⑥下行转换横波；⑦上行转换横波；
⑧断面波；⑨光缆谐波；⑩套管波；⑪井筒波；⑫层间多次波；⑬绕射波；⑭折射波

（2）处理方法。

总的来说，VSP 资料处理的项目大致可分为三类。第一类，预处理，包括解编、相关、编辑、增益恢复等。第二类，常规处理，包括主要用于零偏移距 VSP 资料处理的同深度叠加、初至拾取、静态时移和排齐、震源子波整形、带通滤波、振幅处理、分离上行波和下行波、反褶积和垂直叠加等。第三类，其他处理，包括偏移距 VSP、斜 VSP、移动震源 VSP 和三分量 VSP 资料处理等（朱光明，1988；谢明道，1991）。

因为每一口井的记录条件和激发条件变化很大，希望达到的目的也不尽相同，所以每一组 VSP 资料都有其单独的特点。不同的资料就要求不同的处理内容和不同的处理方法。

以下仅对零偏移距 VSP 资料处理流程进行大致介绍。

① 预处理。解编，道编辑，振幅恢复。

② 垂直叠加，提高信噪比。同深度叠加类似于常规地震勘探中的垂直叠加，即对每一井下观测深度，重复激发 5~30 次独立地震记录，后将这些多次地震记录的起始时间对齐并相加。

③ 初至拾取。确定 VSP 每个深度记录道上初至下行波的起始时间。拾取初至直达波，用于求速度和静校正及处理。

④ 频谱分析和带通滤波。首先进行频谱分析，搞清有效波和干扰波频带范围。然后进行带通滤波，压制随机噪声和某些相干噪声。

⑤ 震源子波整形，使每炮的震源子波波形一样。利用监视检波器记录震源子波波形，然后专门设计滤波器把每一炮的震源监视记录波形转换为标准波形。

⑥ 静态时移（静校正和排齐）。对于 VSP 资料通过处理，使上行波和下行波的同相轴按时间分别对齐，并显示为类似地面地震剖面的形式（附图 1-17）。

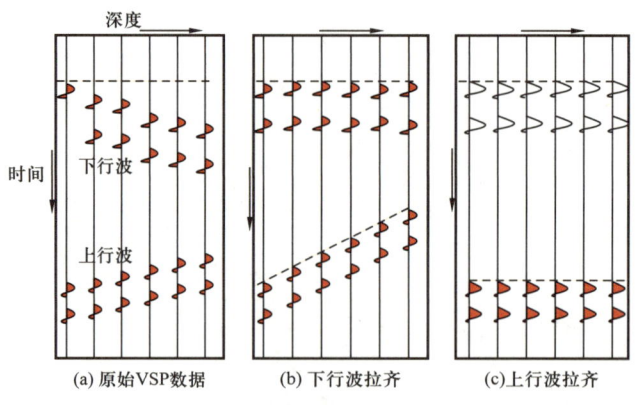

附图 1-17　VSP 资料排齐示意图（据 Alsadi，2017）

⑦ 波场分离。将 VSP 记录上行波、下行波分离。下行波随记录深度增加，旅行时增加，视速度为正号；上行波随记录深度增加，旅行时减少，视速度为负号。

⑧ 反褶积。反褶积主要包括对下行波列反褶积、对上行波列反褶积以及对地表记录反褶积。

⑨ 走廊叠加（VSPLOG）。在静态时移（或静校正和排齐）的剖面上，从初至波斜同相轴到多次波终止处连线（斜线）的一个条带（通道）上，只有一次波，而切除了多次波，把一次波同相轴叠加到一起，形成单一的地震道，称为走廊叠加（Corridor Stack）（附图 1-18）。VSP 走廊叠加和校正后合成记录同时镶嵌于过井地震剖面完成层位标定（附图 1-19、附图 1-20）。

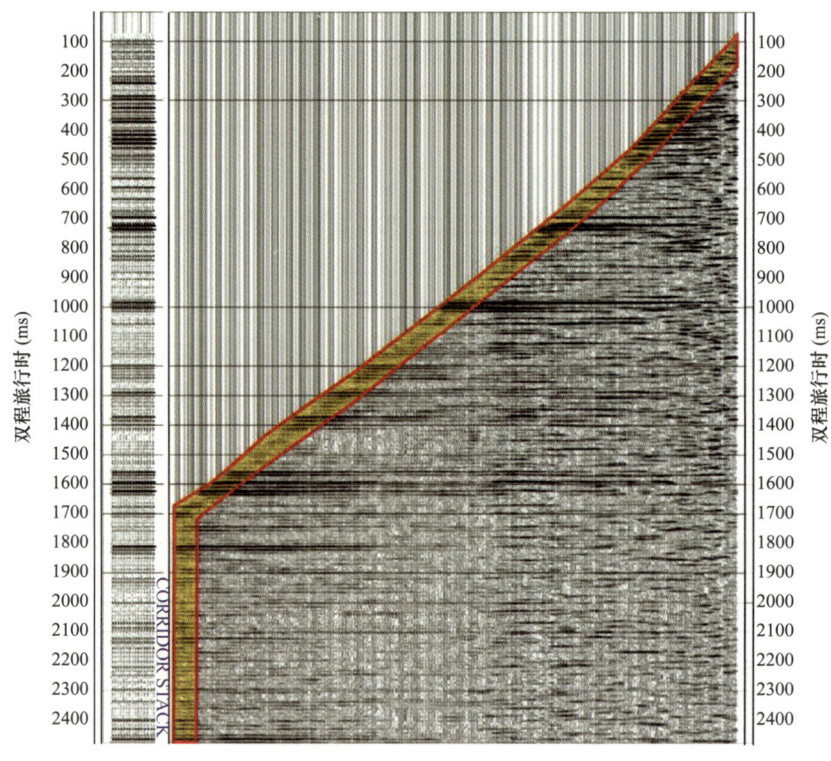

附图 1-18　走廊叠加示意图

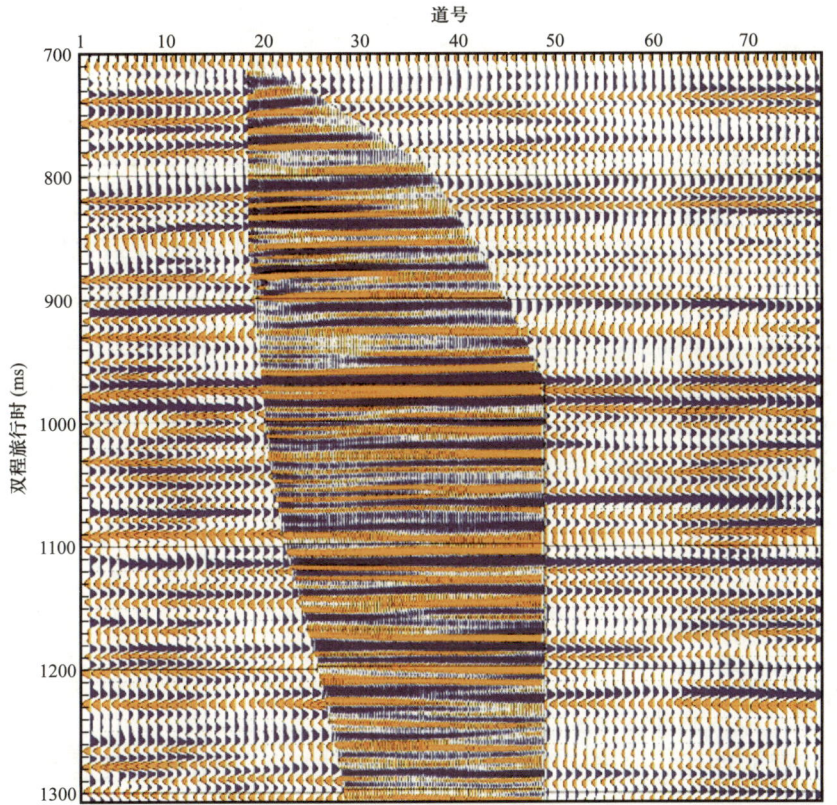

附图 1-19 Walk-Away VSP 成像剖面和三维地面地震成像对比（据王小刚等，2019）

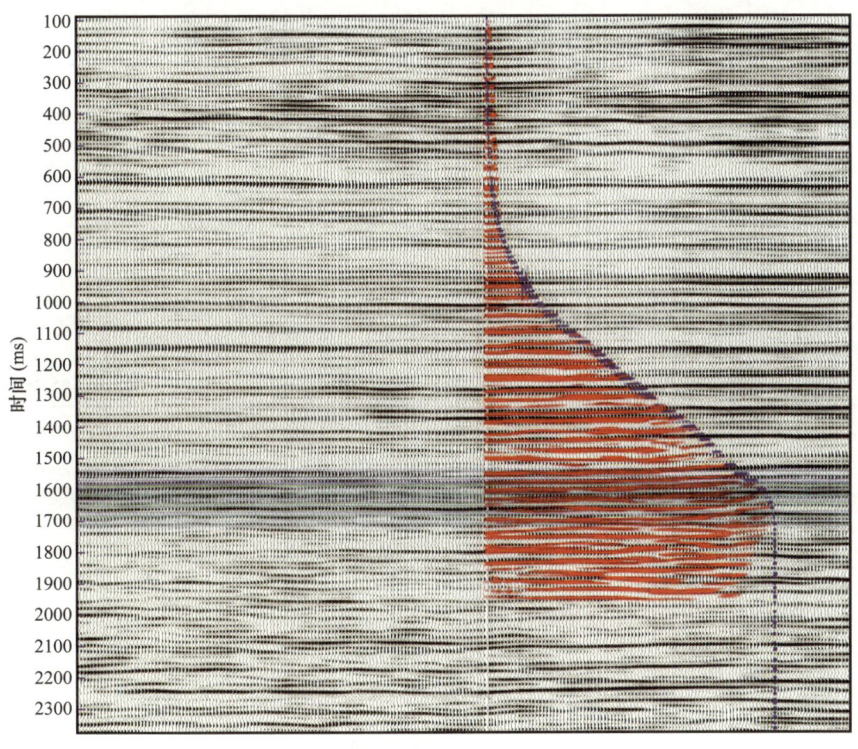

附图 1-20 VSP 成像剖面和三维地面地震成像对比

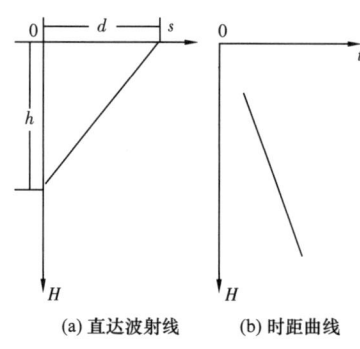

附图1-21 直达波射线及时距曲线

(a)直达波射线　(b)时距曲线

（3）资料的地质应用。

VSP资料可以为地震数据的处理和解释提供比较可靠的速度参数，用于标定地震地质层位等。

① 提供比较可靠的速度参数。

VSP资料采用推靠检波器，提高了灵敏度，并且点距小，位置准确，所以用初至波测定的速度精度较高。利用拾取的初至波可以得到时深关系，利用时深关系可求得平均速度和层速度（朱光明，1988；谢明道，1991；El Marhfoul et al.，2016；Albannagi，2018；Al Badi et al.，2021）。

均匀介质条件下的直达波时距曲线公式如下（附图1-21）

$$t = \frac{\sqrt{H^2 + d^2}}{v}$$ （附1-24）

式中　H——从基准面起算的井中检波器观测深度，m；

d——井源距，m；

t——波从震源到井中深度的旅行时，s。

时距曲线是双曲线，但当 d 很小时时距曲线是直线，随 d 增大视速度增大，同相轴变为双曲线。

附表1-1为VSP资料得到的时深关系，具有较密的采样间隔。

附表1-1　中东地区某油田某井VSP速度资料实例

测量序号	垂深（地震基准面）（ft）	测深（补心海拔）（ft）	深度间隔（ft）	测量旅行时（s）	传输时间（s）	时间间隔（s）	层速度（ft/s）	平均速度（ft/s）	均方根速度（ft/s）
1	0			0					
							6445		
2	229.2	274.7		0.0486	0.0356			6445	6445
			25.0			0.0031	8131		
3	254.2	299.7		0.0506	0.0386			6579	6595
			25.0			0.0030	8284		
4	279.2	324.7		0.0528	0.0416			6703	6732
			25.0			0.0030	8263		
5	304.2	349.7		0.0551	0.0447			6809	6846
			25.0			0.0029	8474		
6	329.2	374.7		0.0574	0.0476			6912	6958
			25.0			0.0028	8877		
7	354.2	399.7		0.0596	0.0504			7022	7079

② 标定地震地质层位。

VSP 资料的主要应用还包括地震地质层位标定。利用高分辨率和高精度的 VSP 资料，可以直接建立井中地质界面和地震反射之间的可靠联系，而不受速度的影响；用 VSP 记录直接与钻井（井柱子）和测井资料对比，从井柱子上可知产生这些反射层的年代和岩性特征，然后将其与地面再对比，就可以确定地震剖面反射层位的地质属性（附图 1-22）。

朱光明（1988）认为 VSP 层位标定的效果要优于合成地震记录。首先，VSP 是实际测量的地震记录，而合成记录严格来说只是地震测量的一种人工合成表示；在 VSP 中可以采用与地面地震相同或同类的震源、检波器和记录仪器，而合成记录只能用一些近似参数进行计算。其次，VSP 测量可以反映井周围第一菲涅耳带内（即传播地震子波半个波长范围内）的地下横向变化，而合成地震记录可认为只反映井本身紧靠井壁的地层情况，因为声波测井仪发出的超声波只透过井壁很薄的范围。最后，VSP 资料可以测量到井孔浅部信息。因此，在 VSP 资料中可包含地面浅部形成的所有多次波。测井资料一般在井的浅部不记录，极少数测到浅部的声波时差和密度测井曲线又因浅部井径扩大、井壁太粗糙而极不可靠，因此由测井曲线计算的合成记录难以描述地层剖面总的地震响应。

3）地震测井法

地震测井，也称为地震速度测井（Checkshot），它是在已钻好的井中直接测量地震波传播平均速度和层速度的一种方法。将测井检波器用电缆放入井中最深的测量位置，检波器隔一定距离向上提升一次，每次提升距离为 200ft、500ft 或 1000ft 等。震源尽量与该井附近地震资料采集的震源一致。在不同位置激发震源，测井检波器记录下从井口到检波器深度处直达波的传播时间 t，检波器的深度 H 可由电缆长度测得（附图 1-23）。

平均速度为可以用式（附 1-25）算出

$$V_{\text{ave}} = \frac{H}{t} \tag{附 1-25}$$

对于直井而言，地震波从激发点传播至检波器的路径近似为垂直直线，而不是折线，因此结果更为可靠。对于斜井而言，在井下检波器上提至新位置时，需要对应移动震源的位置，确保地震波从激发点传播至检波器的路径近似为垂直直线。当 Checkshot 测量井穿透地层具有一定构造倾角，建议分别在井的上倾和下倾方向放置一个震源，以便在每个检波器获得两个不同的传播时间测量值，通常其中一条路径比另一条更接近直线。在简单水平层状介质中，如果横向速度存在显著变化，建议在井的两侧放置震源，并记录传播时间，避免出现速度不具代表性的问题。

垂直地震剖面实际上也是一种井中观测方法，它是早已广泛使用的地震测井方法的变革和发展。地震测井 Checkshot 和垂直地震剖面 VSP 的不同在于：前者只利用记录的初至波，后者不仅利用记录上的初至波，也要利用记录上的续至波；前者的观测点距（深度间隔）通常较大（100m 到数百米），后者的观测点距很小（典型的是 10~25m）；前者只利用震源在井口附近的零偏移距观测系统，后者还利用震源偏离井口的（非零）

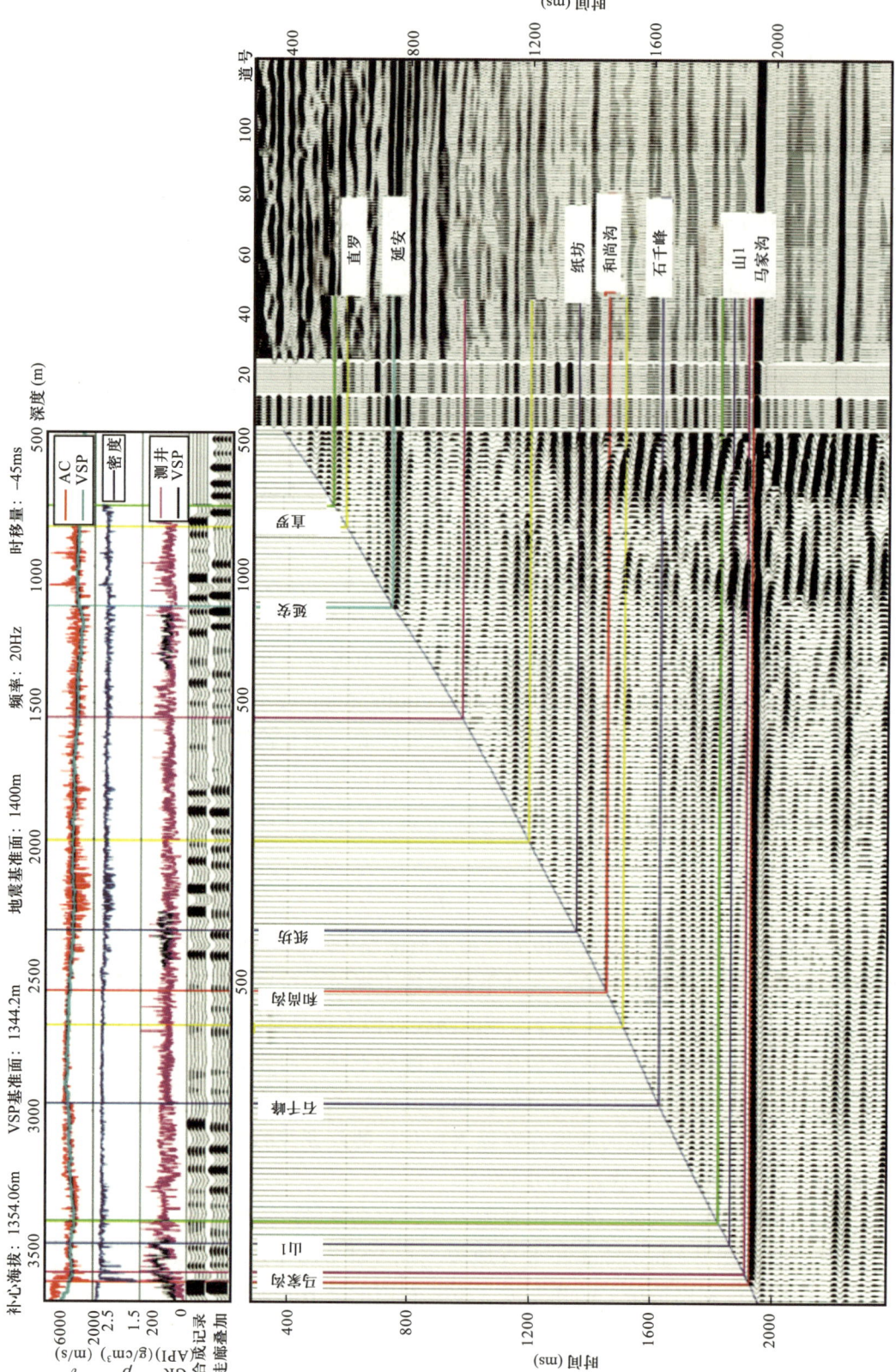

附图1-22 VSP层位标定实例（据赵海英等，2016）

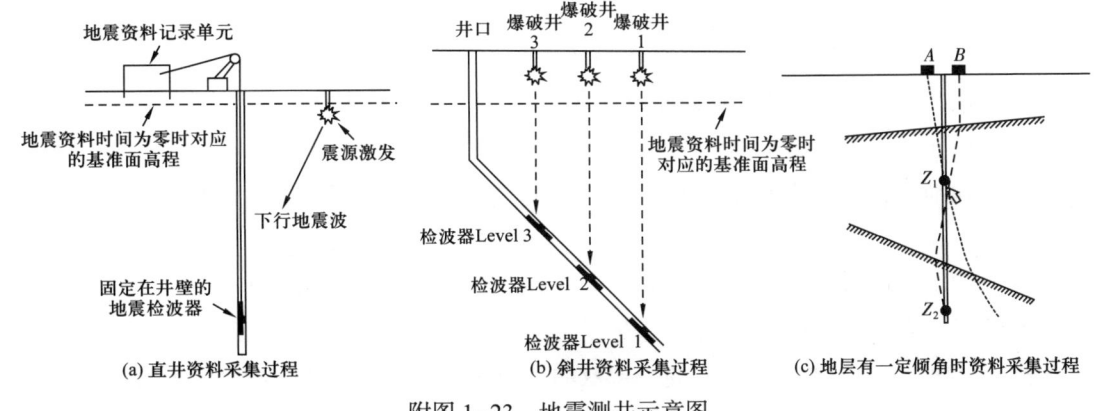

附图 1-23 地震测井示意图

偏移距观测系统和多偏移距观测系统;前者的目的主要是测定波速,后者主要是研究井旁地层剖面及在实际地质介质中研究波的形成和传播的规律(朱光明,1988)。在中东地区,常常将 VSP 资料得到的速度信息称为 Checkshot。

4)声波测井法

声波测井(Sonic Well Log)广泛用于地震勘探中,并已成为求取速度参数的一种重要手段,从原理上讲,声波测井主要利用沿井壁滑行的初至折射波时差来求取速度参数,具有既简便灵活又能连续观测的特点。声波测井可以获得更加详细准确的层速度和平均速度。由于连续测量,接收距小,能细致划分层速度,反映地层岩性特点,对地质解释意义较大(Yilmaz,2001;罗琛,2012)。但声波时差测量受井眼条件影响大,测量过程中可能存在一定的误差。

5)速度谱分析法

利用速度谱分析法(叠加速度谱、相关速度谱)求取叠加速度是目前提取速度参数的重要手段。

对道集内某个反射波同相轴用不同的速度进行动校正并分析校正后的叠加效果,其中叠加效果最好的那个速度就是该反射波的叠加速度。具体实现时有叠加速度谱和相关速度谱。

对共反射点道集进行叠加,如果校正成直线,则各道的波形都没有相位差,叠加后的波形能量最强;如果没有校正成直线,则各道的波形仍然存在相位差,叠加后的波形能量较弱。用这种方法计算出的图形叫作叠加速度谱。

水平界面的反射波旅行时 $t(x)$ 可用式(附 1-26)表达

$$t(x)=\sqrt{t_0^2+\frac{x^2}{v_{\text{NMO}}^2}} \qquad (附 1\text{-}26)$$

正常时差(Normal Moveout)可用式(附 1-27)表达

$$\Delta t(x)=\sqrt{t_0^2+\frac{x^2}{v_{\text{NMO}}^2}}-t_0 \qquad (附 1\text{-}27)$$

式中 t_0——零炮检距的双程反射时间；

v_{NMO}——动校正速度，水平层状介质中，大致等价于均方根速度。

如果炮检距 x 已知，反射波到达时间 $t(x)$ 和正常时差 $\Delta t(x)$ 是零炮检距反射时间 t_0 和动校正速度 v_{NMO} 的函数，也就是说，地震波的反射时间和正常时差中包含均方根速度（准确地讲，在复杂构造情况下，应该是叠加速度）的信息。这是速度分析的理论基础。

由于在实际地震资料中，从地震道上准确读取反射时间 $t(x)$ 很困难，甚至不可能，因此不能直接利用式（附1-27）计算速度 v_{NMO}。但是可以设想，在固定 t_0 的情况下，任意选择一个速度 v_i，v_i 确定了唯一的一条双曲线轨迹，沿该双曲线轨迹对各个炮检距上的反射振幅进行叠加，当速度 $v_i=v_{NMO}$ 时，不同炮检距地震道上的振幅同相叠加，叠加振幅达到最大，因此可以通过测量不同速度对应的叠加振幅，对速度参数进行分析和提取（附图1-24）。

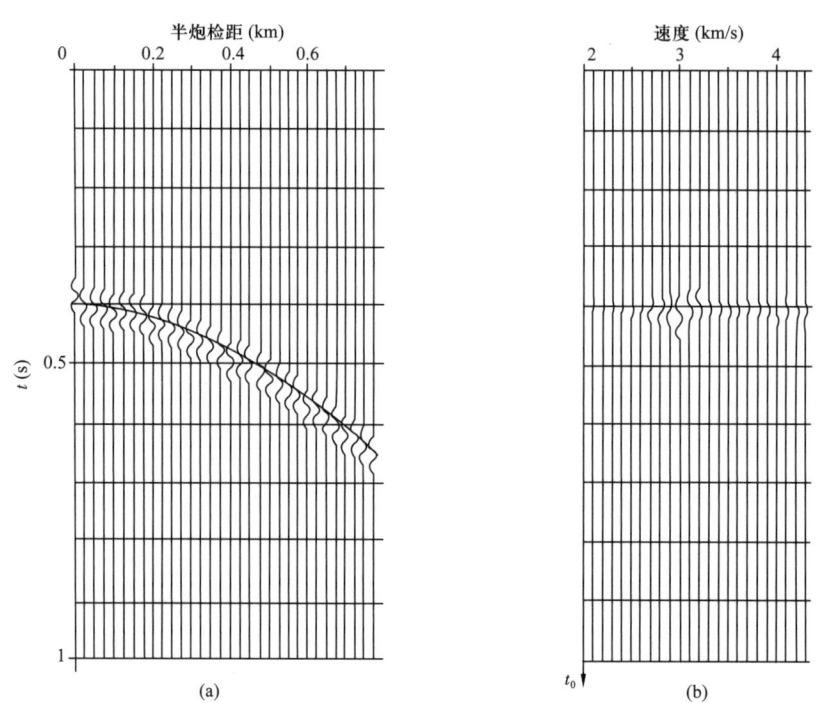

附图1-24 反射时间中包含速度信息（据 Yilmaz，2001）
（a）速度为3000m/s的共中心点道集；（b）共中心点道集常速扫描叠加的结果

影响叠加速度（均方根速度）的主要因素有数据采集、资料处理、参数的选择，以及表层不均匀性和地下构造角等，这些因素的存在使得计算出的叠加速度存在不同的误差，可靠性差（Yilmaz，2001；罗琛，2012）。

另一个方法是计算共反射点道集的多道相关函数，用相关函数值的相对大小来判断是否同相。这样计算出来的图形叫作相关速度谱。

6）地震反演法

地震反演方法（Seismic Inversion）通过对观测到的地震波运动学和动力学属性（偏移前或偏移后）的分析反演地下介质的结构、速度分布及弹性参数等。根据原理主要分为反射层析（Reflection Tomography）、波形反演（Waveform Inversion）和立体层析（Three-Dimensional Tomographic Inversion）等。反射层析以正演模拟结果与地震数据的拟合最优作为速度正确判断的标准，主要分为两大类，一类是基于 CMP 道集的走时反演，另一类是基于叠前深度偏移成像道集的射线层析。波形反演方法以成像质量最优作为速度正确的判断标准，采用的方法是先建立成像扰动和产生扰动的慢度函数之间的关系，根据改进的成像结果和由当前速度模型得到的偏移成像结果之间的差异求取慢度扰动量，再通过迭代更新慢度函数来达到偏移成像剖面聚焦质量最优。立体层析实现过程是在偏移后的共炮检距道集上拾取地层视倾角，在偏移后的共成像点道集上拾取剩余动校正倾角，从拾取点出发向地面进行射线追踪以计算目标函数的梯度，修改速度模型以使偏移后的共成像点道集上倾角为零（Yilmaz，2001；潘宏勋，2006）。

7）偏移速度分析

偏移速度（Migration Velocity）分析方法的关键是利用成像结果对速度的敏感性，把速度分析与偏移成像紧密结合在一起，当速度最佳时，成像聚焦达到最优。偏移成像技术起源于 20 世纪中叶，经历了从叠后到叠前、从时间域到深度域、从二维到三维的发展历程。早期的叠前偏移研究主要集中于基于基尔霍夫（Kirhchoff）积分法的各种实现。之后基于微分解的波动方程叠前深度偏移方法技术得到了迅猛的发展，并形成了几种以成像质量最优作为速度正确判断标准的偏移速度分析方法，主要有深度聚焦分析（Depth Focusing Analysis，简写为 DFA）、剩余曲率分析（Residual Curvature Analysis，简写为 RCA）和基于共聚焦点（Common Focus Point，简写为 CFP）的速度分析方法等（Yilmaz，2001；潘宏勋，2006）。

8）不同方法获取速度资料之间的比较

以下对上述不同方法获取的速度资料进行比较（罗琛，2012）。

地震测井和声波测井的比较：两种方法都是求取平均速度和层速度的有效方法，主要差异在于取得速度资料的方法不同。地震测井记录的和声波测井记录的信号频率相差 250~1000 倍，理论上声波测井求出的平均速度更接近地层的真实速度，但由于地震勘探方法的固有特点，地震测井更接近地震勘探的实际情况。

声波测井和速度谱的比较。声波测井和地震速度差别的主要有以下几方面原因：（1）井孔和井孔周围空间条件对声波速度影响较大；（2）存在弹性性质的各向异性时，声波沿垂直层理方向测量，而地震射线则是倾斜方向的，甚至沿层理方向传播，因而，声波速度小于地震速度；（3）声波测量和地震测量使用的频率不一样，而使得声波速度大于地震速度；（4）由于相速度的频散作用，使得声波速度小于地震速度，这种影响随观测深度的加深而变大。

声波测井和 VSP 的比较。不同地区或不同深度，声波和 VSP 的速度差异表现不同，有时表现为正漂移，有时表现为负漂移，有时偏移值为零。造成声波和 VSP 速度差异的主要原因有速度频散、地层各向异性、井壁垮塌或井壁机械损伤等。此外，多次波、周波跳跃和声波测井仪自身的缺陷也会引起声波和速度的差异。

三、地震资料分辨率

首先对地震分辨率的类型进行介绍,然后分别讨论地震采集面元大小和覆盖次数对地震分辨率的影响。

1. 地震分辨率类型

地震分辨率分为两大类:一类是法向分辨率,它是在垂直反射界面方向上分辨反射界面间隔的能力,与地震子波的频带宽度或波长有关;另一类是空间分辨率,它是分辨地质体大小和区分相邻地质体间隔的能力,它与菲涅耳带的大小有关(钱荣钧,2010)。

在叠加剖面上,法向分辨率和空间分辨率与通常所说的纵向分辨率或垂向分辨率相同。而在偏移剖面上,纵向和横向上对反射界面的分辨能力是法向分辨率在这两个方向上的视分辨率,它取决于地层倾角和法向分辨率。当法向分辨率确定后,它们仅与观测方向有关,可根据需要计算任一方向分辨反射界面间隔的视分辨率(钱荣钧,2010)。

1)法向分辨率

法向分辨率表示地震数据分辨的最小地层厚度。根据 Rayleigh 准则(Rayleigh Resolution Criterion),子波零相位的情况下,反射界面间隔 Δh 的分辨极限为 $\lambda/4$(Ricker 子波,相邻两个振幅相等和极性相同的反射)。当两个子波的到达时间差大于或等于子波的半个视周期,则这两个子波是可以分辨的,否则是不能分辨的。法向分辨率取决于数据采集中应保护的最高信号频率成分或最短信号波长(钱荣钧,2010)。

如果设水平叠加时间剖面上的纵向分辨率为 R_z,偏移剖面上的纵向分辨率为 R_v,θ 为反射界面的倾角,则其关系式为

$$R_v = \frac{R_z}{\cos\theta} \tag{附1-28}$$

可以看出,偏移降低纵向分辨率,偏移剖面上的纵向分辨率可理解为垂直界面方向分辨率在纵向上的分量。表面上叠加剖面和偏移剖面的纵向分辨率都是纵向上地震道的分辨率,但对反射界面来说,它们是不同方向上的分辨率,偏移剖面上的纵向分辨率可认为是在铅垂方向上的视分辨率。在理想情况下,偏移并不改变垂直界面方向上的分辨率(钱荣钧,2010)。

法向分辨率的计算方法除了 Rayleigh 准则外,Ricker 准则(Ricker Resolution Criterion)和 Widess 准则(Widess Resolution Criterion)也较为常用。

对于 Ricker 准则,当子波为 Ricker 子波,相邻两个振幅相等和极性相同的反射时,其分辨率可用式(附1-29)表达

$$\Delta h = \frac{v}{4.62 f^*} = \frac{\lambda_p}{4.62} \tag{附1-29}$$

式中　v——层速度,m/s;

　　　f^*——子波谱的峰值频率,Hz;

　　　λ_p——峰值频率相应的波长,nm。

对于 Widess 准则，当子波为 Ricker 子波，相邻两个振幅相等和极性相同的反射时，虽然当储层厚度小于四分之一波长以后，利用时差无法分辨储层。但是复合波的振幅随着厚度的减薄而逐渐变弱，可以利用振幅来测定薄层的厚度，称为振幅分辨率，当储层的厚度等于八分之一波长时，复合波与子波的时间导数一致，如果已知子波，则可以利用子波拟合地震记录，可以分辨厚度为八分之一波长的储层

$$\Delta h = \frac{\lambda_p}{8}$$
（附 1–30）

2）空间分辨率

空间分辨率通常指分辨地质体大小或两个地质体间隔的能力，一般认为在未偏移之前，空间分辨率为第一菲涅耳带（Fresnel Zone）大小。用菲涅耳带作为空间分辨率的极限，表明当两个地质体的距离小于菲涅耳带半径时，由于层断、波不断，两个地质体之间绕射波相连，认为不可分辨或难以确定间隔的大小，地震反射信息是在第一菲涅耳带内所有点的加权信息。另外，菲涅耳带是在反射点或绕射极小点处计算的，不能用任意两个点的传播路径来计算。实际上，用菲涅耳带半径作为空间分辨率的极限也有一定的主观性。由于信噪比和地下构造等方面的差异，可识别的地质体的大小或间隔也可能突破这一极限，也可能达不到这一极限，其主要为一个统一的参考标准（钱荣钧，2010）。

附图 1–25 为零炮检距记录菲涅耳带示意图，其中 AB 是菲涅耳带的直径，PB 是半径，自激自收点 O 到菲涅耳带中心的反射时间和到边界的往返时间之差是二分之一周期，或 O 点到菲涅耳带中心的垂直距离和到边界距离之差为 $\lambda/4$（钱荣钧，2010）。

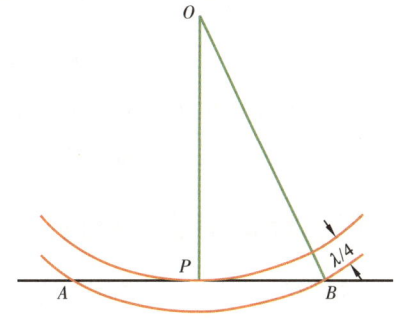

附图 1–25　菲涅耳带示意图

第一菲涅耳带半径可用式（附 1–31）表达

$$r_i = \frac{V}{2}\sqrt{\frac{t_o}{f^*}}$$
（附 1–31）

式中　V——平均速度，m/s；

　　　t_o——双程反射时间，s；

　　　f^*——地震波的主频，Hz。

偏移后的菲涅耳半径会大大缩小，空间分辨率有所提高。利用偏移提高空间分辨率的作用，体现在对复杂波场的归位、恢复小地质体的形态和消除绕射波等方面。但是提高到什么程度取决于空间采样率、偏移半径、偏移速度的精度、偏移方法本身的频散及差分近似公式的误差，测线如果不是沿着地层倾向布置时，二维假设不成立，也会造成 r_i 偏大。理论上偏移后的菲涅耳带是激发和接收点都在反射界面上同一点时的菲涅耳带，其半径为四分之一地震波波长。因此在偏移剖面上，空间分辨率和法向分辨率相同，都

是 $\lambda/4$（李庆忠，1994；钱荣钧，2010）。

关于地震分辨率，不同学者给出了更加精确的表达式，可以精确计算沿任意方向的分辨率大小（马在田，2005；钱荣钧，2010）。

2. 地震采集面元与地震分辨率的关系

较小采集面元对地震横向分辨能力有很大作用。缝隙带模型正演说明了较小面元对较小地质体的分辨十分有利。尖灭地层模型说明较小面元对地质尖灭点位置更接近于实际点，解释误差会更小些。实际资料成像说明了较小的面元对小断距的断层分辨有利，从而能够大大提高地质解释的精度（Cordsen，2000；苏心华，2005；Alsadi，2017）。

虽然小面元采集有利于提高地震分辨率，但有一点的限制。因为小面元覆盖次数低、属性分布差，容易受噪声及采集痕迹的干扰，影响叠加偏移的成像效果。为了提高地震偏移成像质量，小面元观测系统，需要保证覆盖次数要足够高，属性分布要足够好（Cordsen，2000；Alsadi，2017）。

3. 覆盖次数与地震分辨率的关系

覆盖次数越高，地震资料信噪比越高，有效波频带宽度越宽，对应的分辨率就越高。但是覆盖次数越多需要的炮检对越多，在面元尺寸不变的情况下，覆盖次数与采集工作量成正比（Cordsen，2000；赵会欣等，2017；郭雯，2017；Alsadi，2017）。

四、地震剖面的极性

本节首先介绍地震极性的定义，然后简单介绍地震剖面极性的判断方法。

1. 地震极性的定义

地震极性在资料采集阶段具有明确的定义，1975年SEG技术标准委员会规定野外记录初至波向下起跳、记录数值是负的称为SEG正常极性，反之称为SEG反正常极性（附图1-26）。

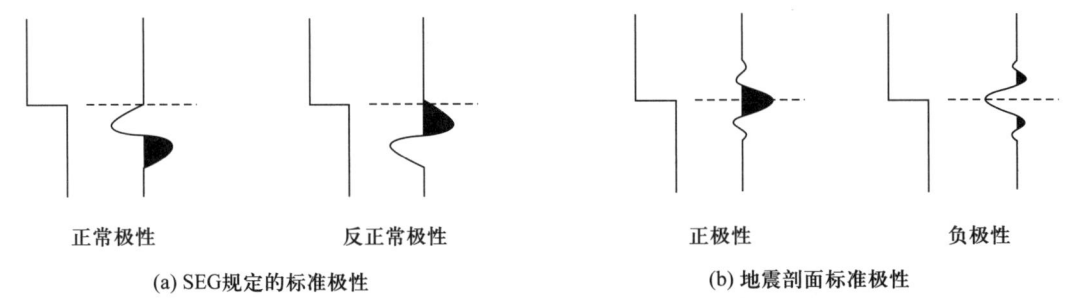

(a) SEG规定的标准极性　　　　　　(b) 地震剖面标准极性

附图 1-26　极性标准图示（据宋鹏等，2021）

在地震资料解释中，地层反射波起跳点代表真实的地质反射界面。但是由于起跳点极易混淆在上下界面形成的反射波里或被噪声掩盖，因此解释人员很难根据起跳点识别地质界面。而反射波波峰和波谷能量最大、对比度最强，将其作为地质界面标志最符合实际要求，利用波峰、波谷信息反推地质体岩石物理性质也最稳定可靠。因此，对于解释阶段来说极性比较合理的定义是一个较大反射系数且相对孤立的地层界面，正反射系数界面对应波峰，负反射系数界面对应波谷，称为正极性剖面，反之为负极性剖面（韩文功，1994）。

虽然采集阶段与解释阶段对地震极性的定义具有一定的联系，但是由于不同地震采集记录、处理流程不一样，很难将二者对应起来形成统一的标准，这就造成不同年度、不同批次地震资料极性不一致（宋鹏等，2021）。

地震资料极性的变化主要是地震子波引起的，而地震子波在地震采集、处理以及为了满足解释需要进行的叠后处理时都可能发生变化，从而改变了地震资料的极性。一般认为造成地震资料极性不统一的原因主要有三个方面（宋鹏等，2021）。

（1）不同的采集记录标准和处理要求可造成地震子波极性不一致，从而形成不同极性的地震资料，此类资料多由国外公司采集、处理。例如琼东南盆地某三维地震由国外合作方采集处理，野外记录按照 SEG 技术标准采用正常极性记录，即初至波向下起跳、记录数值是负的，处理过程保持极性不变，成果剖面上海底这一正反射系数界面对应强波谷，这种资料符合外方处理要求，但是按照解释阶段对极性的定义属于负极性剖面，与琼东南盆地多数资料极性相反。

（2）处理过程可能改变地震子波的极性或相位，从而使地震资料的极性发生改变，此类问题多出现在老资料上。例如数据处理阶段为了提高分辨率，需要进行反褶积处理来压缩地震子波（孙学凯等，2015），常用的脉冲反褶积和预测反褶积都假设子波是最小相位的，当子波为最小相位时，反褶积后极性稳定，而当子波是混合相位时，反褶积后的子波有时波峰最大，有时波谷最大，子波极性不稳定（李庆忠，1993），从而使地震剖面的面貌发生改变。此外不同年度资料进行 Q 相位补偿时，由于补偿参数不一致也会造成相位发生改变，从而改变地震剖面的极性。

（3）地震资料解释阶段进行的一些叠后处理也可能改变地震极性。例如对多年度地震资料进行解释前需要对资料进行叠后匹配处理，匹配处理时为了保证资料的一致性可能会旋转某些年度地震资料的相位以达到较好的匹配效果，这种处理会改变地震资料的极性。例如早期地震资料未进行子波零相位化处理，不同年度地震资料相位角存在差异，极性也存在差异，叠后匹配处理和为了突出某些地震特征而进行的相位角旋转会改变地震剖面的极性，这给资料的使用带来很多麻烦。

2. 地震极性的判断

判断地震资料极性的关键是判断已知反射系数的地质界面与波峰、波谷的对应关系，已知反射系数的地质界面可以选择已知地球物理性质的标志层，也可以根据钻井资料确定，因此地震资料极性判断方法总体可以分为如下两类（宋鹏等，2021）。

第一类是利用已知地球物理性质的标志层进行判断，判断标志层与波峰、波谷的对应关系从而确定地震资料的极性，也称为单轨、双轨判断法（吴俊刚等，2011）。海底地层、基岩、火成岩、大套油页岩、大套煤层和大套含钙质岩层等与围岩波阻抗差异较大，容易形成较大反射系数界面，可作为判断地震资料极性的标志层。在正极性地震剖面上，典型的正反射系数界面表现为单轨强波峰，而负反射系数表现为强波谷（受子波旁瓣影响，可能也会为双轨次强峰）。如果在剖面上海底地层、基岩顶面、火成岩顶面和钙质岩层顶面等正反射系数界面表现为单轨强波峰，或者大套油页岩顶面、煤层顶面等负反射系数界面表现为强波谷（或双轨次强峰），则该地震资料为正极性资料，反之为负极性资料。该类地震极性判断方法不需要井资料，简单易行，适合无井区地震资料极性的判断。但是该方法也存在其局限性，受诸多因素影响（王红丽等，2013），其中标志层的选取是影响其准确性的最大因素。例如琼东南盆地部分早期地震资料海底反射被切除，错误的海底反射拾取影响极性判断的准确度；火成岩不一定比围岩波阻抗高，例如凝灰岩，其顶面也可能是负反射系数界面；基岩上部常发育风化壳或石灰岩，形成复杂的波阻抗界面组合，并且基岩顶面反射波常与断面波、绕射波混杂在一起，不易识别；此外有的盆地中心沉积巨厚，无法识别基岩反射从而无法利用基岩反射判别地震资料极性，例如莺歌海盆地（宋瑞有等，2016）。

第二类是根据钻井资料获取地下地层的岩石物理信息，利用岩石物理信息将地质界面标定到地震反射上，据此判断地震极性，判断出极性相位差后可以旋转资料相位后再做地震属性等的研究会得到更可靠的研究成果（宋瑞有等，2020）。该类地震极性判断方法有多种，如合成地震记录法、VSP与地震资料对比法和正演模拟法等（王金铎等，2001；吴俊刚等，2011），其中合成地震记录法是比较常用的一种极性判断方法。合成地震记录法根据钻井实测速度、密度信息分别用正极性和负极性地震子波制作合成地震记录，将不同极性合成地震记录与井旁地震道进行互相关以确定两者的匹配度（罗伟平等，2014），正极性合成地震与井旁地震道相关性好，地震资料为正极性；反之，为负极性。合成地震记录法通过人工合成地震记录实现了地层与地震、深度域与时间域的对应，地震极性判断结果更为可靠，对于缺少标志层的地区该方法更加符合实际研究需求。

例如，琼东南盆地宝岛区BDX-1井测井资料品质较好，利用BDX-1井合成地震记录判断资料A、B极性。在BDX-1井目标层段将合成地震记录与资料A、B进行互相关计算，计算显示资料A与利用正极性子波制作的合成地震记录呈负相关关系，资料B与利用正极性子波制作的合成记录呈正相关关系，据此判断资料A偏向于负极性，资料B偏向于正极性。资料A、B浅层极性一致深层极性相反的现象可能是处理过程中对相位的改造造成的（附图1-27；宋鹏等，2021）。

利用资料A、B合成地震记录标定结果对两批资料进行约束稀疏脉冲反演（附图1-28），两批资料反演结果基本一致，其中一气组在两批资料上均表现为高纵波阻抗特征，二气组均表现为低纵波阻抗特征。资料A、B来源于同一批次采集地震数据，其反映的地下地质信息应该相同，地球物理特征也应该一致，两批资料反演结果的高度吻合表明两批资料井震标定合理、极性判断结果准确（宋鹏等，2021）。

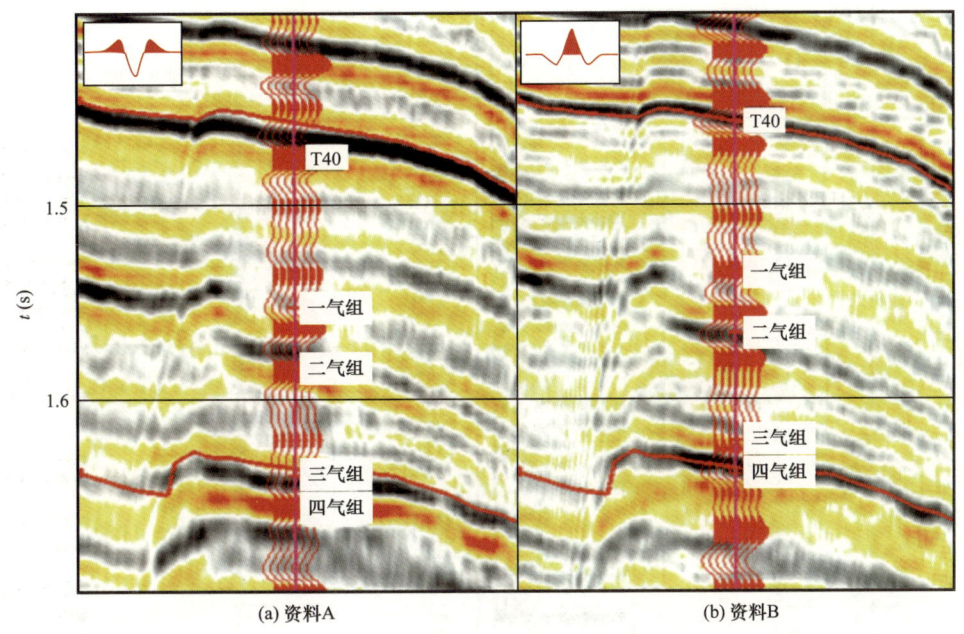

附图 1-27　BDX-1 井合成地震记录标定（据宋鹏等，2021）

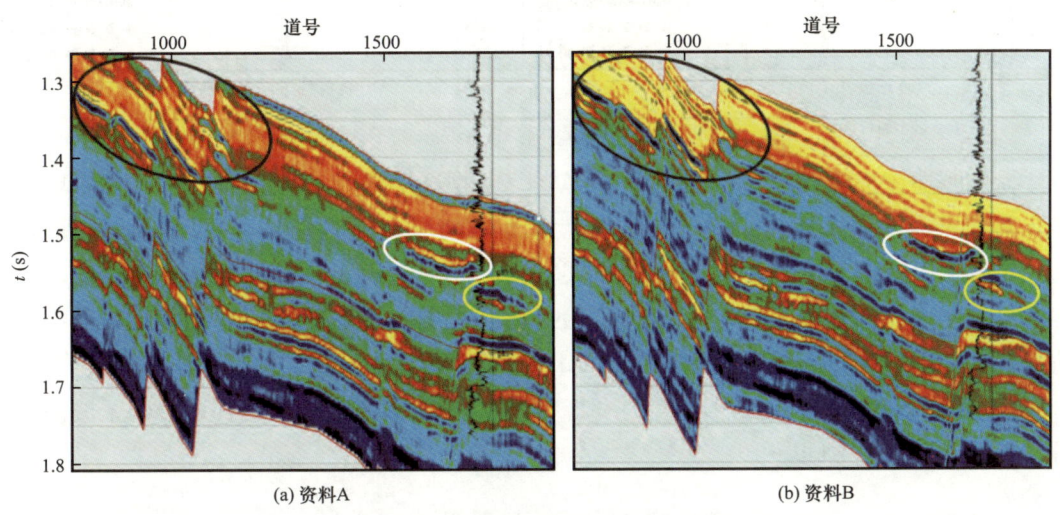

附图 1-28　L1 测线波阻抗反演剖面（据宋鹏等，2021）

但是在研究中需要明确目的层岩性组合的地震响应特征，否则其仍然可能具有多解性。例如附图 1-29 是大套泥岩中含有相对较薄砂岩地层组合时两种极性子波制作的合成地震记录，通过对比可以发现，很难判断这两个合成地震记录与地震剖面对应的好坏。因此，部分情况下通过这种做法很难准确判断该地震资料是正极性还是负极性（刘传奇等，2013）。VSP 与地震资料对比法、正演模拟法与合成地震记录法具有相似性，也是利用钻井揭示的地层岩性、物性、构造信息来建立地质界面与地震资料的对应关系，根据匹配度确定极性。第二类极性判断方法借助钻井信息赋予地震资料地质意义，极性判断更为严谨可靠，但是该类方法辨别精度受控于测井资料的品质，因此应尽量应用多口井资料综合判断，剔除干扰。

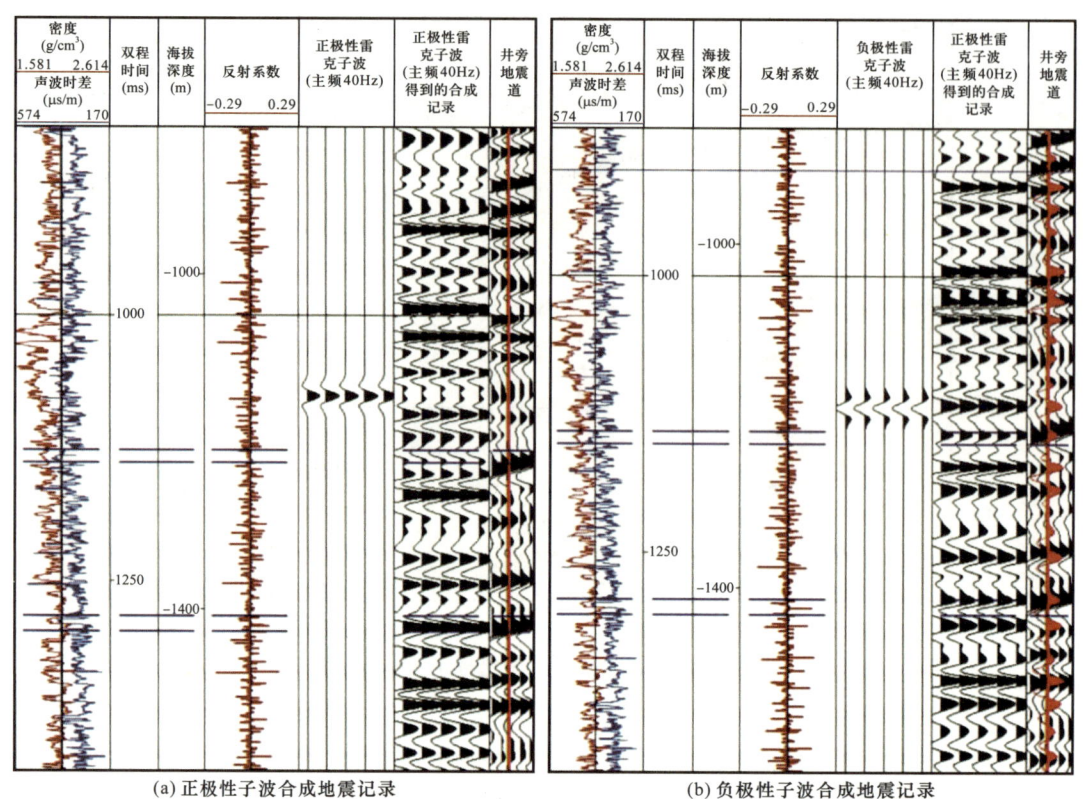

(a) 正极性子波合成地震记录　　　　　　　　(b) 负极性子波合成地震记录

附图1-29　M1井正极性和负极性子波合成地震记录（据刘传奇等，2013）

综上所述，极性判断方法虽然简单多样，但是选准极性却很难，各种极性判断方法都有其优点、缺点和适用条件，要综合考虑地质情况、地震资料和测井资料合理选取。此外，由于实际地震子波是时变的（吴湘杰等，2011），因此不管采用何种判断方法都要靠近目标层段进行极性分析。李庆忠（1993）在《走向精确勘探的道路：高分辨率地震勘探系统工程剖析》一书中对地震剖面的极性做了深入的讨论，他写道："其实两种极性的地震剖面都对，都在以某种程度的'真实'反映着地下的情况，只是由于子波波形不同，所以呈现面貌不同"。

第二节　地震反演方法简介

勘探地球物理中研究的问题可以归结为两类，即正问题和反问题。正问题研究地球介质中地震波场传播现象，归纳不同介质中地震波场传播的规律。而反问题是根据人工能够观测得到的地震数据（包括地表观测数据、海底观测数据、井中观测数据和井间观测数据等），反向推演波场传播过程，并估计介质地球物理参数的过程。因此，从地震数据反推地下地球物理参数的过程都可以称为地震反演（胡光辉等，2014）。

一、叠后地震反演

叠后波阻抗反演指利用地层资料反演地层波阻抗（或速度）的地震特殊处理解释技

术。地震资料中包含着丰富的岩性、物性信息，经过地震反演，可以把界面型的地震资料转换成岩层型的测井资料，使其能与钻井、测井直接对比，以岩层为单元进行地质解释，充分发挥地震在横向上资料密集的优势，研究储层特征的空间变化（姚逢昌等，2000）。

波阻抗反演具有明确的物理意义，是储层岩性预测、油藏特征描述的确定性方法，在实际应用中取得了显著的地质效果。李庆忠院士指出："波阻抗反演是高分辨率地震资料处理的最终表达方式"，说明了波阻抗反演在地震技术中的特殊地位（姚逢昌等，2000）。

叠后反演可以在井信息和初始模型的约束下获得更精确的反射系数（高频波阻抗）真值信息，然后通过低频波阻抗、速度、高频波阻抗和反射系数，获得波阻抗真值，从波阻抗（岩石物理）角度更深层次地认识地震数据中的地质现象和地质问题。地震属性则可以基于地震属性的空间相对变化信息，更直接地解释地震数据中的地质现象和地质问题（凌云等，2008）。

1. 道积分反演

道积分（Trace Integration Inversion）是最简单的波阻抗反演方法，道积分方法直接对地震道进行积分，可以计算出地层的相对波阻抗（Priezzhev et al.，2012）。设岩层波阻抗 $Z(t)$ 随深度（时间）连续变化，则反射系数 $r(t)$ 可定义为波阻抗的微分函数

$$r(t) = \frac{\mathrm{d}\ln Z(t)}{2\mathrm{d}(t)} \tag{附1-32}$$

即反射系数是地层对数波阻抗对时间微分的一半，可得

$$Z(t) = Z(0) \mathrm{e}^{2\int_0^t r(t)\mathrm{d}t} \tag{附1-33}$$

道积分方法通过积分处理，把反映岩层间速度差异的反射系数转换成了反映地层本身特征变化的波阻抗。方法优点是递推积累误差小，计算简单，不需要反射系数标定，无井控制也能操作。缺点是道积分方法所计算出的波阻抗只能表征地层波阻抗的相对大小，不能反映地层绝对的波阻抗值，不能用于定量计算储层参数；受地震固有频宽的限制，分辨率低；在处理过程中不能用地质或测井资料对其进行约束控制，因而其结果比较粗略，是勘探初期储层横向预测和油藏描述简捷有效的工具之一。道积分剖面主要用于高分辨率地震剖面解释（李庆忠，1994；姚逢昌，2000）。

2. 有色反演

有色反演（Colored Inversion）是一种频率域测井约束波阻抗反演技术，最初由 Lancaster 等（2000）提出，其核心是设置一个合适的算子（Operator），使地震频谱和井的波阻抗频谱相匹配，然后通过褶积完成反演，其过程无须子波提取，从井震标定到反演均快捷方便。

有色反演基本技术流程如下：（1）对井的波阻抗做谱分析，并拟合井能量谱曲线；（2）对地震波阻抗做谱分析，并拟合地震能量谱曲线；（3）在频率域设置匹配算子使地

震谱和井的波阻抗谱匹配；（4）施加匹配算子到地震数据，然后转换回时间域，过程中需要进行90°相位转换，可合并到算子里完成（Tan et al., 2014; Goraya et al., 2017）（附图1-30）。

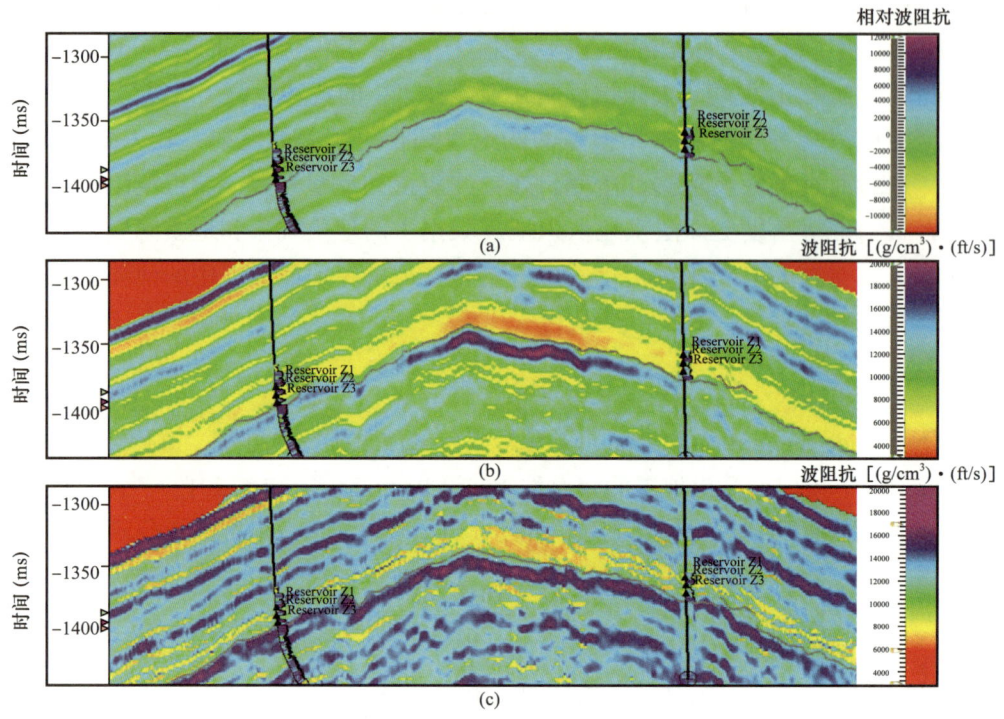

附图1-30 相同地震资料不同反演方法结果对比（据Goraya et al., 2017）
（a）有色反演结果；（b）常规波阻抗反演结果；（c）叠前反演结果

有色反演主要用于地震解释，也可作为其他更加复杂的反演方法研究结果的参照。

3. 递推反演

基于反射系数，递推计算地层波阻抗的地震反演方法称为递推反演（Recursive Inversion）。递推反演首先要利用地震记录通过子波反褶积处理，估算地层的反射系数序列，然后利用反射系数递推计算波阻抗或层速度，其基本原理可用式（附1-34）至式（附1-36）表达。

根据反射系数公式

$$r_i = \frac{Z_j - Z_{j-1}}{Z_j + Z_{j-1}} \tag{附1-34}$$

第j层的阻抗Z_j可以由第$j-1$层的阻抗Z_{j-1}求得

$$Z_j = Z_{j-1} \frac{1+r_j}{1-r_j} \tag{附1-35}$$

$$Z_n = Z_0 \prod_{j=0}^{n} \frac{1+r_j}{1-r_j} \tag{附1-36}$$

式中　Z_0——初始波阻抗，$(g/cm^3)·(m/s)$；

　　　Z_n——第 n 层地层波阻抗，$(g/cm^3)·(m/s)$；

　　　r_i——反射系数。

递推反演是对地震资料的转换处理过程，其结果的分辨率、信噪比以及可靠程度完全依赖于地震资料本身的品质，因此用于反演的地震资料应具有较宽的频带、较低的噪声、相对振幅保持和准确成像。递推反演方法中测井资料主要起标定和质量控制的作用，因而递推反演又称之为直接反演或测井控制下的地震直接反演，是地震品质高、钻井资料缺少条件下的主流方法（姚逢昌等，2000）。

基于地震资料直接转换的递推反演方法比较完整地保留了地震反射的基本特征（断层、产状），基于地震资料，结果具有很高的真实性，不存在基于模型方法的多解性问题，能够明显地反映岩相、岩性的空间变化，在岩性相对稳定的条件下，能较好地反映储层的物性变化。递推反演具有较宽的应用领域。在勘探初期只有很少钻井的条件下，通过反演资料进行岩相分析确定地层的沉积体系，根据钻井揭示的储层特征进行横向预测，确定评价井位。到开发前期，在储层较厚条件下，递推反演资料可为地质建模提供较可靠的构造、厚度和物性信息。但是由于地震频带宽度的限制，缺低频、少高频，递推反演的分辨率相对较低，不能满足薄储层的研究需要（姚逢昌等，2000）。

递推反演的技术核心在于由地震资料正确估算地层反射系数（或消除地震子波的影响），比较典型的实现方法有基于地层反褶积方法、稀疏脉冲反演和基于频域反褶积与相位校正的反演（姚逢昌等，2000）。

1）地层反褶积方法

地层反褶积方法是根据已有测井资料（声波和密度）与井旁地震记录，利用最小二乘法估算数学意义上的"最佳"子波或反射系数。地层反褶积方法的优点是把子波求解的"欠定"问题变成了确定问题，在井点已有测井段范围内可获得与测井最吻合的反演结果。局限性主要有：（1）地层反褶积方法完全忽略了测井误差和地震噪声，这些因素尤其是前者的客观存在使"子波"确定更加困难；（2）地层反褶积因子的估算是在计算时窗内数学意义上的最佳逼近，实际处理范围与该时窗的不同已超出了地层反褶积方法的适用范围，即便是在井点位置，得到的反演结果已不可能是"误差最小"。不难看出，影响基于地层反褶积递推反演效果的主要因素是测井资料的质量和地震资料的信噪比以及地震噪声的一致性（姚逢昌等，2000）。

2）稀疏脉冲反演

稀疏脉冲反演（Sparse-Spike Inversion，简写为 SSI）是基于稀疏脉冲反褶积基础上的递推反演方法，主要包括最大似然反褶积（MLD），L1 模反褶积和最小熵反褶积（MED）。这类方法针对地震记录的欠定问题，假设地层的波阻抗模型所对应的反射系数序列模型是稀疏分布的，即由起主导作用的主要强反射系数序列与具高斯背景的弱反射系数序列叠加组成。地震道中根据稀疏的原则提取反射系数，与子波褶积后生成合成地震记录，利用合成地震记录与原始地震道残差的大小修改参与褶积的反射系数的个数，再做合成地震记录。如此迭代，最终得到一个能最佳逼近原始地震道的反射系数序列。稀疏脉冲反演方法的优点是适用于井数较少或无钻井资料的地区，直接由地震记录计算反射系数实现递推反演，能获得宽频带的反射系数，能较好地解决地震记录的多解性问题，从而使反演得到的波阻抗模型更趋于真实。其缺陷在于很难得到与测井曲线相吻合的最终结果（姚逢昌等，2000）。

约束稀疏脉冲反演（Constrained Sparse Spike Inversion，简写为 CSSI）是一种基于地震道的反演技术。约束稀疏脉冲反演方法的基本出发点是认为地下的反射系数不是连续分布而是稀疏分布的。它建立在一个快速的趋势约束的脉冲反演算法上。波阻抗趋势是由解释的层位和井控制。约束条件是波阻抗趋势加地质控制，产生一个把地质模式融合进去的宽带结果。反演的主要约束条件是波阻抗趋势约束和地质控制，其作用是恢复地震数据中缺少的低频信息。波阻抗趋势由地震层位和测井曲线产生，对时窗内波阻抗的取值范围起约束作用（姚逢昌等，2000）。

约束稀疏脉冲反演方法具有较宽的应用领域。在勘探初期只有很少钻井的条件下，通过反演资料进行岩相分析确定地层的沉积体系，根据钻井揭示的储层特征进行横向预测，确定评价井位。到开发前期，在储层较厚的条件下，约束稀疏脉冲反演资料可为地质建模提供较可靠的储层厚度、非均质性和物性信息，优化方案设计。在油藏监测阶段，通过时延地震反演速度差异分析，可帮助确定储层压力、物性的空间变化，进而推断油气前缘（姚逢昌等，2000）。

约束稀疏脉冲反演方法的缺点是该方法假定地下强反射系数是稀疏的，而实际地震道反射系数往往是稠密的。若地下地层不满足假定条件，则得不到较好的反演结果（附图 1-31）。

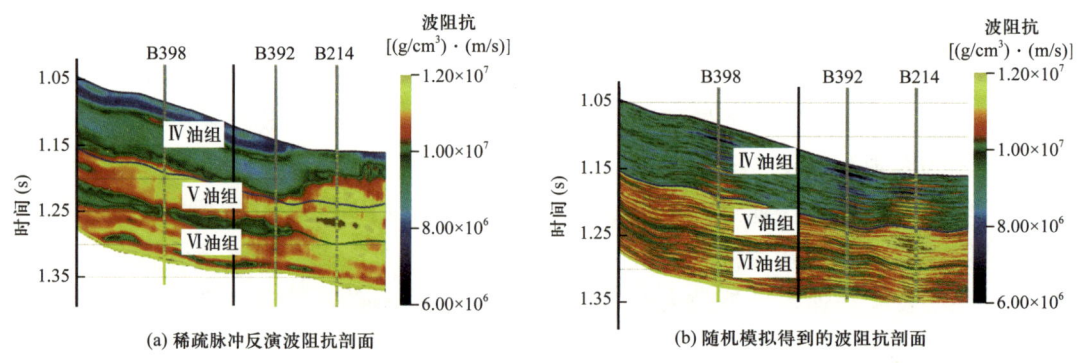

附图 1-31　稀疏脉冲反演结果与随机模拟结果对比（据张义等，2015）

3）基于频域反褶积与相位校正的反演

基于频域反褶积与相位校正的递推反演方法，从方法实现上回避了计算子波或反射系数的欠定问题，以井旁反演结果与实际测井曲线的吻合程度作为参数优选的基本判据，从而保证了反演资料的可信度可解释性，是递推反演的主导技术，其主要技术关键有恢复地层反射系数振幅谱的频域反褶积、使井旁反演道与测井最佳吻合的相位校正以及反映地层波阻抗变化趋势的低频模型技术（姚逢昌等，2000）。

4. 基于模型的反演

基于模型的反演方法是从地震正演模型技术发展而来的一种反演技术，其基本原理是首先使用测井和地震解释成果建立对油藏地质模型的初始猜测——初始模型（用速度、密度表示），主要是地震层位控制下的测井插值，把地震与测井信息融为一体。通过正演算法制作合成地震剖面——地震模型。然后，将地震模型与实际地震剖面比较，根据比较结果，反复修正初始模型，计算新的地震模型，以最佳地符合地震资料。当地震模型与地震资料对比误差足够小时，即满足期望的边界条件，此时的油藏地质模型就是反演的最终结果，即误差最小时的模型。地震和测井的有机结合使反演结果包含了全频段的地球物理综合信息。基于模型的反演的要点在于测井资料分析校正、子波提取、精细层位对比解释、初始模型、反演参数优选和可靠性检验等。

基于模型反演技术把地震与测井有机地结合起来，突破了传统意义上的地震分辨率的限制，理论上可得到与测井资料相同的分辨率，是油田开发阶段精细描述的关键技术。在薄储层地质条件下，由于地震频带宽度的限制，基于普通地震分辨率的直接反演方法，其精度和分辨率都不能满足储层预测的要求。基于模型地震反演技术以测井资料丰富的高频信息和完整的低频成分补充地震有限带宽的不足，可获得高分辨率的地层波阻抗资料，为薄层油（气）藏精细描述创造了有利条件。

目前较为流行的模型反演方法有模型迭代反演和测井约束反演等。

1）模型迭代反演

模型迭代反演的基本思想是在充分肯定原始地震资料的基础上，对初始油藏地质模型只做一个很粗略、随机的猜测，只是沿模型剖面在若干控制点上用一系列不同深度、厚度相对较大的速度和密度层来定义。在剖面的每一个道位置上，计算模型的反射系数序列，与一个估算子波或给定的子波褶积，便得到合成地震剖面。将合成地震剖面与实际地震剖面的对应道逐道进行对比，计算它们最小平方误差和（或）相似系数。最初的初始模型与地震道的差别较大，但经过反复迭代修改模型，并使用地震道作为约束条件，最终达到合成地震剖面与实际地震剖面每一道都有最佳拟合，此时的初始模型就是反演的最终结果（姚逢昌等，2000；杨培杰等，2014；Ghafri et al.，2016；Inoue et al.，2020；附图1-32）。

模型迭代反演的关键是迭代算法的优化，例如全局优化和局域优化相结合的非线性模拟退火方法等。

模型迭代反演方法由于是正演模型，因而不会受地震频宽的限制，即分辨率不受限制。

模型迭代反演方法虽然使用了测井数据，但只是用于提取子波，并没有作为约束条件参与反演的过程。从原理上来讲，模型迭代反演方法更加强调地震数据，而没有引入测井数据中的高频成分并体现在初始模型中，其结果也必然更加依赖地震数据和经优化的数学模型（反演目标函数）。虽然反演结果的分辨率较原始地震数据有所提高，但距分辨10m以下薄储层的目标仍有一定的距离。而且，反演结果也不是唯一的。

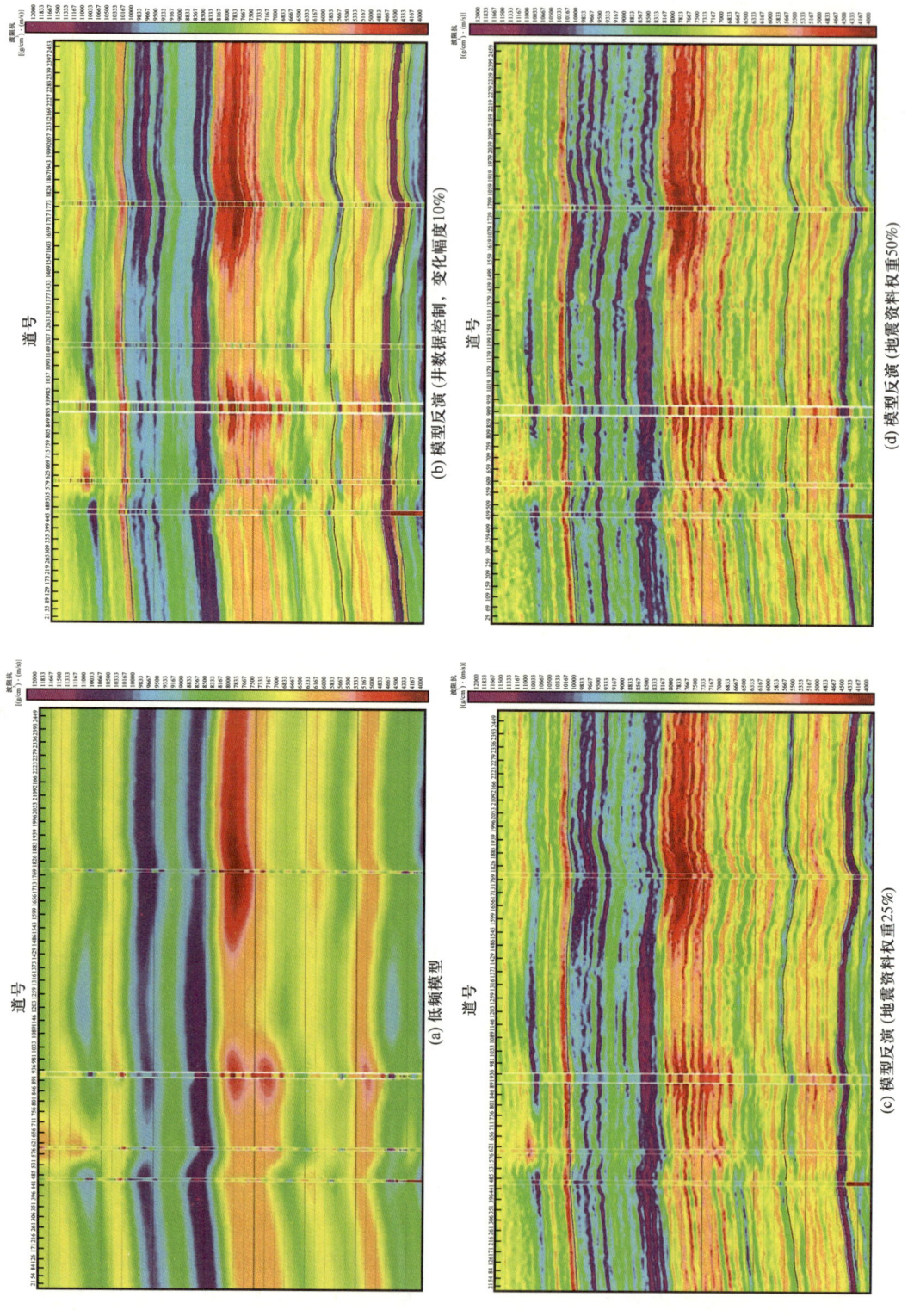

附图1-32 阿布扎比某油藏模型叠代反演结果对比(据Ghafri et al., 2016)

2）测井约束反演

测井约束反演的主要特点为初始模型的建立是由地震解释层位的控制下测井声阻抗曲线空间插值获得，模型相对精细；同时使用测井资料作为约束条件更加符合实际资料情况，提高了反演结果的唯一性（Kane et al.，1999；姚逢昌等，2000；杨培杰等，2014；Latief et al.，2018）。

基本原理是首先在地震解释层位的控制下，将测井声阻抗曲线沿层位横向逐道外推。外推的同时，按地层的厚度变化对声阻抗曲线进行拉伸和压缩，建立初始模型，其保留了测井曲线的高分辨率。然后进行模型的迭代过程，在给定的约束条件下不断地在初始模型与地震道之间求解一个反射系数校正值，并用此来修正初始模型的阻抗曲线，制作合成地震道，使其尽可能地与地震道吻合。最终修正的模型就是反演得到的波阻抗。这一过程中，测井信息是最终模型的重要约束条件。

约束反演使用初始猜测约束作为反演的起点，并用一个最大阻抗变化参数（初始猜测平均阻抗的百分比）作为限定反演计算的阻抗偏离初始猜测的"硬"边界。在反演计算中，阻抗参数可以自由地改变，但不能越过固定的边界，即标准正则方程

$$L=(D^{\mathrm{T}}W^{\mathrm{T}}WD)^{-1}D^{\mathrm{T}}W^{\mathrm{T}}TL \qquad (附1-37)$$

满足

$$L_0(i)-L_{\mathrm{ave}} \leqslant L(i) \leqslant L_0(i)+L_{\mathrm{ave}} \qquad (附1-38)$$

式中　L_0——样点处的初始猜测阻抗；

L_{ave}——输入约束 L_0 的平均阻抗。

当不存在约束或约束很宽时，由目标函数的最小平方解系统，可以得到与地震道最佳拟合的期望输出，并且其低频趋势由初始模型来实现而不是由数据解出。反之，最大阻抗变化参数减小时，约束变紧。而当其趋于零时，则引起期望输出无限地逼近初始模型。

测井约束反演对测井资料的品质以及井—震匹配相关性的要求较高，反演对此非常敏感。因此，在反演中要了解目标区的地质资料，测井数据一定要做好质量控制，认真做好井—震标定（附图1-33）。

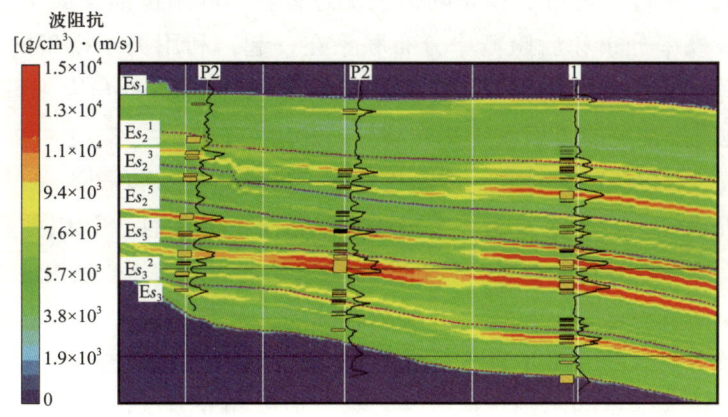

附图1-33　岐口18-1块沙河街组测井约束反演波阻抗过井剖面（据尹楠鑫等，2014）
井上曲线为自然伽马曲线，井柱上矩形为测井解释砂体

5. 地质统计学反演

地质统计学反演方法可对三维地震资料薄储层进行有效预测，在目前的油气勘探储层预测研究中发挥着重要作用。地质统计学反演方法是一种将随机模拟思想与地震反演相结合的反演方法，它以地震反演为初始模型，从井点出发，井间以地震数据做约束，用随机模拟算法实现储层预测。其不仅利用了地震数据自身的横向分辨率，还兼顾了测井数据的纵向分辨率，使预测结果与实际钻井情况更加吻合，提高了储层的分辨能力（杨培杰，2014；刘兴业等，2018）。当井数据较为丰富时，地质统计学反演可以达到更高的分辨率，同时还可以对结果进行不确定性分析（Yin et al., 2019）。

一般认为观测到的地震数据是一个确定性信号，但如果从概率论的角度来看，采集的地震数据是一个随机的信号，具有均值、方差等统计特征，而不是一个确定性的信号。将这一过程视为一个随机过程，则观测到的地震数据只是该随机过程的一次具体实现。因此，反演的结果在很大程度上取决于所用的观测数据。当观测数据不同时，所得到的反演结果也肯定不同，因此当所用的观测数据具有随机性时，反演的结果也肯定是随机的。由于反演结果的方差描述了反演结果的可靠性，所以方差的值不能太大，否则所得到结果的可靠性就会很低，反演问题就会失去其意义和价值。所以，对反演问题的求解过程也可以理解为利用尽可能多的先验信息和约束条件来降低反演结果方差的一个过程（胡光辉等，2014）。

综上所述，基于随机观测数据的反演结果也应该是随机的，其主要统计特征可以用均值和结果方差来衡量。所得估计结果的统计特征应该无偏且方差最小。无偏是为了保证估计结果与真实情况一致，方差最小是为了保证估计结果的可靠性达到最高（胡光辉等，2014）。

完美的数学模型常常与实际地质—地球物理模型不相符，拿到的数据并不能反映地球物理模型的所有信息。那么，面对一个近似的数学物理模型（弹性波、声波方程并不能完全反映现实介质）、面对缺失信息的数据（频带限制、孔径限制），地震反演提供的只能是一定理论框架下的最优解，而不可能是精确解。因此，本质上，地震波场的传播过程及地震数据记录过程均可看作是随机观测过程。贝叶斯反演是解决这一问题的较好方法。它把先验概率分布和后验概率分布联系在一起，利用关于模型的先验概率分布，求出其后验概率分布。最大的概率对应期望的模型。从概率论的角度来看地震反演问题，能够有效评估地震反演解的可信度（胡光辉等，2014）。

贝叶斯反演主要包括三大步骤，即随机建模、贝叶斯推断和采样。

首先是随机建模。通过变差函数来描述空间数据的相关性，利用井数据求取垂向变差函数，以及统计参数的先验信息（分布直方图、均值和方差）；利用地震数据或确定性反演数据计算横向变差函数，发挥测井资料在纵向上分辨率高以及地震数据在横向上密集的优势。如果有明确的一维（垂向分布趋势）、二维和三维趋势也可以放置于模型中。储层模型里每个输入信息的不确定性（井数据、地震和变差函数等）都用一个先验概率密度函数来表示。综合地震解释层位和测井信息，进行基于层位的空间插值，创建地质网格模型（杨培杰，2014）。

然后进行贝叶斯推断。在每个随机建模实现的每一个地震道上，将随机提取的反射系数与求取的地震子波进行褶积，生成合成地震道，将合成地震道与原始地震道对比，计算反演的剩余值，如果不满足精度要求，重新对该道网格节点值进行模拟，直到合成地震道与原始地震道有很好的匹配为止。选择合成地震记录最好的节点值作为反演的结果，然后对下一个随机选取的节点进行反演，直到完成一个随机实现的全部反演为止。随后计算该实现的贝叶斯后验概率。对所有模型实现进行统计计算，得到模型的均值、方差和后验概率密度函数。贝叶斯推断方法将先验和数据约束的概率密度函数融合在一起，得到后验储层概率密度函数。这个概率密度函数基于所有概率密度函数域（所有已知和假设信息）的交会而定义（条件）。后验概率代表了所有输入概率密度函数的重叠部分（杨培杰，2014）。

最后进行采样，在每一个地震道处，根据后验概率密度函数取样，创建不同的实现，得到最终结果。每一个实现都满足所有已知的信息，并反映了不确定性的多种来源。目前常见的采样方法包括序贯高斯模拟（SGS）、马尔科夫链蒙特卡洛（MCMC）算法等（杨培杰，2014）。

对大量的多维后验概率密度函数直接进行采样不现实，一般利用序贯高斯模拟，逐道对后验概率密度函数进行分解。序贯高斯模拟逐道分解全局高斯概率密度函数的表达式如下

$$P(H|E) \approx P(H_1|E_1)P(H_2|H_1E_2)\cdots P(H_1|H_{N-1}, \cdots, H_1E_N) \quad (附1\text{-}39)$$

全局后验概率　第一道局部后验概率　第二道局部后验概率　　　第N道局部后验概率

通过所有实现共享的一个随机路径，地震道被逐道访问，在每一个地震道上，生产一个局部后验概率密度函数，然后进行采样。

MCMC由两个MC组成，即蒙特卡洛方法（Monte Carlo Simulation，简写为MC）和马尔科夫链（Markov Chain，也简写为MC）。MCMC可在无高斯假设的情况下从完整概率密度函数中采样，另外，每个实现的随机路径都是不同的。虽然实现需要花费更多的时间来生成，但是却能更快地获得一个有代表性的解空间，大量的实现足以量化不确定性的变化，进行无偏、最优估计，获得期望和随机解（杨培杰，2014；刘兴业等，2018；附图1-34）。

贝叶斯理论不仅用于叠后反演中，更是在叠前反演的研究中应用较广。由于不同叠前方法的贝叶斯理论基本思想近似，本节不再赘述。

在储层特征反演研究中，当波阻抗资料不能有效分辨较薄砂岩时，可以利用对储层有良好分辨能力的测井曲线，如自然伽马、密度和自然电位等进行重构，以达到利用地震反演技术提高地震对砂体识别能力的目的。在常规波阻抗约束下，进一步明确砂体在井间分布的规律，这就要求反演的目标属性曲线要与常规波阻抗具有较高的相关性，从而建立起更好地反映储层特征与地震属性之间的联系，使最终反演结果在井点与测井曲线间高度一致，在井间既具有常规波阻抗的趋势，同时又具有井的分辨率，达到了井震

结合的目的。例如对大庆油田 M 区块的电阻率曲线进行反演,获得属性体,实现了较好的地震薄层预测效果。附图 1-35 为原始地震记录、正演的合成记录及二者的残差,可见两个合成记录趋势一致,残差较小,显示了反演结果的可靠性(张秀丽等,2014)。

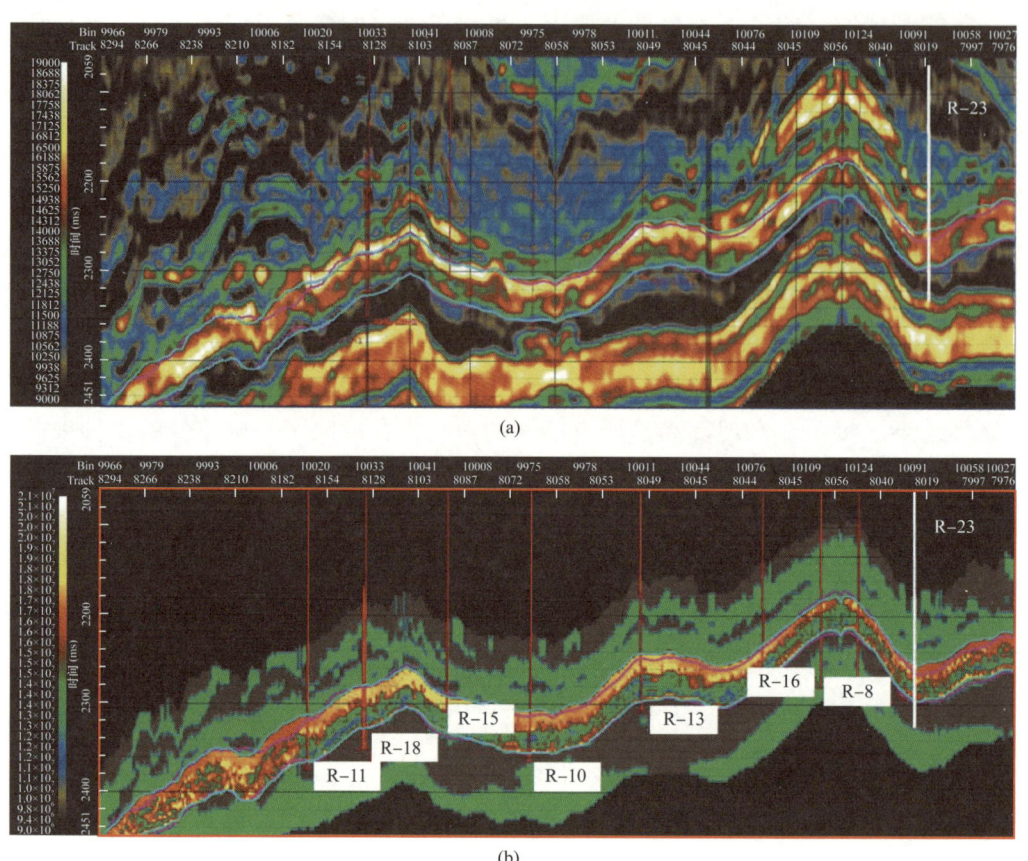

附图 1-34　约束稀疏脉冲反演和贝叶斯反演结果对比(据 Al-Busaidi et al.,2018)
(a)为约束稀疏脉冲反演波阻抗剖面;(b)为贝叶斯反演波阻抗剖面,可以看出贝叶斯反演结果具有较高的分辨率

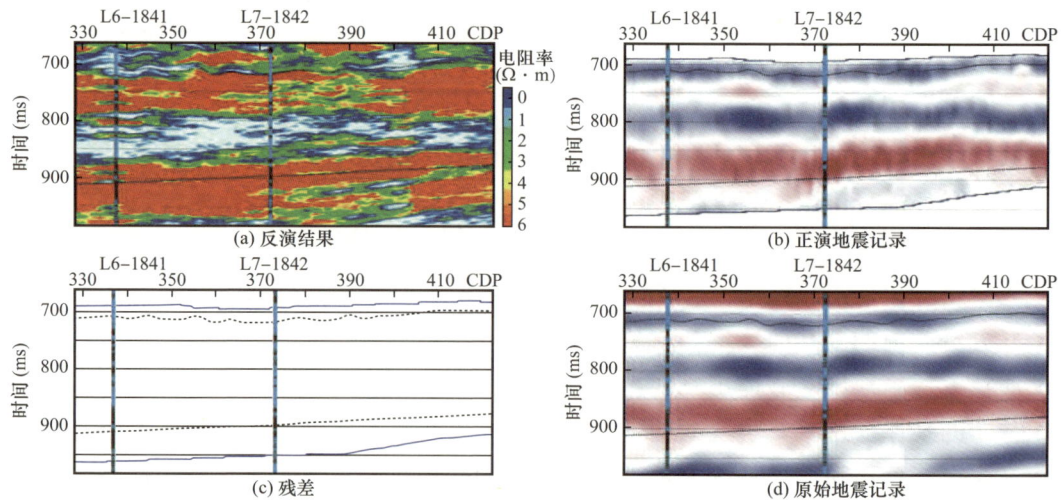

附图 1-35　大庆油田 M 区块原始地震记录、正演地震记录及二者的残差分析图(据张秀丽等,2014)

以上介绍的地质统计学方法（序贯高斯模拟等），主要基于两点地质统计学（Two-Point Geostatistics，简写为 TPG），TPG 的不足之处在于无法描述具有复杂结构地质信息的模拟，如各种河道、浊积岩和三角洲等。为了克服这些不足，多点地质统计学（Multiple-Point Geostatistics，简写为 MPG）应运而生，多点地质统计学利用空间多个点的组合模式来描述地质结构信息，因此更适合进行具有复杂结构地质信息的模拟。常用的地质统计学反演都是基于 TPG 进行波阻抗的随机模拟并且在实际应用中也有较好的效果，而对于多点地质统计学反演的研究非常少，在实际生产中还未得到应用，但作为地质统计学反演的发展方向，多点地质统计学反演开始得到国内外学者的广泛关注（González et al.，2008；杨培杰，2014；刘兴业等，2018）。

6. 分频反演

近年来地震分频技术得到了广泛的应用，将分频信息和支持向量机的反演技术进行结合，发展出了分频反演技术（于建国等，2006）。基本原理就是对于不同厚度的地层，其调谐频率不同（附图1-36a）。利用该种关系就可以得到在不同时间厚度下振幅与频率（AVF）的关系（附图1-36b）。

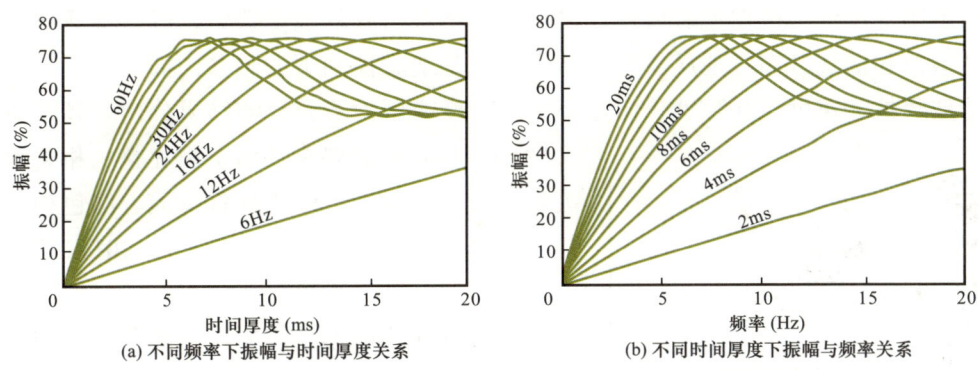

附图1-36　不同时间厚度下振幅与频率（AVF）的关系（据季玉新等，2010）

AVF 关系很复杂，很难用一个显性函数表达，但可用支持向量机非线性映射（SVM）的方法或神经网络技术在测井和地震分解剖面上找到这种关系，利用 AVF 关系反演得到目标数据（孙家振等，1997）。在利用分频信息进行反演的过程中，由于加入了 AVF 信息，能有效地降低反演的多解性。具体思路是：（1）对地震资料进行频谱分析，根据有效频带范围设计合适的尺度进行分频处理，产生不同频段的数据体；（2）对分频后的数据体利用 SVM 方法计算出不同厚度下振幅与频率之间的关系，即 AVF，并将 AVF 关系加入反演过程中，建立井中曲线与地震波形间的非线性映射关系；（3）把每个分频属性体作为输入，用支持向量机建立已经学习好的分频体与反演体之间的映射关系，合成反演体（季玉新等，2010；附图1-37）。

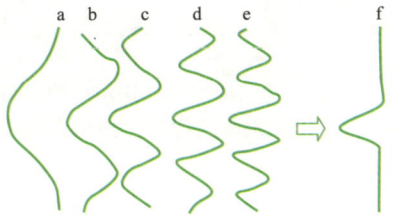

附图1-37　分频反演原理示意图（据季玉新等，2010）
a 为原始地震信号；b—e 为不同频率分频地震信号；f 为目标学习曲线

季玉新等（2010）采用分频反演进行研究，反演结果与井吻合程度较高，分辨率较高，求解稳定，横向变化合理，达到了预想的效果（附图1-38）。

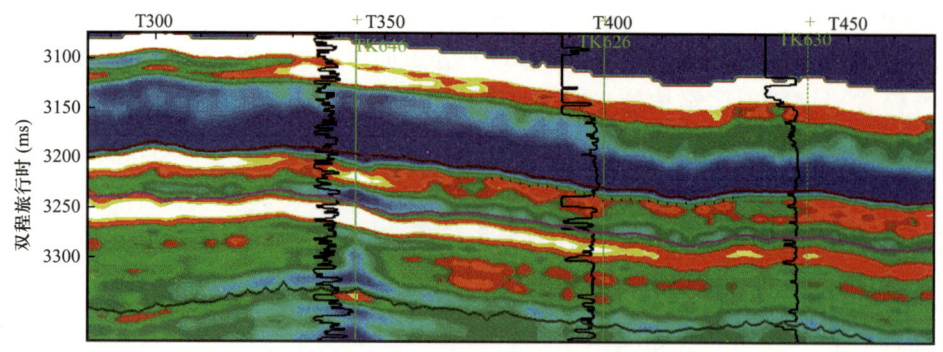

附图1-38　过验证井的反演剖面（据季玉新等，2010）

7. 地震属性反演

在提取、存储、检验、分析、评估、确认地震运动学和动力学特征参数的基础上，建立这些属性与已知地质信息的统计关系，最终将地震属性转换为储层特征的处理方法称为地震属性反演。根据地震属性反演资料，结合已有的地质认识，可以推断地下岩层的物性参数和油气分布。地震属性反演实质上是地震控制下的测井内插外推，最终结果可以为波阻抗、速度、孔隙度、渗透率、饱和度或压力等，反演结果分辨率高、地质意义明确。但是研究要求油藏资料完整、相关地质研究较为深入。常见的地震属性反演方法包括统计反演、波形指示反演等（杜伟维等，2017；高君等，2017；陈彦虎等，2020）。

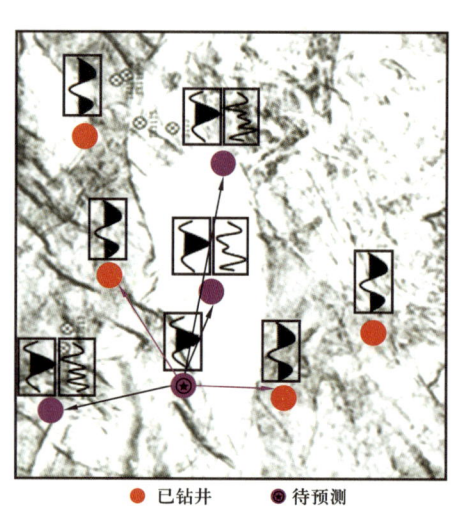

附图1-39　地震波形指示反演原理图
（据陈彦虎等，2020）

统计反演指根据地震属性与测井信息的统计关系把地震记录变换为测井曲线。地震信号是地下各种岩石性质（岩性、孔隙度和含流体特性等）的综合反映，不同的岩石性质在各种地震属性中有不同反映，它们之间具有内在的对应关系。地震多属性储层参数统计反演方法的目的在于通过钻井和测井信息，建立地震属性与各种岩石物性之间的最佳转换关系（统计回归或神经网络），预测储层参数的空间展布（杜伟维等，2017；高君等，2017；陈彦虎等，2020；附图1-39）。

地震波形指示反演方法（Seismic Meme Inversion，简写为SMI）的地震波形反映了沉积环境和岩性组合的空间变化，代表储层垂向岩性组合的调谐样式，其横向变化反映了储层空间的相变特征。因此，依据地震波形的变化可以宏观反映储层的空间变异性。相似波形对应的测井曲线在较宽频带内呈现较高的相似性，因此利用地震波形横向相似性驱动高频测井信息实现高分辨率反演。地震波形指示反演实现过程中，首先通过奇异值分解实现井旁地震道波形动态聚类分析,建立地震波形结构与测井曲线结构的映射关系,生成不同类型波形结构(代表不同类型的地震相)的测井曲线样本集;然后通过分析不同类型波形结构对应的样本集分布,分别建立不同地震相类型的贝叶斯反演框架;然后在不同的贝叶斯反演框架下,分别优选样本集的共性部分作为初始模型进行迭代反演;最后在反演迭代过程中,以样本集的最佳截止频率为约束条件,得到高分辨率的反演结果。具体的,首先按照地震波形特征对已知井进行分析,优选与待判别道波形关联度高的井样本建立初始模型,并统计其纵波阻抗作为先验信息。然后,将初始模型与地震频带阻抗进行匹配滤波,计算得到似然函数。如果两口井的地震波形相似,表明这两口井大的沉积环境是相似的,虽然其高频成分可能来自不同的沉积微相,差异较大,但其低频具有共性,且经过测井曲线统计证明,其共性频带范围大幅度超出了地震有效频带。最后,在贝叶斯反演框架下,联合似然函数分布和先验分布得到后验概率分布,并将其作为目标函数,不断扰动模型参数,使后验概率分布函数最大时的解作为有效的随机实现,取多次有效实现的均值作为期望值输出。基于波形指示优选的样本,在空间上具有较好的相关性,可以利用马尔科夫链蒙特卡洛随机模拟进行无偏、最优估计,获得期望和随机解(杜伟维等,2017;高君等,2017;陈彦虎等,2020;附图1-40)。

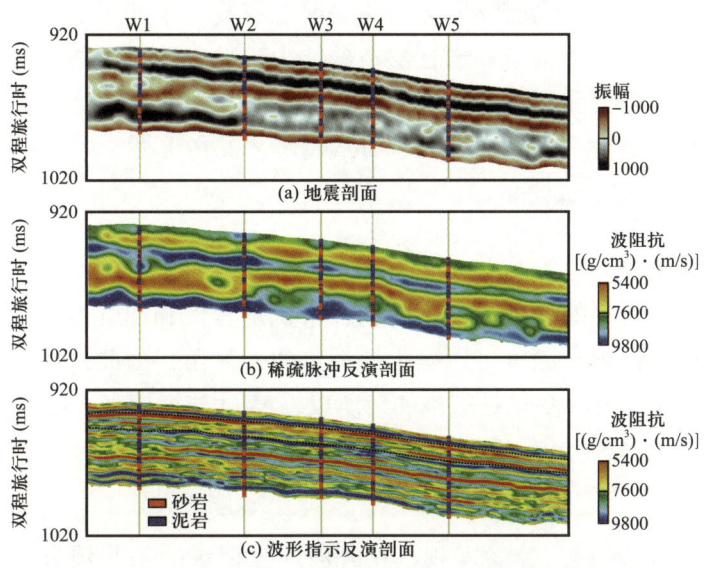

附图1-40 地震波形指示反演结果对比图(据陈彦虎等,2020)

将地震波形指示反演技术从叠后应用到叠前,技术关键是在道集优化处理、分角度道集叠加、横波估算、弹性阻抗曲线计算、弹性参数计算和敏感参数选取等流程的基础上,通过波形指示反演算法计算出各个角度的弹性阻抗体,最终得到对地质目标最敏感的泊松比、纵横波速度比等叠前弹性参数反演体,进而"定量"识别薄层、薄互储层(段南,2019)。

二、叠前地震反演

用多次覆盖方法采集的地震数据对地下的同一反射点都观测了多次,对同一反射点地震数据中包含了不同入射角的反射数据，不同的入射角对应不同的偏移距。利用这一基础可以进行叠前地震反演。根据采用的正演算子的不同，叠前地震反演可分为基于波动方程的叠前反演和基于地震波精确反射系数方程及其近似的叠前反演等，而后者又可分为 AVO/AVA 反演、弹性阻抗反演和叠前同时反演等。地震波形反演也可用于叠后地震资料。

利用叠前反演得到的横波速度、纵波速度及密度信息，通过建立岩石物理关系，可以进一步地得到孔隙度、泥质含量、饱和度、流体类型和岩石弹性模量等信息（印兴耀等，2014；Aleardi et al.，2017）。另外，可以根据油藏的地质认识，建立三维分布概率体，形成三维约束，将其与叠前反演结合，可以使结果更加符合地质认识（Guo，2017；Khitrenko et al.，2021）。

波动方程反演可综合考虑振幅和旅行时信息，基于波动方程的叠前地震反演正演化算子包括有限差分法、有限元法和积分法及反射率法，前三种方法主要用于速度建模，而反射率法则广泛应用于储层预测和流体识别（印兴耀等，2014；杨午阳等，2015）。全波形反演（Full Waveform Inversion）是利用非线性寻优方法反演给定时窗内的波形记录以获取影响地震波传播的相关物性参数（弹性参数、黏弹性参数、各向异性参数和密度等）的方法。全波形反演理论能够充分利用叠前地震资料中的运动学和动力学信息，具有揭示复杂地质背景下构造细节和岩性参数的能力。随着计算机技术的发展和一些优化算法的提出，这一技术目前在海上勘探中已逐渐走向实用化，被证明为一种建立高精度速度模型的有效手段。（杨午阳等，2015；孙成禹等，2019）。

1. 地震振幅随炮检距变化反演

地震振幅随炮检距变化（Amplitude Versus Offset，简写为 AVO）反演技术是一项利用叠前地震振幅随炮检距的变化而变化的特征来识别岩性和油气藏的地震勘探技术。在地质勘探中，通过炮检距和深度可以确定地震道的入射角，因此，地震振幅随炮检距的变化与地震振幅随入射角的变化是等价的，所以，AVO 与振幅随入射角变化（Amplitude Versus Angle，简写为 AVA）是相同的概念。

1）基本概念

20 世纪 80 年代，地质工作者发现，在叠前地震记录的某些地方，地震振幅随着炮检距的增大而增大，而正常情况下，地震振幅是随着炮检距的增大而减小的，这一反常的现象引起了人们的关注。研究后发现，这是由于地层含气后改变了岩石的属性，从而改变了反射振幅的相对关系而造成的，因此，通过研究反射系数曲线的形态来分析地层属性逐渐受到人们的关注，这就是 AVO 技术（Whitcomble et al.，2002；Buland et al.，2003；周晗，2014；附图 1-41）。

对于同一反射点而言，共中心点道集记录可用炮检距和深度等价表示入射角。对于理想的共中心点道集记录，随偏移距增大，含水砂岩 AVO 呈减少趋势，含气砂岩 AVO 呈增加趋势。不同的岩性参数组合，反射系数随入射角变化不同。因此，AVO 信息有助于直接检测岩性和油气（附图 1-41）。

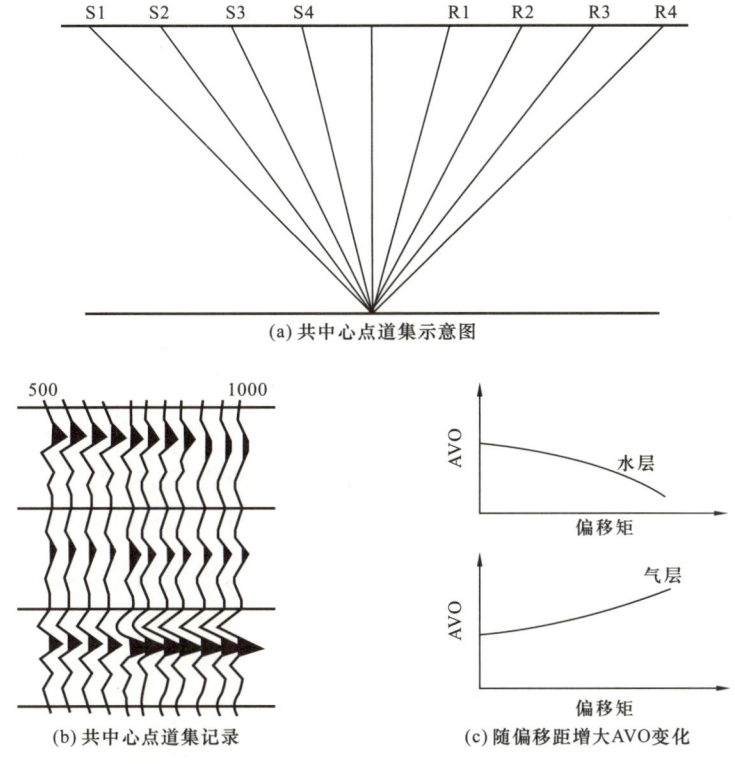

附图 1-41　AVO 分析基本原理示意图（据印兴耀，2010）

AVO 技术的核心思想包含两个方面，正演方法和反演方法（黎殿来，2012）。首先，不同属性的介质所对应的地震振幅随入射角的变化规律也不同，也就是 AVO 特征不同，那么利用正演模型分析已知油气的 AVO 特征，可以通过对比实际地震记录的 AVO 特征来识别油气，定性地描述油气矿藏，这就是正演方法；同时，振幅随炮检距的变化本身隐藏了岩石的各种弹性参数的特征，利用 AVO 技术可以根据地震数据的变化来反推介质的纵波速度、横波速度和密度，从而实现对地震的定量描述（附图 1-42）。

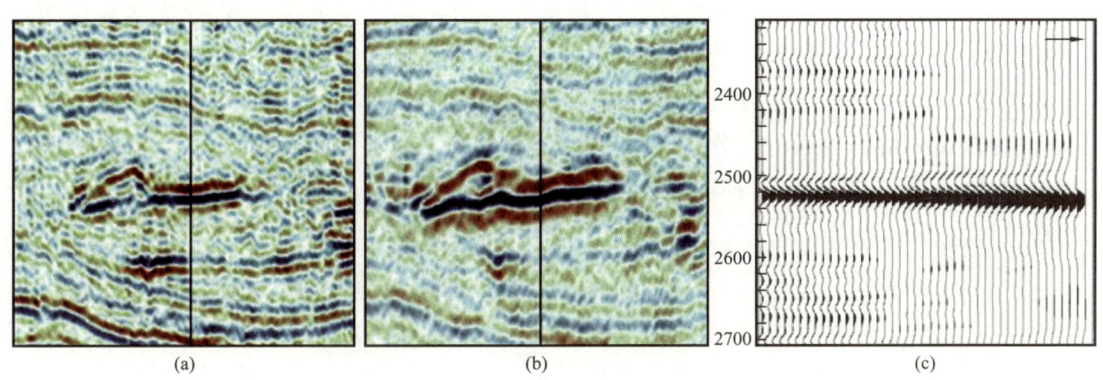

附图 1-42　AVO 分析实例（据 Nanda，2017）
（a）为小入射角道集地震剖面；（b）为大入射角道集地震剖面；（c）为叠前道集

2) Zoeppritz 方程及其近似式

AVO 技术的基本理论是 Zoeppritz 方程，该方程主要描述了平面波在水平分界面上的反射和透射关系。如附图 1-43 所示，反射界面两侧介质的纵波速度、横波速度、密度及泊松比分别用 v_P、v_S、ρ 和 σ 表示。

假设有一平面纵波自介质 I 以入射角入射到界面上，可能会产生四个波。它们分别是反射 P 波、透射 P 波、反射 SV 波和透射 SV 波。根据 Snell 定律，它们之间满足

$$\frac{\sin\theta_1}{\alpha_1}=\frac{\sin\theta_2}{\alpha_2}=\frac{\sin\varphi_1}{\beta_1}=\frac{\sin\varphi_2}{\beta_2}=p \quad （附 1-40）$$

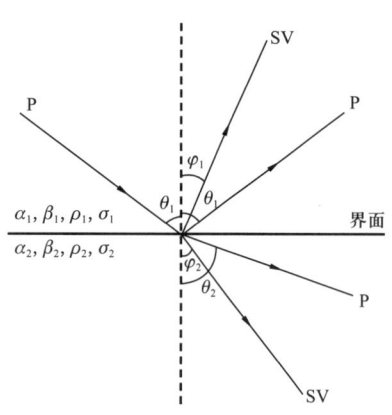

附图 1-43 弹性分界面反射和透射示意图

根据介质在分界面上的连续性条件，界面两侧介质中质点所受的正应力、切应力、法线位移和切向位移都应该相等，Knott 和 Zoeppritz 根据上述条件，并使用式（附 1-40）以及胡克定律，经过复杂推导，得到了反射系数和透射系数与入射角和介质弹性参数关系式，即 Zoeppritz 方程

$$\begin{bmatrix} \sin\theta_1 & \cos\varphi_1 & -\sin\theta_2 & \cos\varphi_2 \\ -\cos\theta_1 & \sin\varphi_1 & -\cos\theta_2 & -\sin\varphi_2 \\ \sin 2\theta_1 & \frac{v_{P1}}{v_{S1}}\cos 2\varphi_1 & \frac{\rho_2 v_{S2}^2 v_{P1}}{\rho_1 v_{S1}^2 v_{P2}}\cos 2\varphi_1 & -\frac{\rho_2 v_{S2} v_{P1}}{\rho_1 v_{S1}^2}\cos 2\varphi_2 \\ \cos 2\varphi_1 & -\frac{v_{S1}}{v_{P1}}\sin 2\varphi_1 & -\frac{\rho_2 v_{P2}}{\rho_1 v_{P1}}\cos 2\varphi_2 & -\frac{\rho_2 v_{S2}}{\rho_1 v_{P1}}\sin 2\varphi_2 \end{bmatrix} \begin{bmatrix} R_P \\ R_S \\ T_P \\ T_S \end{bmatrix} = \begin{bmatrix} -\sin\theta_1 \\ -\cos\theta_1 \\ \sin 2\theta_1 \\ -\cos 2\varphi_1 \end{bmatrix} \quad （附 1-41）$$

式中　R_P，R_S——反射纵波和反射转换横波的反射系数；
　　　T_P，T_S——透射纵波和透射转换横波的透射系数。

由式（附 1-41）可以看到，通过非常复杂的关系，反射系数把界面两侧介质的纵波速度、横波速度、密度、泊松比与入射角联系了起来，这一关系式为 AVO 正演和反演方法提供了理论基础，AVO 技术的提出与发展也是基于 Zoeppritz 方程。

从数据采集到处理，反射振幅都是作为炮检距的函数来描述的，而 Zoeppritz 方程及其近似表达式则均是以入射角作为变量进行描述的。因此，在很多情况下，需要将振幅与炮检距的关系（AVO），转换成振幅与入射角角度的关系（AVA），并形成角度道道集（附图 1-44）。

Zoeppritz 过于复杂，物理意义不明确，很难通过它求解出反射系数，因此自从它被提出以来，一直没有被应用到实际工程中。为了克服 Zoeppritz 方程的复杂性，许多学者对 Zoeppritz 方程进行了研究，并在不同的假设下提出了相应近似式，常见的有 Aki—Richards 近似式、Shuey 近似式、Hilterman 近似式、Smith—Gidlow 近似式、Fatti 近似式以及郑晓东近似方程等。以下主要对 Aki—Richards 近似式、Shuey 近似式和 Fatti 近似式进行简要介绍。

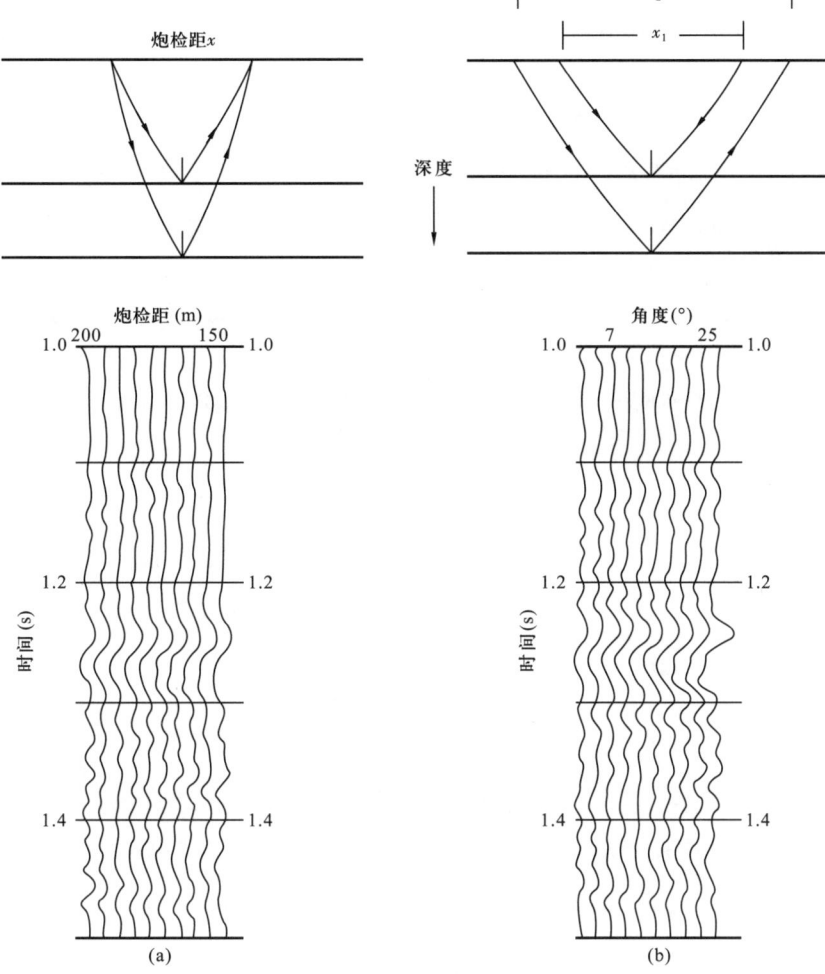

附图1-44 共中心点道集和角道集示意图（据印兴耀，2010）
（a）为共中心点道集，不同地震道，反射点相同，对于同一地震道，地震信息来自相同的激发和接收点；
（b）为共角度道集，不同地震道，入射角相同，对于同一地震道，地震信息来自不同的激发和接收点

（1）Aki—Richards 近似式。

Aki—Richards（1980）公式可用式（附1-42）表达

$$R_\mathrm{P}(\theta) \approx \frac{1}{2}\left(\frac{\Delta v_\mathrm{P}}{v_\mathrm{P}} + \frac{\Delta \rho}{\rho}\right) + \left(\frac{1}{2}\frac{\Delta v_\mathrm{P}}{v_\mathrm{P}} - 4\frac{v_\mathrm{S}^2}{v_\mathrm{P}^2}\frac{\Delta v_\mathrm{S}}{v_\mathrm{S}} - 2\frac{v_\mathrm{S}^2}{v_\mathrm{P}^2}\frac{\Delta \rho}{\rho}\right)\sin^2\theta + \frac{1}{2}\frac{\Delta v_\mathrm{P}}{v_\mathrm{P}}\left(\mathrm{tg}^2\theta - \sin^2\theta\right) \quad （附1\text{-}42）$$

第一项不含横波速度，为垂直入射时的纵波反射系数，当入射角稍大时（0°＜θ≤30°），应加上第二项，此时第三项数值较小，可以略去，得到

$$R_\mathrm{P}(\theta) \approx \frac{1}{2}\left(\frac{\Delta v_\mathrm{P}}{v_\mathrm{P}} + \frac{\Delta \rho}{\rho}\right) + \frac{1}{2}\left(\frac{\Delta v_\mathrm{P}}{v_\mathrm{P}} - 2\frac{\Delta v_\mathrm{S}}{v_\mathrm{S}} - \frac{\Delta \rho}{\rho}\right)\sin^2\theta \quad （附1\text{-}43）$$

可以写成以下形式

$$R_\mathrm{P}(\theta) \approx P + G\sin^2\theta \quad （附1\text{-}44）$$

其中 P 是由零炮检距构成的地震道，即 P 波叠加的道，它代表对反射界面两侧的波阻抗变化的响应。另一个由其斜率 G 构成的地震道，称为梯度叠加道，它代表对横波速度、纵波速度和体密度变化的响应，即振幅随入射角（或炮检距）的变化率。

（2）Shuey 近似式。

Shuey（1985）同样在界面两侧介质的弹性参数变化很小的假设下，对前人所做的研究做了整理，并通过泊松比来替代横波速度 v_S，得到了关于纵波速度、密度及泊松比的近似方程，首次提出了反射系数 AVO 截距的概念，证明了反射系数随角度的变化率主要由泊松比的变化决定。最终得到了纵波反射系数的近似表达式，即 Shuey 近似方程

$$R(\theta) \approx R_0 + \left[A_0 R_0 + \frac{\Delta \sigma}{(1-\sigma)^2}\right] \sin^2\theta + \frac{1}{2}\frac{\Delta v_P}{v_P}(\tan^2\theta - \sin^2\theta) \quad （附1-45）$$

式中

$$R_0 = \frac{1}{2}\left(\frac{\Delta v_P}{v_P} + \frac{\Delta \rho}{\rho}\right) = \frac{1}{2}\Delta \ln \rho v_P \quad （附1-46）$$

$$A_0 = B - 2(1+B)\frac{1-2\sigma}{1-\sigma} \quad （附1-47）$$

$$B = \frac{\Delta v_P}{v_P} / \left(\frac{\Delta v_P}{v_P} + \frac{\Delta \rho}{\rho}\right) \quad （附1-48）$$

$\Delta v_P = v_{P2} - v_{P1}$，$v_P = (v_{P1} + v_{P2})/2$，$\Delta v_S = v_{S2} - v_{S1}$，$v_S = (v_{S1} + v_{S2})/2$ （附1-49）

$\Delta \rho = \rho_2 - \rho_1$，$\rho = (\rho_1 + \rho_2)/2$，$\theta = (\theta_1 + \theta_2)/2$ （附1-50）

$\Delta \sigma = \sigma_2 - \sigma_1$，$\sigma = (\sigma_1 + \sigma_2)/2$ （附1-51）

式中　v_{P1}，v_{P2}，v_{S1}，v_{S2}——代表界面上、下介质的纵波和横波速度；

ρ_1，ρ_2——界面上、下介质的密度。

这个近似式表明，反射系数的幅值，是由三个独立的分量相加而成的，第一个独立项为近法向入射项（$\theta \approx 0°$），被称作 AVO 截距，它表示纵波垂直入射时的反射系数；第二项为小到中等角度入射项（$0° < \theta \leq 30°$），此时由于 $\tan^2\theta - \sin^2\theta$ 的值趋于零，所以这一项对反射系数的变化起主要作用；第三项为大角度入射项，它对任意角度的反射系数均有贡献，当入射角大于 30° 时，这一项对反射系数起主导作用。Shuey 近似方程又可以写为以下形式

$$R(\theta) \approx NI + G \sin^2\theta + F(\tan^2\theta - \sin^2\theta) \quad （附1-52）$$

其中 $NI = R_0$，代表近垂直入射项，由界面上、下的波阻抗差异控制。而 G、F 是与纵波速度、横波速度和密度有关的常数。G 与岩石纵波速度、横波速度和密度有关的项，称为 AVO 梯度，描述中等入射角下反射振幅的变化，F 主要描述大入射角时的特征。

当入射角较小（$\theta < 30°$）时，$\tan^2\theta - \sin^2\theta$ 很小，所以略去第三项，得到

$$R(\theta) \approx NI + G \sin^2\theta \quad （附1-53）$$

Shuey 通过实际模型计算已经证明，在入射角小于 30° 时，由精确的 Zoeppritz 方程计算出的反射系数与由式（附 1-53）计算出的反射系数吻合得非常好，这说明在入射角小于 30° 的范围内，是较可靠的一种近似。Shuey 简化公式显式地表达了纵波反射系数与介质弹性参数及入射角之间的关系，它带动了 AVO 技术的深刻变革，该近似的最大优点是以不同的项表示了不同入射角度入射的近似情形，是目前应用最为广泛的一种近似公式。

假定 $v_S/v_P \approx 1/2$，根据泊松比定义可知 $\sigma \approx 1/3$，可得

$$A_0 = B - 2(1+B)\frac{1-2\sigma}{1-\sigma} = -1 \qquad （附 1-54）$$

泊松比 σ 反映了岩石的坚硬程度，岩石越坚硬，则泊松比越小，反之则泊松比越大，所以当地层含油气时，泊松比较大，它的定义由式（附 1-55）给出

$$v_S = v_P \left[\frac{1-2\sigma}{\sigma(1-\sigma)}\right]^{1/2} \qquad （附 1-55）$$

从而得到

$$G = A_0 R_0 + \frac{\Delta\sigma}{(1-\sigma)^2} = -R_0 + \frac{9}{4}\Delta\sigma \qquad （附 1-56）$$

$$\Delta\sigma = \frac{4}{9}(G + R_0) \qquad （附 1-57）$$

当 R_0 一定时，梯度 G 与泊松比的变化 $\Delta\sigma$ 成正比，也就是说，在上、下两层介质的波阻抗一定时，泊松比差对反射振幅随入射角的变化影响很大，越大振幅随入射角的变化也越大，从而证明了反射系数随入射角的变化率是由泊松比的变化决定的。

Shuey 近似的主要目的是为了证明相对反射系数随炮检距的变化，梯度主要由泊松比的变化决定，其最大的优点在于方程右端以不同的项表示了不同角度入射的近似情形，是目前应用最为广泛的一种近似方法。另外第一项表示法向入射时的反射系数，第二项表示中等角入射时的反射系数，第三项主要控制大角度入射时的情形。但是当入射角较大时，方程的线性关系不再成立。因此，该近似方法主要应用于 30° 以内入射角。

（3）Fatti 近似式。

Fatti（1994）提出了另一种以相对波阻抗表示的 Zoeppritz 近似方程，纵波的反射系数近似公式可用式（附 1-58）表达

$$R(\theta) = \frac{1}{2}(1+\tan^2\theta)\frac{\Delta I_P}{I_P} - 4\left(\frac{v_S}{v_P}\right)^2\sin^2\theta\frac{\Delta I_S}{I_S} - \left[\frac{1}{2}\tan^2\theta - 2\left(\frac{v_S}{v_P}\right)^2\sin^2\theta\right]\frac{\Delta\rho}{\rho} \qquad （附 1-58）$$

在中等角度入射（$\theta < 30°$）且 $v_S/v_P \approx 1/2$ 时，式（附 1-58）中的第三项相对前两项而言很小，所以可以忽略，于是得到

$$R(\theta) = \frac{1}{2}(1+\tan^2\theta)\frac{\Delta I_P}{I_P} - 4\left(\frac{v_S}{v_P}\right)^2\sin^2\theta\frac{\Delta I_S}{I_S} \qquad （附 1-59）$$

式中，$\Delta I_P = I_{P2} - I_{P1}$，$I_P = (I_{P1} + I_{P2})/2$，$\Delta I_S = I_{S2} - I_{S1}$，$I_S = (I_{S1} + I_{S2})/2$，$I_{P1}$、$I_{P2}$、$I_{S1}$、$I_{S2}$ 分别代表反射界面上、下介质的纵波阻抗和横波阻抗。利用式（附1-59）可以直接反演纵波阻抗和横波阻抗相对变化率这两个参数。

由于密度的相对变化很小，因此，舍去第三项的近似方法不仅可以替代整个近似，而且没有小角度入射的限制，可以较准确地应用于入射角小于临界角的情形。但是，利用该方法进行参数反演时需要垂直入射的纵波、横波反射系数。

3）角度部分叠加道集

常规叠后地震资料由不同入射角度叠前地震数据叠加而成。研究表明，地震反射分辨率随入射角的增大而显著降低。由于叠前数据包含分辨率较低的大入射角反射信息，导致常规叠后地震资料分辨率较低。前人逐渐开始研究利用角度部分叠加数据进行相关的解释和反演（Barnola，2003；White，2003；Barens，2006；Osayande，2020）。综合考虑信噪比与分辨率，选择合理的入射角范围内的数据进行叠加，可以最大限度地保证资料的信噪比和分辨率（马跃华等，2019）。地震资料角度部分叠加，既对现有的全角度水平叠加方法进行了改进，保留了原有的大量信息，又可以避免完全叠前反演的计算量及稳定性的问题。

相比常规全角度叠加地震数据反演，小入射角叠加地震数据波阻抗反演结果与测井资料更加匹配，可反映更小尺度储层分布，反演结果更加真实、可靠。研究发现，入射角是控制地震数据分辨率的主要因素，衰减是造成不同入射角地震数据间分辨率差异的另一个重要因素。大入射角地震波传播过程中经历了更长的路径，导致其高频成分经历了更多的衰减，进一步降低了其主频与分辨率。由于地层复杂的各向异性，大角度地震反射动校不符合双曲线规律，在校正过程中往往会出现过动校或拉伸问题，导致非同相位叠加，甚至相位反转。叠加道集相位的非一致性降低了叠后地震资料的可靠性和真实反映储层的能力。小入射角叠加数据的角度范围取决于地震资料本身的特点（李蒙等，2018）。

姜秀娣等（2009）研究发现不同角度的部分叠加剖面中同相轴存在差异，比常规水平叠加剖面刻画地更为细致，从而使部分叠加剖面不仅保留了有关横波的信息，还从一定程度上压制了噪声。姜秀娣等（2009）对角度部分叠加资料（5°~15°、15°~25°、25°~35°）进行反演，可以同时反演出地层整个剖面在各个角度范围的纵波和横波速度值，进一步可以求得地震波零入射角的纵波、横波速度，进而可以得到纵横波速度比及泊松比，为岩性及含油气性解释提供大量准确的弹性参数信息。

陈学华等（2012）提出了一种利用叠前不同角度叠加道集的低频地震信息进行流体识别的方法，即分别对小（近）角度和大（远）角度叠加的地震道集进行瞬时谱分解，再利用低频分量构建瞬时谱差异信息提取的计算公式，进而得到流体识别剖面。

Guo 等（2017）分别提取 0°~7°、7°~14°、14°~21°、21°~28°、28°~35° 和 35°~45° 等 6 个部分叠加道集，进行概率体约束的叠前地震反演，明确了薄层页岩气"甜点"的分布特征。从不同角度叠加数据体对比可以发现小偏移距的地震反射振幅能量更强，大偏移距地震反射振幅能量弱（附图1-45、附图1-46）。

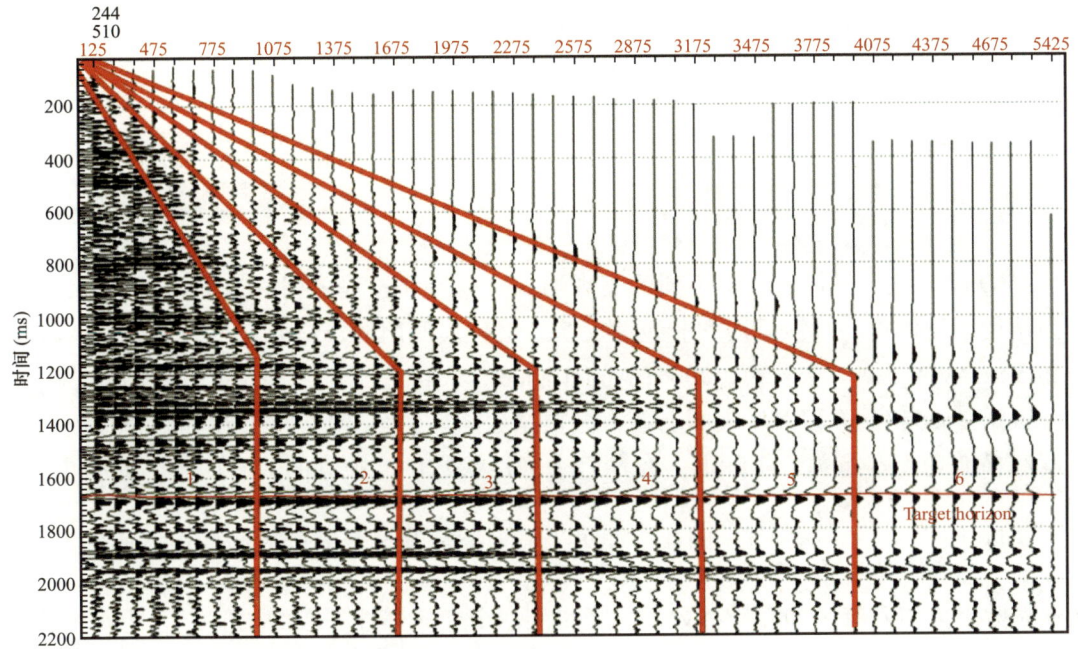

附图1-45 角度部分叠加道集处理示意图（据 Guo et al., 2017）

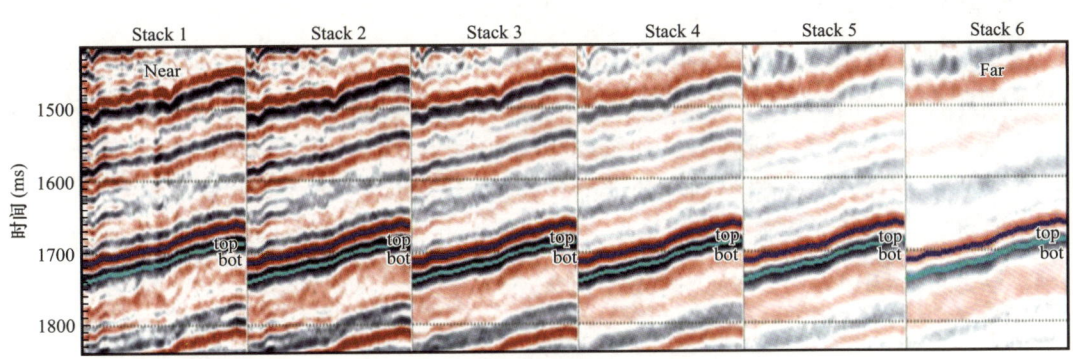

附图1-46 角度部分叠加道集地震剖面对比（据 Guo et al., 2017）

4）叠前 AVO 反演

叠前 AVO 反演，即通过研究叠前地震振幅随炮检距的变化规律来反演地层的各种弹性参数，借助 Zoeppritz 方程或近似式，对 CDP 道集反射振幅的变化做最小平方拟合，直到理论与观测值很好地拟合为止。因其对叠前地震数据中所包含的振幅和角度信息的充分利用，能够反演得到分辨率更高、参数描述更具体的反演剖面，从而更好地指导油气勘探。

AVO 反演估算的与角度无关的参数，如截距属性、梯度属性等，以及岩石的弹性参数，如密度、纵波速度、横波速度、泊松比和基于岩石弹性参数 λ、μ 和 ρ 组合的岩石弹性属性 $\lambda\rho$、$\mu\rho$、λ/μ，进一步分析可以对储层岩性、含油气性进行研究（Goodway et al., 1997；苑书金等，2005）。

$$\lambda\rho = I_P^2 - 2I_S^2 \quad \text{（附 1-60）}$$

$$\mu\rho = I_S^2 \qquad (\text{附}1\text{-}61)$$

令 $\gamma = \left(\dfrac{v_P}{v_S}\right)^2$，泊松比 σ 可用式（附1-62）表达

$$\sigma = \frac{\gamma - 2}{2\gamma - 2} \qquad (\text{附}1\text{-}62)$$

AVO 反演这一具体过程有不同的表现形式。就反演过程采用的数学手段来看，主要分为迭代正演模拟、线性反演和非线性反演；就反演所用的资料而言可分为单波 AVO 反演和多波 AVO 反演（朱秋颖，2006；Abdulfadeel，2019）。

根据 Zoeppritz 方程，从表面上看，振幅系数随入射角变化与介质两侧的密度、纵波速度和横波速度等有关，实际上，在这六个弹性参数中，独立的只有四个，即密度比和三个速度比 $\left(\dfrac{\rho_2}{\rho_1}、\dfrac{\alpha_2}{\alpha_1}、\dfrac{\beta_1}{\alpha_1}、\dfrac{\beta_2}{\alpha_2}\right)$。因此，如果没有对介质弹性参数的先验知识，原则上讲由振幅系数不能得到唯一的介质参数，只能得到四个介质弹性参数的比值，这是 AVO 反演的局限性（印兴耀，2010）。

5）叠前同时反演

叠前同时反演技术（Simultaneous Inversion）利用多个不同角度叠加的地震数据体，将叠后波阻抗和叠前 AVO 属性整合到反演流程中，通过地震、测井和地质等多种信息的约束，同时反演出纵波、横波阻抗和密度等多种弹性参数，进而获得泊松比、v_P/v_S 和孔隙度等属性数据体，进行储层物性和含油气性的综合判别。叠前同时反演保持了多种弹性参数反演的一致性，增强了反演结果的稳定性和可靠性（杨培杰等，2009；郎晓玲等，2010；高云等，2013）。

叠前同时反演可以与随机模拟、贝叶斯理论相结合，提高反演结果的可信程度（Buland et al.，2003；Waters et al.，2016；Goraya et al.，2017）。相比确定性反演，随机反演分辨率更高，反演结果更加接近地下真实情况，同时也可以通过形成不同数量的模拟实现精细反演结果的不确定性分析，结合岩石物理模型，还可以进行储层参数，如孔隙度、油层厚度等的不确定性分析（Contreras et al.，2019）。

叠前同时反演输入的参数包括：（1）2 个或多个角道集；（2）每一个角道集的子波；（3）微层的几何构造（以微层的倾角体和走向体的形式输入）；（4）地震数据和背景模型的可信度信息；（5）背景信息（I_P、I_S、ρ）；（6）可选的分层体，能够控制每一层的参数（高云等，2013）。

首先，对研究区的测井曲线进行各种校正和标准化处理，建立单井的储层地质模型和岩石物理模型，利用 Greenberg—Castagna 公式和 Xu—White 模型建立准确的纵波、横波速度关系，进行岩石物理弹性参数计算。深入研究不同岩性和不同流体的弹性参数特征，并筛选出对岩性和流体敏感的弹性参数（高云等，2013）。

其次，对叠前道集数据进行精细的 AVO 处理和分析。通过流体替换和 AVO 正演模

型分析，找出含不同流体类型储层的响应特征，进行常规的 AVO 反演，得到不同角度道集的叠加数据体。在此基础上，制作准确的合成地震记录，获得每口井的准确时深关系，调查地震数据的子波相位特征和振幅因子。然后利用三维地质学统计技术建立用于同时反演的 I_P、I_S 和 ρ 背景模型并进行不同角度叠加资料的子波分析。开展叠前同时反演，利用叠前 AVO 得到不同角度道集的叠加数据体以及 P 波和 S 波的测井数据，将其作为约束条件，同时反演得到 P 波阻抗、S 波阻抗和密度数据体，利用岩石物理关系式可以计算得到泊松比（σ）、速度比（v_P/v_S）等弹性参数数据体（高云等，2013）。

最后，对叠前同时反演的数据体（I_P、I_S、ρ、σ 和 v_P/v_S）进行解释。综合岩石物理分析结果，将其交会模板应用到反演结果上，有效区分岩性和含油、气、水等不同流体的储层。并利用三维可视化技术对油气的空间分布进行预测（高云等，2013）。

总体上，叠前同时反演比 AVO 反演更具优越性，具体体现在以下三个方面：（1）叠前同时反演利用叠前地震资料、测井资料和地质资料共同进行约束，可确保反演结果的稳定性，减少反演的多解性；（2）进行多个角道集反演，将叠前 AVO 属性整合到反演流程中，增强了 I_P、I_S 和 ρ 之间的一致性，提高反演的稳定性；（3）叠前同时反演流程可以解决子波随偏移距变化的问题，即每一个角道集都对应一个子波，反演处理能够同时得到 I_P、I_S 和 ρ 等多种弹性参数，利用交会分析技术对弹性反演属性进行解释，大大提高了储层描述和流体识别的精度（高云等，2013）。

Xie 等（2020）利用叠前同时反演得到的纵波阻抗和 v_P/v_S 属性进行岩石物理研究，利用 v_P/v_S 和纵波阻抗进行岩性划分，分为鲕粒、颗粒质泥岩/泥质颗粒岩、白云岩和泥岩。然后结合贝叶斯理论，进行岩性分类，得到不同岩性的分布概率，为相建模提供了较好的输入条件（附图 1-47）。

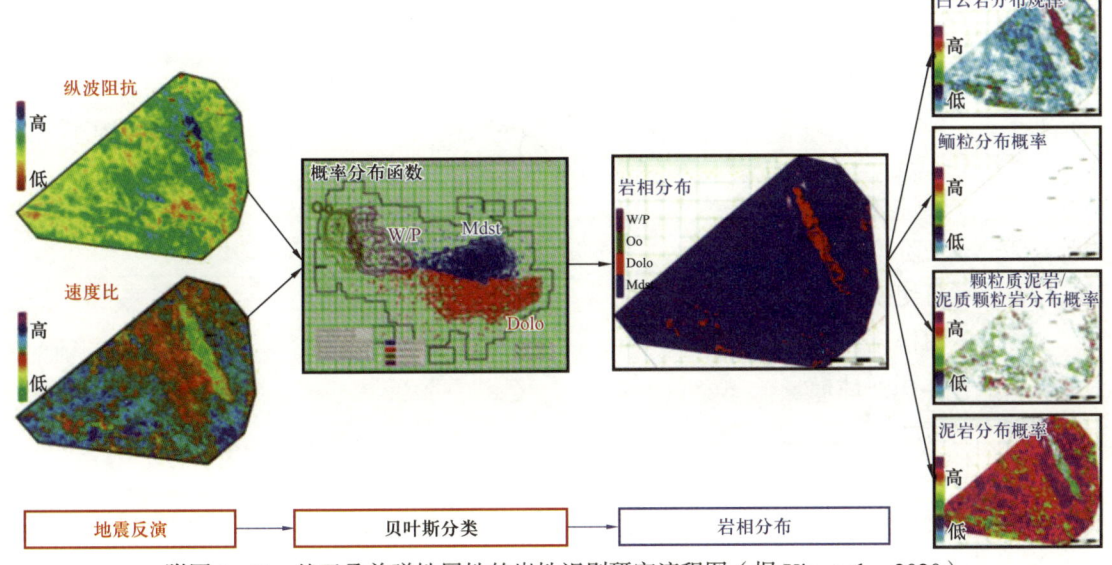

附图 1-47　基于叠前弹性属性的岩性识别研究流程图（据 Xie et al.，2020）
Oo—鲕粒；W/P—颗粒泥质岩/泥质颗粒岩；Mdst—泥岩；Dolo—白云岩

2. 弹性阻抗反演

基于道集的 AVO/AVA 反演方法对资料信噪比要求较高，为了更好地应用于实际生产，基于部分角度叠加道集的弹性阻抗反演方法应运而生（印兴耀等，2014）。弹性阻抗反演也是由叠前共中心点道集计算地下地层的物性参数，实际上是 AVO 反演的另一种实现方式，它的反演过程和叠后波阻抗反演过程完全一致，可以认为是在不同入射角的部分叠加剖面上做波阻抗反演。弹性阻抗是纵波速度、横波速度、密度和入射角的函数，通过弹性阻抗反演可以求得不同入射角的弹性阻抗值，进一步分析弹性阻抗值随入射角的变化规律，相对于波阻抗，更有利于岩性分析。

1）弹性参数

储层研究中最重要的几个岩石物性参数分别是纵波速度 v_P、横波速度 v_S、密度 ρ、泊松比 σ、弹性模量 E、体积弹性模量 K、拉梅常数 λ 和 μ 等。地震波的理论基础是固体弹性力学理论，理想弹性介质的质点处于静力平衡状态时，质点的各种弹性参数之间有如下关系

$$E = \frac{\mu(3\lambda + 2\mu)}{\lambda + \mu} \quad （附1-63）$$

$$K = -\frac{p}{\theta} = \lambda + \frac{2}{3}\mu \quad （附1-64）$$

$$\sigma = \frac{\lambda}{2(\lambda + \mu)} \quad （附1-65）$$

$$\lambda = \frac{\sigma E}{(1+\sigma)(1-2\sigma)} = \left(v_P^2 - 2v_S^2\right)\rho \quad （附1-66）$$

$$\mu = \frac{E}{2(1+\sigma)} = v_S^2 \rho \quad （附1-67）$$

式中　E——弹性模量；

λ——一阶拉梅常数；

μ——剪切模量（二阶拉梅常数）；

σ——泊松比；

K——体积弹性模量；

ρ——密度；

θ——体变系数。

在各向同性介质中，5 个基本弹性参数 E、μ、λ、σ、K 中，只有 2 个是独立的，只要知道其中的 2 个，就可以求出其他 3 个。各种岩性的地层都有不同的岩石弹性参数，并且一般都在某一固定范围内（苑书金等，2005）。

剪切模量 μ 反映在外力作用下，岩石外形发生的剪切位移，是作用到岩石上的剪切

应力和剪切应变之比,是介质的横波模量。体积弹性模量 K 反映在外力作用下岩石体积发生的变化,是体积应力除以体积应变,表述岩石的可压缩性。弹性模量 E 则反映在外力作用下,岩石发生的伸缩变化,为线应力除以线应变的数值。拉梅常数 λ 也是弹性模量,主要用于描述介质的弹性,但 λ 与弹性体的热力学有关,作为参数代入方程,可以方便地描述介质的不可压缩性(苑书金等,2005)。

弹性模量、体积模量、剪切模量和拉梅常数是表征介质特性的物理量,与钻井工程和油气田开发有密切的关系。影响弹性模量 E 的主要因素是岩石内部结构、岩石的矿物成分、构造和孔隙度。体积模量 K 是反映岩石刚性程度的物理参数,也可称为岩石抗压系数,K 值的大小与岩体的围压密切相关。拉梅常数 λ 在储层描述中与不可压缩性关系密切,有时也称为"体积模量",是阻止压力变化引起体积变化的能力。剪切模量 μ 是固体物质具有的特性,也称为"刚性模量",是阻止总体积没有变化而形状发生变化的能力。它表征了岩层或岩体承受剪切力的能力,μ 值的大小反映了岩石的柔韧性。在地质解释中,μ 值的大小可反映岩石颗粒的粗细。在同一岩体的岩石中,岩石颗粒粗时,μ 值大,岩石颗粒细时,μ 值小;胶结程度好的岩层,μ 值大,胶结程度差的岩层,μ 值小(苑书金等,2005)。

泊松比是岩石的纵向拉伸和横向压缩的比值,既可以用拉梅常数表示,又可用介质的纵横波速度比值来表示。通过测量岩石纵向拉伸和横向压缩的比值计算所得的泊松比,通常称为静态泊松比。通过测量岩石的纵波速度和横波速度所计算得到的泊松比,通常称为动态泊松比。一般,泊松比的低值特征对应地层的含油气。总的来说,岩石固结度越高,其泊松比越小,松散风化表层的泊松比可高达 0.45。泊松比随岩性、孔隙和流体成分的变化而变化,变化范围一般在 0~0.5 之间。如在实际应用中,当储层的岩性确定时,泊松比的变化信息可以用以区分地层含油、含气或含水。例如,页岩泊松比的变化范围是 0.3~0.4,含油砂岩泊松比的变化范围是 0.2~0.25,含气砂岩泊松比的变化范围是 0.1~0.18。在实际应用中,钻井的位置很少在时间分析泊松比剖面的最佳位置。泊松比属性剖面的变化特征可以帮助提高对油藏所含流体的认识,可进行井位设计和油气田开发,优化钻井方案,降低勘探开发风险(苑书金等,2005)。

2)弹性阻抗反演

20 世纪 90 年代初,弹性阻抗(Elastic Impedance,简写为 EI)首次由英国 bp 石油公司提出并应用于勘探开发评价。Connolly(1999)认为弹性阻抗可理解为任意射角度下的广义声阻抗,非零入射角弹性阻抗与零入射角声阻抗的差异可作为评判是否为有利 AVO 响应的重要标准之一(印兴耀等,2014;Connolly,1999)。弹性阻抗把地震振幅信息与纵波速度、横波速度、密度和入射角联系起来,充分利用不同炮检距的地震数据和测井数据,提高油气层识别能力。任意入射角 θ 下,弹性阻抗可用式(附 1-68)表达

$$\mathrm{EI} = v_{\mathrm{P}}\left[v_{\mathrm{P}}^{\tan^2\theta} v_{\mathrm{S}}^{-8\left(\frac{v_{\mathrm{S}}}{v_{\mathrm{P}}}\right)^2 \sin^2\theta} \rho^{1-4\left(\frac{v_{\mathrm{S}}}{v_{\mathrm{P}}}\right)^2 \sin^2\theta} \right] \qquad (附1\text{-}68)$$

根据 Biot—Gassmann 方程，可得

$$v_P = \sqrt{\frac{\lambda + 2\mu}{\rho}} = \sqrt{\frac{K + \frac{4}{3}\mu}{\rho}} \quad \text{（附 1-69）}$$

$$v_S = \sqrt{\frac{\mu}{\rho}} \quad \text{（附 1-70）}$$

式中　λ，μ——拉梅常数；

　　　K——体积弹性模量；

　　　ρ——密度。

弹性阻抗并不是一个可以进行物理测量的参量，它是一个通过推导而得出的用来解释地震数据的参量，它的获取目前只能通过计算得到。弹性阻抗是对波阻抗的推广，它是入射角的函数，波阻抗是入射角为零时的弹性阻抗的特例，弹性阻抗反演使得波阻抗反演从叠后发展到叠前，角道集叠加剖面可保留地震波的许多 AVO 特征，弥补了从传统叠加资料里无法得到岩性参数这一缺点，结合弹性阻抗和波阻抗可以更好地解释地下介质的岩性及其含油气性。

具体地，某一入射角的地震记录可以通过角道集部分叠加得到。共中心点道集中通过射线追踪可以变换为角道集，即把时间—偏移距域的地震记录变换到时间—角度的地震记录，然后进行部分角道集叠加。如将范围内的地震记录动校正后进行叠加作为角度的地震记录，在不同角度范围进行叠加就可得到不同角度的角道集叠加记录。角度的确定既要考虑足够的振幅信息还要考虑提取的资料是否包含全部的目的层段。与传统的叠后资料相比，角道集部分叠加资料只是一定角度范围内地震资料的部分叠加，从而避免了弱相位以及相位反转等异常因为相互叠加而抵消的缺陷，具有信息量足和分辨率高的特点。有了角道集叠加记录就可以按波阻抗反演的方法分别对不同角度数据进行反演，得到不同角度的弹性阻抗。

弹性阻抗公式中有 v_P、v_S 和 ρ 三个未知数，如果利用不同角度（近、中、远），即不同入射角数据进行反演，就得到三个入射角弹性阻抗，由此建立方程组可求取 λ、μ 和 ρ，并进一步求取地层各向异性参数和岩石物理参数等（王保丽等，2005；曹孟起等，2006；印兴耀等，2014；Galárraga et al.，2015；附图 1-48、附图 1-49）。

弹性阻抗反演还可以用于页岩油储层的 TOC 含量预测中。从页岩气储层研究中发现，储层 TOC 含量与页岩气含量成正比，TOC 含量越高越有利于页岩气的富集，有商业价值的页岩气藏 TOC 含量一般应该大于 2.0%，因此 TOC 含量的精确估算对于提高页岩气储层含气量预测精度尤为重要。实践表明，TOC 含量与密度存在较好的关系，理论上可以通过反演密度再计算得到 TOC 含量（陈祖庆，2014；侯华星等，2016），但是密度反演往往不准确。先反演弹性参数，然后计算 TOC 含量的方法存在误差累积的问题。于景强等（2020）提出了一种基于贝叶斯和弹性阻抗的叠前地震反演 TOC 方法，定量预测了济阳坳陷沙三段和沙四段的 TOC 含量。首先对工区测井数据进行了岩石物理分析，研

究了对TOC含量敏感的弹性参数,以此为基础明确反演思路。以纵波、横波速度和密度作为"桥梁",根据纵波、横波速度和密度的标准化弹性阻抗方程,建立起TOC含量和弹性阻抗间的关系,即确定性岩石物理模型,并将误差项加入这种关系中,从而获取统计性岩石物理模型。假设TOC含量先验分布服从混合高斯分布,并假设噪声是混合高斯分布,则TOC的后验概率密度是混合高斯分布。用最大期望化(EM)算法(Dempster et al., 1977)计算混合高斯和高斯分布的参数,并用蒙特卡洛模拟技术扩大样本空间,最后解析计算出TOC的后验概率分布,取最大后验估计为最终反演结果(附图1-50)。

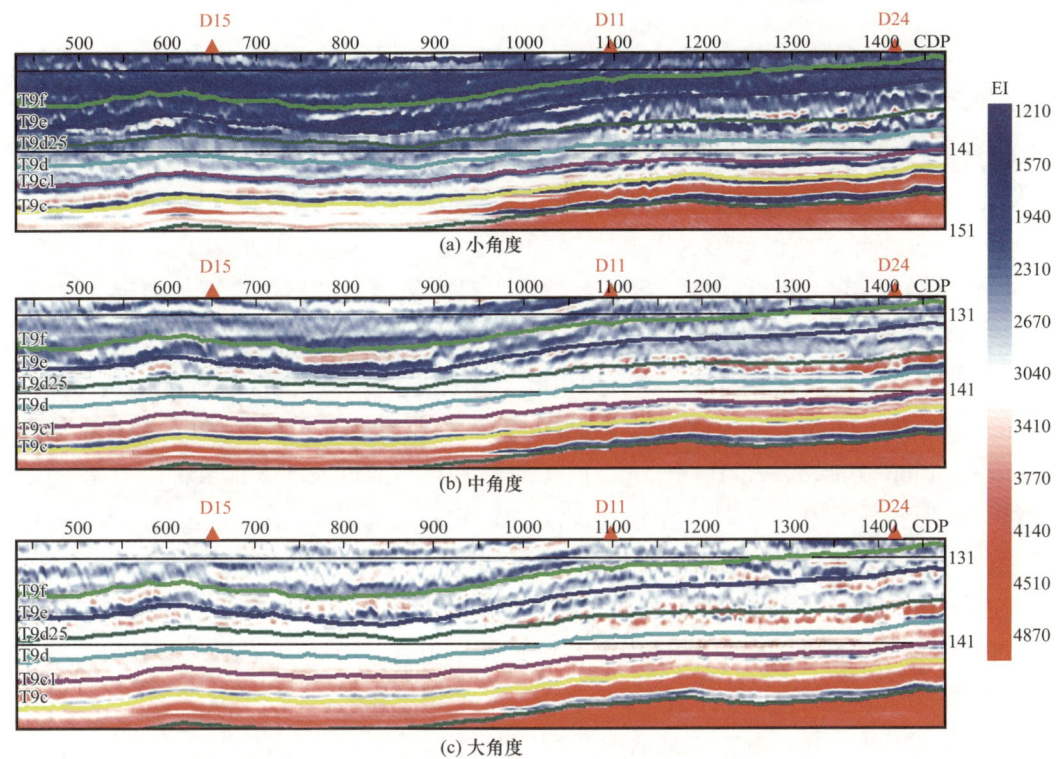

附图1-48 小、中、大三个角度的初始弹性阻抗模型(据刘百红等,2012)

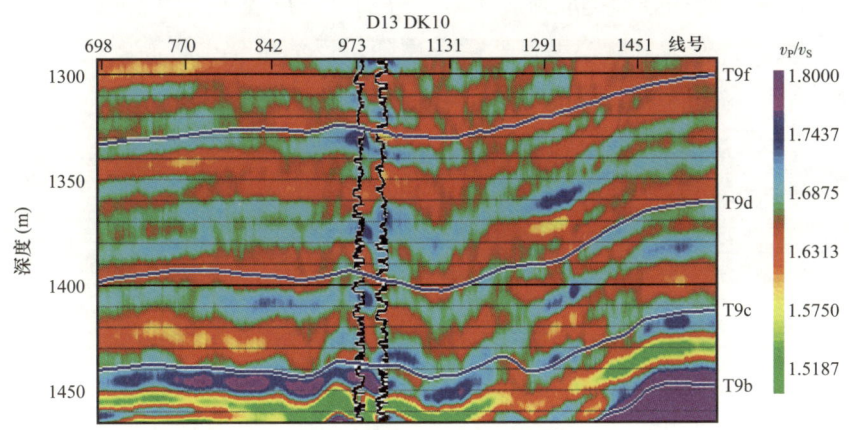

附图1-49 过井速度比剖面(据刘百红等,2012)
黑色曲线为测井v_P/v_S

- 375 -

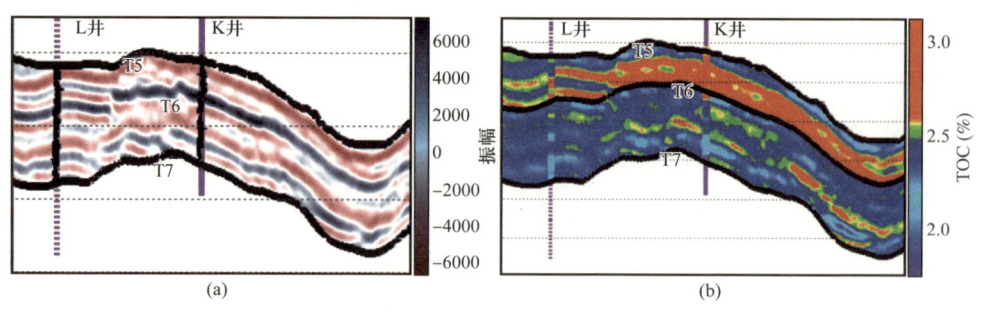

附图 1-50 实际地震数据 TOC 反演剖面（据于景强等，2020）
（a）小角度地震剖面；（b）TOC 反演结果

3. 多种方法联合反演

部分情况下，需要结合多种反演方法，提高反演效果。

Mallick 等（2000）提出联合反演方法（Hybrid Seismic Inversion），在研究中首先对叠前地震数据进行全波形反演，得到全区的弹性模型。然后，对地震数据进行 AVO 分析，计算 AVO 截距和 AVO 梯度，将二者结合，得到拟横波数据。最后，利用 AVO 截距和拟横波数据，以全波形反演得到的控制点处的纵波阻抗、横波阻抗为约束条件，利用稀疏脉冲反演方法得到纵波阻抗、横波阻抗和泊松比（Sanchez et al., 2003）。

Gonzalez 等（2020）针对碳酸盐岩储层提出了基于波动方程的 AVO 叠前反演方法（Wave-Equation-Based AVO Inversion，简写为 WEB），通过波动方程求解，考虑一次波、多次波、波形转换及其传播等，在常规反演结果的基础上还可以得到反映流体特征的压缩系数、反映岩性特征的剪切柔量等信息，可以对流体类型进行判定。

Aamir 等（2017）对阿拉伯联合酋长国某油藏进行叠前反演研究，首先进行确定性的 AVO 同时反演，然后将其作为初始模型，进行随机反演，并进行不确定性分析，取得了较好的效果。

Afia 等（2021）对阿布扎比某油藏利用宽频地震资料进行反演研究。首先进行频谱分析，将地震数据分为低频、中频和高频数据，其中会有部分重叠（附图 1-51）。然后对这三个频率的地震数据分别提取地震子波，分别进行反演（附图 1-52）。对宽频地震数据进行确定性反演，作为低频模型，然后采用随机反演格架，将高频模型体现在反演成果中。低频模型作为不同反演实现的平均值进行约束（附图 1-53）。

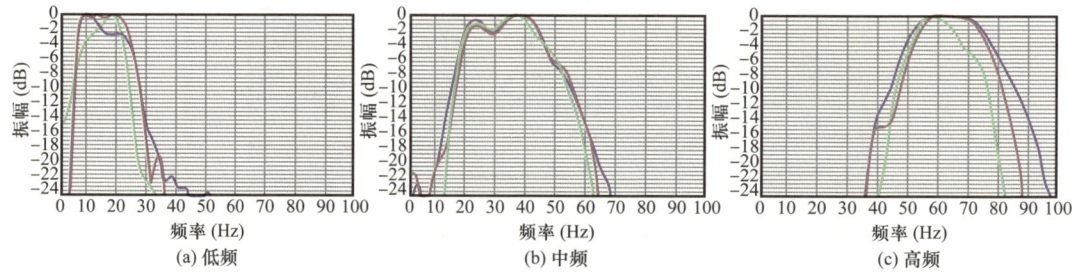

附图 1-51 低频、中频和高频地震数据频谱特征（据 Afia et al., 2021）

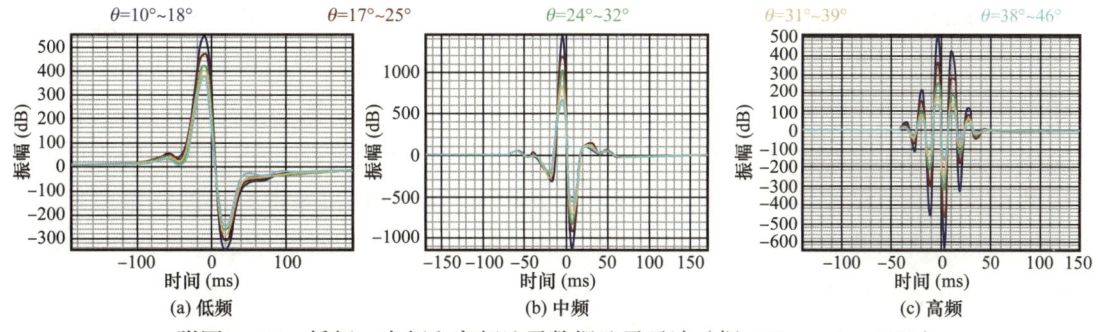

附图 1-52　低频、中频和高频地震数据地震子波（据 Afia et al.，2021）

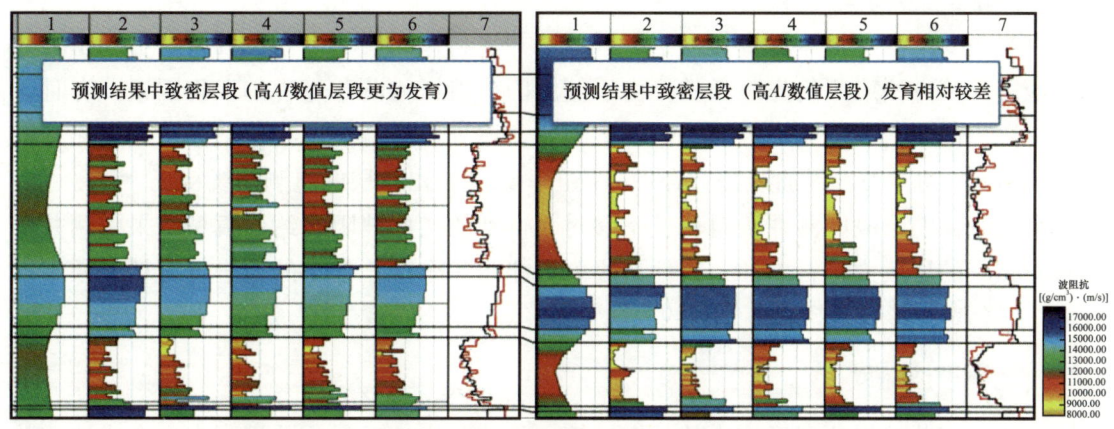

附图 1-53　不同反演方法结果对比（据 Afia et al.，2021）

第一道为纵波阻抗的确定性反演结果，第二道为测井曲线计算的纵波阻抗，第三道至第六道为地质统计学反演中纵波阻抗的四个实现，第 7 道为结果对比，红色曲线为测井曲线计算的纵波阻抗，黑色曲线为四个随机实现的平均值，浅灰色线为不确定性范围（标准差）

除了以上方法外，反演方法还可以与数学方法结合，形成新的反演方法，例如基于机器学习的叠前反演方法（Roy et al.，2020；Chen et al.，2020），基于遗传算法的叠前反演方法（Moncayo et al.，2010）。

三、地震反演的影响因素

地震反演是地震、地质、测井相结合的一门综合性技术，其效果的影响因素众多。以叠后地震反演为例，影响反演的主要因素包括地震和测井等基础资料品质、子波提取、反演方法以及反演过程参数选择控制等（方磊，2008；王玉梅，2013）。

1. 测井数据的编辑校正

测井资料，尤其是声波和密度测井资料，是建立初始模型的基础资料，是地质解释的基本依据。测井数据的质量控制主要包括测井曲线的标准化、曲线校正、岩性速度分析和曲线重构等步骤。

声波测井资料品质的好坏是波阻抗反演的一个重要影响因素。通常情况下，声波测井都要受到井孔环境如井壁垮塌、钻井液浸泡等的影响而产生误差。同一口井的不同层段、不同井的同一层段误差大小亦大不相同。另外，测量年代、测井仪器的不同都会对测井资料造成不同程度的影响。因此，用于制作初始波阻抗模型的声波曲线无论是野外原始数字带还是手工数字化采集的，都要进行环境校正。通常参考综合测井图中的井径、微电极、自然电位、自然伽马和各种电阻率曲线对声波进行环境校正。主要校正由于泥岩段井壁垮塌造成的高时差、膏盐层段造成的声波曲线缺失和异常、声波测量段顶底发生的畸变和两次测井曲线衔接处的异常等。通过这些校正可以提高合成记录制作的精度。另外，一些不合理的野值必须编辑掉。因为这些野值在合成记录上往往产生非常强的波峰和波谷。它们会将正常的波峰、波谷相对关系压制下去，看不出合成记录与实际地震记录的正确匹配关系。

声波密度是唯一与地震直接发生联系的测井资料，储层与围岩声波特征不同是测井约束地震反演方法应用的先决条件。由于储层固有特征或测井过程的工程因素，有时研究目的层段储层与围岩在声波测井曲线上无明显差异。这就要求在仔细分析相关测井资料的基础上，对声波测井曲线进行合理的校正。以便突出储层的电测曲线特征。

当反演目的层段内测井资料长度不够时，得到的初始波阻抗约束模型结果中测井资料只在相应的层段内进行内插，其他层段内可能用一个变化较小的值进行充填或根本没有值，这会直接影响到频带补偿和约束。

2. 地震子波提取

子波是测井约束地震反演中的关键因素。子波与模型反射系数褶积产生合成地震数据。合成地震数据与实际地震资料的误差最小是终止迭代的约束条件。

子波的提取方法中，确定性方法理论上可以得到精确的结果，但这种方法受地震噪声和测井误差的双重影响，尤其是声波测井不准而引起的速度误差会导致子波振幅畸变和相位谱扭曲。同时，该方法本身对地震噪声以及估算时窗长度的变化非常敏感，使子波估算结果的稳定性变差。

在地震子波提取时要注意以下几个关键因素：

（1）要选取地震反射特征比较稳定的地震道，保证地震子波的稳定性；

（2）要针对反演的主要目的层，时窗限定在主要目的层附近，保证子波的主频和目的层附近地震资料的主频一致；

（3）要进行多相位的扫描实验，确定最佳的相位角度，用这种方法求取的子波，合成记录与实际地震记录频带一致，波组对应关系良好；

（4）在研究的目的层段内选取地震资料品质好、信噪比较高的时间段作为提取子波的时窗，其长度一般为子波长度的3倍，时窗太小，得不到稳定的子波；

（5）子波长度的选取要适宜，浅层地震频带较宽，子波可短些，深层地震频带较窄，子波可略长些；

（6）对提取的子波，要从子波的波形、振幅谱和相位谱等方面进行子波质量的判断，要求子波的波形稳定、频域内单峰平滑且有效频带内相位稳定。

3. 合成记录制作与层位标定

精细地震地质层位标定是地震构造解释的基础，同时在精细地震地质层位标定基础上所进行的高精度的储层标定是高分辨率储层地层反演的基础工作，必须确保每一个地质界面和地震同相轴精确对应。匹配好储层段附近的每一个同相轴，确保时间域地震资料和深度域测井资料的正确结合。时间域地层地质模型的建立，是通过声波测井的时深转换实现的。由于声波测井的误差，转换后的时间域测井曲线的时间厚度区会存在误差。消除这种速度误差的方法，主要是依据合成地震记录与井旁地震道对比，准确找出两者主要波组油层附近的每个同相轴的对应关系。然后，以地震记录的时间厚度为标准对测井资料进行压缩或拉伸校正，从而改善合成记录与井旁道的相似性和匹配关系，求准时深转换关系，精确标定各岩性界面在地震剖面上的反射位置。

4. 初始波阻抗模型

约束地震反演技术综合应用地震、地质和测井等多种资料，实现对储层的综合处理、解释。能够为储层预测、油藏描述提供识别地层岩性和储层物性的重要参数。然而，反演成果受到众多因素的制约，是有多解性的。其中，反演过程中用到的信息约束模型起着举足轻重的作用。如何针对地下的复杂地质情况，建立一个合理、精细且准确的三维复杂初始约束模型，就成了波阻抗反演中需要解决的最重要技术环节。

5. 反演运算关键参数及质量控制

测井约束反演技术主要有以下几个关键参数，它们的选取一方面需要反复进行实验比较，验证反演结果与已知钻井、测井资料所揭示的地质情况的吻合程度。另一方面也需要参考一些成熟地区的经验。

6. 地震资料品质

由于地震资料是地震波阻抗反演中最主要的资料，地震资料品质对反演效果的影响是显而易见的。地震资料的主频、有效频带的范围、噪声剔出和信号保幅等决定了地震资料的信噪比和分辨率。

信噪比低的资料不可能得到好的反演结果，因为反演技术本身不能把噪声剔除在外，包含噪声的反演必然要影响地质效果。尤其是多次波或层间多次波存在时，多次反射当作界面反演，将会干扰反演的地质效果，有可能造成假象。

地震反演的分辨率是受叠后地震资料分辨率制约的，并且已证明在地震资料有效频带之外的高频信息永远是多解的、无约束力的。地震反演的分辨率主要取决于采样率，小于采样率的薄层是无法分辨的。大于采样率的薄层，只有在提高地震主频及频宽的条件下，才有可能得到分辨。分辨能力与地震主频及频宽成正比，与离开井旁道的距离成反比，并且受地震剖面的信噪比、振幅和相位等因素的影响。反演剖面的分辨率依赖于地震剖面的分辨率。可以说，地震资料的有效频带范围基本确定了经过地震反演能有效地分辨多薄的储层（沈财余等，2003；凌云等，2008）。

由于波阻抗反演采用的多数方法通常以地震资料与合成地震记录道的残差为最终收敛标准,所以地震资料的保真度、分辨率和信噪比对波阻抗反演效果的影响很明显。

7. 色标影响因素

用于波阻抗反演结果显示的色标调试也是重要的。波阻抗反演结果通过颜色来表示数值的具体大小,用色标变化表示储层在空间的展布。如何在波阻抗反演显示中把有利储层通过某种颜色清楚地表现出来,是一个值得研究的问题。好的色标选择可以清晰展现储层分布特征,而色标选择不当时,即使是相同的剖面,储层也会显示不佳。

附录二 渗吸毛细管压力公式、扫描曲线和古自由水面的具体求取方法

第一节 第一阶段：通过岩心数据确定方程参数

驱替过程直接使用首次驱替过程毛细管压力曲线进行描述即可。以下介绍渗吸过程毛细管压力曲线求取方法。

对于渗吸过程，Skjaeveland 公式可写为

$$p_{ci} = \frac{c_{wi}}{\left(\dfrac{S_w - S_{wR}}{1 - S_{wR}}\right)^{a_{wi}}} + \frac{c_{oi}}{\left(\dfrac{S_o - S_{oR}}{1 - S_{oR}}\right)^{a_{oi}}} \qquad (附2-1)$$

待求参数为 a_{wi}、a_{oi}、c_{wi}、c_{oi}、S_{oR}、S_{wR}。

假设 $a_{wi} = a_{wd} = a_w$。

当 S_w 趋近于 $1 - S_{oR}$ 时，油相分支占据主导，即

$$p_c = \frac{c_{oi}}{\left(\dfrac{S_o - S_{oR}}{1 - S_{oR}}\right)^{a_{oi}}} \qquad (附2-2)$$

可得

$$\lg(-p_c) = \lg(-c_{oi}) - a_{oi} \lg\left(\frac{S_o - S_{oR}}{1 - S_{oR}}\right) \qquad (附2-3)$$

其中，根据实验数据，绘制 $\lg(-p_c)$ 与 $\lg\left(\dfrac{S_o - S_{oR}}{1 - S_{oR}}\right)$ 交会图（附图2-1），即可求取 a_{oi}、c_{oi}。例如附图2-1中实例，$a_{oi}=0.8896$，$c_{oi}=-0.9451$。

S_{wR} 采用常规方法求取。S_{oR} 取值为测得的渗吸过程的最低 S_o 数值，也可以根据 Land 公式求取，S_{oR} 可用式（附2-4）表达

$$S_{oR} = \frac{1 - S_{wR}}{1 + C(1 - S_{wR})} \qquad (附2-4)$$

对于图4-37中点 A，即 S_{w0i} 可从式（附2-5）求取，式中 I_{ww} 需要测量确定

$$I_{ww} = \frac{S_{w0i} - S_{wR}}{1 - S_{oR} - S_{wR}} \qquad (附2-5)$$

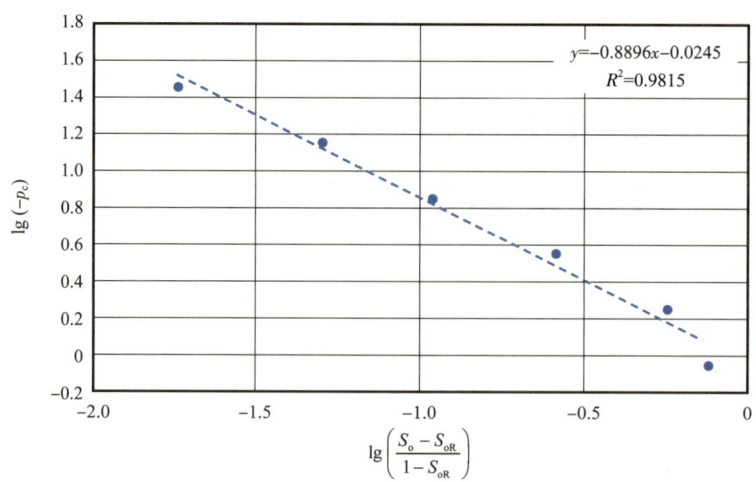

附图 2-1　$\lg(-p_c)$ 与 $\lg\left(\dfrac{S_o - S_{oR}}{1 - S_{oR}}\right)$ 交会图

以上步骤类似，对于图 4-37 中点 A，即 S_{w0i} 处可得

$$c_{oi} = -\dfrac{c_{wi}\left(\dfrac{1 - S_{w0i} - S_{oR}}{1 - S_{oR}}\right)^{a_{oi}}}{\left(\dfrac{S_{w0i} - S_{wR}}{1 - S_{wR}}\right)^{a_{wi}}} \qquad (\text{附 2-6})$$

根据已求参数和式（附 2-6）求取 c_{wi}（附 2-2、附图 2-3）。

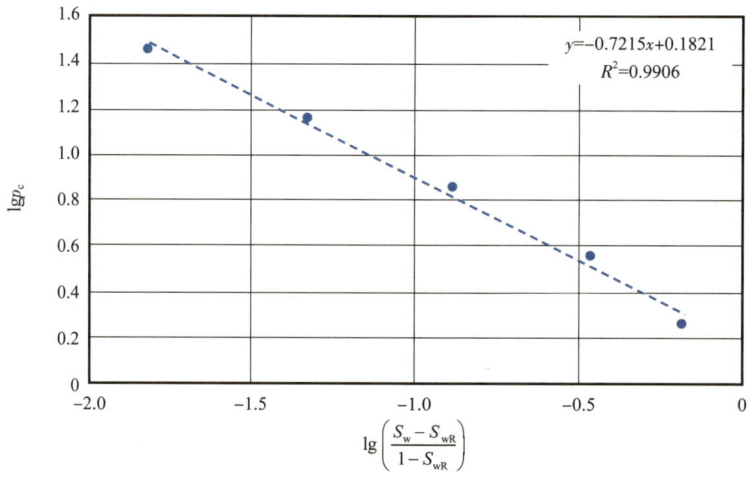

附图 2-2　$\lg p_c$ 与 $\lg\left(\dfrac{S_w - S_{wR}}{1 - S_{wR}}\right)$ 交会图

例如附图 2-2 中实例，可得

$$a_{wi} = a_{wd} = 0.7215$$

从而完成了边界曲线的 Skjaeveland 公式拟合（附图 2-3）。

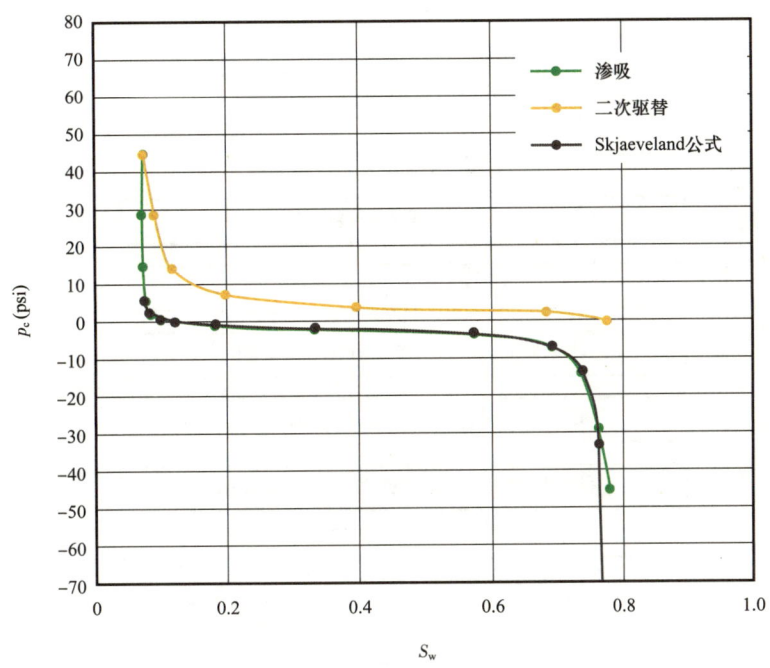

附图 2-3　边界渗吸曲线拟合结果

第二节　第二阶段：优化法求取单井古自由水面

基本思路是假定现今自由水面 $FWL_{present}$ 是可靠的，先设定一个古自由水面 FWL_{paleo} 初值，利用 Skjaeveland 公式计算油藏经过一次驱替—渗吸过程之后的含水饱和度 $S_{w,sc}$，优化调整 FWL_{paleo} 取值，寻找储层段 $S_{w,sc}$ 与现今参考含水饱和度 $S_{w,ref}$（利用电阻率曲线与 Archie 公式计算得到）之间整体误差最小的那个 FWL_{paleo} 作为最终的古自由水面。下面介绍关键步骤和相关计算公式。正文中公式介绍及配图已经十分详细，附录二主要介绍具体的求解过程（附图 2-4、附图 2-5），不再详述公式原理。

一、计算原始油藏驱替阶段毛细管压力 $p_{c,dr}$

假设古油藏是单纯通过非润湿相驱替润湿相成藏（以下假设非润湿相为油、润湿相为水），当达到驱替平衡时，深度 D 处的毛细管压力 $p_{c,dr}$ 依式（附 2-7）计算

$$p_{c,dr}=0.433（\rho_w-\rho_o）（FWL_{paleo}-D） \qquad (附2-7)$$

式中　$p_{c,dr}$——油藏条件下深度 D 处油水两相系统毛细管压力，psi；
　　　g——重力加速度，m/s^2；
　　　ρ_w——水密度，g/cm^3；
　　　ρ_o——油的密度，g/cm^3；
　　　FWL_{paleo}——古自由水界面，ft。

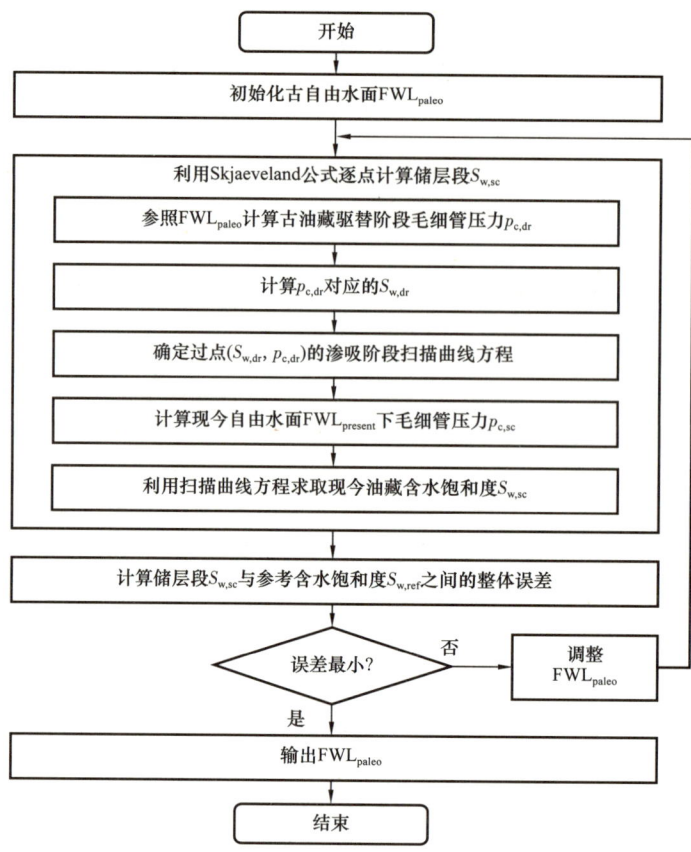

附图 2-4　优化法求取单井古自由水面流程图

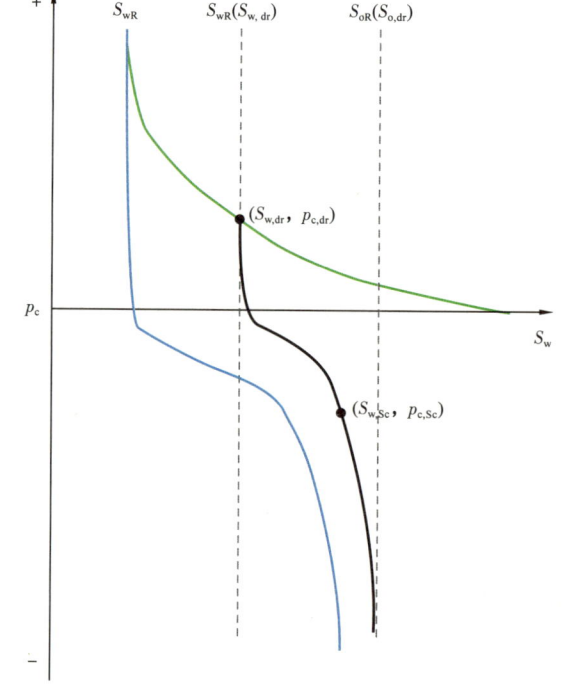

附图 2-5　渗吸扫描曲线求取示意图

二、计算原始油藏驱替阶段含水饱和度 $S_{w,dr}$

利用主驱替毛细管压力曲线方程可以描述毛细管压力与含水饱和度的关系，从而可以计算驱替平衡时含水饱和度 $S_{w,dr}$

$$S_{w,dr} = S_{wir} + a_{wd}\sqrt{\frac{C_{wd}}{p_{c,dr}}} \cdot (1 - S_{wir}) \qquad (附2-8)$$

式中 $S_{w,dr}$——驱替阶段驱替平衡时含水饱和度；

S_{wir}——主驱替毛细管压力曲线束缚水饱和度；

a_{wd}——主驱替毛细管压力孔隙尺寸分布指数或毛细管形状参数；

C_{wd}——主驱替毛细管压力排驱压力，psi；

$p_{c,dr}$——驱替阶段深度 D 处毛细管压力，psi。

a_{wd}、C_{wd}、S_{wir}——已知参数，前文已经计算出了 $p_{c,dr}$，根据式（附2-8）就可以求取 $S_{w,dr}$。

三、求取过点（$S_{w,dr}$，$p_{c,dr}$）渗吸阶段扫描曲线方程

根据假设条件，驱替平衡后的原始油藏经过渗吸阶段就形成了现今油藏，现今油藏的含水饱和度是通过扫描曲线描述的，与主驱替曲线点（$S_{w,dr}$，$p_{c,dr}$）相交的那条扫描曲线方程见下述公式

$$p_{c,sc} = \frac{C_{wi}}{\left(S_w^{**}\right)^{a_{wi}}} + \frac{C_{oi}^{**}}{\left(S_o^{**}\right)^{a_{oi}}} \qquad (附2-9)$$

$$S_w^{**} = \frac{S_w - S_{wR}(S_{w,dr})}{1 - S_{wR}(S_{w,dr})} \qquad (附2-10)$$

$$S_o^{**} = \frac{S_o - S_{oR}(S_{o,dr})}{1 - S_{oR}(S_{o,dr})} \qquad (附2-11)$$

$$S_{oR}(S_{o,dr}) = \frac{1 - S_{wR}(S_{w,dr})}{1 + C[1 - S_{wR}(S_{w,dr})]} \qquad (附2-12)$$

$$C_{oi}^{**} = -C_{wi} \frac{\left(S_{o,sc,spt}^{**}\right)^{a_{oi}}}{\left(S_{w,sc,spt}^{**}\right)^{a_{wi}}} \qquad (附2-13)$$

$$S_{w,sc,spt}^{**} = S_{wR}(S_{w,dr}) + I_{ww}[1 - S_{wR}(S_{w,dr}) - S_{oR}(S_{o,dr})] \qquad (附2-14)$$

$$S_{o,sc,spt}^{**} = 1 - S_{w,sc,spt}^{**} \qquad (附2-15)$$

式中　$p_{c,sc}$——扫描曲线当前毛细管压力，psi；

　　　a_{wi}——边界渗吸曲线水相部分形状参数；

　　　C_{wi}——边界渗吸曲线水相部分压力参数，psi；

　　　a_{oi}——边界渗吸曲线油相部分形状参数；

　　　C_{oi}^{**}——扫描曲线油相部分压力参数，psi；

　　　S_w^{**}——扫描曲线归一化含水饱和度，0～1；

　　　S_o^{**}——扫描曲线归一化含油饱和度，0～1；

　　　$S_{wR}(S_{w,dr})$——过点$(S_{w,dr}, p_{c,dr})$扫描曲线水相部分残余水饱和度渐近线，后续简写为S_{wR}；

　　　$S_{oR}(S_{o,dr})$——过点$(S_{w,dr}, p_{c,dr})$扫描曲线油相部分残余饱油和度渐近线，$S_{o,dr}=1-S_{w,dr}$，后续简写为S_{oR}；

　　　C——LAND公式参数；

　　　$S_{w,sc,spt}^{**}$——扫描曲线上毛细管压力为0时与自发渗吸相关的归一化水饱和度，0～1；

　　　$S_{o,sc,spt}^{**}$——扫描曲线上毛细管压力为0时与自发渗吸相关的归一化油饱和度，0～1；

　　　I_{ww}——润湿性指数。

假定扫描曲线整体形态与边界渗吸曲线保持一致，仅S_w分布范围由S_{wR}和S_{oR}压缩至$S_{wR}(S_{w,dr})$和$S_{oR}(S_{o,dr})$，那么上述公式中唯一待求的未知量为S_{wR}。因为扫描曲线与主驱替曲线相交于$(S_{w,dr}, p_{c,dr})$，因此求取S_{wR}的方程如下

$$f(S_{wR}) = \frac{C_{wd}}{\left(\dfrac{S_{w,dr}-S_{wir}}{1-S_{wir}}\right)^{a_{wd}}} - \frac{C_{wi}}{\left(\dfrac{S_{w,dr}-S_{wR}}{1-S_{wR}}\right)^{a_{wi}}} - \frac{C_{oi}^{**}}{\left(\dfrac{S_{o,dr}-S_{oR}}{1-S_{oR}}\right)^{a_{oi}}} = 0 \quad \text{（附2-16）}$$

式中，C_{wd}、a_{wd}、C_{wi}、a_{wi}、a_{oi}、S_{wir}为已知参数，$S_{w,dr}$第二小节已经求出，S_{oR}由式（附2-12）Land公式转换为S_{wR}表达式，C_{oi}^{**}由式（附2-13）、式（附2-14）和式（附2-15）转为S_{wR}表达式，最终式中只有S_{wR}为未知量。该方程形式复杂，方程解没有解析形式，采用牛顿—拉夫逊（Newton—Raphson）法求数值解，迭代公式为

$$S_{wR}^{n+1} = S_{wR}^n - \frac{f(S_{wR}^n)}{f'(S_{wR}^n)} \quad \text{（附2-17）}$$

式中，S_{wR}^n为本代值，S_{wR}^{n+1}为下代值，通过不断迭代式（附2-17）可以逐渐逼近方程的根，当$f(S_{wR}^n)$接近0时S_{wR}^n即为近似解。其中需要注意的是，$f'(S_{wR}^n)$为$f(S_{wR})$在S_{wR}^n处的一阶导数，其解析形式相当复杂，因此采用中心差分公式计算导数近似值

$$f'(S_{wR}^n) \approx \frac{f(S_{wR}^n + \Delta S_{wR}^n) - f(S_{wR}^n - \Delta S_{wR}^n)}{2\Delta S_{wR}^n} \quad \text{（附2-18）}$$

ΔS_{wR}^n为S_{wR}^n的微小变化量，选一个足够小的值，比如0.0001，以提高求导准确性。S_{wR}求出之后，过点$(S_{w,dr}, p_{c,dr})$渗吸阶段扫描曲线方程式（附2-9）即可确定。

四、计算现今油藏毛细管压力 $p_{c,sc}$

与计算 $p_{c,dr}$ 类似，采用式（附 2-19）计算现今自由水面 $FWL_{present}$ 下的某深度 D 处的毛细管压力 $p_{c,dr}$

$$p_{c,dr}=0.433（\rho_w-\rho_o）（FWL_{present}-D） \quad (\text{附 2-19})$$

五、计算现今油藏含水饱和度 $S_{w,sc}$

$p_{c,sc}$ 和 S_{wR} 均已经求出，最后利用扫描曲线方程可以求出 $S_{w,sc}$

$$p_{c,sc}=\frac{C_{wi}}{\left(\dfrac{S_{w,sc}-S_{wR}}{1-S_{wR}}\right)^{a_{wi}}}+\frac{C_{oi}^{**}}{\left(\dfrac{1-S_{w,sc}-S_{oR}}{1-S_{oR}}\right)^{a_{oi}}} \quad (\text{附 2-20})$$

$S_{w,sc}$ 仍然需要通过牛顿—拉夫逊法求数值解，方法与第三小节求取 S_{wR} 类似，此处不再赘述。

六、计算误差

采用均方误差（RMSE）形式表征假定古自由水面 FWL_{paleo} 之下储层段 $S_{w,sc}$ 与现今参考含水饱和度 $S_{w,ref}$ 之间的整体误差

$$\varepsilon_{S_w}=\sqrt{\frac{1}{N_D}\sum_{D=top}^{bottom}\left(S_{w,sc}-S_{w,ref}\right)^2} \quad (\text{附 2-21})$$

式中 ε_{S_w}——含水饱和度对比储层段的两种饱和度之间的均方误差；

top，bottom——对比储层段顶、底深度；

N_D——对比储层段深度点个数。

七、寻找误差最小的古自由水面 FWL_{paleo}

在合适的深度范围内不断调整 FWL_{paleo}，寻找 ε_{S_w} 误差最小的 FWL_{paleo} 作为优化结果，在该 FWL_{paleo} 之下，利用 Skjaeveland 公式计算的古油藏经过驱替—渗吸之后的含水饱和度与现今参考含水饱和度一致。

附录三　单位换算

长度

1 千米（km）=0.621 英里（mile）

1 米（m）=3.281 英尺（ft）=1.094 码（yd）

1 厘米（cm）=0.394 英寸（in）

1 英里（mile）=1.609 千米（km）

1 英尺（ft）=0.3048 米（m）

1 英寸（in）=2.54 厘米（cm）

1 码（yd）=0.9144 米（m）

1 海里（nmile）=1.852 千米（km）

1 英尺（ft）=12 英寸（in）

1 码（yd）=3 英尺（ft）

1 英里（mile）=5280 英尺（ft）

1 海里（nmile）=1.1516 英里（mile）

面积

1 平方千米（km^2）=100 公顷（ha）=247.1 英亩（acre）=0.386 平方英里（$mile^2$）

1 平方米（m^2）=10.764 平方英尺（ft^2）=1550 平方英寸（in^2）

1 公亩（arce）=100 平方米（m^2）

1 公顷（ha）=10000 平方米（m^2）=2.471 英亩（acre）

1 平方英里（$mile^2$）=2.590 平方千米（km^2）

1 英亩（acre）=0.4047 公顷（ha）=40.47×10^3 平方千米（km^2）=4047 平方米（m^2）

1 平方英尺（ft^2）=0.093 平方米（m^2）

1 平方英寸（in^2）=6.452 平方厘米（cm^2）

体积

1 立方米（m^3）=1000 升（L）=35.315 立方英尺（ft^3）=6.290 桶（bbl）

1 标准立方英尺（Scf）=1 立方英尺（ft^3）=0.0283168 立方米（m^3）=28.3168 升（L）

1 千立方英尺（Mcf）=$10^3 ft^3$=28.3168 立方米（m^3）

1 百万立方英尺（MMcf）=$10^6 ft^3$=2.83168 万立方米（m^3）

10 亿立方英尺（Bcf）=$10^9 ft^3$=2831.68 万立方米（m^3）

1 万亿立方英尺（Tcf）=$10^{12} ft^3$=283.168 亿立方米（m^3）

1 英亩·英尺 =1234 立方米（m^3）

1 立方英寸（in^3）=16.3871 立方厘米（cm^3）

1 桶（bbl）=0.159 立方米（m^3）

质量

1 吨（t）=1000 千克（kg）=2205 磅（lb）

1 千克（kg）=2.205 磅（lb）

1 磅（lb）=0.45359237 千克（kg）[准确值]

1 盎司（oz）=28.34952 克（g）

密度

1 千克/米^3（kg/m^3）=0.001 克/厘米^3（g/cm^3）=0.0624 磅/英尺^3（lb/ft^3）

1 磅/英尺^3（lb/ft^3）=16.02 千克/米^3（kg/m^3）=0.01602 克/厘米^3（g/cm^3）

1 磅/英寸^3（lb/in^3）=27679.9 千克/米^3（kg/m^3）

1 磅/（石油）桶（lb/bbl）=2.853 千克/米^3（kg/m^3）

1 克/厘米^3（g/cm^3）=1000 千克/米^3（kg/m^3）=62.4 磅/英尺^3（lb/ft^3）

运动黏度

1 泊（P）=0.1 帕·秒（Pa·s）

1 厘泊（cP）=10^{-3} 帕·秒（Pa·s）=1 毫帕·秒（mPa·s）

1 千克力秒/米^2 [(kgf·s)/m^2]=9.80505 帕·秒（Pa·s）

1 磅力秒/英尺^2 [(lbf·s)/ft^2]=47.8803 帕·秒（Pa·s）

力

1 牛顿（N）=0.225 磅力（lbf）=0.102 千克力（kgf）

1 千克力（kgf）=9.80665 牛顿（N）

1 磅力（lbf）=4.45 牛顿（N）

1 达因（dyn）=10^5 牛顿（N）

压力

1 兆帕（MPa）=145.04 磅/英寸^2（psi）=10.2 千克/厘米^2（kg/cm^2）=10 巴（bar）=9.8692 大气压（atm）

1 磅/英寸^2（psi）=0.006895 兆帕（MPa）=6.895 千帕（kPa）=6894.857 帕（Pa）=6894.857N/m^2=0.0703 千克/厘米^2（kg/cm^2）=0.0689 巴（bar）=0.068 大气压（atm）

psig=psia−14.79977（psia 为绝对压力，数值等于开口式压力计的读数与外界大气压的总和）

1 巴（bar）=0.1 兆帕（MPa）=14.503 磅/英寸^2（psi）=1.0197 千克/厘米^2（kg/cm^2）=0.987 大气压（atm）

1 大气压（atm）=0.101325 兆帕（MPa）=101.325 千帕（kPa）=14.696 磅/英寸^2（psi）=1.0333 千克/厘米^2（kg/cm^2）=1.0133 巴（bar）

1 大气压（atm）=0.101325 兆帕（MPa）=14.696 磅/英寸^2（psi）=1.0333 千克/厘米^2（kg/cm^2）=1.0133 巴（bar）

温度

$K = \dfrac{5}{9}(℉ + 459.67)$

$K = ℃ + 273.15$

$1℉ = \dfrac{9}{5}℃ + 32$

$1℃ = (1℉ - 32) / \dfrac{9}{5}$

油气产量

1Mcfd=28.32m^3/d=1.0336×10^{4}m^3/a
1MMcfd=2.832×10^{4}m^3/d=1033.55×10^{4}m^3/a
10Bcfd=0.2832×10^{8}m^3/d=103.36×10^{8}m^3/a
1Tcfd=283.2×10^{8}m^3/d=10.336×10^{12}m^3/a

界面张力

1dyne/cm=10^{-3}N/m=1mN/m

气油比

1Mscf/bbl=178.11m^3/m^3
1Scf/bbl=0.17811m^3/m^3
1m^3/m^3=5.6145Scf/bbl

其他

M=10^3

MM=10^6

B=10^9

1psia/ft=0.0220MPa/m

1MPa/m=44.25psia/ft

$\gamma_o = \dfrac{141.5}{131.5 + API°}$

$API° = \dfrac{141.5}{\gamma_o} - 131.5$